U0208934

白鹤亮翅 （陈胜利摄）

生态石林 （陈胜利摄）

金山水墨 （陈胜利摄）

金佛晚霞 （陈胜利摄）

金山多娇 （陈胜利摄）

金山雾瀑 （陈胜利摄）

卧龙潭　　　　　　　　　　　　（陈胜利摄）

盆景天成　　　　　　　　　　　　（陈胜利摄）

金龟朝阳　　　　　　　　　　　　（陈胜利摄）

金佛山睡佛　　　　　　　　　　　（陈胜利摄）

笔架山　　　　　　　　　　　　　（陈胜利摄）

金山望天吼　　　　　　　　　　　（陈胜利摄）

生命之源　　　　　　　（陈胜利摄）

母子峰　　　　　　　（陈胜利摄）

鹰嘴峰　　　　　　　（陈胜利摄）

南天门　　　　　　　（陈胜利摄）

童子拜观音　　　　　　　（陈胜利摄）

一线天　　　　　　　（陈胜利摄）

野外考察　　　　　　　　　　（任明波摄）

魏江春院士与刘正宇研究员在野外鉴定标本（任明波摄）

李振宇研究员来南川考察　　　（刘正宇摄）

国家环保局领导指导生态保护　　　（骆斌摄）

洪德元院士与王必农老所长在大银杉树下（刘正宇摄）

刘正宇研究员在野外考察　　　　　（任明波摄）

湿地草丛　　　　　　　　　（刘翔摄）

溪谷杂林　　　　　　　　　（刘正宇摄）

常绿阔叶林　　　　　　　　（任明波摄）

针阔混交林　　　　　　　　（刘翔摄）

亚高山草丛　　　　　　　　（刘正宇摄）

常绿、落叶阔叶混交林　　　（陈胜利摄）

川防风草丛 （陈胜利摄）
[Form. *Ligusticum brachylobum*]

野鸦椿 （刘正宇摄）
[*Euscaphis japonica* (Thunb.) Dippel]

古银杏 （骆斌摄）
[*Ginkgo biloba* Linn.]

卷丹 （任明波摄）
[*Lilium lancifolium* Thunb.]

巴山榧 （刘正宇摄）
[*Torreya fargesii* Franch.]

薯豆 （刘翔摄）
[*Elaeocarpus japonicus* Sieb. et Zucc.]

金佛山兰　　　　　　　　　（谭杨梅摄）
[*Tangtsinia nanchuanica* S. C. Chen]

野生大叶茶　　　　　　　　（刘正宇摄）
[*Camellia nanchuanica* Chang et J. H. Wang]

银杉　　　　　　　　　　　（谭杨梅摄）
[*Cathaya argyrophylla* Chun et Kuang]

南川木菠萝　　　　　　　　（陈胜利摄）
[*Artocarpus nanchuanensis* S. S. Chang, S. X. Tan et Z. Y. Liu]

川八角莲　　　　　　　　　（谭杨梅摄）
[*Dysosma veitchii* (Hemsl. et Wils.) S. H. Fu ex T. S. Ying]

金钱槭　　　　　　　　　　（刘正宇摄）
[*Dipteronia sinensis* Oliv.]

黄杉 （刘正宇摄）
[*Pseudotsuga sinensis* Dode]

银杉幼果 （刘正宇摄）
[*Cathaya argyrophylla* Chun et Kuang]

獐耳细辛 （刘正宇摄）
[*Hepatica henryi* (Oliv.) Steward]

珙桐 （谭杨梅摄）
[*Davidia involucrata* Baill.]

香蒲 （任明波摄）
[*Typha orientalis* Presl]

党参 （刘正宇摄）
[*Codonopsis pilosula* (Franch.) Nannf.]

呆白菜 （谭杨梅摄）
[*Triaenophora rupestris* (Hemsl.) Soler.]

荷叶铁线蕨 （刘正宇摄）
[*Adiantum reniforme* var. *sinense* Y. X. Lin]

囊尾草 （刘翔摄）
[*Urophysa henryi* (Oliv.) Ulbr.]

铁皮石斛 （谭杨梅摄）
[*Dendrobium officinale* Kimura et Migo]

合欢 （任明波摄）
[*Albizzia julibrissin* Durazz.]

麻栗坡兜兰 （刘翔摄）
[*Paphiopedilum malipoense* S. C. Chen et Z. H. Tsi]

麻叶杜鹃 （刘正宇摄）
[*Rhododendron coeloneurum* Diels]

香花杜鹃 （谭杨梅摄）
[*Rhododendron decorum ssp. parvistigmatium* W. K. Hu]

金佛美容杜鹃 （刘正宇摄）
[*Rhododendron calophytum* var. *jingfuense* Fang et W. K. Hu]

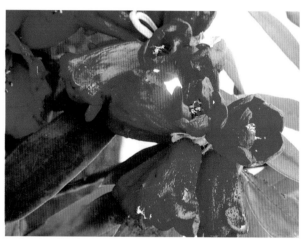

短梗峨马杜鹃 （刘正宇摄）
[*Rhododendron ochraceum* var. *brevicarpum* W. K. Hu]

白花金山杜鹃 （骆斌摄）
[*Rhododendron longipes* var. *chienianum* f. albe Z. Y. Liu, f. nov. ined]

阔柄杜鹃 （骆斌摄）
[*Rhododendron platypodum* Diels]

黑脉蛱蝶　　　　　　　　　（陈胜利摄）
[*Hestina assimilis* Linnaeus]

鹰翅天蛾　　　　　　　　　（陈胜利摄）
[*Oxyambulyx ochracea* Butler]

豆环蛱蝶　　　　　　　　　（陈胜利摄）
[*Neptis hylas* Linnaeus]

红基美凤蝶　　　　　　　　（陈胜利摄）
[*Papilio alcmenor nausithous* Oberthür]

樗蚕蛾　　　　　　　　　　（陈胜利摄）
[*Philosamia cynthia* Walker et Felder]

碧凤蝶　　　　　　　　　　（陈胜利摄）
[*Papilio bianor* Cramer]

蝘蜓 （陈胜利摄）

[*Lygosoma indicum* (Gray)]

赤练蛇 （陈胜利摄）

[*Dinodon rufozonatum* (Cantor)]

中华大蟾蜍 （陈胜利摄）

[*Bufo gargarizans gargarizans* Cantor]

白颊黑叶猴 （刘正宇摄）

[*Presbytis francoisi francoisi* Pousargues]

斑鳜 （刘正宇摄）

[*Siniperca scherzeri* Steindachner]

齐口裂腹鱼 （刘正宇摄）

[*Schizothorax* (Schizoth.) *prenanti* (Tchang)]

紫哨鸫　　　　　　　　（谭杨梅摄）
[*Myiophoneus caeruleus caeruleus* (Scopoli)]

白鹇　　　　　　　　　　　（刘正宇摄）
[*Lophura nycthemera rongjiangensis* Tan et Wu]

红肋蓝尾鸲　　　　　　（马强摄）
[*Tarsiger cyanurus cyanurus* (Pallas)]

苍鹭　　　　　　　　　　（谭杨梅摄）
[*Ardea cinerea rectirostris* Gould]

白腰文鸟群　　　　　　（马强摄）
[*Lonchura striata swinhoei* (Cabanis)]

黄斑拟小鲵　　　　　　（刘正宇摄）
[*Pseudohynobis flavomaculatus* (Hu and Fei)]

斑腿树蛙 （刘正宇摄）
[*Rhacophorus megacephalus* (Hallowell)]

绿臭蛙 （陈胜利摄）
[*Odorrana margaratae* (Liu)]

橙足鼯鼠 （谭杨梅摄）
[*Trogopterus xanthipes mordax* Thomas]

藏酋猴 （刘正宇摄）
[*Macaca thibetana* Milne-Edwards]

红腹角雉 （刘正宇摄）
[*Tragopan temminckii* (J. E. Gray)]

鲈鲤 （刘正宇摄）
[*Percocypris pingi pingi* (Tchang)]

蓝凤蝶 　　　　　　　　（陈胜利摄）
[*Papilio protenor* Cramer]

柑橘凤蝶 　　　　　　　（陈胜利摄）
[*Papilio xuthus* Linnaeus]

昆虫标本 　　　　　　　　（谭杨梅摄）

大斑芫青 　　　　　　　　（张含藻摄）
[*Mylabris phalerata* Pallae]

玉带凤蝶 　　　　　　　　（陈胜利摄）
[*P. polytes polytes* Linnaeus]

樟青凤蝶 　　　　　　　　（陈胜利摄）
[*Graphium sarpedon* (Linnaeus)]

黄粉牛肝菌　　　　　　　　　（刘翔摄）
[*Pulveroboletus ravenelii* (Berk. et Curt.) Murr.]

羊肚菌　　　　　　　　　　　（谭杨梅摄）
[*Morchella esculenta* (Linn.) Pers.]

野生灵芝　　　　　　　　　　（刘翔摄）
[*Ganoderma neo-japonicum* Imaz.]

西宁林氏鬼笔　　　　　　　　（刘翔摄）
[*Linderiella xiningensis* Wen]

红顶枝瑚菌　　　　　　　　　（刘正宇摄）
[*Ramaria botrytoides* (Peck) Corner]

黑灵芝(栽培)　　　　　　　　（刘翔摄）
[*Ganoderma atrum* Zhao, Xu et Zhang]

重庆金佛山
生物资源名录

Biological Resources of Jinfo Moutain in Chongqing

重庆南川区环境保护局
重庆市药物种植研究所

国家一级出版社 全国百佳图书出版单位

西南师范大学出版社

内 容 简 介

本书为重庆金佛山生物资源调查与评价系列专著之一。它是重庆市药物种植研究所等单位70多年来对金佛山植物、动物和微生物进行科学考察和研究的总结,共收载有大型真菌61科185属584种;植物306科1 644属5 907种(亚种、变种、变型),其中栽培植物有918种;动物354科1 461属2 178种(亚种)及金佛山国家级保护动植物347种、珍稀濒危动植物476种、模式标本采自金佛山的植物400种;金佛山特有植物181种、金佛山兰科植物53属144种及金佛山杜鹃花科植物7属72种。

本书可供相关科研院所、综合性大学、高等农林院校师生及从事医药卫生、环境保护、生物开发、生物检测等部门的科技工作者及有关人员参考。

图书在版编目(CIP)数据

重庆金佛山生物资源名录/刘正宇主编. 一重庆:西南师范大学出版社,2007.7

ISBN 978-7-5621-3887-7

Ⅰ.南… Ⅱ.刘… Ⅲ.生物资源-名录-重庆市 Ⅳ.Q-92

中国版本图书馆 CIP 数据核字(2007)第 090285 号

重庆金佛山生物资源名录

主　　编:刘正宇

责任编辑:米加德　伯古娟
封面设计:谭　玺　戴永曦
版式设计:戴永曦
出版、发行:西南师范大学出版社
　　　　　　(重庆·北碚　邮编:400715)
网　　　址:www.xscbs.com
印　　　刷:重庆东南印务有限责任公司
开　　　本:850mm×1168mm　1/16
印　　　张:25
插　　　页:16
字　　　数:696 千字
版　　　次:2010 年 6 月第 1 版
印　　　次:2010 年 6 月第 1 次印刷
书　　　号:ISBN 978-7-5621-3887-7

定　　　价:98.00 元

编委会

顾　问：李振宇

主　任：游正焜

副主任：蒋宜茂　简支全　杨远才　陈胜利　张润林

主　编：刘正宇

副主编：谭杨梅　张含藻　冉庆军

编委会成员：

游正焜　蒋宜茂　简支全　杨远才　陈胜利　刘正宇

冉庆军　郑洪超　邓　华　张润林　马建伦　谭杨梅

张含藻　韦会平　申明亮　闫光凡　骆　斌

编写人员：

刘正宇　谭杨梅　闫光凡　刘　翔　任明波　林茂祥

张　军　韦会平　张含藻

金佛山国家级自然保护区科学考察
参加单位及成员名单

承担单位：重庆南川市(现为南川区)环保局
实施单位：重庆市药物种植研究所

领导小组组长：戴伟杰　(所长)副主任医师
副　组　长：张润林　(副所长、党委书记)
　　　　　　　申明亮　(副所长)研究员
技术负责人：刘正宇　研究员

考察单位及人员名单：
1.重庆市药物种植研究所

刘正宇	谭杨梅	张含藻	刘　翔	林茂祥	任明波	韦会平
申明亮	李品明	韦　波	张　军	周卯勤	刘邦成	韩如刚
吴·中应	胡周强	封孝兰	陈玉涵	申　杰	张植伟	肖　波
王厚华	安中维	梁明祥	安中林	张晓灵	慕泽泾	梁正杰

2.重庆南川市环保局

陈胜利	冉庆军	骆　斌	阳　森	程琼琰	周剑平	胡大军

3.重庆南川市林业局

吕　红	王中伦	郑红超	彭延坤	谢章桂

4.金佛山国家级自然保护区

马建伦	黄　军	王　霞	孙　容

5.金佛山风景名胜区管理局

张钦伟	周厚伦	邓　华	杨于生

6.重庆邮电学院(现为重庆邮电大学)
闫光凡

7.西南农业大学(现为西南大学)

黄铜陵	吴蔚文	石福明	杜喜翠	朱玉香	赵　云	刑光南	袁井峰

8.南开大学
李传仁　周长发

摄　　像：任明波
审　　稿：戴伟杰
打字校对：张　军　林茂祥

前言

　　重庆金佛山自然保护区始建于 1979 年,经过各级政府的不懈努力,林业、环保工作者和科技界专家、学者的细心呵护,2000 年 4 月,国务院正式批准建立"金佛山国家级自然保护区"。同年 9 月,《金佛山国家级自然保护区总体规划》由国家林业局调查规划院设计编制完成。2002 年,国家财政部《关于下达 2002 年国家级自然保护区专项资金的通知》及重庆市环保局给重庆市财政局《关于申请拨付重庆市国家级自然保护区生态保护项目资金的函》,金佛山生态保护项目由此拉开帷幕。

　　金佛山国家级自然保护区位于重庆市南部南川区境内,东邻武隆、道真,南连正安、桐梓,西靠万盛,北及南川城区,界于东经 107°00′～107°22′、北纬 28°50′～29°20′,是四川盆地东南缘与云贵高原的过渡地带,大娄山山脉东北端,由金佛、柏枝、箐坝 3 山共 4 片 108 座山峰组成,主峰风吹岭海拔高度 2 251 m,最低海拔 580 m,保护区规划面积418.5 km²。

　　金佛山是我国中亚热带常绿阔叶林森林生态系统保存最完好的地区之一,也是银杉、白颊黑叶猴等珍稀濒危动植物富集的地区,具有古生物、古气候、古地理、古地质的历史研究价值和综合保护价值,在国际国内学术界中极有影响力。

　　金佛山地处祖国西南腹地,但交通条件有限,一直被外界认为是不可及的地方,但它丰富的珍稀、濒危动植物资源又吸引着中外学者的注目。早在 19 世纪末,德国的植物学家罗斯恩不远万里、历尽艰辛,到金佛山采集了植物标本 2 400 余号,于 1900～1901 年连续发表了植物新种 200 多个。随后,我国著名的植物学家方文培、曲桂龄、杨衔晋、耿伯介等曾在 1927～1949 年先后入山调查采集,收获甚丰。建国后,有关科研单位如中国科学院植物研究所王文采院士、洪德元院士及陈心启、汤彦承、应俊生、傅立国、李振宇、张宪春、陈伟烈、傅德志、王印政、汪小全、谢宗强等研究员,中国科学院微生物研究所魏江春院士,中国林科院宋朝枢、李建文、奇文清等研究员,北京大学汪劲武、沈泽昊教授,西南师范大学(现为西南大学)袁道先院士及刘玉成、何平、施白南等教授,四川大学方明渊、宋滋圃、李国凤等教授,西南农业大学(现为西南大学)熊济华、杨昌煦等教授,云南大学朱维明教授,成都生物研究所高宝纯、印开浦等研究员,四川省中药研究所舒光明研究员,重庆中药研究院何铸、陈善庸、钟国跃、秦松云等研究员,四川师范学院(现为西华师范大学)邓其祥、余志伟、胡锦矗等教授,及兰州大学、重庆教育学院、重庆师范学院(现为重庆师范大学)、重庆博物馆、北京林大、四川省气象局、重庆市地质局一〇七地质队、水文工程地质大队等单位先后也对金佛山的自然地理、动植物区系及其生态环境、植被类型、森林资源、土壤地质、水文矿产资源作了不同程度的专业调查,先后发表过 200 多个植物和动物新种和许多专题论著。重庆市药物种植研究所地处金佛山脚下,自 1937 年成立以来,便没间断过对金佛山的生物资源调查,其中最主要的有:1943 年由该所主持"金佛山药用植物资源调查"首次记载了金佛山的药用植物 453 种;1985～1989 年由该所与南川国土局和中药材公司共同承担的"金佛山经济动植物资源调查研究"记载了植物资源 5 099 种,动物资源523 种等。

本次考察,历时四年的野外工作,对整个自然保护区内进行了多次分季节的拉网式详查,共采集动植物标本及微生物(大型真菌)标本 5 万余份,拍摄珍稀特有动植物、微生物照片近千张,原始录像带 20 多个小时。后又经半年多的标本鉴定(包括重庆市药物种植研究所原保存的金佛山动植物标本 15 万余份)、原始调查资料的整理汇总,形成了调查报告及动植物名录,圆满完成了本次考察任务。

该保护区森林植被区系组成十分复杂,群落繁多,垂直分布明显。按中国植被的分类系统和单位可分为:针叶林、阔叶林、竹类、灌丛、草丛 5 个植被型组;针阔叶混交林、常绿、落叶阔叶混交林等 11 个植被型;杜鹃林、马尾松林和山杨林等 72 个群系。

据统计,金佛山的生物资源具有种群数量多,区系成分复杂,开发价值高等特点。大型真菌共有 61 科 185 属 584 种,其中食用真菌 281 种、有毒真菌 100 种、药用真菌 253 种、抗癌真菌 160 种。植物共有 306 科 1 644 属 5 907 种(包括栽培植物 918 种),其中地衣 12 科 22 属 62 种,苔藓 56 科 173 属 340 种,蕨类植物 47 科 113 属 598 种,裸子植物 10 科 28 属 67 种,被子植物 181 科 1 308 属 4 840 种。其中列为国家重点保护的有 292 种(包括兰科植物 144 种),属国家一级重点保护的有银杉、银杏、珙桐、红豆杉、金佛山兰、麻栗坡兜兰等 16 种;其他保护植物有金毛狗、单叶贯众、篦子三尖杉、巴山榧、鹅掌楸、呆白菜等 276 种。模式标本采自金佛山的植物众多,包括金佛山兰属、瘦房兰属等 3 个单种新属,皱叶石杉、树枫杜鹃、南川百合等 400 个新种和新变种。动物共有 354 科 1 461 属 2 178 种,其中哺乳动物 80 种、鸟类 228 种、两栖动物 32 种、爬行动物 41 种、鱼类 85 种、无脊椎动物 1 712 种。受国家重点保护的动物有 55 种,一级保护的有白颊黑叶猴、林麝、金钱豹等 9 种;水獭、穿山甲、长耳鸮等 46 种为国家二级保护动物。金佛山特别丰富的野生生物资源,被誉为"生物基因宝库"当之无愧。

古老而神秘的金佛山是我国重要的生物资源战略基地,它保存了完好的自然风貌,大片原始森林,众多的动植物资源,是当地政府和环保及林业部门辛勤保护的结果。希望今后相关部门加大科技和资金的投入,建立、健全科学的保护管理体系,完善各种保护设施,积极开展国际合作与交流,让众多古老、珍稀、濒危和特有的动植物在祖国的这片净土上生存、繁衍和发展,逐步将金佛山国家级自然保护区建设成为集生物多样性保护、生态建设、科研、宣教和利用于一体的综合性保护体系。

《重庆金佛山生物资源名录》编委会

2006 年 10 月

目录

第一部分　重庆金佛山生物资源综合考察和名录编制
工作总结报告

——刘正宇、申明亮、谭杨梅执笔

2002 年 7 月底南川市环境保护局将"金佛山生物资源综合考察"研究课题正式委托重庆市药物种植研究所具体实施。2005 年南川市环境保护局又在原金佛山生物资源综合考察的基础上,委托重庆市药物种植研究所按照金佛山生物资源名录的要求,进一步完善达到正式出版。按照协议要求,我们历经了 4 年野外及室内的艰辛工作,至 2006 年 10 月全面完成课题研究任务。现将项目执行情况总结如下:

一、基本情况

重庆市药物种植研究所于 2002 年 7 月接受了南川市环境保护局的委托,双方正式达成了"金佛山生物资源综合考察"的协议。为了确保该项目研究课题的顺利进行,为了加强对本项目的领导,以便最大限度地协调好我所的科研人员、经费及仪器,更好地完成这个项目,给南川人民作贡献,我所特成立了"金佛山生物资源综合考察"课题工作领导小组。领导小组下设联络员,负责日常联系和事务工作。工作领导小组及联络人成员名单如下:

（一）工作领导小组

组　长:	戴伟杰	重庆市药物种植研究所	所长（法人代表）
副组长:	张润林	重庆市药物种植研究所	副所长、党委书记
	申明亮	重庆市药物种植研究所	副所长
	刘正宇	重庆市药物种植研究所	资源室主任
成　员:	蒲盛才	重庆市药物种植研究所	科技科科长
	张庆华	重庆市药物种植研究所	财务科科长
	谭杨梅	重庆市药物种植研究所	标本馆馆长

（二）工作联络人:谭杨梅、申明亮（兼）、刘正宇（兼）

为了保证该研究课题的顺利进行和保质、保量、按期完成该项目任务,我所根据该课题涉及的专业和部门,除动员了我所全部相关学科的科技骨干外,还邀请了金佛山国家级自然保护区管理局、西南农业大学和南开大学等有关专家、教授,及有关专业技术人员组建成一支强大的骨干调查队。前后参加本项目的科研人员共 43 人,其中包括高级职称 12 人,中级职称 21 人,初级职称和专业技术人员 10 人。他们均从事过多年的野外动植物资源考察,具有很高的研究水平,并且年富力强,全部均能亲临现场参加野外工作。其课题负责人（骨干调查队队长）及主要成员基本情况如下:

1. 骨干调查队队长（课题负责人）简介

队长:刘正宇,男,1983 年毕业于云南大学生物系植物分类专业,现任重庆市药物种植研究所资源室主任、研究员,中科院植物研究所特聘客座研究员,世界自然保护联盟（IUCN）物种生存委员会（SSC）中国植物专家组（CPSG）成员,并兼任中国植物学会蕨类植物分会理事、中国环保学会植物园分会理事、重庆市植物学会理事、重庆市野生动植物保护协会副会长。

　　该同志长期从事动植物资源和植物分类研究工作,尤其对金佛山动植物资源有着精深研究。曾主持(或参与主持)南川市金佛山经济植物调查、南川中草药资源普查、重庆金佛山国家级自然保护区动植物资源本底调查、重庆金佛山药用动物资源调查、重庆金佛山大型真菌资源调查、金佛山猴类资源调查、金佛山白颊黑叶猴生态研究等专项研究课题。公开发表《金佛山植物新种(一至四)》《南川金佛山野生大茶树》《南川金佛山杜鹃王》《南川野生银杏》及《金佛山银杏种群的空间分布格局》和《崖柏没有绝灭》等学术论文82篇,参加或主持编写《重庆市三峡库区药用植物资源名录》《大沙河自然保护区本底资源》《四川中药栽培技术》等著作9部,单独或与他人共同命名发表金佛山竹根七、南川木菠萝等植物新种或新变种83个。前后荣获地厅级以上科技成果奖18项。

　　2. 骨干调查队主要队员简介

　　(1)重庆市药物种植研究所

刘正宇(队长)	男	研究员	动植物资源及分类
谭杨梅(副队长)	女	副主任技师	植物资源及生态
申明亮(副队长)	男	研究员	药材资源及科研管理
张含藻(副队长)	男	研究员	动物资源
张润林	男	高级工程师	科研管理
刘 翔	男	实习研究员	园艺、植物分类
韦会平	男	副研究员	药用动物、微生物
任明波	男	助理研究员	药物资源、摄影
林茂祥	男	助理研究员	药用植物资源、微机应用
周卯勤	男	主管技师	动植物资源及分类
李品明	男	副研究员	药用动物
张 军	男	实习研究员	药用植物资源、微机应用
王厚华	男	技师	药用植物资源
安中维	男	技师	药用植物资源
梁明祥	男	技师	药用植物资源
安中林	男	技师	药用植物资源
张晓灵	女	技师	药用植物资源
刘邦成	男	主管技师	药用植物资源
韦 波	男	研究员	昆虫资源
申 杰	男	实习研究员	昆虫资源
张植伟	男	实习研究员	药用植物资源
慕泽泾	男	研究实习员	药用植物资源
梁正杰	女	研究实习员	昆虫资源
韩如刚	男	助理研究员	大型真菌
肖 波	男	助理研究员	大型真菌

　　(2)南川市环境保护局

陈胜利	男	局长	环境保护管理
冉庆军	男	副局长	环境保护管理
阳 森	男	科长	生态环境保护

骆　斌	男	副科长	生态环境保护
程琼琰	女	科员	环境保护管理
周剑平	女	科员	生态环境保护

（3）金佛山国家级自然保护区管理局、南川市林业局

郑洪超	男	林业局副局长	动植物保护管理
马建伦	男	工程师（管理局局长）	动植物保护
彭延坤	男	工程师	森林资源
谢章桂	女	工程师	森林资源
黄　军	男	工程师	动植物保护及测绘

（4）金佛山风景名胜区管理局、南川市旅游局

简支全	男	局长	生物资源管理
周厚伦	男	副局长	生物资源管理
邓　华	男	副局长	生物资源管理
张钦伟	男	原副局长	动植物资源保护
杨于生	男	科长	动植物资源保护

（5）南川市科委

陈英明	男	原副主任	科研管理
李　化	男	原副主任	科研管理
胡雪楠	女	工程师	生物资源保护
周小平	男	工程师	生物资源保护

（6）重庆邮电大学

| 闫光凡 | 男 | 副研究员 | 昆虫及虫害 |

（7）西南农业大学

黄铜陵	女	教授	昆虫分类
吴蔚文	男	教授	昆虫分类
石福明	男	教授	昆虫分类
杜喜翠	女	博士研究生	昆虫分类及作物虫害
朱玉香	女	博士研究生	昆虫分类及作物虫害
赵　云	男	研究生	昆虫分类及作物虫害
刑光南	男	研究生	昆虫分类及作物虫害
袁井锋	男	研究生	昆虫分类及作物虫害

（8）南开大学

| 李传仁 | 男 | 副教授 | 昆虫分类 |
| 周长发 | 男 | 博士 | 昆虫分类 |

二、完成情况

　　根据项目协议,本次详查主要针对金佛山自然保护区的生物资源,其内容包括植物资源、动物资源和微生物（大型真菌）资源三大方面。我所在 2002 年 7 月接手任务后,投资十多万元科研经费,新增野外专用车辆、数码摄像机和 GPS 定位仪等仪器设备,于 8 月初迅速组成骨干调查队开展工作。在对参加详查人员进行专业技术培训,派人出外查阅收集大量相关资料的基础上,历时 4 年

的野外工作,对整个自然保护区内进行了多次分季节的拉网式详查,共采集动植物标本及微生物(大型真菌)标本 5 万余份,拍摄珍稀特有动植物、微生物照片近千张,与详查相关的原始录像带 20 多个小时。后又经半年多的标本鉴定(包括我所原保存的金佛山动植物标本 15 万余份)、原始调查资料的整理、11 个专项调查项目名录的编写和详查工作及业务两个报告的撰写,最后圆满和超额完成了本项目任务。现将主要成果目录列出如下:

(一)综合考察集

1. 考察工作报告

2. 技术总结报告

附:(1)珍稀濒危大型真菌名录

(2)珍稀濒危动植物名录

(3)国家重点保护植物(野生)名录

(4)国家重点保护植物(栽培)名录

(5)模式植物名录

(6)特有植物名录

(7)兰科植物名录

(8)杜鹃花科植物名录

(9)珍稀濒危动物名录

(10)国家重点保护动物名录

(11)特有动物名录

(二)大型真菌名录

(三)植物名录(包括地衣、苔藓、蕨类、裸子、被子植物)

(四)动物名录(包括部分无脊椎动物和脊椎动物)

(五)其他部分

1. 珍贵、重要动、植、微生物照片(1 册共 105 张)

2. 剪接分类原始录像资料 6 盒

3. 提供标本及图片等建立金佛山动植物标本馆 1 座

三、本次详查取得的主要成果及重大发现

(一)通过详查全面摸清了金佛山的生物资源状况。经统计,金佛山共有微生物(大型真菌)资源 61 科 185 属 584 种(亚种),动物资源 354 科 1 461 属 2 178 种[其中无脊椎动物 254 科 1 158 属 1 712 种(亚种);脊椎动物(鱼类 15 科 59 属 85 种、两栖类 8 科 20 属 32 种、爬行类 10 科 24 属 41 种、鸟类 42 科 140 属 228 种、哺乳类 25 科 60 属 80 种)共 100 科 303 属 466 种(亚种)];植物资源 306 科 1 644 属 5 907 种[其中地衣植物 12 科 22 属 62 种、苔藓植物 56 科 173 属 340 种、蕨类植物 47 科 113 属 598 种、裸子植物 10 科 28 属 67 种、被子植物 181 科 1 308 属 4 840 种(亚种、变种)],包括栽培植物 918 种。

(二)本次详查结果大大丰富了金佛山生物多样性的内涵,显著提高了金佛山生物多样性的保护价值。其中微生物(大型真菌)方面比原已知资源新增加 35 科 131 属 470 种(亚种),动物方面比原已知资源新增加 294 科 1 655 种,植物方面比原已知资源新增加 6 科 166 属 808 种;保护植物从原已知 52 种(变种)上升到 293 种(变种),新增 241 种(变种)(其中国家一级保护植物从原已知的 4 种上升到 16 种,新增种的数量是原已知的 3 倍)。

（三）本次生物资源大详查填补了金佛山动、植、微三大生物界中的微生物界、植物界中的地衣植物和动物界中的无脊椎动物两大尚未开展过资源专题调查的空白，并通过对兰科植物、杜鹃花植物、模式标本采自金佛山的植物、金佛山特有植物和金佛山珍稀濒危动、植、微生物等的专项详查和研究，使金佛山的生物资源的研究取得突破性进展，获得了大批真实可靠、急需实用的数据。如第一次较为彻底地查清了金佛山内兰科和杜鹃花科植物资源，其中兰科植物有 53 属 144 种，比原调查新增 18 属 52 种，杜鹃花科植物有 7 属 72 种（其中杜鹃属植物 44 种），比原调查新增 19 种。第一次较准确得知从 1890 年以来模式标本采自金佛山的植物新种有 400 种（亚种），其中有 181 种为金佛山特有植物、12 种为特有动物；第一次深入了解和掌握到除国家保护的动植物外，金佛山还有 476 种（变种、亚种）为金佛山自然保护区内的珍稀濒危动、植、微生物。较大地充实了研究资料的积累。

（四）近期调查获得了一大批重大发现。如近期在《植物分类学报》和《植物研究》等杂志上发表植物新种 96 个，如金佛山竹根七、南川灯盏苣苔、南川木菠萝等；待发表植物新种 45 个，如南川石蝴蝶、金佛山吉祥草等；发现大批受国家保护的一、二级动植物；并寻找到十分珍贵的野生银杏、香花杜鹃、野生大茶树、麻栗坡兜兰、云南红豆杉和黑节草等植物。

（五）对金佛山的调查不但摸清了本区内生物多样性的现状，探索出了区域性大规模开展生物资源详查的成功经验，还为本所和当地培养、造就了一支有较高水平、能吃苦耐劳的生物资源调查队伍；并在实际工作中增强和提高了人们对森林及动植物的保护意识。

四、详查工作经验与体会

（一）领导重视是关键。在整个调查工作中，我们积极争取了所领导、南川市领导及相关部门领导在财力、人力及物力上的支持，因而使详查工作在短期内得到顺利完成。

（二）高素质、高水平的调查队伍是调查质量的保证。在本次调查中，我所除组织了精兵强将外，还针对我所部分专业学科技术力量的不足，成功邀请到西南农业大学、南开大学的 20 余位专家、教授加盟，故能高质量地完成多学科、多项目的调查任务。

（三）上下密切配合是调查任务按期完成的保障。在调查工作中，重庆市药物种植研究所、南川市环保局、科委、旅游局、林业局、重庆社科院旅研所、金佛山自然保护区管理局等部门和单位积极主动、真诚参与、密切配合，使调查工作得以顺利按期完成。

五、建议

金佛山生物资源名录的考察编制工作，虽只历时 4 年，但所得到的资料，绝大部分是我市、我所几代搞生物资源人的心血，是全国各地众多关心、支持金佛山的人的劳动成果，故尤为珍贵。这些有着十分重要的实用价值，因而建议有关部门尽快组织所需的人力、财力、物力，将资料进一步整理、修正，正式出版发行，以造福于我市，造福于人类。

综上所述，金佛山具有生物区系的古老性，海洋化石的集成性，生物资源的珍稀性，动、植物种类的丰富性，生态系统的完整性和稳定性，环境保护的纯洁性，风景如画的自然性，具有十分重要的保护价值，已具备申报世界自然遗产的条件。

2006 年 10 月

第二部分　重庆金佛山生物资源综合考察技术总结报告

——刘正宇、谭杨梅、马建伦 执笔

　　重庆金佛山位于重庆市南部南川市境内,东邻武隆、道真,南连正安、桐梓,西靠万盛,北及南川城区,界于 E107°00′～107°22′、N28°50′～29°20′,是四川盆地东南缘与云贵高原的过渡地带,大娄山山脉东北端,由金佛、柏枝、箐坝 3 山及三元庙坝林区共 4 片 108 座山峰组成,主峰风吹岭海拔高度 2 251 m,最低海拔 580 m,保护区规划面积 418.5 km²。

　　金佛山是我国中亚热带常绿阔叶林森林生态系统保存最完好的地区之一,也是银杉、白颊黑叶猴等珍稀濒危动植物富集的地区,具有古生物、古气候、古地理、古地质的历史研究价值和综合保护价值,在国际国内学术界中极有影响力。

　　金佛山地处祖国西南腹地,但交通条件有限,一直被外界认为是不可及的地方,但它丰富的珍稀、濒危动植物资源又吸引着中外学者的注目。早在 19 世纪末,德国的植物学家罗斯特恩不远万里、历尽艰辛,到金佛山采集了植物标本 2 400 余号,于 1900～1901 年连续发表了植物新种 200 多个。随后,我国著名的植物学家方文培、曲桂龄、杨衔晋、耿伯介、熊济华、李国凤、陈心启、汪劲武、汤彦承、朱维明、应俊生、傅立国等,在 20 世纪先后对金佛山进行过植物考察和标本采集,发表过 268 个植物新种和许多专题论著。中国林科院研究员宋朝枢、李建文,中科院洪德元、魏江春、袁道先院士、李振宇、陈伟烈、傅德志、王印政、汪小全、谢宗强研究员等也先后前来金佛山考察,认为金佛山野生生物资源有名副其实的"生物基因宝库"之称。

　　建国后,有关科研单位如中国科学院植物研究所、重庆市药物种植研究所、重庆中药研究院、成都生物研究所、北京大学、四川大学、云南大学、西南师范大学、西南农业大学、兰州大学、重庆师范学院、重庆博物馆、南充师范学院、北京林大、四川省气象局、重庆市地质局一〇七地质队、水文工程地质大队等单位先后也对金佛山的自然地理、动植物区系及其生态环境、植被类型、森林资源、土壤地质、水文矿产资源作了不同程度的专业调查,获得了很多专题论著,广大科技工作者为探索该区自然资源和生态环境作了大量工作,付出了艰辛的劳动,也取得了很多成果。我所(重庆市药物种植研究所)自 1937 年成立以来,便没间断过对金佛山的生物资源调查,其中最主要的有:1943 年"金佛山药用植物资源调查"首次记载了金佛山的药用植物 453 种;1985～1989 年"金佛山经济动植物资源调查研究"记载了植物资源 5 099 种,动物资源 523 种等。

一、自然概况

(一)地质

　　金佛山在古代曾经是海洋的一部分,经过中生代燕山造山运动而形成,后经喜马拉雅山脉运动的几度抬升和伴随产生的断裂与陷裂以及受长时期的侵蚀、冲刷、溶蚀逐渐演化而发育成目前的地貌,属新华夏构造体系,地质构造的主要展布为北北东、南北、北北西及部分弧形构造线,尤以北北东向构造线最为明显。骨干褶皱构造自西北向东南发展。龙骨溪背斜从西南至东北横贯保护区，支撑着整个地质构造，整个背斜由寒武系、奥陶系、志留系地层组成。在此背斜的东南金山向斜自成段落倒置山。向斜与背斜近于平行延伸，向斜轴线扭摆多弯曲，独立高点多，金佛山主峰正好是向斜的轴部，向斜南端于湾塘一带志留系地层扬起，向北东至马咀附近消失，向斜轴部最新岩层为三叠系飞仙关组灰岩，西翼分别为二叠系灰岩（有长兴组、龙潭组、茅口坡组、栖霞组、凉山组）及志留系页岩组成。

（二）地貌

金佛山属川东褶皱地带，为大娄山山脉北端的最高峰，其地形地貌兼具四川盆地与云贵高原两地的特点，有典型的石灰岩喀斯特地貌。由于地表形态特征、岩溶性及新构造运动的差异性，构成了低山峡谷、中山台地两大地貌。山地占 98.78%，是多山地形。山势高，切割强烈、多陡岩和狭谷，地形的层次性明显，岩溶发育多溶洞，山体的海拔多在 1 400 m 以上，中山台地周围有梯级断层悬崖，上层由栖霞系灰岩构成了较大面积的缓坡与平台，北坡陡峭，沟谷深切，南坡较为平缓。

全区分布着两大地貌：

1. 中山台地：主要分布在金佛、柏枝、箐坝 3 山海拔 1 000 m 以上，相对高差 500～1 000 m 的地带。山脉展布方向大多与构造线一致，地层成层性明显，每层均有剥夷面。

2. 低山狭谷：主要分布在龙骨溪背斜和金山向斜两翼，海拔 800～1 200 m，相对高差 500 m 以上地带，由寒武系、奥陶系和志留系岩层组成，经风化溶蚀且又受金佛山水系冲刷，形成深沟狭谷地貌。向斜东翼岩层平缓，侵蚀作用强烈，多为深切地形。

（三）气候条件

重庆金佛山位于亚热带湿润季风气候区，气候温和、雨量充沛、多云雾、冬微寒夏暖，具明显的季风气候特点，受东太平洋湿润季风气候的影响，加之金佛山山体复杂，有利于暖湿气流的引申，经各种复杂地形和垂直高度的变化，对光、热、水资源起着阻滞和再分配作用。

据金佛山气象站（海拔 1 905.5 m）多年观测资料显示，该区常年平均气温低于 8.3℃，年极端最高气温 26℃，出现在 7 月；年最低气温 −7.9℃，出现在 2 月。最热月 7，8 和 9 月，平均气温 17.8℃，1 月平均气温 −2.1℃。常年平均日照 1 079.4 h，常年降水量平均为 1 395.5 mm，最大降水量可达 1 643.1 mm，最小降水量为 1 085.6 mm，雨量大多集中在 6 月份。年平均有雨日 236 d，有雾日 263 d，相对湿度 90%。

总的说来，本自然保护区的气候特点是：降雨充沛，年日照时数少，少晴多雾，冬微寒夏暖是典型的亚热带季风气候，是形成亚热带常绿阔叶、落叶阔叶林的重要条件，也是形成该生物资源丰富的主要因素，典型的亚热带季风气候和特殊的地质环境，形成了金佛山物种丰富但又是十分脆弱的生态环境，该环境一旦遭到破坏，恢复的可能性极小，并直接影响周围数千平方公里的农业生产，随之而来的是环境质量急剧恶化，森林生态系统的恒温效应，水源的涵养作用和森林生态系统的巨大热容量将遭到巨大的削弱和破坏。因此，保护好金佛山亚热带阔叶林区，是关系周围数千平方公里居民生存的重要条件。

（四）土壤

该自然保护区土壤因受地质制约和生物气候因素的相互作用，具有地带性和地域性分布和明显的垂直带谱特征。从总体上看，形成的母岩主要是石灰岩、砂岩、页岩等。土壤的垂直带谱为：山地黄壤（700～1 200 m），山地暗黄壤（1 200～1 700 m），山地黄棕壤（1 700～2 000 m），山间沟谷有粗骨性黄泥和少量的高山草甸土分布。

（五）水文

区内水系发达，溪流众多，呈树枝状，大体上由中间向四方发散，主要河流有 26 条，其中集雨面积在 100 km² 以上的 12 条，51～100 km² 的 9 条，20～50 km² 的 5 条，平均径流量 57.053 m³/s，年总水量为 16.6 亿 m³，河流总长 506 km，天然落差共 8 901 m，理论水能蕴藏量为 137 119 kW，现已建电站 61 个，装机 106 台，装机容量 17 275 kW。金佛山发源的溪河均属长江水系，主要河流有：凤咀江、半河河、龙骨溪、木渡河、石钟溪、龙岩江、黑溪河、鱼泉河、合九溪、桐槽溪、石梁河、元村河、灰阡河、柏枝溪、孝子河、梨香溪等。

二、植被

保护区由于处在亚热带湿润气候区，长期受太平洋湿润季风气候的影响，生物气候条件十分优越。受第四纪冰川运动的影响，部分亚热带珍稀濒危植物得到保存、繁衍和发展，故区内植物种类繁多，类型复杂多样，形态特征各异。在分布上呈现出散、片、块状分布，不同地质年代的植物和不同区系成分的植物常常混合在一个植物群落里，珍稀、孑遗和特有种都相当丰富，是我国不可多得的中亚热带植物集中分布区。

森林植被区系组成十分复杂，群落繁多，垂直分布明显等特点。为此，根据不同的海拔，植物种类出现的差异，将其植被划分为：山脚沟谷偏湿性常绿阔叶林带；浅丘偏暖性针叶林带；山腰偏暖性阔叶、针叶混交林带；山顶落叶、常绿阔叶与竹类偏寒湿林带等 4 个垂直带。

按中国植被的分类系统和单位可分为：

针叶林、阔叶林、竹类、灌丛、草丛 5 个植被型组；温性针阔叶混交林、暖性针叶林、常绿、落叶阔叶混交林等 11 个植被型；银杉针阔叶混交林、暖性常绿针叶林、山地杨桦林、山地常绿、落叶阔叶混交林等 15 个植被亚型；松林、油杉林、柏木林、桦木林、青冈落叶阔叶混交林等 30 个群系组；银杉、水青冈、杜鹃林，铁坚油杉林，灯苔树，川鄂山茱萸林，华木荷、毛蕊山茶林等 72 个群系，即：

针叶林

Ⅰ 温性针阔叶混交林

一、银杉针阔叶混交林

（一）银杉林

1. 银杉、水青冈、杜鹃林

（Form. *Cathaya argyrophylla*，*Fagus longipetiolata*，*Rhododendron simsii*）

2. 银杉、马尾松、四川大头茶林

（Form. *Cathaya argyrophylla*，*Pinus massoniana*，*Gordonia szechuanensis*）

Ⅱ 暖性针叶林

二、暖性常绿针叶林

（二）松林

3. 马尾松林（Form. *Pinus massoniana*）

4. 华南五针松林（Form. *Pinus kwangtungensis*）

5. 巴山松林（Form. *Pinus henryi*）

（三）油杉林

6. 铁坚油杉林（Form. *Keteleeria davidiana*）

（四）杉木林

7. 杉木林（Form. *Cunninghamia lanceolata*）

（五）柏木林

8. 柏木林（Form. *Cupressus funebris*）

阔叶林

Ⅲ 落叶阔叶林

三、典型落叶阔叶林

（六）栎林

9. 麻栎林（Form. *Quercus acutissima*）

10. 锐齿槲栎林（Form. *Quercus aliena* var. *acuteserrata*）

11. 栓皮栎、枫香林（Form. *Quercus variabilis*，*Liquidambar formosana*）

（七）落叶阔叶杂木林

12. 鹅掌楸、漆树、湖北木兰林（Form. *Liriodendron chinensis*，*Toxicodendron vernicifluum*，
Magnolia sprengeri）

13. 水青冈、川陕鹅耳枥、藏刺榛林（Form. *Fagus longipetiolata*，*Carpinus fargesiana*，
Corylus ferox var. *thibetica*）

14. 珙桐、水青树林（Form. *Davidia involucrata*，*Tetracentron sinense*）

15. 灯苔树、川鄂山茱萸林（Form. *Cornus controversa*，*Macrocarpium chinense*）

四、山地杨桦林

（八）杨林

16. 山杨林（Form. *Populus davidiana*）

（九）桦木林

17. 亮叶桦、尾叶樱林（Form. *Betula luminifera*，*Prunus dielsiana*）

18. 西南桦、多脉鹅耳枥林（Form. *Betula alnoides*，*Carpinus polyneura*）

Ⅳ 常绿、落叶阔叶混交林

五、山地常绿、落叶阔叶混交林

（十）青冈落叶阔叶混交林

19. 蛮青冈、化香林（Form. *Cyclobalanpsis oxyodon*，*Platycarya strobilacea*）

20. 青冈栎、灰楝林（Form. *Cyclobalanpsis glauca*，*Cornus poliophylla*）

（十一）木荷落叶阔叶混交林

21. 木荷、山羊角树林（Form. *Schima superba*，*Carrierea calycina*）

22. 银木荷、枫香林（Form. *Schima argentea*，*Liquidambar formosana*）

（十二）水青冈常绿阔叶混交林

23. 亮叶水青冈、麻叶杜鹃林（Form. *Fagus lucida*，*Rhododendron coeloneurum*）

24. 水青冈、弯尖杜鹃林（Form. *Fagus longipetiolata*，*Rhododendron youngae*）

（十三）石栎类落叶阔叶混交林

25. 包槲柯、南川安息香林（Form. *Lithocarpus cleistocarpus*，*Styrax hemsleyana*）

26. 硬斗柯、湖北木兰林（Form. *Lithocarpus hancei*，*Magnolia sprengeri*）

Ⅴ 常绿阔叶林

六、典型常绿阔叶林

（十四）栲类林

27. 扁刺栲林（Form. *Castanopsis platyacantha*）

28. 丝栗栲林（Form. *Castanopsis fargesii*）

（十五）青冈林

29. 小叶青冈林（Form. *Cyclobalanopsis gracillis*）

30. 多脉青冈林（Form. *Cyclobalanpsis multinervis*）

（十六）石栎林

31. 包槲柯、茶条果林（Form. *Lithocarpus cleistocarpus*，*Symplocos chinensis*）

32. 绵槠石栎、美容杜鹃林（Form. *Lithocarpus henryi*，*Rhododendron calophytum*）

（十七）润楠林

33. 紫楠、光叶槭林（Form. *Phoebe sheareri*，*Acer laevigatum*）

（十八）木荷林

34. 华木荷、毛蕊山茶林（Form. *Schima sinensis*，*Camellia mairei*）

七、山顶常绿阔叶矮曲林

（十九）杜鹃矮曲林

35. 金山杜鹃林（Form. *Rhododendron longipes* var. *chienianum*）

36. 阔柄杜鹃林（Form. *Rhododendron platypodum*）

Ⅵ 硬叶常绿阔叶林

八、山地硬叶栎类林

（二十）山地栎类林

37. 巴东栎林（Form. *Quercus engleriana*）

九、河谷硬叶栎类林

（二十一）河谷栎类林

38. 岩栎林（Form. *Quercus acrodonta*）

39. 乌岗栎林（Form. *Quercus phillyraeoides*）

竹类

Ⅶ 竹林

十、温性竹类

（二十二）山地竹林

40. 金佛山方竹林（Form. *Chimonobambusa utilis*）

41. 平竹林（Form. *Qiongzhuea communis*）

42. 箭竹林（Form. *Sinarundinaria confusa*）

43. 金佛山箬竹丛（Form. *Indocalamus nubigenus*）

十一、暖性竹类

（二十三）丘陵、山地竹林

44. 水竹林（Form. *Phyllostachys heteroclada*）

45. 白夹竹林（Form. *Phyllostachys nidularia*）

46. 刚竹林（Form. *Phyllostachys bambusoides*）

47. 梁山慈竹林（Form. *Dendrocalamus farinosus*）

（二十四）河谷、平原竹林

48. 慈竹林（Form. *Neosinocalamus affinis*）

49. 料慈竹林（Form. *Sinocalamus distegius*）

50. 南川镰序竹林（Form. *Drepanostachyum melicoideum*）

灌丛

Ⅷ 常绿针叶灌丛

十二、暖性常绿针叶灌丛

（二十五）河谷针叶灌丛

51. 篦子三尖杉灌丛（Form. *Cephalotaxus oliveri*）

Ⅸ 落叶阔叶灌丛

十三、暖性落叶阔叶灌丛

（二十六）低山、丘陵落叶阔叶灌丛

52. 马桑、盐肤木灌丛（Form. *Coriaria sinica*，*Rhus chinensis*）

53. 黄荆灌丛（Form. *Vitex negundo*）

54. 白栎、宜昌荚蒾灌丛（Form. *Quercus fabri*，*Viburnum erosum*）

55. 南川绣线菊、平枝枸子灌丛（Form. *Spiraea rosthornii*，*Cotoneaster horizontalis*）

56. 火棘、盐肤木灌丛（Form. *Pyracantha fortuneana*，*Rhus chinensis*）

（二十七）河谷落叶阔叶灌丛

57. 火棘、黄荆灌丛（Form. *Pyracantha fortuneana*，*Vitex negundo*）

58. 贵州缫丝花、小果蔷薇灌丛（Form. *Rosa kweichowensis*，*Rosa cymosa*）

59. 水麻叶、醉鱼草灌丛（Form. *Debregeasia orientalis*，*Buddleja lindleyana*）

Ⅹ 常绿阔叶灌丛

十四、典型常绿阔叶灌丛

（二十八）低山、丘陵常绿阔叶灌丛

60. 香叶树、铁仔灌丛（Form. *Lindera communis*，*Myrsine africana*）

61. 映山红、距圆叶鼠刺灌丛（Form. *Rhododendron simsii*，*Itea chinensis* var. *oblonga*）

（二十九）石灰岩山地常绿阔叶灌丛

62. 月月青、烟管荚蒾灌丛（Form. *Itea ilicifolia*，*Viburnum utile*）

63. 崖花海桐、菱叶新樟灌丛（Form. *Pittosporum illicioides*，*Neocinnamomum fargesii*）

64. 短果峨马杜鹃、树枫杜鹃灌丛
　（Form. *Rhododendron ochraceum* var. *brevicarpum*，*Rhododendron changii*）

65. 球核荚蒾、南天竹灌丛（Form. *Viburnum propinquum*，*Nandina domestica*）

（三十）河滩常绿阔叶灌丛

66. 小梾木、小蜡灌丛（Form. *Cornus paucinervis*，*Ligustrum sinense*）

草丛

Ⅺ 灌草丛

十五、暖热性灌草丛

（三十一）禾草丛

67. 白茅草丛（Form. *Imperata cylindrica* var. *major*）

68. 五节芒草丛（Form. *Miscanthus floridulus*）

69. 拂子茅、香青草丛(Form. *Calamagrostis epigejos*，*Anaphalis sinica*)

(三十二)蕨类草丛

70. 蕨草草丛(Form. *Pteridium aquilinum* var. *latiusculum*)

71. 芒萁草丛(Form. *Dicranopteris pedata*)

72. 里白草丛(Form. *Diplopterygium glaucum*)

三、微生物(大型真菌)

我们对整个金佛山南川市境内的19个乡镇全面进行了走访和野外实地调查,对金佛山重点区域,如:金山、柏枝山、箐坝山、三元、庙坝林区分季节、气候、海拔、森林类型等进行了定点拉网式详查(主要以10 m×1 000 m样带和5 m×5 m样方等方式结合进行)。前后走访产区熟悉菌类生长环境和用途的老农及知情者120余人。野外采集大型真菌标本1 251份,实地拍摄珍贵实物照片340余张及项目原始资料录像带5盒(5 h)。圆满完成了金佛山的自然概况、大型真菌的生长类型、数量、分布、产地环境、民间用途(包括食用、药用等)、是否有毒、是否开发利用(包括驯化)等调查项目。通过标本鉴定和原始资料的整理,现已知该山体共有大型真菌61科185属584种,占全国已知大型真菌约3 800种的15%以上。比贵州梵净山已知大型真菌45科多16科、122属多63属、372种多212种。金佛山已知种类大大超过(1986～1989年李文虎、秦松云等)整个四川省(包括重庆市)大型真菌资源的调查结果:36科92属348种,其中指明金佛山有分布的仅记载10种,包括整个涪陵地区也只有52种。概况起来,金佛山的大型真菌有以下几个特点:1.种群数量多,区系成分复杂,有较高的多样性和较强的地区特有性。2.木生菌及外生菌根菌种类多,其他类型的菌少。3.食用和药用菌类资源异常丰富,不少菌类具有较高的抗癌作用。4.有开发价值的野生菌类资源非常丰富。调查结果分类整理如下:

(一)真菌类型

据本次调查统计,金佛山已知的61科185属584种大型真菌中,有子囊菌类12科29属61种、胶质菌类5科9属26种、多孔菌类16科56属170种、伞菌类18科73属284种、腹菌类10科18属43种,其中木腐菌241种,外生菌根菌286种,虫生菌19种,粪生菌11种,土生菌7种,竹生菌4种,菌生菌1种,其他15种。

(二)食用真菌

金佛山可食用真菌资源十分丰富。通过本次调查已知有13目44科97属281种,占全国已知食用菌近900种的31%。比整个甘肃省大型食用真菌(张光礼等)10目23科42属92种,多3目21科55属(1倍多)189种(2倍多)。其中发现了美味牛肝菌(*Boletus edulis*)、褐盖牛肝菌(*B. brunneissimus*)、皱盖疣柄牛肝菌(*Leccinum rugosicepes*)、大刺孢树花(*Grifola gigantea*)、豹皮香菇(*Lentinus lepideus*)、虎掌刺银耳(*Pseudohydnum gelatinosum*)等许多极具开发价值的食用菌类。

(三)有毒真菌

金佛山大型真菌中,有毒的种类较多。据统计共有6目25科47属100个种,约占1/6,主要为鹅膏菌科(Amanitaceae)、鬼伞科(Coprinaceae)及丝膜菌科(Cortinariaceae)的裸伞属(*Gymnopilus spp.*)、丝盖伞属(*Inocybe spp.*),粉褶菌科(Rhodophyllaceae)的粉褶菌属(*Rhodophyllus spp.*)等菌类;其主要毒素为鬼伞素[coprine (antabuse-like)]、鹅膏毒素(amanitins)、鹿花毒素[gyromitrin (MMH)]和毒蝇碱(muscarine)。

（四）药用真菌

据调查和查阅有关资料,金佛山已知药用真菌 14 目 43 科 96 属 253 种,占全国已知药用菌约 500 种的 50％以上。其中在金佛山新发现了许多疗效显著,我市没有记载的种类分布,如我国仅记载云南省滇中有的灵芝菌类中十分罕见的药用的药用极品黑紫灵芝（*Ganoderma neo-japonicum*）和原记载仅贵州省有野生分布的药用上品黑灵芝（*G. atrum*）和凉山大虫草（*Cordyceps liangshanensis*）、竹砂仁（*Eypocrea rufa*）、乌灵参（*Xylaria nigrescens*）等。

（五）抗癌类真菌

从大量相关文献、资料查阅得知,金佛山可作药用的大型真菌中,不少种类可抗癌。据统计金佛山能抗癌的菌类共计 9 目 30 科 73 属 160 种,占金佛山已知药用真菌的一半以上。其中有肉色迷孔菌（*Daedalea dickinsii*）、灰树花（*Grifola frondosa*）、田头菇（*Agrocybe praecox*）等 18 种,对肉瘤的抑制率高达 100％;黄鳞环锈伞（*Pholiota flammans*）、墨汁鬼伞（*Coprinus atramentarius*）、双环林地蘑菇（*Agaricus placomyces*）等 18 种对艾氏癌（腹水癌）的抑制率也高达 100％,在用于抗癌方面非常有开发价值。

四、植物资源

金佛山植物种类十分丰富。早在 18 世纪就引起国际植物界的注目,据我所数十年调查资料显示,已知该山植物共有 306 科 1 644 属 5 907 种（包括栽培植物 918 种）,其中地衣 12 科 22 属 62 种,苔藓 56 科 173 属 340 种,蕨类植物 47 科 113 属 598 种,裸子植物 10 科 28 属 67 种,被子植物 181 科 1 308 属 4 840 种。

（一）珍稀特有植物

金佛山地质古老,在中亚热带季风气候的影响下,形成以中亚热带常绿阔叶、落叶阔叶林为主的植被类型,分布着众多的珍稀植物,其中列为国家重点保护的 254 种（包括兰科植物 144 种）,属国家一级重点保护的 12 种;另在本区有栽培的国家重点保护植物共 39 种,其中水杉（*Metasequoia glyptostroboides*）、莼菜（*Brasenia schreberi*）等 4 种为一级。先简述如下:

1. 国家重点保护植物

（1）国家一级保护植物

据本次详查,金佛山保护区内的国家重点保护植物有银杉、银杏、珙桐、光叶珙桐、红豆杉、南方红豆杉、云南红豆杉、伯乐树、金佛山兰、麻栗坡兜兰、铁皮石斛等 16 种。

银杉（*Cathaya argyrophylla*）是第三纪前后发展起来的经过第四纪冰川运动时期遗留下来的,具有古气候、古地质、古生物的研究价值。现仅分布于我国西南少部分地方,其他地方的银杉生长环境单一,但金佛山的银杉居群具多样性,有银杉——亮叶水青冈林、银杉——马尾松、杉木林。成土母岩有山地石灰岩和页岩,土壤为黄壤和黄棕壤,生长地点地势类型有山脊、石笋和山腰突起部位等。现存植株 1 978 株,居群 6 个,是银杉居群及数量最多的原产地,具有极高的研究价值,这对进一步研究我国的植物区系和植被的起源、发展、演替具有重大的意义。本次调查新发现的德村的银杉居群是金佛山银杉居群中纬度最靠北的一个居群,也是我国的最北的银杉居群。它的发现,无疑将增加金佛山天然银杉林保护力度和价值。

银杏（*Ginkgo biloba*）有"活化石"之称,它是种子植物中最古老的孑遗植物,最初起源于中生代三叠纪,曾广布于欧亚大陆。在第四纪冰川以后,仅在我国局部山区残存下来。新调查发现的杨家沟银杏天然森林群落,是重庆金佛山乃至全国近期发现的野生银杏林。对进一步探讨我国银杏野生群落的分布、演化具有重要的科学研究价值。

珙桐（*Davidia involucrata*）、光叶珙桐（*D. involucrata* var. *vilmoriniana*）也是著名的植物"活化石"，目前在金佛山的南、北坡均有分布，其中在箐坝山有数百亩成片分布的古老珙桐群落，但其结实稀少，其原因有待进一步研究。

金佛山兰（*Tangtsinia nanchuanica*）分布区域非常狭窄，仅特产于金佛山，据本次调查统计，能开花的不足 50 株，是我国目前最濒临灭绝的物种之一。

红豆杉（*Taxus chinensis*）、南方红豆杉（*T. chinensis* var. *mairei*）、云南红豆杉（*T. wallichiana* var. *yunnanensis*）等是古老孑遗植物之一。因近年来有新药效发现，世界上野生植株数量急剧下降，但在金佛山海拔 1 400～2 200 m 的地段，仍生长着直径在 30 cm 以上，能开花结果的大树 2 000 余株，是稀有的红豆杉天然种质基因库。

另伯乐树（*Bretschneidera sinensis*）、麻栗坡兜兰（*Paphiopedilum malipoense*）、铁皮石斛（*Dendrobium officinale*）等在金佛山仍有少量分布。水杉（*Metasequoia glyptostroboides*）、荷叶铁线蕨（*Adiantum reniforme* var. *sinense*）、人参（*Panax ginseng*）、莼菜（*Brasenia schreberi*）也有引种栽培。

（2）其他重点保护植物

其他重点保护植物在金佛山分布有 238 种，其中包括金毛狗（*Cibotium barometz*）、小黑桫椤（*Gymnosphaera metteniana*）、粗齿黑桫椤（*Gymnosphaera denticulata*）、单叶贯众（*Cyrtomium hemionitis*）、篦子三尖杉（*Cephalotaxus oliveri*）、福建柏（*Fokienia hodginsii*）、巴山榧（*Torreya fargesii*）、绞股蓝（*Gynostemma pentaphyllum*）、杜仲（*Eucommia ulmoides*）、鹅掌楸（*Liriodendron chinensis*）、厚朴（*Magnolia officinalis*）、香果树（*Emmenopterys henryi*）、宜昌橙（*Citrus ichangensis*）、水青树（*Tetracentron sinense*）、独花兰（*Changnienia amoena*）、狭叶瓶尔小草（*Ophioglossum thermale*）、穗花杉（*Amentotaxus argotaenia*）、银叶桂（*Cinnamomum mairei*）、华榛（*Corylus chinensis*）、金钱槭（*Dipteronia sinensis*）、领春木（*Euptelea pleiosperma*）、白辛树（*Pterostyrax psilophylla*）、铁坚油杉（*Keteleeria davidiana*）、紫茎（*Stewartia sinensis*）、银鹊树（*Tapiscia sinensis*）、呆白菜（*Triaenophora rupestris*）等。

单叶贯众为国家二级重点保护植物，模式标本采自贵州定县，以后在该地仅发现过一次，为极珍稀种类。新发现的天然单叶贯众居群，在金佛山仅残存于德村的千佛岩。据本次调查，现存不足 20 株，幼苗非常稀少，自然繁衍困难，加上环境变迁导致植物死亡，种群处于极度濒危状态，急待加强保护。

呆白菜为玄参科国家二级重点保护植物，原只知分布于三峡库区的巴东和万州。现野外植株由于采集和三峡水库的建设，已极度稀少。新发现的呆白菜居群，在金佛山也仅知分布于靛厂沟的干燥崖壁上。它的发现，为我国增加了新的地理分布，有十分重要的保护价值。

篦子三尖杉为国家二级重点保护植物，在本保护区主要生长在低山沟谷地带。新调查发现的靛厂沟分布的篦子三尖杉群落，其原始状况保存较好，有着较为重要的保护意义。

巴山榧为国家二级重点保护植物。新发现的巴山榧群落，在金佛山仅分布于靛厂沟，为我国分布最南端的群落，具有重大的研究价值和保护价值。

2. 金佛山模式植物

金佛山模式植物是指植物新种（变种）正式命名发表时，所指定的模式标本采自金佛山的植物类群。模式标本对研究该物种是否成立，至关重要，故模式标本原产地植物有着较高的保护价值。模式标本采自金佛山的植物众多，有密齿提灯藓（*Mnium denticulosum*）、皱叶石杉（*Huperzia crispata*）、秦氏肋毛蕨（*Ctenitis chingii*）、正宇耳蕨（*Polystichum liuii*）、红茴香（*Illicium henryi*）、树枫杜鹃(*Rhododendron changii*)、花南星(*Arisaema lobatum*)、阳荷(*Zingiber striolatum*)、南川百合(*Lilium rosthornii*)、南川盆距兰(*Gastrochilus nanchuanensis*)等 400 种(变种),其中包括金佛山兰(*Tangtsinia*)、瘦房兰(*Ischnogyne*)、金佛山齿鳞草(*Lathraea*)等三个单种新属。另待正式发表的有 46 种,如南川石蝴蝶(*Petrocosmea nanchuense*)、金佛山吉祥草(*Reineckia jinfushanensis*)、金佛山菝葜(*Smilax jinfushanensis*)等。

3.金佛山特有种

特有种是指仅知该地区有分布的特有植物。如南川升麻(*Cimicifuga nanchuanensis*)、南川青冈(*Cyclobalanpsis nanchuanica*)、南川冬青(*Ilex nanchuanensis*)、南川老鹳草(*Geranium rosthornii*)、南川长柄槭(*Acer longipes* var. *nanchuanense*)、南川椴(*Tilia nanchuanensis*)、卵叶变豆菜(*Sanicula oviformis*)、南川山姜(*Alpinia nanchuanwnsis*)、南川对叶兰(*Listera nanchuanica*)、金佛山兰、金山马兜铃(*Aristolochia jinshanensis*)、金山白珠(*Gaultheria forrestii*)、金山安息香(*Styrax huana*)、金佛美容杜鹃(*Rhododendron calophytum* var. *jingfuense*)、金佛山竹根七(*Disporopsis jinfushannensis*)、金佛山黄精(*Polygonatum ginfoshanicum*)、金佛山百合(*Lilium jinfushanense*)等 181 种,全世界现仅知重庆金佛山有分布。由于这些物种分布十分局限,数量十分稀少,因而极为珍贵,有重大保护价值。

4.金佛山珍稀濒危植物

在金佛山众多植物中,有 343 种在该区现存量极为稀少,属珍稀濒危植物。如全世界特产于南川重庆金佛山内的下延阴地蕨(*Botrypus decurrens*)、南川莲座蕨(*Angiopteris nanchuanensis*)、金佛山黄精、金佛山细辛(*Asarum franchetianum*)、单叶贯众等草本植物总残存量分别均不足 50 株。木本植物中南川桤叶树(*Clethra nanchuanensis*)能开花的植株只有 12 棵,方氏杜鹃(*Rhododendron fangii*)只发现 2 棵,南川木菠萝(*Artocarpus nanchuanensis*)能结果的植株现仅残存一棵等。

5.金佛山兰科植物

兰科植物在分子生物学系统研究方面有着十分重要意义,绝大多数种类在药用、观赏等经济用途方面价值巨大。我国现已将整个兰科植物列为国家重点保护物种。据本次考察,重庆金佛山内共有兰科植物 53 属 144 种,其中南川盆距兰、南川对叶兰、瘦房兰(*Ischnogyne mandarinorum*)和金佛山兰 4 种的模式标本采自金佛山。南川盆距兰、南川对叶兰和金佛山兰 3 种全世界仅金佛山有分布。按国家公布的保护植物名录,金佛山兰、黑节草(*Dendrobium officinale*)和麻栗坡兜兰(*Paphiopedilum malipoense*)3 种为国家一级保护植物。其他 141 种为国家二级保护植物。

6.金佛山杜鹃花科植物

杜鹃花为世界园林著名花卉植物。金佛山杜鹃花科植物繁多,草本、灌木、乔木和地生、岩生、树生各种类群齐全。金佛山一年一度的杜鹃花节,吸引着无数着迷的游客。但原本保护区内到底有多少杜鹃资源,哪些种类最具特色等一直众说纷纭。据本次专项详查,已知重庆金佛山共有杜鹃花科植物 7 属 72 种,其中杜鹃花属植物多达 44 种,为世界有名的贵州毕节地区百里杜鹃花海分布种类的一倍以上。并在本区内分布的 72 种杜鹃花科植物中,有阔柄杜鹃(*Rhododendron platypodum*)、不凡杜鹃(*R. insigne*)和树生杜鹃(*R. dendrocharis*)3 种被列为国家第二批保护植物,金山杜鹃(*R. longipes* var. *chienianum*)、金佛美容杜鹃、方氏杜鹃等 16 种的模式标本采自南川金佛山(其中树枫杜鹃、阔柄杜鹃等 12 种为本区特有)。香花杜鹃(*R. decorum* ssp. *parvistigmatium*)花大、纯白而具浓香味,短果峨马杜鹃(*R. ochraceum* var. *brevicarpum*)花在严冬盛开,花深红近黑紫色(当地称黑杜鹃)等种类为全世界稀有,堪称观赏精品。

（二）重要经济植物

1. 金佛山药用植物

重庆金佛山药用植物十分丰富，是我国西南部地道药材主要分布区之一，被国内外有关专家誉为不可多得的中亚热带"药物宝库"。据本次详查统计，本区内共有药用植物 4 180 种，其中不少种类，如天麻（*Gastrodia elata*）、黄连（*Coptis chinensis*）、杜仲等为我国著名中药材。

2. 金佛山用材植物

木材是森林资源的主要产物。不同树种的木材，其构造、性质和用途有所差异。木材主要应用于建筑、采矿、船舶、铁路、包装、造纸、家具、军工器材、文具、乐器、体育器械、工艺品等方面，是国民经济建设中重要材料之一。我国的用材树种达 3 000 多种，该保护区有 862 种。主要用材树种有：所有裸子植物和被子植物的杨柳科（Salicaceae）、胡桃科（Juglandaceae）、桦木科（Betulaceae）、壳斗科（Fagaceae）、榆科（Ulmaceae）、樟科（Lauraceae）、冬青科（Aquifoliaceae）、槭树科（Aceraceae）、杜英科（Elaeocarpaceae）、大风子科（Flacourtiaceae）等科的所有植物及其他科的一些乔木、灌木、竹类等。常见的有松（*Pinus massoniana*）、杉（*Cunninghamia lanceolata*）、柏（*Cupressus funebris*）、华南五针松（*Pinus kwangtungensis*）、鹅掌楸（*Liriodendron chinensis*）、猴樟（*Cinnamomum bodinieri*）、扁刺栲（*Castanopsis platyacantha*）、栓皮栎（*Quercus variabilis*）等。

3. 金佛山食用植物

野生食用植物分布广，种类多，产量大，抗逆性强，无化肥和农药污染，其中有相当一部分风味好，营养丰富，有益健康。在原始社会阶段，人类主要靠捕猎动物和采集野生植物作为食物。《淮南子·修务训》中有神农氏"尝百草之滋味，一日而遇七十毒"的传说。先人们在实践中积累了对野生植物的感性认识，有选择地采集植物充饥。到了氏族社会，人类逐渐从游牧生活转为定居，植物逐步从野生转为家种。现有的栽培食用植物（包括粮食、蔬菜、果树、食用调味品和饮料等）最初都来自野生植物。食用植物根据用途可分为野果、野菜和饮料类。目前，世界上常见的栽培食用植物只有 250 种左右，只是现存植物的千分之一。从发展的观点出发，野生食用植物可视为培育作物新品种，甚至新作物的种质资源，在开发利用方面大有作为。金佛山植物中有不少种类可食用。常用的食用植物有：薯蓣（*Dioscorea opposita*）、百合（*Lilium brownii* var. *viridulum*）、金佛山方竹（*Chimonobambusa utilrs*）、刺竹（*C. pachystachys*）、平竹（*Qiongzhuea communis*）、香椿（*Toona sinensis*）、山嵛菜（*Eutrema yunnanense*）、川党参（*Codonopsis tangshen*）、莼菜（*Brasenia schreberi*）等 623 种。

4. 金佛山油脂植物

植物油脂是植物贮藏物质，在植物的果实和种子中含量最高。植物油脂的主要成分是脂肪酸甘油脂，除此之外还含有少量磷脂、甾醇、蜡、酚类化合物、粘蛋白、色素、维生素等。油脂是重要的生活资料，也是重要的工业原料。除食用外，油脂可用于制皂、蜡烛、润滑剂、硬化油、油漆。油脂经水解后得到脂肪酸和甘油，进一步加工后可广泛应用于食品工业、医药工业、化妆品工业、纺织工业、皮革工业、造纸工业、金属加工业、油墨制造等。甘油可生产火药（三硝酸甘油脂），在国防工业和采矿等工业方面甚为重要。我国油脂植物资源十分丰富，迄今为止，已发现的油脂植物近千种。本保护区内有 177 种野生油脂植物，主要有柏科（Cupressaceae）、松科（Pinaceae）、三尖杉科（Cephalotaxaceae）、虎皮楠科（Daphniphyllaceae）等科，胡桃属（*Juglans*）、木通属（*Akebia*）、黄肉楠属（*Actinodaphne*）、新木姜子属（*Neolitsea*）、润楠属（*Machilus*）、石楠属（*Photinia*）、漆树属（*Toxicodendron*）、茶属（*Camellia*）、四照花属（*Dendrobenthamia*）等属的所有植物及其他科属的一些植物。常见的有马尾松（*Pinus massoniana*）、乌桕（*Sapium sebiferum*）、灯苔树（*Cornus controversa*）、油桐（*Vernicia fordii*）、漆树（*Toxicodendron verniciflnum*）等。

5.金佛山芳香植物

芳香油又称精油,是芳香植物组织经过水蒸汽蒸馏方法得到的挥发性成分的总称。芳香油是植物体内的一种次生代谢物质,在植物的油腺和腺毛中形成,并从中分泌出来。其主要组成成分为单萜和倍半萜类化合物。从芳香植物中提取的芳香油是目前生产香料、香精的主要原料,被广泛用于饮料、食品、各种化妆品、香烟、医药制品、文化用品及牙膏、肥皂等日常生活用品中,同时也是我国重要的出口物资。由于天然香料香韵独特,大多无毒副作用,因此越来越受人们的欢迎,具有很大的开发潜力。我国芳香植物资源极为丰富,已发掘的芳香油植物种类多达 350 余种,在该保护区有 200 多种,主要为松属(*Pinus*)、八角属(*Illicium*)、木兰属(*Magnolia*)、含笑属(*Michelia*)、山胡椒属(*Lindera*)、木姜子属(*Litsea*)、樟属(*Cinnamomum*)、楠属(*Phoebe*)、黄皮属(*Clausena*)、吴萸属(*Euodia*)、花椒属(*Zanthoxylum*)等的所有植物以及其他科属的一些植物。另外可作食用香料植物有:花椒(*Zanthoxylum bungeanum*)、竹叶椒(*Z. planispinum*)、华中八角(*Illicium fargesii*)、留兰香(*Mentha citrata*)、香茅草(*Cymbopogon citratus*)、川桂(*Cinnamomum wilsonii*)等 83 种。

6.金佛山色素植物

植物色素的利用在我国有着悠久的历史。民间常用纺织和食品的染色,如古代的《食经》和《齐民》等书,就有关于利用天然色素为食品的酒类着色的记载,而具有传统色的印染色素,仍有少量应用。由于合成食用色素危害人们的健康,应更多地使用天然食用色素。本保护区内生长着 156 种色素植物,主要为荚蒾属(*Viburnum*)、忍冬属(*Lonicera*)、茜草属(*Rubia*)、鸡矢藤属(*Paederia*)、栀子属(*Gardenia*)、枫香属(*Liquidambar*)、马蓝属(*Strobilanthes*)、悬钩子属(*Rubus*)等属的所有植物及其他科属的一些植物。其中最常见的有黄栀子(*Gardenia jasminoides*)、南板兰(*Baphicacanthus cusia*)、圆苞金足草(球花马蓝)(*Goldfussia pentstemonoides*)、土地榆(*Polygonum cuspidatum*)、大青(*Clerodendrum cyrtophyllum*)等。

7.金佛山鞣料植物

鞣料植物是指富含单宁的植物,从中提取的植物性鞣料或鞣料浸膏称栲胶。栲胶一般从富含单宁的植物组织如树皮、木材、果实、果壳、根、茎、叶等粉碎、浸提蒸发、干燥等过程而制成。它是皮革工业和渔网制造工业中的一种重要原料,也可作蒸气锅炉的软水剂。此外在墨水、纺织印染、石油、化工、医药等方面具有广泛的用途。在植物界,含单宁的植物种类很多,但只有含单宁在 7% 以上,且纯度(鞣质含量与可溶物的百分比)超过 50% 的才有开发价值。本保护区共有鞣料植物 250 种,主要有桦属(*Betula*)、石栎属(*Lithocarpus*)、栲属(*Castanopsis*)、桑属(*Morus*)、龙牙草属(*Agrimonia*)、蔷薇属(*Rosa*)、悬钩子属(*Rubus*)、黄檀属(*Dalbergia*)、泡花树属(*Meliosma*)和柿树科(Ebenaceae)的所有植物,以及其他科的一些植物。

8.金佛山纤维植物

植物纤维存在于植物体的各部分,如根、茎、叶、果实与种子都含有纤维,其中以茎部纤维最为重要。纺织用的植物纤维以用韧皮纤维为主,其中苎麻科、锦葵科、椴树科、梧桐科、桑科一些植物的纤维较好,卫矛科南蛇藤的纤维尤为优质。制造高级文化用纸的纤维中,以瑞香科和桑科植物的树皮最好。该区共有 294 种纤维植物,主要为:蕨科(Pteridiaceae)、瑞香科(Thymelaeaceae)、八角枫科(Alangiaceae)和竹类的所有植物,其他科的朴属(*Celtis*)、构属(*Broussonetia*)、桑属(*Morus*)、苎麻属(*Boehmeria*)、南五味属(*Kadsura*)、岩豆藤属(*Millettia*)、南蛇藤属(*Celastrus*)、椴属(*Tilia*)等属的所有植物以及其他科的一些植物。常见的有苎麻(*Boehmeria nivea*)、黄麻(*Corchorus capsularis*)、小黄构(*Wikstroemia micrantha*)、慈竹(*Neosinocalamus affinis*)、金佛山方竹(*Chimonobambusa utilrs*)等。

9.金佛山观赏植物

野生植物中有很大一部分具有较高的观赏价值,可用于绿化和美化环境。这类资源目前大部分处于野生状态,若加以合理的开发利用,必将带来一定的经济效益和社会效益,为山区的经济发展开辟新的途径。金佛山能作为园林、家庭观赏的植物资源异常丰富,多达 2500 多种。其中观赏价值较高的有兰科兰属(*Cymbidium spp.*)、虾脊兰属(*Calanthe spp.*)、杓兰属(*Cypripedium spp.*)、独蒜兰属(*Pleione spp.*)、杜鹃花科的杜鹃属(*Rhododendron spp.*)、山茶科的山茶属(*Camellia spp.*)、马兜铃科的细辛属(*Asarum spp.*)、报春花科的报春属(*Primula spp.*)和伯乐树(*Bretschneidera sinensis*)、珙桐(*Davidia involucrata*)、麻栗坡兜兰(*Paphiopedilum malipoense*)等。

10.金佛山淀粉植物

淀粉是人类的主要食品、热能的来源。除直接食用外,在食品工业中用淀粉作为增稠剂、脐体生成剂、保潮剂、乳化剂、胶粘剂等。另外淀粉还广泛用于造纸工业、纺织工业、发酵工业、医药工业、铸造工业、冶金工业、石油工业、化妆品工业、陶瓷工业、干电池制造业、炸药制造业等。由淀粉制成多种糊精和胶粘剂,广泛用于各种工业中。由于石油能源的逐渐枯竭及燃烧化石燃料所带来的环境污染,以乙醇(酒精)为燃料的研究已在兴起。鉴于耕地面积的持续减少和世界性人口剧增,以及生产酒精燃料等有机工业对淀粉的大量需求,粮食淀粉的供需矛盾将会加剧,利用野生淀粉是解决上述矛盾的一个途径。在本保护区有淀粉植物 163 种,主要为紫箕科(Osmundaceae)、蕨科(Pteridiaceae)、球子蕨科(Onocleaceae)、壳斗科(Fagaceae)等科和狗脊蕨属(*Woodwardia*)、酸模属(*Rumex*)、火棘属(*Pyracantha*)、葛属(*Pueraria*)等属的所有植物及其他科属的一些植物。常见的有蕨(*Pteridium aquilinum* var. *latiusculum*)、粉葛(*Pueraria thomsonii*)、火棘(*Pyracantha fortuneana*)等

11.金佛山饲料植物

凡是直接或经过加工调制后能用来喂养家畜、家禽、鱼类以至经济昆虫,供其消化吸收和生长繁殖并生产各种产品的植物都是饲料植物。饲料植物(又称饲用植物)是发展养殖业的主要物质基础。大部分农作物都可作饲料,在收获加工后的茎、叶、麦麸、油饼、糟渣等等农作物下脚料是一类重要的饲料来源。国产饲料植物在 800 种以上,在该保护区已知有 700 多种,主要为禾本科(Gramineae)、菊科(Compositae)、蓼科(Polygonaceae)、堇菜科(Violaceae)等科和桑属(*Morus*)、苋属(*Amaranthus*)、繁缕属(*Stellaria*)、野豌豆属(*Vicia*)、水芹属(*Oenannhe*)、婆婆纳属(*Veronica*)、车前属(*Plantago*)、苦荬菜属(*Ixeris*)、黄鹌菜属(*Youngia*)、剪股颖属(*Agrostis*)等属的植物。

五、野生动物资源

动物的分布与环境有着密切的联系,在环境因素中最基本的是食源和栖息生境两个条件,不同的地域和森林植被,是不同野生动物赖以生存和栖息的源泉。重庆金佛山由于特殊的地质、地貌、地理和气候条件,形成了非常优越的自然环境,孕育着种类繁多,形态结构丰富的动物资源。

根据现有资料,重庆金佛山已知有哺乳动物 80 种、鸟类 228 种、两栖动物 32 种、爬行动物 41 种、鱼类 85 种、无脊椎动物 1 712 种。在我国颁布的重点保护动物 120 种中,金佛山就有 55 种,占全国保护种数的 45.83%,其中不少是世界闻名和我国特有珍稀动物。保护区在 20 年来,与各大专院校、科研院所进行的考察活动中,不断发现了许多新种,特别是昆虫和一些微小的个体种类,因此,说明本区内还有很多未被发现的动物种类,今后还要进一步的更系统地开展此项研究工作。

动物统计表

类别	门	纲	科	属	种
脊椎动物	脊椎动物门	哺乳纲	25	60	80
		鸟纲	42	140	228
		爬行纲	10	24	41
		两栖纲	8	20	32
		鱼纲	15	59	85
	小计		100	303	466
无脊椎动物	环节动物门		3	7	15
	软体动物门		6	16	29
	节肢动物门		245	1 135	1 668
	小计		254	1 158	1 712
合计			354	1 461	2 178

（一）哺乳动物

保护区哺乳动物有 25 科 60 属 80 种。有相当部分是我国亚热带特有种或代表种,属世界稀少种类,列入国家重点保护的哺乳动物有 24 种,其中国家一级保护的有华南虎(*Panthera tigris amoyensis*)、金钱豹(*Panthera pardus fusca*)、云豹(*Neofelis nebulosa nebulosa*)、灰金丝猴(*Rhinopithecus brelichi*)、白颊黑叶猴(*Presbytis francoisi francoisi*)等;二级保护的有猕猴(*Macaca mulatta mulatta*)、穿山甲(*Manis pentadactyla aurita*)、水獭(*Lutra lutra chinesis*)、大灵猫(*Viverra zibetha ashtoni*)、毛冠鹿(*Elaphodus cephalophus ichangensis*)、小灵猫(*Viverricula indiea pallida*)、豹猫(*Felis bengalensis chinensis*)、南狐(*Vulpes vulpes hoole*)、短尾猴等。800～1 500 m 是兽类种群的主要活动栖息地;1 500 m 以上仅有金钱豹,云豹等少数野兽活动。

（二）鸟类

保护区鸟类有 42 科 140 属 228 种。列为国家重点保护的有 24 种,其中国家一级保护的有黑鹳(*Ciconia nigra*)、四川山鹧鸪(*Arborophlia rufipectus*)、金雕(*Aquila chrysaetos daphanea*);国家二级保护的有红腹角雉(*Tragopan temminckii*)、红腹锦鸡(*Chrysolophus pictus*)、白冠长尾雉(*Syrmaticus reevesii*)、白鹇(*Lophura nycthemera rongjiangensis*)、苍鹰(*Accipiter gentilis schvedowi*)、鸢鹰(*Milvus korschun lineatus*)、草鸮(*Tyto capensis chinensis*)、鹰鸮(*Ninox scutulata ussuriensis*)、长耳鸮(*Asio otus otus*)、短耳鸮(*Asio flammeus flammeus*)等。

（三）两栖及爬行动物

保护区有两栖及爬行动物 18 科 44 属 73 种,列为国家二级保护的有大鲵(*Andrias davidianus*)。

（四）鱼类

保护区有鱼类 15 科 59 属 85 种,其中裂腹鱼(贡鱼)(*Schizothorax davidi*)是珍贵而稀有的,具有极高的观赏、科研和开发价值。

（五）无脊椎动物

金佛山保护区的无脊椎动物非常丰富,吸引着世界各地生物学家。据本次专项详查,共有 254 科 1 158 属 1 712 种。比原记载的 52 科 126 种多出 202 科、1 586 种。

昆虫资源与自然保护区生态稳定,关系极为密切,尽管这里昆虫种类如此丰富,然而并未给森林生态系统造成破坏,也没有发现大面积害虫活动,各种昆虫种类始终稳定在一定水平上,充分说明了天敌与害虫间的相对平衡制约的稳定关系,并未遭到人为破坏。

六、自然保护价值评述

金佛山是我国中亚热带常绿阔叶林森林生态系统保持最完整的地区之一,以亚热带原始森林为主体的生物有机体与环境之间保持着相对稳定,成为金佛山地区乃至黔渝两省市农业发展和人类赖以生存的基本条件。保护区是我国理想的研究亚热带生态环境,探索综合开发利用亚热带生物资源的良好基地。在积极探索保护好金佛山亚热带生态系统的同时,开展亚热带生物资源的研究,探求自然保护规律,正确评价生态系统的综合价值,探讨综合利用途径,开发生态旅游资源,促进自然保护事业的健康有序的发展都具有重大的历史意义。

金佛山特殊的地形、地貌使保护区处于封闭状态,人为干扰少,还保存着大片原始性的森林,植被类型多种,区系成分复杂,地质古老,地形独特,自然综合性复杂,生物多样性丰富,古、特、珍稀植物荟萃等特色。

（一）环境资源优越,生物组合区系复杂

重庆金佛山以其独特的地理位置和地貌形态而形成特殊气候环境。具有四季分明、少晴多雨、多雾、高湿等气候特点,使不同地质年代和不同区系植物常常混生在一个植物群落里,形成了异常丰富的动植物资源,使本区成为我国植物资源最富集的地区之一,素有"天然植物基因库"和"天然植物园"的美称。分布的蕨类植物是西双版纳的两倍,其保护价值、科研价值和旅游价值极高。

（二）生物区系古老,种质资源丰富

金佛山的大部分地区,由于受第四纪冰川的破坏很少,部分古生物被残存了下来。因此,该山古老孑遗植物异常丰富,如银杉、银杏、珙桐、红豆杉等植物都是经过长期发育演化被遗留下来的植物"活化石",在保护区内,银杉成片块状分布,形成6个小群落外,没有发现其他的单株个体存在,由此可推测其古老,孑遗的程度,并显示出这些植物的珍稀特色。

丰富的野生种源,是人类培育新品种的源泉,在金佛山保护区中,分布有546种野生植物为人工栽培利用植物(药用、食用、观赏植物,工业原料等)的祖先或近缘种。例如药用植物方面有野天麻、野黄连、野党参;食用植物方面有野杨梅、野木菠萝、野银杏、野大豆、野草莓、野樱桃、野茶树;观赏植物方面有野蔷薇、野杜鹃、野报春花、野山茶等。工业原料方面有野苎麻、野漆树等。这些野生生物在遗传育种上都具有极高经济价值,在研究和培育新品种方面具有很大潜在价值,其生物种源的古老、珍贵性和多样性,在我国其他地区是很少见的,具有极高的科研、教学和经济价值。

（三）植物区系组成丰富,生态系统相对稳定

金佛山由于特殊地理地质条件,形成了特殊的地貌形态和夏暖冬微寒、湿润多雨、少晴多雾等气候特点。亚热带植物区系富集,居全国首位。从面积比率看,金佛山保护区土地面积仅全国的1/8 000,但高等植物则多达5 845种,仍占全国1/5,被列为国家重点保护的珍稀和濒危植物则占全国的1/6。

重庆金佛山是我国经济植物主产区,目前已发现有经济植物4 600多种(包括药用、油料、香料、食用、染料、鞣料、饮料和其他工业原料植物),其中药用植物4 180多种。

金佛山的亚热带阔叶林植被中的植物种异常丰富,据中科院植物所调查资料显示,在面积只有150 m² 的样地中就有植物67种,其中特有种50种。

金佛山特殊地理、地质条件,使其能提升东太平洋暖湿气流,经特殊地质和复杂地形的变化,对光、温、热、水分起阻滞和再分配作用,表现出金佛山地区的恒温效应,在调节当地气候、涵养水源、保持水土、维护生态平衡等方面,发挥了巨大的生态效益。因此,维护好该地区的生态稳定,不仅能保证生物资源的正常繁衍,而且在稳定该地区农业生产环境,保证居民生产生活用水等方面具有重要的历史意义。

（四）复杂的生物多样性

保护区内植物群可分为 11 个植被型、72 个群系,森林植被主要有针叶林、落叶阔叶林、常绿阔叶林、竹林、灌丛、草丛等组成。在自然生态系统中,其核心组成部分是森林生态系统,本区森林植被保存完好,动、植、微生物资源丰富,计有动物 354 科 1 461 属 2 178 种,植物 306 科 1 644 属 5 907 种,微生物(大型真菌)61 科 185 属 584 种;药用植物 4 180 种,金佛山模式植物 402 种,特有植物 181 种,建筑等用材植物 862 种,食用植物 623 种,油脂植物 177 种,芳香植物 200 多种,色素植物 156 种,鞣料植物 250 种,纤维植物 294 种,观赏植物 2 500 多种,淀粉植物 163 种,饲料植物 700 多种。

（五）古、特、珍稀动植物荟萃

重庆金佛山受特殊气候环境影响,富集了很多古老、特有、珍稀、濒危植物和珍稀野生动物,国家重点保护植物 254 种,如银杉、珙桐、银杏、红豆杉、伯乐树、金佛山兰等。特有植物有南川秃房茶、南川椴、金佛山方竹、南川木菠萝等 181 种。国家重点保护的珍稀动物共 55 种,如金钱豹(*Panthera pardus fusca*)、云豹(*Neofelis nebulosa nebulosa*)、白颊黑叶猴(*Presbytis francoisi francoisi*)、大鲵(*Andrias davidianus*)、鲈鲤(*Percocypris pingi pingi*)、红腹锦鸡(*Chrysolophus pictus*)等。

概括起来,保护区的野生动植物资源有几个特点和经济、科研方面的价值。1.区系成分丰富,种群数量多。2.珍稀种、特有种和濒危种比率大。3.经济植物、药用植物异常丰富。4.科研、经济价值高。

（六）地层古老、海洋生物化石集成

金佛山的地质构造除缺少震旦纪外,可看到一套完整的地质层,分布着寒武系、奥陶系、志留系、二叠系、三叠系,堪称地质上的一绝,有重要的科研价值。保护区不仅有大量活的生物基因,而且还留下了大面积的海底生物化石集成岩,在金佛山烂坝箐一带的岩层中有种类繁多的海底生物化石,各种各样的海底生物化石,给古生物研究提供了珍贵的历史材料。

（七）生态旅游资源丰富,综合价值极高

保护区必须贯彻保护利用发展相结合的方针,在不破坏生态稳定与生物资源的前提下,积极开展生态旅游和综合利用已经得到国际、国内专家们的认可,也是开展自然保护的目的所在。金佛山中外有名,是世界名山之一,具有独特的喀斯特地貌特征,自然景观异常丰富,除有金佛晚霞、狮子口、南天门、古佛洞、金佛殿、千层岩等自然景观外,还有南宋古战场遗址,东汉尹子祠,清代龙济桥、文峰塔等人为景观,自然景观与人为景观交相辉映,各具特色。总的来说,金佛山集幽、静、秀、雄、奇、险于一体,山上森林茂密,峭壁奇特,溶洞星罗棋布,风光迷人。春天满山杜鹃花香醉人;夏天竹林拱卫,幽静宁静;秋天晚霞和云海同观,梦幻多端;冬天林海雪原,一遍银色世界。丰富的自然景观为开发利用实施生态旅游提供了十分有利的客观条件,也为现保护区的良性循环提供了物质基础。

总之,重庆金佛山具有完整的中亚热带森林生态系统和丰富的珍稀生物资源,是我国中亚热带的典型自然综合体,在生物多样性和多学科研究中占有十分重要的地位,是其他地方不能替代的,有多方面的综合性保护和研究价值。

2006 年 10 月

第三部分　重庆金佛山大型真菌名录

——刘正宇、韦会平执笔

目　录

一、麦角菌目　Clavicipitales

1. 麦角科　Clavicipitaceae
蜣螂虫草　*Cordyceps geotrupis* Teng
蟋蟀虫草　*C. grylli* Teng
亚香棒虫草　*C. hawkesii* Gray
凉山虫草　*C. liangshanensis* Zang，Liu et Hu
珊瑚虫草　*C. martialis* Gray
蛹虫草　*C. militaris* (L.：Fr.) Link.

蚂蚁虫草　*C. myrmecophila* Ces
垂头虫草　*C. nutans* Pat.
大团囊虫草　*C. ophioglossoides* (Ehrenb.) Link.
蝉草　*C. sobolifera* (Hill.) Berk. et Br.
黄蜂虫草　*C. sphecocephala* (Kl.) Sacc.
细座虫草　*C. tuberculata* (Leb.) Maire
稻曲菌　*Ustilaginoidea virens* (Cke) Tak.

二、肉座菌目　Hypocreales

2. 肉座菌科　Hypocreaceae
竹生肉球菌　*Engleromyces goetzii* P. Henn.
竹砂仁　*Eypocrea rufa* (Pers.) Fr.
朱红凹壳菌　*Nectria cinnarina* (Tode) Fr.

黄肉棒菌　*Podostroma alutaceum* (Pers.：Fr.) Atk.

竹黄　*Shiraia bambusicola* P. Henn.

三、炭角菌目　Xylariales

3. 炭角菌科　Xylariaceae
截头炭团菌　*Hypoxylon annulatum* (Schw.) Mont.
果炭生角菌　*Xylaria carpophila* (Pers.) Fr.
大炭角菌　*X. euglossa* Fr.
绒座炭角菌　*X. filiformis* (Alb. et Schw) Fr.
地炭棒角菌　*X. kedahae* Lloyd

黑炭角菌　*X. nigrescens* (Sacc.) Lloyd
黑柄炭角菌　*X. nigripes* (Kl.) Sacc.
总状炭角菌　*X. pedunculata* Fr.
多形炭角菌　*X. polymorpha* (Pers.：Fr.) Grer.
土黄炭角菌　*X. tabacina* (Kickx.) Berk.
笔状炭角菌　*X. sanchezii* Lloyd

四、柔膜菌目　Helotiales

4. 核盘菌科　Sclerotiniaceae
桑果假核盘菌　*Scleromitrula shiraiana* (P. Henn.) Imai
核盘菌　*Sclerotinia sclerotiorum* (Lib.) de Bary

黄蜡钉　*Sclorosplenium aeuginascens* (Nyl.) Karst

5. 地舌科　Geoglossaceae
肉质囊盘菌　*Ascocoryne sarcoides* (Jacquin ex Gray) Grov. & Wilson

黄地锤菌　*Cudonia lutea*（Pk.）Sacc.

黄地勺菌　*Spathularia flavida* Pers.：Fr.

6. 垂舌菌科 Leotiaceae

小孢绿杯菌　*Chlorociboria aeruginascens*
（Nyl.）Kan. ex Ram.

黄柄胶地锤菌　*Leotia marcida* Pers.

7. 胶陀螺科　Bulgariaceae

胶陀螺　*Bulgaria inquinans*（Pers.）Fr.

叶状耳盘菌　*Cordierites frondosa*（Kobay.）
Korf.

五、球壳菌目　Sphaeriales

8. 球壳菌科　Sphaeriaceae

炭球菌　*Daldinia concentrica*（Bolt.：Fr.）
Ces. et de Not.

亮陀螺炭球菌　*D. vernicosa*（Schw.）Ces.
et de Not.

六、盘菌目　Pezizales

9. 盘菌科　Pezizaceae

茶褐盘菌　*Peziza praetervisa* Bers.

泡质盘菌　*P. vesiculosa* Bull.：Fr.

红白毛杯菌　*Sarcoscypha coccinea*
（Scop.：Fr.）Lamb.

红毛盘菌　*Scutellinia scutellata*（L.：Fr.）
Lamb.

碗状疣杯菌　*Tarzetta catinus*（Holmsk.：Fr.）
Korf. et J. K. Rogers

茂长毛盘菌　*Trichophaea abundans*（P. Karst.）
Boud.

10. 肉盘菌科　Sarcosomataceae

歪肉盘菌　*Phillipsia domingensis* Berk.

美州丛耳菌　*Wynnea americana* Thax.

大丛耳菌　*W. gigantea* Berk. et Curt.

小丛耳菌　*W. gigantea* var. *nana* Pat.

11. 羊肚菌科 Morchellaceae

尖顶羊肚菌　*Morchella conica* Fr.

肋脉羊肚菌　*M. costata*（Vent.）Pers.

粗腿羊肚菌　*M. crassipes*（Vent.）Pers.

小羊肚菌　*M. deliciosa* Fr.

羊肚菌　*M. esculenta*（L.）Pers.

褐赭色羊肚菌　*M. umbrina* Boud.

12. 马鞍菌科　Helvellaceae

蝶形马鞍菌　*Helvella acetabulum*（L.）Quél.

黑马鞍菌　*H. atra* Holmsk：Fr.

马鞍菌　*H. elastica* Bull.：Fr.

耳状马鞍菌　*H. silvicola*（Beck.）Harmaja

七、黑粉菌目 * Ustilaginales

13. 黑粉菌科　Ustilaginceae

丝黑穗菌　*Sphacelotheca reiliana*（Kuehn）
Clint.

高粱黑穗菌　*S. sorghi*（Link.）Chint

燕麦黑粉菌　*Ustilago avenae*（Pers.）Rostr.

---

* 黑粉菌目的高粱黑穗菌、玉米黑粉菌、小麦黑粉菌等一般不称作大型真菌,因当地十分常见,又入药用,故本名录予以收录。

菱白黑粉菌　*U. esculenta*（P. Henn.）Liou

玉米黑粉菌　*U. maydis*（DC.）Corda

狗尾草黑粉菌　*U. neglecta* Niessl.

大麦黑粉菌　*U. nordier*（Pers.）Lagech.

小麦黑粉菌　*U. nuda*（Jens.）Rostr

14. 腥黑粉科　Tilletiaceae

小麦腥黑粉菌　*Tilletia caries*（DC.）Tul.

稻腥黑粉菌　*T. horrida* Tak.

高粱腥黑粉菌　*Tolyposporium ehrenbergii*
（Kuehn.）Pat.

八、木耳目　Auriculariales

15. 木耳科　Auriculariaceae

木耳　*Auricularis auricula*（L. ex Hook.）
Underw.

皱木耳　*A. delicata*（Fr.）Henn.

褐黄木耳　*A. fuscosuccinea*（Mont.）Fari.

盾形木耳　*A. peltata* Lloyd

毛木耳　*A. polytricha*（Mont.）Sacc.

褐毡木耳　*A. rugosissima*（Lév.）Nres.

16. 胶耳科　Exidiaceae

胶黑耳　*Exidia glandulosa*（Bull.）Fr.

短黑耳　*E. recisa* Fr. : Fr.

焰耳　*Phlogiotis helvelloides*（DC. : Fr.）
Martin

虎掌刺银耳　*Pseudohydnum gelatinosum*
（Scop. : Fr.）Karst.

九、银耳目　Tremellales

17. 银耳科　Tremellaceae

茶色银耳　*Tremella foliacea* Pers. : Fr.

黄银耳　*T. frondosa* Fr.

银耳　*T. fuciformis* Berk.

橙黄银耳　*T. lutescens* Fr.

金黄银耳　*T. mesenterica* Retz. : Fr.

十、非褶菌目　Aphyllophorales

18. 珊瑚菌科　Clavariaceae

树状珊瑚菌　*Aphelaria dendroides*（Jungh.）
Corner

烟色珊瑚菌　*Clavaria fumosa* Pers. : Fr.

扁豆芽菌　*C. gibbsiae* Ramab.

紫珊瑚菌　*C. purpurea* Muell. : Fr.

虫形珊瑚菌　*C. vermicularis* Fr.

菫紫珊瑚菌　*C. zollingerii* Lév.

棒瑚菌　*Clavariadelphus pistillaris*（Fr.）
Donk

19. 枝瑚菌科　Ramariaceae

变绿枝瑚菌　*Ramaria abietina*（Pers.）Quél.

尖顶枝瑚菌　*R. apiculata*（Fr.）Donk

红顶枝瑚菌　*R. botrytoides*（Peck）Corner

小孢白枝瑚菌　*R. flaccida*（Fr.）Quél.

疣孢黄枝瑚菌　*R. flava*（Schaeff. : Fr.）Quél.

棕黄枝瑚菌　*R. flavo-brunnescens*（Atk.）Corner

粉红枝瑚菌　*R. formosa*（Pers.：Fr.）Quél.

长茎黄枝瑚菌　*R. invalii*（Cott. et Wakef.）Donk

米黄枝瑚菌　*R. obtusissima*（Peck）Corner

密枝瑚菌　*R. stricta*（Pers.：Fr.）Quél.

20. 韧革菌科　Stereaceae

伯特拟韧革菌　*Stereopsis burtianum*（Peck）Reid

轮纹韧革菌　*Stereum fasciatum* Schw.

丛片韧革菌　*S. frustulosum*（Pers.）Fr.

烟色韧革菌　*S. gausapatum* Fr.

扁韧革菌　*S. ostrea*（Bl. et Nees）Fr.

大韧革菌　*S. princeps*（Jumgh.）Lév.

紫韧革菌　*S. purpureum*（Pers.）Fr.

褐盖韧革菌　*S. vibrans* B. et C.

21. 刺革菌科　Hymenochaetaceae

红锈刺革菌　*Hymenochaete mougeotii*（Fr.）Cke.

22. 伏革菌科　Corticiaceae

蓝色伏革菌　*Corticium caeruleum*（Schrad.）Fr.

朱红脉革菌　*Cytidia rutilans*（Pers.）Quél.

射纹革菌　*Phlebia radiata* Fr.

皱褶革菌　*Plicatura crispa*（Pers.：Fr.）Rea

23. 革菌科　Thelephoraceae

头花革菌　*Thelephora anthocephala*（Bull.）Fr.

尖枝革菌　*T. multipartita* Schw.：Fr.

掌状革菌　*T. palmata* Scop.：Fr.

24. 皱孔菌科　Meruliaceae

干朽菌　*Gyrophana lacrymans*（Wulf.：Fr.）Pat.

肉色皱孔菌　*Merulius corium* Fr.

25. 牛舌菌科　Fistulinaceae

牛舌菌　*Fistulina hepatica*（Schaeff.）Fr.

26. 小齿菌科　Clinacodontaceae

艾类小齿菌　*Mycoleptodonoides aitchisonii*（Berk.）Maas

27. 耳匙菌科　Auriscalpiaceae

耳匙菌　*Auriscalpium vulgare* S. F. Gray

28. 鸡油菌科　Cantharellaceae

鸡油菌　*Cantharellus cibarius* Fr.

小鸡油菌　*C. minor* Peck

灰喇叭菌　*Craterellus cornucopioides*（L.：Fr.）Pers.

白喇叭菌　*C. subalbidus* Smith. & Morse

29. 陀螺菌科　Gomphaceae

陀螺菌　*Gomphus clavatus* Gray

喇叭陀螺菌　*G. floccosus*（Schw.）Sing.

紫陀螺菌　*G. purpuraceus*（Inlade）Yokoyama

30. 猴头菌科　Hericiaceae

珊瑚状猴头菌　*Hericium coralloides*（Scop. ex Fr.）Pers. ex Gray

猴头菌　*H. erinaceum*（Bull.：Fr.）Pers.

假猴头菌　*H. laciniatum*（Leers.）Banker

分枝猴头菌　*H. ramosum*（Merat.）Letellier

31. 齿菌科　Hydnaceae

环纹丽齿菌　*Calodon zonatus*（Fr.）Karst.

齿菌　*Hydnum repandum* L. ex Fr.

白色齿菌　*H. repandum* var. album（Quél.）Rea.

32. 多孔菌科　Polyporaceae

烟管菌　*Bjerkandera adusta*（Willd.：Fr.）Karst.

烟色烟管菌　*B. fumosa*（Pers.：Fr.）Karst.

北方顶囊孔菌　*Climacocystis borealis*（Fr.）Kolt.：Pouz.

丝光铍孔菌　*Coitricia cinnamonea*（Jacq.：Fr.）Murr.

铍孔菌　*C. perennis*（L.：Fr.）Murr.

鲑贝云芝　*Coriolus consors*（Berk.）Imaz.

伸长云芝　*C. elongatus*（Berk.）pat.

毛云芝　*C. hirsutus* (Fr. ex Wulf.) Quél.

单色云芝　*C. unicolor* (L.; Fr.) Pat.

云芝　*C. versicolor* (L.; Fr.) Quél.

隐孔菌　*Cryptoporus volvatus* (Peck.) Shear

环孔菌　*Cycloprus greenii* (Berk.) Murr.

白迷孔菌　*Daedalea albida* Fr.

粉迷孔菌　*D. biennis* (Bull.) Fr.

肉色迷孔菌　*D. dickinsii* (Berk. ex Cke.) Yasuda

柔薄迷孔菌　*D. mollis* (Sommerf.) Karst.

茶色拟迷孔菌　*Daedaleopsis confragosa* (Bort.; Fr.) Schroet.

紫带拟迷孔菌　*D. purpurea* (Cke.) Imaz. et Aoshi.

红拟迷孔菌　*D. rubescens* (Alb. et Schw.; Fr.) Imaz.

三色拟迷孔菌　*D. tricolor* (Bull.; Fr.) Bond. et Sing.

大孔菌　*Favolus alveolaris* (DC.; Fr.) Quél.

漏斗大孔菌　*F. crcularius* (Batsch; Fr.) Ames.

光盖大孔菌　*F. mollis* Lloyd

宽鳞大孔菌　*F. squamosus* (Huds.; Fr.) Ames.

硬皮褐层孔菌　*Fomes adamantinus* (Brek.) Cke.

木蹄层孔菌　*F. fomentarius* (L.; Fr.) Kick.

硬皮层孔菌　*F. hornodermus* Mont.

多年拟层孔菌　*Fomitopsis annosa* (Fr.) Karst.

粉肉拟层孔菌　*F. cajanderi* (Karst.) Kotlaba et Pouzer

红颊拟层孔菌　*F. cytisina* (Berk.) Bond. et Sing.

药用拟层孔菌　*F. officinalis* (Vill.; Fr.) Bond. et Sing.

红缘拟层孔菌　*F. pinicola* (Swartz.; Fr.) Karst.

红肉拟层孔菌　*F. rosea* (A. et S.; Fr.) Karst.

榆生拟层孔菌　*F. ulmaria* (Sor.; Fr.) Bond. et Sing.

小褐粘褶菌　*Gloeophyllum abietinum* (Bull.; Fr.) Karst.

篱边粘褶菌　*G. saepiarium* (Wolf.; Fr.) Karst.

薄条纹粘褶菌　*G. striatum* (Sw.; Fr.) Murr.

密粘褶菌　*G. trabeum* (Pers.; Fr.) Murr.

紫胶孔菌　*Gloeoporus dichrous* (Fr.) Bresadola

灰树花　*Grifola frondosa* (Fr.) S. F. Gray

大刺孢树花　*G. gigantea* (Pers.) Karst.

猪苓　*G. umbellata* (Pers.; Fr.) Pilat.

薄蜂窝菌　*Hexagonia tenuis* (Hook.) Fr.

冷杉囊孔菌　*Hirschioporus abietinus* (Dicks.; Fr.) Donk

褐紫囊孔菌　*H. fusco-violaceus* (Schrad.; Fr.) Donk

薄皮纤孔菌　*Inonotus cuticularis* (Bull.; Fr.) Karst.

中华纤孔菌　*I. sinensis* (Lloyd) Teng

丝光薄纤孔菌　*I. tabacinus* (Murr.) Karst.

皱皮孔菌　*Ischnoderma resinosum* (Schaeff.; Fr.) Karst.

硫磺菌　*Laetiporus sulphureus* (Fr.) Murrill

灰盖褶孔菌　*Lenzites acuta* Berk.

桦褶孔菌　*L. betulina* (L.) Fr.

薄盖桦褶孔菌　*L. betulina* var. *flaccida* (Bull.; Fr.) Bres.

黄褶孔菌　*L. ochrophylla* Berk.

宽褶孔菌　*L. platyphylla* Lév.

褐红小孔菌　*Microporus affinis* Bull. ex Nees

扇形小孔菌　*M. flabelliformis* (Kl.; Fr.) O. Kuntze

黄柄小孔菌　*M. xanthopus* (Fr.) Pat.

乳白稀孔菌　*Oligoporus tephroleucus* (Fr.) Cilbn. et Ryv.

白锐孔菌　*Oxyporus cuneatus* (Murr.) Aoshi

松杉暗孔菌　*Phaeolus schweinitzii* (Fr.) Pat.

贝状木层孔菌　*Phellinus conchatus* (Pers.; Fr.) Quél.

厚贝木层孔菌　*P. densus* (Lloyd) Teng

淡黄木层孔菌　*P. gilvus* (Schw.; Fr.) Pat.

火木层孔菌　*P. igniarius* (L.; Fr.) Quél.

八角生木层孔菌　*P. illicicola* (Henn.) Teng

平伏木层孔菌　*P. isabellinus* (Fr.) Bourd. et Galz.

裂蹄木层孔菌　*P. linteus* (Berk. et Cart.) Teng

黑盖木层孔菌　*P. nigricans* (Fr.) Pat.

松木层孔菌　*P. pini* (Fr.) Quél.

李木层孔菌　*P. pomaceus* (Pers. ex Gray) Quél.

缝裂木层孔菌　*P. rimosus* (Berk.) Pilat.

稀硬木层孔菌　*P. robustus* (Karst.) Bond. et Sing.

宽棱木层孔菌　*P. torulosus* (Pers.) Bourd. et Galz.

葡萄木层孔菌　*P. viticola* (Schw. : Fr.) Donk

桦剥管菌　*Piptoporus betulinus* (Bull. : Fr.) Karst.

黄褐多孔菌　*Polyporus badius* (Pers. ex S. F. Gray) Schw.

拟多孔菌　*P. brumalis* (Pers.) Karst.

黄多孔菌　*P. elegans* (Bull.) Fr.

黑柄多孔菌　*P. melanopus* (Sw.) Pilat

青柄多孔菌　*P. picipes* Fr.

多孔菌　*P. varius* Pers. : Fr.

黑薄芝　*Polystictus microloma* (Lév.) Cke.

黄盏芝　*P. xanthopus* Fr.

茯苓　*Poria cocos* (Schw.) Wolf.

朱红栓菌　*Trametes cinnabarina* (Jacq.) Fr.

皱褶栓菌　*T. corrugata* (Pers.) Bers.

偏肿栓菌　*T. gibbosa* (Pers. : Fr.) Fr.

灰硬栓菌　*T. griseo-dura* (Lloyd) Teng

赭肉色栓菌　*T. insularis* Murr.

褐带栓菌　*T. meyenii* (Kl.) Bose

东方栓菌　*T. orientalis* (Yasuda) Imaz.

紫椴栓菌　*T. palisoti* (Fr.) Imaz.

绒毛栓菌　*T. pubescens* (Schum. : Fr.) Pat.

槐栓菌　*T. robiniophila* Murr.

血红栓菌　*T. sanquinea* (L. : Fr.) Lloyd

狭檐栓菌　*T. serialis* Fr.

香栓菌　*T. suaveloens* (L.) Fr.

毛栓菌　*T. trogii* Berkeley

污白干酪菌　*Tyromyces amygdalinus* (Pers. : Fr.) Kati. et Pouz.

蓝灰干酪菌　*T. caesius* (Schrad. : Fr.) Murr.

薄白干酪菌　*T. chioneus* (Fr.) Karst.

蹄形干酪菌　*T. lacteus* (Fr.) Murr.

绒盖干酪菌　*T. pubescens* (Schum. : Fr.) Imaz.

33. 灵芝科　Ganodermataceae

皱盖假芝　*Amauroderma rudis* (Berk.) Cunn.

鹿角灵芝　*Ganoderma amboinense* (Lam. : Fr.) Pat.

树舌灵芝　*G. applanatum* (Pers.) Pat.

黑灵芝　*G. atrum* Zhao, Xu et Zhang

黄褐灵芝　*G. fulvellum* Bres.

层叠灵芝　*G. lobatum* (Schw.) Atk.

灵芝　*G. lucidum* (Leyss. : Fr.) Karst.

无柄紫灵芝　*G. mastoporum* (Lév.) Pat.

黑紫灵芝　*G. neo-japonicum* Imaz.

多分枝灵芝　*G. ramosissimum* Zhao

树灵芝　*G. resinaceum* Boud. ex Pat.

紫灵芝　*G. sinense* Zhao, Xu et Zhang

伞状灵芝　*G. subumbraculum* Imaz.

松杉灵芝　*G. tsugae* Murr.

十一、伞菌目　Agaricales

34. 松塔牛肝菌科　Strobilomycetaceae

网孢松塔牛肝菌　*Strobilomyces retisporus* (Pat. et Bak.) Gilb.

松塔牛肝菌　*S. strobilaceus* (Scop. : Fr.) Berk.

35. 牛肝菌科　Boletaceae

紫红小牛肝菌　*Boletinus asiaticus* Sing.

松林小牛肝菌　*B. pinetorum* (Chiu) Teng

双色牛肝菌　*Boletus bicolor* Peck

褐盖牛肝菌　*B. brunneissimus* Chiu

栎林牛肝菌　　*B. castaneus* Bull. ex Fr.

美味牛肝菌　　*B. edulis* Bull.；Fr.

灰褐牛肝菌　　*B. griseus* Forst.

红网牛肝菌　　*B. luridus* Schaoff.；Fr.

土褐牛肝菌　　*B. pinopilus* Frost.

削脚牛肝菌　　*B. queletii* Schulz.

网柄粉牛肝菌　　*B. retipes* Berk. et Curt

细网柄牛肝菌　　*B. satanas* Lenz.

小美牛肝菌　　*B. speciosus* Forst.

绒柄牛肝菌　　*B. tomentipes* Earle

粟色牛肝菌　　　　*B. umbriniporus* Hongo

污褐牛肝菌　　*B. variipes* Peck

蓝孢牛肝菌　　*Gyroporus cyanescens*

　　　　　　　　（Bull.；Fr.）Quél.

红疣柄牛肝菌　*Leccinum chromapes*（Frost.）

　　　　　　　　　　　　Sing.

黄皮疣柄牛肝菌　*L. crocipodium*（Letellier.）

　　　　　　　　　　　　Watl.

皱盖疣柄牛肝菌　*L. rugosicepes*（Peck）Sing.

褐疣柄牛肝菌　*L. scabrum*（Bull.；Fr.）Gray

美丽褶孔牛肝菌　*Phylloporus bellus*（Mass.）

　　　　　　　　　　　　Corn.

褶孔牛肝菌　*P. rhodoxanthus*（Schw.）Bres.

变青褶孔牛肝菌　*P. rhodoxanthus* ssp.

　　　　　　　　foliiporus（Murr.）Sing.

红管粉牛肝菌　*Pulveroboletus amarellus*

　　　　　　　　　（Quél.）Bat.

黄粉牛肝菌　*P. ravenelii*（Berk. et Curt.）

　　　　　　　　　　　　Murr.

粘盖牛肝菌　*Suillus bovinus*（L.；Fr.）

　　　　　　　　　　O. Kuntze

黄粘盖牛肝菌　*S. flavidus*（Fr.）Sing.

腺柄粘盖牛肝菌　*S. glandulosipes* Sm. et Th.

点柄粘盖牛肝菌　*S. granulatus*（L.；Fr.）

　　　　　　　　　　O. Kuntze

褐环粘盖牛肝菌　*S. luteus*（L.；Fr.）Gray

黄白粘盖牛肝菌　*S. placidus*（Bonorder）Sing.

暗黄粘盖牛肝菌　*S. plorans*（Roll.）Sing.

黑盖粉孢牛肝菌　*Tylopilus alboater*（Schw.）

　　　　　　　　　　　　Murr.

锈盖粉孢牛肝菌　*T. ballouii*（Peck）Sing.

紫盖粉孢牛肝菌　*T. eximius*（Peck）Sing.

苦粉孢牛肝菌　*T. felleus*（Bull.；Fr.）Karst

灰紫粉孢牛肝菌　*T. plumbeoviolaceus*

　　　　　　　　　　（Snell.）Sing.

粟金孢牛肝菌　*Xanthoconium affine*（Peck）

　　　　　　　　　　　　Sing.

褐绒盖牛肝菌　*Xerocomus badius*（Fr.）

　　　　　　　　　Kiihner ex Gilb.

红绒盖牛肝菌　*X. chrysenteron*（Bull.；Fr.）

　　　　　　　　　　　　Quél.

拟绒盖牛肝菌　*X. illudens*（Peck）Sing.

砖红绒盖牛肝菌　*X. spadiceus*（Fr.）Quél.

亚绒盖牛肝菌　*X. subtomentosus*（L.；Fr.）

　　　　　　　　　　　　Quél.

36. 蜡伞科　Hygrophoraceae

雪白拱顶菇　*Camarophyllus niveus*（Scop.）

　　　　　　　　　　Wunsche

粉灰紫湿伞　*Hygrocybe calyptraeformis*

　　　　　　　　　　Fayod

绯红湿伞　*H. coccinea*（Schaeff.；Fr.）Karst.

小红湿伞　*H. miniata*（Fr.）Kummer

条缘橙湿伞　*H. reai*（Mraire.）J. Lange

变黑蜡伞　*Hygrophorus conicus*（Fr.）Fr.

白蜡伞　*H. eburnesus*（Bull.；Fr.）Fr.

变红蜡伞　*H. erubesceus*（Fr.）Fr.

浅黄褐蜡伞　*H. leucophaeus*（Scop.）Fr.

粉红蜡伞　*H. pudorinus* Fr.

美丽蜡伞　*H. speciosus* PK.

37. 红菇科　Russulaceae

香乳菇　*Lactarius camphoratus*（Bull.）Fr.

皱盖乳菇　*L. corrugis* Peck

松乳菇　*L. deliciosus*（L.；Fr.）Gray

红汁乳菇　*L. hatsudake* Tanaka

环纹苦乳菇　*L. insulsus* Fr.

黑褐乳菇　*L. lignyotus* Fr.

细质乳菇　*L. mitissimus* Fr.

白乳菇　*L. piperatus*（L.；Fr.）Gray

绒边乳菇　*L. pubescens*（Fr. ex Krombh.）Fr.

静生乳菇　*L. quietus*（Fr.）Fr.

红褐乳菇　*L. rufus*（Scop.：Fr.）Fr.

亚绒白乳菇　*L. subvellerreus* Peck

毛头乳菇　*L. torminosus*（Schaeff.：Fr.）Gray

绒白乳菇　*L. vellereus*（Fr.）Fr.

多汁乳菇　*L. volemus* Fr.

烟色红菇　*Russula adusta*（Pers.）Fr.

铜绿红菇　*R. aeruginea* Lindb.：Fr.

小白菇　*R. albida* Peck

白黑红菇　*R. albonigra*（Krombh.）Fr.

大红菇　*R. alutacea*（Pers.）Fr.

黑紫红菇　*R. atropurpurea*（Krombh.）Britz.

黄斑红菇　*R. aurata*（With.）Fr.

葡紫红菇　*R. azurea* Bres.

蓝紫红菇　*R. caerulea* Cke

黄斑绿菇　*R. crustosa* Peck

花盖红菇　*R. cyanoxantha* Schaeff.：Fr.

梨红菇　*R. cyanoxantha* f. *peltereaui* R. Maire

大白菇　*R. delica* Fr.

密褶黑菇　*R. densifolia*（Secr.）Gill.

毒红菇　*R. emetica*（Schaeff.：Fr.）
Pers. ex S. F. Gray

红柄红菇　*R. eryhropus* Pelt.

臭黄菇　*R. foetens* Pers.：Fr.

小毒红菇　*R. fragilis*（Pers.：Fr.）Fr.

乳白绿菇　*R. galochroa* Fr.

叶绿红菇　*R. heterophylla*（Fr.）Fr.

全缘红菇　*R. integra*（L.）Fr.

白菇　*R. lactea*（Pers.：Fr.）Fr.

拟臭黄菇　*R. laurocerasi* Melzer

红菇　*R. lepida* Fr.

红黄红菇　*R. luteolacta* Rea

赭盖红菇　*R. mustelina* Fr.

稀褶黑菇　*R. nigricans*（Bull.）Fr.

蜜黄红菇　*R. ochroleuca*（Pers.）Fr.

青黄红菇　*R. olivacea*（Schaeff.）Fr.

假大白菇　*R. pseudodelica* Lange

紫薇红菇　*R. puellaris* Fr.

玫瑰红菇　*R. rosacea*（Bull.）Fr.

大朱红菇　*R. rubra*（Krombh.）Bres.

红肉红菇　*R. sardonia* Fr.

点柄臭黄菇　*R. senecis* Imai

亚稀褶黑菇　*R. subnigricans* Hongo

正红菇　*R. vinosa* Lindbl.

菫紫红菇　*R. violacea* Quél.

绿菇　*R. virescens*（Schaeff. ex Zanted.）Fr.

38. 侧耳科　Pleurotaceae

小网孔菌　*Dictyopanus pusillus*（Lév.）Sing.

亚侧耳　*Hohenbuehelia serotina*（Pers.：Fr.）
Sing.

北方小香菇　*Lentinellus ursinus*（Fr.）
Kummer

香菇　*Lentinus edodes*（Berk.）Sing.

豹皮香菇　*L. lepideus*（Fr.：Fr.）Fr.

绒柄香菇　*L. similis* Berk. et Br.

虎皮香菇　*L. tigrinus*（Bull.）Fr.

鳞皮扇菇　*Panellus stypticus*（Bull.：Fr.）
Karst.

革耳　*Panus rudis* Fr.

鹅色侧耳　*Pleurotus anserinus*（Berk.）Sacc.

白黄侧耳　*P. cornucopiae*（Paul.：Pers）
Rolland

腐木生侧耳　*P. lignatilis* Gill.

侧耳　*P. ostreatus*（Jacq.：Fr.）Kummer

39. 裂褶菌科　Schizophyllaceae

裂褶菌　*Schizophyllum commne* Fr.

40. 鹅膏菌科　Amanitaceae

球基鹅膏菌　*Amanita abrupta* Peck

白黄鹅膏菌　*A. alboflavescens* Hongo

橙盖鹅膏菌　*A. caesarea*（Scop.：Fr.）
Pers ex Schw.

白橙盖鹅膏菌　*A. caesarea* var. *alba* Gill.

圈托鳞鹅膏菌　*A. ceciliae*（Berk. et Br.）Bas.

块鳞鹅膏菌　*A. excelsa*（Fr.）Quél.

小托柄鹅膏菌　*A. farinosa* Schw.

赤褐鹅膏菌　*A. fulva*（Schaeff.：Fr.）
Pers. ex Sing.

日本鹅膏菌　*A. japonica* Bas.

残托鹅膏菌　*A. kwangsinsis* Wang

长条棱鹅膏菌　*A. longistriata* Imai

隐花青鹅膏菌　*A. manginiana* Hariot
et Patouillard

雪白毒鹅膏菌　*A. nivalis* Grev.

瓦灰鹅膏菌　*A. onusta*（Howe）Sacc.

豹斑毒鹅膏菌　*A. pantherina*（DC.：Fr.）
Schrmm.

多鳞豹斑毒鹅膏菌　*A. pantherina* var.
multisquamosa（PK.）Jenk.

毒鹅膏菌　*A. phalloides*（Vaill.：Fr.）Secr.

假褐云斑鹅膏菌　*A. pseudoporphyria* Hongo

红托鹅膏菌　*A. rubrovolvata* Imai

角鳞白鹅膏菌　*A. solitaria*（Bull.：Fr.）Karst.

角鳞灰鹅膏菌　*A. spissacea* Imai

条缘鹅膏菌　*A. spreta*（Peck）Sacc.

松果鹅膏菌　*A. strobiliformis*（Vitt.）Quél.

白黄盖鹅膏菌　*A. subjunquillea* var. *alba*
Z. Y. Yang

灰鹅膏菌　*A. vaginata*（Bull.：Fr.）Vitt.

白毒鹅膏菌　*A. verna*（Bull.：Fr.）Pers.
ex Vitt.

鳞柄白毒鹅膏菌　*A. virosa* Lam.：Fr.

苞脚鹅膏菌　*A. volvata*（Peck）Martin

41. 光柄菇科　Pluteaceae

灰光柄菇　*Pluteus cervinus*（Schaeff.）Fr.

狮黄光柄菇　*P. leoninus*（Schaeff.：Fr.）
Kumm.

银丝草菇　*Volvariella bombycina*
（Schaeff.：Fr.）Sing.

草菇　*V. volvacea*（Bull.：Fr.）Sing.

42. 白蘑科　Tricholomataceae

蜜环菌　*Armillariella mellea*（Vahl.：Fr.）
Karst.

假蜜环菌　*A. tabescens*（Scop.：Fr.）Sing.

星孢寄生菇　*Asterophora lycoperdoides*
（Bull.）Ditmar ex S. F. Gr.

脉褶菌　*Campanella junghuhnii*（Mont.）Sing.

棱柄松苞菇　*Catathelasma ventricosum*
（Pk.）Sing.

小白杯伞　*Clitocybe candicans*（Pers.：Fr.）
Kummer

毒杯伞　*C. cerussata*（Fr.）Kummer

深凹杯伞　*C. gibba*（Fr.）Kummer

杯伞　*C. infundibuliformis*（Schaeff.：Fr.）
Quél.

水粉杯伞　*C. nebularis*（Batsch：Fr.）Kummer

乳酪金钱菌　*Collybia butyracea*（Bull.：Fr.）
Quél.

金针菇　*Flammulina velutipes*（Curt.：Fr.）
Sing.

紫蜡蘑　*Laccaria amethystea*（Bull. ex Gray）
Murr.

红蜡蘑　*L. laccata*（Scop.：Fr.）Berk. et Br.

条柄蜡蘑　*L. proxima*（Boud.）Pat.

花脸香蘑　*Lepista sordida*（Schum.：Fr.）
Sing.

安络小皮伞　*Marasmius androsaceus*
（L.：Fr.）Fr.

乳白黄小皮伞　*M. bekolacongoli* Beel.

绒柄小皮伞　*M. confluens*（Pers.：Fr.）Karst.

栎小皮伞　*M. dryophilus*（Bull.：Fr.）Karst.

无柄小皮伞　*M. neosessilis* Sing.

硬柄小皮伞　*M. oreades*（Bolt.：Fr.）Fr.

琥珀小皮伞　*M. siccus*（Schw.）Fr.

铦囊蘑　*Melanoleuca cognata*（Fr.）Konr.
et Maubl.

钟形铦囊蘑　*M. exscissa*（Fr.）Sing.

黄柄小菇　*Mycena epipterygia*（Scop.：Fr.）
S. F. Gray

灰盖小菇　*M. galericulata*（Scop.：Fr.）Gray

洁小菇　*M. pura*（Pers.：Fr.）Kummer

小白脐菇　*Omphalia gracillima*（Weinm.）
Quél.

雷丸　*O. lapidescens* Schroet.

白环粘奥德蘑　*Oudemansiella mucida*
（Schrad.：Fr.）Hohnel

宽褶奥德蘑　*O. platyphylla*（Pers.：Fr.）
Moser in Gams

绒奥德蘑　*O. pudens*（Pers.；Fr.）Sing.

长根奥德蘑　*O. radicata*（Relhan；Fr.）Sing.

假灰杯伞　*Pseudoclitocybe cyathiformis*
（Bull.；Fr.）Sing.

大囊松果伞　*Strobilurus stephanocystis*
（Hora）Sing.

鸡枞菌　*Termitomyces albuminosus*（Berk.）
Heim

尖盾白蚁伞　*T. clypentus* Heim

根白蚁伞　*T. eurrhizus*（Berk.）Heim

烟灰白蚁伞　*T. fuliginosus* Heim

小白蚁伞　*T. microcarpus*（Berk. et Br.）
Heim

黄褐纹白蚁伞　*T. striatus* f. *ochraceus* Heim

淡褐口蘑　*Tricholoma albobranneum*
（Pers.；Fr.）Quél.

橙柄口蘑　*T. aurantipes* Rick.

假松口蘑　*T. bakamatsutake* Hongo

油黄口蘑　*T. flavovirens*（Pers.；Fr.）
Lundell.

黄褐松口蘑　*T. fulvocastanen* Hongo

褐口蘑　*T. fulvum*（DC.；Fr.）Rea.

松口蘑　*T. matsutake*（S. Ito et Imai）Sing.

青冈松口蘑　*T. quercicola* Zang

直柄口蘑　*T. stans*（Fr.）Sacc.

凸顶口蘑　*T. virgatum*（Fr.）Kummer

黄拟口蘑　*Tricholomopsis decora*（Fr.）Sing.

赭红拟口蘑　*T. rutilans*（Schaeff.；Fr.）
Sing.

土黄拟口蘑　*T. sasae* Hongo

黄干脐菇　*Xeromphalina campanella*
（Batsch；Fr.）Maire

43. 蘑菇科　Agaricaceae

双孢蘑菇　*Agaricus bisporus*（Large）Sing.

蘑菇　*A. campestris* L.；Fr.

双环林地蘑菇　*A. placomyces* Peck

拟林地蘑菇　*A. rubribrunnescens* Murr.

白林地蘑菇　*A. silvicola*（Vitt.）Satt.

林地白蘑菇　*A. silvicola* var. *pallidus*
（Moller）Moller

赭鳞蘑菇　*A. subrufescens* Peck

锐鳞环柄菇　*Lepiota acutesquamosa*
（Weinm.；Fr.）Gill.

细环柄菇　*L. clypeolaria*（Bull.；Fr.）
Kummer

红顶环柄菇　*L. gracilenta*（Krombh.）Quél.

褐顶环柄菇　*L. promineus*（Fr.）Sacc.

高大环柄菇　*Macrolepiota procera*
（Scop.；Fr.）Sing.

粗鳞大环柄菇　*M. rhacodes*（Vitt.）Sing.

金盖鳞伞　*Phaeolepiota aurea*（Matt.；Fr.）
Konr. et Maubl.

44. 鬼伞科　Coprinaceae

墨汁鬼伞　*Coprinus atramentarius*（Bull.）
Fr.

灰盖鬼伞　*C. cinereus*（Schaeff.；Fr.）
S. F. Gray

毛头鬼伞　*C. comatus*（Mull.；Fr.）Gray

绒白鬼伞　*C. lagopus* Fr.

晶粒鬼伞　*C. micaceus*（Bull.）Fr.

小孢毛鬼伞　*C. ovatus*（Schaeff.）Fr.

褶纹鬼伞　*C. plicatilis*（Curt；Fr.）Fr.

粪鬼伞　*C. sterquilinus* Fr.

钟形花褶伞　*Panaeolus campanulatus*（L.）Fr.

花褶伞　*P. retirugis* Fr.

紧缩花褶伞　*P. sphinctrinus*（Fr.）Quél.

白黄小脆柄菇　*Psathyrella candolleana*（Fr.）
A. H. Smith

白小脆柄菇　*P. leucotephra*（Bk. et Br.）
Oiton

毡毛小脆柄菇　*P. velutina*（Pers；Fr.）Sing.

小假鬼伞　*Pseudocoprinus disseminatus*
（Pers；Fr.）Kuhner.

45. 粪锈伞科　Bolbitiaceae

硬田头菇　*Agrocybe dura*（Bolt.；Fr.）Sing.

田头菇　*A. praecox*（Pers；Fr.）Fayod.

粪锈伞　*Bolbitius vitellinus*（Pers.）Fr.

大盖锥盖伞　*Conocybe macracephala* Kuhn.
et Sing.

石灰锥盖伞　*C. siliginea*（Fr.）Kuhner

46. **球盖菇科**　Strophariaceae

簇生黄韧伞　*Naematoloma fasciculare*
(Pers.：Fr.) Sing.

土黄韧伞　*N. gracile* Hongo

黄伞　*Pholiota adiposa* (Fr.) Quél.

黄鳞环锈伞　*P. flammans* (Fr.) Kummer

光滑环锈伞　*P. nameko* (T. Ito) S. Ito et Imai

黄褐环锈伞　*P. spumosa* (Fr.) Sing.

皱环球盖菇　*Stropharia rugosoannulata* Farlow

半球盖菇　*S. semiglibata* (Batsch.：Fr.) Quél.

47. **丝膜菌科**　Cortinariaceae

褐丝膜菌　*Cortinarius brunneus* Fr.

托柄丝膜菌　*C. callochrous* (Pers.) Fr.

柱柄丝膜菌　*C. cylindripes* Kauff.

硬丝膜菌　*C. rigidus* (Scop.) Fr.

黄丝膜菌　*C. turmalis* Fr.

细柄丝膜菌　*C. tenuipes* (Hongo) Hongo

秋盔孢伞　*Galerina autumnalis* (Peck) Smith et Sing.

赭黄裸伞　*Gymnopilus penetrans* (Fr.：Fr.) Murr.

杉木黄裸伞　*G. piceina* Murr.

枞裸伞　*G. sapineus* (Fr.) Mair.

大孢滑锈伞　*Hebeloma sacchariolens* Quél.

星孢丝盖伞　*Inocybe asterospora* Quél.

刺孢丝盖伞　*I. calospora* Quél.

黄丝盖伞　*I. fastigiata* (Schaeff.) Fr.

疏生丝盖伞　*I. praetervisa* Quél.

茶褐丝盖伞　*I. umbrinella* Bres.

皱盖罗鳞伞　*Rozites caperata* (Pers.：Fr.) Karst.

紫皱盖罗鳞伞　*R. emodensis* (Berk.) Moser.

48. **锈耳科**　Crepidotaceae

粘锈耳　*Crepidotus mollis* (Schaeff.：Fr.) Gray

49. **粉褶菌科**　Rhodophyllaceae

黄肉色粉褶菌　*Entoloma flavocerinus* Hk.

斜盖粉褶菌　*Rhodophyllus abortivus* (Berk. ex Curt.) Sing.

臭粉褶菌　*R. nidorosus* (Fr.) Quél.

褐盖粉褶菌　*R. rhodopolius* (Fr.) Quél.

毒粉褶菌　*R. sinuatus* (Bull.：Fr.) Pat.

锥盖粉褶菌　*R. turbidus* (Fr.) Quél.

50. **网褶菌科**　Paxillaceae

覆瓦网褶菌　*Paxillus curtisii* Berk.

卷边网褶菌　*P. involutus* (Batsch) Fr.

51. **铆钉菇科**　Gomphidiaceae

血红铆钉菇　*Chroogomphis rutilus* (Schaeff.：Fr.) O. K. Miller

红铆钉菇　*Gomphidius roseus* Fr.

十二、鬼笔目　Phallaes

52. **鬼笔科**　Phallaceae

短裙竹荪　*Dictyophora duplicata* (Bosc.) Fischer

长裙竹荪　*D. indusiata* (Vent.：Pers.) Fisch.

黄裙竹荪　*D. multicolor* Bork. et Br.

竹林蛇头菌　*Mutinus bambusinus* (Zoll.) Fischer

红鬼笔　*Phallus rubicundus* (Bosc.) Fr.

53. **笼头菌科**　Clathraceae

西宁林氏鬼笔　*Linderiella xiningensis* Wen

五棱散尾鬼笔　*Lysurus mokusin* (L.：Pers.) Fr.

中华散尾鬼笔　*L. mokusin* f. *sinensis* (Lloyd) Kobayasi

佛手爪鬼笔　*Pseudocolus schellenbergiae* (Penz.) Cunn.

黄柄笼头菌　*Simblus gracile* Berk.

十三、腹菌目　Hymenogastrales

54. 须腹菌科　Rhizopogonaceae

变黑须腹菌　*Rhizopogon nigrescens*
Coker et Couch

十四、马勃目　Lycoperdales

55. 地星科　Geastraceae

粉红地星　*Geastrum rufescens* Pers.

袋形地星　*G. saccatun*（Fr.）Fisch.

尖顶地星　*G. triplex*（Jungh.）Fisch.

绒皮地星　*G. velutinum*（Morg.）Fisch.

56. 马勃科　Lycoperdaceae

长根静灰球菌　*Bovistella radicata*（Mont.）
Pat.

大口静灰球菌　*B. sinensis* Lloyd

头状秃马勃　*Calvatia craniiformis*（Schw.）Fr.

大秃马勃　*C. gigantea*（Batsch : Fr.）Lloyd

紫色秃马勃　*C. lilacina*（Mont. et Berk.）Lloyd

褐孢大秃马勃　*C. saccata*（Vahl. : Fr.）Morg.

粒皮马勃　*Lycoperdon asperum*（Lév.）de Toni

褐皮马勃　*L. fuscum* Bon.

网纹马勃　*L. perlatum* Pers.

小马勃　*L. pusillum* Batsch : Pers.

梨形马勃　*L. pyriforme* Schaeff. : Pers.

长柄梨形马勃　*L. pyriforme* var. excipuliforme
Desm.

赭褐马勃　*L. umbrinum* Pers.

白刺马勃　*L. wrightii* Berk. et Curt.

十五、硬皮地星目　Sclerodermatales

57. 硬皮地星科　Astraeaceae

硬皮地星　*Astraeus hygrometricus*（Pers.）
Morgan

58. 豆包菌科　Pisolithaceae

豆包菌　*Pisolithus tinctorius*（Pers.）
Coker et Couch

59. 硬皮马勃科　Sclerodermataceae

马勃状硬皮马勃　*Scleroderma areolatum*
Ehrenb.

大孢硬皮马勃　*S. bovista* Fr.

光硬皮马勃　*S. cepa* Pers.

多根硬皮马勃　*S. polyrhizum* Pers.

疣硬皮马勃　*S. verrucosum*（Vaill.）Pers.

十六、美口菌目　Calostomatales

60. 美口菌科　Calostomataceae

红皮美口菌　*Calostoma cinnabarinum*
　　　　　　　　（Desv.）Mass.

小美口菌·*C. miniata* Zang

十七、鸟巢菌目　Nidulariales

61. 鸟巢菌科　Nidulariaceae

乳白蛋巢菌　*Crucibulum laeve*（Bull. ex DC.）
　　　　　　　　　　　　　　Kambl.

白蛋巢菌　*C. vulgare* Tul.

白被黑蛋巢菌　*Cyathus pallidus* Berk. et Curt.

粪生黑蛋巢菌　*C. stercoreus*（Schw.）de Toni

隆纹黑蛋巢菌　*C. striatus* Willd. : Pers.

　　［注：经本次调查,现已知该区内共有大型真菌 61 科 185 属 584 种（包括亚种、变种、变型）,其中子囊菌类 12 科 29 属 61 种,胶质菌类 5 科 9 属 26 种,多孔菌类 16 科 56 属 170 种,伞菌类 18 科 73 属 284 种,腹菌类 10 科 18 属 43 种］

第四部分　重庆金佛山植物名录

——刘正宇、谭杨梅、刘翔、林茂祥、任明波执笔

目　　录

一、地衣植物名录 *

1. **皮果衣科** Dermatocarpaceae

皮果衣　*Dermatocarpon miniatum*（Linn.）Mann.

2. **地卷科** Peltigeraceae

长孢地卷　*Peltigera dolichospora*（Lu）Vitik.

平盘地卷　*P. horizontalis*（Huds.）Baumg.

膜地卷　*P. membranacea*（Ach.）Nyl.

长根地卷　*P. plichorrhiza*（Nyl.）Nyl.

缝芽地卷　*P. praetextata*（Florke）vain.

地卷　*P. rufescens*（Weis.）Humb.

假地卷　*P. spuria*（Ach.）DC.

3. **肺衣科** Lobariaceae

拟黑毛肺衣　*Lobaria adscripturiens*（Nyl.）Hue.

中华肺衣　*L. chinensis* Yoshim.

黑毛肺衣　*L. fuscotomentsa* Yoshim.

针芽肺衣　*L. isidiophora* Yoshim.

裂芽肺衣　*L. isidiosa*（Mull. Arg.）Vain.

光肺衣　*L. kurokawae* Yoshim.

南方肺衣　*L. meridionalis* Vain.

东方肺衣　*L. orientalis* Asah.

肺衣　*L. pulmonaria*（Linn.）Hoffm.

网脊肺衣　*L. retigera*（Ach.）Trev.

匙芽肺衣　*L. spathulata*（Inum.）Yoshm.

平滑牛皮衣　*Sticta nylanderiana* A. Z. Wen

牛皮衣　*S. pulmonacea* Ach.

4. **网衣科** Lecideaceae

高山黑红衣　*Mycoblastus alpinus*（Franch.）Kernst.

5. **袋衣科** Hypogymniaceae

得拉维袋衣　*Hypogymnia delavayi*（Hue）Rassad.

孔叶衣　*Menegazzia pertusa*（Schrank）Stein.

6. **梅衣科** Parmeliaceae

条衣　*Everniastrum cirrhatum*（Fr.）Hale ex Sipman.

粉缘斑叶　*Cetrelia cetrarioides*（Del. ex Duby）Culb.

领斑叶　*C. collata*（Nyl.）Culb.

橄榄斑叶　*C. olivetorum*（Nyl.）Culb.

拟橄榄斑叶　*C. pseudolivetorum*（Asah.）Culb.

粉斑梅衣　*Parmelia borreri*（Sm.）Turn.

扁枝珊瑚梅衣　*P. rudecta* Ach.

石梅衣　*P. saxatilis*（Linn.）Ach.

金髓缘毛衣　*Parmelina aurulenta*（Tuck.）Hale.

栎缘毛衣　*P. quercina*（Willd.）Hale.

指裂裸缘衣　*Parmotrema cetratum*（Ach.）Hale.

珠光裸缘衣　*P. perlatum*（Huds.）Choisy.

白纹裸缘衣　*P. reticulatum*（Tayl.）Choisy.

7. **树发科** Alectoriaceae

亚洲藓发　*Bryoria asiatica*（DR.）Brodo & Hawksw.

槽枝衣　*Sulcaria sulcata*（Lev.）Bystr.

8. **松萝科** Usneaceae

破茎松萝　*Usnea diffracta* Vain.

硬毛松萝　*U. hirta*（Linn.）Wlgg.

长松萝　*U. longissima* Ach.

小刺褐松萝　*U. luridorufa* Stirt.

粗皮松萝　*U. montis-fuji* Mot.

9. **石蕊科** Cladoniaceae

聚筛蕊　*Cladia aggregata*（Sw.）Nyl.

＊ 本书整个植物分类系统,按国家技术监督局 1993 年发布,1994 年 1 月正式实施的"中国植物分类系统"排列。

东方鹿蕊　*Cladina grisea*（Ahti）Rass ex
Wei et al.

鹿蕊　*C. rangiferina*（Linn.）Nyl.

喇叭粉石蕊　*Cladonia chlorophaea*（Florke）
Spreng.

莲座石蕊　*C. pocillum*（Ach.）Rich.

喇叭石蕊　*C. pyxidata*（Linn.）Hoffm.

粗皮石蕊　*C. scabriuscula*（Del.）Nyl.

鳞片石蕊　*C. squamosa*（Scop.）Hoffm.

繁鳞石蕊　*C. squamosissima*（Mull. Arg.）
Ahti.

小喇叭石蕊　*C. verticillata* Hoffm.

10. 石耳科　Umbilicariaceae

石耳　*Umbilicaria esculenta*（Miyoshi）Minks.

印度石耳　*U. indica* Frey.

11. 蜈蚣衣科　Physciaceae

白刺毛　*Phaeophyscia hirtuosa*（Kremphbr.）
Golubk.

头粉刺毛　*P. hispidula*（Ach.）Moberg.

大哑铃孢　*Heterodermia diademata*
（Tayl.）Awasthi.

白腹哑铃孢　*H. hypoleuca*（Muhl.）Trev.

腹黄哑铃孢　*H. hypochraea*
（Vain.）Swinscow. & Krog.

12. 地茶科　Thamnaliaceae

地茶　*Thamnolia vermicularis*（Sw.）Ach.
ex Schaer.

〔地衣植物共12科22属62种〕

二、高等植物名录

（一）苔藓植物门　Bryophyta

13. 剪叶苔科　Herbertaceae

钩形剪叶苔　*Herberta adunws*（Dicks）
S. F. Grag.

长肋剪叶苔　*H. longifissa*（Steph.）Steph.

14. 绒苔科　Trichocoleaceae

囊绒苔　*Trichocoleopsis sacculate*（Mitt.）
Okam.

15. 指叶苔科　Lepidoziaceae

白叶鞭苔　*Bazzania albifolia*（Steph.）Horik.

双齿鞭苔　*B. bidentula*（Steph.）Nichol.

日本鞭苔　*B. japonica*（Lac）Lindb.

三齿鞭苔　*B. tricrenata*（Wahl.）Trev.

16. 齿萼苔科　Lophocoleaceae

日本齿萼苔　*Lophacolea japonica* Schiffn.

17. 羽苔科　Plagiochilaceae

大羽苔　*Plagiochila asplenioides*（Linn.）
Dumortier

延叶羽苔　*P. semidecurrens* Lehm. et Lindenb.

18. 扁萼苔科　Radulaceae

尖叶扁萼苔　*Rabula kojana* Steph.

19. 光萼苔科　Porellaceae

长叶光萼苔　*Porella densifolia* ssp.
appendiculata（Steph.）Hatt.

尖叶光萼苔　*P. setigera*（Steph.）Hatt.

20. 耳叶苔科　Frullaniaceae

日本耳叶苔　*Frullania jackii* ssp. *japonica*
（Lac.）Hatt.

列胞耳叶苔　*F. moniliata*（R. BL. et Nees）
Mont.

东亚耳叶苔　*F. nishiyamensis* Steph.

四川毛耳苔　*Jubula jaoii* Chen

21. 细鳞苔科　Lejeuneaceae

阔叶淡叶苔　*Euosmolejeunea latifolia* Horik

中华粗鳞苔　*Trachylejeunea chinensis* Herz.

四川角鳞苔　*Drepanolejeunea szechuanica* Chen

22. 南溪苔科　Makinoaceae

南溪苔　*Makinoa crispata*（Steph.）Miyake

23. 带叶苔科　Pallaviciniaceae

长刺带叶苔　*Pallavicinia longispina* Steph.

带叶苔　*P. lyellii*（Hook.）Gray

24. 叉苔科　Metzgeriaceae

钩毛叉苔　*Metzgeria hamata* Lindb.

25. 蛇苔科　Conocephalaceae

蛇苔　*Conocephalum conicum*（Linn.）Dumort

小蛇苔　*C. supradecompositum*（Lindb.）Steph.

26. 地钱科　Marchantiaceae

地钱　*Marchantia polymorpha* Linn.

毛地钱　*Dumortiera hirsute*（Sw.）Reinw.

27. 石地钱科　Rebouliaceae

石地钱　*Reboulia hemisphaerica*（Linn.）Raddi

28. 泥炭藓科　Sphagnaceae

暖地泥炭藓　*Sphagnum junghuhnianum*
　　　　　　　　　　Doz. et Molk.

泥炭藓　*S. palustre* Linn.

假泥炭藓　*S. pseudo-cymbifolium* C. Muell.

广舌泥炭藓　*S. robustum*（Warnst.）Roell

粗叶泥炭藓　*S. squarrosum* Crom.

29. 牛毛藓科　Ditrichaceae

对叶藓　*Distichium capillaceum*（Hedw.）
　　　　　　　　　　B. S. G.

散叶牛毛藓　*Ditrichum divaricatum* Mitt.

牛毛藓　*D. heteromallum*（Hedw.）Britt.

黄牛毛藓　*D. pallidum*（Hedw.）Hamp.

30. 曲尾藓科　Dicranaceae

日本曲柄藓　*Campylopus japonicus* Broth.

南亚曲柄藓　*C. richardii* Brid.

疣肋曲柄藓　*C. schwarzii* Schimp.

平肋狭叶曲柄藓　*C. subulatus* var. *schimperi*
　　　　　　　　　　（Mild.）Husn.

纤细狗牙藓　*Cynodontium gracilescens*
　　　　　　　　　　（Web. et Mohr）Schimp.

青毛藓　*Dicranodontium denudatum*（Brid.）
　　　　　　　　　　Britt.

山地青毛藓　*D. didictyon*（Mitt.）Jaeg

多形小曲尾藓　*Dicranella heteromalla*
　　　　　　　　　　（Hedw.）Schimp.

南亚卷毛藓　*Dicranoweisia indica*（Wils.）Par.

折叶曲尾藓　*Dicranum fragilifolium* Lindb.

绒叶曲尾藓　*D. fulvum* Hook.

棕色曲尾藓　*D. fuscescens* Turn.

日本曲尾藓　*D. japonicum* Mitt.

多蒴曲尾藓　*D. majus* Turn.

麦氏曲尾藓　*D. mayrii* Proth.

东亚曲尾藓　*D. nipponense* Besch.

曲尾藓　*D. scoparium* Hedw.

四川曲尾藓　*D. setschwanicum* Broth.

密叶苞领藓　*Holomitrium densifolium*
　　　　　　　　　　（Wils.）Wijk. et Mang.

山曲背藓　*Oncophorus wahlenbergii* Brid.

微齿粗石藓　*Rhabdoweisia crispata*（With.）
　　　　　　　　　　Lindb.

南亚合睫藓　*Symblepharis reinwardtii*
　　　　　　　　　　（Doz. et Molk.）Mitt.

31. 白发藓科　Leucobryaceae

弯叶白发藓　*Leucobryum aduncum* Doz. et Molk.

狭叶白发藓　*L. bowringii* Mitt.

爪哇白发藓　*L. javense*（Brid.）Mitt.

南亚白发藓　*L. neilgherrense* C. Muell.

疣白发藓　*L. scabrum* Lac.

32. 凤尾藓科　Fissidentaceae

卷叶凤尾藓　*Fissidens cristatus* Wils. ex Mitt.

日本凤尾藓　*F. nobilis* Griff.

粗肋凤尾藓　*F. laxus* Sull. et Lesq.

羽叶凤尾藓　*F. plagiochiloidus* Besch.

鳞叶凤尾藓　*F. taxifolius* Hedw.

拟小叶凤尾藓　*F. tosaensis* Broth.

链状凤尾藓　*F. zippelianus* Doz. et Molk.

车氏凤尾藓　*F. zollingeri* Mont.

33. 丛藓科　Pottiaceae

丛本藓　*Anoectangium aestivum*（Hedw.）Mitt.

核扭口藓　*Barbula coreensis*（Card.）Saito

贝毛扭口藓　*B. horrinervis* Saito

小扭口藓　*B. indica*（Hook.）Spreng.

狭叶扭口藓　*B. subcontorta* Broth.

扭口藓　*B. unguiculata* Hedw.

粗枝红叶藓　*Bryoerythrophyllum recurvirostre* var. *robustum* Saito

汤氏链齿藓　*Desmatodon thomsonii*（C. Muell.）Jaeg.

尖叶对齿藓　*Didymodon constrictus*（Mitt.）Saito

粗对齿藓　*D. eroso-denticulatus*（C. Muell.）Saito

大对齿藓　*D. giganteus*（Funck）Jur.

对齿藓　*D. rigidicaulis*（C. Muell.）Saito

硬叶对齿藓　*D. rigidulus* Hedw.

橙色净口藓　*Gymnostomum aurantiacum*（Mitt.）Par.

钙土净口藓　*G. calcareum* Nees et Hornsch.

硬叶净口藓　*G. subrigidulum*（Broth.）Chen

卷叶湿地藓　*Hyophila involuta*（Hook.）Jaeg.

折叶薄齿藓　*Leptodontium flexifolium*（Dicks. ex With.）Hampe.

毛叶藓　*Molendoa hornschuchiana*（Hook.）Limpr.

酸土藓　*Oxystegus cylindricus*（Brid.）Hilp.

拟合睫藓　*Pseudosymblepharis angustata*（Mitt.）Chen

反扭藓　*Timmiella anomala*（B. S. G.）Limpr.

折叶纽藓　*Tortella fragilis*（Hook. et Wils.）Limpr.

墙藓　*Tortula muralis* Hedw.

阔叶毛口藓　*Trichostomum platyphyllum*（Broth. ex Ihs.）Chen

小石藓　*Weissia controversa* Hedw.

阔叶小石藓　*W. planifolia* Dix.

34. **缩叶藓科**　Ptychomitriaceae

东亚缩叶藓　*Ptychomitrium fauriei* Besch.

狭叶缩叶藓　*P. linearifolium* Reim. et Sak.

35. **紫萼藓科**　Grimmiaceae

毛尖紫萼藓　*Grimmia pilifera* P. Beauv.

砂藓　*Rhacomitrium canescens*（Hedw.）Brid.

长枝砂藓　*R. canescens* var. *ericoides*（Hedw.）Hamp.

凸肋砂藓　*R. carinatum* Card.

长叶砂藓　*R. fasciculare*（Hedw.）Brid.

圆果裂齿藓　*Schistidium apocarpum*（Hedw.）B. S. G.

36. **葫芦藓科**　Funariaceae

葫芦藓　*Funaria hygrometrica* Hedw.

37. **壶藓科**　Splachnaceae

印度小壶藓　*Tayloria indica* Mitt.

38. **四齿藓科**　Tetraphidaceae

四齿藓　*Tetraphis pellucida* Hedw.

39. **真藓科**　Bryaceae

瓦叶银藓　*Amonobryum filiforme*（Dicks.）Husu.

雅素银藓　*A. yasudae* Broth.

真藓　*Bryum argenteum* Hedw.

韩氏真藓　*B. blandum* ssp. *handelii*（Broth.）Ochi.

丛生真藓　*B. caespiticium* Linn. ex Hedw.

细叶真藓　*B. capillare* Linn. ex Hedw.

黄色真藓　*B. pallescens* Schleich. ex Schwaegr.

拟三叶真藓　*B. pseudotriquetrum*（Hedw.）Schwaegr.

扭叶真藓　*B. tortifolium* Brid.

截叶真藓　*B. truncorum* Brid.

紫色小叶藓　*Epipterygium tozeri*（Grev.）Lindb.

广口藓　*Mniooryum wahlenbergii*（Web. et Mohr）Jenn.

芽孢丝瓜藓　*Pohlia bulbifera*（Warnst.）Warnst.

丝瓜藓　*P. cruda*（Hedw.）Lindb.

小丝瓜藓　*P. crudoides*（Sull. et Lesq.）Broth.

狭叶丝瓜藓　*P. timmioides* Broth.

暖地大叶藓　*Rhodobryum giganteum*
　　　　　　　　　　（Schwaegr.）Par.

似大叶藓　*R. ontariense*（Kindb.）Kindb.

40. 提灯藓科　Mniaceae

密齿提灯藓　*Mnium denticulosum*
　　　　　　　　　　Chen ex Li et Zang

挺枝提灯藓　*M. handelii* Broth.

提灯藓　*M. hornum* Hedw.

偏叶提灯藓　*M. thomsonii* Schimp

柔叶立灯藓　*Orthomnion dilatatum*（Mitt.）
　　　　　　　　　　　　　　Chen

挺叶立灯藓　*O. handelii*（Broth.）T. Kop.

多蒴立灯藓　*O. nudum* Bartr.

双灯藓　*Orthomniopsis japonica* Broth.

尖叶走灯藓　*Plagiomnium cuspidatum*
　　　　　　　　　　（Hedw.）T. Kop.

全缘走灯藓　*P. cuspidatum* var. *subintegrum*
　　　　　　　（Chen ex Li et Zeng）T. Kop.

无边走灯藓　*P. immarginatum*（Broth.）
　　　　　　　　　　　　　T. Kop.

日本走灯藓　*P. japonicum*（Lindb.）T. Kop.

平肋走灯藓　*P. laevinerve*（Card.）T. Kop.

侧枝走灯藓　*P. maximoviczii*（Lindb.）T. Kop.

凹顶走灯藓　*P. maximoviczii* var. *emarginatum*
　　　　　　　　　　（Chen）T. Kop.

小叶走灯藓　*P. microphyllum*（Doz et Molk）
　　　　　　　　　　　　　T. Kop.

小走灯藓　*P. minutlum*（Besch.）T. Kop.

走灯藓　*P. pinnatum* Mu et Lou

钝叶走灯藓　*P. rostratum*（Schrad.）T. Kop.

革叶走灯藓　*P. rostratum* f. *coriaceum*
　　　　　　　　　　（Griff.）T. Kop.

大叶走灯藓　*P. succulentum*（Mitt.）T. Kop.

波叶走灯藓　*P. undulatum*（Mitt.）T. Kop.

园叶走灯藓　*P. vesicatum*（Besch.）T. Kop.

羽肋拟真藓　*Pseudobryum speciosum*（Mitt.）
　　　　　　　　　　　　　T. Kop.

小毛灯藓　*Rhizomnium parvulum*（Mitt.）
　　　　　　　　　　　　　T. Kop.

具丝毛灯藓　*R. tuomikoskii* T. Kop.

树形疣灯藓　*Trachycystis ussuriensis*
　　　　　　　（Maack et Regel）T. Kop.

41. 桧藓科　Rhizogoniaceae

大桧藓　*Rhizogonium dozyanum* Lac.

42. 皱蒴藓科　Aulacommiaceae

异枝皱蒴藓　*Aulacomnium heterostichum*
　　　　　　　　　　（Hedw.）B. S. G.

43. 珠藓科　Bartramiaceae

亮叶珠藓　*Bartramia halleroana* Hedw.

直叶珠藓　*B. ithyphylla* Brid.

梨蒴珠藓　*B. pomiformis* Hedw.

偏叶泽藓　*Philonotis falcata*（Hook.）Mitt.

卷叶泽藓　*P. revoluta* Bosch. et Lac.

44. 高领藓科　Glyphomitriaceae

卷叶高领藓　*Glyphomitrium crispiifolium* Nog.

45. 木灵藓科　Orthotriaceae

中华木衣藓　*Drummondia sinensis* C. Muell.

萨氏直叶藓　*Macrocoma tenue* ssp. *sullivantii*
　　　　　　　　　　（C. Muell.）Vitt.

狭叶蓑藓　*Macromitrium angustifolium*
　　　　　　　　　　Doz. et Molk.

福氏蓑藓　*M. ferriei* Card. et Ther.

北方卷叶藓　*Ulota crispa*（Hedw.）Brid.

绿叶变齿藓　*Zygodon viridissimus*（Dicks.）
　　　　　　　　　　　　　Brid.

46. 虎尾藓科　Hedwigiaceae

虎尾藓　*Hedwigia ciliata*（Hedw.）
　　　　　　　　Ehrh. ex P. Beauv.

47. 白齿藓科　Leucodontaceae

朝鲜白齿藓　*Leucodon coreensis* Card.

中华白齿藓　*L. sinensis* Ther.

疣齿藓　*Scabridens sinensis* Bartr.

48. 毛藓科　Prionodontaceae

台湾藓　*Taiwannobryum speiciosum* Nog.

49. 扭叶藓科　Trachypodaceae

软枝绿锯藓　*Duthiella flaccida*（Card.）Broth.

美绿锯藓　*D. speciosissima* Broth.

台湾拟扭叶藓　*Trachypodopsis formosana* Nog.

卷叶拟扭叶藓　*T. serrulata* var. *crispatula*
（Hook.）Zant.

扭叶藓　*Trachypus bicolor* Reinw. et Hornsch.

小扭叶藓　*T. humilis* Lindb.

四川扭叶藓　*T. rubutata* Chen

50. 蕨藓科　Pterobryaceae

尖叶耳平藓　*Calyptothecium cuspidattum*
（Okam.）Nog.

小蔓藓　*Meteoriella soluta*（Mitt.）Okam.

大滇蕨藓　*Pseudoterobryum laticuspis* Broth.

滇蕨藓　*P. tenuicuspis* Broth.

51. 蔓藓科　Meteoriaceae

多瘤灰气藓　*Aerobryopsis multipapiiiata*
Wu et X. Y. Hu

大灰气藓　*A. subdivergens*（Broth.）Broth.

气藓　*Aerobryum speciosum*（Doz. et Molk.）
Doz. et Molk.

日本气藓　*A. speciosum* var. *nipponicum* Nog.

细枝悬藓　*Barbella compressiramea*
（Ren. et Card.）Fleisch.

鞭枝悬藓　*B. fllagellifera*（Card.）Nog.

多疣悬藓　*B. pendula*（Sull.）Fleisch.

红色垂藓　*Chrysocladium flammeum*（Mitt.）
Fleisch.

粗垂藓　*C. phaeum*（Mitt.）Fleisch.

垂藓　*C. retrorsum*（Mitt.）Fleisch.

四川丝带藓　*Floribundaria setschwanica* Broth.

散生丝带藓　*F. sparsa*（Mitt.）Broth.

反叶粗蔓藓　*Meteoriopsis reclinata*
（C. Muell.）Fleisch.

短尖反叶粗蔓藓　*M. reclinata* var. *subreclinata*
Fleisch.

长尖粗蔓藓　*M. squarrosa* var. *longicuspis* Nog

黑枝蔓藓　*Meteorium miquelianum*
（C. Muell.）Fleisch. ex Broth.

蔓藓　*M. miquelianum* var. *atrovariegatum*
（Card. et Ther.）Nog.

细枝蔓藓　*M. papillarioides* Nog.

粗枝蔓藓　*M. subpolytrichum*（Besch.）Broth.

扭叶松罗藓　*Papillaria semitorta*（C. Muell.）
Jaeg.

短尖假悬藓　*Pseudobarbella attenuata*
（Thwait. et Mitt.）Nog.

疏叶假悬藓　*P. laxifolia* Nog.

南亚假悬藓　*P. levieri*（Ren. et Card.）Nog.

52. 平藓科　Neckeraceae

拟扁枝藓　*Homaliadelphus targionianus*
（Mitt.）Dix. et P. Vard.

树平藓　*Homaliodendron flabellatum*（Sm.）
Fleisch.

钝叶树平藓　*H. microdendron*（Mont.）
Fleisch.

西南树平藓　*H. montagneanum*（C. Muell.）
Fleisch.

山地树平藓　*H. obtusatum*（Mitt.）Gangulee

匙叶树平藓　*H. sandei*（Besch.）Iwats

刀叶树平藓　*H. scalpellifolium*（Mitt.）Fleisch.

曲枝平藓　*Neckera flexiramea* Card.

羽平藓　*N. pennata* Hedw.

多枝平藓　*N. polyclada* C. Muell.

短齿平藓　*N. yezoana* Besch.

拟平藓　*Neckeropsis calcicola* Nog.

截叶拟平藓　*N. lepineana*（Mont.）Fleisch.

东亚羽枝藓　*Pinnatella makinoi*（Broth.）
Broth.

褶叶木藓　*Thamnobryum plicatulum*（Lac.）
Iwats.

匙叶木藓　*T. sandei*（Besch.）Iwats.

53. 船叶藓科　Lembophyllaceae

尖叶船叶藓　*Dolichomitriopsis*
diversiformis（Mitt.）Nog.

异猫尾藓　*Isothecium subdiversiforme* Broth.

54. 万年藓科　Climaciaceae

东亚万年藓　*Climacium americanum* ssp.
japonicum（Lindb.）Perss.

万年藓　*C. dendroides*（Hedw.）Web. et Mohr.

树藓　*Pleuroziopsis ruthenica*（Weinm.）Kindb.

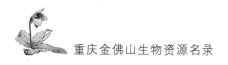

55. 油藓科　Hookeriaceae

狭叶小黄藓　*Daltonia angustifolia* Doz. et Molk.

直叶小黄藓　*D. angustifolia* var. *strictifolia* (Mitt.)Fleisch.

尖叶黄藓　*Distichophyllum cuspidatum* Doz. et Molk.

刺边毛柄藓　*Eriopsis spinosus* Nog.

尖叶油藓　*Hookeria acutifolia* Hook. et Grev.

56. 孔雀藓科　Hypopterygiaceae

布氏尾藓　*Cyathophorella burkillii* (Dix.) Broth.

短肋雉尾藓　*C. hookeriana* (Griff.) Fleisch.

粗齿雉尾藓　*C. tonkinensis* (Broth. et Par.) Broth.

树雉尾藓　*Dendrocyathophorum paradoxum* (Broth.) Dix.

长肋孔雀藓　*Hypopterygium japonicum* Mitt.

57. 鳞藓科　Theliaceae

粗疣藓　*Fauriella tennis* (Mitt.) Card.

58. 羽藓科　Thuidiaceae

尖叶牛舌藓　*Anomodon giraldii* C. Muell.

全缘小牛舌藓　*A. minor* ssp. *integerrimus* (Mitt.) Iwats.

狭叶小羽藓　*Bryohaplocladium angustifolium* (Hamp. et C. Muell.) Broth.

大麻羽藓　*Claopodium assurgens* (Sull. et Lesq.) Card.

细枝麻羽藓　*C. gracillium* (Card. et Ther.) Nog.

拟多枝藓　*Haplohymenium pseudotriste* (C. Muell.) Broth.

大羽藓　*Thuidium cymbifolium* (Doz. et Molk.) Doz. et Molk.

短肋羽藓　*T. kanedae* Sak.

尖叶羽藓　*T. philibertii* Limpr.

亚灰羽藓　*T. subglauicnum* Card.

短枝羽藓　*T. submicropteris* Card.

59. 柳叶藓科　Amblystegiaceae

柳叶细湿藓　*Campylium stellatum* (Hedw.) C. Jens.

长叶牛角藓　*Cratoneuron commutatum* (Hedw.) Roth

牛角藓　*C. filicinum* (Hedw.) Spruce

大镰刀藓　*Drepanocladus exannulatus* (B. S. G.) Warnst

钩叶镰刀藓　*D. uncinatus* (Hedw.) Warnst

厚边藓　*Sciaromiopsis brevifolias* Broth.

中华厚边藓　*S. sinensis* (Broth.) Broth.

60. 青藓科　Brachytheciaceae

灰白青藓　*Brachythecium albicans* (Hedw.) R. S. G.

多褶青藓　*B. buchanani* (Hook.) Jaeg.

羽枝青藓　*B. plumosum* (Hedw.) B. S. G.

长肋青藓　*B. populeum* (Hedw.) B. S. G.

细嫩青藓　*B. pulchellum* (Broth.) Par.

弯叶青藓　*B. reflexum* (Stark.) B. S. G.

青藓　*B. rivulare* B. S. G.

短肋青藓　*B. wichurae* (Broth.) Par.

燕尾藓　*Bryhnia novae-angliae* (Sull. et Lesq. ex Sull.) Grout.

平叶燕尾藓　*B. sublaevifolia* var. *rigescens* Card.

长毛尖藓　*Cirriphyllum piliferum* (Hedw.) Grout.

近河美喙藓　*Eurhynchium riparioides* (Hedw.) Rich.

密叶同蒴藓　*Homalothecium perimbricatum* Broth.

大盖褶叶藓　*Palamocladium macrostegium* (Sull. et Lesq.) Iwats. et Tak.

树生褶叶藓　*P. nilgheriense* f. *luzonense* (Broth.) Tak. Iwats. et Nog.

淡叶长喙藓　*Rhynchosteginm pallidifolium* (Mitt.) Jaeg.

61. 绢藓科　Entodontaceae

厚角绢藓　*Entodon concinnus* (De Not.) Par.

东亚绢藓　*E. okamurae* Broth.

赤茎藓　*Pleurozium schreberi*（Brid.）Mitt.

62. 棉藓科　Plagiotheciaceae

圆条棉藓　*Plagiothecium cavifolium*（Brid.）Iwats.

台湾棉藓　*P. formosicum* Broth. Yas.

扁平棉藓　*P. neckeroideum* B. S. G.

林地棉藓　*P. nemorale*（Mitt.）Jaeg.

山地棉藓　*P. sylvaticum*（Brid.）B. S. G.

63. 锦藓科　Sematophyllaceae

粗竹藓　*Aptychella robusta*（Broth.）Fleisch.

喜马拉雅小锦藓　*Brotherella himalayana* Chen

垂蒴小锦藓　*B. nictans*（Mitt.）Broth.

丝灰藓　*Giraldiella levieri* C. Muell.

阔叶扁锦藓　*Glossadelphus latifolius* Wu et X. Y. Hu

球蒴腐木藓　*Heterophyllium confine*（Mitt.）Fleisch.

丛生锦藓　*Sematophyllium caespitosum*（Hedw.）Mitt.

橙色锦藓　*S. phoeniceum*（C. Muell.）Fleisch.

矮锦藓　*S. subhumile*（C. Muell.）Fleisch.

64. 灰藓科　Hypnaceae

毛叶梳藓　*Ctenidium capillifolium*（Mitt.）Broth.

梳藓　*C. molluscum*（Hedw.）Mitt.

平叶偏蒴藓　*Ectropothecium zollingeri*（C. Muell.）Jaeg.

美灰藓　*Eurohypnum leptothallum*（C. Muell.）Ando

皱叶粗枝藓　*Gollania ruginosa*（Mitt.）Broth.

毛灰藓　*Homoallium incurvatum*（Brid.）Loesk.

南亚灰藓　*Hypnum oldhamii*（Mitt.）Jaeg.

黄灰藓　*H. pallescens*（Hedw.）P. Beauv.

大灰藓　*H. plumaeforme* Wils.

萨氏灰藓　*H. sakuraii*（Sak.）Ando.

具齿园叶藓　*Isopterygium serrulatum* Fleisch.

白氏小金灰藓　*Pylaisiella brotheri* Besch.

鳞叶藓　*Taxiphyllum taxirameum*（Mitt.）Fleisch.

明叶藓　*Vesicularia montagnei*（Bel.）Broth.

65. 垂枝藓科　Rhytidiaceae

褶藓　*Okamuraea hakoniensis*（Mitt.）Broth.

日本拟垂枝藓　*Rhytidiadlephus japonicus*（Reim.）T. Kop.

粗叶拟垂枝藓　*R. squarrosus*（Hedw.）Warnst.

亚羽状拟垂枝藓　*R. subpinanatus*（Lindb.）T. Kop.

拟垂枝藓　*R. triquetrus*（Hedw.）Warnst.

66. 塔藓科　Hylocomiaceae

塔藓　*Hylocomium splendens*（Hedw.）B. S. G.

南木藓　*Macrothamnium macrocarpum*（Reinw. et Hornsch.）Fleisch.

粗枝新船叶藓　*Neodolichomitra robusta*（Broth.）Nog.

67. 短颈藓科　Diphysciaceae

东亚短颈藓　*Diphyscium fulvifolium* Mitt.

68. 金发藓科　Polytrichaceae

短栉仙鹤藓　*Atrichum brevlamellatum* Wu et X. Y. Hu

钝叶仙鹤藓　*A. obtusulum*（C. Muell.）Jaeg.

小形仙鹤藓　*A. rhystophyllum*（C. Muell.）Par.

大仙鹤藓　*A. spinulosum*（Card.）Miz.

仙鹤藓　*A. undulatum*（Hedw.）P. Beauv.

狭叶绢藓　*Entodon angustifolius*（Mitt.）Jaeg. et Saer.

广叶绢藓　*E. flavescens*（Hook.）Jaeg.

苏氏绢藓　*E. sullivantii*（C. Muell.）Lindb.

宝岛绢藓　*E. taiwanensis* Wang et Lin

淡叶绢藓　*E. vinidulus* Card.

硬叶小金发藓　*Pogonatum akitense* Besch.

刺边小金发藓　*P. cirratum*（Sw.）Brid.

东亚小金发藓　*P. inflexum*（Lindb.）Lac.

苞叶小金发藓　*P. spinulosum* Mitt.

拟刺边小金发藓　*P. spurio-cirratum* Broth.

疣小金发藓　*P. urnigerum*（Hedw.）P. Beauv.

高山黄发藓　*Polytrichastrum alpinum*
　　　　　　（Hedw.）Smith.
高山大金发藓　*Polytrichum alpinum* Linn.
　　　　　　ex Hedw.
大金发藓　*P. commune* Hedw.
东亚大金发藓　*P. commune* var. *maximoviczii*
　　　　　　Lindb.

凤氏大金发藓　*P. commune* var. *swartzii*
　　　　　　（Hartm.）Moenk.
美丽大金发藓　*P. formosum* Hedw.
桧叶大金发藓　*P. juniperinum* Willd. ex Hedw.
多形大金发藓　*P. ohioense* Ren. et Card.

［苔藓类植物共 56 科 173 属 340 种（变种）］

（二）蕨类植物门　Pteridophyta

69. 石杉科　Huperziaceae

皱叶石杉　*Huperzia crispata*
　　　　（Ching et H. S. Kung）Ching
峨眉石杉　*H. emeiensis*（Ching et
　　　　H. S. Kung）Ching et H. S. Kung
南川石杉　*H. nanchuanensis*（Ching et
　　　　H. S. Kung）Ching et H. S. Kung
石杉　*H. serrata*（Thunb.）Trevis
中间石杉　*H. serrata* f. *intermedia*（Nakai）
　　　　　　Ching

大叶石杉　*H. serrata* f. *longipetiolata*
　　　　（Spring）Ching
四川石杉　*H. sutchueniana*（Herter）Ching
华南马尾杉　*Phlegmariurus fordii*（Baker）
　　　　　　Ching

70. 石松科　Lycopodiaceae

扁枝石松　*Diphasiastrum complanatum*
　　　　（Linn.）Holub
藤石松　*Lycopodiastrum casuarinoides*
　　　　（Spring）Holub
石松　*Lycopodium japonicum* Thunb.
笔直石松　*L. obscurum* f. *strictum*（Milde）
　　　　　　Nakai ex Hara.
灯笼草　*Palhinhaea cernua*（Linn.）Franco
　　　　et Vasc
毛枝灯笼草　*P. cernua* f. *sikkimensis*
　　　　（Müell.）H. S. Kung

71. 卷柏科　Selaginellaceae

大叶卷柏　*Selaginella bodinieri*（Hieron）
　　　　　　H. S. Kung
布朗卷柏　*S. braunii*（Baker）Kuntze
蔓生卷柏　*S. davidii*（Franch.）Kuntze
薄叶卷柏　*S. delicatula*（Desv.）H. S. Kung
深绿卷柏　*S. doederleinii*（Hieron.）H. S. Kung
澜沧卷柏　*S. gebaueriana*（Hand.-Mazz.）
　　　　　　H. S. Kung
异穗卷柏　*S. heterostachya*（Baker）Kuntze
兖州卷柏　*S. involvens*（Sw.）Kuntze
细叶卷柏　*S. labordei*（Hieron. ex Christ）
　　　　　　H. S. Kung
江南卷柏　*S. moellendorffii*（Hieron.）
　　　　　　H. S. Kung
伏地卷柏　*S. nipponica*（Franch. et Sav.）Kuntze
垫状卷柏　*S. pulvinata*（Hook. et Grev.）
　　　　　　H. S. Kung
疏叶卷柏　*S. remotifolia*（Spring）H. S. Kung
红枝卷柏　*S. sanguinolenta*（Linn.）Spring
甘孜卷柏　*S. sanguinolenta* f. *kantzensis*
　　　　（H. S. Kung）H. S. Kung
四川卷柏　*S. sichuanica*（H. S. Kung）
　　　　　　H. S. Kung
翠云草　*S. uncinata*（Desv.）Kuntze
鞘舌卷柏　*S. vaginata*（Spring）Kuntze

72. 木贼科　Equisetaceae

问荆　*Equisetum arvense* Linn.

犬问荆　*E. palustre* Linn.

四川犬问荆　*E. palustre* var. *szechuanense* Page

笔管草　*Hippochaete debile*（Roxb. ex Vaucher）Holub

密枝木贼　*H. diffusum*（D. Don）Börner

木贼　*H. hiemale*（Linn.）Börner

节节草　*H. ramosissima*（Desf.）Börner

73. 松叶蕨科　Psilotaceae

松叶蕨　*Psilotum nudum*（Linn.）Beauv.

74. 阴地蕨科　Botrychiaceae

下延阴地蕨　*Botrypus decurrens*（Ching）Ching et H. S. Kung

劲直假阴地蕨　*B. strictus*（Und.）Holub.

蕨萁　*B. virginianus*（Linn.）Holub.

药用阴地蕨　*Sceptridium officinale*（Ching）Ching et H. S. Kung

阴地蕨　*S. ternatum*（Thunb.）Lyon

75. 瓶尔小草科　Ophioglossaceae

小叶瓶尔小草　*Ophioglossum nudicaule* Linn. f.

心脏叶瓶尔小草　*O. reticulatum* Linn.

狭叶瓶尔小草　*O. thermale* Kom.

瓶尔小草　*O. vulgatum* Linn.

76. 观音座莲科　Angiopteridaceae

观音座莲　*Angiopteris fokiensis* Hieron.

南川莲座蕨　*A. nanchuanensis* Z. Y. Liu

77. 紫萁科　Osmundaceae

分株紫萁　*Osmunda cinnamomea* Linn.

绒紫萁　*O. claytoniana* Linn.

紫萁　*O. japonica* Thunb.

华南紫萁　*O. vachellii* Hook.

78. 瘤足蕨科　Plagiogyriaceae

峨眉瘤足蕨　*Plagiogyria assurgens* Christ.

华中瘤足蕨　*P. euphlebia*（Kunze）Mett.

华东瘤足蕨　*P. japonica* Nakai

镰叶瘤足蕨　*P. rankanensis* Hayata

耳形瘤足蕨　*P. stenoptera*（Hance）Diels

大叶耳形瘤足蕨　*P. stenoptera* var. *major* Ching

79. 里白科　Gleicheniaceae

芒萁　*Dicranopteris pedata*（Houtt.）Nakaike

中华里白　*Diplopterygium chinensis*（Rosenst.）DeVol

里白　*D. glaucum*（Thunb. ex Houtt.）Nakai

光里白　*D. laevissimum*（Christ）Nakai

80. 海金沙科　Lygodiaceae

海金沙　*Lygodium japonicum*（Thunb.）Sw.

81. 膜蕨科　Hymenophyllaceae

翅茎假脉蕨　*Crepidomanes latealatum*（V. d. Bosch）Cop.

小叶假脉蕨　*C. makinoi*（C. Chr.）Cop.

峨眉假脉蕨　*C. omeiense* Ching et Chiu

长柄假脉蕨　*C. racemulosum*（V. d. Bosch）Ching

团扇蕨　*Gonocormus saxifragoides*（Presl）V. d. Bosch

华东膜蕨　*Hymenophyllum barbatum*（V. d. Bosch）Baker

顶果膜蕨　*H. khasyanum* Hook et Baker

峨眉膜蕨　*H. omeiense* Christ

小叶膜蕨　*H. oxyodon* Baker

纤毛膜蕨　*H. rufo-fibrillosum* Ching et Z. Y. Liu

顶芽膜蕨　*H. suprapaleaceum* Ching

金佛山蔏蕨　*Mecodium jinfoshanense* Ching et Z. Y. Liu

小果蔏蕨　*M. microsorum*（V. d. Bosch）Ching

瓶蕨　*Trichomanes auriculatum* Bl.

管苞瓶蕨　*T. birmanicum* Bedd.

城口瓶蕨　*T. fargesii* Christ

华东瓶蕨　*T. orientale* C. Chr.

漏斗瓶蕨　*T. striatum* Don.

82. 蚌壳蕨科　Dicksoniaceae

金毛狗　*Cibotium barometz*（Linn.）J. Smith

83. 桫椤蕨科　Cyatheaceae

桫椤　*Alsophila spinulosa*（Wall. ex Hook.）Tryon

粗齿黑桫椤　*Gymnosphaera denticulata*（Baker）Cop.

小黑桫椤　　G. metteniana（Hance）Tagawa

光叶小黑桫椤　G. metteniana var. subglaba

　　　　　　　　Ching et Q. Xia

84. 稀子蕨科　Monachosoraceae

尾叶稀子蕨　Monachosorum flagellare

　　　　　　　（Maxim. ex Makino）Hayata

稀子蕨　M. henryi Christ

85. 碗蕨科　Dennstaedtiaceae

顶生碗蕨　Dennstaedtia appendiculata

　　　　　　　（Wall. ex Hook.）J. Sm.

细毛碗蕨　D. hirsuta（Sw.）Mett. ex Miq.

碗蕨　D. scabra（Wall. ex Hook.）Moore

光叶碗蕨　D. scabra var. glabrescens（Ching）

　　　　　　　　C. Chr.

溪洞碗蕨　D. wilfordii（Moore）Christ

华南鳞盖蕨　Microlepia hancei Prantl

西南鳞盖蕨　M. khasiyana（Hook.）Presl

边缘鳞盖蕨　M. marginata（Panzer）C. Chr.

金佛山鳞盖蕨　M. marginata var.

　　　　　　jinfoshanensis Ching et Z. Y. Liu

毛叶边缘鳞盖蕨　M. marginata var. villosa

　　　　　　　　（Presl）Wu

假粗毛鳞盖蕨　M. pseudo-strigosa Makino

粗毛鳞盖蕨　M. strigosa（Thunb.）Presl

四川鳞盖蕨　M. szechuanica Ching

86. 鳞始蕨科　Lindsaeaceae

钱氏鳞始蕨　Lindsaea cheinii Ching

鳞始蕨　L. odorata Roxb.

乌蕨　Sphenomeris chinensis（Linn.）Maxon

87. 姬蕨科　Hypolepidaceae

姬蕨　Hypolepis punctata（Thunb.）Mett.

88. 蕨科　Pteridiaceae

蕨菜　Pteridium aquilinum var. latiusculum

　　　　　　（Desv.）Underw. et Heller

毛轴蕨　P. revolutum（Bl.）Nakai

89. 凤尾蕨科　Pteridaceae

辐状凤尾蕨　Pteris actiniopteroides Christ

紫轴凤尾蕨　P. aspericaulis Wall. ex Hieron.

凤尾蕨　P. cretica var. nervosa（Thunb.）

　　　　　　　Ching et S. H. Wu

粗糙凤尾蕨　P. cretica var. laeta（Wall.）

　　　　　　　C. Chr. et Tard. -Blot

掌羽凤尾蕨　P. dactylina Hook.

岩凤尾蕨　P. deltodon Baker

刺齿凤尾蕨　P. dispar Kze.

疏羽凤尾蕨　P. dissitifolia Baker

剑叶凤尾蕨　P. ensiformis Burm.

阔叶凤尾蕨　P. esquirolii Christ

溪边凤尾蕨　P. excelsa Gaud.

鸡爪凤尾蕨　P. gallinopes Ching ex Ching

　　　　　　　　et S. H. Wu

狭叶凤尾蕨　P. henryi Christ

鹿儿岛凤尾蕨　P. kiuschiuensis Hieron.

华中凤尾蕨　P. kiuschiuensis var.

　　　　centro-chinensis Ching et S. H. Wu

凤尾草　P. multifide Poir.

斜羽凤尾蕨　P. oshimensis Hieron.

尾头凤尾蕨　P. oshimensis var. paraemeiensis

　　　　　　Ching ex Ching S. H. Wu

半边旗　P. semipinnata Linn.

刺脉凤尾蕨　P. setuloso-costulata Hayata

四川凤尾蕨　P. sichuanensis H. S. Kung

蜈蚣草　P. vittata Linn.

西南凤尾蕨　P. wallichiana Agardh

90. 中国蕨科　Sinopteridaceae

多鳞粉背蕨　Aleuritopteris anceps（Blandf.）

　　　　　　　　Panigr

银粉背蕨　A. argentea（Gmel.）Fée

毛轴碎米蕨　Cheilosoria chusana（Hook.）

　　　　　　　　Ching et Shing

平羽碎米蕨　C. patula（Baker）P. S. Wang

中华隐囊蕨　Notholaena chinensis Baker

金粉蕨　Onychium japonicum（Thunb.）Kunze.

粟柄金粉蕨　O. japonicum var. lucidum

　　　　　　　（Don）Christ

滇西旱蕨　*Pellaea mairei* Brause

旱蕨　*P. nitidula*（Hook.）Baker

91. 铁线蕨科　Adiantaceae

团羽铁线蕨　*Adiantum capillus-junonis* Rupr.

铁线蕨　*A. capillus-veneris* Linn.

深裂铁线蕨　*A. capillus-veneris* f. *dissecta* Ching

条裂铁线蕨　*A. capillus-veneris* f. *fissum*（Christ）Ching

鞭叶铁线蕨　*A. caudatum* Linn.

月芽铁线蕨　*A. edentulum* Christ

团盖铁线蕨　*A. erythrochlamys* Diels

扇叶铁线蕨　*A. flabellulatum* Linn.

白垩铁线蕨　*A. gravesii* Hance

假鞭叶铁线蕨　*A. malesianum* Ghatak

小铁线蕨　*A. mariesii* Baker

灰背铁线蕨　*A. myriosorum* Baker

掌叶铁线蕨　*A. pedatum* Linn.

荷叶铁线蕨　*A. reniforme* var. *sinense* Y. X. Lin

陇南铁线蕨　*A. roborowskii* Maxim.

峨眉铁线蕨　*A. roborowskii* f. *faberi*（Baker）Y. X. Lin

92. 裸子蕨科　Hemionitidaceae

尖齿凤丫蕨　*Coniogramme affinis* Hieron.

锐尖凤丫蕨　*C. argutiserrata* Ching et Shing

尾尖凤丫蕨　*C. caudiformis* Ching et Shing

园齿凤丫蕨　*C. crenato-serrata* Ching et Shing

峨眉凤丫蕨　*C. emeiensis* Ching et Shing

镰羽凤丫蕨　*C. falcipinna* Ching et Shing

普通凤丫蕨　*C. intermedia* Hieron.

凤丫蕨　*C. japonica*（Thunb.）Diels

阔羽凤丫蕨　*C. latipinna* Ching et Shing

阔带凤丫蕨　*C. maxima* Ching et Shing

南川凤丫蕨　*C. nanchuanensis* Ching

拟黑轴凤丫蕨　*C. neorobusta* Ching et Shing

假黑轴凤丫蕨　*C. pseudorobusta* Ching et Shing

黑轴凤丫蕨　*C. robusta* Christ

黄轴凤丫蕨　*C. robusta* var. *rependula* Ching ex Shing

紫轴凤丫蕨　*C. robusta* var. *splendens* Ching ex Shing

乳头凤丫蕨　*C. rosthornii* Hieron

上毛凤丫蕨　*C. suprapilosa* Ching

疏网凤丫蕨　*C. wilsonii* Hieron.

耳叶金毛裸蕨　*Gymnopteris bipinnata* var. *auriculata*（Franch.）Ching

93. 车前蕨科　Antrophyaceae

长柄车前蕨　*Antrophyum obovatum* Baker

94. 书带蕨科　Vittariaceae

细柄书带蕨　*Vittaria filipes* Christ

书带蕨　*V. flexuosa* Fée

平肋书带蕨　*V. fudzinoi* Makino

95. 蹄盖蕨科　Athyriaceae

亮毛蕨　*Acystopteris japonica*（Luerss.）Nakai

中华短肠蕨　*Allantodia chinensis*（Baker）Ching

大型短肠蕨　*A. gigantea*（Baker）Ching

薄盖短肠蕨　*A. hachijoensis*（Nakai）Ching

异果短肠蕨　*A. heterocarpa*（Ching）Ching

鳞轴短肠蕨　*A. hirtipes*（Christ）Ching

金佛山短肠蕨　*A. jinfoshanicola* W. M. Chu

异裂短肠蕨　*A. laxifrons*（Rosenst.）Ching

江南短肠蕨　*A. matteniana*（Miq.）Ching

小叶短肠蕨　*A. matteniana* var. *fauriei*（Christ）Ching

大羽短肠蕨　*A. megaphylla*（Baker）Ching

南川短肠蕨　*A. nanchuanica* W. M. Chu

假耳羽短肠蕨　*A. okudairai*（Mak.）Ching

卵果短肠蕨　*A. ovata*（Christ）W. M. Chu

双生短肠蕨　*A. prolixa*（Rosensr.）Ching

鳞柄短肠蕨　*A. squamigera*（Mett.）Ching

淡绿短肠蕨　*A. virescens*（Kze.）Ching

华东安蕨　*Anisocampium sheareri*（Baker）Ching

美丽假蹄盖蕨　*Athyriopsis concinna* Z. R. Wang

假蹄盖蕨　*A. japonica*（Thunb.）Ching

斜羽假蹄盖蕨　*A. japonica* var. *oshimensis*（Christ）Ching

金佛山假蹄盖蕨　*A. jinfoshanensis* Ching et Z. Y. Liu

膜叶假蹄盖蕨　*A. membranacea* Ching et Z. Y. Liu

峨眉假蹄盖蕨　*A. omeiensis* Z. R. Wang

毛轴假蹄盖蕨　*A. petersenii* (Kze.) Ching

坡生蹄盖蕨　*Athyrium clivicola* Tagawa

园羽蹄盖蕨　*A. clivicola* var. *salicifolium* et Y. T. Hsieh Ching

翅轴蹄盖蕨　*A. delavayi* Christ

薄叶蹄盖蕨　*A. delicatuhum* Ching et S. K. Wu

湿生蹄盖蕨　*A. devolii* Ching

轴果蹄盖蕨　*A. epirachis* (Christ) Ching

溪边蹄盖蕨　*A. gigantenum* Devo

柔毛蹄盖蕨　*A. hirtirachis* Ching et Z. Y. Liu

密羽蹄盖蕨　*A. imbricatum* Christ

长江蹄盖蕨　*A. iseanum* Rosenst.

紫轴蹄盖蕨　*A. lilacinum* Ching

川滇蹄盖蕨　*A. mackinonii* (Hope) C. Chr.

南川蹄盖蕨　*A. nanchuanense* Ching et Z. Y. Liu

华东蹄盖蕨　*A. niponicum* (Mett.) Hance

光蹄盖蕨　*A. otophorum* (Miq.) Koidz.

华北蹄盖蕨　*A. pachyphlebium* C. Chr.

毛轴蹄盖蕨　*A. pubicostatum* Ching et Z. Y. Liu

绢毛蹄盖蕨　*A. sericellum* Ching

无柄蹄盖蕨　*A. sessile* Ching

软刺蹄盖蕨　*A. strigillosum* (Lowe) Salom.

上毛蹄盖蕨　*A. suprapubescense* Ching

尖头蹄盖蕨　*A. vidalii* (Franch. et Sav.) Nakai

胎生蹄盖蕨　*A. viviparum* Christ

华中蹄盖蕨　*A. wardii* (Hook.) Makino

角蕨　*Cornopteris decurrentialata* (Hook.) Nakai

黑叶角蕨　*C. opaca* (Don) Tagawa

宝兴冷蕨　*Cystopteris moupinensis* Franch.

川黔肠蕨　*Diplaziopsis cavaleriana* (Christ) C. Chr.

中间肠蕨　*D. intermedia* Ching

双盖蕨　*Diplazium donianum* (Mett.) Tard. -Blot.

薄叶双盖蕨　*D. pinfaense* Ching

单叶双盖蕨　*D. subsinuatum* (Wall. ex Hook et Grev.) Tagawa

秦氏介蕨　*Dryoathyrium chingii* (Z. Y. Liu) W. M. Chu

鄂西介蕨　*D. henryi* (Baker) Ching

华中介蕨　*D. okuboanum* (Makino) Ching

川东介蕨　*D. stenopteron* (Christ) Ching

峨眉介蕨　*D. unifurcatum* (Baker) Ching

绿叶介蕨　*D. viridifrons* (Makino) Ching

羽节蕨　*Gymnocarpium disjunctum* (Rupr.) Ching

东亚羽节蕨　*G. oyamense* (Baker) Ching

黑柄蛾眉蕨　*Lunathyrium ebeneostipes* Ching et Z. Y. Liu

陕西蛾眉蕨　*L. giraldii* (Christ) Ching

南川蛾眉蕨　*L. nanchuanense* Ching et Z. Y. Liu

金佛山蛾眉蕨　*L. sichuanense* var. *jifoshanense* Z. R. Wang

峨山蛾眉蕨　*L. wilsonii* (Christ) Ching

96. 肿足蕨科　Hypodematiaceae

肿足蕨　*Hypodematium crenatum* (Forsk.) Kuhn

腺毛肿足蕨　*H. glandulosum* Ching ex Shing

97. 金星蕨科　Thelypteridaceae

小叶钩毛蕨　*Cyclogramma flexilis* (Christ) Tagawa

狭基钩毛蕨　*C. leveillei* (Christ) Ching

峨眉钩毛蕨　*C. omeiensis* (Baker) Tagawa

渐尖毛蕨　*Cyclosorus acuminatus* (Houtt.) Nakai

秦氏毛蕨　*C. chingii* Z. Y. Liu

齿牙毛蕨　*C. dentatus* (Forssk.) Ching

平基毛蕨　*C. flaccidus* Ching et Z. Y. Liu

阔羽毛蕨　*C. macrophyllus* Ching et Z. Y. Liu

南川毛蕨　*C. nanchuanensis* Ching et Z. Y. Liu

对羽毛蕨　*C. oppositipinnus* Ching et Z. Y. Liu

华南毛蕨　*C. parasiticus* (Linn.) Farwell

拟渐尖毛蕨　*C. sino-acuminatus* Ching et Z. Y. Liu

华牙齿毛蕨　*C. sinodentatus* Ching et Z. Y. Liu

毛囊方杆蕨 *Glaphyropteridopsis eriocarpa* Ching

方杆蕨 *G. erubescens* (Wall. ex Hook.) Ching

金佛山方杆蕨 *G. jinfoshanensis* Ching et Y. X. Lin

粉红方杆蕨 *G. rufostraminea* (Christ) Ching

金佛山茯蕨 *Leptogramma jinfoshanensis* Ching et Z. Y. Liu

峨眉茯蕨 *L. scallanii* (Christ) Ching

小叶茯蕨 *L. tottoides* H. Ito

雅致针毛蕨 *Macrothelypteris oligophlebia* var. *elegans* (Koidz.) Ching

普通针毛蕨 *M. toressiane* (Gaud.) Ching

林下凸轴蕨 *Metathelypteris hattorii* (H. Ito) Ching

疏羽凸轴蕨 *M. laxa* (Franch. et Sav.) Ching

长根金星蕨 *Parathelypteris beddomei* (Baker) Ching

狭脚金星蕨 *P. borealis* (Hara) Shing

金星蕨 *P. glanduligera* (Kze.) Ching

光脚金星蕨 *P. japonica* (Baker) Ching

淡绿金星蕨 *P. japonica* var. *musashiensis* (Hiyama) Jiang

金佛山金星蕨 *P. jinfoshanensis* Ching et Z. Y. Liu

中日金星蕨 *P. nipponica* (Franch. et Sav.) Ching

延羽卵果蕨 *Phegopteris decursivepinnata* (Van Hall) Fée

星毛卵果蕨 *P. levingei* Tagawa

针毛新月蕨 *Pronephrium hirsutum* Ching et Y. X. Lin

红色新月蕨 *P. lakhimpurense* (Rosenst.) Holtt.

披针叶新月蕨 *P. penangianum* (Hook.) Holtt.

西南假毛蕨 *Pseudocyclosorus esquirolii* (Christ) Ching

普通假毛蕨 *P. subochthodes* (Ching) Ching

耳状紫柄蕨 *Pseudophegopteris aurita* (Hook.) Ching

星毛紫柄蕨 *P. levigei* (Clarke) Ching

禾秆紫柄蕨 *P. microstegia* (Hook.) Ching

紫柄蕨 *P. pyrrhorachis* (Kze.) Ching

光叶紫柄蕨 *P. pyrrhorachis* var. *glabrata* (Clarke) Ching

贯众叶溪边蕨 *Stegnogramma cyrtomioides* (C. Chr.) Ching

金佛山溪边蕨 *S. jinfoshanensis* Ching et Z. Y. Liu

98. **铁角蕨科** Aspleniaceae

华南铁角蕨 *Asplenium austrochinense* Ching

大铁角蕨 *A. bullatum* Wall. ex Mett.

线柄铁角蕨 *A. capillipes* Makino

线裂铁角蕨 *A. coenobiale* Hance

毛轴铁角蕨 *A. crinicaule* Hance

剑叶铁角蕨 *A. ensiforme* Wall. ex Hook. et Grev.

乌木铁角蕨 *A. fuscipes* Baker

虎尾铁角蕨 *A. incisum* Thunb.

胎生铁角蕨 *A. indicum* Sledge

倒挂铁角蕨 *A. normale* D. Don

北京铁角蕨 *A. pekinense* Hance

长叶铁角蕨 *A. prolongatum* Hook.

卵叶铁角蕨 *A. ruta-muraria* Linn.

华中铁角蕨 *A. sarelii* Hook.

石生铁角蕨 *A. saxicola* Rosenst.

疏羽铁角蕨 *A. subtenuifolium* (Christ.) Ching et S. H. Wu

钝齿铁角蕨 *A. subvarians* Ching ex C. Chr.

细裂铁角蕨 *A. tenuifolium* D. Don

假庙宇铁角蕨 *A. toramanum* Makizo

铁角蕨 *A. trichomanes* Linn.

三翅铁角蕨 *A. tripteropus* Nakai

半边铁角蕨 *A. unilaterale* Lam.

变异铁角蕨 *A. varians* Wall. ex Hook. et Grev.

狭翅铁角蕨 *A. wrightii* Eaton ex Hook.

疏齿铁角蕨 *A. wrightioides* Christ

99. **睫毛蕨科** Pleurosoriopsidaceae

睫毛蕨 *Pleurosoriopsis makinoi* (Maxim.) Fomin

100. **球子蕨科**　Onocleaceae

中华荚果蕨　*Matteuccia intermedia* C. Chr.

东方荚果蕨　*M. orientalis*（HooK.）Trev.

101. **岩蕨科**　Woodsiaceae

耳羽岩蕨　*Woodsia polystichoides* D. C. Eaton

密毛岩蕨　*W. rosthorniana* Diels.

102. **乌毛蕨科**　Blechnaceae

夹囊蕨　*Struthiopteris eburnea*（Christ）Ching

狗脊蕨　*Woodwardia japonica*（Linn. f.）Sm.

单芽狗脊　*W. unigemmata*（Makino）Nakai

103. **柄盖蕨科**　Peranemaceae

东亚柄盖蕨　*Peranema cyatheoides* var.
　　　　　luzonicum（Cop.）Ching et S. H. Wu

104. **鳞毛蕨科**　Dryopteridaceae

美丽复叶耳蕨　*Arachniodes amoena*（Ching）
　　　　　　　Ching

多矩复叶耳蕨　*A. calarata* Ching

尾形复叶耳蕨　*A. caudata* Ching

长尾复叶耳蕨　*A. caudifolia* Ching et Y. T.
　　　　　　　Hsieh

中华复叶耳蕨　*A. chinensis*（Rosenst）Ching

细裂复叶耳蕨　*A. coniifolia*（Moore）Ching

镰羽复叶耳蕨　*A. falcata* Ching

华南复叶耳蕨　*A. festina*（Hance）Ching

南川复叶耳蕨　*A. nanchuanensis* Ching et
　　　　　　　Z. Y. Liu

斜方复叶耳蕨　*A. rhomboidea*（Wall. ex Mett.）
　　　　　　　Ching

稀羽复叶耳蕨　*A. simplicior*（Makino）Ohwi

华西复叶耳蕨　*A. simulanes*（Ching）Ching

拟斜方复叶耳蕨　*A. sino-rhomboida* Ching

紫云山复叶耳蕨　*A. ziyunshanensis* Y. T. Xie

离脉柳叶蕨　*Cyrtogonellum caducum* Ching

柳叶蕨　*C. fraxinellum*（Christ）Ching

斜基柳叶蕨　*C. inaequlis* Ching

弓羽柳叶蕨　*C. salicifolium* Ching et Y. T.
　　　　　　　Hsieh

镰羽贯众　*Cyrtomium balansae*（Christ）C. Chr

短楔贯众　*C. brevicuneatum* Ching et Shing

刺齿贯众　*C. caryotideum*（Wall. ex Hook.）
　　　　　Presl

粗齿贯众　*C. caryotideum* f. *grossedentetum*
　　　　　Ching ex Shing

戟羽贯众　*C. caryotideum* f. *hastosum*（Christ）
　　　　　Ching

披针叶贯众　*C. devexiscapulae*（Koidz.）Ching

全缘贯众　*C. falcatum*（Linn. f.）Presl

贯众　*C. fortunei* J. Smith

贯众小羽变型　*C. fortunei* f. *polypterum*
　　　　　　　（Diels）Ching

单叶贯众　*C. hemionitis* Christ

尖羽贯众　*C. hookerianum*（Presl）C. Chr.

大叶贯众　*C. macrophyllum*（Makino）Tagawa

狭叶贯众　*C. macrophyllum* f. *minor*
　　　　　Ching et Shing

楔基大叶贯众　*C. mactophyllum* f. *muticum*
　　　　　　　（Christ）Ching

狭顶贯众　*C. mediocre* Ching et Shing

低头贯众　*C. nephrolepioides*（Christ）Copel.

峨眉贯众　*C. omeiense* Ching et Shing

厚叶贯众　*C. pachyphyllum*（Rosenst.）C. Chr.

齿盖贯众　*C. tukusicola* Tagawa

边生单行贯众　*C. uniseriale* f. *marginale* Ching

长叶贯众　*C. urophyllum* Ching

阔叶贯众　*C. yamamotoi* Tagawa

粗齿阔羽贯众　*C. yamamotoi* var. *intermebium*
　　　　　　　（Diels）Ching et Shing

两色鳞毛蕨　*Dryopteris bissetiana*（Baker）
　　　　　　　C. Chr.

大羽鳞毛蕨　*D. bodinieri*（Christ）C. Chr.

华夏鳞毛蕨　*D. cathayana* Ching et Z. Y. Liu

阔鳞鳞毛蕨　*D. championii*（Benth.）C. Chr.
　　　　　　　ex Ching

中华鳞毛蕨　*D. chinensis*（Baker）Koidz

暗色鳞毛蕨　*D. cycadina*（Franch. et Sav.）
　　　　　　　C. Chr.

迷人鳞毛蕨　*D. decipiens*（Hook.）O. Ktze.

狭基鳞毛蕨　*D. dickinsii*（Franch. et Sav.）
　　　　　　　C. Chr.

远羽鳞毛蕨　*D. distantipinna* Ching et Z. Y. Liu

红盖鳞毛蕨　*D. erythrosora* (Eaton) O. Ktze.

拟日本鳞毛蕨　*D. erythrochlamys* Ching et Z. Y. Liu

黑足鳞毛蕨　*D. fuscipes* C. Chr.

光滑鳞毛蕨　*D. glabrior* Ching et Z. Y. Liu

裸果鳞毛蕨　*D. gymnosora* (Mak.) C. Chr.

霍德鳞毛蕨　*D. handeliana* C. Chr.

假变异鳞毛蕨　*D. immixta* Ching

微毛鳞毛蕨　*D. infrehirtella* Ching et Z. Y. Liu

金佛山鳞毛蕨　*D. jinfoshanensis* Ching et Z. Y. Liu

粗齿鳞毛蕨　*D. juxtaposita* Christ

齿头鳞毛蕨　*D. labordei* (Christ) C. Chr.

狭顶鳞毛蕨　*D. lacera* (Thunb.) O. Ktze.

华鳞毛蕨　*D. lacera* var. *chinensis* Ching

华北鳞毛蕨　*D. laeta* (Kom.) C. Chr.

厚叶鳞毛蕨　*D. lepidopoda* Hayata

刘氏鳞毛蕨　*D. liuii* Ching

南川鳞毛蕨　*D. nanchuanensis* Ching et Z. Y. Liu

日本鳞毛蕨　*D. nipponensis* Koidz.

对生鳞毛蕨　*D. oppositipinna* Ching et Z. Y. Liu

密鳞鳞毛蕨　*D. paleifera* Ching et Z. Y. Liu

大果鳞毛蕨　*D. panda* (Clarke) Chris

泡木弯鳞毛蕨　*D. paomowanensis* Ching et Z. Y. Liu

似黑足鳞毛蕨　*D. parafuscipes* Ching et Z. Y. Liu

半岛鳞毛蕨　*D. peninsulae* Kitagawa

紫果鳞毛蕨　*D. porosa* Ching

假稀羽鳞毛蕨　*D. pseudosparsa* Ching

拟西藏鳞毛蕨　*D. pycnopteroides* (Christ) C. Chr.

倒鳞鳞毛蕨　*D. reflexosquamata* Hayata

黑鳞鳞毛蕨　*D. rosthornii* (Diels) C. Chr.

红柄鳞毛蕨　*D. rubristipes* Ching et Z. Y. Liu

无盖鳞毛蕨　*D. scottii* (Bedd.) Ching ex C. Chr

三泉鳞毛蕨　*D. shanquanensis* Ching et Z. Y. Liu

奇数鳞毛蕨　*D. sieboldii* (Van Houtt. ex Mett.) O. Ktze.

中华两色鳞毛蕨　*D. sino-bissetiana* Ching et Z. Y. Liu

中华红盖鳞毛蕨　*D. sino-erythrosora* Ching et Shing

拟变异鳞毛蕨　*D. sino-varia* Ching et Z. Y. Liu

稀羽鳞毛蕨　*D. sparsa* (Don) O. Ktze.

三角叶鳞毛蕨　*D. subtriangularis* (Hope) C. Chr.

华南鳞毛蕨　*D. tenuicula* Mathew et Christ

西藏鳞毛蕨　*D. thibetica* (Franch.) C. Chr.

变异鳞毛蕨　*D. varia* (Linn.) O. Ktze.

瓦氏鳞毛蕨　*D. wallichiana* (Spreng.) Hylander

毛枝蕨　*Leptorumohra miquiliana* (Maxim. ex Franch. et Sav.) H. Ito

四回毛枝蕨　*L. quadripinnata* (Hay.) H. Ito

有盖肉刺蕨　*Nothoperanema hendersonii* (Bedd.) Ching

无盖肉刺蕨　*N. shikokianum* (Makino) Ching

粗齿黔蕨　*Phanerophlebiopsis blinii* (Lévl.) Ching

尖齿耳蕨　*Polystichum acutidens* Christ

角状耳蕨　*P. alcicorne* (Baker) Diels

城口耳蕨　*P. chengkouense* Ching

克氏耳蕨　*P. christii* Ching

刺叶耳蕨　*P. consimile* Ching

鞭叶耳蕨　*P. craspedosorum* (Maxim.) Diels

园裂耳蕨　*P. cyclolobum* C. Chr.

对生耳蕨　*P. deltodon* (Baker) Diels

蚀盖耳蕨　*P. erosum* Ching et Shing

杰出耳蕨　*P. excelsius* Ching et Z. Y. Liu

小三叶耳蕨　*P. hancockii* (Hance) Diels

芒齿耳蕨　*P. hecatopteron* Diels

草绿耳蕨　*P. herbaceum* Ching et Z. Y. Liu

宜昌耳蕨　*P. ichangense* Christ

金佛山耳蕨　*P. jinfoshanense* Ching et Z. Y. Liu

亮叶耳蕨　*P. lanceolatum* (Baker) Diels

白盖耳蕨　*P. leucochlamys* Christ

正宇耳蕨　　*P. liuii* Ching

线鳞耳蕨　　*P. longipaleatum* Christ

长叶耳蕨　　*P. longissimum* Ching et Z. Y. Liu

黑鳞耳蕨　　*P. makinoi*（Tagawa）Tagawa

南川耳蕨　　*P. nanchuanicum* Ching

新裂耳蕨　　*P. neolobatum* Nakai

峨眉耳蕨　　*P. omeiense* C. Chr.

假对生耳蕨　*P. pseudo-deltoden* Ching et
　　　　　　　　　　　　　　Z. Y. Liu

假黑耳蕨　　*P. pseudo-makinoi* Tagawa

中华马祖耳蕨　*P. sino-tsus-simense* Ching et
　　　　　　　　　　　　　　Z. Y. Liu

近方耳蕨　　*P. speluncae* Ching

三叉耳蕨　　*P. tripteron*（Kze.）Presl

对马耳蕨　　*P. tsus-simense*（Hook.）J. Sm.

革叶耳蕨　　*P. xiphophyllum*（Baker）Diels

二回革叶耳蕨　*P. xiphophyllum* var.
　　　　　　　　　　bipinnatum Ching

105. 三叉蕨科　　Aspidiaceae

秦氏肋毛蕨　*Ctenitis chingii* Z. Y. Liu et J. I.
　　　　　　　　　　　　　　Chang

直鳞肋毛蕨　*C. eatoni*（Baker）Ching

金佛山肋毛蕨　*C. jinfoshanensis* Ching et
　　　　　　　　　　　　　　Z. Y. Liu

虹鳞肋毛蕨　*C. rhodolepis*（Clarke）Ching

毛叶轴脉蕨　*Ctenitopsis devexa*（Kze.）
　　　　　　　　　　Ching et C. H. Wang

泡鳞轴鳞蕨　*Dryopsis mariformis*（Rosenst.）
　　　　　　　　　　Holtt. et Edwards

阔鳞轴鳞蕨　*D. maximowicziana*（Miq.）
　　　　　　　　　　　　　　Ching

疏羽轴鳞蕨　*D. submariformis*（Ching et
　　　　C. H. Wang）Holtt. et Edwards

大齿三叉蕨　*Tectaria coadnatum*（J. Sm.）
　　　　　　　　　　　　　　C. Chr.

106. 实蕨科　　Bolbitidaceae

长叶实蕨　　*Bolbitis heteroclita*（Presl）Ching

107. 舌蕨科　　Elaphoglossaceae

华南舌蕨　　*Elaphoglossum yoshinagae* Makino

108. 肾蕨科　　Nephrolepidaceae

肾蕨　　*Nephrolepis auriculata*（Linn.）Trimen

109. 骨碎补科　　Davalliaceae

鳞轴小膜盖蕨　*Araiostegia perdurans*
　　　　　　　　　　　（Christ）Cop.

假钻毛蕨　　*Paradavallodes multidentata*
　　　　　　　　　　　（Hook.）Ching

110. 水龙骨科　　Polypodiaceae

琉璃节肢蕨　*Arthromeris himalayensis*
　　　　　　　　　　　（Hook.）Ching

节肢蕨　　*A. lehmannii*（Mett.）Ching

龙头节肢蕨　*A. lungtauensisi* Ching

多羽节肢蕨　*A. mairei*（Brause）Ching

两色节肢蕨　*A. puberula* Ching

线蕨　　*Colysis elliptica*（Thunb.）Ching

曲边线蕨　　*C. elliptica* var. *flexiloba*（Christ）
　　　　　　　　　　L. Shi et X. C. Zheng

宽羽线蕨　　*C. elliptica* var. *pothifolia*（Don）
　　　　　　　　　　　　　　Ching

矩园线蕨　　*C. henryi*（Baker）Ching

丝带蕨　　*Drymotaenium miyoshianum*（Makino）
　　　　　　　　　　　　　　Makino

川骨牌蕨　　*Lepidogrammitis adnascens*
　　　　　　　　　　　（Ching）Ching

披针骨牌蕨　*L. christensenii* Ching

抱石莲　　*L. drymoglossoides*（Baker）Ching

长叶骨牌蕨　*L. elongata* Ching

中间骨牌蕨　*L. intermedia* Ching

梨叶骨牌蕨　*L. pyriformis*（Ching）Ching

短柄鳞果星蕨　*Lepidomicrosorium brevipes*
　　　　　　　　　　　Ching et Shing

鳞果星蕨　　*L. buergerianum*（Miq.）Ching
　　　　　　　　　　　et Shing

尾叶鳞果星蕨　*L. caudifrons* Ching et W. M.
　　　　　　　　　　　　　　Chu

三角鳞果星蕨　*L. hederaceum*（Christ）Ching

滇鳞果星蕨　*L. hymenodes*（Kze.）Ching

南川鳞果星蕨　*L. nanchuanense* Ching et Z. Y. Liu

狭叶瓦韦　*Lepisorus angustus* Ching

两色瓦韦　*L. bicolor*（Takeda）Ching

扭瓦韦　*L. contortus*（Christ）Ching

粗茎瓦韦　*L. crassirhizoma* Ching et Z. Y. Liu

高山瓦韦　*L. eilophyllus*（Diels）Ching

金佛山瓦韦　*L. jinfoshanensis* Ching

线叶瓦韦　*L. linearifolius* Ching et Z. Y. Liu

大瓦韦　*L. macrosphaerus*（Baker）Ching

黄瓦韦　*L. asterolepis*（Baker）Ching

南川瓦韦　*L. nanchuanensis* Ching et Z. Y. Liu

粤瓦韦　*L. obscure-venulosus*（Hayata）Ching

鳞瓦韦　*L. oligolepidus*（Baker）Ching

峨眉瓦韦　*L. omeiensis* Ching

百华山瓦韦　*L. paohuashanensis* Ching

长瓦韦　*L. pseudonudus* Ching

细叶小瓦韦　*L. pygmaeus* Ching et Z. Y. Liu

中华瓦韦　*L. sinicus* Ching et Z. Y. Liu

瓦韦　*L. thunbergianus*（Kaulf.）Ching

阔叶瓦韦　*L. tosaensis*（Makino）H. Ito

攀援星蕨　*Microsorium brachylepis*（Baker）
　　　　　　Nakaike

羽裂星蕨　*M. dilatatum*（Bedd.）Sledge

江南星蕨　*M. henryi*（Christ）C. M. Kuo

金佛山星蕨　*M. jinfoshanense* Ching et Z. Y. Liu

膜叶星蕨　*M. membranaceum*（D. Don）Ching

红柄星蕨　*M. rubripes* Ching et W. M. Chu

似星蕨　*M. simulans* Ching et Z. Y. Liu

表面星蕨　*M. superficiale*（Bl.）Ching

世纬盾蕨　*Neolepisorus dengii* Ching et P. S.
　　　　　　Wang.

戟叶盾蕨　*N. dengii* f. *hastatus* Ching et P. S.
　　　　　　Wang

峨眉盾蕨　*N. emeiensis* Ching et Shing

深裂盾蕨　*N. emeiensis* f. *dissectus* Ching et
　　　　　　Shing

剑叶盾蕨　*N. ensatus*（Thunb.）Ching

畸变剑叶盾蕨　*N. ensatus* f. *monstriferus*
　　　　　　Tagawa

梵净山盾蕨　*N. lancifolius* Ching et Shing

盾蕨　*N. ovatus*（Bedd.）Ching

三角叶盾蕨　*N. ovatus* f. *deltoideus*（Baker）
　　　　　　Ching

蟹爪叶盾蕨　*N. ovatus* f. *doryopteris*（Christ）
　　　　　　Ching

畸裂盾蕨　*N. ovatus* f. *monstrosus* Ching et
　　　　　　Shing

中华盾蕨　*N. sinensis* Ching

截基盾蕨　*N. truncatus* Ching et P. S. Wang

撕裂盾蕨　*N. truncatus* f. *laciatua* Ching et
　　　　　　Shing

交连假密网蕨　*Phymatopsis conjuncta* Ching
　　　　　　Pichi-Serm.

大果假密网蕨　*P. griffithiana*（Hook.）
　　　　　　Pichi-Serm.

宽底假密网蕨　*P. majoensis*（C. Chr.）
　　　　　　Pichi-Serm.

喙叶假密网蕨　*P. rhynchophylla*（Hook.）
　　　　　　Pichi-Serm.

陕西假密网蕨　*P. shensiensis*（Christ）
　　　　　　Pichi-Serm.

细柄假密网蕨　*P. tenuipes*（Ching）Pichi-Serm.

金鸡脚　*Phymatopteris hastata*（Thunb.）
　　　　　　Pichi-Serm.

单叶金鸡脚　*P. hastata* f. *simplex*（Christ）Ching

川拟水龙骨　*Polypodiastrum dielsianum*
　　　　　　（C. Chr.）Pichi-Serm

友水龙骨　*Polypodiodes amoesa*（Wall. ex Mett.）
　　　　　　Ching

水红杆水龙骨　*P. amoesa* var. *duclouxii*
　　　　　　（Christ）Ching

柔毛水龙骨　*P. amoesa* var. *pilosa*（Clarke）
　　　　　　Ching

中华水龙骨　*P. chinensis*（Christ）S. G. Lu

水龙骨　*P. nipponica*（Mett.）Ching

相似石韦　*Pyrrosia assimilis*（Baker）Ching

光石韦　*P. calvata*（Baker）Ching

毡毛石韦　*P. drakeana*（Franch.）Ching

西南石韦　*P. gralla*（Gies.）Ching

石韦　*P. lingua* (Thunb.) Farw.
南川石韦　*P. nanchuanensis* Ching
拟毡毛石韦　*P. pseudodrakeana* Shing
有柄石韦　*P. petiolosa* (Christ) Ching
大石韦　*P. sheareri* (Baker) Ching
石蕨　*Saxiglossum angustissimum* (Gies.)
　　　　　　　　　　　　　　　　Ching

111. 槲蕨科　Drynariaceae

中华槲蕨　*Drynaria baronii* (Christ.) Diels
槲蕨　*D. fortunei* (Kunze.) J. Sm.

112. 剑蕨科　Loxogrammaceae

顶生剑蕨　*Loxogramme acroscopa* C. Chr.
瑶山剑蕨　*L. assimilis* Ching
中华剑蕨　*L. chinensis* Ching

褐基剑蕨　*L. duclouxii* Christ
阔叶剑蕨　*L. formosana* Nakai
匙叶剑蕨　*L. grammitoides* (Baker) C. Chr.
柳叶剑蕨　*L. salicifolia* (Makino) Makino

113. 苹科　Marsileaceae

苹　*Marsilea quadrifolia* Linn.

114. 槐叶苹科　Salviniaceae

槐叶苹　*Salvinia natans* (Linn.) All.

115. 满江红科　Azolaceae

满江红　*Azolla imbricata* (Roxb. ex Griff.)
　　　　　　　　　　　　　　　　Nakai

［蕨类植物共有 47 科 113 属 598 种（变种）］

（三）裸子植物门　Gymnospermae

116. 苏铁科　Cycadaceae

贵州苏铁　*Cycas guizhouensis*
　　　　　K. M. Lan et P. F. Zou * [1]
攀枝花苏铁　*C. panzhihuaensis* L. Zhou et S. Y.
　　　　　　　　　　　　　　　Yang *
苏铁　*C. revoluta* Thunb.
华南苏铁　*C. rumphii* Miq. *

117. 银杏科　Ginkgoaceae

银杏　*Ginkgo biloba* Linn.

118. 南洋杉科　Araucarlaceae

异叶南洋杉　*Araucaria heterophylla* (Salisb.)
　　　　　　　　　　　　　　　Franco *

119. 松科　Pinaceae

巴山冷杉　*Abies fargesii* Franch. *
银杉　*Cathaya argyrophylla* Chun et Kuang
雪松　*Cedrus deodara* (Roxb.) G. Don *
铁坚油杉　*Keteleeria davidiana* (Bertr.) Beissn.
日本落叶松　*Larix kaenmpferi* (Lamb.) Carr. *
华山松　*Pinus armandi* Franch.

白皮松　*P. bungeana* Zucc. ex Endl. *
湿地松　*P. elliottii* Engelm *
海南五针松　*P. fenzeliana* Hand.-Mazz.
巴山松　*P. henryi* Mast.
华南五针松　*P. kwangtungensis* Chun ex Tsiang
马尾松　*P. massoniana* Lamb.
火炬松　*P. taeda* Linn. *
油松　*P. tabulaeformis* Carr.
黑松　*P. thunbergii* Parl. *
金钱松　*Pseudolarix amabilis* (Nelson) Rehd. *
黄杉　*Pseudotsuga sinensis* Dode

120. 杉科　Taxodiaceae

柳杉　*Cryptomeria fortunei* Hooibrenk ex
　　　　　　　　　　　　　Otto et Dietr.
日本柳杉　*C. japonica* (Linn. f.) D. Don *
杉木　*Cunninghamia lanceolata* (Lamb.) Hook.
灰叶杉木　*C. lanceolata* CV. 'Glauca' Dallimore *
水杉　*Metasequoia glyptostroboides* Hu et
　　　　　　　　　　　　　　　Cheng *

---

〔1〕 注：在拉丁名后带有"＊"的为栽培植物。

池杉　*Taxodium ascendens* Brongn. *

落羽杉　*T. distichum* (Linn.) Rich. *

121. 柏科　Cupressaceae

日本花柏　*Chamaecyparis pisifera*
(Sieb. et Zucc.) Endl. *

线柏　*C. pisifera* CV. 'Filifera' Dallimore et
Jackson *

粉绒柏　*C. pisifera* CV. 'Squarrosa' Ohwi *

干香柏　*Cupressus duclouxiana* Hickel *

柏木　*C. funebris* Endl.

福建柏　*Fokienia hodginsii* (Dunn) Henry
et Thomas

刺柏　*Juniperus formosana* Hayata

侧柏　*Platycladus orientalis* (Linn.) Franch.

千头柏　*P. orientalis* CV. 'Sieboldii' Dallimore *

圆柏　*Sabina chinensis* (Linn.) Antoine

金星柏　*S. chinensis* CV. 'Aurea' (Young)
Cheng et W. T. Wang *

球柏　*S. chinensis* CV. 'Globosa' (Hornibr.)
Cheng et W. T. Wang *

龙柏　*S. chinensis* CV. 'Kaizuca' Cheng
et W. T. Wang *

垂枝柏　*S. chinensis* CV. 'Pendulla' (Franch.)
Cheng et W. T. Wang *

塔柏　*S. chinensis* CV. 'Pyramidalis' (Carr)
Cheng et W. T. Wang *

铺地柏　*S. procumbens* (Endl.) Iwata et Kusaka *

高山柏　*S. squamata* (Buch.-Hamilt.) Ant.

钻天柏　*S. virginiana* (Linn.) Ant. *

北美香柏　*Thuja occidentalis* Linn. *

崖柏　*T. sutchuenensis* Franch. *

122. 罗汉松科　Podocarpaceae

罗汉松　*Podocarpus macrophyllus* (Thunb.)
D. Don

狭叶罗汉松　*P. macrophyllus* var.
angustifolius Bl.

短叶罗汉松　*P. macrophyllus* var. *maki* Endl. *

竹柏　*P. nagi* (Thunb.) Zoll. et Mor. *

百日青　*P. neriifolius* D. Don

123. 三尖杉科　Cephalotaxaceae

三尖杉　*Cephalotaxus fortunei* Hook. f.

绿背三尖杉　*C. fortunei* var. *concolor* Franch.

宽叶粗榧　*C. latifolia* (Cheng et L. K. Fu)
Cheng et L. K. Fu

篦子三尖杉　*C. oliveri* Mast.

粗榧　*C. sinensis* (Rehd. et Wils.) Li

124. 红豆杉科　Taxaceae

穗花杉　*Amentotaxus argotaenia* (Hance) Pilg.

红豆杉　*Taxus chinensis* (Pilg.) Rehd.

南方红豆杉　*T. chinensis* var. *mairei* Cheng
et L. K. Fu

云南红豆杉　*T. wallichiana* var. *yunnanensis*
(Cheng et Fu) C. T. Kuan

巴山榧　*Torreya fargesii* Franch.

香榧　*T. grandis* Fort. ex Lindl. *

125. 麻黄科　Ephedraceae

中麻黄　*Ephedra intermedia* Schrenk et Mey. *

〔裸子植物共有 10 科 28 属 67 种（变种、变型）〕

（四）被子植物门　Angiospermae

一）双子叶植物纲　Dicotyledoneae

离瓣花亚纲　Archichlamydeae

126. 木麻黄科　Casuarinaceae

木麻黄　*Casuarina equisetifolia* Forst. *

127. 三白草科　Saururaceae

裸蒴　*Gymnotheca chinensis* Decne.

白苞裸蒴　*G. involucrata* Pei

鱼腥草　*Houttuynia cordata* Thunb.

三白草　*Saururus chinensis*（Lour.）Baill.

128.胡椒科　Piperaceae

一面镜　*Peperomia argheia* E. Morr. ＊

石蝉草　*P. dindygulensis* Miq.

一柱香　*P. reflexa*（Linn. f.）A. Dietr.

竹叶胡椒　*Piper bambusaefolium* Tseng

蒌叶　*P. betle* Linn.

筚拨　*P. longum* Linn. ＊

胡椒　*P. nigrum* Linn. ＊

毛蒟　*P. puberulum*（Benth.）Maxim.

假蒟　*P. sarmentosum* Roxb. ＊

石南藤　*P. wallichii*（Miq.）Hand. -Mazz.

129.金粟兰科　Chloranthaceae

鱼子兰　*Chloranthus elatior* Link ＊

宽叶金粟兰　*C. henryi* Hemsl.

多穗金粟兰　*C. multistachys*（Hand. -Mazz.）
Pei

及己　*C. serratus*（Thunb.）Roem. et Schult.

四川金粟兰　*C. sessilifolius* K. F. Wu

金粟兰　*C. spicatus*（Thunb.）Makino ＊

草珊瑚　*Sarcandra glabra*（Thunb.）Nakai

130.杨柳科　Salicaceae

响叶杨　*Populus adenopoda* Maxim.

加拿大杨　*P. canadensis* Moench ＊

山杨　*P. davidiana* Dode

毛山杨　*P. davidiana* var. *tomentella*
（Schneid.）Nakai

大叶杨　*P. lasiocarpa* Oliv.

钻天杨　*P. nigra* var. *italica*（Munchh.）
Koahne ＊

椅杨　*P. wilsonii* Schneid.

垂柳　*Salix babylonica* Linn. ＊

网脉柳　*S. dictyoneura* V. Seemen

巴山柳　*S. etosia* Schneid.

巫山柳　*S. fargesii* Burkill

光果巫山柳　*S. fargesii* var. *kansuensis*
（Hao）N. Chao

腺柳　*S. glandulosa* V. Seemen

紫枝柳　*S. heterochroma* Seemen

小叶柳　*S. hypoleuca* Seem.

旱柳　*S. matsudana* Koidz.

龙爪柳　*S. matsudana* var. *tortuosa*（Vilm.）
Rehd. ＊

裸头柳　*S. psilostigma* Anderss.

秋华柳　*S. variegata* Franch.

皂柳　*S. wallichiana* Anderss.

131.杨梅科　Myricaceae

毛杨梅　*Myrica esculenta* Buch. -Ham.

杨梅　*M. rubra*（Lour.）Sieb. et Zucc. ＊

132.胡桃科　Juglandaceae

青钱柳　*Cyclocarya paliurus*（Batal.）Iljinskaja

毛叶黄杞　*Engelhardtia colebrookiana* Lindl.

黄杞　*E. roxburghiana* Wall.

野核桃　*Juglans cathayensis* Dode

核桃楸　*J. mandshurica* Maxim.

核桃　*J. regia* Linn. ＊

泡核桃　*J. sigillata* Dode ＊

园果化香树　*Platycarya longipes* Wu

化香树　*P. strobilacea* Sieb. et Zucc.

湖北枫杨　*Pterocarya hupehensis* Skan

华西枫杨　*P. insignis* Rehd. et Wils.

枫杨　*P. stenoptera* C. DC.

短翅枫杨　*P. stenoptera* var. *brevlialata*
Pampan.

133.桦木科　Betulaceae

桤木　*Alnus cremastogyne* Burk.

尼泊尔桤木　*A. nepalensis* D. Don. ＊

红桦　*Betula albo-sinensis* Burk.

西南桦　*B. alnoides* Boch. -Ham. et D. Don

华南桦　*B. austro-sinensis* Chun ex P. C. Li

亮叶桦　*B. luminifera* H. Winkl.

糙皮桦　*B. utilis* D. Don

川黔鹅耳枥　*Carpinus fangiana* Hu

大穗鹅耳枥　*C. fargenii* Franch.

川陕鹅耳枥　*C. fargesiana* H. Winkl.

狭叶川陕鹅耳枥　*C. fargesiana* var. *hwai*
（Hu et Cheng）P. C. Li

贵州鹅耳枥　*C. kweichowensis* Hu

短尾鹅耳枥　*C. londoniana* H. Winkl.

多脉鹅耳枥　*C. polyneura* Franch.

遵义鹅耳枥　*C. polyneura* var. *tusnyihensis*
　　　　　　　　　　　　　（Hu）P. C. Li

云贵鹅耳枥　*C. pubescens* Burk.

岩生鹅耳枥　*C. rupestris* A. Camus

昌化鹅耳枥　*C. tschonoskii* Maxim.

鹅耳枥　*C. turczaniowii* Hance

华榛　*Corylus chinensis* Franch.

藏刺榛　*C. ferox* var. *thibetica*（Batal.）Franch.

榛　*C. heterophylla* Fisch. ex Bess.

川榛　*C. heterophylla* var. *sutchuenesis* Franch.

134. 壳斗科　Fagaceae

锥栗　*Castanea henryi*（Skan）Rehd. et Wils.

板栗　*C. mollissima* Blume

茅栗　*C. sequinii* Dode

米槠栲　*Castanopsis carlesii*（Hemsl.）Hayata

西南米槠　*C. carlesii* var. *spinulosa* Cheng
　　　　　　　　　　　　et C. S. Chao

瓦山栲　*C. ceratacantha* Rehd. et Wils.

甜槠栲　*C. eyrei*（Champ. ex Benth）Tutch

丝栗栲　*C. fargesii* Franch.

扁刺栲　*C. platyacantha* Rehd. et Wils.

苦槠　*C. sclerophylla*（Lindl.）Schott.

青杠栎　*Cyclobalanpsis glauca*（Thunb.）Derst.

滇青杠　*C. glaucoides* Schott.

小叶青杠　*C. gracillis*（Rehd. et Wils.）
　　　　　　　　　　Cheng et T. Hong

大叶青杠　*C. jenseniana*（Hand.-Mazz.）
　　　　　　　　　　Cheng et T. Hong

多脉青杠　*C. multinervis* Cheng et T. Hong

细叶青杠　*C. myrsinaefolia*（Bl.）Derst.

南川青杠　*C. nanchuanica*（Huang et Y. T. Chang）
　　　　　　　　　　Hsu et Jen

蛮青杠　*C. oxyodon*（Miq.）Derst.

米心水青杠　*Fagus engleriana* Seem.

水青杠　*F. longipetiolata* Seem.

亮叶水青杠　*F. lucida* Rehd. et Wils.

包槲柯　*Lithocarpus cleistocarpus* Rehd. et Wils.

窄叶石栎　*L. confinis* Huang

白柯　*L. dealbatus* Rehd.

硬斗柯　*L. hancei*（Benth.）Rehd.

东南石栎　*L. harlandii*（Hance）Rehd.

绵槠石栎　*L. henryi* Rehd. et Wils.

木姜叶石栎　*L. litseifolius*（Hance）Chun

大叶柯　*L. megalophyllus* Rehd. et Wils.

南川石栎　*L. rosthornii*（Schott）Schott

岩栎　*Quercus acrodonta* Seem.

麻栎　*Q. acutissima* Carr.

槲栎　*Q. aliena* Blume

锐齿槲栎　*Q. aliena* var. *acuteserrata* Maxim.

柞栎　*Q. dentata* Thunb.

巴东栎　*Q. engleriana* Seem.

白栎　*Q. fabri* Hance

枹栎　*Q. glandulifera* Blume

短柄枹栎　*Q. glandulifera* var. *brevipetiolata*
　　　　　　　　　　　　　Nakai

大叶栎　*Q. griffithii* Hook. f. et Thoms.

毛叶槲栎　*Q. malacotricha* A. Camus

乌岗栎　*Q. phillyraeoides* A. Gray

灰背栎　*Q. senescens* Hand.-Mazz.

匙叶栎　*Q. spathulota* Seem.

刺叶栎　*Q. spinosa* David

灰栎　*Q. utilis* Hu et Cheng

栓皮栎　*Q. variabilis* Blume

135. 榆科　Ulmaceae

糙叶树　*Aphananthe aspera*（Bl.）Planch.

紫弹树　*Celtis biondii* Pamp.

小叶朴　*C. bungeana* Blume

珊瑚朴　*C. julianae* Schneid.

朴树　*C. tatrandra* ssp. *sinensis*（Pers.）
　　　　　　　　　　　　Y. C. Yang

西川朴　*C. vandervoetiana* Schneid.

青檀　*Pteroceltis tatarinowii* Maxim.

羽脉山黄麻　*Trema laevigata* Hand.-Mazz.

银毛叶山黄麻　*T. nitida* C. J. Chen

毛枝榆　*Ulmus androssowii* var. *subhirsuta*
　　　　　　　　（Schneid.）P. H. Huang,
　　　　　　　　F. Y. Gao et L. H. Zhao

兴山榆　*U. bergmanniana* Schneid.

多脉榆　*U. castaneifolia* Hemsl.

大果榆　*U. macrocarpa* Hance

榔榆　*U. parvifolia* Jacq. *

榆　*U. pumila* Linn.

毛白榆　*U. pumila* var. *pilosa* Rehd.

榉树　*Zelkora schneideriana* Hand. -Mazz.

光叶榉　*Z. serrata* (Thunb.) Makino

136. 桑科　Moraceae

南川木菠萝　*Artocarpus nanchuanensis* S. S. Chang, S. X. Tan et Z. Y. Liu

小构树　*Broussonetia kazinoki* Sieb. et Zucc.

藤构　*B. kaempferi* var. *australis* Suzuki

楮实子　*B. papyrifera* (Linn.) L'Her. ex Vent.

大麻　*Cannabis sativa* Linn.

构棘　*Cudrania cochinchinensis* (Lour.) Kudo et Masam.

柘树　*C. tricurpidata* (Carr.) Bur. ex Lavallee

水蛇麻　*Fatoua villosa* (Thunb.) Nakai

无花果　*Ficus carica* Linn. *

橡树　*F. elastica* Roxb. *

台湾榕　*F. formosana* Maxim.

窄叶台湾榕　*F. formosana* var. *angustifolia* (Cheng) Migo

菱叶冠毛榕　*F. gasparrinia* var. *lacerafifolia* (Lévl. et Vant.) Corner

小果榕　*F. gasparriniana* var. *viridescens* (Lévl. et Vant.) Corner

尖叶榕　*F. henryi* Warb. ex Diels

异叶榕　*F. heteromorpha* Hemsl.

小叶榕　*F. microcarpa* Linn. *

南川榕　*F. nanchuanensis* Z. Y. Liu

琴叶榕　*F. pandurata* Hance

薜荔　*F. pumila* Linn.

珍珠莲　*F. sarmentosa* var. *henryi* (King ex Oliv.) Corner

小叶爬藤榕　*F. sarmentosa* var. *impressa* (Champ.) Corner

尾尖爬藤榕　*F. sarmentosa* var. *lacrymens* (Lévl.) Corner

白背爬藤榕　*F. sarmentosa* var. *nipponica* (Franch. et Sav.) Corner

竹叶榕　*F. stenophylla* Hemsl.

长柄竹叶榕　*F. stenophylla* var. *macropodocarpa* (Lévl.) Corner

地枇杷　*F. tikoua* Bur.

糙叶榕　*F. tsangii* Merr. ex Corner

披针叶黄葛树　*F. virens* var. *sublanceolata* (Miq.) Corner

啤酒花　*Humulus lupulus* Linn. *

华忽布　*H. lupulus* var. *cordifolius* (Miq.) Maxim. *

葎草　*H. scandens* (Lour.) Merr.

桑　*Morus alba* Linn.

鸡桑　*M. australis* Poir.

花叶鸡桑　*M. australis* var. *inusitata* (Lévl.) C. Y. Wu

鸡爪叶桑　*M. australis* var. *lineariparitita* Cao

华桑　*M. cathayana* Hemsl.

蒙桑　*M. mongolica* (Bur.) Schneid.

山桑　*M. mongolica* var. *diabolica* Koidz.

137. 荨麻科　Urticaceae

序叶苎麻　*Boehmeria clidemioides* var. *diffusa* (Wedd.) Hand. -Mazz.

密球苎麻　*B. densiglomerata* W. T. Wang

细野麻　*B. gracilis* C. H. Wright

大叶苎麻　*B. longispica* Steud.

苎麻　*B. nivea* (Linn.) Gaud.

悬铃木叶苎麻　*B. platanifolia* Franch. et Sav.

糙叶水苎麻　*B. platyphylla* var. *scabrella* (Roxb.) Wedd.

赤麻　*B. silvestrii* (Pamp.) W. T. Wang

微柱麻　*Chamabainia cuspidata* Wight.

长叶水麻　*Debregeasia longifolia* (Burm. f.) Wedd.

水麻　*D. orientalis* C. J. Chen

星序楼梯草　*Elatostema asterocephalum* W. T. Wang

短齿楼梯草　*E. brachyobontum* (Hand. -Mazz.) W. T. Wang

聚尖楼梯草　E. cuspidatum Wight.

锐齿楼梯草　E. cyrtandrifolium（Zoll. et Mor.）
　　　　　　　　　　　　　　　　Miq.

梨序楼梯草　E. ficoides（Wall.）Wedd.

毛茎楼梯草　E. hirticaule W. T. Wang

宜昌楼梯草　E. ichangense H. Schroter

楼梯草　E. involucratum Franch. et Sav.

长梗楼梯草　E. longipes W. T. Wang

南川楼梯草　E. nanchuanensis W. T. Wang

托叶楼梯草　E. nasutum Hook. f.

长园楼梯草　E. oblongifolium Fu. ex W. T.
　　　　　　　　　　　　　　　　Wang

钝叶楼梯草　E. obtusum Wedd.

光茎钝叶楼梯草　E. obtusum var. glabrescens
　　　　　　　　　　　　　　　W. T. Wang

小叶楼梯草　E. parvum（Bl.）Miq.

樱叶楼梯草　E. prunifolium W. T. Wang

多脉楼梯草　E. pseudoficoides W. T. Wang

对叶楼梯草　E. sinense H. Schroter

庐山楼梯草　E. stewardii Merr.

伏毛楼梯草　E. strigulosum W. T. Wang

赤水楼梯草　E. strigulosum var. semitriplinerva
　　　　　　　　　　　　　　　W. T. Wang

拟聚尖楼梯草　E. subcuspidatum W. T. Wang

条叶楼梯草　E. sublineare W. T. Wang

细尾叶楼梯草　E. tenuicaudatum W. T. Wang

疣果楼梯草　E. trichocarpum Hand. -Mazz.

大蝎子草　Girardinia suborbiculata C. J. Chen

红火麻　G. suborbiculata ssp. triloba
　　　　　　　　　（C. J. Chen）C. J. Chen

糯米团　Gonostegia hirta（Bl.）Miq.

珠芽艾麻　Laportea bulbifera（Sieb. et Zucc.）
　　　　　　　　　　　　　　　Wedd.

心叶艾麻　L. bulbifera ssp. latiuscula C. J. Chen

艾麻　L. cuspidata（Wedd.）Friis

棱果艾麻　L. elevata C. J. Chen

假楼梯草　Lecanthus peduncularis
　　　　　　　　　　（Wall. ex Royle）Wedd.

雪药　Nanocnide lobata Wedd.

紫麻　Oreocnide frutescens（Thunb.）Miq.

墙草　Parietaria micrantha Ledeb.

赤车　Pellionia radicans（Sieb. et Zucc.）Wedd.

蔓赤车　P. scabra Benth.

毛茎赤车　P. setrohispida W. T. Wang

绿赤车　P. viridis C. H. Wright

园瓣冷水花　Pilea angulata（Bl.）Bl.

华中冷水花　P. angulata ssp. latiuscula
　　　　　　　　　　　　　　C. J. Chen.

湿生冷水花　P. aquarum Dunn

花叶冷水花　P. cadierei Gagnep. et Guill.

波缘冷水花　P. cavaleriei H. Lévl.

心托冷水花　P. cordistipulata C. J. Chen

椭园叶冷水花　P. elliptilimba C. J. Chen

日本冷水花　P. japonica（Maxim.）Hand. -Mazz.

隆脉冷水花　P. lomatogramma Hand. -Mazz.

长茎冷水花　P. longicaulis Hand. -Mazz.

黄花冷水花　P. longicaulis var. flaviflora
　　　　　　　　　　　　　　　C. J. Chen

大叶冷水花　P. martinii（Lévl.）Hand. -Mazz.

藓状冷水花　P. microphylla（Linn.）Lieb.

念珠冷水花　P. monilifera Hand. -Mazz.

南川冷水花　P. nanchuanensis C. J. Chen

冷水花　P. notata C. H. Wright

齿叶矮冷水花　P. peploides var. major Wedd.

西南冷水花　P. plataniflora C. H. Wright

透茎冷水花　P. pumila（Linn.）A. Gray

钝头冷水花　P. pumila var. obtusifolia
　　　　　　　　　　　　　　　C. J. Cheng

序托冷水花　P. receptacularis C. J. Chen

红花冷水花　P. rubrifora C. H. Wright

镰叶冷水花　P. semisescilis Hand. -Mazz.

粗齿冷水花　P. sinofasciata C. J. Chen

翅茎冷水花　P. subcoriacea（Hand. -Mazz.）
　　　　　　　　　　　　　　　C. J. Chen

三角叶冷水花　P. swinglei Merr.

疣果冷水花　P. verrucosa Hand. -Mazz.

红雾水葛　Pouzolzia sanguinea（Bl.）Merr.

雾水葛　P. zeylanica（Linn.）Benn.

小果荨麻　Urtica atrichocaulis（Hand. -Mazz.）
　　　　　　　　　　　　　　　C. J. Chen

白火麻　*U. fissa* E. Pritz.

宽叶荨麻　*U. laetevirens* Maxim.

齿叶荨麻　*U. laetevirens* ssp. *dentata*
（Hand.-Mazz.）C. J. Chen

138. 山龙眼科　Proteaceae

银桦　*Grevillea robusta* A. Cunn. ex R. Br. *

139. 铁青树科　Olacaceae

香芙木　*Schoepfia fragrans* Wall

青皮木　*S. jasminodora* Sieb. et Zucc.

140. 檀香科　Santalaceae

米面蓊　*Buckleya lanceolate*（Sieb. et Zucc.）Miq.

檀梨　*Pyrularia edulis*（Wall.）A. DC.

百蕊草　*Thesium chinense* Turcz.

141. 桑寄生科　Loranthaceae

粟寄生　*Korthalsella japonica*（Thunb.）Engl.

椆树桑寄生　*Loranthus delavayi* Van Tiegh

红花寄生　*Scurrula parasitica* Linn.

黄杉寄生　*Taxillus kaempferi* var. *grandiflora*
H. S. Kiu

木兰寄生　*T. limprichtii*（Grüning）H. S. Kiu

毛叶寄生　*T. nigrans*（Hance）Danser

桑寄生　*T. sutchuenensis*（Lecomte）Danser

灰背寄生　*T. sutchuenensis* var. *duclouxii*
（Lecte.）H. S. Kiu

扁枝寄生　*Viscum articulatum* Burm. f.

槲寄生　*V. coloratum*（Komav.）Nakai

棱枝槲寄生　*V. diospyrosicolum* Hayata

枫香寄生　*V. liquidambaricolum* Hayata

142. 马兜铃科　Aristolochiaceae

扁茎马兜铃　*Aristolochia compressicaulis*
Z. L. Yang

北马兜铃　*A. contorta* Bunge *

马兜铃　*A. dedilis* Sieb. et Zucc.

异叶马兜铃　*A. heterophylla* Hemsl.

金山马兜铃　*A. jinshanensis* Z. L. Yang
et S. X. Tan

大叶马兜铃　*A. kwangsiensis* Chun et How
ex C. F. Liang

柔毛马兜铃　*A. kaempferi* Willd.

木通马兜铃　*A. manshuriensis* Kom.

淮通　*A. moupinensis* Franch.

线叶马兜铃　*A. neolongifolia* J. L. Wu
et Z. L. Yang

朱砂莲　*A. tuberosa* C. F. Liag et S. M. Hwang

管花马兜铃　*A. tubiflora* Dunn.

短尾细辛　*Asarum caudigerellum*
C. Y. Cheng et C. S. Yang

长尾细辛　*A. caudigerum* Hance

花叶尾花细辛　*A. caudigerum* var. *cardiophyllum*
（Franch.）C. Y. Cheng et C. S. Yang

双叶细辛　*A. caulescens* Maxim.

川北细辛　*A. chinense* Franch.

皱花细辛　*A. crispulatum* C. Y. Cheng
et C. S. Yang

铜钱细辛　*A. debile* Franch.

金佛山细辛　*A. franchetianum* Diels

单叶细辛　*A. himalaicum* Hook. f. et
Thoms ex Klotzsch.

宜昌细辛　*A. ichangense* C. Y. Cheng et
C. S. Yang

大花细辛　*A. maximum* Hemsl.

南川细辛　*A. nanchuanense* C. S. Yang
et J. L. Wu

长毛细辛　*A. pulchellum* Hemsl.

华细辛　*A. sieboldii* Miq. *

青城细辛　*A. splendens*（F. Maekawa）
C. Y. Cheng et C. S. Yang

武隆细辛　*A. wulongense* Z. L. Yang

马蹄香　*Saruma henryi* Oliv.

143. 芍药科　Paeoniaceae

芍药　*Paeonia lactiflora* Pall. *

毛果芍药　*P. lactiflora* var. *trichocarpa*
（Bunge）Stern. *

西昌牡丹　*P. lutea* Delav. ex Franch. *

草芍药　*P. obovata* Maxim.

毛叶草芍药　*P. obovata* var. *willmottiae*
（Stapf.）Stern.

牡丹　*P. suffruticosa* Andr. *

紫斑牡丹　*P. suffruticosa* var. *papaveracea*

(Andr.) Kerner *

四川牡丹　*P. szechuanica* Fang *

川赤芍　*P. veitchii* Lynch *

毛赤芍　*P. veitchii* var. *woodwardii*

(Stapt ex Cox) Stern *

144. 蛇菰科　Balanophoraceae

蛇菰　*Balanophora harlandii* Hook. f.

筒鞘蛇菰　*B. involucrata* Hook. f.

多蕊蛇菰　*B. polyandra* Griff.

145. 蓼科　Polygonaceae

金线草　*Antenoron filiforme* (Thunb.)

Roberty et Vautier

短毛金线草　*A. filiforme* var. *neofiliforme*

(Nakai) A. J. Li

南川金线草　*A. nanchuanensis* Z. Y. Liu

et S. X. Tan

竹节蓼　*Muehlenbeckia platyclada*

(F. Muell. ex Hook.) Meisn. *

山蓼　*Oxyria digyna* (Linn.) Hill.

园叶山蓼　*O. sinensis* Hemsl.

萹蓄　*Polygonum aviculare* Linn.

小毛蓼　*P. barbatum* Linn.

细刺毛蓼　*P. barbatum* var. *gracile* (Danser)

Steward

拳参　*P. bistorta* Linn.

头花蓼　*P. capitatum* Buch.-Ham. ex D. Don

火炭母　*P. chinense* Linn.

红火炭母　*P. chinense* var. *hispidudum* Hook. f.

卵叶火炭母　*P. chinense* var. *ovalifolium* Meisn.

藤火炭母　*P. chinense* var. *thunbergianum* Meisn.

花叶火炭母　*P. chinense* var. *umbellatum* Makino

毛脉蓼　*P. cillinerve* (Nakai) Ohwi

虎杖　*P. cuspidatum* Sieb. et Zucc.

金荞麦　*P. cymosum* (Trev.) Meisn.

毛血藤　*P. cynanchoides* Hemsl.

箭叶蓼　*P. darrisii* Lévl.

齿翅蓼　*P. dentato-alatum* F. Schm.

荞麦　*P. esculentum* Moench *

中轴蓼　*P. excurrens* Steward

细梗荞麦　*P. gracilipes* Hemsl.

戟叶箭蓼　*P. hastato-sagittatum* Makino

水蓼　*P. hydropiper* Linn

蚕茧草　*P. japonicum* Meisn.

愉悦蓼　*P. jucundum* Meisn.

酸模叶蓼　*P. lapathifolium* Linn.

棉毛酸模叶蓼　*P. lapathifolium* var.

salicifolium Sibth.

长鬃蓼　*P. longisetum* De Bruyn

圆基长鬃蓼　*P. longisetum* var. *rotundatum*

A. J. Li

小蓼　*P. minus* Huds.

何首乌　*P. multiflorum* Thunb.

尼泊尔蓼　*P. nepalense* Meisn.

荭草　*P. orientale* Linn.

草血竭　*P. paleaceum* Wall. ex Hook. f.

杠板归　*P. perfoliatum* Linn.

桃叶蓼　*P. persicaria* Linn.

小扁蓄　*P. plebeium* R. Br.

丛枝蓼　*P. posumbum* Buch.-Ham. ex D. Don

赤胫散　*P. runcinatum* Buch.-Ham. ex D. Don

无耳赤胫散　*P. runcinatum* var. *exauriculatum*

Lingelsh.

中华赤胫散　*P. runcinatum* var. *sinense* Hemsl.

刺蓼　*P. senticosum* (Meisn.) Franch. et Savat.

支柱蓼　*P. suffultum* Maxim.

细穗支柱蓼　*P. suffultum* var. *pergracile*

(Hemsl.) Sam.

苦荞麦　*P. tataricum* (Linn.) Gaerth.

戟叶蓼　*P. thunbergii* Sieb. et Zucc.

粘蓼　*P. viscoferum* Makino

川大黄　*Rheum officinale* Baill

掌叶大黄　*R. palmatum* Linn. *

波叶大黄　*R. undulatum* Linn. ex Regel *

酸模　*Rumex acetosa* Linn.

水生酸模　*R. aquaticus* Linn.

红筋土大黄　*R. chalepensis* Mill.

皱叶酸模　*R. crispus* Linn.

齿果酸模　R. dentatus Linn.

羊蹄　R. japonicus Houtt.

尼泊尔酸模　R. nepalensis Spreng

乌筋土大黄　R. nepalensis var. nanchuanensis
Z. Y. Liu

巴天酸模　R. patientia Linn.

长刺酸模　R. trisetifer Stokes

146. 藜科　Chenopodiaceae

千针苋　Acroglochin persicarioides (Poir.) Moq.

甜菜　Beta vulgaris linn. *

君达菜　B. vulgaris var. cicla Linn. *

红叶甜菜　B. vulgaris CV. 'Dracaenifolia' *

藜　Chenopodium album Linn.

土荆芥　C. ambrosioides Linn.

杖藜　C. giganteum D. Don

细穗藜　C. gracilispicum Kung

杂配藜　C. hybridum Linn.

小藜　C. serotinum Linn.

地肤子　Kochia scoparia (Linn.) Schrad.

毛叶地肤子　K. scoparia f. trichophyila
(Hort.) Schinz et Thell.

猪毛菜　Salsola collina Pall. *

菠菜　Spinacia oleracea Linn. *

无刺菠菜　S. oleracea var. inermis (Moench)
Peterm. *

147. 苋科　Amaranthaceae

土牛膝　Achyranthes aspera Linn.

银毛土牛膝　A. aspera var. argentea (Thwaites)
Hook. f.

钝叶牛膝　A. aspera var. indica Linn.

褐叶牛膝　A. aspera var. rubrofusca Hook. f.

牛膝　A. bidentata Bl.

红叶牛膝　A. bidentata f. rubra Ho ex Kuan

少毛牛膝　A. bidentata var. japonica Miq.

柳叶牛膝　A. longifolia (Makino) Makino

红柳叶牛膝　A. longifolia f. rubra Ho ex Kuan

白花苋　Aerva sanguinolenta (Linn.) Bl.

锦绣苋　Alternanthera ficoidea
CV. 'Bettzickiana' *

空心莲子草　A. philoxeroides (Mart.) Griseb.

莲子草　A. sessilis (Linn.) DC.

野苋　Amaranthus ascendens Loisel.

尾穗苋　A. caudatus Linn.

繁穗苋　A. cruentus Linn.

绿穗苋　A. hybridus Linn.

千穗苋　A. hypochondriacus Linn.

凹头苋　A. lividus Linn.

苋菜　A. mangostanus Linn. *

反枝苋　A. retroflexus Linn.

刺苋菜　A. spinosus Linn.

雁来红　A. tricolor Linn. *

皱果苋　A. viridis Linn.

青葙　Celosia argentea Linn.

鸡冠花　C. cristata Linn. *

白鸡冠花　C. cristata CV. 'Alba' *

川牛膝　Cyathula officinalis Kuan. *

千日红　Gomphrena globosa Linn. *

千日白　G. globosa f. alba Hart. *

148. 紫茉莉科　Nyctaginaceae

光叶子花　Bougainvillea glabra Choisy *

叶子花　B. spectabilis Willd. *

紫茉莉　Mirabilis jalapa Linn.

149. 粟米草科　Molluginaceae

粟米草　Mollugo pentaphylla Linn.

150. 商陆科　Phytolaccaceae

商陆　Phytolacca acinosa Roxb.

十蕊商陆　P. americana Linn. *

多药商陆　P. polyandra Bat.

151. 番杏科　Aizoaceae

三色松叶菊　Dorotheanthus graminenus
Schwant. *

龙须海棠　Lampranthus spectabilis (Haw.)
N. E. Br. *

152. 马齿苋科　Portulacaceae

大花马齿苋　Portulaca grandiflora Hook. *

马齿苋　P. oleracea Linn.

土人参　Talinum patens (Jacq.) Willd.

153.落葵科 Basellaceae

藤三七 Anredera cordifolia （Ten.）Steen.

白落葵 Basella alba Linn. *

落葵 B. alba CV. 'Rubra' *

154.石竹科 Caryophyllaceae

麦仙翁 Agrostema githago Linn. *

蚤缀 Arenaria serpyllifolia Linn.

卷耳 Cerastium arvense Linn.

簇生卷耳 C. caespitosum Gilib.

球序卷耳 C. glomeratum Thillia

狗筋曼 Cucubalus baccifer （Linn.）Buch.
-Ham ex D. Don

东北石竹 Dianthus amurensis Jaoq. *

沙地石竹 D. arenarius Linn.

五彩石竹 D. barbatus Linn. *

大花石竹 D. caryophyllus Linn. *

石竹 D. chinensis Linn. *

白花石竹 D. chinensis CV. 'Alba' *

遂毛石竹 D. ciliatus Guss.

瞿麦石竹 D. superbus Linn.

白花瞿麦 D. superbus CV. 'Alba'

何莲豆草 Drymaria cordata （Linn.）Willd.

兴安丝石竹 Gypsophila dahurica Turcz. *

霞草 G. paniculata Linn *

毛叶剪秋落 Lychnis coronaria （Linn.）Desr. *

剪夏罗 L. coronata Thunb. *

剪秋落 L. senno Sieb. et Zucc.

紫萼女娄菜 Melandrium tatarinowii （Regel）
Tsui

白花女娄菜 M. tatarinowii var. albiflorum
（Franch）Z. Cheng

鹅肠草 Myosoton aquaticum （Linn.）Moench

孩儿参 Pseudostellaria heterantha （Maxim.）
Pax. *

漆姑草 Sagina japonica （Sweet.）Ohwi.

肥皂草 Saponaria officinalis Linn. *

高雪轮 Silene armeria Linn. *

白花高雪轮 S. armeria CV. 'Alba' *

麦瓶草 S. conoidea Linn. *

蝇子草 S. fortunei Vis.

凿瓣蝇子草 S. incisa C. L. Tang

粘萼蝇子草 S. viscidula Franch.

中国繁缕 Stellaria chinensis Regel

繁缕 S. media （Linn.）Cyr.

鸡肠繁缕 S. neglecta Weibe ex Bluff.
et Fingerh.

峨眉繁缕 S. omeiensis C. Y. Wu et Y. W. Tsui

白筋骨草 S. vestita Kurz

雀舌草 S. uliginasa Murr.

巫山繁缕 S. wushanensis Williams

王不留行 Vaccaria pyramidata Medik. *

155.睡莲科 Nymphaeaceae

莼菜 Brasenia schreberi J. F. Gmel. *

芡实 Euryale ferox Salisb. *

莲 Nelumbo nucifera Gaertn. *

红睡莲 Nymphaea alba var. rubra Lounr. *

黄睡莲 N. mexicana Zucc. *

睡莲 N. tetragona Georgi

156.金鱼藻科 Ceratophyllaceae

金鱼藻 Ceratophyllum demiersum Linn.

157.领春木科 Eupteleaceae

领春木 Euptelea pleiosperma Hook. f.
et Thoms.

158.水青树科 Tetracentraceae

水青树 Tetracentron sinense Oliv.

159.连香树科 Cercidiphyllaceae

连香树 Cercidiphyllum japonicum Sieb.
et Zucc.

160.毛茛科 Ranunculaceae

乌头 Aconitum carmichaeli Debx.

瓜叶乌头 A. hemsleyanum Pritz.

铁棒锤 A. pendulum Busch. *

岩乌 A. racemulosum Franch.

花葶乌头 A. scaposum Franch.

等叶花葶乌头 A. scaposum var. hupehanum
Rapaics

墨七　　A. scaposum var. vaginatum（Pritz.）
　　　　　　　　　　Rapaics

高乌头　A. sinomontanum Nakai.

类叶升麻　Actaea asiatica Hara

南川水黄莲　Adonis brevistyla Franch.

卵叶银莲花　Anemone begoniifolia Lévl. et Vant.

西南银莲花　A. davidii Franch.

林荫银莲花　A. flaceida Fr. Schmilt

三出银莲花　A. griffithii Hook. f. et Thoms.

打破碗花花　A. hupehensis Lem.

白花打破碗花花　A. hupehensis f. alba
　　　　　　　　　　W. T. Wang

南川银莲花　A. nanchuanensis W. T. Wang

草玉梅　A. rivularis Buch. -Ham. ex DC.

大火草　A. vitfolia Buch. -Ham. ex DC.

无距楼斗菜　Aquilegia ecalcarata Maxim.

短距楼斗菜　A. ecalcarata f. semicalearta
　　　　　　　（Schipcz.）Hand. -Mazz.

甘肃楼斗菜　A. oxysepala var. kansuensis Bruhl.

直距楼斗菜　A. rockii Munz

裂叶星果草　Asteropyrum cavaleriei
　　　　　（Lévl. et Vant.）Drumm. et Hutch.

水毛茛　Batrachium bungei（Steud.）L. Liou

铁破锣　Beesia calthaefolia（Maxim.）Ulbr.

驴蹄草　Caltha palustris Linn.

小升麻　Cimicifuga acerian（Sieb. et Zucc.）
　　　　　　　　　　Tanaka

短果升麻　C. brachycarpa Hsiao

升麻　C. foetida Linn.

南川升麻　C. nanchuanensis Hsiao

单穗升麻　C. simplex Wormsk.

钝齿铁线莲　Clematis apiifolia var. argentilucida
　　　　　　（Lévl. et Vant）W. T. Wang

粗齿铁线莲　C. argentilucida（Lévl. et Van.）
　　　　　　　　　　W. T. Wang

川木通　C. armandii Franch.

威灵仙　C. chinensis Osbeck

山木通　C. finetiana Lévl. et Vant.

铁线莲　C. florida Thunb. *

杨子铁线莲　C. ganpiniana（Lévl. et Vant.）
　　　　　　　　　　Tamura.

毛叶铁线莲　C. ganpiniana var. subsericea
　　　　　　（Rehd. et Wils.）C. T. Ting

毛果铁线莲　C. ganpiniana var. tenuisepala
　　　　　　（Maxim.）C. T. Ting

小蓑衣藤　C. gouriana Roxb. ex DC.

金佛铁线莲　C. gratopsis W. T. Wang

单叶铁线莲　C. henryi Oliv.

毛单叶铁线莲　C. henryi var. mollis W. T. Wang

大叶铁线莲　C. heracleifolia DC.

贵州铁线莲　C. kweichowensis Pei

毛蕊铁线莲　C. lasiandra Maxim.

绣毛铁线莲　C. leschenaultiana DC.

光柱铁线莲　C. longistyla Hand. -Mazz.

绣球藤　C. montana Buch. -Ham. ex DC.

大花绣球藤　C. montana var. grandiflora
　　　　　　　　　　Hook.

谭氏铁线莲　C. montana var. tanii W. T. Wang
　　　　　　　　　　et Z. Y. Liu

晚花铁线莲　C. montana var. wilsonii Sprag.

钝萼铁线莲　C. peterae Hand. -Mazz.

毛果钝萼铁线莲　C. peterae var. trichocarpa
　　　　　　　　　　W. T. Wang

五叶铁线莲　C. quinquefoliolata Hutch.

曲柄铁线莲　C. repens Finet et Gagnep.

糠头花　C. terniflora DC.

柱果铁线莲　C. uncinata Champ.

尾叶铁线莲　C. urophylla Franch.

云南铁线莲　C. yunnanensis Franch.

飞燕草　Consolida ajacis（Linn.）Schur. *

黄连　Coptis chinensis Franch.

狭裂黄连　C. chinensis var. angustiloba
　　　　　　　　　　W. Y. Kong

短萼黄连　C. chinensis var. brevisepla W. T.
　　　　　　　　　　Wang et Hsian *

三角叶黄连　C. deltoidea C. Y. Cheng et Hsiao *

峨眉黄连　C. omeiensis（Chen）C. Y. Cheng *

云南黄连　C. teeta Wall. *

还亮草　Delphinium anthriscifolium Hance

大花还亮草 *D. anthriscifolium* var. *majus*
Pamp.

川黔翠雀花 *D. bonvalotii* Franch.

毛梗川黔翠雀花 *D. bonvalotii* var. *eriostylum*
(Lévl.) W. T. Wang

三小叶翠雀花 *D. trifoliolatum* Finet et Gagnep.

人字果 *Dichocarpum adiantifolium* var.
sutchuenense (Franch.) D. Z. Fu

耳状人字果 *D. auriculatum* (Franch.)
W. T. Wang et Hsiao

蕨叶人字果 *D. dalzielii* (Drumm et
Hutch.) W. T. Wang et Hsiao

纵肋人字果 *D. fargesii* (Franch.) W. T. Wang
et Hsiao

南川人字果 *D. fargesii* var. *nanchuanense*
Z. Y. Liu

小花人字果 *D. franchetii* (Finet et Gagnep.)
W. T. Wang et Hsiao

水葫芦苗 *Halevpestes sarmentosa* (Adams)
Kom.

川鄂獐耳细辛 *Hepatica henryi* (Oliv.) Steward

黑种草 *Nigella damascena* Linn. *

白头翁 *Pulsatilla chinensis* (Bunge) Regel

禺毛茛 *Ranunculus cantoniensis* DC.

回回蒜 *R. chinensis* Bunge

西南毛茛 *R. ficariifolius* Lévl. et Vant.

毛茛 *R. japonicus* Thunb.

石龙芮 *R. sceleratus* Linn.

杨子毛茛 *R. sieboldii* Miq.

棱喙毛茛 *R. trigonus* Hand.-Mazz.

天葵 *Semiaquilegia adoxoides* (DC.) Makino

尖叶唐松草 *Thalictrum acutifolium*
(Hand.-Mazz.) Boivin

西南唐松草 *T. fargesii* Franch. ex Finet
et Gagnep.

盾叶唐松草 *T. ichangense* Lecoyer ex Oliv.

爪哇唐松草 *T. javanicum* Bl.

微毛爪哇唐松草 *T. javanicum* var. *puberulum*
W. T. Wang

小果唐松草 *T. microgynum* Lecoy. ex Oliv.

东亚唐松草 *T. minus* var. *hypoleucum*
(Sieb. et Zucc.) Miq.

峨眉唐松草 *T. omeiense* W. T. Wang et S. H.
Wang

多枝唐松草 *T. ramosum* Boivin

粗壮唐松草 *T. robustum* Maxim.

箭头唐松草 *T. simplex* var. *brevipes* Hara

弯柱唐松草 *T. uncinulatum* Franch.

尾囊草 *Urophysa henryi* (Oliv.) Ulbr.

161. 木通科 Lardizabalaceae

木通 *Akebia quinata* (Thunb.) Decne.

三叶木通 *A. trifoliata* (Thunb.) Koidz.

白木通 *A. trifoliata* var. *australis* (Dies) Rehd.

猫儿屎 *Decaisnea fargesii* Franch.

紫花牛姆瓜 *Holboellia angustifolia* Wall.

鹰爪枫 *H. coriacea* Diels

牛姆瓜 *H. grandiflora* Reaub.

大花牛姆瓜 *H. latifolia* Wall.

翅茎牛姆瓜 *H. ptrocaulis* T. Chen et C. H. Chen

大血藤 *Sargentodoxa cuneata* (Oliv.)
Rehd. et Wils.

串果藤 *Sinofranchetia chinensis* (Franch.)
Hemsl.

牛藤果 *Stauntonia elliptica* Hemsl.

162. 小檗科 Berberidaceae

黄芦木 *Berberis amurensis* Rupr.

秦岭小檗 *B. circumserrata* (Schneid.) Schneid.

直穗小檗 *B. dasystachya* Maxim.

南川小檗 *B. fallaciosa* Schneid.

湖北小檗 *B. gagnepainii* Schneid.

蓝果小檗 *B. gagnepainii* var. *lanceifolia* Ahrendt

川鄂小檗 *B. henryana* Schneid.

金佛山小檗 *B. jingfushanensis* Ying

蠔猪刺 *B. julianae* Schneid.

刺黑珠 *B. sargentiana* Schneid.

假蠔猪刺 *B. soulieana* Schneid.

芒齿小檗 *B. triacanthophora* Fedde

巴东小檗 *B. veitchii* Schneid.

庐山小檗 *B. virgetorum* Schneid.

金花小檗 *B. wilsonae* Hemsl.

西南小檗　B. zanlanscianensis Pamp.

南方山荷叶　Diphylleia sinensis Li.

贵州八角莲　Dysosma majorensis（Gagnep.）
Ying

六角莲　D. pleiantha（Hance）Woods.

川八角莲　D. veitchii（Hemsl. et Wils.）
S. H. Fu ex T. S. Ying

八角莲　D. versipellis（Hance）M. Cheng
ex T. S. Ying

粗毛淫羊藿　Epimedium acuminatum Franch.

大花淫羊藿　E. davidii Franch.

淫羊藿　E. grandiflorum Morr.

黔岭淫羊藿　E. leptorrhizum Stearn

柔毛淫羊藿　E. pubescens Maxim.

箭叶淫羊藿　E. sagittatum（Sieb. et Zucc.）
Maxim.

光叶淫羊藿　E. sagittatum var. glabratum
T. S. Ying

四川淫羊藿　E. sutchuenense Franch.

巫山淫羊藿　E. wushanense T. S. Ying

类叶牡丹　Leontice robustum（Maxim.）Diels

阔叶十大功劳　Mahonia bealei（Fort.）Carr.

小果十大功劳　M. bodinieri Gagnep.

宜章十大功劳　M. cardiophylla Ying et
Boufford.

宽苞十大功劳　M. eurybracteata Fedde

安坪十大功劳　M. eurybracteata ssp. ganpinensis
（Lévl.）Ying et Boufford.

十大功劳　M. fortunei（Lindl.）Fedde *

细梗十大功劳　M. gracilipes（Oliv.）Fedde

小叶十大功劳　M. oiwakensis Hayata

南川十大功劳　M. polydonta Fedde

长阳十大功劳　M. sheridaniana Schneid.

南天竹　Nandina domestica Thunb.

163. 防己科　Menispermaceae

木防己　Cocculus orbiculatus C. K. Schneid.

毛木防己　C. orbiculatus var. mollis（Wall.
ex Hook. f. et Thoms.）Hara

轮环藤　Cyclea racemosa Oliv.

四川轮环藤　C. sutchuenensis Gagnep.

西南轮环藤　C. wattii Diels

秤钩风　Diploclisia affinis（Oliv.）Diels

蝙蝠葛　Menispermum dauricum DC. *

细圆藤　Pericampylus glaucus（Lam.）Merr.

汉防己　Sinomenium acutum（Thunb.）
Rehd. et Wils.

毛汉防己　S. acutum var. cinerum（Diels）
Rehd. et Wils.

白药子　Stephania cepharantha Hayata

小寒药　S. delavayi Diels

江南地不容　S. excentrica H. S. Lo *

金不换　S. hainanensis H. S. Lo et Y. Tsoong *

草质千斤藤　S. herbacea Gagnep.

桐叶千斤藤　S. hernandifolia（Willd.）Walp.

千金藤　S. japonica（Thunb.）Miers

华千金藤　S. sinica Diels

粉防己　S. tetrandra S. Moore

金果榄　Tinospora capillipes Gagnep.

青牛胆　T. sagittata（Oliv.）Gagnep.

峨眉青牛胆　T. sagittata var. craveniana
（S. Y. Hu）H. S. Lo

164. 木兰科　Magnoliaceae

红花八角　Illicium dunnianum Tutch.

华中八角　I. fargesii Finet et Gagnep.

红茴香　I. henryi Diels

大八角　I. majus Hook. f. et Thoms.

小花八角　I. micranthum Dunn

野八角　I. simonsii Maxim.

八角　I. verum Hook. f. *

狭叶南五味　Kadsura angustifolia A. C. Smith

黑老虎　K. coccinea（Lem.）A. C. Smith

异叶南五味　K. heseroclita（Roxb.）Craib

南五味子　K. longipedunculata Finet et Gagnep.

多子南五味　K. polysperma Yang

鹅掌楸　Liriodendron chinensis（Hemsl.）
Sargent

北美鹅掌楸　L. tulipifera Linn. *

白玉兰　Magnolia denudata Desr. *

荷花玉兰 *M. grandiflora* Linn. *

紫玉兰 *M. liliflora* Desr. *

厚朴 *M. officinalis* Rehd. et Wils.

凹叶厚朴 *M. officinalis* ssp. *bilobe*
(Rehd. et Wils.) Cheng et Law *

二娇玉兰 *M. soulangenaa* Soul. -Bod. *

湖北木兰 *M. sprengeri* Pamp.

白花湖北木兰 *M. sprengeri* var. *elongata*
(Rehd. et Wils.) Stapf

金山木莲 *Manglietia fordiana* (Hemls.) Oliv.

红花木莲 *M. insignis* (Wall.) Bl.

巴东木莲 *M. patungensis* Hu

四川木莲 *M. szechuanica* Hu

白兰花 *Michelia alba* DC. *

黄兰 *M. champaea* Linn. *

含笑 *M. figo* (Lour.) Spreng. *

黄心含笑 *M. martinii* (Lévl.) Lévl.

深山含笑 *M. maudiae* Dunn

四川含笑 *M. szechuanica* Dandy

峨眉含笑 *M. wilsonii* Finet et Gagnep.

五味子 *Schisandra chinensis* (Turcz) Baill.

金山五味子 *S. glaucescens* Diels

翼梗五味子 *S. henryi* Clarke

云南五味子 *S. henryi* var. *yunnanensis*
A. C. Smith

香巴戟 *S. propingqua* var. *sinensis* Oliv.

柔毛五味子 *S. pubescens* Hemsl. et Wils.

毛脉五味子 *S. pubescens* var. *pubinervis*
(Rehd. et Wils.) A. C. Smith

红花五味子 *S. rubriflore* (Franch.) Rebd.
et Wils.

华中五味子 *S. sphenanthera* Rehd. et Wils.

165. 蜡梅科 Calycanthaceae

山蜡梅 *Chimonanthus nitens* Oliv.

蜡梅 *C. praecox* (Linn.) Link. *

166. 樟科 Lauraceae

红果黄肉楠 *Actinodaphne cupularis* (Hemsl.)
Gamble

柳叶黄肉楠 *A. lecomtei* Allen

峨眉黄肉楠 *A. omeiensis* (H. Liou) Allen

毛果黄肉楠 *A. trichocarpa* Allen

贵州琼楠 *Beilschmiedia kweichowensis* Cheng

猴樟 *Cinnamomum bodinieri* Lévl.

香樟 *C. camphora* (Linn.) Presl.

狭叶阴香 *C. burmannii* f. *heyneanum* (Ness)
H. W. Li

肉桂 *C. cassia* Presl. *

野黄桂 *C. jensenianum* Hand. -Mazz.

油樟 *C. longepaniculatum* (Gamble) N. Chao
ex H. W. Li

银叶桂 *C. mairei* Lévl.

阔叶樟 *C. platyphyllum* (Diels) Allen

黄樟 *C. porrectum* (Roxb.) Kosterm.

香桂 *C. subavenium* Miq.

川桂 *C. wilsonii* Gamble

月桂 *Laurus nobilis* Linn. *

乌药 *Lindera aggregata* (Sims) Kosterm.

小叶乌药 *L. aggregata* var. *playfairii*
(Hemsl.) H. P. Tsui

鸡婆子 *L. angustifolia* Cheng

红叶甘橿 *L. cercidifolia* Hemsl.

香叶树 *L. communis* Hemsl.

毛叶钓樟 *L. floribunda* (Allen) H. P. Tsui

香叶子 *L. fragrans* Oliv.

线叶香叶 *L. fragrans* var. *linenrifolia* Y. K. Li

绿叶甘橿 *L. fruticosa* Hemsl.

山胡椒 *L. glauca* (Sieb. et Zucc.) Bl.

广东山胡椒 *L. kwangtungensis* (Liou) Allen

卵叶钓樟 *L. limprichtii* Winkler

黑壳楠 *L. megaphylla* Hemsl.

毛黑壳楠 *L. megaphylla* f. *trichoclada* (Rehd.)
Cheng

绒毛山胡椒 *L. nacusua* (D. Don.) Merr.

三桠乌药 *L. obtusiloba* Blume

大叶钓樟 *L. partinii* Gamble

香粉叶 *L. pulcherrima* var. *attenuata* Allen.

川钓樟 *L. pulcherraima* var. *hemsleyana* (Diels)
H. P. Tsui

山橿　*L. reflexa* Hemsl.

南川钓樟　*L. rosthornii* Diels

四川山胡椒　*L. setchuanensis* Gamble

菱叶钓樟　*L. supracostata* Lecomte

三股筋香　*L. thomsonii* Allen

毛豹皮樟　*Litsea coreane* var. *lanuginosa*（Miq.）
　　　　　　　　Yang et P. H. Huang

山鸡椒　*L. cubeba*（Lour.）Pers.

黄丹木姜子　*L. elongata*（Wall. ex Nees）
　　　　　　　　Benth. et Hook. f.

石木姜子　*L. elongata* var. *faberi*（Hemsl.）
　　　　　　　　Yang et P. H. Huang

近轮叶木姜子　*L. elongata* var. *subverticillata*
　　　　　（Yang）Yang et P. H. Huang

清香木姜子　*L. euosma* W. W. Smith

湖北木姜子　*L. hupehana* Hemsl.

宜昌木姜子　*L. ichangensis* Gamble

毛叶木姜子　*L. mollis* Hemsl.

宝兴木姜子　*L. moupinensis* H. Lec.

四川木姜子　*L. moupinensis* var. *szechuanica*
　　　　　（Allan）Yang et P. H. Huang

红皮木姜子　*L. pedunculata*（Diels）Yang
　　　　　　　　et P. H. Huang

杨叶木姜子　*L. populifolia*（Hemsl.）Gamble

木姜子　*L. pungens* Hemsl.

红叶木姜子　*L. rubescens* H. Lec.

南川木姜子　*L. ruvescens* f. *nanchuanensis* Yang

绢毛木姜子　*L. sericea*（Nees）Hook. f.

栓皮木姜子　*L. suberosa* Yang et P. H. Huang

钝叶木姜子　*L. veitchiana* Gamble

轮叶木姜子　*L. verticillata* Hance

绒叶木姜子　*L. wilsonii* Gamble

川黔润楠　*Machilus chuanchienensis* S. Lee

道真润楠　*M. daezhenensis* Y. K. Li

宜昌润楠　*M. ichangensis* Rehd. et Wils.

利川润楠　*M. lichuanensis* Cheng ex S. Lee

小果润楠　*M. microcarpa* Hemsl.

南川润楠　*M. nanchuanensis* N. Chao

润楠　*M. pingii* Cheng ex Yang

新樟　*Neocinnamomum delavayi*（Lec.）Liou

菱叶新樟　*N. fargesii*（H. Lec.）Kosten

白毛新木姜子　*Neolitsea aurata* var. *glauca*
　　　　　　　　　Yang

浙江新木姜子　*N. aurata* var. *chekiangensis*
　　　　　　　　（Nakai）Yang et P. H. Huang

簇叶新木姜子　*N. confertfolia*（Hemsl.）Merr.

大叶新木姜子　*N. levinei* Merr.

紫新新木姜子　*N. purpurescens* Yang

巫山新木姜子　*N. wushania*（Chun）Merr.

赛楠　*Nothaphoebe cavaleriei*（Lévl.）Yang

闽楠　*Phoebe bournei*（Hemsl.）Yang.

竹叶楠　*P. faberi*（Hemsl.）Chun

白楠　*P. neurantha*（Hemsl.）Gamble

光枝楠　*P. neuranthoides* S. Lee et F. N. Wei

紫楠　*P. sheareri*（Hemsl.）Gamble

峨眉紫楠　*P. sheareri* var. *omeiensis*（Yang）
　　　　　　　　N. Chao

楠木　*P. zhennan* S. Lee et F. N. Wei

檫木　*Sassafras tzumu*（Hemsl.）Hemsl.

167. 罂粟科　Papaveraceae

蓟罂粟　*Argemone mexicana* Linn. *

白屈菜　*Chelidonium majus* Linn.

川东紫堇　*Corydalis acuminata* Franch.

蕨叶黄堇　*C. cheilanthifolia* Hemsl.

南黄紫堇　*C. davidii* Franch.

紫堇　*C. edulis* Maxim.

刻叶紫堇　*C. incisa*（Thunb.）Pers.

南川紫堇　*C. nanchuanensis* Z. Y. Liu

蛇果黄堇　*C. ophiocarpa* Hook. f. et Thoms.

黄堇　*C. pallida*（Thunb.）Pers.

小花黄堇　*C. racemosa*（Thunb.）Pers.

石生黄堇　*C. saxicola* Bunting

尖距紫堇　*C. sheareri* S. Moore

金钩如意草　*C. taliensis* Franch.

大叶紫堇　*C. temulifolia* Franch.

鸡血七　*C. temulifolia* var. *aegopodioides*
　　　　　　（Lévl. et Van.）C. Y. Wu

毛黄堇　*C. tomentella* Franch.

川鄂黄堇　*C. wilsonii* N. E. Br.

延胡索　*C. yanhusuo* W. T. Wang ex Z. Y. Su
　　　　et C. Y. Wu *

扭果紫金龙　*Dactylicapnos torulosa*
　　　　（Hook. f. et Thoms.）Hutch.

大花荷苞牡丹　*Dicentra macrantha* Oliv.

荷苞牡丹　*D. spectabilis*（Linn.）Lem. *

血水草　*Eomecon chionantha* Hance

花菱草　*Eschscholtzia californica* Cham. *

荷青花　*Hylomecon japonica*（Thunb.）
　　　　Prantl et Kundig

多裂荷青花　*H. japonica* var. *dissecta*
　　　　（Franch. et Sav.）Fedde

锐裂荷青花　*H. japonica* var. *subincisa* Fedde

搏落茴　*Macleaya cordata*（Willd.）R. Brown.

小果搏落茴　*M. microcarpa*（Maxim.）Fedde. *

山罂粟　*Papaver nudicaule* ssp. *rubroaurantiacum*
　　　　var. *chinense*（Regel）Fedde

丽春花　*P. rhoeas* Linn. *

罂粟　*P. somniferum* Linn. *

观赏罂粟　*P. somniferum* var. *paeoniaeflorum*
　　　　Hort. *

人血七　*Styophorum lasiocarpum*（Oliv.）
　　　　Fedde. *

168. 白花菜科　Capparaceae

白花菜　*Cleome gynandra* Linn. *

西洋白花菜　*C. spinosa* Linn. *

黄花菜　*C. viscosa* Linn. *

169. 十字花科　Cruciferae

小花南芥　*Arabis alpina* var. *parviflora*
　　　　Franch.

垂果南芥　*A. pendula* Linn.

云苔　*Brassica campestris* Linn. *

紫芸苔　*B. campestris* var. *purpuraea* L. H.
　　　　Bailey *

擘兰　*B. caulorapa* Pasq. *

青菜　*B. chinensis* Linn. *

油白菜　*B. chinensis* var. *oleifera* Makino
　　　　et Nemoto *

芥菜　*B. juncea*（Linn.）Czern. et Coss. *

儿菜　*B. juncea* var. *megarrhiza* Tsen et Lee *

雪里蕻　*B. juncea* var. *multiceps* Tsen et Lee *

榨菜　*B. juncea* var. *tumida* Tsen et Lee *

大头菜　*B. napiformis* L. H. Bailey. *

胜利油菜　*B. napus* Linn. *

蹋菜　*B. narinosa* L. H. Bailey *

野甘蓝　*B. oleracea* Linn.

彩叶甘蓝　*B. oleracea* var. *acephala* f. *tricolor*
　　　　Hort. *

花菜　*B. oleracea* var. *botrytis* Linn. *

卷心菜　*B. oleracea* var. *capitata* Linn. *

抱子甘蓝　*B. oleracea* var. *gemmifera* Zenker *

芜菁　*B. rapa* Linn.

白菜　*B. pekinensis*（Lour.）Rupr. *

荠　*Capsella bursa-pastoris*（Linn.）Medic.

光头山碎米荠　*Cardamine engleriana*
　　　　O. E. Schulz

弯曲碎米荠　*C. flexuosa* With.

大羽山芥　*C. griffithii* var. *grandifolia*
　　　　T. Y. Cheo et R. C. Fang

异叶碎米荠　*C. heterophylla* T. Y. Cheo
　　　　et R. C. Fang

小叶碎米荠　*C. hirsuta* Linn.

湿生碎米荠　*C. hygrophila* T. Y. Cheo
　　　　et R. C. Fang

弹裂碎米荠　*C. impatiens* Linn.

窄叶碎米荠　*C. impatiens* var. *angustifolia*
　　　　O. E. Schilz

毛果碎米荠　*C. impatiens* var. *dasycarpa*
　　　　（M. Bieb.）T. Y. Cheo et R. C. Fang

钝叶碎米荠　*C. impatiens* var. *obcusifolia*
　　　　（Kuaf）O. E. Schulz

水田碎米荠　*C. lyrata* Bunge

大叶碎米荠　*C. macrophylla* Willd.

紫花碎米荠　*C. tangutorum* O. E. Schulz

三叶碎米荠　*C. trifoliolata*（Hook. f.）et Thoms.

华中碎米荠　*C. urbaniana* O. E. Schulz

云南碎米荠　*C. yunnanensis* Franch.

岩荠　*Cochlearia officinalis* Linn. *

桂竹香糖芥　*Cheiranthus cheiri* Linn.

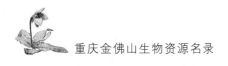

播娘蒿　*Descurainia sophia*（Linn.）Webb. ex Prantl

葶苈子　*Draba nemorosa* Linn. *

芝麻菜　*Eruca sativa* Mill.

毛果芝麻菜　*E. sativa* var. *eriocarpa*（Boiss.）Port.

小花糖芥　*Erysmum cheiranthoides* Linn.

三角叶山萮菜　*Eutrema deltoideum*（Hook. f. et Thoms）O. E. Schulz

缺柱山萮菜　*E. thibeticum* Franch.

山萮菜　*E. yunnanense* Franch.

翅柄泡果荠　*Hilliella alatipes*（Hand.-Mazz.）Y. H. Zhang et H. W. Li

奇异泡果荠　*H. paradoxa*（Hance）Y. H. Zhang

菘兰　*Isatis indigotica* Fortune *

欧大青　*I. tinctoria* Linn. *

独荇菜　*Lepidium apetalus* Willd.

契叶独荇菜　*L. cuneiforme* C. Y. Wu

紫罗兰　*Matthiola incana* R. Br. *

豆瓣菜　*Nasturtium officinale* R. Br.

萝卜　*Raphanus sativus* Linn. *

长羽裂萝卜　*R. sativus* var. *longipinnatus* L. H. Bailey *

野萝卜　*R. sativus* var. *raphanistroides*（Maixm.）Maixm.

蔊菜　*Rorippa dubia*（Rers.）Hara

印度蔊菜　*R. indica*（Linn.）Hiern

沼生蔊菜　*R. islandica*（Oed.）Berb.

白芥　*Sinapis alba* Linn. *

菥蓂　*Thlaspi arvense* Linn.

柔毛阴山荠　*Yinshania henryi*（Oliv）Y. H. Zhang

170. 伯乐树科　Bretschneideraceae

伯乐树　*Bretschneidera sinensis* Hemsl.

171. 茅膏菜科　Droseraceae

茅膏菜　*Drosera peltata* var. *multisepala* Y. Z. Ruan

172. 景天科　Crassulaceae

园齿落地生根　*Bryophyllum crenatum* Baker *

落地生根　*B. pinnatum*（Linn. f.）Oken. *

八宝　*Hylotelephium erythrostietum*（Miq.）H. Ohba

肉叶落地生根　*Kalanchoe carnea* Mast. *

伽兰菜　*K. laciniata*（Linn.）DC. *

洋吊钟　*K. verticillata* Elliat *

瓦莲花　*Orostachy fimbriatus*（Turcz.）Berger

菱叶红景天　*Rhodiola henryi*（Diels）S. H. Fu

细梗红景天　*R. henryi* var. *jinfoshanensis* Z. Y. Liu

园叶红景天　*R. rotundifolia*（Frod.）S. H. Fu

费菜　*Sedum aizoon* Linn. *

东南景天　*S. alfredii* Hance

苞叶景天　*S. amplibracteatum* K. T. Fu

凹叶大苞景天　*S. amplibracteatum* var. *emarginatum*（S. H. Fu）S. H. Fu

珠芽景天　*S. bulbiferum* Makino

大叶火烟草　*S. drymarioides* Hance

细叶景天　*S. elatinoides* Franch.

凹叶景天　*S. emarginatum* Miq.

小山飘风　*S. filipes* Hemsl.

日本景天　*S. japonicum* Sieb. ex Miq.

佛甲草　*S. lineare* Thunb.

横根费菜　*S. kamtschaticum* Fisch.

山飘风　*S. major*（Hemsl.）Miq.

南川景天　*S. nanchuanense* K. T. Fu et G. Y. Rao

齿叶景天　*S. odontophyllum* Frod.

秦岭景天　*S. pampaninii* Hamet

金佛山景天　*S. rosthornianum* Diels

垂盆草　*S. sarmentosum* Bunge

繁缕叶景天　*S. stellariifolium* Franch.

短蕊景天　*S. yvesii* Hamet

绿葡萄　*S. yubrotinctum* Y. T. Clausen *

石莲花　*Sinocrassula indica*（Decne.）Berger

173. 虎耳草科　Saxifragaceae

落新妇　*Astibe chinensis*（Maxim.）Franch. et Savat.

大落新妇　*A. grandis* Stapf. ex Wils.

多花落新妇　*A. rivularis* var. *myriantha*（Diels）J. T. Pan

山荷叶　*Astilboides tabularis*（Hemsl.）Engl.

草绣球　*Cardiandra moellendorffii*（Hance）Li

锈毛金腰　*Chrysosplenium davidianum*

　　　　　　　　　　Decne. ex Maxim.

肾萼金腰　*C. delavayii* Franch.

圆叶金腰　*C. hydrocotylifolium* Lévl. et Vant.

绵毛金腰　*C. lanuginosum* Hook. f. et Thoms

大叶金腰　*C. macrophyllum* Oliv.

中华金腰　*C. sinicum* Maxim.

韫珍金腰　*C. wuwenchenii* Jien

赤壁草　*Decumaria sinensis* Oliv.

异色溲疏　*Deutzia discolor* Hemsl.

狭叶溲疏　*D. esquirolii*（Lévl.）Rehd.

粉背叶溲疏　*D. hypoglauca* Rehd.

多辐溲疏　*D. multiradiata* W. T. Wang

南川溲疏　*D. nanchuanensis* W. T. Wang

光叶溲疏　*D. nitidula* W. T. Wang

粉红溲疏　*D. rubens* Rehd.

川溲疏　*D. setchuenensis* Franch.

黄常山　*Dichroa febrifuga* Lour.

南川常山　*D. nanchuanensis* Z. Y. Liu

　　　　　　　　　　et S. X. Tan

冠盖绣球　*Hydrangea anomala* D. Don

绢毛藤八仙　*H. anomala* var. *sericea* C. C. Yang

中国绣球　*H. chinensis* Maxim.

西南绣球　*H. davidii* Franch.

长柄绣球　*H. longipes* Franch.

锈毛绣球　*H. longipes* var. *fulvescens*（Rehd.）

　　　　　　　　　　W. T. Wang ex Wei

绣球花　*H. macyophylla*（Thunb.）DC.

圆锥绣球　*H. paniculata* Sieb. et Zucc.

大枝绣球　*H. rosthornii* Diels

腊莲绣球　*H. strigosa* Rehd.

狭叶腊莲绣球　*H. strigosa* var. *angustifolia*

　　　　　　　　　　（Hensl.）Rehd.

阔叶腊莲绣球　*H. strigosa* var. *macrophylla*

　　　　　　　　　　（Hensl.）Rehd.

倒卵叶腊莲绣球　*H. strigosa* var. *sinica*

　　　　　　　　　　（Diels）Rehd.

八仙腊莲绣球　*H. strigosa* f. *sterilis* Rehd.

伞形绣球　*H. umbellata* Rehd.

柔毛绣球　*H. villosa* Rehd.

八仙柔毛绣球　*H. villosa* f. *sterilis* Rehd.

卵叶柔毛绣球　*H. villosa* var. *velutina* Chun

挂苦绣球　*H. xanthoneura* Diels

矩形叶鼠刺　*Itea chinensis* var. *oblonga*

　　　　　　　　　　（Hand.-Mazz.）C. Y. Wu

月月青　*I. ilicifolia* Oliv.

美丽梅花草　*Parnassia amoena* Diels

突隔梅花草　*P. delavayi* Franch.

白耳菜　*P. foliosa* Hook. et Thoms.

流苏梅花草　*P. perciliata* Diels

鸡眼梅花草　*P. wightiana* Wall. ex Wight

　　　　　　　　　　et Arn.

扯根菜　*Penthorum chinense* Pursh.

山梅花　*Philadelphus pekinensis* Rupr.

紫萼山梅花　*P. purpurascens*（Koehne）Rehd.

绢毛山梅花　*P. sericanthus* Koehne

南川山梅花　*P. sericanthus* var. *rosthornii*

　　　　　　　　　　Koehne

毛柱山梅花　*P. subcanus* Koehne

钝叶冠盖藤　*Pileostegia obtusifolia* Hu

冠盖藤　*P. viburnoides* Hook. f. et Thoms

南川茶藨子　*Ribes devidii* Franch.

糖茶藨　*R. himalense* Royle ex Decne.

冰川茶藨　*R. glaciale* Wall.

宝兴茶藨子　*R. moupinensis* Franch.

细枝茶藨子　*R. tenue* Jancz.

鬼灯檠　*Rodgersia aesculifolia* Batal.

双喙虎耳草　*Saxifraga davidii* Franch.

扇叶虎耳草　*S. flabellifolia* Franch.

中华虎耳草　*S. fortunei* Hook. f.

卵心叶虎耳草　*S. ovatocordata* Hand.-Mazz.

红毛虎耳草　*S. rufescens* Balf. f.

楔基虎耳草　*S. sibirica* Linn.

虎耳草　*S. stolonifera* Meerb.

钻地风　*Schizophragma integrifolium*

　　　　　　　　　　（Franch.）Oliv.

柔毛钻地风　*S. molle*（Rehd.）Chun

峨屏草　*Tanakea omeiensis* Nakai

金佛山峨屏草　*T. omeiensis* var. *jinfoshanensis* W. T. Wang

黄水枝　*Tiarella polyphylla* D. Don

174. 海桐花科　Pittosporaceae

大叶海桐　*Pittosporum adaphniphylloides* Hu et Wang

短萼海桐　*P. brevicalyx*（Oliv.）Gagnep.

光叶海桐　*P. glabratum* Lindl. *

狭叶海桐　*P. glabratum* var. *neriifolium* Rehd. et Wils.

小柄果海桐　*P. henryi* Gowda.

异叶海桐　*P. heterophyllum* Franch.

崖花海桐　*P. illicioides* Madino

峨眉海桐　*P. omeinse* H. T. Chang et Yan

柄果海桐　*P. podocarpum* Gagnep.

线叶海桐　*P. podocarpum* var. *angustatum* Gowda.

海桐　*P. tabira*（Thunb.）Ait. *

棱果海桐　*P. trigonocarpum* Lévl.

菱叶海桐　*P. truncatum* Pritz.

管花海桐　*P. tubiflorum* H. T. Chang et Yan

波叶海桐　*P. undulatifolium* H. T. Chang et Yan

木果海桐　*P. xylocarpum* Hu et Wang

175. 金缕梅科　Hamamelidaceae

小果蜡瓣花　*Corylopsis microcarpa* Chang

黔蜡瓣花　*C. obovata* Chang

园叶蜡瓣花　*C. rotundifolia* Chang

中华蜡瓣花　*C. sinensis* Hemsl.

黑尾蜡瓣花　*C. stelligera* Guill.

四川蜡瓣花　*C. willmottiae* Rehd. et Wils.

中华蚊母树　*Distylium chinense*（Franch.）Diels *

窄叶蚊母树　*D. dunnianum* Lévl.

大叶蚊母树　*D. macrphylla* Chang

杨梅蚊母树　*D. myricoides* Hemsl.

缺萼枫香树　*Liquidambar acalycina* H. T. Chang

枫香树　*L. formosana* Hance

山枫香树　*L. formosana* var. *monticola* Rehd. et Wils.

檵木　*Loropetalum chinense*（R. Brown）Oliv.

红花檵木　*L. chinense* var. *rubrum* Yieh *

半枫荷　*Semiliquidambar cathayensis* H. T. Chang

水丝梨　*Sycopsis sinensis* Oliv.

176. 杜仲科　Eucommiaceae

杜仲　*Eucommia ulmoides* Oliv.

177. 悬铃木科　Platanaceae

悬铃木　*Platanus acerifolia*（Ait.）Willd. *

法国梧桐　*P. orientalis* Linn. *

178. 蔷薇科　Rosaceae

小花龙芽草　*Agrimonia nipponica* var. *occidentalis* Skalicky

龙芽草　*A. pilosa* Ledeb.

绒毛龙芽草　*A. pilosa* var. *nepalensis*（D. Don）Nakai

假升麻　*Aruncus sylvester* Kostel.

毛叶木瓜　*Chaenomeles cathayensis*（Hemsl.）Schneid.

光皮木瓜　*C. sinensis*（Thouin）Koehne *

贴梗木瓜　*C. speciosa*（Sweet.）Nakai

大头叶无尾果　*Coluria henryi* Batal.

葡匐枸子　*Cotoneaster adpressus* Bois

泡叶枸子　*C. bullatus* Bois

木帚枸子　*C. dielsianus* Pritz.

小叶木帚枸子　*C. dielsianus* var. *elegans* Rehd. et Wils.

散生枸子　*C. divaricatus* Rehd. et Wils.

麻核枸子　*C. foveolatus* Rehd. et Wils.

粉叶枸子　*C. glaucophyllus* Franch.

平枝枸子　*C. horizontalis* Dcne.

小叶平枝枸子　*C. horizontalis* var. *perpusillus* Schneid.

小叶枸子　*C. microphylla* Wall. ex Lindl.

宝兴枸子　*C. moupinensis* Franch.

柳叶栒子　*C. salicifolius* Franch.

大柳叶栒子　*C. salicifolius* var. *henryanus*
　　　　　　　　　　（Schneid.）Yu

皱叶栒子　*C. salicifolius* var. *rugosus*
　　　　　　　　　　（Pritz.）Rehd. et Wils.

野山楂　*Crataegus cuneata* Sieb. et Zucc.

湖北山楂　*C. hupehensis*（Pamp.）Sarg.

皱果蛇莓　*Duchesnea chrysantha*（Zoll. et Mor.）
　　　　　　　　　　Miq.

蛇莓　*D. indica*（Andr.）Focke

大花枇杷　*Eriobotrya cavaleriei*（Lévl.）Rehd.

枇杷　*E. japonica*（Thunb.）Lindl.

草莓　*Fragaria ananassa* Duch. *

黄毛草莓　*F. nilgerrensis* Schltr. ex Gay

粉叶黄毛草莓　*F. nilgeerensis* var. *mairei*
　　　　　　　　　　（Lévl.）Hand.-Mazz.

水杨梅　*Geum aleppicum* Jacq.

日本水杨梅　*G. japonicum* Thumb

柔毛水杨梅　*G. japonicum* var. *chinense* F. Bolle

棣棠　*Kerria japonica*（Linn.）DC.

重瓣棣棠　*K. japonica* var. *planiflora*（Witte）
　　　　　　　　　　Rehd

花红　*Malus asiatica* Nakai *

垂丝海棠　*M. halliana* Koehne

湖北海棠　*M. hupehensis*（Pamp.）Rehd.

毛山荆子　*M. manshurica*（Maxim.）Kom.

苹果　*M. pumila* Mill. *

毛叶绣线梅　*Neillia ribesioides* Rehd.

中华绣线梅　*N. sinensis* Oliv.

中华石楠　*Photinia beauverdiana* Schneid.

椤木石楠　*P. davidsoniae* Rehd. et Wils.

光叶石楠　*P. glabra*（Thunb.）Maxim.

小叶石楠　*P. parvifolia*（Pritz.）Schneid.

毛果石楠　*P. pilosicalyx* Yü

石楠　*P. serrulata* Lindley

毛叶石楠　*P. villosa*（Thunb.）DC.

光果毛叶石楠　*P. villosa* var. *sinica* Rehd.
　　　　　　　　　　et Wils.

委陵菜　*Potentilla chinensis* Ser.

翻白草　*P. discolor* Bunge

莓叶委陵菜　*P. fragarioides* Linn.

三叶委陵菜　*P. freyniana* Bornm.

西南委陵菜　*P. fulgens* Wall. ex Hook.

蛇含　*P. kleiniana* Wight et Arn.

银叶委陵菜　*P. lauconota* D. Don

蕤核　*Prinsepia uniflora* Batalin *

红叶李　*Prunus cerasifera* f. *atropurpurea*
　　　　　　　　　　（Jacq.）Rehd. *

微毛樱桃　*P. clarofolia* Schneid.

山桃　*P. davidiana*（Carr.）Franch.

尾叶樱　*P. dielsiana* Schneid.

麦李　*P. glandulosa* Thunb.

灰叶稠李　*P. grayana* Maxim.

欧李　*P. humilis* Bunge

郁李　*P. japonica* Thunb.

白梅　*P. mume* f. *alba*（Carr.）Rehd. *

红梅　*P. mume* f. *alphandii*（Carr.）Rehd. *

垂枝梅　*P. mume* f. *pendula* Nichols. *

绿萼梅　*P. mume* f. *viridicalyx* Mak. *

乌梅　*P. mume* Sieb. et Zucc.

细齿稠李　*P. obtusata* Koehne

桃　*P. persica*（Linn.）Batsch

重瓣白桃　*P. persica* f. *albaplena* Schneid. *

重瓣红桃　*P. persica* f. *duplex*（West.）Rehd. *

酒金碧桃　*P. persica* f. *uersicolor*（Vanh.）
　　　　　　　　　　Dipp. *

寿星桃　*P. persica* var. *densa* Mak. *

多毛樱桃　*P. polytricha* Koehne

樱桃　*P. pseudocerasus* Lindl. *

绣毛稠李　*P. rufomicans* Koehne

李　*P. salicina* Lindl. *

细齿樱桃　*P. scrrula* Franch.

崖樱桃　*P. scopulorum* Kochne

绢毛稠李　*P. sericea*（Bl.）Koehne

山樱花　*P. serrulata* Lindl.

鸡血李　*P. simonii* Carr. *

榆叶梅　*P. triloba* Lindl. *

毛樱桃　*P. tomentosa* Thunb.

尖叶桂樱　P. undulata Buch.-Ham ex D. Don
杏子　P. vulgaris Lam. *
日本樱花　P. yedoensis Matsum. *
窄叶火棘　Pyracantha angustifolia (Franch.) Scheid.
全缘火棘　P. atalantioides (Hance) Stapf
细圆齿火棘　P. crenulata (D. Don) Roem.
火棘　P. fortuneana (Maxim.) Li
长叶火棘　P. longifolia Z. Y. Liu et Y. M. Tan
西洋梨　Pyrus communis var. sativa (DC.) DC. *
川梨　P. pashia Buch-Ham. ex D. Don
沙梨　P. pyrifolia (Burm. f.) Nakai
麻梨　P. serrulata Rehd.
石斑木　Rhaphiolepis indica (Linn.) Lindl.
鸡麻　Rhodotypos scandens (Thunb.) Makino.
木香花　Rosa banksiae Aiton *
单瓣木香花　R. banksiae var. normalis Regel
西洋蔷薇　R. centifolia Linn. *
月季花　R. chinensis Jacq. *
单瓣月季　R. chinensis var. spontanea (Rehd. et Wils.) Yu et Ku
紫月季　R. chinensis var. semperflorens (Curtis) Koehne *
黄花月季　R. chinensis CV. 'Szechua' *
小果蔷薇　R. cymosa Tratt.
无刺山刺玫　R. davidii var. subinermis Focke
锐刺山刺玫　R. davidii var. pungens Focke
绣球蔷薇　R. glomerata Rehd. et Wils.
卵果蔷薇　R. helenae Rehd. et Wils.
软条蔷薇　R. henryi Boeleng
贵州缫丝花　R. kweichowensis Yu et Ku
金樱子　R. laevigata Michx.
红花蔷薇　R. mopesii Hemsl. et Wils.
野蔷薇　R. multiflora Thunb.
粉团蔷薇　R. multiflora var. acthayensis Rehd. et Wils. *
小和尚头　R. multiflora var. braechacantha (Focke) Rehd. et Wils.

七姐妹　R. multiflora var. carnea Thory. *
多花蔷薇　R. multiflora var. cathaynsis Rehd. et Wils.
香水月季　R. odorata Sweet. *
峨眉蔷薇　R. omeiensis Rolfe
翅刺蔷薇　R. omeiensis f. pteracantha (Franch.) Rehd. et Wils.
缫丝花　R. roxburghii Tratt.
刺梨　R. roxburghii f. normalis Rehd. et Wils.
悬钩子蔷薇　R. rubus Lévl. et Vant.
玫瑰花　R. rugosa Thunb. *
大红蔷薇　R. saturata Baker
钝叶蔷薇　R. sertata Rolfe
黄刺玫　R. xanthina Lindl.
腺毛莓　Rubus adenophorus Rolfe
美丽悬钩子　R. amabilis Focke
刺萼秀丽莓　R. amabilis var. aculeatissimus Yu et Lu
周毛悬钩子　R. amphidasys Focke ex Diels
西南悬钩子　R. assamensis Focke
竹叶鸡爪茶　R. bambusarum Focke
粉枝莓　R. biflorus Buch.-Ham. ex Smith
五爪风　R. blinii Lévl.
寒莓　R. buergeri Miq.
尾叶悬钩子　R. caudifolius Wuzhi
长序莓　R. chiliadenus Focke
毛萼莓　R. chroosepalus Focke
深绿悬钩子　R. columelaris Tutcher
山莓　R. corchorifolius Linn. f.
插田泡　R. coreanus Miq.
毛叶插田泡　R. coreanus var. tomentosus Card.
栽秧泡　R. ellipticus var. obcordatus Focke
按莓　R. eucalyptus Focke
大红泡　R. eustephanus Focke ex Diels
腺毛大红泡　R. eustephanus var. glanduliger Yu et Lu
少花乌泡　R. flagelliflorus Focke ex Diels
鸡爪茶　R. henryi Hemsl. et O. Ktze.
短柄鸡爪茶　R. henryi var. bambusarum (Focke) Rehd.

大叶鸡爪茶　R. henryi var. sozostylus (Focke) Yu et Lu

白花悬钩子　R. hirsutus Thunb.

黄泡子　R. ichangensis Hemsl. et O. Kuntze

白叶莓　R. innominatus S. Moore

无腺白叶莓　R. innominatus var. kuntzeanus (Hemsl.) Bailey

秃裸悬钩子　R. inopertus (Diels) Focke

灰毛泡　R. irenaeus Focke

尖裂灰毛泡　R. irenaeus var. innoxius (Focke ex Diels) Yu et Lu

金佛山悬钩子　R. jinfoshanensis Yu et Lu

高粱泡　R. lambertianus Seringe

光叶高粱泡　R. lambertianus var. glabra Hemsl.

毛叶高粱泡　R. lambertianus var. paykouangensis (Lévl.) Hand.-Mazz.

羊屎泡　R. malifolius Focke

楸叶悬钩子　R. mallotifolius Wu ex Yu et Lu

喜阴悬钩子　R. mesogaeus Focke

脱毛喜阴悬钩子　R. mesogaeus var. glabrescens Yu et Lu

大乌泡　R. multibracteatus Lévl. et Vant.

红泡刺藤　R. niveus Thunb.

乌泡子　R. parkeri Hance

茅莓　R. parvifolius Linn.

黄泡　R. pectinellus Maxim.

盾叶莓　R. peltatus Maxim.

菰帽悬钩子　R. pileatus Focke

红毛悬钩子　R. pinfaensis Lévl. et Vant.

羽萼悬钩子　R. pinnatisepalus Hemsl.

密腺羽萼悬钩子　R. pinnatisepalus var. glandulosus Yu et Lu

五叶鸡爪茶　R. playfairianus Hemsl. ex Focke

梨叶悬钩子　R. pyrifolius Smith

空心泡　R. rosaefolius Smith

棕红盾叶莓　R. rufus Focke

川莓　R. setchuenensis Bur. et Franch.

红腺悬钩子　R. sumatranus Miq.

木莓　R. swinhoei Hance

三花悬钩子　R. trianthus Focke

黄脉悬钩子　R. xanthoneurus Focke ex Diels

地榆　Sanguisorba officinalis Linn.

长叶地榆　S. officinalis var. longifolia (Kitag.) Yu et C. L. Li

水榆花楸　Sorbus alnifolia (Sieb. et Zucc.) K. Koch

美脉花楸　S. caloneura (Stapf.) Rehd.

石灰花楸　S. falgneri (Schenid.) Rehd.

球穗花楸　S. glomerulata Koehne

江南花楸　S. hemsleyi (Schneid.) Rehd.

毛序花楸　S. keissleri (Schneid.) Rehd.

大果花楸　S. megalocarpa Rehd.

圆果花楸　S. megalocarpa var. cunoata Rehd.

西南花楸　S. rehderiana Roehne

华西花楸　S. wilsoniana Schneid.

黄脉花楸　S. xanthoneura Rehd. ex Diels

绣球绣线菊　Spiraea blumei G. Don

麻叶绣线菊　S. cantoniensis Lour.

中华绣线菊　S. chinensis Maxim.

翠蓝绣线菊　S. henryi Hemsl.

渐尖绣线菊　S. japonica var. acuminata Franch.

光叶绣线菊　S. japonica var. fortunei (Planch.) Rehd.

南川绣线菊　S. rosthornii Pritz.

鄂西绣线菊　S. veitchii Hemsl.

野珠兰　Stephanandra chinensis Hance

毛萼红果树　Stranvaesia amphidoxa Schneid.

光萼红果树　S. amphidoxa var. amphileia (Hand.-Mazz.) Yu

红果树　S. davidiana Dcne.

波叶红果树　S. davidiana var. undulata (Dcne.) Rehd. et Wils.

绒毛红果树　S. tomentosa Yu et Ku

179. 豆科　Leguminosae

相思豆　Abrus precatorius Linn. *

儿茶　Acacia catechu (Linn.) Willd. *

金合欢　A. farnesiana (Linn.) Willd. *

黑荆树　A. mearnsii Dewilde *

蛇藤　A. pennata (Linn.) Willd.

藤状金合欢　A. sinuata (Lour.) Merr.

水皂角　Aeschynomene indica Linn.

楹树　*Albizzia chinensis*（Osbeck.）Merr. *

合欢　*A. julibrissin* Durazz.

山合欢　*A. kalkora*（Roxb.）Prain

紫穗槐　*Amorpha fruticosa* Linn.

两型豆　*Amphicarpaea edgeworthii* Benth.

土栾儿　*Apios fortunei* Maxim.

落花生　*Arachis hypogaea* Linn. *

地八角　*Astragalus bhotanensis* Baker

华黄芪　*A. chinensis* Linn.

扁茎黄芪　*A. complanatus* R. Brown.

膜荚黄芪　*A. membranaceus*（Fisch.）Bunge *

内蒙黄芪　*A. membranaceus* var. *mongholicus*
　　　　　　　　　　　　　　　Bunge *

紫云英　*A. sinicus* Linn.

龙须藤　*Bauhinia championi*（Benth.）Benth.

粉叶羊蹄甲　*B. glauca*（Wall. ex Benth.）Benth.

双肾藤　*B. hupehana* Craib.

大夜关门　*B. pernervosa* L. Chen *

黄花羊蹄甲　*B. tomentosa* Linn. *

云实　*Caesalpinia decapetala*（Roth）Alston

南蛇簕　*C. minax* Hance

苏木　*C. sappan* Linn. *

木豆　*Cajanus cajan*（Linn.）Mill. *

西南杭子梢　*Campylotropis delavayi*（Franch.）
　　　　　　　　　　　　　　　Schindl.

宜昌杭子梢　*C. ichangensis* Schindl.

杭子梢　*C. macrocarpa*（Bunge）Rehd.

三棱杭子梢　*C. trigonoclada*（Franch.）Schindl.

洋刀豆　*Canavalia ensiformis*（Linn.）DC. *

刀豆　*C. gladiata*（Jacq.）DC. *

锦鸡儿　*Caragana sinica*（Buchoz）Rehd.

短叶决明　*Cassia leschenaultiana* DC.

山扁豆　*C. mimosoides* Linn.

豆茶决明　*C. nomame*（Sieb.）Kitagawa *

决明　*C. obtusifolia* Linn.

望江南　*C. occidentalis* Linn.

木决明　*C. sophera* Linn. *

黄槐　*C. surattens* Burm. f.

紫荆　*Cercis chinensis* Bunge. *

南紫荆　*C. racemosa* Oliver

小花香槐　*Cladrastis sinensis* Hemsl.

蝶豆　*Clitoria ternatea* Linn. *

细茎旋花豆　*Cochlianthus gracilis* Benth.

小叶野百合　*Crotalaria alata* Heyna ex Roth.

响铃草　*C. ferruginea*（Grah.）Benth.

太阳麻　*C. juncea* Linn. *

三尖叶猪屎豆　*C. micans* Linn.

藤黄檀　*Dalbergia hancei* Benth.

黄檀　*D. hupeana* Hance.

含羞草黄檀　*D. mimosoides* Franch.

凤凰木　*Delonix regia*（Boj.）Raf *

绣毛鱼藤　*Derris ferruginea* Benth.

边果鱼藤　*D. marginata*（Roxb.）Benth.

小槐花　*Desmodium caudatum*（Thunb.）DC.

园锥山蚂蝗　*D. eaquirolii* Lévl.

小叶三点金草　*D. microphyllum*（Thunb.）DC.

饿蚂蝗　*D. multiflorum* DC.

波叶山蚂蝗　*D. sequax* Wall.

葫芦茶　*D. triquetrum*（Linn.）DC. *

雀舌豆　*Dumasia forrestii* Diels

柔毛山黑豆　*D. villosa* DC.

园叶野扁豆　*Dunbaria rotundifolia*（Lour.）
　　　　　　　　　　　　　　　Merr.

毛野扁豆　*D. villosa*（Thunb.）Makino

刺木通　*Erythrina arborescens* Roxb. *

龙芽花　*E. corallodendron* Linn. *

胡豆莲　*Euchresta japonica* Hook. f. et Regel

三叶山豆根　*E. trifoliolata* Merr.

管萼山豆根　*E. tubulosa* Dunn.

大叶千斤拔　*Flemingia macrophylla*
　　　　　　　　　　　　　　　Kuntze ex Prain

野皂角　*Gleditsia microphylla* Gordon
　　　　　　　　　　　　　　　et Y. T. Lee

皂角　*G. sinensis* Lam.

大豆　*Glycine max*（Linn.）Merr. *

野大豆　*G. soja* Sied. et Zucc.

刺果甘草　*Glycyrrhiza pallidiflora* Maxim. *

肥皂荚　*Gymnocladus chinensis* Baill.

马棘　*Indigofera pseudotinctoria* Matsum.

长萼鸡眼草　*Kummerowia stipulacea*（Maxim.）Makino

鸡眼草　*K. striata*（Thunb.）Schindl.

扁豆　*Lablab purpures*（Linn.）Sweet *

德氏香豌豆　*Lathyrus dielsianus* Harms

香豌豆　*L. odoratus* Linn. *

牧地香豌豆　*L. pratensis* Linn.

胡枝子　*Lespedeza bicolor* Turcz.

中华胡枝子　*L. chinensis* G. Don.

截叶铁扫帚　*L. cuneata*（Dum. Cours.）G. Don.

多花胡枝子　*L. floribunde* Bunge

美丽胡枝子　*L. formosa*（Vog.）Koehne.

铁马鞭　*L. pilosa*（Thunb.）Sieb. et Zucc.

毛叶胡枝子　*L. tomentosa*（Thunb.）Sieb. et Zucc.

细梗胡枝子　*L. virgata*（Thunb.）DC.

银合欢　*Leucarna levcocephala*（Lam.）de Wit *

百脉根　*Lotus corniculatus* Linn.

天蓝苜蓿　*Medicago lupulina* Linn.

南苜蓿　*M. polymorpha* Linn.

白花草木犀　*Melilotus albus* Desr.

黄花草木犀　*M. officinalis*（Linn.）Desr.

草木犀　*M. suaveolens* Ledeb.

云南鸡血藤　*Millettia calcarea* Z. Wei

香花岩豆藤　*M. dielsiana* Harms ex Diels

异果岩豆藤　*M. heterocarpa* Chun ex T. Chen

亮叶岩豆藤　*M. nitida* Benth.

厚果鸡血藤　*M. pachycarpa* Benth.

四川鸡血藤　*M. reticulata* Benth.

锈毛崖豆藤　*M. sericosema* Hance

含羞草　*Mimosa pudica* Linn. *

常春油麻藤　*Mucuna sempervirens* Hemsl.

花榈木　*Ormosia henryi* Prain

红豆树　*O. hosiei* Hemsl. et Wils.

地瓜　*Pachyrrhizus erosus*（Linn.）Urban *

芸豆　*Phaseolus coccineus* Linn. *

金甲豆　*P. lunatus* Linn. *

菜豆　*P. vulgaris* Linn. *

小白豆　*P. vulgaris* f. *abla* Alef. *

豌豆　*Pisum satiyum* Linn. *

亮叶围涎树　*Pithecellobium lucidum* Benth.

羽叶长柄山蚂蟥　*Podocarpium oldhami*（Oliv.）Yang et Huang

长柄山蚂蟥　*P. podocarpum*（DC.）Yang et Huang

宽卵叶长柄山蚂蟥　*P. podocarpum* var. *fallax*（Schindl.）Yang et Huang

尖叶长柄山蚂蟥　*P. podocarpum* var. *oxyphyllum*（DC.）Yang et Huang

四川长柄山蚂蟥　*P. podocarpum* var. *szechuenenses*（Craib.）Yang et Huang

补骨脂　*Psoralea corylifolis* Linn. *

老虎刺　*Pterolobium punctatum* Hemsl.

葛藤　*Pueraria edulis* Pamp.

野葛　*P. lobata*（Willd.）Ohwin

甘葛　*P. lobata* var. *thomsonii*（Benth.）Van der Maesen

峨眉葛藤　*P. omeiensis* Wang et Tang

苦葛　*P. peduncularis*（Grah. ex Benth.）Benth.

菱叶鹿藿　*Rhynchosia dielsii* Harms.

紫脉鹿藿　*R. himalensis* var. *craibiana*（Rehd.）Peter-Stiba

鹿藿　*R. volubilis* Lour.

刺槐　*Robinia pseudoacacia* Linn.

无刺槐　*R. pseudoacacia* f. *inermis*（Mirbel.）Rehd. *

刺田菁　*Sesbania aculeata* Pers.

田菁　*S. cannabina*（Retz.）Pers.

白刺花　*Sophora davidii*（Franch.）Skeels

苦参　*S. flavescens* Aiton

槐花　*S. japonica* Linn.

龙爪槐　*S. japonica* CV. 'Pendula' *

毛叶槐　*S. japonica* var. *pubescens*（Tausch）Bosse *

西南槐　*S. wilsonii* Craib

茸毛黎豆　*Stizolobium deeringianum*（Small）Bort.

红车轴草　*Trifolium pratense* Linn.

白车轴草　*T. repens* Linn.

葫芦巴　*Trigonella foenum-graecum* Linn. *

窄叶野豌豆　　*Vicia angustifolia* Linn.

广布野豌豆　　*V. cracca* Linn.

蚕豆　　*V. faba* Linn. *

硬毛野豌豆　　*V. hirsuta*（Linn.）S. F. Gray

救荒野豌豆　　*V. sativa* Linn.

四籽野豌豆　　*V. tetrasperma*（Linn.）Moench

歪头菜　　*V. unijuga* A. Brown.

赤豆　　*Vigna angularis* V（Wight.）Ohwi
et Ohashi

眉豆　　*V. cylindrica*（Linn.）Skeels *

山绿豆　　*V. minimus*（Roxb.）Ohwi

绿豆　　*V. radiatus*（Linn.）Wilczek *

赤小豆　　*V. umbellata*（Thunb.）Ohwi et Ohashi *

豇豆　　*V. unguiculata*（Linn.）Walp. *

长豇豆　　*V. unguiculata* var. *sesquipedalis*
（Linn.）Verdc. *

野豇豆　　*V. vexillata*（Linn.）Rich.

紫藤　　*Wisteria sinensis*（Sims）Sweet. *

白花紫藤　　*W. sinensis* f. *alba*（Lindl.）Rehc.
et Wils *

180.酢浆草科　Oxalidaceae

深山酢浆草　　*Oxalis acetosella* Linn.

山酢浆草　　*O. acetosella* ssp. *griffithii*
（Edgew et Hook. f.）Hare

酢浆草　　*O. corniculata* Linn.

红花酢浆草　　*O. corymbosa* DC.

181.牻牛儿苗科　Geraniaceae

牻牛儿苗　　*Erodium stephanianum* Willd.

金山老鹳草　　*Geranium bockii* R. Knuth.

紫背老鹳草　　*G. branchetii* var. *glandulosa*
Z. M. Tan

野老鹳草　　*G. carolinianum* Linn.

园齿老鹳草　　*G. franchetii* R. Knuth.

尼泊尔老鹳草　　*G. nepalense* Sweet.

毛蕊老鹳草　　*G. platyanthum* Duthie

草原老鹳草　　*G. pratene* Linn.

纤细老鹳草　　*G. robertianum* Linn.

南川老鹳草　　*G. rosthornii* R. Knuth.

鼠掌老鹳草　　*G. sibiricum* Linn.

老鹳草　　*G. wilfordii* Maxim.

具腺老鹳草　　*G. wilfordii* var. *glandulosum*
Z. M. Tan

灰背老鹳草　　*G. wlassowianum* Fisch. ex Link.

香叶天竺葵　　*Pelargonium graveolens* L'Herit. *

天竺葵　　*P. hortorum* Bailey *

马蹄纹天竺葵　　*P. zonale*（Linn.）Ait. *

182.旱金莲科　Tropaeolaceae

旱金莲　　*Tropaeolum majus* Linn. *

183.亚麻科　Linaceae

宿根亚麻　　*Linum perrenne* Linn.

亚麻　　*L. usitatissimum* Linn. *

石海椒　　*Reinwardtia indica* Dum.

184.蒺藜科　Zygophyllaceae

蒺藜　　*Tribulus terrestris* Linn. *

185.芸香科　Rutaceae

松风草　　*Boenninghausenia albiflora*（Hook.）
Reichb. ex Meisn.

毛松风草　　*B. albiflora* var. *pilosa* Z. M. Tan

石胡椒　　*B. sessilicarpa* Lévl.

酸橙　　*Citrus aurantium* Linn. *

代代花　　*C. aurantium* var. *amara* Engl. *

宜昌橙　　*C. ichangensis* Swingle

香橙　　*C. junos* Sieb. ex Tanaka *

柠檬　　*C. limon*（Linn.）Burm. f. *

黎檬　　*C. limonia* Osbeck *

四季柑　　*C. maduresis* Lour. *

柚　　*C. maxima*（Burm.）Merr. *

香橼　　*C. medica* Linn. *

佛手柑　　*C. medica* var. *sarcodactylis*
（Noot.）Swingle *

葡萄柚　　*C. paradisci* Macf. *

桔　　*C. reticulata* Blanco *

甜橙　　*C. sinensis*（Linn.）Osbeck *

齿叶黄皮　　*Clausena dunniana* Lévl.

毛齿叶黄皮　　*C. dunniana* var. *robusta*（Tanaka）
Huang

黄皮　　*C. lansium*（Lour.）Skeels *

白鲜　　*Dictamnus dasycarpus* Turcz. *

密果吴萸　*Evodia compacta* Hand.-Mazz.

臭檀　*E. daniellii* (Benn) Hemsl.

贵州臭檀　*E. daniellii* var. *labordei* (Dode.)
　　　　　　　　　　　　　　Huang

臭辣吴萸　*E. fargesii* Dode

假黄檗　*E. henryi* Dode

三叉苦　*E. lepta* (Spreng.) Merr. ＊

楝叶吴萸　*E. meliiaefolia* Benth.

吴茱萸　*E. rutaecarpa* (Juss.) Benth.

少毛吴萸　*E. rutaecarpa* var. *bodinieri* (Dode)
　　　　　　　　　　　　　　Huang

石虎　*E. rutaecarpa* var. *officinalis* (Dode)
　　　　　　　　　　　　　　Huang

四川吴萸　*E. sutchuenensis* Dode

园叶金桔　*Fortunella japonica* (Thunb.)
　　　　　　　　　　　　　Swingle ＊

金桔　*F. margarita* (Lour.) Swingle ＊

长寿金柑　*F. obovata* Tanaka ＊

九里香　*Murraya exotica* Linn. ＊

和常山　*Orixa japonica* Thunb.

关黄檗　*Phellodendron amurense* Rupr. ＊

川黄檗　*P. chinense* Schneid.

镰叶黄皮树　*P. chinense* var. *falcatum* Huang

秃叶黄檗　*P. chinense* var. *glabriusculum*
　　　　　　　　　　　　　Schneid.

三叶构桔　*Poncirus trifoliata* (Linn.) Rafin. ＊

山麻黄　*Psilopeganum sinense* Hemsl.

芸香　*Ruta graveolens* Linn. ＊

乔木茵芋　*Skimmia arborescens* Gamble

黑果茵芋　*S. melanocarpa* Rehd. et Wils.

茵芋　*S. reevesiana* Fortune

飞龙掌血　*Toddalia asiatica* (Linn.) Lam.

小飞龙掌血　*T. asiatica* var. *parva* Z. M. Tan

刺花椒　*Zanthoxylum acanthopodium* DC.

樗叶花椒　*Z. ailanthoides* Sieb. et Zucc.

竹叶椒　*Z. armatum* DC.

毛叶竹椒　*Z. armatum* f. *ferrugineum*
　　　　　　　　　(Rehd. et Wils.) Huang.

花椒　*Z. bungeanum* Maxim. ＊

蚌壳椒　*Z. dissitum* Hemsl.

齿叶蚌壳椒　*Z. dissitum* var. *acutiserratum* Huang

刺蚌壳椒　*Z. dissitum* var. *hispidum*
　　　　　　　　　　(Reeb. et Cheo) Huang

刺壳椒　*Z. echinocarpum* Hemsl.

岩椒　*Z. esquirolii* Lévl.

大花花椒　*Z. macranthum* (Hand.-Mazz.) Huang

小花花椒　*Z. micranthum* Hemsl.

异叶花椒　*Z. ovalifolium* Wight

刺异叶花椒　*Z. ovalifolium* var. *spinifolium*
　　　　　　　　　　(Rehd. et Wils.) Huang

菱叶花椒　*Z. rhombifoliolatum* Huang

青花椒　*Z. schinfolium* Sieb. et Zucc.

野花椒　*Z. simulans* Hance

狭叶花椒　*Z. stenophyllum* Hemsl.

186. 苦木科　Simaroubaceae

臭椿　*Ailanthus altissima* (Mill.) Swingle

大果臭椿　*A. altissima* var. *sutchinensis*
　　　　　　　　(Dode) Rehd. et Wils.

毛臭椿　*A. giraldii* Dode

刺樗　*A. vilmoriniana* Dode

鸦胆子　*Brucea javanica* (Linn.) Merr. ＊

苦木　*Picrasma quassioides* (D. Don) Benn.

187. 橄榄科　Burseraceae

橄榄　*Canarium album* (Lour.) Raeusch. ＊

188. 楝科　Meliaceae

米兰　*Aglaia odorata* Lour. ＊

灰毛浆果楝　*Cipadessa cinerascens* (Pell.)
　　　　　　　　　　　　　Hand.-Mazz.

苦楝　*Melia azedarach* Linn.

川楝　*M. toosendan* Sieb. et Zucc.

地黄连　*Munronia sinica* Diels

单叶地黄连　*M. unifoliolata* Oliv.

三叶地黄连　*M. unifoliolata* var. *trifoliolata*
　　　　　　　　　　　　　C. Y. Wa

红椿　*Toona ciliata* Roem.

毛红椿　*T. ciliata* var. *pubescens* (Franch.)
　　　　　　　　　　　　　Hand.-Mazz.

紫椿　*T. microcarpa* (C. DC.) Harms

香椿　*T. sinensis* (A. Juss.) Roem.

189. 远志科　Polygalaceae

黄花远志　*Polygala arillata* Buch. -Ham. ex D. Don

尾叶远志　*P. caudata* Rehd. et Wils.

假黄花远志　*P. fallax* Hemsl.

香港远志　*P. hongkongensis* Hemsl.

狭叶远志　*P. honkongensis* var. *stenophylla* (Hayata) Miq.

日本远志　*P. japonica* Houtt.

西北利亚远志　*P. sibirica* Linn.

小扁豆　*P. tatarinowii* Regel

远志　*P. tenuifolia* Willd. *

木本远志　*P. wattersii* Hence

190. 大戟科　Euphorbiaceae

铁苋菜　*Acalypha australis* Linn.

短序铁苋菜　*A. brachystachya* Hornem.

红桑　*A. wilkesiana* Muell. -Arg. *

金边红桑　*A. wilkesiana* CV. 'Mayginata' *

山麻杆　*Alchornea davidii* Franch.

红背山麻杆　*A. trewioides* (Benth.) Muell. -Arg.

小肋五月茶　*Antidesma costulatum* Pax et Hoffm.

日本五月茶　*A. japonicum* Sieb. et Zucc.

小叶五月茶　*A. venosum* E. Mey. et Tul.

秋枫　*Bischofia javanica* Bl. *

重阳木　*B. polycarpa* (Lévl.) Airy-Shaw *

黑面神　*Breynia fruticosa* (Linn.) Hook. f.

变叶木　*Cordiaeum variegatum* (Linn.) Bl. *

大叶变叶木　*C. variegatum* var. *iobatum* Pax. *

毛果巴豆　*Croton lachnocarpus* Benth.

巴豆　*C. tiglium* Linn.

假奓包叶　*Discocleidion rufescens* (Franch.) Pax et Hoff.

草蔺茹　*Euphorbia adenochlora* Morr. et Decne

乳浆大戟　*E. esula* Linn.

松球掌　*E. globosa* Sims. *

泽漆　*E. helioscopia* Linn.

一层红　*E. heterophylla* Linn. *

飞扬草　*E. hirta* Linn.

地锦草　*E. humifusa* Willd. ex Schlecht.

西南大戟　*E. hylonoma* Hand. -Mazz.

甘遂　*E. kansui* T. N. Liou ex S. B. Ho

千金子　*E. lathyris* Linn.

猫眼草　*E. lunulata* Runge

斑地锦　*E. maculata* Linn.

高山积雪　*E. marginata* Pursh. *

铁海棠　*E. milii* Ch. des Moulins *

霸王鞭　*E. neriifolia* Linn. *

大戟　*E. pekinensis* Rupr.

一品红　*E. pulcherrima* Willd. ex Klotz. *

钩腺大戟　*E. sieboldiana* Morr. et Dcne.

黄苞大戟　*E. sikkimensis* Boiss.

千根草　*E. thymifolia* Linn.

绿玉树　*E. tirucalli* Linn. *

刮筋板　*Excoecaria acerifolia* F. Didr.

红背桂　*E. cochinchinensis* Lour. *

绿背桂　*E. cochinchinensis* var. *viridis* (Pax. et Hoffm) Merr. *

叶底珠　*Flueggea suffuticosa* (Pall.) Baill.

白饭树　*F. virosa* (Roxb. ex Willd.) Voigt

革叶算盘子　*Glochidion daltonii* (Muell. -Arg.) Kurz

毛果算盘子　*G. eriocarpum* Champ. ex Benth.

算盘子　*G. puberum* (Linn.) Hutch.

里白算盘子　*G. triandrum* (Bl.) C. B. Rob.

湖北算盘子　*G. wilsonii* Hutch.

麻疯树　*Jatropha curcas* Linn. *

佛肚树　*J. podogrica* Hook. *

雀儿舌头　*Leptopus chinensis* (Bge.) Pojark.

粗毛雀舌木　*L. chinensis* var. *hirsutus* (Hutch.) P. T. Li

尾叶雀舌木　*L. esquirolii* (Lévl.) P. T. Li

白背叶　*Mallotus apelta* (Lour.) Muell. -Arg.

红毛桐　*M. barbatus* (Wall.) Muell. -Arg.

腺叶石岩枫　*M. contubernalis* Hance

白毛桐　*M. japonicus* (Thunb.) Muell. -Arg.

野桐　*M. japonicus* var. *floccosus* (Muell. -Arg.) S. M. Huang

红叶野桐　*M. paxii* Pamp.

粗糠柴　*M. philippinensis*（Lam.）Muell.-Arg.

石岩枫　*M. repandus*（Willd.）Muell.-Arg.

木薯　*Manihot esculenta* Crantz. *

山靛　*Mercurialis leiocarpa* Sieb. et Zucc.

红雀珊瑚　*Pedilanthus tithymaloides*（Linn.）
Poit. *

余甘子　*Phyllanthus emblica* Linn.

青灰叶下珠　*P. glaucus* Wall. ex Muell.-Arg.

小果叶下珠　*P. reticulatus* Pior.

蜜柑草　*P. ussuriensis* Rupr. et Maxim.

叶下珠　*P. urinaria* Linn.

狭叶叶下珠　*P. virgatus* Forst.

蓖麻子　*Ricinus communis* Linn.

红蓖麻　*R. communis* var. *sanguineus* Linn. *

园叶乌桕　*Sapium rotundifolium* Hemsl

乌桕　*S. sebiferum*（Linn.）Roxb.

守宫木　*Sauropus androgynus*（Linn.）Merr. *

龙利叶　*S. spatulifolius* Beille *

华南地构叶　*Speranskia cantonensis*（Hance）
Pax et Hoffm.

地构叶　*S. tuberculata*（Bunge）Baill.

油桐　*Vernicia fordii*（Hemsl.）Airy-Shaw

木油桐　*V. montana*（Lour.）Fl.

191. 虎皮楠科　Daphniphyllaceae

狭叶虎皮楠　*Daphniphyllum angustifolium*
Hutch.

虎皮楠　*D. longistylium* Chien

交让木　*D. macropodum* Miq.

长柱虎皮楠　*D. oldhami*（Hemsl.）Rosenth.

脉叶虎皮楠　*D. paxianum* Rosenth.

192. 水马齿科　Callitrichaceae

水马齿　*Callitriche palustris* Linn.

193. 黄杨科　Buxaceae

细叶黄杨　*Buxus bodinieri* Lévl.

桃叶黄杨　*B. henryi* Mayr.

杨梅黄杨　*B. myrica* Lévl.

黄杨　*B. sinica*（Rehd. et Wils.）Cheng

三角咪　*Pachysandra axilleris* Franch.

光叶三角咪　*P. axillaris* var. *glaberrima*
（Hand.-Mazz.）C. Y. Wu

毛青杠　*P. stylosa* Dunn

顶花三角咪　*P. terminalis* Sieb. et Zucc.

高山清香桂　*Sarcococca hookeriana* var.
digyna Franch.

东方清香桂　*S. orientalis* C. Y. Wu

少花清香桂　*S. pauiiflora* C. Y. Wu

清香桂　*S. ruscifolia* Stapf.

狭叶清香桂　*S. ruscifolia* var. *chinensis*
Rchd. et Wils.

194. 马桑科　Coriariaceae

马桑　*Coriaria nepalensis* Wall.

195. 漆树科　Anacardiaceae

南酸枣　*Choerospondis axillaris*（Roxb.）
Burtt et Hill

毛脉南酸枣　*C. axillaris* var. *pubinervis*
（Rehd. et Wils.）Burtt et Hill

红黄栌　*Cotinus coggygria* var. *cinerea* Engl.

毛叶黄栌　*C. coggygria* var. *pubescens* Engl.

杧果　*Mangifera indica* Linn. *

黄连木　*Pistacia chinensis* Bge.

盐肤木　*Rhus chinensis* Mill.

青麸杨　*R. potaninii* Moxim.

红麸杨　*R. punjabensis* var. *sinica*（Diels）
Rehd. et Wils.

山漆树　*Toxicodendron delavayi*（Franch.）
F. A. Bark.

刺果毒漆藤　*T. radicans* ssp. *hispidum*
（Engl.）Gillis

野漆树　*T. succedanea*（Linn.）O. Kuntze

木蜡树　*T. trichocarpum*（Miq.）O. Kuntze

漆树　*T. verniciflnum*（Stokes）F. A. Bark.

196. 冬青科　Aquifoliaceae

壮刺冬青　*Ilex bioritsensis* Hayata

华中枸骨　*I. centrochinensis* S. Y. Hu

革叶冬青　*I. chieniana* S. Y. Hu

睫刺冬青　*I. ciliospinosa* Loes

红果冬青　*I. corallina* Franch.

刺齿冬青　*I. corallina* var. *aberrans* Hand. et Mazz.

卵果冬青　*I. corallina* var. S. Y. Hu

毛枝冬青　*I. corallina* var. *pubescens* S. Y. Hu

枸骨　*I. cornuta* Lindl. et Paxt.

显脉冬青　*I. editicostata* Hu et Tang

狭叶冬青　*I. fargesii* Franch.

榕叶冬青　*I. ficoidea* Hemsl.

台湾冬青　*I. formosana* Maxim

毛叶扁果冬青　*I. fragilis* f. *kingii* Loes.

山枇杷　*I. franchetiana* Loes.

刺叶冬青　*I. hylonoma* Hu et Tang

长叶冬青　*I. intermedia* var. *fangii*（Rehd.）S. Y. Hu

大果冬青　*I. macrocarpa* Oliv.

长梗冬青　*I. macrocarpa* var. *longipedunculata* S. Y. Hu

多花冬青　*I. melanotricha* Merr.

柳叶冬青　*I. metabaptista* Loes. ex Diels

小果冬青　*I. micrococca* Maxim.

毛梗冬青　*I. micrococca* f. *pilosa* S. Y. Hu

南川冬青　*I. nanchuanensis* Z. M. Tan

具柄冬青　*I. pedunculosa* Miq.

猫儿刺　*I. pernyi* Franch.

冬青　*I. purpurea* Haask

铁冬青　*I. rotunda* Thunb.

香冬青　*I. suaveolens*（Lévl.）Loes.

四川冬青　*I. szechwanensis* Loes.

灰脉冬青　*I. tephrophylla*（Loes.）S. Y. Hu

三花冬青　*I. triflora* Bl.

紫果冬青　*I. tsoii* Merr. et Chun

尾叶冬青　*I. wilsonii* Loes.

197. 卫矛科　Celastraceae

苦皮藤　*Celastrus angulata* Maxim.

大芽南蛇藤　*C. gemmatus* Loes.

灰叶南蛇藤　*C. glaucophyllus* Rehd. et Wils.

皱脉南蛇藤　*C. glaucophyllus* var. *rugosus*（Rehd. et Wils.）C. Y. Cheng et T. C. Kao

青江藤　*C. hindsii* Benth.

粉背南蛇藤　*C. hypoleucus*（Oliv.）Warb.

南蛇藤　*C. orbiculatus* Thunb.

楔叶南蛇藤　*C. orbiculatus* var. *cuneatus*（Rehd. et Wils.）Wuzhi

锥序南蛇藤　*C. paniculatus* Willd.

短梗南蛇藤　*C. rosthorniaus* Loes.

显柱南蛇藤　*C. stylosus* Wall.

光南蛇藤　*C. stylosus* ssp. *glaber* D. Hou

长序南蛇藤　*C. vanioti*（Lévl.）Rehd.

十齿花　*Dipentodon sinensis* Dunn.

刺果卫矛　*Euonymus acanthocarpus* Franch.

黄刺卫矛　*E. aculeatus* Hemsl.

卫矛　*E. alatus*（Thunb.）Sieb.

毛脉卫矛　*E. alata* var. *pubescens* Maxim.

藤本卫矛　*E. bockii* Loes.

白杜仲　*E. bungeanus* Maxim.

百齿卫矛　*E. centidens* Lévl.

绿花卫矛　*E. chloranthoides* Yang

角翅卫矛　*E. cornutus* Hemsl.

裂果卫矛　*E. dielsianus* Loes.

双歧卫矛　*E. distichus* Lévl.

鸦椿卫矛　*E. euscaphis* Hand.-Mazz.

细柄卫矛　*E. euscaphis* var. *gracilipes* Rehd.

全育卫矛　*E. fertilis*（Loes.）C. Y. Cheng

黄果卫矛　*E. flavescens* Loes.

扶芳藤　*E. fortunei*（Turcz.）Hand.-Mazz.

尖叶爬行卫矛　*E. fortunei* var. *acuta*（Rehd.）Rehd.

爬行卫矛　*E. fortunei* var. *radicans*（Sieb. et Miq.）Rehd.

大花卫矛　*E. grandiflorus* Wall.

西南卫矛　*E. hamiltonianus* Wall.

披针叶卫矛　*E. hamiltonianus* f. *lanceifolius*（Loes.）C. Y. Cheng

常春卫矛　*E. hederaceus* Champ. ex Benth.

冬青卫矛　*E. japonicus*（Linn.）Thunb. *

银边冬青卫矛　*E. japonicus* f. *allomarginata* T. Moore. *

金边冬青卫矛　*E. japonicus* f. *aureomarginata* Rehd. *

金心冬青卫矛　*E. japonicus* f. *viridi-variegatus* (Reg.) Rehd. *

金佛山卫矛　*E. jinfoshanensis* Z. M. Gu

柳叶卫矛　*E. lawsonii* var. *salicifolius* (Loes.) Blakel.

疏花卫矛　*E. laxiflorus* Champ ex Benth.

革叶卫矛　*E. lecleri* Lévl.

宝兴卫矛　*E. mupinensis* Loes. et Rehd.

大果卫矛　*E. myrianthus* Hemsl.

矩园叶卫矛　*E. oblongifolius* Loes. et Rehd.

垂丝卫矛　*E. oxyphyllus* Miq.

椭园叶卫矛　*E. prophyreus* var. *ellipticus* Blak.

短翅卫矛　*E. rehderianus* Loes.

南川卫矛　*E. rosthornii* Loes.

石枣子　*E. sanguineus* Loes. ex Diels

窄翅卫矛　*E. streptopterus* Merr. et Chun

无柄卫矛　*E. subsessilis* Sprague

疣点卫矛　*E. verrucosoides* Loes.

荚迷卫矛　*E. vihurnoides* Prain

长刺卫矛　*E. wilsonii* Sprague

美登木　*Maytenus hookeri* Loes. *

刺茶　*M. variabilis* (Hemsl.) C. Y. Cheng

三花假卫矛　*Microtropis triflora* Merr. et Freem.

大果核子木　*Perrottetia macrocarpa* C. Y. Cheng

核子木　*P. racemosa* (Oliv.) Loes.

昆明山海棠　*Tripterygium hypoglaucum* (Lévl.) Hutch.

雷公藤　*T. wilfordii* Hook. f.

198. 省沽油科　Staphyleaceae

野鸦椿　*Euscaphis japonica* (Thunb.) Dippel

省沽油　*Staphylea bumalda* (Thunb.) DC.

膀胱果　*S. holocarpa* Hemsl.

利川银鹊树　*Tapiscia lichuanensis* W. C. Cheng et C. D. Chu

银鹊树　*T. sinensis* Oliv.

大果山香园　*Turpinia affinis* Merr. et Perry

山香园　*T. montana* (Bl.) Kurz

199. 茶茱萸科　Icacinaceae

无须藤　*Hosiea sinensis* (Oliv.) Hemsl. et Wils.

假柴龙树　*Nothapodytes pittosporeoides* (Oliv.) Sleumer

200. 槭树科　Aceraceae

阔叶槭　*Acer amplum* Rehd.

短瓣槭　*A. brachystephyanum* T. Z. Hsu

小叶青皮槭　*A. cappadocicum* var. *sinicum* Rehd.

三尾青皮槭　*A. cappadocicum* var. *tricaudatum* (Rehd. ex Veitch) Rehd.

多齿长尾槭　*A. caudatum* var. *multiserratum* (Maxim.) Rehd.

樟叶槭　*A. cinnamomifolium* Hayata

紫果槭　*A. cordatum* Pax

革叶槭　*A. coriaceifolium* Lévl.

青榨槭　*A. davidii* Franch.

异色槭　*A. discolor* Maxim.

罗浮槭　*A. fabri* Hance

红果罗浮槭　*A. fabri* var. *rubrocarpum* Metc.

房县槭　*A. franchetii* Pax

扇叶槭　*A. flabellatum* Rehd.

建始槭　*A. henryi* Pax

光叶槭　*A. laevigatum* Wall.

疏花槭　*A. laxiflorum* Pax

南川长柄槭　*A. longipes* var. *nanchuanense* Fang

苗山槭　*A. maoshanicum* Fang

五尖槭　*A. maximowiczii* Pax

色木槭　*A. mono* Maxim.

三尖色木槭　*A. mono* var. *tricuspis* (Rehd.) Rehd.

飞蛾槭　*A. oblongum* Wall. ex DC.

绿叶飞蛾槭　*A. oblongum* var. *concolor* Pax

峨眉飞蛾槭　*A. oblongum* var. *omeiense* Fang et Soong

五裂槭　*A. oliverianum* Pax

鸡爪槭　*A. palmatum* Thunb. *

红枫　*A. palmatum* CV. 'Atropurpureum' *

权叶槭　*A. robustum* Pax

中华槭　*A. sinense* Pax

绿叶中华槭　*A. sinense* var. *concolor* Pax

深裂中华槭　　*A. sinense* var. *longilobum* Fang

毛叶槭　　*A. stachyophyllum* Hiern

角叶槭　　*A. sycopseoides* Chun

七裂瘦叶槭　　*A. tenellum* var. *septemlobum*
　　　　　　　　（Fang et Soong）Fang et Soong

三峡槭　　*A. wilsonii* Rend. *

金钱槭　　*Dipteronia sinensis* Oliv.

201. 七叶树科　　Hippocastanaceae

天师栗　　*Aesculus wilsonii* Rehd.

202. 无患子科　　Sapindaceae

倒地铃　　*Cardiospermum halicacabum* Linn. *

龙眼　　*Dimocarpus longan* Lour. *

复叶栾树　　*Koelreuteria bipinnata* Franch.

全缘叶栾树　　*K. bipinnata* var. *integrifoliola*
　　　　　　　　（Merr.）T. Chen.

栾树　　*K. paniculata* Laxm.

荔枝　　*Litchi chinensis* Sonn. *

川滇无患子　　*Sapindus delavayi*（Franch.）
　　　　　　　　Radlk.

无患子　　*S. mukorossi* Gaertn.

文冠果　　*Xanthoceras sorbifolium* Bunge *

203. 清风藤科　　Sabiaceae

珂楠树　　*Meliosma beaniana* Rehd. et Wils.

泡花树　　*M. cuneifolia* Franch.

光叶泡花树　　*M. cuneifolia* var. *glabriuscula*
　　　　　　　　Cufod.

垂枝泡花树　　*M. flexuosa* Pamp.

山青木　　*M. kirkii* Hemsl. et Wils.

柔毛泡花树　　*M. myriantha* var. *pilosa*（Lec.）
　　　　　　　　Law.

细花泡花树　　*M. parviflora* Lecomte

楔基泡花树　　*M. rigida* Sieb. et Zucc.

暖木　　*M. veitchiorum* Hemsl.

鄂西清风藤　　*Sabia campanulata* ssp. *ritchieae*
　　　　　　　　（Rehd. et Wils.）Y. F. Wu

灰背清风藤　　*S. discolor* Dunn.

小花清风藤　　*S. parviflora* Wall. ex Roxb.

四川清风藤　　*S. schumanniana* Diels

南川清风藤　　*S. schumanniana* var. *nanchuanensis*
　　　　　　　　Z. Y. Liu

多花清风藤　　*S. schumanniana* ssp. *pluriflor*
　　　　　　　　（R. et W.）Y. F. Wu

毛枝清风藤　　*S. swinhoei* Hemsl.

阔叶清风藤　　*S. yunnanensis* ssp. *latifolia*
　　　　　　　　（Rehd. et Eils.）Y. F. Wu

204. 凤仙花科　　Balsaminaceae

大叶凤仙花　　*Impatiens apalophylla* Hook. f.

凤仙花　　*I. balsamina* Linn. *

重瓣凤仙花　　*I. balsamina* CV. 'Plena' *

黄麻叶凤仙　　*I. corchorifolia* Franch.

齿萼凤仙　　*I. dicentra* Franch.

长距凤仙花　　*I. dolichoceras* Pritz. ex Diels

裂距凤仙花　　*I. fissicornis* Maxim.

细柄凤仙花　　*I. leptocaulon* Hook. f.

长翼凤仙花　　*I. longialata* Pritz. ex Diels

山地凤仙花　　*I. monticola* Hook. f.

水金凤　　*I. noli-tangere* Linn.

齿叶凤仙花　　*I. odontophylla* Hook. f.

红雉凤仙花　　*I. oxyanthera* Hook. f.

块茎凤仙花　　*I. piufanensis* Hook. f.

川鄂凤仙花　　*I. pritzelii* Hook. f.

翼萼凤仙花　　*I. pterosepala* Pritz. ex Hook. f.

黄金凤　　*I. siculifer* Hook. f.

窄萼凤仙花　　*I. stenosepala* Pritz. ex Diels

小花凤仙花　　*I. stenosepala* var. *parviflora*
　　　　　　　　Pritz. ex Hook. f.

霸王七　　*I. textori* Miq.

205. 鼠李科　　Rhamnaceae

黄背勾儿茶　　*Berchemia flavescens*（Wall.）
　　　　　　　　Brongn.

多花勾儿茶　　*B. floribunda*（Wall.）Brongn.

毛背勾儿茶　　*B. hispida*（Tsai et Feng）
　　　　　　　　Y. L. Chen et P. K. Chou

光轴勾儿茶　　*B. hispida* var. *glabrata* Y. L. Chen
　　　　　　　　et P. K. Chou

峨眉勾儿茶　　*B. omeiensis* Fang ex Y. L. Chen

多叶勾儿茶　*B. polyphylla* Wall. ex Laws.

光枝勾儿茶　*B. polyphylla* var. *leioclada* Hand. -Mazz.

勾儿茶　*B. sinica* Schneid.

云南勾儿茶　*B. yunnanensis* Franch.

枳椇　*Hovenia acerba* Lindl.

北枳椇　*H. dulcis* Thunb. *

铜钱树　*Paliurus hemsleyanus* Rehd.

铁篱笆　*P. ramosissimus*（Lour.）Poir.

多脉猫乳　*Rhamnella martinii*（Lévl.）Schneid.

陷脉鼠李　*Rhamnus bodinieri* Lévl.

长叶冻绿　*R. crenata* Sieb. et Zucc.

刺鼠李　*R. dumetorum* Schneid.

圆齿刺鼠李　*R. dumetorum* var. *crenoserrata* Rehd. et Wils.

无刺鼠李　*R. esquirolii* Lévl.

平净无刺鼠李　*R. esquirolii* var. *glabrata* Y. L. Chen et P. K. Chou

黄鼠李　*R. fulvotincta* Metcalf

大花鼠李　*R. grandiflora* C. Y. Wu et Y. L. Chen

亮叶鼠李　*R. hemsleyana* Schneid.

毛叶鼠李　*R. henryi* Schneid.

异叶鼠李　*R. heterophylla* Oliv.

桃叶鼠李　*R. iteinophylla* Schneid.

钩齿鼠李　*R. lamprophylla* Schneid.

纤花鼠李　*R. leptacantha* Schneid.

薄叶鼠李　*R. leptophylla* Schneid.

小冻绿树　*R. rosthornii* E. Pritz.

多脉鼠李　*R. sargentiana* Schneid.

冻绿　*R. utilis* Decne.

毛冻绿树　*R. utilis* var. *hypochrysa*（Schneid.）Rehd.

钩刺雀梅藤　*Sageretia hamosa*（Wall.）Brongn.

梗花雀梅藤　*S. henryi* Drumm. et Sprangue

峨眉雀梅藤　*S. omeiensis* Schneid.

皱叶雀梅藤　*S. rugosa* Hance

尾叶雀梅藤　*S. subcaudata* Schneid.

枣　*Ziziphus jujuba* Mill. *

无刺枣　*Z. jujuba* var. *inermis*（Bge.）Rehd. *

酸枣　*Z. jujuba* var. *spinosa*（Bunge）Hu ex H. F. Chou *

206. 葡萄科　Vitaceae

蓝果蛇葡萄　*Ampelopsis bodinieri*（Lévl. et Vant.）Rehd.

灰毛蛇葡萄　*A. bodinieri* var. *cinerea*（Gagaep.）Rehd.

羽叶蛇葡萄　*A. chaffanjonii*（Lévl. et Vant.）Rehd.

三叶蛇葡萄　*A. delavayana* Planch.

毛三裂蛇葡萄　*A. delavayana* var. *setulosa*（Diels et Gilg）C. L. Li

显齿蛇葡萄　*A. grossedentata*（Hand.-Mazz.）W. T. Wang

异叶蛇葡萄　*A. heterophylla*（Thunb.）Sieb. et Zucc.

牯岭蛇葡萄　*A. heterophylla* var. *kulingensis*（Rehd.）C. L. Li

白蔹　*A. japonica*（Thunb.）Makino *

大叶蛇葡萄　*A. megalophylla* Diels et Gilg

蛇葡萄　*A. sinica*（Miq.）W. T. Wang

光叶蛇葡萄　*A. sinica* var. *hancei*（Planch.）W. T. Wang

乌蔹莓　*Cayratia japonica*（Thunb.）Gagnep.

尖叶乌蔹莓　*C. japonica* var. *pseudotrifolia*（W. T. Wang）C. L. Li

大叶乌蔹莓　*C. oligocarpa*（Lévl. et Vant.）Gagnep.

毛叶乌蔹莓　*C. oligocarpa* var. *czudata* C. L. Li

樱叶乌蔹莓　*C. oligocarpa* var. *glabra*（Gagnep.）Rehd.

毛叶白粉藤　*Cissus assamica*（Laws.）Craib. *

翅茎白粉藤　*C. hexangularis* Thorel ex Planch. *

白粉藤　*C. modecoides* var. *subintegra* Gagnep. *

异叶爬山虎　*Parthenocissus dalzielii* Gagnep.

川鄂爬山虎　*P. henryana*（Hemsl.）Diels et Glig

三叶爬山虎　*P. semicorolata*（Wall.）Planch.

爬山虎　*P. tricuspidata*（Sieb. et Zucc.）Planch.

三叶崖爬藤　*Tetrastigma hemsleyanum* Diels

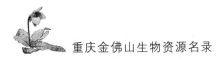

狭叶崖爬藤　*T. hypoglaucum* Planch.

崖爬藤　*T. obtectum*（Wall.）Planch.

无毛崖爬藤　*T. obtectum* var. *glabrum*
（Lévl. et Vant.）Gagnep.

毛叶崖爬藤　*T. obtectum* var. *pilosum* Gagnep.

腺枝葡萄　*Vitis adenoclada* Hand.-Mazz.

山葡萄　*V. amurensis* Rupr

美丽葡萄　*V. bellula*（Rehd.）W. T. Wang

桦叶葡萄　*V. betulifolia* Diels et Gilg

刺葡萄　*V. davidii*（Roman.）Foex.

葛藟　*V. flexuosa* Thunb.

毛葡萄　*V. heyneana* Roem. et Schult.

华东葡萄　*V. pseudoreticulata* W. T. Wang

秋葡萄　*V. romanetii* Roman.

葡萄　*V. vinifera* Linn. *

网脉葡萄　*V. wilsonae* Veitch.

俞藤　*Yua thomsoni*（Laws.）C. L. Li

207. 杜英科　Elaeocarpaceae

杜英　*Elaeocarpus decipiens* Hemsl.

冬桃　*E. duclouxii* Gagnep.

薯豆　*E. japonicus* Sieb. et Zucc.

仿栗　*Sloanea hemsleyana*（Ito）Rehd. et Wils.

薄果猴欢喜　*S. leptocarpa* Diels

猴欢喜　*S. sinensis*（Hance）Hemsl

208. 椴树科　Tiliaceae

光果田麻　*Corchoropsis psilocarpa* Harms
et Loes.

田麻　*C. tomentosa*（Thunb.）Makino

甜麻　*Corchorus aestuans* Linn. *

黄麻　*C. capsularis* Linn. *

扁担杆　*Grewia biloba* G. Don.

小花扁担杆　*G. biloba* var. *parviflora*（Bunge）
Hand.-Mazz.

毛果扁担杆　*G. eriocarpa* Juss.

南川椴　*Tilia nanchuanensis* H. T. Chang

少脉椴　*T. paucicostata* Maxim.

椴树　*T. tuan* Szysz.

小刺蒴麻　*Triumfetta annua* Linn.

209. 锦葵科　Malvaceae

长毛锦葵　*Abelmoschus crinitus* Wall.

秋葵　*A. esculentus*（Linn.）Moench *

黄蜀葵　*A. manihot*（Linn.）Medicus *

刚毛黄蜀葵　*A. manihot* var. *pungens*（Roxb.）
Hochr.

箭叶秋葵　*A. sagittifolius*（Kurz）Merr. *

磨盘草　*Abutilon indicum*（Linn.）Sweet.

金铃花　*A. striatum* Dickson *

苘麻　*A. theophrasti* Medicus

药蜀葵　*Althaea officinalis* Linn. *

蜀葵　*A. rosea*（Linn.）Cavan.

白花蜀葵　*A. rosea* CV. 'Alba' *

重瓣蜀葵　*A. rosea* CV. 'Plenus' *

草棉　*Gossypium herbaceum* Linn. *

陆地棉　*G. hirsutum* Linn. *

木芙蓉　*Hibiscus mutabilis* Linn.

重瓣木芙蓉　*H. mutabilis* f. *plenus*（Andrews）
S. Y. Hu *

朱槿　*H. rosa-sinensis* Linn. *

重瓣朱槿　*H. rosa-sinensis* var. *rubro-plenus*
Sweet. *

吊钟扶桑　*H. schizopetalus*（Masters）Hook. f. *

华木槿　*H. sinosyriacus* Bailey

木槿　*H. syriacus* Linn.

白花重瓣木槿　*H. syriacus* f. *albusplenus*
Loudon *

白花木槿　*H. syriacus* f. *totusalbus* T. Moore

长苞木槿　*H. syriacus* var. *longibracteatus*
S. Y. Hu

野西瓜苗　*H. trionum* Linn.

花葵　*Lavatera trimestris* Linn. *

麝香锦葵　*Malva moschata* Linn. *

圆叶锦葵　*M. rotundifolia* Linn.

锦葵　*M. sinensis* Cavan. *

冬葵　*M. verticillata* Linn. *

中华冬葵　*M. verticillata* var. *chinensis*（Miller.）
S. Y. Hu

垂花悬铃花　*Malvaviscus arboreus* var.
penduliflorus（DC.）Schery *

白背黄花稔　*Sida rhombifolia* Linn.
四川黄花稔　*S. szechuensis* Matsuda
肖梵天花　*Urena lobata* Linn.

210. 木棉科　Bombacaceae

木棉　*Bombaxceiba* Linn.

211. 梧桐科　Sterculiaceae

梧桐　*Firmiana platanifolia*（Linn. f.）Marsili
午时花　*Pentapetes phoenicea* Linn. *
梭罗树　*Reevesia pubescens* Mast.
苹婆　*Sterculia nobilis* Smith *

212. 猕猴桃科　Actinidiaceae

凸脉猕猴桃　*Actinidia arguta* var. *nervosa*
　　　　　　　　C. F. Liang
紫果猕猴桃　*A. arguta* var. *purpurea*（Rehd.）
　　　　　　　　C. F. Liang
硬齿猕猴桃　*A. callosa* Lindl.
异色猕猴桃　*A. callosa* var. *discolor* C. F. Liang
椭园叶京梨　*A. callosa* var. *henryi* Maxim.
奶果猕猴桃　*A. carnosifolia* var. *glaucescens*
　　　　　　　　C. F . Liang
中华猕猴桃　*A. chinensis* Planch.
硬毛猕猴桃　*A. chinensis* var. *hispida* C. F. Liang
毛花猕猴桃　*A. eriantha* Benth.
光萼猕猴桃　*A. fortunatii* Finet et Gagnep.
长叶猕猴桃　*A. hemsleyana* Dunn
狗枣猕猴桃　*A. kolomikta*（Rupr. et Maxim.）
　　　　　　　　Planch.
多花猕猴桃　*A. latifolia*（Gardn. et Champ.）
　　　　　　　　Merr.
黑蕊猕猴桃　*A. melanadra* Franch.
葛枣猕猴桃　*A. polygama*（Sieb. et Zucc.）
　　　　　　　　Maxim.
红茎猕猴桃　*A. rubricaulis* Dunn
革叶猕猴桃　*A. rubricaulis* var. *coriacea*
　　　　　　　（Finet et Gagnep.）C. F. Liang
毛蕊猕猴桃　*A. trichogyna*（Finet et Gagnep.）
　　　　　　　　Franch.
杨叶藤山柳　*Clematoclethra actinidioides* var.
　　　　　　　populifolia C. F. Liang et Y. C. Chen

心叶藤山柳　*C. cordifolia* Franch.
毛背藤山柳　*C. faberi* Franch.
多花藤山柳　*C. floribunda* W. T. Wang
圆叶藤山柳　*C. franchetii* Kom.
披针叶藤山柳　*C. lanceolata* C. F. Liang et
　　　　　　　　　　Y. C. Chen
藤山柳　*C. lasioclada* Maxim.
距叶藤山柳　*C. lasioclada* var. *oblongis*
　　　　　　　C. F. Liang et Y. C. Chen
南川藤山柳　*C. nanchuanensis* W. T. Wang
　　　　　　　　ex C. F. Liang
刚毛藤山柳　*C. scandens*（Franch.）Maxim.
变异藤山柳　*C. variabilis* C. F. Liang et Y. C.
　　　　　　　　　　Chen
多脉藤山柳　*C. variabilis* var. *multinervis*
　　　　　　　C. F. Liang et Y. C. Chen
长叶藤山柳　*C. wilsonii* Hemsl.

213. 山茶科　Theaceae

四川黄瑞木　*Adinandra bockiana* Pritz. ex Diels
普洱茶　*Camellia assamisa*（Mast.）Chang *
黄杨叶连蕊茶　*C. buxifolia* H. T. Chang
尾叶山茶　*C. caudata* Wall.
重庆山茶　*C. chungkingensis* H. T. Chang
贵州连蕊茶　*C. costai* Lévl.
尖叶山茶　*C. cuspidata*（Kochs）Wight ex Gard.
连蕊茶　*C. fraterna* Hance
长瓣短柱茶　*C. girijsii* Hance
秃房茶　*C. gymnogyna* H. T. Chang
山茶　*C. japonica* Linn. *
北碚毛蕊茶　*C. lawii* Sealy
毛蕊山茶　*C. mairei*（Lévl.）Melch.
南川秃房茶　*C. nanchuanica* Chang et J. H. Wang
油茶　*C. oleifera* Abel.
峨眉红山茶　*C. omeiensis* H. T. Chang
小长尾连蕊茶　*C. parvicaudata* Chang
小瘤果茶　*C. parvimuricata* H. T. Chang
西南红山茶　*C. pitardii* Coh. Stuart
窄叶西南红山茶　*C. pitardii* var. *yunnanica*
　　　　　　　　　　Sealy

云南山茶　C. reticulata Lindl. ＊

川鄂连蕊茶　C. rosthorniana Hand. -Mazz.

怒江红山茶　C. saluenensis Stapf ex Bean

茶　C. sinensis （Linn.） O. Ktze

四川山茶　C. szechuanensis Chien

细萼连蕊茶　C. tsofuii Chien

瘤果茶　C. tuberculata Chien

小果毛蕊茶　C. villicarpa Chien

日本红淡比　Cleyera japonica Thunb.

齿叶红淡比　C. japonica var. lippingensis
　　　　　　（Hand. -Mazz.） Kobuski

大花红淡比　C. japonica var. wallichiana
　　　　　　（DC.） Sealy

川黔尖叶柃　Eurya acuminoides Hu et L. K.
　　　　　　Ling

翅柃　E. alata Kobuski

金叶柃　E. aurea （Lévl.） Hu et L. K. Ling

短柱柃　E. brevistyla Kobuski

川柃　E. fangii Rehder

大叶川柃　E. fangii var. megaphlla Hsu

岗柃　E. groffii Merr.

微毛柃　E. hebeclados L. K. Ling

贵州毛柃　E. kueichowensis Hu et L. K. Ling

细枝柃　E. loquaiana Dunn

格药柃　E. muricata Dunn

毛格药柃　E. muricata var. huiana （Kobuski）
　　　　　　L. K. Ling

细齿叶柃　E. nitida Korthals

黄背细齿柃　E. nitida var. aurescens
　　　　　　（Rehd. et Wils.） Kobuski.

矩圆叶柃　E. oblonga Yung

钝叶柃　E. obtusifolia H. T. Chang

半齿柃　E. semiserrata H. T. Chang

窄叶柃　E. stenophylla Merr.

四川大头茶　Gordonioa acuminata H. T. Chang

黄药大头茶　G. chrysandra Cowan

中华大头茶　G. sinensis Hemsl. et Wils

银木荷　Schima argentea Pritz. et Diels

大苞木荷　S. grandiperulata H. T. Chang

小花木荷　S. parviflora Cheng et H. T. Chang

华木荷　S. sinensis （Hemsl.） Airy. -Shaw

木荷　S. superba Gardn. et Champ.

紫茎　Stewartia sinensis Rehd. et Wils.

厚皮香　Ternestroemeia gymnanthera
　　　　　　（Wight. et Arn.） Sprag.

四川厚皮香　T. sichuanensis L. K. Ling

214. 藤黄科　Guttiferae

狭叶金丝桃　Hypericum acmosepalum N. Robson

湖南连翘　H. ascyron Linn.

赶山鞭　H. attrenuatum Choisy

小连翘　H. erectum Thunb. ex Murray

扬子小连翘　H. faberi R. Keller

地耳草　H. japonicum Thunb. ex Murray

贵州金丝桃　H. kouytchouense Lévl.

金丝桃　H. monogynum Linn.

金丝梅　H. patulum Thunb. ex Murray

贯叶连翘　H. perforatum Linn.

有柄小连翘　H. petiolulatum Hook. f. et Thoms.
　　　　　　ex Dyer

突脉金丝桃　H. przewalskii Maxim.

对月草　H. sampsonii Hance

孙氏小连翘　H. seniawini Maxim.

215. 柽柳科　Tamaricaceae

疏花水柏枝　Myricaria laxifolora （Franch.）
　　　　　　P. Y. Zhang et Y. J. Zhang ＊

西河柳　Tamarix chinensis Lour. ＊

216. 堇菜科　Violaceae

鸡腿堇菜　Viola acuminata Ledeb.

戟叶堇菜　V. betonicifolia T. E. Smith

双花堇菜　V. biflora Linn.

长茎堇菜　V. brunneostipulosa Hand. -Mazz.

南山堇菜　V. chaerophylloides （Regel） W. Becker

毛果堇菜　V. collina Bess.

心叶堇菜　V. concordifolia C. J. Wang

深圆齿堇菜　V. davidii Franch.

蔓茎堇菜　V. diffusa Ging.

密毛堇菜　V. fargesii H. de Boiss.

阔萼堇菜　V. grandisepala W. Beck.

紫花堇菜　*V. grypoceras* A. Gray

如薏菜　*V. hamiltoniana* D. Don

紫叶堇菜　*V. henryi* H. de Boiss.

长萼堇菜　*V. inconspicua* Bl.

金山马蹄草　*V. moupinensis* Franch.

紫花地丁　*V. philippica* Cav.

柔毛堇菜　*V. principis* H. de Boiss.

尖叶柔毛堇菜　*V. principis* var. *acutifolia*
C. J. Wang

浅圆齿堇菜　*V. schneideri* W. Beck.

深山堇菜　*V. selkirkii* Pursh. ex Gold.

三色堇　*V. tricolor* Linn. *

大花三色堇　*V. tricolor* var. *hortensis* DC. *

堇菜　*V. verecunda* A. Gray

云南堇菜　*V. yunnanensis* W. Becker et H.
de Boiss.

217. 大风子科　Flacourtiaceae

山羊角树　*Carrierea calycina* Franch.

山桐子　*Idesia polycarpa* Maxim.

毛叶山桐子　*I. polycarpa* var. *vestita* Diels

伊桐　*Itoa orientalis* Hemsl.

南岭柞木　*Xylosma controversum* Clos

长叶柞木　*X. longifolium* Clos.

柞木　*X. racemosum*（Sieb. et Zucc.）Miq.

218. 旌节花科　Stachyuraceae

中国旌节花　*Stachyurus chinensis* Franch.

尖叶旌节花　*S. chinensis* var. *cuspidatus* Li

宽叶旌节花　*S. chinensis* var. *latus* Li

喜马拉雅旌节花　　*S. himalaicus* Hook. f. et
Thoms.

矩园叶旌节花　*S. oblongifolius* Wang et Tang

倒卵叶旌节花　*S. obovatus*（Rehd.）Li

柳叶旌节花　*S. salicifolius* Franch.

披针叶旌节花　*S. salicifolius* var. *lancifolius*
C. Y. Wu

四川旌节花　*S. szechuanensis* Fang

云南旌节花　*S. yunnanensis* Franch.

219. 西番莲科　Passifloraceae

月叶西番莲　*Passiflora altebilobata* Hemsl.

西番莲　*P. caerulea* Linn. *

杯叶西番莲　*P. cupiformis* Mast.

鸡蛋果　*P. edulis* Sims. *

龙珠果　*P. foetida* Linn. *

220. 番木瓜科　Caricaceae

番木瓜　*Carica papaya* Linn. *

221. 秋海棠科　Begoniaceae

银星秋海棠　*Begonia argenteo-guttata* Lam. *

歪叶秋海棠　*B. augustinei* Hemsl.

盾叶秋海棠　*B. cavalerei* Lévl.

南川秋海棠　*B. dielsiana* E. Pritz.

川东秋海棠　*B. edulis* var. *laciniata* S. Y. Chen

秋海棠　*B. evansiana* Andr.

掌叶秋海棠　*B. hemsleyana* Hook. f.

心叶秋海棠　*B. labordei* Lévl.

裂叶秋海棠　*B. laciniata* Roxb.

竹节秋海棠　*B. maculata* Raddi *

玻璃海棠　*B. margaritae* Hert *

掌裂秋海棠　*B. pedatifida* Lévl.

四季海棠　*B. semperflorens* Link et Otto *

中华秋海棠　*B. sinensis* A. DC.

长柄秋海棠　*B. smithiana* Yu

球根秋海棠　*B. tuberhybrida* Voss *

一点血　*B. wilsonii* Gagnep

222. 仙人掌科　Cactaceae

鼠尾鞭　*Aporocactus flagelliformis*（Linn.）
Lem. *

仙人鞭　*Cereus dayamii* Speg. *

仙人镜　*C. peruvianus* var. *monstrous* DC. *

仙人指　*Chamaecereus silvestrii*（Speg.）
Britt. et Rose *

金琥　*Echinopsis grusonii* Hildm. *

白刺金琥　*E. grusonii* f. *albispinus* Hildm. *

仙人球　*E. tubiflora*（Pfeiff.）Zucc. *

昙花　*Epiphyllum oxypetalum*（DC.）Haw. *

量天尺　*Hylocereus undatus*（Haw.）Britt.
et Rose *

令箭　*Nopalxochia ackermannii* Kunth. *

褐毛掌　*Opuntia basilaris* Engelm. et Bigel. ＊

瘦仙人掌　*O. brasilensis* (Will.) Haw. ＊

白毛仙人掌　*O. leucotricha* DC. ＊

黄毛掌　*O. microdasys* (Lechm.) Pfeiff. ＊

仙人掌　*O. vulgaris* Mill

仙人伞　*O. vulgaris* var. *iegata* Baker ＊

仙人棒　*Rhapsalis cereuscula* Haw. ＊

圆齿蟹爪兰　*Schlumbergera bridgesii* (Lem.)
　　　　　　　　　　　　　　Löfgr.

绿蟹爪　*S. buckleyi* (T. Moore) D. R. Hunt ＊

蟹爪兰　*S. truncata* (Haw.) Moran ＊

223. 瑞香科　Thymelaeaceae

滇瑞香　*Daphne feddei* Lévl.

芫花　*D. genkwa* Sieb. et Zucc.

黄瑞香　*D. giraldii* Nitsche

南川瑞香　*D. gracilis* E. Pritz.

瑞香　*D. odora* Thunb.

毛瑞香　*D. kiusiana* var. *atrocaulis* (Rehd.)
　　　　　　　　　　　　　　F. Meckawa

白瑞香　*D. papyracea* Wall. ex Stend.

陕甘瑞香　*D. tangutica* Maxim.

结香　*Edgeworthia chrysantha* Lindl. ＊

狼毒　*Stellera chamaejasme* Linn. ＊

狭叶荛花　*Wikstroemia angustifolia* Hemsl.

光洁荛花　*W. glabra* Cheng

了哥王　*W. indica* (Linn.) C. A. Mey. ＊

小黄构　*W. micrantha* Hemsl.

224. 胡颓子科　Elaeagnaceae

长叶胡颓子　*Elaeagnus bockii* Diels

赤铜胡颓子　*E. cuprea* Rehd.

巴东胡颓子　*E. diffcilis* Serv.

短柱胡颓子　*E. diffcilis* var. *brevistyla* W. K.
　　　　　　　　　　　　　　Hu et H. F. Chow

蔓胡颓子　*E. glabra* Thunb.

宜昌胡颓子　*E. henryi* Warb. ex Diels

披针叶胡颓子　*E. lanceolata* Warb. ex Diels

大花披针叶胡颓子　*E. lanceolata* ssp.
　　　　　　　　　　　　grandiflora Serv.

银果胡颓子　*E. magna* Rehd.

木半夏　*E. multiflora* Thunb.

南川胡颓子　*E. nanchuanensis* C. Y. Chang

白花胡颓子　*E. pallidiflora* C. Y. Chang

毛柱胡颓子　*E. pilostyla* C. Y. Chang

星毛胡颓子　*E. stellipila* Rehd.

牛奶子　*E. umbellata* Thunb.

文山胡颓子　*E. wenshanensis* C. Y. Chang

巫山胡颓子　*E. wushanensis* C. Y. Chang

225. 千屈菜科　Lythraceae

水苋菜　*Ammannia baccifera* Linn.

萼距花　*Cuphea hyssopifolia* H. B. K. ＊

川黔紫薇　*Lagerstroemia excelsa* (Dode)
　　　　　　　　　　　　Chun ex S. Lee

紫薇　*L. indica* Linn.

翠微　*L. indica* CV. 'Rubra' ＊

银薇　*L. indica* CV. 'Alba' ＊

南紫薇　*L. subcostata* Koehne

千屈菜　*Lythrum salicaria* Linn.

节节菜　*Rotala indica* (Willd.) Koehne

园叶节节草　*R. rotundifolia*
　　　　　　　(Buch. -Ham. ex Roxb.) Koehne

226. 石榴科　Punicaceae

石榴　*Punica granatum* Linn.

白花石榴　*P. granatum* CV. 'Albescens' ＊

黄花石榴　*P. granatum* CV. 'Flavescens' ＊

白重瓣石榴　*P. granatum* CV. 'Multiplex' ＊

月季石榴　*P. granatum* CV. 'Nana' ＊

红重瓣石榴　*P. granatum* CV. 'Pleniflora' ＊

227. 蓝果树科　Nyssaceae

蓝果树　*Nyssa sinensis* Oliv.

喜树　*Camptotheca acuminata* Decne.

228. 珙桐科　Davidiaceae

珙桐　*Davidia involucrata* Baill.

光叶珙桐　*D. involucrata* var. *vilmoriniana*
　　　　　　　　　　　　(Dode) Wanger.

229. 八角枫科　Alangiaceae

八角枫　*Alangium chinense* (Lour.) Harms

少花八角枫　*A. chinense* ssp. *pauciflorum* Fang

伏毛八角枫　*A. chinense* ssp. *strigosum* Fang

深裂八角枫　*A. chinense* ssp. *triangulare*
（Wanger.）Fang

小花八角枫　*A. faberi* Oliv.

异叶八角枫　*A. faberi* var. *heterophyllum* Yang

小叶八角枫　*A. faberi* var. *perforatum*（Lévl.）
Rehd.

瓜木　*A. platanifolium*（Sieb. et Zucc.）Harms.

230. 使君子科　Combretaceae

使君子　*Quisqualis indica* Linn. ＊

诃子　*Terminalia chebula* Retz. ＊

231. 桃金娘科　Myrtaceae

红千层　*Callistemon rigidus* R. Br. ＊

垂枝红千层　*C. viminalis*（Soland ex Gaertn.）
Cheel ＊

葡萄桉　*Eucalyptus botryiodes* Smith et Trans. ＊

赤桉　*E. camaldulensis* Dehnh. ＊

垂枝赤桉　*E. camaldulensis* var. *pendula*
Blak. et Jacobs. ＊

柠檬桉　*E. citriodora* Hook. f. ＊

蓝桉　*E. globulus* Labill. ＊

直杆桉　*E. maidenii* F. J. Muell. ＊

大叶桉　*E. robusta* Smith ＊

细叶桉　*E. tereticornis* Smith ＊

番石榴　*Psidium guajava* Linn. ＊

赤楠　*Syzygium buxifolium* Hook. et Arn.

蒲桃　*S. jambos*（Linn.）Alston ＊

232. 野牡丹科　Melastomataceae

红毛野海棠　*Bredia tuberculata*（Guillaum）Diels

伏毛肥肉草　*Fordiophyton feberi* Stapf

地稔　*Melastoma dodecandrum* Lour.

展毛野牡丹　*M. normale* D. Don.

金锦香　*Osbeckia chinensis* Linn.

假朝天罐　*O. crinita* Benth. et C. B. Clarke

叶底红　*Phyllagathis fordii*（Hance）C. Chen

肉穗草　*Sarcopyramis bodinieri* Lévl. et Vant.

楮头红　*S. nepalensis* Wall.

小叶肉穗草　*S. parvifolia* Merr. ex H. L. Li

233. 菱科　Trapaceae

乌菱　*Trapa bicornis* Osbeck ＊

菱　*T. bispinosa* Roxb. ＊

234. 柳叶菜科　Onagraceae

高山露珠草　*Circaea alpina* ssp. *inaicola*
（Asch et Magnus）Kitam.

牛龙草　*C. cordata* Royle

谷蓼　*C. erubescens* Franch. et Savat.

露珠草　*C. lutetrana* ssp. *quodrisulcata*
（Maxim.）Ascht. et Magnus

南方露珠草　*C. mollis* Sieb. et Zucc.

毛脉柳叶菜　*Epilobium amurense* Hausskn.

光柳叶菜　*E. amurense* ssp. *cephalostigma*
（Hausskn.）C. J. Chen ex Hoch et Roven

高山柳叶菜　*E. angustifolium* ssp. *circumvagum*
Mosquin

短叶柳叶菜　*E. brevifolium* Don

广布柳叶菜　*E. brevifolium* ssp. *trichoneurum*
（Hausskn.）Raven

柳叶菜　*E. hirsutum* Linn. ＊

片马柳叶菜　*E. kermodei* Raven

小花柳叶菜　*E. parviflorum* Schreb.

小叶柳叶菜　*E. platystigmatosum* C. B. Robinson

长籽柳叶菜　*E. pyrricholophum* Franch. et Savat.

华柳叶菜　*E. sinense* Lévl.

毛柳叶菜　*E. wallichianum* Hausskn.

吊钟海棠　*Fuchsia hybrida* Voss. ＊

短筒倒挂金钟　*F. magellanica* Lamk. ＊

柳叶水丁香　*Ludwigia epilobioides* Maxim.

月见草　*Oenothera erythrosepala* Borb. ＊

待霄草　*O. odovata* Jacq.

235. 小二仙草科　Haloragidaceae

小二仙草　*Haloragis micrantha*（Thunb.）R. Br.

穗花狐尾藻　*Myriophyllum spicatum* Linn.

轮叶狐尾藻　*M. verticillatum* Linn.

236. 杉叶藻科　Hippuridaceae

杉叶藻　*Hippuris vulgaris* Linn.

237. 假牛繁缕科　Theligonaceae

假牛繁缕　*Theligonum macranthum* Franch.

238. 五加科　Araliaceae

两歧五加　*Acanthopanax divericatun*
　　　　　　　　（Sieb. et Zucc.）Seem.
茱萸五加　*A. evodiaefolius* Franch.
锈毛五加　*A. evodiaefolius* var. *ferrugineus*
　　　　　　　　（W. W. Smith）Nakai
刺五加　*A. gracilistylus* W. W. Smith
糙叶五加　*A. henryi*（Oliv.）Harms
藤五加　*A. leucorrhizus*（Oliv.）Harms
长叶藤五加　*A. leucorrhizus* f. *angustifoliatus*
　　　　　　　　　　　　　　Hoo
糙叶藤五加　*A. leucorrhizus* var. *fulvescens*
　　　　　　　　　　　Harms ex Rehd.
蜀五加　*A. setchuenensis* Harms ex Diels
长梗刚毛五加　*A. simonii* var. *longipedicellatus*
　　　　　　　　　　　　　　　Hoo
白簕　*A. trifoliatus*（Linn.）Merr
刚毛白簕　*A. trifoliatus* var. *setosus* Li
毛叶五加　*A. villosulus*（Harms）S. Y. Hu
浓紫龙眼独活　*Aralia atropurpurea* Franch.
毛叶楤木　*A. dasyphylloides*（Hand.-Mazz.）
　　　　　　　　　　　　　　J. Wen
黄毛楤木　*A. decaisneana* Hance
棘茎楤木　*A. echinocaulis* Hand.-Mazz.
楤木　*A. elata*（Miq.）Seem.
龙眼独活　*A. fargesii* Franch. *
柔毛龙眼独活　*A. henryi* Harms
黑果土当归　*A. melanocarpa*（Lévl.）Lauener
长叶罗伞　*Brassaiopsis angustifolia* Feng
树参　*Dendropanax dentigerus*（Harms）Merr.
假通草　*Euaraliopsis ciliata*（Dunn）Hutch.
八角金盘　*Fatsia japonica*（Thunb.）Decne.
　　　　　　　　　　　　et Planch. *
西洋常春藤　*Hedera helix* Linn. *
银边常春藤　*H. helix* var. *cullisii*（Hibb.）
　　　　　　　　　　　　　　Tobl. *
金边常春藤　*H. helix* var. *marginata* Hibb. *
常春藤　*H. nepalensis* K. Koch. *
中华常春藤　*H. nepalensis* var. *sinensis*（Tobl.）
　　　　　　　　　　　　　　Rehd.

刺楸　*Kalopanax septemlobus*（Thunb.）Koidz.
毛叶刺楸　*K. septemlobus* var. *magnificus*
　　　　　　　　（Zabel）Hand.-Mazz.
深裂叶刺楸　*K. septemlobus* var. *maximowiczii*
　　　　　　　　　　　Hand.-Mazz.
异叶梁王茶　*Nothopanax davidii*（Franch.）
　　　　　　　　　　Harms ex Diels
梁王茶　*N. delavayi*（Franch.）Harms ex Diels
尾叶梁王茶　*N. delavayi* var. *longicaudatus* Feng
人参　*Panax ginseng* C. A. Mey. *
竹节参　*P. japonicus* C. A. Mey.
狭叶竹节人参　*P. japonicus* var. *angustifolia*
　　　　　　　　（Burk.）Cheng et Chu
疙瘩七　*P. japonicus* var. *bipinnatifidus*
　　　　　　　　（Seem.）C. Y. Wu et Feng
珠子参　*P. japonicus* var. *major*（Burk.）
　　　　　　　　　C. Y. Wu et Feng
三七　*P. notoginseng*（Burk.）F. H. Chen
　　　　　　　　ex C. Y. Wu et Feng *
假人参　*P. pscudo-ginseng* Wall.
西洋参　*P. quinquefolius* Linn. *
屏边三七　*P. stipuleanatus* H. T. Tsai
　　　　　　　　　et K. M. Fang
狭叶鹅掌柴　*Schefflera angustifoliolata*
　　　　　　　　　　　C. N. Ho
短序鹅掌柴　*S. bodinieri*（Lévl.）Rehd.
穗序鹅掌柴　*S. delavayi*（Franch.）Harms er
　　　　　　　　　　　　Diels
星毛鸭脚木　*S. minutistellata* Merr. ex Li
鹅掌柴　*S. octophylla*（Lour.）Harms
通脱木　*Tetrapanax papyriferus*（Hook.）
　　　　　　　　　K. Koch

239. 伞形科　Umbelliferae

巴东羊角芹　*Aegopodium henryi* Diels
莳萝　*Anethum graveolens* Linn.
肉独活　*Angelica biserrata*（Shan et Yuan）
　　　　　　　　Kitag et Shan
白芷　*A. dahurica*（Fisch. ex Hofm.）Benth.
　　　　　　et Hook. f. ex Franch. et Sav. *
紫花前胡　*A. decursiva*（Miq.）Franch. et Savat

长柄当归 *A. longicaudata* Shan et Yuan

紫茎独活 *A. megaphylla* Diels

芹菜当归 *A. pseudoselinum* Boiss.

当归 *A. sinensis* (Oliv.) Diels *

秦岭当归 *A. tsinlingensis* K. T. Fu *

金山当归 *A. valida* Diels

峨参 *Anthriscus sylvestris* (Linn.) Hoffm.

旱芹 *Apium graveolens* Linn. *

细叶旱芹 *A. leptophyllum* (Pers.) F. Muell.

欧白芷 *Archangelica officinalis* Hoffm. *

细柄柴胡 *Bupleurum gracilipes* Diels

空心柴胡 *B. longicaule* var. *franchetii* Boiss.

坚挺柴胡 *B. longicaule* var. *strictum* C. B. Clarke

紫花大叶柴胡 *B. longiradiatum* var. *porphyranthum* Shan et Y. Li

竹叶柴胡 *B. marginatum* Wall. ex DC.

狭叶柴胡 *B. marginatum* var. *stenophyllum* (Wolff) Shan et Y. Li

小叶柴胡 *B. tenue* Buch. -Ham. ex D. Don

积雪草 *Centella asiatica* (Linn.) Urban

明党参 *Changium smyrnioides* Wolff *

川明参 *Chuaminshen violaceum* Sheh et Shan *

蛇床 *Cnidium monnieri* (Linn.) Cusson

芫荽 *Coriandrum sativum* Linn. *

鸭儿芹 *Cryptotaenia japonica* Hassk.

深裂鸭儿芹 *C. japonica* f. *dissecta* (Yabe) Hara

野胡萝卜 *Daucus carota* Linn.

胡萝卜 *D. carota* var. *sativa* Hoffm. *

大苞芹 *Dickinsia hydrocotyloides* Franch.

小茴香 *Foeniculum vulgare* Mill. *

北沙参 *Glehnia littoralis* Franch. et Schmidt ex Miq. *

牛尾独活 *Heracleum hemsleyanum* Diels

短毛独活 *H. moellendorffii* Hance

中华天胡荽 *Hydrocotyle chinensis* (Dunn) Craib

柄花天胡荽 *H. himalaica* P. K. Mukh

红马蹄草 *H. nepalensis* Hook.

天胡荽 *H. sibthorpioides* Lam.

满天星 *H. sibthorpioides* var. *bayrachium* (Hance) Hand. -Mazz. ex Shan

肾叶天胡荽 *H. wilfordi* Maxim.

保加利亚当归 *Levisticum officinale* Koch. *

香芹 *Libanotis seseloides* (Fisch. et Mey.) Turcz.

川防风 *Ligusticum brachylobum* Franch.

川芎 *L. chuanxiong* Hort. *

羽苞藁本 *L. daucoides* (Franch.) Franch.

金山川芎 *L. fuxion* Hort.

岩川芎 *L. jinfushanense* Z. Y. Liu

匍匐川芎 *L. reptans* (Diels) Wolff

藁本 *L. sinense* Oliv. *

紫伞芹 *Melanosciadium pimpinelloideum* H. de Boiss.

狭叶紫伞芹 *M. pimpinelloideum* f. *flavum* Shan

卵叶羌活 *Notopterygium forbesii* var. *oviforme* (Shan) H. T. Chang

羌活 *N. incisum* Ting ex H. T. Chang *

短辐水芹 *Oenanthe benghalensis* Benth. et Hook. f.

西南水芹 *O. dielsii* Boiss.

细叶水芹 *O. dielsii* ssp. *stenophylla* (Boiss.) C. Y. Wu et Pu

水芹菜 *O. javanica* (Bl.) DC.

线叶水芹 *O. linearia* Wall. ex DC.

中华水芹 *O. linearia* ssp. *sinensis* (Dunn) C. Y. Wu et Pu

卵叶水芹 *O. rosthornii* Diels

多裂叶水芹 *O. thomsonii* C. B. Clark.

香根芹 *Osmorhiza aristata* (Thunb.) Makino et Yabe

疏叶香根芹 *O. aristata* var. *laxa* (Royle) Constance et Shan

大苞前胡 *Peucedanum dissolutum* (Diels) H. Wolff

华中前胡 *P. medicum* Dunn

前胡 *P. praeruptorum* Dunn

南川前胡 *P. rosthornii* Diels

细裂前胡 *P. wulongense* Shan et Sheh

细裂茴芹 *Pimpinella bisinuata* Wolff

杏叶防风 *P. candolleana* Wight et Arn.

异叶茴芹 *P. diversifolia* DC.

城口茴芹　*P. fargesii* Boiss
川鄂茴芹　*P. henryi* Diels
水独活　*P. rhomboidea* Diels
直立茴芹　*P. smithii* Wolff
缺裂叶茴芹　*P. thellungiana* Wolff
三出囊瓣芹　*Pternopetalum botrychioides*
　　　　　　(Dunn) Hand.-Mazz.
丛枝囊瓣芹　*P. caespitosum* Shan
囊瓣芹　*P. davidii* Franch.
薄叶囊瓣芹　*P. leptophyllum* (Dunn) Hand.
　　　　　　-Mazz.
川鄂囊瓣芹　*P. rosthornii* (Diels) Hand.-Mazz.
膜蕨囊瓣芹　*P. trichomanifolium* (Franch.)
　　　　　　Hand.-Mazz.
五匹青　*P. vulgare* (Dunn) Hand.-Mazz.
尖叶五匹青　*P. vulgare* var. *acuminatum* C. Y. Wu
毛五匹青　*P. vulgare* var. *strigosum* Shan et Pu
天全囊瓣芹　*P. wangianum* Hand.-Mazz.
川滇变豆菜　*Sanicula astrantiifolia* Wolff ex
　　　　　　Kretsch.
变豆菜　*S. chinensis* Bunge
天蓝变豆菜　*S. coerulescens* Franch.
卵萼变豆菜　*S. giraldii* var. *ovicalycina*
　　　　　　Shan et S. L. Liou
薄叶变豆菜　*S. lamelligera* Hance
直刺变豆菜　*S. orcthacantha* S. Moore
短刺变豆菜　*S. orthacantha* var. *brevispina* Boiss.
走茎变豆菜　*S. orthacantha* var.
　　　　　　stolonifera Shan et S. L. Liou
卵叶变豆菜　*S. oviformis* X. T. Liu et Z. Y. Liu
彭水变豆菜　*S. pengshuiensis* Sheh et Z. Y. Liu
皱叶变豆菜　*S. rubulosa* Diels
防风　*Saposhnikovia divaricata* (Turcz.)
　　　　　　Schischk. *
小窃衣　*Torilis japonica* (Houtt.) DC.
窃衣　*T. scabra* (Thunb.) DC.

240. 山茱萸科　Cornaceae
斑叶珊瑚　*Aucuba albo-punctifolia* Wang
窄叶珊瑚　*A. albo-punctifolia* var. *angustula*
　　　　　　Fang et Soong

桃叶珊瑚　*A. chinensis* Benth.
峨眉桃叶珊瑚　*A. chinensis* ssp. *omeiensis*
　　　　　　(Fang) Fang et Soong
喜马拉雅珊瑚　*A. himalaica* Hook. f. et Thoms.
长叶珊瑚　*A. himalaica* var. *dolichophylla*
　　　　　　Fang et Soong
倒披针叶珊瑚　*A. himalaica* var. *oblanceolata*
　　　　　　Fang et Soong
密毛桃叶珊瑚　*A. himalaica* var. *pilossima*
　　　　　　Fang et Soong
洒金叶珊瑚　*A. joponica* var. *variegata*
　　　　　　Dombr. *
倒心叶珊瑚　*A. obcordata* (Rehd.) Fu
灯苔树　*Bothrocaryum controversum*
　　　　　　(Hemsl. ex Prain) Pojark.
尖叶四照花　*Dendrobenthamia angustata*
　　　　　　(Chun) Fang
绒毛尖叶四照花　*D. angustata* var. *mollis*
　　　　　　(Rehd.) Fang
头状四照花　*D. capitata* (Wall.) Hutch.
峨眉四照花　*D. emeiensis* Fang et Hsieh
大型四照花　*D. gigantea* (Hand.-Mazz.) Fang
香港四照花　*D. hongkongensis* (Hemsl.) Hutch.
四照花　*D. japonica* var. *chinensis* (Osborn) Fang
白毛四照花　*D. japonica* var. *leucotricha*
　　　　　　Fang et Hsieh
黑毛四照花　*D. melanotricha* (Pojark.) Fang
多脉四照花　*D. multinervosa* (Pojark.) Fang
中华青荚叶　*Helwingia chinensis* Batal.
钝齿青荚叶　*H. chinensis* var. *crenata*
　　　　　　(Lingelsh. ex Limpr.) Fang
小叶青荚叶　*H. chinensis* var. *microphylla*
　　　　　　Fang et Soong
喜马拉雅青荚叶　*H. himalaica* Hook. f.
南川青荚叶　*H. himalaica* var. *nanchuanensis*
　　　　　　(Fang) Fang et Soong
青荚叶　*H. japonica* (Thunb.) Dietr.
粉白青荚叶　*H. japonica* var. *hypoleuca*
　　　　　　Hemsl. ex Rehd.

四川青荚叶　*H. japonica* var. *szechuanensis*
　　　　　　（Fang）Fang et Soong

峨眉青荚叶　*H. omeiensis*（Fang）Hara. et
　　　　　　Kurosawa ex Hara. Fl.

川鄂山茱萸　*Macrocarpium chinense*（Wanger.）
　　　　　　Hutch.

小果山茱萸　*M. chinense* f. *microcarpum*
　　　　　　W. K. Hu

山茱萸　*M. officinalis*（Sieb. et Zucc.）Nakai *

红椋子　*Swida hemsleyi*（Schneid et Wanger.）
　　　　　　Sojak

梾木　*S. macrophylla*（Wall.）Sojak

长圆叶梾木　*S. oblonga*（Wall.）Sojak

小梾木　*S. paucinervis*（Hance）Sojak

灰叶梾木　*S. poliophylla*（Schneid. et
　　　　　　Wanger.）Sojak

宝兴梾木　*S. scabrida*（Franch.）Sojak

毛梾　*S. walteri*（Wanger.）Sojak

光皮梾木　*S. wilsoniana*（Wanger.）Sojak

角叶鞘柄木　*Torricellia angulata* Oliv.

有齿鞘柄木　*T. angulata* var. *intermedia*
　　　　　　（Harms ex Diels）Hu

鞘柄木　*T. tiliifolia*（Wall.）DC.

　　［离瓣花植物亚纲共有 115 科 594 属 2 511
种（亚种、变种、变型）］

合瓣花亚纲　**Sympetalae**

241. 桤叶树科　Clethraceae

江南桤叶树　*Clethra cavaleriei* Lévl.

城口桤叶树　*C. fargesii* Franch.

单穗桤叶树　*C. monostachya* Rehd. et Wils.

南川桤叶树　*C. nanchuanensis* Fang et L. C. Hu

白毛桤叶树　*C. nanchuanensis* var. *albescens*
　　　　　　L. C. Hu

242. 鹿蹄草科　Pyrolaceae

水晶兰　*Monotropa uniflora* Linn.

拟水晶兰　*Cheilotheca macrocarpum*（H. Andrs）
　　　　　　L. L. Chou

鹿蹄草　*Pyrola calliantha* H. Andrs

普通鹿蹄草　*P. decorata* H. Andrs

243. 杜鹃花科　Ericaceae

中华吊钟花　*Enkianthus chinensis* Franch.

毛叶吊钟花　*E. deflexus*（Griff.）Schneid.

少花吊钟花　*E. pauciflorus* Wils.

齿叶吊钟花　*E. serrulatus*（Wils.）Schneid.

四川白珠　*Gaultheria cuneata*（Rehd. et Wils.）
　　　　　　Beans

金山白珠　*G. forrestii* Diels

尾叶白珠　*G. griffithiana* Wight

滇白珠　*G. luecocarpa* var. *crenulata*（Kurz）
　　　　　　T. Z. Hsu

扁枝越橘　*Hugeria vaccinioides*（Lévl.）Hara

金山南烛　*Lyonia jinfushanensis* Z. Y. Liu

南烛　*L. ovalifolia*（Wall.）Drude.

小果南烛　*L. ovalifolia* var. *elliptica*
　　　　　　（Sieb. et Zucc.）Hand. -Mazz.

狭叶南烛　*L. ovalifolia* var. *lanceolata*（Wall.）
　　　　　　Hand. -Mazz.

柔毛南烛　*L. villosa* var. *pubescens*（Franch.）
　　　　　　Rehd.

美丽马醉木　*Pieris formosa*（Wall.）D. Don

马醉木　*P. japonica*（Thunb.）D. Don

腺柄杜鹃　*Rhododendron adenopodum* Franch.

银叶杜鹃　*R. argyrophyllum* Franch.

耳叶杜鹃　*R. auriculatum* Hemsl.

腺萼马银花　*R. bachii* Lévl.

短梗杜鹃　*R. brachypodum* Fang et Liu

美容杜鹃　*R. calophytum* Franch.

金佛美容杜鹃　*R. calophytum* var. *jingfuense*
　　　　　　Fang et W. K. Hu

疏花美容杜鹃　*R. calophytum* var. *pauciflorum*
　　　　　　W. K. Hu

树枫杜鹃　*R. changii*（Fang）Fang

麻叶杜鹃　*R. coeloneurum* Diels

大白杜鹃　*R. decorum* Franch.

香花杜鹃　*R. decorum* ssp. *parvistigmatium* W. K. Hu

树生杜鹃　*R. dendrocharis* Franch.

方氏杜鹃　*R. fangii* Z. Y. Liu

云锦杜鹃　*R. fortunei* Lindley

弯蒴杜鹃　*R. henryi* Hance

凉山杜鹃　*R. huianum* Fang

粉白杜鹃　*R. hypoglaucum* Hemsl.

皋月杜鹃　*R. indicum* (Linn.) Sweet. *

夏鹃　*R. indicum* var. *macranthum* Maxim. *

不凡杜鹃　*R. insigne* Hemsl. et Wils.

薄叶马银花　*R. leptothrium* Balf. f. et Forrest

金山杜鹃　*R. longipes* var. *chienianum* (Fang) Chamb. ex Cullen et Chamb.

白花金山杜鹃　*R. longipes* var. *chienianum* f. *albe* Z. Y. Liu

黄花杜鹃　*R. lutescens* Franch.

麻花杜鹃　*R. maculiferum* Franch.

满山红　*R. mariesii* Hemsl. et Wils.

照山白　*R. micranthum* Turcz.

黄杜鹃　*R. molle* (Bl.) G. Don. *

毛棉杜鹃　*R. moulmainense* Hook. f.

白花杜鹃　*R. mucronatum* (Bl.) G. Don.

春鹃　*R. mucronatum* CV. 'Rubra' *

峨马杜鹃　*R. ochraceum* Rehd. et Wils.

短果峨马杜鹃　*R. ochraceum* var. *brevicarpum* W. K. Hu

粉红杜鹃　*R. oreodoxa* var. *fargesii* (Franch.) Chamb. ex Cullen et Chamb.

马银花　*R. ovatum* (Lindl.) Planch. ex Maxim.

瘦柱绒毛杜鹃　*R. pachytrichum* var. *tenuisylsum* W. K. Hu

阔柄杜鹃　*R. platypodum* Diels

腋花杜鹃　*R. recemosum* Franch.

溪畔杜鹃　*R. rivulare* Hand.-Mazz.

杜鹃　*R. simsii* Planch.

长蕊杜鹃　*R. stamineum* Franch.

四川杜鹃　*R. sutchuenense* Franch.

反边杜鹃　*R. thayerianum* Rehd. et Wils.

乌饭树　*Vaccinium bracteatum* Thunb.

短尾越橘　*V. carlesii* Dunn.

贝叶越橘　*V. conchophyllum* Rehd.

尾叶越橘　*V. dunalianum* var. *urophylum* Rehd. et Wils.

无梗越橘　*V. henryi* Hemsl.

金佛山越橘　*V. jinfushanensis* Z. Y. Liu

西南越橘　*V. laetum* Diels

长尾越橘　*V. longicaudatum* Chun

抱石越橘　*V. nummularia* Hook. f. et Thons.

米饭花　*V. sprengelii* (G. Don) Sleumer

刺毛越橘　*V. trichocladum* Merr. et Metcalf

红花越橘　*V. urceolatum* Hemsl.

244. 紫金牛科　Myrsinaceae

九管血　*Ardisia brevicaulis* Diels

尾叶紫金牛　*A. caudata* Hemsl.

朱砂根　*A. crenata* Sims

红背朱砂根　*A. crenata* f. *hortensis* (Miq.) W. Z. Fang

百两金　*A. crispa* (Thunb.) A. DC.

细柄百两金　*A. crispa* var. *dielsii* (Lévl.) Walker

江南紫金牛　*A. faberi* Hemsl.

紫金牛　*A. japonica* (Thunb.) Blume

红毛走马胎　*A. mamillata* Hance

九节龙　*A. pusilla* A. DC.

长叶酸藤子　*Embelia longifolia* (Benth) Hemsl.

疏花酸藤子　*E. pauciflora* Diels

网脉酸藤子　*E. vestita* Roxb.

湖北杜茎山　*Maesa hupehensis* Rehd.

毛穗杜茎山　*M. insignis* Chun

杜茎山　*M. japonica* (Thunb.) Moritzi et Zollinger

山地杜茎山　*M. montana* A. DC.

密花杜茎山　*M. perlarius* (Lour.) Merr.

铁仔　*Myrsine africana* Linn.

密花树　*M. seguinii* Lévl.

针齿铁仔　*M. semiserrata* Wall.

短柄铁仔 *M. semiserrata* var. *brachypoda* Z. Y. Zhu

光叶铁仔 *M. stolonifera*（Koidz.）Walker

245. 报春花科 Primulaceae

莲叶点地梅 *Androsace henryi* Oliv.

贵州点地梅 *A. kouytchensis* Bonati

峨眉点地梅 *A. paxiana* R. Knuth

点地梅 *A. umbellata*（Lour.）Merr.

仙客来 *Cyclamen persicum* Mill. *

耳叶珍珠菜 *Lysimachia auriculata* Hemsl.

狼尾花 *L. barystachys* Bunge

短蕊排香草 *L. brachyandra* Chen et C. M. Hu

泽珍珠菜 *L. candida* Lindl.

细梗排香草 *L. capillipes* Hemsl.

金钱草 *L. christinae* Hance

露珠珍珠菜 *L. circaeoides* Hemsl.

珍珠菜 *L. clethroides* Duby

聚花过路黄 *L. congestiflora* Hemsl.

长柄过路黄 *L. esquirolii* Bonati

小金钱草 *L. fargesii* Franch.

管茎过路黄 *L. fistulosa* Hand.-Mazz.

大叶排草 *L. fordiana* Oliv.

裸头过路黄 *L. gymnocephala* Hand.-Mazz.

点腺过路黄 *L. hemsleyana* Maxim.

宜昌过路黄 *L. henryi* Hemsl.

爪哇珍珠菜 *L. javanica* Bl.

白茎过路黄 *L. jinfuense* Z. Y. Liu

南川过路黄 *L. nanchuanensis* C. Y. Wu

琴叶过路黄 *L. opheliodes* Hemsl.

重楼排草 *L. paridiformis* Franch.

狭叶重楼排草 *L. paridiformis* var. *stenophylla* Franch.

巴东过路黄 *L. patungensis* Hand.-Mazz.

大过路黄 *L. phyllocephala* Hand.-Mazz.

短毛叶头过路黄 *L. phyllocephala* var. *polycephala*（Chien）Chen et C. M. Hu

点叶落地梅 *L. punchatilimba* C. Y. Wu

显苞过路黄 *L. rubiginosa* Hemsl.

阔叶假排草 *L. sikokiana* ssp. *petelotii*（Merr.）C. M. Hu

腺药珍珠菜 *L. stenosepala* Hemsl.

云贵腺药珍珠菜 *L. stenosepala* var. *flavescens* Chen et C. M. Hu

川香草 *L. wilsonii* Hemsl.

乳黄报春 *Primula agleniana* Balf. f. et Forrest

掌叶报春 *P. alsophila* Balf. f. *

黔西报春 *P. cavaleriei* Petitm.

二郎山报春 *P. epilosa* Craib.

峨眉报春 *P. faberi* Oliv.

小报春 *P. forbesii* Franch.

葵叶报春 *P. malvacea* Franch.

保康报春 *P. neurocalyx* Franch.

俯垂报春 *P. nutantiflora* Hemsl.

鄂报春 *P. obconica* Hance

齿萼报春 *P. odontocalyx*（Franch.）Pax

卵叶报春 *P. ovalifolia* Franch.

钻齿报春 *P. pellucida* Franch.

矮葵叶报春 *P. rosthornii* Diels

小伞报春 *P. sertulum* Franch.

波缘报春 *P. sinuata* Franch.

藏报春 *P. sinensis* Sabine ex Lindley *

246. 兰雪科 Plumbaginaceae

紫金莲 *Ceratostigma willmottianum* Stapf

兰雪花 *Plumbago auriculata* Lamk. *

白花丹 *P. zeylanica* Linn. *

247. 柿树科 Ebenaceae

瓶兰花 *Diospyros armata* Hemsl.

乌柿 *Diospyros cathayensis* A. N. Stward

小叶柿 *D. dumetorum* W. W. Smith

柿 *D. kaki* Thunb. *

野柿 *D. kaki* var. *sylvestris* Makino

君迁子 *D. lotus* Linn.

罗浮柿 *D. morrisiana* Hance

老鸦柿 *D. rhombifolia* Hemsl.

248. 山矾科 Symplocaceae

腺柄山矾 *Symplocos adenopus* Hance

铜绿山矾 *S. aenea* Hand.-Mazz.

薄叶山矾 *S. anomala* Brand

总状山矾 *S. botryantha* Franch.

华山矾　*S. chinensis*（Lour.）Druce.

光叶山矾　*S. lancifolia* Sieb. et Zucc.

黄牛奶树　*S. laurina*（Retz.）Wall.

茶条果　*S. lucida*（Thunb.）Sieb. et Zucc.

白檀　*S. paniculata*（Thunb.）Miq.

多花山矾　*S. ramosissima* Wall. ex D. Don

四川山矾　*S. setchuenensis* Brand.

波缘山矾　*S. sinuata* Brand

老鼠矢　*S. stellaris* Brand

银色山矾　*S. subconnata* Hand. -Mazz.

山矾　*S. sumuntia* Buch-Ham. ex D. Don

249.安息香科　Styracaceae

赤杨叶　*Alniphyllum fortunei*（Hemsl.）Perk.

鸦头梨　*Melliodenkron xylocarpum* Hand. -Mazz.

白辛树　*Pterostyrax psilophylla* Diels ex Perk.

贵州木瓜红　*Rehderodendron kweichowense* Hu

木瓜红　*R. macrocarpum* Hu

南川安息香　*Styrax hemsleyana* Diels

金山安息香　*S. huana* Rehd.

野茉莉　*S. japonica* Sieb. et Zucc.

粉花安息香　*S. rosea* Dunn.

红皮安息香　*S. suberifolia* Hook. et Arn.

安息香　*S. tonkinensis*（Pierre）Craib

ex Hartw.*

250.木犀科　Oleaceae

流苏树　*Chionanthus retusus* Lindl. et Paxt.

雪柳　*Fontanesia fortunei* Carr. *

连翘　*Forsythia suspensa*（Thunb.）Vahl *

金钟花　*F. viridissima* Lindl.

小叶白蜡树　*Fraxinus bungeana* DC.

白蜡树　*F. chinensis* Roxb.

尖叶白蜡树　*F. chinensis* var. *acuminata* Ling

大叶白蜡树　*F. chinensis* var. *rhynchophylla*

（Hance）E. Murray

苦枥木　*F. insularis* Hemsl.

湖北白蜡树　*F. hopeiensis* Fang

南川白蜡树　*F. nanchuanensis* S. S. Sun

et J. L. Wu

探春花　*Jasminum floridum* Bunge

破骨风　*J. lanceolarium* Roxb.

迎春花　*J. nudiflorum* Lindl. *

素花　*J. officinale* var. *grandiflorum*（Linn.）

Kobuski

素心清香藤　*J. polyanthum* Franch.

茉莉花　*J. sambac*（Linn.）Aiton *

华清香藤　*J. sinense* Hemsl.

川清香藤　*J. urophyllum* Hemsl.

无毛女贞　*Ligustrum compactum*

（Wall. ex G. Don）Hook. f . et Thoms.

紫药女贞　*L. delavayanum* Hariot

扩展女贞　*L. expansum* Rehd.

兴山蜡树　*L. henryi* Hemsl.

日本女贞　*L. japonicum* Thunb.

毛日本女贞　*L. japonicum* var. *pubescens* Koidz.

园叶女贞　*L. japonicum* var. *rotundifolium*

Nichols.

蜡子树　*L. leucanthum*（S. Moore）P. S. Green

女贞　*L. lucidum* Ait.

卵叶女贞　*L. ovalifolium* Hassk.

总梗女贞　*L. pricei* Hayata

小叶女贞　*L. quihoui* Carr.

小蜡　*L. sinense* Lour.

多毛小蜡　*L. sinense* var. *coryanum*（W. W. Sm.）

Hand. -Mazz.

光萼小蜡　*L. sinense* var. *myrianthum*（Diels）

Hocfk.

尖叶油橄榄　*Olea cuspidata* Wall. *

油橄榄　*O. europaea* Linn. *

红柄木犀　*Osmanthus armatus* Diels

木犀　*O. fragrans*（Thunb.）Lour.

丹桂　*O. fragrans* CV. 'Aurantiacus' *

银桂　*O. fragrans* CV. 'Latifolius' *

四季桂　*O. fragrans* CV. 'Semperflorens' *

金桂　*O. fragrans* CV. 'Thunbergii' *

南川木犀　*O. nanchuanensis* H. T. Chang

毛桂花　*O. venosus* Pamp.

野桂花　*O. yunnanensis*（Franch.）P. S. Green

紫丁香　*Syringa oblata* Lindl. *

白丁香　*S. oblata* CV. 'Alba' *

暴马丁香　*S. reticulata* var. *mandshurica*

　　　　　　（Maxim.）Hara *

251. 马钱科　Loganiaceae

巴东醉鱼草　*Buddleja albiflora* Hemsl.

七里香　*B. asiatica* Lour.

密香醉鱼草　*B. candida* Dunn

大叶醉鱼草　*B. davidii* Franch.

云川醉鱼草　*B. forrestii* Diels.

醉鱼草　*B. lindleyana* Fort.

大序醉鱼草　*B. macrostachya* Benth.

密蒙花　*B. officinalis* Maxim.

披针叶蓬莱葛　*Gardneria lanceolata* Rehd.

　　　　　　et Wils.

蓬莱葛　*G. multiflora* Makino

胡蔓藤　*Gelsemium elegana*（Gardn. et Champ.）

　　　　　　Benth.

毛叶度量草　*Mitreola padicellata* Benth.

252. 龙胆科　Gentianaceae

杯药草　*Cotylanthera paucisquama* C. B. Clarke

头花龙胆　*Gentiana cephalantha* Franch.

莲座叶龙胆　*G. complexa* T. N. Ho

密花龙胆　*G. densiflora* T. N. Ho

华南龙胆　*G. loureirii*（G. Don.）Criseb.

大颈龙胆　*G. macyauchena* Marq.

流苏龙胆　*G. panthaica* Prain et Burk.

红花龙胆　*G. rhodantha* Franch. ex Hemsl.

深红龙胆　*G. rubicunda* Franch.

水繁缕叶龙胆　*G. samolifolia* Franch.

鳞叶龙胆　*G. squarrosa* Ledeb.

麻花秦艽　*G. straminea* Maxim. *

灰绿龙胆　*G. yokusai* Burk.

椭园叶花锚　*Halenia elliptica* D. Don

匙叶草　*Latouchea fokiensis* Franch.

美丽獐牙菜　*Swertia angustifolia* var.

　　　　　　pulchella（Buch-Ham.）Burkill

獐牙菜　*S. bimaculata*（Sieb. et Zucc.）

　　　　　　Hook. f. et Thoms.

西南獐牙菜　*S. cincta* Burkill

川东獐牙菜　*S. davidii* Franch.

当药　*S. diluta*（Turcz.）Benth. et Hook. f.

贵州獐牙菜　*S. kouytchensis* Franch.

大籽獐牙菜　*S. macrosperma*（Clarke）C. B.

　　　　　　Clarke

翼梗獐牙菜　*S. nervosa*（G. Don.）Wall.

　　　　　　ex C. B. Clarke

长柄当药　*S. oculata* Hemsl.

紫红獐牙菜　*S. punicea* Hemsl.

四数獐牙菜　*S. tetragona* Clarke

双蝴蝶　*Tripterospermum chinense*（Migo）

　　　　　　H. Sm.

峨眉双蝴蝶　*T. cordatum*（Marq.）H. Sm.

湖北双蝴蝶　*T. discoideum*（Marq.）H. Sm.

细茎双蝴蝶　*T. filicaule*（Hemsl.）H. Sm.

毛萼双蝴蝶　*T. hirticalyx* C. Y. Wu ex C. J. Wu

253. 睡菜科　Menyanthaceae

睡菜　*Menyanthes trifoliata* Linn. *

莕菜　*Nymphoides poeltatum*（Gmel.）

　　　　　　O. Kuntze *

254. 夹竹桃科　Apocynaceae

黄蝉　*Allamanda schottii* Pohl.

鸡骨常山　*Alstonia yunnanensis* Diels

念珠藤　*Alyxia odorata* Wall. ex G. Don.

大花罗布麻　*Apocynum hendersonii* Hook. f. *

罗布麻　*A. venetum* Linn. *

云南假虎刺　*Carissa spinarum* Linn.

长春花　*Catharanthus roseus*（Linn.）G. Don. *

白长春花　*C. roseus* CV. 'Alhus' *

黄长春花　*C. roseus* CV. 'Flavus' *

川山橙　*Melodinus hemsleyanus* Diels

夹竹桃　*Nerium oleander* Linn. *

白花夹竹桃　*N. oleander* CV. 'Paihua' *

鸡蛋花　*Plumeria rubra* Linn. *

白鸡蛋花　*P. rubra* CV. 'Acutifolia' *

阔叶萝芙木　*Rauvolfia latifrons* Tsiang *

印度萝芙木　*R. serpentina*（Linn.）Benth.

　　　　　　et Kurz. *

四叶萝芙木　*R. tetraphylla* Linn. *

萝芙木　*R. verticillata* (Lour.) Baill. *

药用萝芙木　*R. verticillata* var. *officinalis*
　　　　　　Tsiang *

红果萝芙木　*R. verticillata* f. *rubrocarpa*
　　　　　　H. T. Chang *

催吐萝芙木　*R. vomitoria* Afzel. ex Spreng *

毛药藤　*Sindechites henryi* Oliv.

羊角坳　*Strophanthus divericatus* (Lour.)
　　　　　　Hook. et Arn.

狗牙花　*Tabernacmontana divaricata* (Linn.)
　　　　　　R. Br. ex Roem. et Schult. *

重瓣狗牙花　*T. divaricata* CV. 'Gouyahua' *

黄花夹竹桃　*Thevetia peruviana* (Pers.)
　　　　　　K. Schum. *

紫花络石　*Trachelospermum axillare* Hook. f.

短柱络石　*T. brevistylum* Hand.-Mazz.

乳儿藤　*T. cathayanum* Schneid.

细梗络石　*T. gracilipes* Hook. f.

湖北络石　*T. gracilipes* var. *hupehense* Tsiang
　　　　　　et P. T. Li

络石藤　*T. jasminoides* (Lindl.) Lem.

爬行络石　*T. jasminoides* var. *heterophyllum*
　　　　　　Tsiang

变色络石　*T. jasminoides* var. *variegatum* Miller

蔓长春花　*Vinca major* Linn. *

花叶长春花　*V. major* CV. 'Variegata' *

酸叶胶藤　*Vrceola rosea* (Hook. et Arn.)
　　　　　　D. J. Middl.

255. 萝藦科　Asclepiadaceae

马利筋　*Asclepias curassavica* Linn. *

青龙藤　*Biondia henryi* (Warb. ex Schltr. et Diels)
　　　　　　Tsiang et P. T. Li

牛角瓜　*Calotropis gigantea* (Linn.) Dry.
　　　　　　ex Ait. f. *

龙角　*Caralluma burchardii* N. E. Br. *

水牛角　*C. nebrownii* Bgr. *

吊灯花　*Ceropegia trichantha* Hemsl.

白薇　*Cynanchum atratum* Bunge

耳叶牛皮消　*C. auriculatum* Royle et Wight

光白薇　*C. inamoenum* (Maxim.) Loes.

朱砂藤　*C. officinale* (Hemsl.) Tsiang et Zhang

徐长卿　*C. paniculatum* (Bunge) Kitag.

柳叶白前　*C. stauntonii* (Decne.) Schltr. ex Lévl.

狭叶白前　*C. stenophyllum* Hemsl.

蔓生白薇　*C. versicolor* Bunge *

轮叶白前　*C. verticillatum* Hemsl. *

药用白前　*C. vincetoxicum* (Linn.) Pers. *

昆明杯冠藤　*C. wallichii* Wight.

隔山消　*C. wilfordii* (Maxim.) Hemsl.

苦绳　*Dregea sinensis* Hemsl.

贯筋藤　*D. sinensis* var. *corrugata* (Schneid.)
　　　　　　Tsiang et P. T. Li

醉魂藤　*Heterostemma alatum* Wight

缸豆藤　*Hoya fungii* Merr.

黄花球兰　*H. fusca* Wall.

香花球兰　*H. lyi* Lévl.

牛奶菜　*Marsdenia sinensis* Hemsl.

通光散　*M. tenacissima* (Roxb.) Wight et Arn.

蓝叶藤　*M. tinctoria* R. Br.

柔毛蓝叶藤　*M. tinctoria* var. *tomentoa* Mas.

华萝藦　*Metaplexis hemsleyana* Oliv.

萝藦　*M. japonica* (Thunb.) Makino.

青蛇藤　*Periploca calophylla* (Wight) Falc.

西南杠柳　*P. forrestii* Schlecht.

杠柳　*P. sepium* Bunge

大豹皮花　*Stapelia gigantea* N. E. Br. *

大花犀角　*S. grandiflora* Mass. *

豹皮花　*S. pulchella* Mass. *

通天连　*Tylophora koi* Merr.

贵州娃儿藤　*T. silvestris* Tsiang

256. 旋花科　Convolvulaceae

心萼薯　*Aniseia biflora* (Linn.) Choisy

月光花　*Calonyction aculeatum* (Linn.) House *

打碗花　*Calystegia hederacea* Wall.

篱打碗花　*C. sepium* (Linn.) R. Br.

长裂旋花　*C. sepium* var. *japonica* (Choisy)
　　　　　　Makino

箭叶旋花　*Convolvulus arvensis* Linn.

南方菟丝子　*Cuscuta australis* R. Br.

菟丝子　*C. chinensis* Lam.

日本菟丝子　*C. japonica* Choisy

马蹄金　*Dichondra micrantha* Urb.

土丁桂　*Evolvulus alsinoides*（Linn.）Linn.

蕹菜　*Ipomoea aquatica* Forsk. *

番薯　*I. batatas*（Linn.）Lam. *

枫叶莒　*I. cairica*（Linn.）Sweet. *

北鱼黄草　*Merremia sibirica*（Linn.）Hall. f.

盒果藤　*Operculina turpethum*（Linn.）S. Manso

大花牵牛　*Pharbitis indica*（Burm.）R. C. Fang *

牵牛　*P. nil*（Linn.）Choisy

白牵牛　*P. nil* CV. 'Alba' *

园叶牵牛　*P. purpurea*（Linn.）Voigt

白花园叶牵牛　*P. purpurea* CV. 'Alba' *

腺毛飞蛾藤　*Porana duclouxii* var. *lasia*
　　　　　（Schneid.）Hand. -Mazz.

飞蛾藤　*P. racemose* Roxb.

大果飞蛾藤　*P. sinensis* Hemsl.

圆叶茑萝　*Quamoclit coccinea*（Linn.）Moench *

羽叶茑萝　*Q. pennata*（Desr.）Bojer. *

槭叶茑萝　*Q. sloteri* House *

257.**花荵科**　Polemoniaceae

福禄考　*Phlox drummondii* Hook. *

258.**紫草科**　Boraginaceae

长蕊斑种草　*Bothriospermum dunnianum*
　　　　　（Diels）Hand. -Mazz.

多苞斑种草　*B. secundum* Maxim.

柔弱斑种草　*B. tenellum*（Hornem.）Fisch.
　　　　　et Mey.

倒提壶　*Cynoglossum amabile* Stapf. et Drumm.

大果琉璃草　*C. divaricatum* Steph.

小花琉璃草　*C. lanceolatum* Forsk.

琉璃草　*C. zeylanicum*（Vahl）Thunb. ex Lehm.

粗糠树　*Ehretia macrophylla* Wall.

光叶粗糠树　*E. macrophylla* var. *glabrescens*
　　　　　（Nakai）Y. L. Liu

厚壳树　*E. thyrsiflora*（Sieb. et Zucc.）Nakai

紫草　*Lithospermum erythrorhizon* Sieb. et Zucc.

梓木草　*L. zollingeri* DC.

宽叶假鹤风　*Hackelia brachytuba*（Diels）
　　　　　Johnst.

勿忘我草　*Myosotis silvatica* Hoffm. *

车前紫草　*Sinojohnstonia plantaginea* Hu

聚合草　*Symphytum officinale* Linn. *

盾果草　*Thyrocarpus sampsonii* Hance

钝萼附地菜　*Trigonotis amblyosepala* Nakai
　　　　　et Kitagawa

窄叶附地菜　*T. angustifolis*（C. J. Wang）
　　　　　W. T. Wang

西南附地菜　*T. cavaleriei*（Lévl.）Hand. -Mazz.

狭叶附地菜　*T. compressa* Johnst.

多花附地菜　*T. floribunda* Johnst.

秦岭附地菜　*T. giraldii* Brand

南川附地菜　*T. laxa* Johnst.

大叶附地菜　*T. macrophylla* Vant.

毛果附地菜　*T. macrophylla* var. *trichocarpa*
　　　　　Hand. -Mazz.

湖北附地菜　*T. mollis* Hemsl.

峨眉附地菜　*T. omeiensis* Matsuda

附地菜　*T. peduncularis*（Trev.）Benth.
　　　　　ex Baker et Moore

金佛山附地菜　*T. jinfoshanica* W. T. Wang

259.**马鞭草科**　Verbenaceae

珍珠枫　*Callicarpa bodinieri* Lévl.

南川紫珠　*C. bodinieri* var. *rosthornii*
　　　　　（Diels）Rehd.

华紫珠　*C. cathayana* H. T. Chang

老鸦糊　*C. giraldii* Hesse ex Rehd.

毛叶老鸦糊　*C. giraldii* var. *subcanescens* Rehd.

湖北紫珠　*C. gracilipes* Rehd.

紫珠　*C. japonica* Thunb.

长叶紫珠　*C. longifolia* Lamk.

尖尾紫珠　*C. longissima*（Hemsl.）Merr.

白毛长叶紫珠　*C. longifolia* var. *floccosa*
　　　　　Schauer

披针叶紫珠　*C. longifolia* var. *lanceolaria*
　　　　　（Roxb.）C. B. Clarke

黄腺紫珠　*C. luteopunctata* Chang

红紫珠　*C. rubella* Lindle

狭叶红紫珠　C. rubella f. angustata Péi

钝齿红紫珠　C. rubella f. crenata Péi

兰香草　Caryopteris incana (Thunb.) Miq.

臭牡丹　Clerodendrum bungei Steud.

大萼臭牡丹　C. bungei var. megacalyx
　　　　　　　　　　C. Y. Wu ex S. L. Chen

毛赪桐　C. canescens Wall. ex Walp.

大青　C. cyrtophyllum Turcz.

赪桐　C. japonicum (Thunb.) Sweet.

黄腺大青　C. luteopunctatum Péi et S. L. Chen

海通　C. mandarinorum Diels

臭茉莉　C. philippinum var. simplex Moldenke

海州常山　C. trichatomum Thunb.

马缨丹　Lantana camara Linn. *

过江藤　Phyla nodiflora (Linn.) Greene

狭叶臭黄莉　Premna ligustroides Hemsl.

豆腐柴　P. microphylla Turcz.

长柄臭黄荆　P. puberula Pamp.

毛孤臭柴　P. puberula var. bodinieri (Lévl.)
　　　　　　　　　　C. Y. Wu et S. Y. Bao

假马鞭草　Stachytarpheta jamaicensis (Linn.)
　　　　　　　　　　　　　　　　Vahl. *

美女樱　Verbena hybrida Voss *

马鞭草　V. officinalis Linn.

细裂美女樱　V. tenera Spreng *

灰毛牡荆　Vitex canescens Kurz

黄荆　V. negundo Linn.

齿叶黄荆　V. negundo var. cannabifolia
　　　　　　(Sieb. et Zucc.) Hand.-Mazz.

荆条　V. negundo var. heterophylla (Franch.)
　　　　　　　　　　　　　　　　Rehd.

山牡荆　V. quinata (Lour.) Will.

蔓荆　V. trifolia Linn. *

单叶蔓荆　V. trifolia var. simplicifolia Cham. *

260. **唇形科**　Labiatae

藿香　Agastache rugosa (Fisch. et Mey.) O. Ktze.

筋骨草　Ajuga ciliata Bunge

散血草　A. decumbens Thunb.

狭叶散血草　A. decumbens var. oblancifolia
　　　　　　　　　　Sun ex C. H. Hu

紫背金盘　A. nipponensis Makino

矮生散血草　A. nipponensis var. pallescens
　　　　　　(Maxim.) C. Y. Wu et C. Chen

毛药花　Bostrychanthera deflexa Benth.

肾茶　Clerodendranthus spicatus (Thunb.)
　　　　　　　　　　C. Y. Wu et H. W. Li *

风轮菜　Clinopodium chinense (Benth.) O. Ktze.

邻近风轮菜　C. confine (Hance) O. Ktze.

瘦风轮菜　C. gracile (Benth.) Matsum.

寸金草　C. megalanthum (Diels) C. Y. Wu
　　　　　　　　　　et Hsuan ex H. W. Li

峨眉风轮菜　C. omeiense C. Y. Wu et Hsuan
　　　　　　　　　　　　ex H. W. Li

灯笼草　C. polycephalum (Vaniot) C. Y. Wu
　　　　　　　　　　et Hsuan ex Hsu

匍匐风轮菜　C. repens (D. Don) Wall. ex Benth.

麻叶风轮菜　C. urticifolium (Hance) C. Y. Wu
　　　　　　　　　　et Hsuan ex H. W. Li

五彩苏　Coleus scutellarioides (Linn.) Benth.

南川绵穗苏　Comanthosphace nanchuanensis
　　　　　　　　　　C. Y. Wu et H. W. Li

紫花香薷　Elsholtzia argyi Lévl.

香薷　E. ciliata (Thunb.) Hyland.

野草香　E. cyprianii (Pavol.) S. Chow
　　　　　　　　　　　　ex P. S. Hsu

窄叶野草香　E. cypriani var. angustifolia
　　　　　　　　　　C. Y. Mu et S. C. Huang

野拔子　E. rugulosa Hemsl.

穗状香薷　E. stachyodes (Link.) C. Y. Wu

球穗香薷　E. strobilifera Benth.

四川假野芝麻　Galeobdolon szechuanense
　　　　　　　　　　　　C. Y. Wu

鼠曲瓣花　Galeopsis bifida Boenn.

白连钱草　Glechoma biondiana (Diles) C. Y. Wu
　　　　　　　　　　　　et C. Chen

狭萼连钱草　G. biondiana var. angustituba
　　　　　　　　　　C. Y. Wu et G. Chen

连钱草　G. longituba (Nakai) Kupr.

中华锥花　Gomphostemma chinense Oliv.

光泽锥花　*G. lucidum* Wall.

四轮香　*Hanceola sinensis*（Hemsl.）Kudo

块茎四轮香　*H. thberifera* Sun

异野芝麻　*Heterolamium debile*（Hemsl.）
　　　　　　　　　　　　　　C. Y. Wu

细齿异野芝麻　*H. debile* var. *cardiophyllum*
　　　　　　　　　（Hemsl.）C. Y. Wu

山香　*Hyptis suaveolens*（Linn.）Poit. *

四川霜柱　*Keiskea szechuanensis* C. Y. Wu

粉红动蕊花　*Kinostemon alborubrum*（Hemsl.）
　　　　　　　　　　C. Y. Wu et S. Chow

动蕊花　*K. ornatum*（Hemsl.）Kudo

镰叶动蕊花　*K. ornatum* f. *falcatum* C. Y. Wu
　　　　　　　　　　　　　　et S. Chow

夏至草　*Lagopsis supina*（Steph.）Ik. -Gal.
　　　　　　　　　　　　　　ex Knorr.

宝盖草　*Lamium amplexicaule* Linn.

野芝麻　*L. barbatum* Sieb. et Zucc.

薰衣草　*Lavandula angustifolia* Mill. *

五裂叶益母草　*Leonurus guinguelobatus* Gilib *

益母草　*L. japonica* Houtt.

多棱益母草　*L. japonica* CV. 'Multiangulus' *

白花益母草　*L. japonica* f. *niveus*
　　　　　　　（Baran. et Skvortz.）Hara

錾菜　*L. pseudo-macranthus* Kitag.

细叶益母草　*L. sibiricus* Linn.

疏毛白绒草　*Leucas mollissima* var. *chinensis*
　　　　　　　　　　　　　　Benth.

斜萼草　*Loxocalyx urticifolius* Hemsl.

小叶地笋　*Lycopus cavalieriek* Lévl.

地笋　*L. lucidus* Turcz.

硬毛地笋　*L. lucidus* var. *hirtus* Regel

华西龙头花　*Meehania fargesii*（Lévl.）C. Y. Wu

梗花龙头花　*M. fargesii* var. *pedunculata*
　　　　　　　　　（Hemsl.）C. Y. Wu

松林龙头花　*M. fargesii* var. *pinetorum*
　　　　　　　　（Hand. -Mazz.）C. Y. Wu

龙头花　*M. henryi*（Hemsl.）Sun ex C. Y. Wu

蜜蜂花　*Melissa axillaris*（Benth.）Bakh. f.

龙脑薄荷　*Mentha arvensis* var. *malinvaudi*
　　　　　（Lévl.）C. Y. Wu et H. W. Li *

薄荷　*M. canadensis* Linn.

家薄荷　*M. canadensis* var. *piperascens*
　　　　　（Malinv.）C. Y. Wu et H. W. Li *

柠檬留兰香　*M. citrata* Ehrh. *

皱叶留兰香　*M. crispata* Schrad. ex Willd.

辣薄荷　*M. piperita* Linn. *

园叶薄荷　*M. rotundifolia*（Linn.）Huds. *

毛叶薄荷　*M. segarita* Juz.

留兰香　*M. spicata* Linn. *

凉粉草　*Mesona chinensis* Benth. *

宝兴冠唇花　*Microtoena moupinensis*（Franch.）
　　　　　　　　　　　　　　Prain

南川冠唇花　*M. prainiana* Diels

美国薄荷　*Monarda didyma* Linn. *

拟美国薄荷　*M. fistulosa* Linn. *

小花石荠苎　*Mosla cavaleriei* Lévl.

石香薷　*M. chinensis* Maxim.

小石荠苎　*M. dianthera*（Buch. -Ham.）Maxim.

无叶石荠苎　*M. exfoliata*（C. Y. Wu）
　　　　　　　　　C. Y. Wu et H. W. Li

少花石荠苎　*M. pauciflora*（C. Y. Wu）
　　　　　　　　　C. Y. Wu et H. W. Li

石荠苎　*M. scabra*（Thunb.）C. Y. Wu
　　　　　　　　　　　　et H. W. Li

柔毛荆芥　*Nepeta cataria* Linn.

心叶荆芥　*N. fordii* Hemsl.

罗勒　*Ocimum basilicum* Linn. *

毛罗勒　*O. basilicum* var. *pilosum*（Willd.）
　　　　　　　　　　　　　Benth. *

丁香罗勒　*O. gratissinum* var. *suare*（Willd.）
　　　　　　　　　　　　　Hook. f. *

牛至　*Origanum vulgare* Linn.

纤细假糙苏　*Paraphlomis gracilis* Kudo

罗甸假糙苏　*P. gracilis* var. *lutienensis*（Sun）
　　　　　　　　　　　　　C. Y. Wu

假糙苏　*P. javanica*（Bl.）Prain

狭叶假糙苏　*P. javanica* var. *angustifolia*
　　　　　　　　　　　　　C. Y. Wu

小叶假糙苏　*P. javanica* var. *coronata*（Vaniot）
　　　　　　　　　C. Y. Wu et H. W. Li

长叶假糙苏　*P. lanceolata* Hand.-Mazz.

白苏　*Perilla frutescens*（Linn.）Britton

紫苏　*P. frutescens* var. *crispa*（Thunb.）

　　　　Hand.-Mazz. *

鸡冠紫苏　*P. frutescens* var. *crispa* f.

　　　　nankinensis（Lour.）Sun *

野紫苏　*P. frutescens* var. *purpurascens*

　　　　（Hayata）H. W. Li

大花糙苏　*Phlomis megalantha* Diels

糙苏　*P. umbrosa* Turcz.

南方糙苏　*P. umbrosa* var. *australis* Hemsl.

广藿香　*Pogostemon cablin*（Blanco）Benth. *

夏枯草　*Prunella vulgaris* Linn.

狭叶夏枯草　*P. vulgaris* var. *lanceolata*

　　　　（Bart.）Ferm.

白花夏枯草　*P. vulgaris* var. *leucantha* Schur.

细锥香茶菜　*Rabdosia coetsa*（Buch.-Ham. ex

　　　　D. Don）Hara

香茶菜　*R. excisoides*（Sun ex Hu）C. Y. Wu

　　　　et H. W. Li

粗齿香茶菜　*R. grosseserrata*（Dunn）Hara

细毛香茶菜　*R. hirtella*（Hand.-Mazz.）Hara

宽叶香茶菜　*R. latifolia* C. Y. Wu et H. W. Li

线蕊香茶菜　*R. lophanthoides*（Buch.-Ham.

　　　　ex D. Don）Hara

大锥香茶菜　*R. megathyrsa*（Diels）Hara

显脉香茶菜　*R. nervosa*（Hemsl.）C. Y. Wu

　　　　et H. W. Li

总状香茶菜　*R. racemosus*（Hemsl.）H. W. Li

瘿花香茶菜　*R. rosthornii*（Diels）Hara

碎米桠　*R. rubescens*（Hemsl.）Hara

溪黄草　*R. serra*（Maxim.）Kudo

四川香茶菜　*R. setschwanensis*（Hand.-Mazz.）

　　　　Hara

细叶香茶菜　*R. tenuifolia*（W. W. Sm.）Hara

南川香茶菜　*R. wuii* Z. Y. Liu

南丹参　*Salvia bowleyana* Dunn *

贵州鼠尾草　*S. cavaleriei* Lévl.

紫背血盆草　*S. cavaleriei* var.

　　　　erythrophylla（Hemsl.）Stib.

单叶血盆草　*S. cavaleriei* var. *simplicifolia*

　　　　Stib.

华鼠尾草　*S. chinensis* Benth.

丹参　*S. miltiorrhiza* Bunge *

白花丹参　*S. miltiorrhiza* f. *alba* C. Y. Wu

　　　　et H. W. Li *

单叶丹参　*S. miltiorrhiza* var. *charbonnelii*

　　　　（Lévl.）C. Y. Wu

南川鼠尾草　*S. nanchuanensis* Sun

蕨叶鼠尾草　*S. nanchuanensis* var. *pteridifolia*

　　　　Sun

峨眉鼠尾草　*S. omeiana* Stib.

荔枝草　*S. plebeia* R. Br.

长冠鼠尾草　*S. plectranthoides* Griff.

南欧丹参　*S. slaieag* Linn. *

一串红　*S. splendens* Ker.-Gawl. *

一串紫　*S. splendens* CV. 'Atropurpura' *

佛光草　*S. substolonifera* Stib.

滇鼠尾草　*S. yunnanensis* C. H. Wright

多裂叶荆芥　*Schizonepeta multifida*（Linn.）

　　　　Briq.

荆芥　*S. tenuifolia*（Benth.）Briq. *

四棱草　*Schnabelia oligophylla* Hand.-Mazz.

长叶四棱草　*S. oligophylla* var.

　　　　oblongifolia C. Y. Wu et G. Chen

四齿四棱草　*S. tetrodonta*（Sun）C. T. Wu

　　　　et G. Chen

西南黄芩　*Scutellaria amoena* C. H. Wright *

黄芩　*S. baicalensis* Georgi *

半支莲　*S. barbata* D. Don

尾叶黄芩　*S. caudifolia* Sun ex C. H. Hu

赤水黄芩　*S. chishuiensis* C. Y. Wu et H. W. Li

岩藿香　*S. franchetiana* Lévl.

韩信草　*S. indica* Linn.

长毛韩信草　*S. indica* var. *elliptica* Sun

　　　　ex C. H. Hu

小叶韩信草　*S. indica* var. *parrifolia*（Makino）

　　　　Makino

缩茎韩信草　*S. indica* var. *subcarlis*（Sun

　　　　ex C. H. Hu）C. Y. Wu et C. Chen

变黑黄芩　*S. nigricans* C. Y. Wu

四裂花黄芩　*S. quadrilobulata* Sun ex C. H. Hu

石蜈蚣草　*S. sessilifolia* Hemsl.

顶序黄芩　*S. sessilifolia* f. *terminalis*
C. Y. Wu et S. Chow

英德黄芩　*S. yingtakensis* Sune et C. H. Hu

红茎黄芩　*S. yunnanensis* Lévl.

柳叶红茎黄芩　*S. yunnanensis* var. *salicifolia*
Sun ex C. H. Hu

筒冠花　*Siphocranion macranthum* (Hook. f.)
C. Y. Wu

小叶筒冠花　*S. macronthum* var. *microphyllum*
C. Y. Wu

光柄筒冠花　*S. nudipes* (Hemsl.) Kudo

毛水苏　*Stachys baicalensis* Fisch. et Benth.

水苏　*S. japonica* Miq.

西南水苏　*S. kouyangensis* (Vaniot) Dunn

针筒菜　*S. oblongifolia* Benth.

狭齿水苏　*S. pseudophlomis* C. Y. Wu

甘露子　*S. sieboldi* Miq.

近无毛甘露子　*S. sieboldi* var. *glabrescens*
C. Y. Wu

黄花水苏　*S. xanthantha* C. Y. Wu

二齿香科　*Teucrium bidentatum* Hemsl.

穗花香科　*T. japonicum* Willd.

大唇香科　*T. labiosum* C. Y. Wu et Chow.

长毛香科　*T. pilosum* (Pamp.) C. Y. Wu
et Chow.

血见愁　*T. viscidum* Bl.

光萼血见愁　*T. viscidum* var. *leiocalyx*
C. Y. Wu et S. Chow.

微毛血见愁　*T. viscidum* var. *nepetoides*
(Lévl.) C. Y. Wu et Chow.

百里香　*Thymus mongolicus* Ronn. *

261. 茄科　Solanaceae

颠茄　*Atropa belladonna* Linn. *

天蓬子　*Atropanthe sinensis* (Hemsl.) Pascher.

鸳鸯茉莉　*Brunfelsia acuminata* Benth. *

辣椒　*Capsicum annuum* Linn. *

五彩椒　*C. annuum* var. *cerasiforme* Irish. *

朝天椒　*C. annuum* var. *conoides* (Mill.) Irish. *

簇生椒　*C. annuum* var. *fasciculatum* (Sturt.)
Irish *

菜椒　*C. annuum* var. *grossum* (Linn.) Sendt. *

小米辣　*C. frutescens* Linn. *

夜香树　*Cestrum nocturnum* Linn. *

瓶儿花　*C. purpureum* Standl. *

树番茄　*Cypomandra betacea* Sendt. *

木本曼陀罗　*Datura arborea* Linn. *

毛蔓陀罗　*D. innoxia* Mill.

洋金花　*D. metel* Linn. *

重瓣曼陀罗　*D. metel* var. *fastuosa* Linn. *

曼陀罗　*D. stramonium* Linn.

无刺曼陀罗　*D. stramonium* var. *inermis* (Jacq.)
Schinz et Thell. *

紫花曼陀罗　*D. stramonium* var. *tatula* Torrey *

天仙子　*Hyoscyamus niger* Linn. *

十萼茄　*Lycianthes biflora* (Lour.) Bitter

密毛十萼茄　*L. biflora* var. *subtusochracea* Bitter

鄂红丝线　*L. hupehensis* (Bitter) C. Y. Wu
et S. C. Huang

单花红丝线　*L. lysimachioides* (Wall.) Bitter

茎根红丝线　*L. lysimachioides* var. *caulorrhiza*
(Dunal) Bitter

中华红丝线　*L. lysimachicides* var. *chinensis* Bitter

心叶单花红丝线　*L. lysimachioides* var.
cordifolia C. Y. Wu et S. C. Huang

紫单花红丝线　*L. lysimachioides* var. *purpuriflora*
C. Y. Wu et S. C. Huang

宁夏枸杞　*Lycium barbarum* Linn. *

枸杞　*L. chinense* Mill.

番茄　*Lycopersicon esculentum* Mill. *

樱桃番茄　*L. esculentum* var. *cerasitorme* Alef. *

普通番茄　*L. esculentum* var. *commune* Bailey *

大叶番茄　*L. esculentum* var. *grandifolium*
Bailey *

梨形番茄　*L. esculentum* var. *pyriforme* Alef. *

直立番茄　*L. esculentum* var. *vaildum* Bailey *

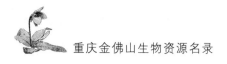
茄参　Mandragora caulescens C. B. Clarke ＊

假酸浆　Nicandra physaloides（Linn.）Gaertn.

黄花烟草　Nicotiana rustica Linn. ＊

烟草　N. tabacum Linn. ＊

碧冬茄　Petunia hybrida Vilm. ＊

酸浆　Physalis alkekengi Linn.

红姑娘　P. alkekengi var. franchetii（Mast.）Makino

苦职　P. angulata Linn.

小酸浆　P. minima Linn.

灯笼草　P. peruviana Linn.

毛酸浆　P. pubescens Linn.

赛莨菪　Scopolia carniolicoides C. Y. Wu et C. Chen ＊

喀西茄　Solanum aculeatissimum Jacq.

少花龙葵　S. americanum Mill.

澳洲茄　S. aviculare Forst. ＊

牛茄子　S. capsicoides All. ＊

毛白英　S. cathayanum C. Y. Wu et S. C. Huang

野茄　S. coagulans Forsk.

刺天茄　S. indicum Linn.

红丁茄　S. integrifolium Poir. ＊

野海椒　S. japonense Nakai

白英　S. lyvatum Thunb.

乳茄　S. mammosum Linn. ＊

茄　S. melongena Linn. ＊

鸡蛋茄　S. melongena CV. 'Depressum' ＊

园果茄　S. melongena CV. 'Esculentum' ＊

弯果茄　S. melongena CV. 'Serpentinum' ＊

龙葵　S. nigrum Linn.

矮株龙葵　S. nigrum var. humile（Bernh.）C. Y. Wu et S. C. Huang

海桐叶白英　S. pittosporifolium Hemsl.

冬珊瑚　S. pseudocapsicum var. diflorum（Vell.）Bitter

丁茄　S. surattense Burm. f.

马铃薯　S. tuberosum Linn. ＊

假烟叶　S. varbascifolium Linn. ＊

黄果茄　S. xanthocarpum Schrad. et Wendl. ＊

龙珠　Tubocapsicum anomalum（Franch. et Sav.）Makino

262. 玄参科　Scrophulariaceae

金鱼草　Antirrhinum majus Linn. ＊

来江藤　Brandisia hancei Hook. f.

蒲苞花　Calceolaria herbeohybrida Voss. ＊

狭叶毛地黄　Digitalis lanata Ehrh. ＊

毛地黄　D. purpurea Linn. ＊

白花毛地黄　D. purpurea var. alba Linn. ＊

幌菊　Ellisiophyllum pinnatum（Wall.）Makino

鞭打绣球　Hemiphragma heterophyllum Wall.

紫苏草　Limnophila aromatica（Lam.）Merr.

长蒴母草　Lindernia anagallis（Burm. f.）Pennell.

泥花草　L. antipoda（Linn.）Alston

母草　L. crustacea（Linn.）F. Muell

圆叶母草　L. nummularifolia（D. Don）Wettst.

陌上菜　L. procumbens（Krock.）Philcox

纤细通泉草　Mazus gracilis Hemsl. ex Forb. et Hemsl.

大花通泉草　M. macranthus Diels

匍茎通泉草　M. miquelii Makino

美丽通泉草　M. pulchellus Hemsl. ex Forb. et Hemsl.

通泉草　M. pumnilus（Burm. f.）Steenis

毛果通泉草　M. spicatus Vant.

弹刀子菜　M. stachydifolius（Turcz.）Maxim.

四川沟酸浆　Mimulus szechuanensis Pai

宽萼沟酸浆　M. szechuanensis var. praerus（Grant）Z. Y. Liu

沟酸浆　M. tenellus Bunge

尼泊尔沟酸浆　M. tenellus var. nepalensis（Benth.）Tsoong

宽叶沟酸浆　M. tenellus var. platyphyllus（Franch.）Tsoong

南方泡桐　Paulownia australis Gong Tong

川泡桐　P. fargesii Franch.

泡桐　P. fortunei Hemsl. ＊

毛泡桐　P. tomentosa（Thunb.）Steud.

干黑马先蒿　*Pedicularis comptoniifolia* Franch. ex Maxim.

连齿马先蒿　*P. confluens* Tsoong

扭盔马先蒿　*P. davidii* Franch.

华中马先蒿　*P. fargesii* Franch.

江南马先蒿　*P. henryi* Maxim.

西南马先蒿　*P. labordei* Vant. et Bonati

藓生马先蒿　*P. musciola* Maxim.

南川马先蒿　*P. nanchuanensis* Tsoong.

蔊菜叶马先蒿　*P. nasturtiifolia* Franch.

返顾马先蒿　*P. resupinata* Linn.

穗花马先蒿　*P. spicata* Pall.

狭盔马先蒿　*P. stenocorys* Franch.

轮叶马先蒿　*P. verticillata* Linn.

松蒿　*Phtheirospermum japonicum* (Thunb.) Kanitz

地黄　*Rehmannia glutinosa* (Gaert.) Libosch. ex Fisch. et Mey. *

怀庆地黄　*R. glutinosa* var. *huaichingensis* Tsao *

湖北地黄　*R. henryi* N. E. Brown

炮仗竹　*Russelia equisetiformis* Schlecht. et Cham. *

冰糖草　*Scoparia dulcis* Linn. *

北玄参　*Scrophularia buergeriana* Miq. *

长梗玄参　*S. fargesii* Franch.

玄参　*S. ningpoensis* Hemsl. *

阴行草　*Siphonostegia chinensis* Benth.

光叶蝴蝶草　*Torenia asiatica* Linn.

西南蝴蝶草　*T. cordifolia* Roxb.

呆白菜　*Triaenophora rupestris* (Hemsl.) Soler.

紫毛蕊花　*Verbascum phoeniceum* Linn.

毛蕊花　*V. thapsus* Linn.

接骨仙桃草　*Veronica anagallis-aquatica* Linn.

直立婆婆纳　*V. arvensis* Linn.

婆婆纳　*V. didym* Tenore

城口婆婆纳　*V. fargesii* Franch.

华中婆婆纳　*V. henryi* Yamazaki

多枝婆婆纳　*V. javanica* Bl.

疏花婆婆纳　*V. laxa* Benth.

兔儿尾苗　*V. longifolia* Linn.

仙桃草　*V. peregrina* Linn.

阿拉伯婆婆纳　*V. persica* Poir.

小婆婆纳　*V. serpyllifolia* Linn.

爬岩红　*Veronicastrum axillare* (Sieb. et Zucc.) Yamazaki

美穗草　*V. braunonianum* (Benth.) Hong

四方麻　*V. caulopterum* (Hance) Yamazaki

宽叶腹水草　*V. latifolium* (Hemsl.) Yamazaki

长穗腹水草　*V. longispicatum* (Merr.) Yamazaki

细穗腹水草　*V. stenostachyum* (Hemsl.) Yamazaki

南川腹水草　*V. stenostachyum* ssp. *nanchuanense* Chin et Hong

腹水草　*V. stenostachyum* ssp. *plukenetii* (Yama.) Hong

毛叶腹水草　*V. villosulum* (Miq.) Yamazaki

263. 紫葳科　Bignoniaceae

凌霄花　*Campsis grandiflora* (Thunb.) Loisel. *

楸树　*Catalpa bungei* C. A. Mey.

川楸　*C. fargesii* Bureau

梓树　*C. ovata* G. Don. *

毛子草　*Incarvillea arguta* (Royle) Royle

角蒿　*I. sinensis* Lam. *

蓝花楹　*Jacaranda acutifolia* Humb. et Bonpl. *

木蝴蝶　*Oroxylum indicum* (Linn.) Vent. *

菜豆树　*Radermachera sinica* (Hance) Hemsl *.

硬骨凌霄　*Tecomaria capensis* (Thunb.) Spach. *

264. 胡麻科　Pedaliaceae

胡麻　*Sesamum orientale* Linn. *

265. 列当科　Orobanchaceae

野菰　*Aeginetia indica* Linn.

丁座草　*Boschniaka himalaica* Hook. f. et Thoms.

假野菰　*Christisonia hookeri* C. B. Clarke

齿鳞草　*Lathraea japonica* Miq.

豆列当　*Mannagettaea labiata* H. Smith

113

列当　*Orobanche coerulescens* Steph.

266.**苦苣苔科**　Gesneriaceae

口红花　*Aeschynanthus pulchra* Don ＊

毛萼口红花　*A. radicans* Jack ＊

直瓣苣苔　*Ancylostemon saxatilis*（Hemsl.）Craib.

大花旋蒴苦苣苔　*Boea clarkeana* Hemsl.

旋蒴苦苣苔　*B. hygrometrica*（Bunge）R. Br.

革叶粗筒苣苔　*Briggsia mihieri*（Franch.）Carib

川鄂粗筒苣苔　*B. rosthornii*（Diels）Burtt

鄂西粗筒苣苔　*B. speciosa*（Hemsl.）Craib

牛耳朵　*Chirita eburnea* Hance

四川岩白菜　*C. sichuanensis* W. T. Wang

珊瑚苣苔　*Corallodiscus lanuginosus*（Wall. ex Br.）Burtt

贵州半蒴苣苔　*Hemiboea cavaleriei* Lévl.

纤细半蒴苣苔　*H. gracilis* Franch.

毛苞半蒴苣苔　*H. gracilis* var. *pilobracteata* Z. Y. Li

柔毛半蒴苣苔　*H. mollifolia* W. T. Wang

小苞半蒴苣苔　*H. parvibracteata* W. T. Wang et Z. Y. Li

半蒴苣苔　*H. subcapitata* Clarke.

城口金盏苣苔　*Isometrum fargesii*（Franch.）Burtt

南川金盏苣苔　*I. nanchuanense* K. Y. Pan et Z. Y. Liu

羽裂金盏苣苔　*I. pinnatilobatum* K. Y. Pan

异叶吊石苣苔　*Lysionotus heterophyllus* Franch.

吊石苣苔　*L. pauciflorus* Maxim.

齿叶吊石苣苔　*L. serratus* D. Don

长瓣马玲苣苔　*Oreocharis auricula*（Moore）Clarke

厚叶蛛毛苣苔　*Paraboea crassifolia*（Hemsl.）Burtt

锈色蛛毛苣苔　*P. rufescens*（Franch.）Burtt

宽萼蛛毛苣苔　*P. sinensis*（Oliv.）Burtt

锥序蛛毛苣苔　*P. swinhoi*（Hance）Burtt

石山苣苔　*Petrocodon dealbatus* Hance

贵州石蝴蝶　*Petrocosmea cavaleriei* Lévl.

南川石蝴蝶　*P. nanchuense* Z. Y. Li

非洲紫罗兰　*Saintpaulia ionantha* H. Wendl. ＊

大岩桐　*Sinningia speciosa*（Lodd.）Hiern ＊

中华长冠苣苔　*Thabdothamnopsis sinensis* Hemsl.

267.**狸藻科**　Lentibulariaceae

捕虫堇　*Pinguicula alpina* Linn.

黄花狸藻　*Utricularia aurea* Lour.

挖耳草　*U. bifida* Linn.

少花狸藻　*U. exoleta* R. Br.

268.**爵床科**　Acanthaceae

金蝉脱壳　*Acanthus montanus*（Nees）T. Anders. ＊

鸭嘴花　*Adhatoda vasica*（Linn.）Nees

大驳骨　*A. ventricosa*（Wall.）Nees ＊

穿心莲　*Andrographis paniculata*（Burm. f.）Nees ＊

白接骨　*Asystasiella chinensis*（S. Moore）E. Hossain

金脉爵床　*Aphelandra squarroa* Nees ＊

南板兰　*Baphicacanthus cusia*（Nees）Bremek. ＊

草杜鹃　*Barleria cristata* Linn.

日本马蓝　*Champienella japonicus*（Thunb.）Bremek.

少花马蓝　*C. oliganthus*（Miq.）Bremek.

四子马蓝　*C. tetraspermus*（Champ. ex Benth.）Bremek.

珊瑚花　*Cyrtanthera carnea*（Lindl.）Bremek. ＊

狗肝草　*Dicliptera chinensis*（Linn.）Nees

印度狗肝草　*D. roxburghiana* Nees

虾衣草　*Drejerella guttata*（Brand.）Bremek. ＊

网纹草　*Fittonia verschaffeltii* Coem. ＊

白网纹草　*F. verschaffeltii* CV. 'Argyroneura' ＊

小驳骨　*Gendarussa vulgaris* Nees ＊

圆苞金足草　*Goldfussia pentstemonoides* Ness

山一笼鸡　*Gutzlaffia aprica* Hance

水蓑衣　*Hygrophila salicifolia*（Vahl.）Nees

九头狮子草　*Peristrophe japonica*（Thunb.）Bremek.

翅柄马蓝 *Pteracanthus alatiramosus*
　　(H. S. Lo et D. Fang) C. Y. Wu et C. C. Hu
城口马蓝 *P. flexus* (R. Ben.) C. Y. Wu
　　　　　　　　　　et C. C. Hu
味牛膝 *P. forresttii* (Diels) C. Y. Wu
山马蓝 *P. oresbius* (W. W. Sm) C. Y. Wu
　　　　　　　　　　et C. C. Hu
云南马蓝 *P. yunnanensis* (Diels) C. Y. Wu
　　　　　　　　　　et C. C. Hu
白鹤灵芝 *Rhinacanthus nasutus* (Linn.) Kurz *
爵床 *Rostellularia procumbens* (Linn.) Nees

269. **透骨草科** Phrymataceae

透骨草 *Phryma leptostachya* var. *oblongifolia*
　　　　　　　(Koidz.) Honda

270. **车前科** Plantaginaceae

车前 *Plantago asiatica* Linn.
密花车前 *P. asiatica* ssp. *densiflora* (J. Z. Liu)
　　　　　　　　　　Z. Y. Li
疏花车前 *P. asiatica* ssp. *erosa* (Wall.) Z. Y. Li
平车前 *P. depressa* Willd.
印度车前 *P. indica* Linn. *
日本车前 *P. japonica* Franch. et Sev. *
长叶车前 *P. lanceolata* Linn. *
大车前 *P. major* Linn.
比利时车前 *P. psyllium* Linn. *

271. **茜草科** Rubiaceae

细叶水团花 *Adina rubella* Hance
金鸡纳 *Cinchona ledgeriana* Maens *
小果咖啡 *Coffea arabica* Linn. *
大果咖啡 *C. liberica* Bull. ex Hien *
流苏子 *Coptosapelta diffusa*
　　　　　(Champ. ex Benth.) Van Steenis
虎刺 *Damnacanthus indicus* (Linn.) Gaerth. f.
香果树 *Emmenopterys henryi* Oliv.
猪殃殃 *Galium aparine* var. *tenerum*
　　　　　　(Gren. et Godr.) Reichb.
六叶葎 *G. asperuloides* var. *hoffmeisteri*
　　　　　　(Klotzsch) Hand.-Mazz
小叶葎 *G. asperifolium* var. *sikkimense* Cuf.

硬毛拉拉藤 *G. boreale* var. *ciliatum* Nakai
四叶葎 *G. bungei* Steud.
阔叶四叶葎 *G. bungei* var. *trachyspermum*
　　　　　　　(A. Gray) Cuf.
西南拉拉藤 *G. elegans* Wall. ex Roxb.
狭叶拉拉藤 *G. elegans* var. *angustifolium* Cuf.
细拉拉藤 *G. gracile* Bunge
小叶猪殃殃 *G. trifidum* Linn.
蓬子菜 *G. verum* Linn.
栀子 *Gardenia jasminoides* Ellis
重瓣栀子 *G. jasminoides* var. *fortuniana*
　　　　　　　　　Lindl. *
卵叶栀子 *G. jasminoides* var. *ovalifolia*
　　　　　　　　　Nakai *
宽叶栀子 *G. latifolia* (Soland.) Ait. *
水栀子 *G. radicans* Thunb. *
白花蛇舌草 *Hedyotis diffusa* Willd.
纤花耳草 *H. tenelliflora* Bl.
污毛粗叶木 *Lasianthus hartii* Franch.
日本粗叶木 *L. japonicus* Miq.
云广粗叶木 *L. longicauda* Hook. f.
狭尖粗叶木 *L. tenuicaudatus* Merr.
黄棉木 *Metading trichotoma* (Zoll. et Mor.)
　　　　　　　　　　Bakh.
巴戟天 *Morinda officinalis* How *
直立巴戟天 *M. officinalis* var. *birsuta* How *
羊角藤 *M. umbellata* Linn.
椭圆玉叶金花 *Mussaenda ellipitica* Hutch.
阔叶玉叶金花 *M. esquirolii* Lévl.
玉叶金花 *M. pubescens* Ait. f.
密脉木 *Myrioneuron faberi* Hemsl.
薄叶新耳草 *Neanotis hirsuta* (Linn. f.)
　　　　　　　　　　W. H. Lewis
新耳草 *N. ingrata* (Wall. et Hook. f.)
　　　　　　　　　　W. H. Lewis
西南新耳草 *N. wightiana* (Wall. ex Hook. f.)
　　　　　　　　Wall. et W. H. Lewis
薄柱草 *Nertera sinensis* Hemsl.
广州蛇根草 *Ophiorrhiza cantonensis* Hance
日本蛇根草 *O. japonica* Blume

蛇根草　　O. mungos Linn.

红腺蛇根草　O. rufopunctata Lo

耳叶鸡矢藤　Paederia cavaleriei Lévl.

鸡矢藤　　P. foetida Linn.

狭叶鸡矢藤　P. sterolhylla Merr.

云南鸡矢藤　P. yunnanensis (Lévl.) Rehd.

山黄皮　　Randia cochinchinensis (Lour.) Merr.

中华茜草　Rubia chinensis Regel. et Mak.

茜草　　R. cordifolia Linn.

长叶茜草　R. cordifolia var. longifolia

　　　　　　　　Hand.-Mazz.

四轮茜草　R. cordifolia var. stenophylla

　　　　　　　　Franch.

大叶茜草　R. leiocaulis Diels

卵叶茜草　R. ovatifolia Z. Y. Zhang

红花茜草　R. podantha Diels

狭叶茜草　R. truppeliana Loes.

六月雪　　Serissa japonica (Thunb.) Thunb.

白马骨　　S. serissoides (DC.) Druce

鸡仔木　　Sinoadina racemosa (Sieb. et Zucc.)

　　　　　　　　Ridsdale

乌口树　　Tarenna attenuata (Voigt) Hutch.

毛狗骨柴　Tricalysia fruticosa (Hemsl.)

　　　　　　　　K. Schum.

狗骨柴　　T. dubia (Lindl.) Ohwi

钩藤　　Uncaria rhynchophylla (Miq.) Miq.

　　　　　　　　ex Havil.

华钩藤　　U. sinenesis (Oliv.) Havil.

272. 忍冬科　Caprifoliaceae

华六道木　Abelia chinensis R. Br.

南方六道木　A. dielsii (Graebn.) Rehd.

短枝六道木　A. engleriana (Graebn.) Rehd.

二翅六道木　A. macroptera (Graebn. et Buchw.)

　　　　　　　　Rehd.

小叶六道木　A. parvifolia Hemsl.

伞花六道木　A. umbellata (Graebn. et Buchw.)

　　　　　　　　Rehd.

云南双盾木　Dipelta yunnanensis Franch.

淡红忍冬　Lonicera acuminata Wall.

无毛淡红忍冬　L. acuminata var. depilata Hsu

　　　　　　　　et H. J. Wang

肉叶忍冬　L. carnosifolia C. Y. Wu et H. J.

　　　　　　　　Wang

须蕊忍冬　L. chrysartha ssp. koehneana

　　　　　　　　(Rehd.) Hsu et H. J. Wang

匍伏忍冬　L. crassifolia Batal.

葱皮忍冬　L. ferdinandii Franch.

木本忍冬　L. fragrantissima ssp. standishii

　　　　　　　　(Carr.) Hsu et H. J. Wang

蕊被忍冬　L. gynochlamydea Hemsl.

巴东忍冬　L. henryi Hemsl.

菰腺忍冬　L. hypoglauca Miq.

忍冬　　L. japonica Thunb.

柳叶忍冬　L. lanceolata Wall.

红脉忍冬　L. lanceolata ssp. nervosa (Maxim.)

　　　　　　　　Y. C. Tang

光枝柳叶忍冬　L. lanceolata var. glabra Chien

　　　　　　　　ex Hsu et H. J. Wang

女贞叶忍冬　L. ligustrina Wall.

金银忍冬　L. maackii (Rupr.) Maxim.

大花忍冬　L. macrantha (D. Don) Spreng.

灰毡毛忍冬　L. macranthoides Hand.-Mazz.

短柄忍冬　L. pampaninii Lévl.

蕊帽忍冬　L. pileata Oliver

凹叶忍冬　L. retusa Franch.

袋花忍冬　L. saccata Rehd.

细毡毛忍冬　L. similis Hemsl.

川黔忍冬　L. subaequalis Rehd.

四川忍冬　L. szechuanica Batal.

唐古特忍冬　L. tangutica Maxim.

盘叶忍冬　L. tragophylla Hemsl.

毛花忍冬　L. trichosantha Bur. et Franch.

长叶毛花忍冬　L. trichosantha var. xerocalyx

　　　　　　　　(Dies) Hsu et H. J. Wang

血满草　　Sambucus adnata Wall. ex DC.

接骨草　　S. chinensis Lindl.

金佛山接骨木　S. jinfushanensis Z. Y. Liu

接骨木　　S. williamsii Hance

五转七　*Triosteum himalayanum* Wall.

莛子藨　*T. pinnatifidum* Maxim.

蓝黑果荚蒾　*Viburnum atrocyaneum* C. B. Clarke

桦叶荚蒾　*V. betulifolium* Batal.

短序荚蒾　*V. brachybotryum* Hemsl.

短筒荚蒾　*V. brevitubum*（Hsu）Hsu

金山荚蒾　*V. chinshanense* Graebn.

金腺荚蒾　*V. chunii* Hsu

伞房荚蒾　*V. corymbiflorum* Hsu et S. C. Hsu

水红木　*V. cylindricum* Buch. -Ham. ex D. Don

毛花荚蒾　*V. dasyanthum* Rehd.

荚蒾　*V. dilatatum* Thunb.

宜昌荚蒾　*V. erosum* Thunb.

淡红荚蒾　*V. erubescens* var. *prattii*（Graebn.）
　　　　　　　　　　　　　　　　Rehd.

珍珠荚蒾　*V. foetidum* var. *ceanothoides*
　　　　　　　（C. H. Wright）Hand. -Mazz.

软毛荚蒾　*V. foetidum* var. *malacotrichum*
　　　　　　　　　　　　　　　Hand. -Mazz.

直角荚蒾　*V. foetidum* var. *rectangulatum*
　　　　　　　　　　　（Graebn.）Rehd.

光萼荚蒾　*V. formobanum* ssp. *leiogynum* Hsu

巴东荚蒾　*V. henryi* Hemsl.

湖北荚蒾　*V. hupehense* Rehd.

长伞梗荚蒾　*V. longiradiatum* Hsu et S. W. Fan

阔叶荚蒾　*V. lobophyllum* Graebn.

绣球花　*V. macrocephalum* Fortune

绣球荚蒾　*V. macrocephalum* f. *keteleeri*（Carr.）
　　　　　　　　　　　　　　　　Rehd. *

心叶荚蒾　*V. nervosum* D. Don

日本珊瑚树　*V. odoratissimum* var. *awabuki*
　　　　　　（K. Koch）Zabel ex Rumpl. *

少花荚蒾　*V. olinganthum* Batal.

卵叶荚蒾　*V. ovatifolium* Rehd.

粉团荚蒾　*V. plicatum* Thunb.

蝴蝶荚蒾　*V. plicatum* var. *tomentosum*
　　　　　　　　　　　　（Thunb.）Miq.

球核荚蒾　*V. propinquum* Hemsl.

狭叶球核荚蒾　*V. propinquum* var. *mairei*
　　　　　　　　　　　　　W. W. Sm.

枇杷叶荚蒾　*V. rhytidophyllum* Hemsl.

陕西荚蒾　*V. schensianum* Maxim.

茶荚蒾　*V. setigerum* Hance

合轴荚蒾　*V. sympodiale* Graebn.

三叶荚蒾　*V. ternutum* Rehd.

红果荚蒾　*V. thytifophyllum* Hemsl.

烟管荚蒾　*V. utile* Hemsl.

锦带花　*Weigela japonica* Thunb. *

水马桑　*W. japonica* var. *sinica*（Rehd.）Bailey

273. 败酱科　Valerianaceae

少蕊败酱　*Patrinia monandra* C. B. Clarke

单叶败酱　*P. monandra* var. *formosana*
　　　　　　　　　　（Kitam.）H. J. Wang

斑花败酱　*P. punctiflora* Hsu et H. J. Wang

糙叶败酱　*P. rupestris* ssp. *scabra*（Bunge）
　　　　　　　　　　　　　　　H. J. Wang

败酱　*P. scabiosaefolia* Fisch. ex Trev.

白花败酱　*P. villosa*（Thunb.）Juss.

柔垂缬草　*Valeriana flaccidissima* Maxim.

长序缬草　*V. hardwickii* Wall.

蜘蛛香　*V. jatamansi* Jones

金山蜘蛛香　*V. jinfoshanensis* Z. Y. liu

缬草　*V. officinalis* Linn.

宽叶缬草　*V. officinalis* var. *latifolia* Miq.

南川缬草　*V. pseudofficinalis* C. Y. Cheng
　　　　　　　　　　　　et H. B. Chen

窄裂小缬草　*V. stenoptera* Diels

274. 川续断科　Dipsacaceae

川续断　*Dipsacus asperoides* C. Y. Chen
　　　　　　　　　　　　et T. M. Ai

峨眉续断　*D. asperoides* var. *omeiensis* Z. T. Yin

金山续断　*D. atrapurpureus* C. Y. Cheng
　　　　　　　　　　　　et Z. T. Yin

涪陵续断　*D. fulingensis* C. Y. Cheng et
　　　　　　　　　　　　　T. M. Ai

日本续断　*D. japonicus* Miq.

轮锋菊　*Scabiosa atropurea* Linn.

双参　*Triplostegia glondulifera* Wall. ex DC.

275.**葫芦科**　Cucurbitaceae

冬瓜　*Benincase hispida*（Thunb.）Cogn. *

节瓜　*B. hispida* var. *chiehqua* How *

假贝母　*Bolbostemma paniculatum*（Maxim.）
　　　　Franquet

西瓜　*Citrullus lanatus*（Thunb.）Matsum
　　　　et Nakai *

甜瓜　*Cucumis melo* Linn. *

菜瓜　*C. melo* var. *conomon*（Thunb.）Makino *

黄瓜　*C. sativus* Linn. *

笋瓜　*Cucurbita maxima* Duch. ex Lam. *

南瓜　*C. moschata*（Duch. ex Lam.）Duch.
　　　　ex Poiret *

西葫芦　*C. pepo* Linn. *

金瓜　*C. pepo* var. *kintoga* Makino *

毛绞股蓝　*Gynostemma burmanicum* King
　　　　et Chakr.

心籽绞股蓝　*G. cardiospermum* Cogn. ex Oliv.

绞股蓝　*G. pentaphyllum*（Thunb.）Makino

长梗绞股蓝　*G. longipes* C. Y. Wu ex X. V. Wu
　　　　et S. K. Chen

肉花雪胆　*Hemsleya carnosiflora* C. Y. Wu
　　　　et Z. L. Cheng

雪胆　*H. chinensis* Cogn. ex Forb et Hemsl.

小花雪胆　*H. graciliflora*（Harms.）Cogn.

金佛山雪胆　*H. pengxianensis* var.
　　　　jinfushanensis L. T. Shen et W. J. Chang

多果雪胆　*H. pengxianensis* var. *polycarpa*
　　　　L. T. Shen et W. J. Chang

母猪雪胆　*H. villosipetala* C. Y. Wu et Z. L. Chen

葫芦　*Lagenaria siceraria*（Molina）Standl. *

瓢瓜　*L. siceraria* var. *depressa*（Ser.）Hara *

瓠子瓜　*L. siceraria* var. *hispida*（Thunb.）
　　　　Hara *

小葫芦　*L. siceraria* var. *microcarpa*（Naud.）
　　　　Hara *

广东丝瓜　*Luffa acutangula*（Linn.）Roxb. *

丝瓜　*L. cylindrica*（Linn.）Roem. *

苦瓜　*Momordica charantia* Linn. *

木鳖　*M. cochinchinensis*（Lour.）Spreng

湖北裂瓜　*Schizopepon dioicus* Cogn. ex Ooiv.

佛手瓜　*Sechum edule*（Jacq.）Swartz *

罗汉果　*Siraitia grasvenorii*（Swingle）
　　　　C. Jeffrey *

头花赤飑　*Thladiantha capitata* Cogn.

大苞赤飑　*T. cordifolia*（Bl.）Cogn

川赤飑　*T. davidii* Franch.

齿叶赤飑　*T. dentata* Cogn.

球果赤飑　*T. globicarpa* A. M. Lu et Z. Y. Zhang

皱果赤飑　*T. henryi* var. *verrucosa*（Cogn.）
　　　　A. M. Lu et Z. Y. Zhang

异叶赤飑　*T. hookeri* C. B. Clarke

三叶赤飑　*T. hookeri* var. *palmatifolia* Chakr.

五叶赤飑　*T. hookeri* var. *pentadactyla*（Cogn.）
　　　　A. M. Lu et Z. Y. Zhang

长叶赤飑　*T. longifolia* Cogn. ex Oliv.

南赤飑　*T. nudiflora* Hemsl. ex Forb. et Hemsl.

鄂赤飑　*T. oliveri* Cogn. ex Mottet

云南赤飑　*T. pustulata*（Lévl.）C. Jeffrey
　　　　ex A. M. Lu

刚毛赤飑　*T. setispina* A. M. Lu et Z. Y. Zhang

长毛赤飑　*T. villosula* Cogn.

王瓜　*Trichosanthes cucumeroides*（Ser.）Maxim.

长猫瓜　*T. cucumeroides* var. *cavaleriei*（Lévl.）
　　　　W. T. Cheng

糙点栝楼　*T. dumniana* Lévl.

贵州栝楼　*T. guizhouensis* C. Y. Cheng et Yueh

栝楼　*T. kirilowii* Maxim.

长萼栝楼　*T. laceribractea* Hayata *

全缘栝楼　*T. ovigera* Bl.

中华栝楼　*T. rosthornii* Harms

厚叶中华栝楼　*T. rosthornii* var. *multicirrata*
　　　　（C. Y. Cheng et Yueh）S. K. Chen

红花栝楼　*T. rubriflos* Thore ex Cayla *

马绞儿　*Zehneria indica*（Lour.）Keraudren

钮子瓜　*Z. maysorensis*（Wight et Arn.）Arn.

276.**桔梗科**　Campanulaceae

丝裂沙参　*Adenophora capillaris* Hemsl.

杏叶沙参　*A. hunanensis* Nannf.

湖北沙参　*A. longipedicellata* Hong

桔梗草　*A. nikoensis* Franch. et Sov. ＊

沙参　*A. stricta* Miq.

无柄沙参　*A. stricta* ssp. *sessilifolia* Hong

轮叶沙参　*A. tetraphylla*（Thunb.）Fisch.

荠苨　*A. trachelioides* Maxim. ＊

聚叶沙参　*A. wilsonii* Nannf.

紫斑风铃草　*Campanula punctata* Lam

金钱豹　*Campanumoea javanica* ssp. *japonica*
（Makino）Hong

长叶轮钟草　*C. lancifolia*（Roxb.）Merr.

二色党参　*Codonopsis bicolor* Nennf.

羊乳　*C. lanceolata*（Sieb. et Zucc.）Trautv. ＊

党参　*C. pilosula*（Franch.）Nannf.

川党参　*C. tangshen* Oliv.

管花党参　*C. tubulosa* Komav.

半边莲　*Lobelia chinensis* Lour.

江南山梗菜　*L. davidii* Franch.

西南山梗菜　*L. sequinii* Lévl. et Van.

袋果草　*Peracarpa carnosa*（Wall.）Hook. f.
et Thoms

桔梗　*Platycodon grandiflorum*（Jacq.）A. DC.

白花桔梗　*P. grandiflorum* var. *album* Hort. ＊

铜锤玉带草　*Pratia nummularia*（Lam.）
A. Br. et Aschers.

蓝花参　*Wahlenbergia marginata*（Thunb.）
A. DC.

277.菊科　Compositae

千叶蓍　*Achillea millefoium* Linn.

西南蓍　*A. wilsoniana*（Heimerl）Heimerl

腺梗菜　*Adenocaulon himalaicum* Edgew.

下田菊　*Adenostemma lavenia*（Linn.）O. Kuntze

胜红蓟　*Ageratum conyzoides* Linn.

马边兔儿风　*Ainsliaea angusata* Chang

心叶兔儿风　*A. bonatii* Beauvd.

杏香兔儿风　*A. fragrans* Champ.

光叶兔儿风　*A. glabra* Hemsl.

纤细兔儿风　*A. gracilis* Franch.

粗齿兔儿风　*A. grossedentata* Franch.

长穗兔儿风　*A. henryi* Diels

宽叶兔儿风　*A. latifolia*（D. Don）Sch. -Bip.

铁灯兔儿风　*A. macroclinidiodes* Hayata

多苞兔儿风　*A. multibracteata* Mattf.

白背叶下花　*A. pertyoides* var. *albotomentosa*
Beauv.

红背兔儿风　*A. rubrifolia* Franch.

红脉兔儿风　*A. rubrinervis* Chang

细穗兔儿风　*A. spicata* Vaniot

细茎兔儿风　*A. tenuicaulis* Mattf.

波齿兔儿风　*A. unduata* Diels

云南兔儿风　*A. yunnanensis* Franch.

黄腺香青　*Anaphalis aureopunctata* Lingelsh
et Borra

旋叶香青　*A. contorta*（D. Don）Hook. f.

宽翅香青　*A. latialata* Ling et Y. L. Chen

珠光香青　*A. margaritacea*（Linn.）Benth.
et Hook. f.

黄褐香青　*A. margaritacea* var. *cinnamomea*
（DC.）Hand. -Mazz. ex Maxim.

条叶香青　*A. margaritacea* var. *japonica*
（Sch. -Big.）Makino

香青　*A. sinica* Hance

绵毛香青　*A. sinica* var. *lanata* Ling

牛蒡　*Arctium lappa* Linn.

木茼蒿　*Argyranthemum frutescens*（Linn.）
Sch. -Bip. ＊

黄花蒿　*Artemisia annua* Linn.

奇蒿　*A. anomala* S. Moore

艾蒿　*A. argyi* Lévl. et Vant.

无齿艾蒿　*A. argyi* var. *eximia*（Pamp.）Kitam

茵陈　*A. capillaris* Thunb.

青蒿　*A. caruifolia* Buch.

蛔蒿　*A. cina* Berg. ＊

牛尾蒿　*A. dubia* Wall. ex Bess.

南牡蒿　*A. eriopoda* Bunge

牡蒿　*A. japonica* Thunb.

小花牡蒿　*A. japonica* var. *parviflora* Pamp.

肺痨草　*A. lactifolia* Wall. ex DC.

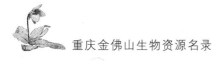

矮蒿　*A. lancea* Vant.

野艾蒿　*A. lavandulaefolia* DC.

魁蒿　*A. princeps* Pamp.

南川蒿　*A. rosthornii* Pamp.

灰苞蒿　*A. roxburghiana* Bess.

白莲蒿　*A. sacrorum* Ledeb.

蒌蒿　*A. selengensis* Turcz. ex Bess.

大籽蒿　*A. sieversiana* Ehrh. ex Willd.

阴地蒿　*A. sylvatica* Maxim.

甘青蒿　*A. tangutica* Pamp.

毛莲蒿　*A. vestita* Wall. ex Bess.

三脉紫菀　*Aster ageratoides* Turcz.

狭叶三脉紫菀　*A. ageratoides* var. *gerlachii* (Hce) Chang

毛枝三脉紫菀　*A. ageratoides* var. *lasiocladus* (Hayata) Hand. -Mazz.

宽伞三脉紫菀　*A. ageratoides* var. *laticorymbus* (Vant.) Hand. -Mazz.

微糙三脉紫菀　*A. ageratoides* var. *scaberulus* (Miq.) Ling

小舌紫菀　*A. albescens* (DC.) Hand. -Mazz.

狭叶小舌紫菀　*A. albescens* var. *gracilior* Hand. -Mazz.

耳叶紫菀　*A. auriculatus* Franch.

亮叶紫菀　*A. nitidus* Ching

琴叶紫菀　*A. panduratus* Nees ex Walper

钻形紫菀　*A. subulatus* Mich.

紫菀　*A. tataricus* Linn. f. ＊

北苍术　*Atractylodes chinensis* (DC.) Koidz. ＊

关苍术　*A. japonica* Koidz. ex Kitam. ＊

苍术　*A. lancea* (Thunb.) DC. ＊

白术　*A. macrocephala* Koidz. ＊

雏菊　*Bellis perennis* Linn ＊

鬼针草　*Bidens bipinnata* Linn.

大鬼针草　*B. biternata* (Lour.) Merr. et Sherff.

羽叶鬼针草　*B. maximowicziana* Oett.

细叶鬼针草　*B. parviflora* Willd.

三叶鬼针草　*B. pilosa* Linn.

白花鬼针草　*B. pilosa* var. *radiata* Sch. -Bip.

狼把草　*B. tripartita* Linn.

单叶狼把草　*B. tripartita* var. *repens* (D. Don) Sherff.

香艾　*Blumea aromatica* DC.

艾纳香　*B. balsamifera* (Linn.) DC. ＊

毛毡草　*B. hieraciifolia* (D. Don) DC.

兔儿风蟹甲草　*Cacalis ainsliaeflora* (Franch.) Hand. -Mazz.

两似蟹甲草　*C. ambigua* Ling

三角叶蟹甲草　*C. deltophylla* (Maxim.) Mattl.

长穗蟹甲草　*C. longispica* Hand. -Mazz.

耳翼蟹甲草　*C. otopteryx* Hand. -Mazz.

深山蟹甲草　*C. profundorum* (Dunn) Hand. -Mazz.

矢镞叶蟹甲草　*C. rubescens* (S. Moore) Matsuda

金盏花　*Calendula officinalis* Linn. ＊

翠菊　*Callistephus chinensis* (Linn.) Nees ＊

驴蹄草　*Caltha palustis* Linn.

飞廉　*Carduus crispus* Linn.

天名精　*Carpesium abrotanoides* Linn.

烟管头草　*C. cernuum* Linn.

金挖耳　*C. divaricatum* Sieb. et Zucc.

贵州挖耳草　*C. faberi* Winkl.

长叶天名精　*C. longifolium* Chen et C. M. Hu

小金挖耳　*C. minum* Hemsl.

绵毛金挖耳　*C. nepalense* var. *lanatum* (Hook. f.) C. B. Kitam.

峨眉杓儿菜　*C. omeiensis* Hu

四川天名精　*C. szechuanense* Chen et C. M. Hu

粗齿天名精　*C. trachelifolium* Less.

暗花金挖耳　*C. triste* Maxim.

毛暗花金挖耳　*C. triste* var. *sinense* Diels

毛红花　*Carthamus lanatus* Linn. ＊

红花　*C. tinctorius* Linn. ＊

矢车菊　*Centaurea cyanus* Linn. ＊

石胡荽　*Centipeda minima* (Linn.) A. Brauv. et Aschers.

粗毛毛鳞菊　*Chaetoseris hispida* Shih

茼蒿　*Chrysanthemum coronarium* Linn. ＊

滨菊　*C. maximum* Ramond *

南茼蒿　*C. segetum* Linn. *

金佛山大蓟　*Cirsium bracteiferum* Shih

等苞蓟　*C. fargesii* (Franch.) Diels

灰蓟　*C. griseum* Lévl.

湖北蓟　*C. hupehese* Pamp.

大蓟　*C. japonicum* Fisch. ex DC.

线叶蓟　*C. lineare* (Thunb.) Sch.-Bip.

野蓟　*C. maackii* Maxim.

马刺蓟　*C. monocephalum* (Vant.) Lévl.

烟管蓟　*C. pendulum* Fisch. ex DC.

刺儿菜　*C. setosum* (Willd.) MB.

野塘蒿　*Conyza bonariensis* (Linn.) Cronq.

小白酒草　*C. canadensis* (Linn.) Cronq.

白酒草　*C. japonica* (Thunb.) Less.

苏门白酒草　*C. sumatrensis* (Retz.) Walker

大金鸡菊　*Coreopsis lanceolata* Linn. *

二色金鸡菊　*C. tinctoria* Nutt. *

波斯菊　*Cosmos bipinnata* Cav. *

硫磺菊　*C. sulphureus* Cav. *

疏华菊　*C. sulphureus* var. *rariflorus* Law. *

山芫荽　*Cotula hemisphaerica* Wall.

野茼蒿　*Crassocephalum crepidioides* (Benth.)
　　　　　　　　S. Moore

芙蓉菊　*Crossostephium chinense* (Linn.)
　　　　　　　　Makino. *

朝鲜水飞蓟　*Cynara scolymus* Linn. *

大理花　*Dahia pinnata* Cav. *

野菊　*Dendranthema indicum* (Linn.) Des Moul.

菊花　*D. grandiflorum* (Ramat.) Kitam. *

歧柱蟹甲草　*Dicercoclados triplinervis* C. Jeffrey
　　　　　　　　et Y. L. Chen

鱼眼草　*Dichrocephala auriculata* (Thunb.)
　　　　　　　　Druce.

小鱼眼草　*D. benthamii* C. B. Clarke

菊叶鱼眼草　*D. chrysanthemifolia* (Bl.) DC.

东风菜　*Doellingeria scaber* (Thunb.) Nees

旱莲草　*Eclipta alba* (Linn.) Hassk.

一点红　*Emilia sonchifolia* (Linn.) DC. ex Wight

梁子菜　*Erechtites hieracifolia* (Linn.) Raf.

一年蓬　*Erigeron annuus* (Linn.) Pers.

短葶飞蓬　*E. breviscapus* (Van.) Hand.-Mazz.

长茎飞蓬　*E. elongatus* Lodeb.

华泽兰　*Eupatorium chinense* Linn.

佩兰　*E. fortunei* Jurcz.

异叶泽兰　*E. heterophyllum* DC.

单叶泽兰　*E. japonicum* Thunb.

裂叶泽兰　*E. japonicum* var. *tripartitum* Makino

林泽兰　*E. lindleyanum* DC.

南川泽兰　*E. nanchuanense* Ling et Shih

南川花佩　*Faberia nanchuanensis* Shih

大吴风草　*Ferfugium japonicum* (Linn. f.)
　　　　　　　　Kitam.

天人菊　*Gaillardia pulchella* Foug. *

牛膝菊　*Galinsoga parviflora* Cav.

大丁草　*Gerbera anandria* (Linn.) Cass.

多裂大丁草　*G. anandria* var. *densiloba* Mattf.

毛大丁草　*G. piloselloides* (Linn.) Cass.

宽叶鼠曲草　*Gnaphalium adnatum*
　　　　　　　　(Wall. ex DC.) Kitam.

鼠曲草　*G. affine* D. Don

背白鼠曲草　*G. hypoleucum* DC.

细叶鼠曲草　*G. japonicum* Thunb.

丝绵草　*G. luteo-album* Linn.

南川鼠曲草　*G. nanchuanense* Ling et Tseng

小葵子　*Guizotia abyssinica* Cass *

胖儿草　*Gynura avalie* DC.

两色三七草　*G. biolor* (Roxb. ex Willd.) DC.

玉枇杷　*G. divaricata* (Linn.) DC.

三七草　*G. japonica* (Thunb.) Juel

向日葵　*Helianthus annuus* Linn. *

瓜叶向日葵　*H. debilis* Nutt. *

菊芋　*H. tuberosus* Linn.

麦杆菊　*Helichrysum bracteatum* (Vent.)
　　　　　　　　Andr. *

泥胡菜　*Hemistepta lyrata* (Bunge) Bunge

山柳菊　*Hieracium umbellatum* Linn.

欧亚旋复花　*Inula britanica* Linn. *

羊耳菊　*I. cappa* (Buch.-Ham. ex D. Don) DC.

土木香　*I. helenium* Linn. *

旋复花　I. japonica Thunb.

窄叶旋复花　I. lineriifolia Turcz.

总状土木香　I. racemosa Hook. f.

山剪刀股　Ixeridium chinensis (Thunb.) Tzvel.

齿缘苦荬菜　I. dentatum (Thunb.) Tzvel.

细叶苦荬菜　I. gracilis (DC.) Shih

剪刀股　I. japonica (Burm. f.) Nakai

多头苦荬菜　I. polycephala Cass.

抱茎苦荬菜　I. sonchifolium (Maxim.) Shih

马兰　Kalimeris indica (Linn.) Sch.-Bip.

深裂马兰　K. indica var. polymorpha (Vant.) Kitam.

毡毛马兰　K. shimadae (Kitam.) Kitam.

山莴苣　Lactuca indica Linn.

莴苣　L. sativa Linn. *

莴笋　L. sativa var. angustata Irish. *

卷心莴苣　L. sativa var. capitata DC. *

生菜　L. sativa var. romana Hort. *

条叶莴苣　L. sibirica (Linn.) Benth.

堆莴苣　L. soroia Miq.

六棱菊　Laggera alata (D. Don) Sch.-Bip. ex Oilv.

翼齿六棱菊　L. pterodonta (DC.) Benth.

稻槎菜　Lapsana apogonoides Maxim.

薄雪火绒草　Leontopodium japonicum Miq.

峨眉火绒草　L. omeiense Ling

华火绒草　L. sinense Hemsl.

植夫橐吾　Ligularia fangiana Hand.-Mazz.

肾叶橐吾　L. fischerii (Ledeb.) Turcz.

鹿蹄橐吾　L. hodgsonii Hook.

狭苞橐吾　L. intermedia Nakai

贵州橐吾　L. levellei (Vant.) Hand.-Mazz.

南川橐吾　L. nanchuanica S. W. Liu

总序橐吾　L. sibirica var. racemosa Kitam.

离舌橐吾　L. veitchiana (Hemsl.) Greenm.

川鄂橐吾　L. wilsoniana (Hemsl.) Greenm

洋甘菊　Matricaria recutita Linn. *

无喙粘冠草　Myricatis nepalensis Less.

长叶紫菊　Notoseris dolichophulla Shih

腺毛紫菊　N. glandulosa (Dunn) Shih

细柄紫菊　N. gracilipes Shih

多裂紫菊　N. henryi (Dunn) Shih

黑花紫菊　N. melanantha (Franch.) Shih

金佛山紫菊　N. nanchuanensis Shih

南川紫菊　N. porphyrolepis Shih

光苞紫菊　N. psilolepis Shih

三花紫菊　N. triflora (Hemsl.) Shih

林生假福王菊　Paraprenanthes sylvicola Shih

瓜叶菊　Pericallis hybrda B. Norb. *

葫芦叶　Petasites japonicus (Sieb. et Zucc.) Maxim.

毛裂葫芦叶　P. tricholobus Franch.

毛莲菜　Picris hieracioides Linn.

薯芋叶福王草　Prenanthes faberi Hemsl.

南川福王草　P. nanchuanensis Shih

台湾翅果菊　Pterocypsela formosana (Maxim.) Shih

多裂翅果菊　P. laciniata (Houtt.) Shih

除虫菊　Pyrethrum cinerariaefolium Trev. *

秋分草　Rhynchospermum verticillatum Reinw. ex Bl.

黑心菊　Rudbeckia hirta Linn. *

金光菊　R. laciniata Linn. *

翅茎凤毛菊　Saussurea cauloptera Hand.-Mazz.

心叶凤毛菊　S. cordifolia Hemsl.

云木香　S. costus (Falc.) Lipsch. *

三角叶凤毛菊　S. deltoidea (DC.) Sch.-Bip.

凤毛菊　S. japonica (Thunb.) DC.

川陕凤毛菊　S. licentiana Hand.-Mazz.

少花凤毛菊　S. oligantha Franch.

多头凤毛菊　S. polycephala Hand.-Mazz.

草防风　Scorzonera albicaulis Bunge

羽叶千里光　Senecio argunensis Turcz.

双花千里光　S. dianthus Franch.

菊状千里光　S. laetus Edgew.

千里光　S. scandens Buch.-Ham. ex D. Don

深裂千里光　S. scandens var. incisus Franch.

华麻花头　Serratula chinensis S. Moore

毛梗豨莶　Siegesbeckia glabrescens Makino

豨莶草　S. orientalis Linn.

腺梗豨莶 *S. pubescens* (Makino) Makino

松香草 *Silphium perfoliatum* Linn. *

水飞蓟 *Silybum marianum* (Linn.) Gaertn. *

华羽裂蟹甲草 *Sinacalia tangutica* (Maxum.) B. Nord.

双舌华蟹甲草 *S. davidii* (Franch.) H. Koyama

滇黔蒲儿根 *Sinosenecio bodinieri* (Vant.) B. Nord.

秃果蒲儿根 *S. globigerus* var. *adenophyllus* C. Jeffrey et Y. L. Chen

单头蒲儿根 *S. goodianus* (Hand.-Mazz.) B. Nord.

石生蒲儿根 *S. maximowicyil* (Winkl.) B. Nord.

南川蒲儿根 *S. nanchuanensis* Z. Y. Liu

蒲儿根 *S. oldhamianus* (Maxim.) B. Nord.

掌裂蒲儿根 *S. palmatilobus* (Kitam.) C. Jeffrey et Y. L. Chen

七裂蒲儿根 *S. septilobus* (Chang) B. Nord.

革叶蒲儿根 *S. subcoriaceus* C. Jeffrey et Y. L. Chen

紫毛蒲儿根 *S. villiferus* (Franch.) B. Nord.

齿裂蒲儿根 *S. winklerianus* (Hand.-Mazz.) B. Nord.

加拿大一枝黄花 *Solidago canadensis* Linn. *

一枝黄花 *S. decurrens* Lour.

牛舌头 *Sonchus arvensis* Linn.

续断菊 *S. asper* (Linn.) Hill.

苦苣菜 *S. oleraceus* Linn.

甜叶菊 *Stevia rebaudina* Bertoni *

象牙蓟 *Sylybum eburneum* Coss et Dur. *

金腰箭 *Synedrella nodiflora* (Linn.) Gaertn.

兔儿伞 *Syneilesis aconitifolia* (Bunge) Maxim.

华合耳菊 *Synotis sinica* (Diels) C. Jeffrey et Y. L. Chen

锯叶尾药菊 *S. nagensium* (Clarke) C. Jeffrey et Y. L. Chen

山牛蒡 *Synurus deltoides* (Ait.) Nakai

万寿菊 *Tagetes erecta* Linn. *

孔雀草 *T. patula* Linn. *

箭叶蒲公英 *Taraxacum maurocarocarpum* Dahlst.

蒲公英 *T. mongolicum* Hand.-Mazz.

高山蒲公英 *T. platypecidum* Diels

莲座狗舌草 *Tephroseris changii* B. Nord.

蒜叶波罗门参 *Tragopogon porrifolius* Linn. *

款冬 *Tussilago farfara* Linn.

川木香 *Vladimiria souliei* (Franch.) Ling *

南川斑鸠菊 *Vernonia bockiana* Diels

夜香牛 *V. cinerea* (Linn.) Less.

山蟛蜞菊 *Wedelia wallichii* Less.

苍耳 *Xanthium sibiricum* Patr. et Widd.

灰毛黄鹌菜 *Youngia cinerippappa* (Babc.) Babc.

红果黄鹌菜 *Y. erythrocarpa* (Vant.) Bebc. et Stebb.

异叶黄鹌菜 *Y. heterophylla* (Hemsl.) Babc. et Stebb.

黄鹌菜 *Y. japonica* (Linn.) DC.

高大黄鹌菜 *Y. japonica* ssp. *elstonii* (Hochr.) Babc. et Stebb.

细叶黄鹌菜 *Y. tenuifolia* (Willd.) Babc. et Stebb.

百日菊 *Zinnia elegans* Jacq. *

[合瓣花植物亚纲共有 37 科 419 属 1 440 种(亚种、变种、变型)]

二)单子叶植物纲 Monocotyledoneae

278. 香蒲科 Typhaceae

水烛 *Typha angustifolia* Linn.

阔叶香蒲 *T. latifolia* Linn.

香蒲 *T. orientalis* Presl *

279. 黑三棱科 Sparganiaceae

小黑三棱 *Sparganium simplex* Huds.

黑三棱 *S. stoloniferum* (Graebn.) Buch. -Ham. *

280. **眼子菜科**　Potamogetonaceae

菹草　*Potamogeton crispus* Linn.

小叶眼子菜　*P. cristatus* Regel

眼子菜　*P. distinctus* A. Benn.

光叶眼子菜　*P. lucens* Linn.

微齿眼子菜　*P. maackianus* A. Benn.

竹叶眼子菜　*P. malaianus* Miq.

篦齿眼子菜　*P. pectinatus* Linn.

281. **茨藻科**　Najadaceae

草茨藻　*Najas graminea* Del.

多孔茨藻　*N. indica*（Willd.）Cham.

茨藻　*N. japonica* Nakai.

大茨藻　*N. marina* Linn.

小茨藻　*N. minor* All.

282. **泽泻科**　Alismataceae

窄叶泽泻　*Alisma canaliculatum* A. Br. et Bouche.

泽泻　*A. plantago-aquatica* var. *orientale*
（Sam.）Juzep. *

矮慈姑　*Sagittaria pygmaea* Miq.

野慈姑　*S. trifolia* Linn.

慈姑　*S. trifolia* var. *sinensis*（Sims）Makino

长瓣慈姑　*S. trifolia* f. *longiloba*（Turcz.）
Makino

283. **水鳖科**　Hydrocharitaceae

有尾水筛　*Blyxa echinosperma*（C. B. Clarke）
Hook. f.

水筛　*B. japonica*（Miq.）Maxim.

黑藻　*Hydrilla verticillata*（Linn. f.）Royle.

水车前　*Ottelia alismoides*（Linn.）Pers.

苦草　*Vallisneria natans*（Lour.）Hara

284. **禾本科**　Gramineae

剪股颖　*Agrostis clavata* ssp. *matsumurae*
（Hack. ex Honda）Tateoka

巨穗剪股颖　*A. gigantea* Roth

大锥剪股颖　*A. megathyrsa* Keng

微药剪股颖　*A. micrandra* Keng

多花剪股颖　*A. myriandra* Hook. f.

外玉山剪股颖　*A. transmorrisonensis* Hayata

看麦娘　*Alopecurus aequalis* Sohol.

日本看麦娘　*A. japonicus* Steud.

荩草　*Arthraxon hispidus*（Thunb.）Makino

匿芒荩草　*A. hispidus* var. *cryptatherus*
（Hack.）Honda

茅叶荩草　*A. lanceolatus*（Roxb.）Hochst.

野古草　*Arundinella hirta*（Thunb.）Tanaka

瘦瘠野古草　*A. hirta* var. *depauperata*
（Ruendle）Keng

芦竹　*Arundo donax* Linn.

彩叶芦竹　*A. donax* var. *varsicolor*（Mill.）
Stockes *

沟稃草　*Aulacolepis treutleri*（O. Ktze.）Hack.

日本沟稃草　*A. treutleri* var. *japonica*（Hack.）
Ohwi

野燕麦　*Avena fatua* Linn.

光稃野燕麦　*A. fatua* var. *glabrata* Peterm.

光轴野燕麦　*A. fatua* var. *mollis* Keng

燕麦　*A. sativa* Linn. *

孝顺竹　*Bambusa multiplex*（Lour.）Raeuschel
ex J. A. et J. H. Schult. *

凤尾竹　*B. multiplex* var. *fernleaf* R. A.
Young *

金钱竹　*B. multiplex* f. *alphonsokarri*
（Mitf. ex Satow）Nakai *

硬头黄竹　*B. rigida* Keng et Keng f.

车角竹　*B. sinopinosa* Mcclure

佛肚竹　*B. ventricosa* Mcclure *

冷箭竹　*Bashania fangiana*（A. Camus）
Kang et Kang f.

白羊草　*Bothriochloa ischaemum*（Linn.）Keng

毛臂形草　*Brachiaria villosa*（Lam.）A. Camus

银鳞茅　*Briza minor* Linn.

疏花雀麦　*Bromus remotiflorus*（Steud.）Ohwi

拂子茅　*Calamagrostis epigejos*（Linn.）Roth

竹枝细柄草　*Capillipedium asslmile*（Stued.）
A. Camus

细柄草　*C. parviflorum*（R. Br.）Stapf

沿沟草 *Catabrosa aquatica*（Linn.）Beauv.

假淡竹叶 *Centotheca lappacea*（Linn.）Desv

狭叶方竹 *Chimonobambusa angustifolia* C. D.
　　　　　　　Chu et C. S. Chao

刺黑竹 *C. neopurpurea* Yi

刺竹 *C. pachystachys* Hsueh et Yi

金佛山方竹 *C. utilrs*（Keng）Keng. f.

隐子草 *Cleistogenes hackeii*（Honda）Honda

川谷 *Coix lacuryma-jobi* Linn.

薏苡 *C. lachryma-jobi* var. *mayuen*（Roman.）
　　　　　　　Stapf *

黑壳薏苡 *C. lachryma-jobi* var. *frumentacea*
　　　　　　　Mak. *

柠檬草 *Cymbopogon citratus*（DC.）Stapf *

小香茅草 *C. distans*（Nees ex Steud.）W. Wats

香茅 *C. winterianus* Jowitt.

铁线草 *Cynodon dactylon*（Linn.）Rers.

冬竹 *Dendrocalamus inermis*（Keng et Keng f.）
　　　　　　　Yi *

梁山慈 *D. farinosus*（Keng et Keng f.）Chia
　　　　　　　et H. L. Fung

麻竹 *D. latiflorus* Munro

发草 *Deschampsia caespitosa*（Linn.）P. Beauv.

野青茅 *Deyeuxia arundinacea*（Linn.）Beauv.

疏穗野青茅 *D. effusiflora*（Rendl.）P. C. Kuo
　　　　　　　et S. L. Lu

箱根野青茅 *D. hakonensis* Franch. et Sav.

房县野青茅 *D. henryi*（Rendl.）P. C. Kuo
　　　　　　　et S. L. Lu

紫花青茅 *D. purpurea*（Trin.）Trin.

华马唐 *Digitaria chinensis* Hornem.

十字马唐 *D. cruciata* Nees ex Herb

止血马唐 *D. ischaemum*（Schreb.）Schreb.

马唐 *D. sanguinalis*（Linn.）Scop.

紫马唐 *D. violascens* Link.

南川镰序竹 *Drepanostachyum melicoideum*
　　　　　　　Keng f.

光头稗子 *Echinochloa colonum*（Linn.）Link

稗 *E. crusgalli*（Linn.）Beauv.

旱稗 *E. crusgalli* var. *hispidula*（Retz.）Honda

湖南稗子 *E. crusgalli* var. *frumentacea*（Roxb.）
　　　　　　　W. F. Wight

无芒稗 *E. crusgalli* var. *mitis*（Parsh.）Peterm

西来稗 *E. crusgalli* var. *zelayensis*（H. B. K）
　　　　　　　Hitche

穆子 *Eleusine coracana*（Linn.）Gearth. *

牛筋草 *E. indica*（Linn.）Gaertn.

知风草 *Eragrostis ferruginea*（Thunb.）Beauv.

画眉草 *E. pilosa*（Linn.）Beauv.

假俭草 *Eremochloa ophiuroides*（Munro）Hack.

蔗茅 *Erianthus rufipilus*（Steud.）Griseb.

野黍 *Eriochloa villosa*（Thunb.）Kunth

金茅 *Eulalia speciosa*（Debeaux.）Kuntze

拟金茅 *Eulaliopsis binata*（Retz.）C. E.
　　　　　　　Hubbard

拐棍竹 *Fargesia spathacea* Franch.

羊子茅 *Festuca ovina* Linn.

小颖羊茅 *F. parvigluma* Steud.

西南异燕麦 *Helictotrichon virescens*
　　　　　（Nees ex Steud.）Henr.

扁穗牛鞭草 *Hemarthria compressa*（Linn. f.）
　　　　　　　R. Br.

黄茅 *Heteropogon contortus*（Linn.）Beauv.
　　　　　　　ex Roem. et Sohult.

大麦 *Hordeum vulgare* Linn. *

白茅 *Imperata cylindrica* var. *major*（Nees.）
　　　　　　　C. E. Hubb.

峨眉箬竹 *Indocalamus cmeiensis* C. D. Chu
　　　　　　　et C. S. Chao

阔叶箬竹 *I. latifolius*（Keng）Mcclura

箬竹 *I. longiauritus* Hand.-Mazz.

金佛山箬竹 *I. wilsoni*（Rendle.）C. S. Chao
　　　　　　　et C. D. Chu

白花柳叶箬 *Isachne albens* Trin.

纤毛柳叶箬 *I. cilatiflora* Keng

柳叶箬 *I. globosa*（Thunb.）Kuntze.

日本柳叶箬 *I. nipponenis* Ohwi

游草 *Leersia hexandra* Swartz.

假稻 *L. japonica* Makino

千金子　*Leptochlosa chinensis*（Linn.）Nees

黑麦草　*Lolium perenne* Linn. *

淡竹叶　*Lophatherum gracile* Brongn.

刚莠竹　*Microstegium ciliatum*（Trin.）A. Camus

竹叶茅　*M. nudum*（Trin.）A. Camus

柔枝莠竹　*M. vimineum*（Trin.）A. Camus

粟草　*Milium effusum* Linn.

五节芒　*Miscanthus floridulus*（Labill.）Warb.

尼泊尔芒　*M. nepalensis*（Trin.）Hack.

大巴尔生　*M. sinensis* Anderss.

慈竹　*Neosinocalamus affinis*（Rendle）Keng f.

金丝慈竹　*N. affinis* f. *viridiflarus*（Yi）Yi *

类芦　*Neyraudia reynaudiana*（Kunth）Keng ex Hitchc.

大求米草　*Oplismenus compositus*（Linn.）Beauv.

求米草　*O. undulatifolius*（Ard.）Beauv.

稻　*Oryza sativa* Linn. *

籼稻　*O. sativa* ssp. *indica* Kato *

粳稻　*O. sativa* ssp. *japonica* Kato *

糯稻　*O. sativa* var. *glutinosa* Blanco *

钝颖落芒草　*Oryzopsis obtusa* Stapf

糠稷　*Panicum bisulcatum* Thunb.

双穗雀稗　*Paspalum paspaloides*（Michx.）Scribn.

雀稗　*P. thunbergii* Kunth ex Steud.

狼尾草　*Pennisetum alopecuroides*（Linn.）Spreng

白草　*P. flaccidum* Griseb.

象草　*P. purpureum* Schumach. *

显子草　*Phaenosperma globosum* Munro ex Oliv.

芦苇　*Phragmites communis*（Linn.）Trin.

罗汉竹　*Phyllostachys aurea* Carr. ex A. et C. Riv.

刚竹　*P. bambusoides* Sieb. et Zucc.

寿竹　*P. bambusoides* f. *shouzhu* Yi

水竹　*P. heteroclada* Oliver

龟甲竹　*P. heterocycla*（Carr.）Mitford *

花竹　*P. heterocycla* f. *taokiang*（W. C. Lin）Yi *

白夹竹　*P. nidularia* Munro

紫竹　*P. nigra*（Lodd. ex Lindl.）Munro

淡竹　*P. nigra* var. *henonis*（Mitf.）Stepf. ex Rendle

旱园竹　*P. propingua* Mill

毛竹　*P. pubescens* Mazel *

金竹　*P. subphurea*（Carr.）Kiviere

苦竹　*Pleioblastus amarus*（Keng）Keng f.

苦斑竹　*P. macalatus*（Mcclure）C. D. Chu et C. S. Chao

白顶早熟禾　*Poa acrileuca* Steud.

早熟禾　*P. annua* Linn.

华东早熟禾　*P. fabri* Rendle

草地早熟禾　*P. pratensis* Linn.

金丝草　*Pogonatherum crinitum*（Thunb.）Kunth

金发草　*P. paniceum*（Lamk.）Hack.

棒头草　*Polypogon fugex* Nees ex Steud.

糙伪针茅　*Pseudoraphis squarrosa*（Linn. f.）A. Chase

平竹　*Qiongzhuea communis* Hsueh et Yi

筇竹　*Q. tumidinoda* Hsueh et Yi *

钙生鹅冠草　*Roegneria calcicola* Keng

纤毛鹅冠草　*R. ciliaris*（Trin.）Nevski

鹅冠草　*R. kamoji* Ohwi

微毛鹅冠草　*R. puberula* Keng

斑茅　*Saccharum arundinaceum* Retz.

甘蔗　*S. officinarum* Linn. *

竹蔗　*S. sinensis* Roxb.

甜根蔗　*S. spontaneum* Linn.

囊颖草　*Sacciolepis indica*（Linn.）A. Chase

大狗尾草　*Setaria faberii* Herrm.

西南秆草　*Setaria forbesiana*（Nees）Hook. f.

金色狗尾草　*S. glauca*（Linn.）Beauv.

小米　*S. italica*（Linn.）Beauv. *

棕叶狗尾草　*S. palmaefolia*（Koen.）Stapf

皱叶狗尾草　*S. plicata*（Lam.）T. Cooke

光明草　*S. viridis*（Linn.）P. Beauv.

大箭竹　*Sinarundinaria chingii*（Keng）Keng. f.

龙头竹　*S. complanata*（Yi）K. M. Lan

箭竹　*S. confusa*（Mitford）Keng f.

料慈竹　*Sinocalamus distegius* Keng et Keng f.

高粱七　*Sorghum propinquum*（Kunth.）Hitche.

高粱　*S. vulgare* Pers. *

鼠尾粟　*Sporoblus fertilis*（Steud.）W. D. Clayt.

芒菅　　*Themeda caudata*（Nees）Dur.

黄背草　　*T. japonica*（Willd.）Tanaka

菅草　　*T. villosa*（Poir.）Dur.

三毛草　　*Trisetum bifidum*（Thunb.）Ohwi

湖北三毛草　　*T. henryi* Rendle

北方三毛草　　*T. sibiricum* Rupr.

小麦　　*Triticum aestivum* Linn. *

线形草沙蚕　　*Trripogon filiformis* Nees

　　　　　　　　et Steud.

岩兰草　　*Vetiveria zizanioides*（Linn.）Nash *

鄂西玉山竹　　*Yushania confusa*（Mcclure）

　　　　　　　Z. P. Wang et G. H. Ye

玉米　　*Zea mays* Linn. *

茭白　　*Zizania latifolia*（Griseb）Turcz.

　　　　　　　　ex Stapf *

天鹅绒　　*Zoysia tenuifolia* Willd. ex Trin. *

285.莎草科　Cyperaceae

丝叶球柱草　　*Bulbostylis densa*（Wall.）Hand.

　　　　　　　　-Mazz.

广东苔草　　*Carex adrienii* E. G. Camus

浆果苔草　　*C. baccans* Nees

亚大苔草　　*C. brownii* Tuckerm

粟褐苔草　　*C. brunnea* Thunb.

发秆苔草　　*C. capillacea* Boott

中华苔草　　*C. chinensis* Retz.

十字苔草　　*C. cruciata* Wahlenb.

长芒苔草　　*C. davidii* Franch.

垂穗苔草　　*C. dimorpholepis* Steud.

弯囊苔草　　*C. dispalata* Boott

芒尖苔草　　*C. doniana* Srreng.

亮鞘苔草　　*C. fargesii* Franch.

帚状苔草　　*C. fastigiata* Franch.

蕨状苔草　　*C. filicina* Nees

穹隆苔草　　*C. gibba* Wahlenb.

长囊苔草　　*C. harlandii* Boott

长安苔草　　*C. heudesii* Lévl. et Vant

湖北苔草　　*C. henryi* C. B. Glarke

珠穗苔草　　*C. ischnostachya* Steud.

日本苔草　　*C. japonica* Thunb.

金佛山苔草　　*C. jinfoshanensis* Tang et Wang

　　　　　　　　ex S. Y. Liang

披针苔草　　*C. lanceolata* Boott

青绿苔草　　*C. leucochlora* Bge.

舌叶苔草　　*C. ligulata* Nees ex Wight

密叶苔草　　*C. maubertiana* Boott

乳突苔草　　*C. maximowiczii* Miq.

宝兴苔草　　*C. moupinensis* Franch.

南川苔草　　*C. nanchuanensis* Chü ex S. Y. Liang

条穗苔草　　*C. nemostachys* Steud.

峨眉苔草　　*C. omeiensis* Tang et Wang

粗根苔草　　*C. pachyrrhiza* Franch.

粉背苔草　　*C. pruinosa* Boott

疏穗苔草　　*C. remotiuscula* Wahlenb

书带苔草　　*C. roehebrunii* Franch. et Sav.

点囊苔草　　*C. rubro-bruynnea* C. B. Clarke

大理苔草　　*C. rubro-brunnea* var. *taliensis*

　　　　　　（Franch.）Kukenth.

花葶苔草　　*C. scaposa* C. B. Clarke

硬果苔草　　*C. sclerocarpa* Franch.

锈点苔草　　*C. setosa* var. *punctata* S. Y. Liang

宽叶苔草　　*C. siderosticta* Hance

华芒鳞苔草　　*C. sino-aristata* Tang et Wang

近蕨苔草　　*C. subfilicinoides* Kukenth.

硬叶苔草　　*C. sutschanensis* Kom.

细梗苔草　　*C. teinogyna* Boott

西藏苔草　　*C. thibetica* Franch.

沙坪苔草　　*C. wuii* Chu

旱伞草　　*Cyperus alternifolius* ssp. *flabelliformis*

　　　　　　（Rottb.）Kukenth. *

扁穗莎草　　*C. compressus* Linn.

异型莎草　　*C. difformis* Linn.

碎米莎草　　*C. iria* Linn.

小碎米莎草　　*C. microiria* Stemd.

毛轴莎草　　*C. pilosus* Vahl

香附　　*C. rotundus* Linn.

牛毛毡　　*Eleocharis acicularis*（Linn.）Roem.

　　　　　　　　et Schult.

紫果蔺　　*E. atropurpurea*（Retz.）Presl

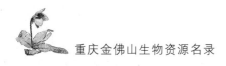

荸荠　E. dulis ssp. tuberosa（Roxb.）Koyama

膜鳞针蔺　E. pellucida Presl

稻田荸荠　E. pellucida var. japonica（Miq.）
　　　　　　　　　　　　　　　Tang et Wang

丛毛羊胡子草　Eriophorum comosum Nees

夏飘拂草　Fimbristylis aestivalis（Retz.）Vahl

两歧飘拂草　F. dichotoma（Linn.）Vahl

线叶两歧飘拂草　F. dichotoma f. annua（All.）
　　　　　　　　　　　　　　　Ohwi

宜昌飘拂草　F. henryi C. B. Clarke

水虱草　F. miliacea（Linn.）Vahl

水葱　F. subbispicata Nees et Meyen

水莎草　Juncellus serotinus（Rottb.）C. B. Clarke

水蜈蚣　Kyllinga brevifolia Rottb

华湖瓜草　Lipocarpha chinensis（Osbeck）
　　　　　　　　　　　　　　　Tang et Wang

砖子苗　Mariscus umbellatus Vahl

红鳞扁莎　Pycreus sanguinolentus（Vahl）Nees

白喙刺子莞　Rhynchospora brownii Roemer
　　　　　　　　　　　　　　　et Schuit.

直立席草　Scirpus juncoides Roxb.

华东藨草　S. lkaruizawensis Makino

庐山藨草　S. lushanensis Ohwi

三棱杆藨草　S. mattfeldianus Kukenth

百球藨草　S. rosthornii Diels

类头状藨草　S. subcapitatus Thw.

席草　S. tabernaemontani Gmel.

席草根　S. triangulatus Roxb.

光棍子　S. triqueter Linn.

荆三棱　S. yagara Ohwi.

毛果珍珠茅　Scleria herbecarpa Nees

黑鳞珍珠茅　S. hookeriana Bocklr.

高杆珍珠茅　S. terrestris（Linn.）Foss.

286. 棕榈科　Palmae

假槟榔　Archontophoenix alexandrae（F. Muell.）
　　　　　　　　　　　　　H. Wendl. et Drude *

三药槟榔　Areca triandra Roxb. ex Buch. *

长穗鱼尾葵　Caryota ochlandra Hance *

董棕　C. urens Jaca *

散尾葵　Chrysalidocarpus lutescens H. Wendl. *

蒲葵　Livistona chinensis（Jacq.）R. Br. *

海枣　Phoenix dactylifera Linn. *

棕竹　Rhapis excelsa（Thunb.）Henry ex Reld.

矮棕竹　R. humilis Bl.

美丽针葵　P. loureieri Kunth *

棕榈　Trachycarpus fortunei（Hook. f.）
　　　　　　　　　　　　　　　H. Wendl.

287. 天南星科　Araceae

水菖蒲　Acorus calamus Linn.

金钱蒲　A. gramineus Soland.

石菖蒲　A. tatarinowii Schott

广东万年青　Aglaonema modestum Schott
　　　　　　　　　　　　　　　ex Engl. *

银王亮丝草　A. rotundum N. E. Br. *

假海芋　Alocasia cucullata（Lour.）Schott

海芋　A. odora（Lodd.）Spach.

魔芋　Amorphophallus rivieri Durieu

白魔芋　A. albus P. Y. Liu et J. F. Chet

南蛇棒　A. dunnii Tutcher

雷公莲　Amydrium sinense（Engl.）H. Li.

红掌　Anthurium andraeanum Linden ex Andre *

柄刺南星　Arisaema asperatum N. E. Brown

长耳南星　A. auriculatum Buchet

棒头南星　A. clavatum Buchet

宽叶白南星　A. consanguineum f. latisectum Engl.

紫苞白南星　A. erubescens（Wall.）Schott

红南星　A. fargesii Buchet

象头花　A. franchetianum Engl.

天南星　A. heterophyllum Bl.

湘南星　A. hunanense Hand.-Mazz.

花南星　A. lobatum Engl.

矮生花南星　A. lobatum var. eulobatum Engl.

宽叶南星　A. lobatum var. latisectum Engl.

偏叶南星　A. lobatum var. rosthornianum Engl.

多裂南星　A. multisectum Engl.

雪里见　A. rhizomatum C. E. C. Fischer

绥阳雪里见　A. rhizomatum var. nudum C. E. C.
　　　　　　　　　　　　　　　Fischer

全缘灯苔莲　A. sikokianum Franch. et Sav.

七叶灯苔莲　A. sikokianum var. henryanum
（Engl.）H. Li

小叶灯苔莲　A. sikokianum var. integrifolium
Makino

粗齿灯台莲　A. sikokianum var. magnides
（N. E. Brown）P. C. Kao

灯苔莲　A. sikokianum var. serratum（Makino）
Hand.-Mazz.

花叶芋　Caladium bicolor（Ait.）Vent. *

野芋　Colocasia antiquorum Schott

芋　C. esculenta（Linn.）Schott

老虎芋　C. gigantea（Bl.）Hook. f.

紫芋　C. tonoimo Nakai *

花叶万年青　Dieffenbachia maculata（Lodd.）
G. Don *

麒麟尾　Epipremum pinnatum（Linn.）Engl. *

千年健　Homalomena occulta（Lour.）Schott *

龟背竹　Monstera deliciosa Liebm. *

喜林芋　Philodendron bipinnatifidum Schott *

红苞喜林芋　P. erubescens Koch et Augustin *

羽裂喜林芋　P. selloum C. Koch *

滴水珠　Pinellia cordata N. F. Brown

石蜘蛛　P. integrifolia N. E. Brown

掌叶半夏　P. pedatisecta Schott

半夏　P. ternata（Thunb.）Breit.

大藻　Pistia stratioles Linn.

石柑子　Pothos chinensis（Raf.）Marr.

百足藤　P. repens（Lour.）Druce.

爬树龙　Rhaphidophora decursiva（Roxb.）
Schott

毛过山龙　R. hookeri Schott

绿萝　Scindapsus aureus Engl. *

白掌　Spathiphyllum patinii N. E. Br. *

合果芋　Syngonium podophyllum Schott *

梨头尖　Typhonium divaricatum（Linn.）Decne.

岩生梨头尖　T. calcicola C. Y. Wu

独角莲　T. giganteum Engl. *

马蹄莲　Zantedeschia aethiopico（Linn.）
Spreng *

288. 浮萍科　Lemnaceae

浮萍　Lemna minor Linn.

稀脉浮萍　L. perpusilla Torr.

品藻　L. trisulca Linn.

少根紫萍　Spirodela oligorrhiza（Kurz）
Hegellm.

紫萍　S. polyrrhiza（Linn.）Schleid.

微萍　Wolffia arrhiza（Linn.）Hook. ex Wimmer

289. 谷精草科　Eriocaulceae

谷精草　Eriocaulon buergerianum Koern.

白药谷精草　E. cinereum R. Br.

290. 凤梨科　Bromeliaceae

凤梨　Ananas comosus（Linn.）Merr. *

狭叶水塔花　Billbergia nutans H. Wendl. *

水塔花　B. pyramidalis（Sims）Lindl. *

291. 鸭跖草科　Commelinaceae

穿鞘花　Amischotolype hispida（Less. et A.
Rich.）Hong *

饭包草　Commelina bengalensis Linn.

鸭跖草　C. communis Linn.

地地藕　C. maculata Edgow.

大苞鸭跖草　C. paludosa Bl. *

蓝耳草　Cyanotis vaga（Lour.）Roem. et Schult.

紫背鹿衔草　Murdannia divergens（C. B. Clarke）
Bruckn.

根茎水竹叶　M. hookeri（C. B. Clarke）Bruckn.

裸花水竹叶　M. nudiflora（Linn.）Brenan

细竹筒花　M. simplex（Vahl）Brenan

水竹叶　M. triquetra（Wall.）Bruckn.

杜若　Pollia japonica Thunb.

川杜若　P. omeiensis Hong

紫花万年青　Rhoeo discolor（L'Her.）Hance

紫鸭跖草　Setcreasea purpurea Boom. *

竹叶吉祥草　Spatholirion longifolium（Gagnep.）
Dunn

竹叶子　Streptolirion volubile Edgew.

吊竹草　Tradescantia fluminensis Vell.

吊竹梅　Zebrina pendula Schnizl. *

292. 雨久花科　Pontederiaceae

凤眼莲　*Eichhornia crassipes*（Mart.）Solms. *

雨久花　*Monochoria korsakowii* Regel et Maack

鸭舌草　*M. vaginalis*（Burm. f.）Presl. ex Kunth.

少花鸭舌草　*M. vaginalis* var. *plantagiuea*
（Roxb.）Solms

293. 灯心草科　Juncaceae

翅茎灯心草　*Juncus alatus* Franch. et Sav.

星花灯心草　*J. diastrophanthus* Buchen

灯心草　*J. effusus* Linn.

片髓水灯心　*J. glaucus* Ehrh.

细灯心草　*J. gracillimus*（Buch.）V. Krecz.
et Gontsch.

江南灯心草　*J. leschenaultii* Gay ex Laharpa

野灯心草　*J. setchuensis* Buchen

散序地杨梅　*Luzula effusa* Buchen

多花地杨梅　*L. multiflora*（Retz.）Lejeune

淡花地杨梅　*L. pallescens*（Wahlenb.）Bess.

羽毛地杨梅　*L. plumosa* E. Mey.

294. 百部科　Stemonaceae

蔓生百部　*Stemona japonica*（Bl.）Miq.

直立百部　*S. sessilifolia*（Miq.）Miq. *

大百部　*S. tuberosa* Lour.

295. 龙舌兰科　Agavaceae

龙舌兰　*Agave americana* Linn. *

金边龙舌兰　*A. americana* var. *marginata-aurea*
Trel. *

狭叶龙舌兰　*A. rigida* Mill. *

剑麻　*A. sisalann* Perr. *

剑叶朱蕉　*Cordyline australis*（Forst. f.）
Hook. f. *

朱蕉　*C. fruticosa*（Linn.）A. Cheval. *

紫红叶朱蕉　*C. teminalis* var. *atropurpurea*
A. Chev. *

龙血树　*Dracaena cambodiana* Pierre et Gagn. *

剑叶龙血树　*D. cochinchinensis*（Lour.）S. C.
Chen *

晚香玉　*Polianthes tuberosa* Linn. *

柱叶虎皮兰　*Sansevieria canaliculata* Carr. *

虎皮兰　*S. trifasciata* Hort. ex Prain *

金边虎尾兰　*S. trifasciata* var. *laurentii*
（De Wildem）N. E. Brown. *

虎耳兰　*S. zeylanica* Willd. *

凤尾丝兰　*Yucca gloriosa* Linn. *

金边凤尾丝兰　*Y. gloriosa* var. *marginata*
Hort. *

丝兰　*Y. smalliana* Fer. *

296. 百合科　Liliaceae

高山粉条儿菜　*Aletris alpestris* Diels

头花粉条儿菜　*A. capitata* Wang et Tang

无毛粉条儿菜　*A. glabra* Bur. et Franch.

疏花粉条儿菜　*A. laxiflora* Bur. et Franch.

少花粉条儿菜　*A. pauciflora*（Klotzsch）Franch.

粉条儿菜　*A. spicata*（Thunb.）Franch.

狭瓣粉条儿菜　*A. stenoloba* Franch.

火葱　*Allium ascalonicum* Linn. *

洋葱　*A. cepa* Linn. *

红葱　*A. cepa* var. *proliferum* Regel *

藠头　*A. chinense* G. Don *

天蓝韭　*A. cyaneum* Regel

葱　*A. fistulosum* Linn. *

玉簪叶韭　*A. funckiaefolium* Hand. -Mazz.

疏花韭　*A. henryi* C. H. Wright

异梗韭　*A. heteronema* Wang et Tang

宽叶韭　*A. hookeri* Thwaites

薤白　*A. macrostemon* Bunge

卵叶韭　*A. ovalifolium* Hand. -Mazz.

天蒜　*A. paepalanthoides* Airy-Shaw

大蒜　*A. sativum* Linn. *

韭菜　*A. tuberosum* Rottler ex Sprengel

鹿耳韭　*A. victorialis* Linn.

非洲芦荟　*Aloe arborescens* var. *natalensis*
Berg. *

芦荟　*A. barbadensis* Mill *

斑纹芦荟　*A. saponaria* Haw. *

知母　*Anemarrhena asphodeloides* Bge. *

天门冬　*Asparagus cochinchinensis*（Lour.）
Merr.

刺文竹　*A. densiflorus*（Kunth）Jessop *

羊齿天门冬　*A. filicinus* Buch-Ham. ex D. Don

短梗天冬　*A. lycopodineus* Wall. ex Baker

西南天冬　*A. munitus* Wang et S. C. Chen

石刁柏　*A. officinalis* Linn. *

德国文竹　*A. retrotractus* Linn. *

文竹　*A. setaceus*（Kunth.）Jessop *

丛生蜘蛛抱蛋　*Aspidistra caespitosa* Pei

蜘蛛抱蛋　*A. elatior* Bl.

金线蜘蛛抱蛋　*A. elatior* CV. 'Variegata'

花叶蜘蛛抱蛋　*A. elatior* var. *punnctata* Hort.

九龙盘　*A. lurida* Ker.-Gawl.

小花蜘蛛抱蛋　*A. minutiflora* Stapf

棕叶草　*A. oblanceifolia* Wang et Lang

粽粑叶　*A. zongbayi* Lang et Z. Y. Zhu

大百合　*Cardiocrinum giganteum*（Wall.）Makino

吊兰　*Chlorophytum comosum*（Thunb.）Baker *

银心吊兰　*C. comosum* CV. 'Medio-Pictum' Hort. *

小花吊兰　*C. laxum* R. Br. *

西南吊兰　*C. nepalense*（Lindl.）Baker

七筋菇　*Clintonia udensis* Trautv. et Mey.

铃兰　*Convallaria keiskei* Miq. *

海葱　*Cvrginea scilla* Steinh *

山菅兰　*Dianella ensifolia*（Linn.）DC.

散斑竹根七　*Disporopsis aspera*（Hua）Engl. ex Krause

竹根七　*D. fuscopicta* Hance

金佛山竹根七　*D. jinfushanensis* Z. Y. Liu

深裂竹根七　*D. pernyi*（Hua）Diels

长蕊万寿竹　*Disporum bodinieri*（Lévl. et Vant.）Wang et Tang

短蕊万寿竹　*D. brachystemon* Wang et Tang

万寿竹　*D. cantoniense*（Lour.）Merr.

大花万寿竹　*D. megalanthum* Wang et Tang

宝铎草　*D. sessile* D. Don

单花万寿竹　*D. untiflorum* Baker

南川鹭鸶草　*Diuranthera inarticulata* Wang ex K. Y. Lang

鹭鸶草　*D. major* Hemsl.

小鹭鸶草　*D. minor*（C. H. Wright）Hemsl.

卷叶贝母　*Fritillaria cirrhosa* D. Don *

湖北贝母　*F. hupehensis* Hsiao et K. C. Hsia *

太白贝母　*F. taipaiensis* P. Y. Li. *

浙贝母　*F. thunbergii* Miq. *

暗紫贝母　*F. unibracteata* Hsiao et K. C. Hsia *

元宝　*Gasteria cheilophylla* Baker *

牛月利　*G. excavata* Haw. *

沙鱼掌　*G. verrucosa* Haw. *

黄花菜　*Hemerocallis citrinda* Baroni *

萱草　*H. fulva*（Linn.）Linn.

长管萱草　*H. fulva* var. *disticha*（Donn）Baker *

重瓣萱草　*H. fulva* var. *kwanso* Regel *

大苞萱草　*H. middendorffii* Trautv. et May.

小萱草　*H. minor* Mill.

华肖菝葜　*Heterosmilax chinensis* Wang

小果华肖菝葜　*H. chinensis* var. *nanchuanensis* S. C. Chen et Z. Y. Liu

肖菝葜　*H. japonica* Kunth.

短柱肖菝葜　*H. septemnervia* Wang et Tang

彩叶玉簪　*Hosta albo-marginata*（Hook.）Ohw *

东北玉簪　*H. ensata* F. Maekawa *

玉簪　*H. plantaginea*（Lam.）Aschers.

紫萼　*H. ventricosa*（Salisb.）Stearn

野百合　*Lilium borownii* F. E. Brown ex Miellez

百合　*L. brownii* var. *viridulum* Baker

四川百合　*L. davidii* Duchartre

兰州百合　*L. davidii* var. *unicolor* Cotton *

宝兴百合　*L. duchartrei* Franch.

湖北百合　*L. henryi* Baker

金佛山百合　*L. jinfushanense* L. J. Peng et B. N. Wang

卷丹　*L. lancifolium* Thunb.

宜昌百合　*L. leucanthum*（Baker）Baker

麝香百合　*L. longiflorum* Thunb. *

王百合　*L. regale* Wilson *

南川百合　*L. rosthornii* Diels

泸定百合　*L. sargentiae* Wilson

大理百合　*L. taliense* Franch.

禾叶山麦冬　*Liriope graminifolia*（Linn.）Baker

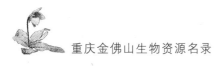

银边山麦冬　*L. graminifolia* var. *varigata* Hort
长梗山麦冬　*L. longipedicellata* Wang et Tang
阔叶山麦冬　*L. platyphylla* Wang et Tang
山麦冬　*L. spicata*（Thunb.）Lour.
高大鹿药　*Maianthemum atropurpurea*
　　　　　　（Franch.）Wang et Tang
西南鹿药　*M. fusca* Wall.
管花鹿药　*M. henryi*（Baker）La Frankie
鹿药　*M. japonica*（A. Gray）La Frankie
南川鹿药　*M. nanchuanense* H. Li et J. L. Huang
少叶鹿药　*M. stenoloba*（Franch.）D. M. Liu
窄瓣鹿药　*M. tatsienensis*（Baker）Wang et Tang
钝叶沿阶草　*Ophiopogon amblyphyllus*
　　　　　　　Wang et Dai
南川沿阶草　*O. bockianus* Diels
短药沿阶草　*O. angustifoliatus*（Wang et Tang）
　　　　　　　S. C. Chen
沿阶草　*O. bodinieri* Lévl.
长茎沿阶草　*O. chingii* Wang et Dai
粉叶沿阶草　*O. chingii* var. *glaucifolius* Wang
　　　　　　　et Dai
棒叶沿阶草　*O. clavatus* C. H. Wright ex Oliver
异药沿阶草　*O. heterandrus* Wang et Dai
间型沿阶草　*O. intermedius* D. Don
麦冬　*O. japonicus*（Linn. f.）Ker.-Gawl.
西南沿阶草　*O. mairei* Lévl.
狭叶沿阶草　*O. stenophyllus*（Merr.）Rodrig
林生沿阶草　*O. sylvicola* Wang et Tang
四川沿阶草　*O. szechuanensis* Wang et Tang
簇叶沿阶草　*O. tsaii* Wang et Tang
阴生沿阶草　*O. umbraticola* Hance
虎眼万年青　*Ornithogalum caudatum* Jacq. *
五指莲　*Paris axialis* H. Li
巴山重楼　*P. bashanensis* Wang et Tang
凌云重楼　*P. cronquistii*（Taknt.）H. Li.
金线重楼　*P. delavayi* Franch.
卵叶重楼　*P. delavayi* var. *ovalifolia* H. Li
球药隔重楼　*P. fargesii* Franch.
花叶重楼　*P. marmorata* Stearn
重楼　*P. polyphylla* Sm.

白花重楼　*P. polyphylla* var. *alba* H. Li
　　　　　et R. S. Mitchell
条叶重楼　*P. polyphylla* var. *brachystemon*
　　　　　　　Franch.
华重楼　*P. polyphylla* var. *chinensis*（Franch.）
　　　　　　　Hara
小重楼　*P. polyphylla* var. *minora* S. F. Wang
南川重楼　*P. polyphylla* var. *nanchuanensis*
　　　　　　Z. Y. Liu et S. X. Tan
长药隔重楼　*P. polyphylla* var. *pseudothibetica*
　　　　　　　H. Li.
狭叶重楼　*P. polyphylla* var. *stenophylla* Franch.
宽瓣重楼　*P. polyphylla* var. *yunnanensis*
　　　　　　（Franch.）Hand.-Mazz.
黑籽重楼　*P. thibetica* Franch.
无瓣黑籽重楼　*P. thibetica* var. *apetala* Hand.
　　　　　　　-Mazz.
北重楼　*P. varticillata* M. Bieb.
大盖球子草　*Peliosanthes macrostegia* Hance
疏花无叶莲　*Petrosavia sakurai*（Makino）
　　　　　　　Dandy
卷叶黄精　*Polygonatum cirrhifolium*（Wall.）
　　　　　　　Royle
垂叶黄精　*P. curvistylum* Hua
多花黄精　*P. cyrtonema* Hua
距药黄精　*P. franchetii* Hua
毛筒黄精　*P. inflatum* Kom.
金佛山黄精　*P. ginfoshanicum*（Wang et Tang）
　　　　　　　Wang et Tang
滇黄精　*P. kingianum* Coll. et Hemsl.
大叶黄精　*P. kingianum* var. *grandifolium*
　　　　　　D. M. Liu et W. Z. Zeng
节根黄精　*P. nodosum* Hua
玉竹　*P. odoratum*（Mill.）Druce. *
康定玉竹　*P. prattii* Baker
轮叶黄精　*P. verticillatum*（Linn.）All.
湖北黄精　*P. zanlanscianense* Pamp.
吉祥草　*Reineckia carnea*（Andr.）Kunth
金佛山吉祥草　*R. jinfushanensis* Z. Y. Liu
万年青　*Rohdea japonica*（Thunb.）Roth.

金边万年青　R. japonica var. variegata Hort. ＊

秘鲁海葱　Scilla peruviana Linn. ＊

绵枣儿　S. scilloides（Lindl.）Druce. ＊

弯梗菝葜　Smilax aberrans Gagnep.

苍白菝葜　S. aberrans var. retroflexa Wang
et Tang

西南菝葜　S. bockii Warb.

密疣菝葜　S. chapaensis Gagnep.

菝葜　S. china Linn.

柔毛菝葜　S. chingii Wang et Tang

糙叶菝葜　S. chingii var. papillosifolia J. M. Xu

银叶菝葜　S. cocculoides Warb.

合蕊菝葜　S. cyclophylla Warb.

平滑菝葜　S. darrisii Lévl.

托柄菝葜　S. discotis Warb.

长托菝葜　S. ferox Wall. ex Kunth

毛叶大菝葜　S. ferox var. nanchuanensis
S. C. Chen et Z. Y. Liu

光叶菝葜　S. glabra Roxb.

粉菝葜　S. glauco-china Warb.

马甲菝葜　S. lanceifolia Roxb.

折枝菝葜　S. lanceifolia var. elongata（Warb.）
Wang et Tang

长叶菝葜　S. lanceifolia var. lanceolata
（Norton）T. Koyama

南川菝葜　S. longipes Warb.

防己叶菝葜　S. menispermoidea A. DC.

小叶菝葜　S. microphylla C. H. Wright

黑叶菝葜　S. nigrescens Wang et Tang
ex P. Y. Li

白背牛尾菜　S. nipponica Miq.

抱茎菝葜　S. ocreata A. DC.

红果菝葜　S. polycolea Warb.

牛尾菜　S. riparia A. DC.

尖叶牛尾菜　S. riparia var. acuminata
（C. H. Wright）Wang et Tang

短梗菝葜　S. scobinicaulis C. H. Wright

黑刺菝葜　S. scobinicaulis var. brevipes
C. H. Wright

华东菝葜　S. sieboldii Miq.

鞘柄菝葜　S. stans Maxim.

疣叶鞘柄菝葜　S. stans var. verruculosifolia
J. M. Xu

糙柄菝葜　S. trachypoda J. B. S. Norton

梵净山菝葜　S. vanchingshanensis（Wang et
Tang）Wang et Tang

小花扭柄花　Streptopus parviflorus Franch.

叉柱岩菖蒲　Tofieldia divergens Bur. et Franch.

岩菖蒲　T. thibetica Franch.

黄花油点草　Tricyrtis maculata（D. Don）
Machride

延龄草　Trillum tschonoskii Maxim.

橙花开口箭　Tupistra aurantiaca Wall. ex Baker

开口箭　T. chinensis Baker

筒花开口箭　T. delavayi Franch.

剑叶开口箭　T. ensifolia Wang et Tang

金佛山开口箭　T. jinshanensis Z. L. Yang
et X. G. Luo

尾萼开口箭　T. urotepala（Hand.-Mazz.）
Wang et Tang

弯蕊开口箭　T. wattii（C. B. Clarke）Hook. f.

郁金香　Tulipa gesneriana Linn. ＊

南川藜芦　Veratrum nanchuanense S. Z. Chen
et G. J. Xu

藜芦　V. nigrum Linn.

长梗藜芦　V. oblongum Loes. f.

狭叶藜芦　V. stenophyllum Diels

大海葱　Vrginea maritima Baker ＊

高山丫蕊花　Ypsilandra alpinia Wang et Tang

丫蕊花　Y. thibetica Franch.

297. 石蒜科 Amaryllidaceae

百子兰　Agapanthus africanus Hoffmg. ＊

文殊兰　Crinum asiaticum var. sinioum
（Roxb. ex Herb.）Baker ＊

西南文殊兰　C. latifolium Linn. ＊

君子兰　Clivia miniata Regel ＊

垂笑君子兰　C. nobilis Lindl. ＊

网球花　Haemanthus multiflorus Martyn. ＊

朱顶红　*Hippeastrum rutilum*（Ker-Gawl.）Herb. *

白条朱顶红　*H. vittatum*（L'Her.）Herb. *

蜘蛛兰　*Hymenocallis littoralis*（Jacq.）Salisb. *

雪片莲　*Leucojum aestivum* Linn. *

黄花石蒜　*Lycoris aurea*（L'Her.）Herb.

石蒜　*L. radiata*（L'Her.）Herb.

黄花水仙　*Narcissus pseudo-naroissus* Linn. *

水仙　*N. tazetta* Linn. *

龙头花　*Sprekelia formosissima*（Linn.）Herb. *

玉帘　*Zephyranthes candida*（Lindl.）Herb. *

韭莲　*Z. grandiflora* Lindl. *

298. 仙茅科　Hypoxidaceae

大叶仙茅　*Curculigo capitulata*（Lour.）O. Kuntze.

疏花仙茅　*C. gracilis*（Wall. ex Kurz）Hook. f.

仙茅　*C. orchioides* Gaertn.

小金梅草　*Hypoxis aurea* Lour.

299. 蒟蒻薯科　Taccaceae

蒟蒻薯　*Tacca chantrieri* Andre. *

裂果薯　*T. plantaginea*（Hance）Drenth.

300. 薯蓣科　Dioscoreaceae

参薯　*Dioscorea alata* Linn. *

蜀葵叶薯蓣　*D. althaeoides* R. Knuth

黄独　*D. bulbifera* Linn.

薯莨　*D. cirrhosa* Lour.

叉蕊薯蓣　*D. collettii* Hook. f.

粉背薯蓣　*D. collettii* var. *hypoglauca* Palibin

山薯　*D. fordii* Prain Burkill

粘山药　*D. hemsleyi* Prain et Burkill

日本薯蓣　*D. japonica* Thunb.

细叶日本薯蓣　*D. japonica* var. *oldhami* Uline ex R. Kunth

毛芋头薯蓣　*D. kamoonensis* Kunth

黑珠芽薯蓣　*D. melanophyma* Prain et Burkill

穿龙薯蓣　*D. nipponica* Makino

柴黄姜　*D. nipponica* ssp. *rosthornii*（Prain et Burkill）C. T. Ting

薯蓣　*D. opposita* Thunb.

黄山药　*D. panthaica* Prain et Burk.

五叶薯蓣　*D. pentaphylla* Linn.

毛胶薯蓣　*D. subcaiva* Prain et Burk.

细柄薯蓣　*D. tenuipes* Franch. et Sav.

山草薢　*D. tokoro* Makino

盾叶薯蓣　*D. zingiberensis* C. H. Wright

301. 鸢尾科　Iridaceae

射干　*Belamcanda chinensis*（Linn.）DC.

雄黄兰　*Crocosmia crocosmiflora*（V. Lem. ex E. Morr.）N. E. Br. *

番红花　*Crocus sativus* Linn. *

红葱　*Eleutherine plicata* Herb. *

香雪兰　*Freesia refracta*（Jacq.）Klatt *

唐菖蒲　*Gladiolus gandavensis* Van Houtte

西南鸢尾　*Iris bulleyana* Dykes

高脚鸢尾　*I. confusa* Sealy

德国鸢尾　*I. germanica* Linn. *

蝴蝶花　*I. japonica* Thunb.

白蝴蝶花　*I. japinica* f. *pallesces* P. L. Chiu et Y. T. Zhao

马蔺　*I. lactea* Pall. *

溪荪　*I. sanguinea* Donn ex Horn. *

小花鸢尾　*I. speculatrix* Hance.

鸢尾　*I. tectorum* Maxim.

黄花鸢尾　*I. wilsonii* C. H. Wright

庭菖蒲　*Sisyrinchium rosulatum* Bickn. *

302. 芭蕉科　Musaceae

芭蕉　*Musa basjoo* Sieb. et Zucc.

香蕉　*M. nana* Lour. *

地涌金莲　*Musella lasiocarpa*（Franch.）C. Y. Wu ex H. W. Li *

鹤望兰　*Strelitzia reginae* Banks ex Ait *

303. 姜科　Zingiberaceae

华山姜　*Alpinia chinensis*（Ratz.）Rosc. *

红豆蔻　*A. galanga*（Linn.）Willd. *

山姜　*A. japonica*（Thunb.）Miq.

草豆蔻　*A. katsumadai* Hayata

假益智　*A. maclurei* Merr. *

南川山姜　*A. nanchuanensis* Z. Y. Zhu

高良姜　*A. officinarum* Hance *

益智　*A. oxyphylla* Miq. *

花叶良姜　*A. sanderae* Hort. *

四川山姜　*A. sichuanensis* Z. Y. Zhu

艳山姜　*A. zerumbet*（Pers.）Burtt. et Smith

海南壳砂仁　*Amomum longiligulare* T. L. Wu *

草果　*A. tsao-ko* Gevost et Lemaire

阳春砂　*A. villosum* Lour. *

缩砂仁　*A. villosum* var. *xanthioides*
　　　　（Wall. ex Baker）T. L. Wu *

闭鞘姜　*Costus speciosus*（Koen.）Smith *

川莪术　*Curcuma chuanezhu* Z. Y. Zhu *

郁金　*C. chuanhuangjiang* Z. Y. Zhu *

白丝姜　*C. chuanhuangjiang* var. *abla* Wu. *

广西莪术　*C. kwangsiensis* S. G. Lee et C. F.
　　　　　　　　　　Liamg *

姜黄　*C. longa* Linn. *

川郁金　*C. sichuanensis* X. X. Chen *

温郁金　*C. wenyujin* Y. H. Chen et G. Ling *

峨眉舞花姜　*Globba emeiensis* Z. Y. Zhu

姜花　*Hedychium coronarium* Koenig

白毛姜花　*H. coronarium* var. *baimao* Z. Y. Zhu

峨眉姜花　*H. emeiensis* Z. Y. Zhu

圆瓣姜花　*H. forrestii* Diels

山奈　*Kaempferia galanga* Linn. *

圆山奈　*K. rotunda* Linn. *

姜三七　*Stahianthus involucratus*（King ex Baker）
　　　　　　　　　　　Craib *

盐藿　*Zingiber mioga*（Thunb.）Rosc.

姜　*Z. officinale* Rosc. *

川姜　*Z. officinale* var. *sichuanensis*（Z. Y. Zhu）
　　　　　　　　Z. Y. Zhu *

阳荷　*Z. striolatum* Diels

团聚姜　*Z. tuanjuum* Z. Y. Zhu

304. 美人蕉科　Cannaceae

蕉芋　*Canna edulis* Ker-Gawl.

柔瓣美人蕉　*C. flaccida* Salisb. *

大花美人蕉　*C. generalis* Bailey *

粉美人蕉　*C. glauca* Linn. *

美人蕉　*C. indica* Linn. *

黄花美人蕉　*C. orchloides* Bailey *

紫叶美人蕉　*C. warscewiezii* A. Dietr. *

305. 竹芋科　Marantaceae

紫背竹芋　*Calathea insignis* Peter. *

白竹芋　*C. louisae* Gagnep. *

绒叶竹芋　*C. zebrina*（Sims.）Lindl. *

豹纹竹芋　*Maranta leuconeura* var. *kerchoveana*
　　　　　　　　　　Morr. *

苳叶　*Phryium capitatum* Willd.

306. 兰科　Orchidaceae

头序无柱兰　*Amitostigma capitatum* Tang
　　　　　　　　　　et Wang

峨眉无柱兰　*A. faberi*（Rolfe）Schltr.

细葶无柱兰　*A. gracile*（Bl.）Schltr.

白齿唇兰　*Anoectochilus candidus*
　　　　　（T. P. Lin et C. C. Hsu）K. Y. Lang

西南开唇兰　*A. elwesii*（Clarke ex Hook. f.）
　　　　　　　　　　King et Pantl.

艳丽齿唇兰　*A. moulmeinensis*（Par. et Rchb. f.）
　　　　　　　　　　Seidenf.

花叶开唇兰　*A. roxburghii*（Wall.）Lindl.

竹叶兰　*Arundina graminifolia*（D. Don）
　　　　　　　　　　Hochr.

小白芨　*Bletilla formosana*（Hayata）Schltr.

黄花白芨　*B. ochracea* Schltr.

白芨　*B. striata*（Thunb. ex A. Murray）Rchb. f.

梳帽卷瓣兰　*Bulbophyllum andersonii*
　　　　　　　　（Hook. f.）J. J. Smith

直唇卷瓣兰　*B. delitescens* Hance

戟唇石豆兰　*B. hastatum* T. Tang et F. T. Wang

密花石豆兰　*B. odoratissimum*（J. E. Smith）
　　　　　　　　　　Lindl.

伏生石豆兰　*B. raptans*（Lindl.）Lindl.

泽泻虾脊兰　*Calanthe alismaefolia* Lindl.

流苏虾脊兰　*C. alpina* Hook. f. ex Lindl.

短距虾脊兰　*C. arcuata* Rolfe

肾唇虾脊兰　*C. brevicornu* Lindl.

剑叶虾脊兰　*C. davidii* Franch.

少花虾脊兰　*C. delavayi* Finet

密花虾脊兰　*C. densiflora* Lindl.

钩距虾脊兰　*C. graciliflora* Hayata

叉唇虾脊兰　*C. hancockii* Rolfe

疏花虾脊兰　*C. henryi* Rolfe

细花虾脊兰　*C. mannii* Hook. f.

反瓣虾脊兰　*C. reflexa* (Kuntze) Maxim.

三棱虾脊兰　*C. tricarinata* Wall. ex Lindl.

三褶虾脊兰　*C. triplicata* (Willem.) Ames

四川虾脊兰　*C. whiteana* King et Pantl.

卡特兰　*Cattleya bowriana* Veitch. *

银兰　*Cephalanthera erecta* (Thunb. ex A. Murray) Bl.

金兰　*C. falcata* (Thunb. ex A. Murray) Bl.

独花兰　*Changnienia amoena* S. S. Chien

蜈蚣兰　*Cleisostoma scolopendrifolium* (Makino) Garay

凹舌兰　*Coeloglossum viride* (Linn.) Hartm.

珊瑚兰　*Corallorhiza trifida* Chat.

杜鹃兰　*Cremastra appendiculata* (D. Don) Makino

套叶兰　*Cymbidium cyperifolium* Wall. ex Lindl.

莎草兰　*C. elegans* Lindl.

建兰　*C. ensifolium* (Linn.) Sw.

蕙兰　*C. faberi* Rolfe

送春　*C. faberi* var. *szechuanicum* (Y. S. Wu et S. C. Chen) Y. S. Wu et S. C. Chen

多花兰　*C. floribundum* Lindl.

春兰　*C. goeringii* (Rchb. f.) Rchb. f.

雪兰　*C. goeringii* f. *papgrifloram* Y. S. Wu

春剑　*C. goeringii* var. *longibracteatum* Y. S. Wu et S. C. Chen

线叶春兰　*C. goeringii* var. *serratum* (Schltr.) Y. S. Wu et S. C. Chen

虎头兰　*C. hookerianum* Rchb. f.

黄蝉兰　*C. iridioides* D. Don *

寒兰　*C. kanran* Makino

兔耳兰　*C. lancifolium* Hook.

腐生兰　*C. macrorhizon* Lindl.

墨兰　*C. sinense* (Jackson ex Andr.) Willd. *

杓兰　*Cypripedium calceolus* Linn.

大叶杓兰　*C. fasciolatum* Franch.

黄花杓兰　*C. flavum* P. F. Hunt et Summerh.

绿花杓兰　*C. henryi* Rolfe

扇脉杓兰　*C. japonicum* Thunb.

斑叶杓兰　*C. margaritaceum* Franch.

小花杓兰　*C. micranthum* Franch.

曲茎石斛　*Dendrobium flexicaule* Z. H. Tsi, S. C. Sun et L. G. Xu

细叶石斛　*D. hancockii* Rolfe

罗河石斛　*D. lohohense* Tang et Wang

细茎石斛　*D. moniliforme* (Linn.) Sw.

石斛　*D. nobile* Lindl.

铁皮石斛　*D. officinale* Kimura et Migo

广东石斛　*D. wilsonii* Rlofe

单叶厚唇兰　*Epigeneium fargesii* (Finet) Gagnep.

火烧兰　*Epipactis helleborine* (Linn.) Crantz

大叶火烧兰　*E. mairei* Schltr.

山珊瑚　*Galeola faberi* Rolfe

毛蕚山珊瑚　*G. lindleyana* (Hook. f. et Thoms.) Rchb. f.

城口盆距兰　*Gastrochilus fargesii* (Kraenzl) Schltr.

细茎盆距兰　*G. intermedius* (Griff. ex Lindl.) Kuntze

南川盆距兰　*G. nanchuanensis* Z. H. Tsi

天麻　*Gastrodia elata* Bl.

松天麻　*G. elata* f. *alba* S. Chow

水红杆天麻　*G. elata* f. *flavida* S. Chow

乌天麻　*G. elata* f. *glauca* S. Chow

绿天麻　*G. elata* f. *viridis* (Makino) Makino

地宝兰　*Geodorum densiflorum* (Lam.) Schltr.

大花斑叶兰　*Goodyera biflora* (Lindl.) Hook. f.

多叶斑叶兰　*G. foliosa* (Lindl.) Benth. ex Clarke

光萼斑叶兰　*G. henryi* Rolfe

小斑叶兰　*G. repens*（Linn.）R. Br.

斑叶兰　*G. schlechtendaliana* Rchb. f.

绒叶斑叶兰　*G. velutina* Maxim.

手参　*Gymnadenia conopsea*（Linn.）R. Br.

西南手参　*G. orchidis* Lindl.

毛亭玉凤花　*Habenaria ciliolaris* Kraenzl.

长距玉凤花　*H. davidii* Franch.

鹅毛玉凤花　*H. dentata*（Sw.）Schltr.

裂瓣玉凤花　*H. petelotii* Gagnep.

丝裂玉凤花　*H. polytricha* Rolfe

粗距舌喙兰　*Hemipilia crassicalcarata* S. S. Chien

裂唇舌喙兰　*H. henryi* Rolfe

叉唇角盘兰　*Herminium lanceum*（Thunb. ex Sw）Vuijk

长瓣角盘兰　*H. ophioglossoides* Schltr.

瘦房兰　*Ischnogyne mandarinorum*（Kraenzl.）Schltr.

镰翅羊耳蒜　*Liparis bootanensis* Griff.

二褶羊耳蒜　*L. cathcartii* Hook. f.

大花羊耳蒜　*L. distans* C. B. Clarke

小羊耳蒜　*L. fargesii* Finet

羊耳蒜　*L. japonica*（Miq.）Maxim.

见血清　*L. nervosa*（Thunb. ex A. Murray）Lindl.

香花羊耳蒜　*L. odorata*（Willd.）Lindl.

长唇羊耳蒜　*L. pauliana* Hand.-Mazz.

南川对叶兰　*Listera nanchuanica* S. C. Chen

对叶兰　*L. puberula* Maxim.

钗子股　*Luisia morsei* Rolfe

沼兰　*Malaxis monophyllos*（Linn.）Sw.

全唇兰　*Myrmechis chinensis* Rolfe

葱叶兰　*Microtis unifolia*（Forst.）Rchb. f.

一叶兜被兰　*Neottianthe monophylla*（Ames et Schltr.）Schltr.

广布芋兰　*Nervilia aragoana* Gaud.

广布红门兰　*Orchis chusua* D. Don

长叶山兰　*Oreorchis fargesii* Finet

山兰　*O. patens*（Lindl.）Lindl.

麻栗坡兜兰　*Paphiopedilum malipoense* S. C. Chen et Z. H. Tsi

小花阔蕊兰　*Peristylus affinis*（D. Don）Seidenf.

阔蕊兰　*P. goodyeroides*（D. Don）Lindl.

黄花鹤顶兰　*Phaius flavus*（Bl.）Lindl.

细叶石仙桃　*Pholidota cantonensis* Rolfe

云南石仙桃　*P. yunnanensis* Rolfe

二叶舌唇兰　*Platanthera chlorantha* Cust. ex Reichb. f.

对耳舌唇兰　*P. finetiana* Schltr.

舌唇兰　*P. japonica*（Thunb. ex A. Marray）Lindl.

尾瓣舌唇兰　*P. mandarinorum* Rchb. f.

小舌唇兰　*P. minor*（Miq.）Rchb. f.

白花独蒜兰　*Pleione albiflora* Cribb et C. Z. Tang

独蒜兰　*P. bulbocodioides*（Franch.）Rolfe

云南独蒜兰　*P. yunnanensis*（Rolfe）Rolfe

朱兰　*Pogonia japonica* Rchb. f.

苞舌兰　*Spathoglottis pubescens* Lindl.

绶草　*Spiranthes sinensis*（Pers.）Ames

带唇兰　*Tainia dunnii* Rolfe

金佛山兰　*Tangtsinia nanchuanica* S. C. Chen

小叶白点兰　*Thrixspermum japonicum*（Miq.）Rchb. f.

蜻蜓兰　*Tulotis fuscescens*（Linn.）Czer.

小花蜻蜓兰　*T. ussuriensis*（Reg. et Maack）Hara

旗唇兰　*Vexillabium yakushimense*（Yamamoto）F. Maekawa

线柱兰　*Zeuxine strateumatica*（Linn.）S. C. Chen

［单子叶植物纲共有 29 科 300 属 918 种（亚种、变种、变型）］

第五部分　重庆金佛山无脊椎动物名录

——阎光凡、刘正宇、韦波执笔

目　录

一、环节动物门　Annelido

（一）颚蛭目　Gnathobdellida

1.水蛭科　Hirudinidae

扁舌蛭　*Glossiphonia complanata*（Whitman）
宽身舌蛭　*G. lata*（Whitman）
淡色舌蛭　*G. weberi*（Whitman）
日本医蛭　*Hirudo nipponica*（Whitman）
丽医蛭　*H. pulchra*（Whitman）
茶色蛭　*Whitmania acranulata*（Whitman）
光润金线蛭　*W. laecis*（Baird）
宽体金线蛭　*W. pigra*（Whitman）

（二）寡毛目　Megascolecina

2.钜蚓科　Megascolecidae

腋芽环毛蚓　*Pheretima axillis*（Kinberg）
白颈环毛蚓　*P. californica*（Kinberg）
湖北环毛蚓　*P. hupeiensis*（Michaelsen）
秉前环毛蚓　*P. praepinguis*（Goto et Hatai）
环毛蚓　*P. tschiliensis*（Michaelsen）

3.正蚓科　Lumbricidae

缟蚯蚓（地龙）　*Allobophora carliginosa trapezoides*（Dugis）

二、软体动物门　Mollusca

（三）真瓣鳃目　Eulamellbrnchia

4.蚬科　Corbiculidae

河蚬　*Corbicula fluminea*（Muller）
闪蚬　*C. nitens*（Muller）
细蚬　*C. tenusis*（Muller）

5.蚌科　Vnion

光泽无齿蚌　*Anodonta lucida*（Lea）
背角无齿蚌　*A. woodiana*（Lea）
椭园背角无齿蚌　*A. woodiana elliptica*（Heude）
三角帆蚌　*Hyriopsis cumingii*（Lea）
园顶珠蚌　*Vnio douglasiat*（Gras）

（四）中腹足目　Mesogatropoda

6.田螺科　Viviparidae

梨形环棱螺　*Bellamya purificata*（Heude）
方形环棱螺　*B. quadrata*（Benson）
中华圆田螺　*Cipangopaludina cathayensis*（Heude）
中国圆田螺　*C. chinensis*（Gray）
胀肚圆田螺　*C. ventricosa*（Heude）
扁卷螺科　*Planorbidae*
椎实螺科　*Lymnaeidae*
觿螺科　*Hydrobiidae*

（五）柄眼目　Stytommatophora

7.巴蜗牛科　Bradybaenidae

江西巴蜗牛　*Bradybaena Br. kiangsiensis*（Martena）
灰巴蜗牛　*Br. ricida*（Benaon）
同型巴蜗牛　*Br. similaris*（Rang）
华蜗牛　*Cathaica fascila*（Draparnaud）

8.蛞蝓科　Limacidae

野蛞蝓　*Agriolimox agrestis*（Linnaeus）
黄蛞蝓　*Limax flavaus*（Linnaeus）
蛞蝓　*L. maximas*（Linnaeus）

9.粘液蛞蝓科　Philomycidae

双线嗜粘液蛞蝓　*Philomycus bilineatus*（Benson）

三、节肢动物门　Arthropoda

（六）等足目　Isopoda

10.缩头水虱科　Cymothoidae

鱼怪　*Ichthyoxenus japonensis*（Yu）
张氏鱼怪　*I. tchagi*（Yu）

11.平甲虫科　Porcellidae

鼠妇虫　*Porcellio scaber*（Latreille）
平甲虫　*Armadiuidium vulgare*（Latreille）

（七）十足目　Decapoda

12.长臂虾科　Palaemonidae

日本沼虾　*Macrobrachium nipponensis*（De Haan）
秀丽白虾　*Palaemoinae modestus*（Heller）
中华小长臂虾　*Palaemonetes sinensis*（Heller）

13.溪蟹科　Potamonidae

锯齿溪蟹　*Potamon denticulatum*（H. Milne
-Edwards）

（八）蛛形目　Araneae

14.拟壁钱蛛科　Decobiidae

南国壁钱　*Uroctea compactilis*（L. Koch）

15.球蛛科　Theridiidae

日本希蛛　*Achaearanea japonica*（Boesenberg
et Strand）
温室希蛛　*A. tepidariorum*（C. L. Koch）
蚓腹银斑蛛　*Argyrodes cylindrogaster*（Simon）
白足丽蛛　*Chrysso albipes*（Saito）
星斑丽蛛　*C. scintillans*（Thorell）
中华圆腹蛛　*Dipoena sinica* Zhu

16.漏斗蛛科　Agelenidae

机敏漏斗蛛　*A. difficilis* Fox
迷宫漏斗蛛　*Agelena labyrinthica*（Clerck）
蕾形花冠蛛　*Coronilla gemata* Wang

17.肖蛸科　Tetragnathidae

大银鳞蛛　*Leucauga magnifica* Yaginuma
美丽麦蛛　*Menosira ornata* Chikuni

大卫后鳞蛛　*Metleucauge davidi* Schenkel
棒络新妇　*Nephila clavata* L. Koch
锥腹肖蛸　*Tetragnatha maxillosa* Thorell

18.园蛛科　Araneidae

褐吊叶蛛　*Acusilas coccineus* Simon
大腹圆蛛　*Aranea ventricosus*（L. Koch）
悦目金蛛　*Argiope amoena*（L. Koch）
横纹金蛛　*Argiope bruennichii*（Scopoli）
日本艾蛛　*Cyclosa japonica* Boesenberg
et Strand
长脸艾蛛　*C. omonaga*（Tanikawa）
红高亮腹蛛　*Hypsosinga sanguinea*
（C. L. Koch）
青新园蛛　*Neoscona scylla*（Karsch）

（九）蟠形目　Oniscomorpha

19.蟠马陆科　Sphaerotheriidae

滚山珠马陆　*Glomeris nipponica*（Kishida）
毛圆刺马陆　*Sphaerobelum hisutum*（Virhoeff）

（十）山蛰目　Spirobolidea

20.马陆科　Spirobolidae

约安马陆　*Spirobolus bungii*（Brandt）
马陆　*Prospirobolum japonnsis*（Brolemann）

（十一）蜈蚣目　Scolopendromopha

21.蜈蚣科　Scolopendridae

蜈蚣（雷公虫）　*Scolopendra morsitans*（Linne.）
多棘蜈蚣　*S. subspinipes multidens*（Newport）

（十二）原尾目　Protura

22.始蚖科　Protentomidae

短跗新康蚖　*Neocondeellum brachytarsum*
（Yin）

23.檗蚖科　Berberentomidae

天目山巴蚖　*Baculentulus tienmushanensis*
（Yin）

24. **古蚖科** Eosentomidae

珠目古蚖 *Eosentomon margarops* Yin et Zhang

（十三）弹尾目 Collembola

25. **棘跳科** Onychiuridae

麦拟跳虫 *Onychiurus* sp.

26. **等节䖴科** Isotomidae

普通毛德节䖴 *Desoria notabilis* Schäffer
羽等节䖴 *Isotoma pinnata* Börner
微小等节䖴 *Isotomiella minor* （Schäffer）

（十四）双尾目 Diplura

27. **康蚁科** Campodeidae

东方羽蚁 *Leniwytsmania orientalis* （Silvestri）
韦氏鳞蚁 *Lepidocampa weberi* Oudemans

（十五）缨尾目 Thysanura

28. **衣鱼科** Lepismatidae

衣鱼 *Lepisma saccharina* Linnaeus

（十六）蜻蜓目 Odonata

29. **蜓科** Aeschnidae

狭痣头蜓 *Cephalaeschma magdalena* Martin

30. **箭蜓科** Gomphidae

小团扇箭蜓 *Ictinogomphus rapax* （Rambur）
环纹环尾箭蜓 *Lamelligomphus ringens* Needham

31. **大蜻科** Macromiide

大山蜻 *Epophthalmia elegans* Brauer

32. **蜻科** Libellulidae

红蜻 *Crocothemis servillia* Drury
基斑蜻 *Libellula depressa* Linnaeus
白尾灰蜻 *Orthetrum albistylum* Selys
褐肩灰蜻 *O. internum* Mclachlan
线痣灰蜻 *O. lineostigma* Selys
异色灰蜻 *O. melania* Selys
狭腹灰蜻 *O. sabina* Drury
黄翅灰蜻 *O. testaceum* Burmpister
青灰蜻 *O. triangular* Selys
黄蜻 *Pantala flavescens* （Fabricias）

玉带蜻 *Pseudothemis zonata* Burmeister
大赤蜻 *Sympeturm baccha* Selys
竖眉赤蜻 *S. eroticum ardens* Mclachlan
眉斑赤蜻 *S. eroticum eroticum* Selys
褐顶赤蜻 *S. infuscatum* Selys
小黄赤蜻 *S. kunckeli* Selys

33. **色蟌科** Calopterygidae

黑色蟌 *Agrion atratum* Selys
赤基丽色蟌 *Archineura incarnata* （Karsch）
透顶单脉色蟌 *Matrona basilaris basilaris* （Selys）

34. **溪蟌科** Epallagidae

蓝斑溪蟌 *Anisopleura furcata* Selys
紫闪溪蟌 *Caliphaea consimilis* Mclachlan

35. **蟌科** Coenagrionidae

长尾黄蟌 *Ceriagrion fallax* Ris
黑尾黄蟌 *C. melanuram* Selys
褐尾黄蟌 *C. rubiae* Laidlaw

36. **扇蟌科** Platycnemidae

四斑长腹扇蟌 *Coeliccia didyma* （Selys）
白狭扇蟌 *Copera annulata* （Selys）
白扇蟌 *Platycnemis foliacea* Selys

37. **丝蟌科** Lestidae

丝蟌 *Lestidae* sp.

（十七）蜚蠊目 Blattodea

38. **鳖蠊科** Corydiidae

中华地鳖 *Eupolyphraga sinensis* Walke
金边土鳖 *Opisthoplatia orientalis* Burm.

39. **蜚蠊科** Blattidae

美洲大蠊 *Periplaneta americana* （Linnaeus）
黑胸大蠊 *P. fuliginose* Serv.

40. **姬蠊科** Phyllodromiidae

广纹小蠊 *Blattella latistriga* （Walker）
拟德国小蠊 *B. liturieollis* （Walker）
中华拟歪尾蠊 *Episymploca sinensis* （Walker）
武陵歪尾蠊 *Symploce wulingensis* P. Z. Feng et F. Z. Wu

41. 小蠊科 Chorisoneuridae

黑斑裂蠊 *Chorisoneura setshuna* B.-B.

（十八）螳螂目 Mantodea

42. 螳螂科 Manlidae

艳眼斑花螳螂 *Creobroter urbanus* Fabricius

勇斧螳螂 *Hierodula membranacea* Burmeister

广斧螳螂 *H. patellifera*（Serville）

斑腿小丝螳 *Leptomantella puntifemura* Yang（MS.）

越南小丝螳 *L. tokinae* Hebard

螳螂 *Mantis religiosa* Linnaeus

小刀螂 *Statilia maculata* Thunberg

中华大刀螂 *Tenodera aridifolia sinensis*（Sanssure）

南方大刀螂 *T. aridifolia*（Stoll）

（十九）等翅目 Isoptera

43. 草白蚁科 Hodotermitidae

山林原白蚁 *Hodotermopsis sjostedti* Holmgren

44. 鼻白蚁科 Rhinotermitidae

普见家白蚁 *Coptotermes communis* Xia et He

家白蚁 *C. formosanus* Shiraki

尖唇异白蚁 *Heterotermes aculabialis*（Tsai et Huang）

湖南异白蚁 *H. hunanensis*（Tsai et Ping）

肖若散白蚁 *Reticulitermes affinis* Hsia et Tan

贵州散白蚁 *R. guizhouensis* Ping et Xu

三色散白蚁 *R. tricolorus* Ping

45. 白蚁科 Termitidae

黑翅土白蚁 *Odontotermes formosanus*（Shiraki）

遵义土白蚁 *O. zunyiensis* Li et Ping

扬子江近歪白蚁 *Pericapritermes jangtsekiangensis*（Kemner）

（二十）襀翅目 Plecoptera

46. 襀科 Perlidae

普通钩襀 *Kamimuria simplex*（Chu）

黄色扣襀 *Kiotina biocellata* V（Chu）

庐山新襀 *Neoperla lushana* Wu

（二十一）螩目 Phasmida

47. 异螩科 Heteronemiidae

垂臀华枝螩 *Sinophasma brevipenne* Günther

48. 螩科 Phasmatidae

中华短肛螩 *Baculum chinensis*（Brunner et Wattenwyl）

平利短肛螩 *B. pingliense* Chen et He

巫山短肛螩 *B. wusharense* Chen et He

褐尾喙螩 *Ramphophasma modestum* Brunner

（二十二）直翅目 Orthoptera

49. 锥头蝗科 Pyrgomorphidae

长额负蝗 *Atractomorpha lata*（Motschoulsky）

短额负蝗 *A. sinensis* Bolivar

50. 斑腿蝗科 Catantopidae

短星翅蝗 *Calliptanus abbreviatus*（Ikonnikov）

红褐斑腿蝗 *Catantops pinguis*（Stal）

棉蝗 *Chondracris rosea rosea*（De Geer）

峨眉腹露蝗 *Fruhstorferiola omei*（Rehn et Rehn）

斑角蔗蝗 *Hieroglyphus annulicornis*（Shiraki）

中华稻蝗 *Oxya chinensis*（Thunberg）

小稻蝗 *O. intricata*（Stal）

日本黄脊蝗 *Patanga japonica*（Bolivar）

微翅小蹦蝗 *Pedopodisma microptera* Zheng

长翅素木蝗 *Shirakiacris shirakii*（I. Bolivar）

短角直斑腿蝗 *Stenocatantops mistshenkoi* F. Willemse

中华越北蝗 *Tonkinacris sinensis* Chang

四川凸额蝗 *Traulia szetschuanensis* Ramme

短角异斑腿蝗 *Xenocatantops brachycerus*（Willemse）

短角外斑腿蝗 *X. humilis brachycerus*（Willense）

大斑外斑腿蝗 *X. humilis humilis*（Serville）

51. 斑翅蝗科 Oedipodidae

花胫绿纹蝗 *Aiolopus tamulus*（Fabricius）

方异距蝗 *Heteropternis respondens*（Walker）

黄胫小车蝗 *Oedaleus infernalis* Saussure

红胫小车蝗　　*O. manjius* Chang
黄翅踵蝗　　*Pternoscrita callignosa* (De Haan)
疣蝗　　*Trilophidia annulata annulata*
　　　　　　　　　　　　(Thunberg)

52.网翅蝗科　　Arcypteridae

青脊竹蝗　　*Ceracris nigricornis* Walker
中华雏蝗　　*Chorthippus chinensis* Tarbinsky
黄脊阮蝗　　*Rammeacris kiangsu* (Tsai)

53.剑角蝗科　　Acrididae

中华剑角蝗　　*Acrida cinerea* Thunberg
云斑车蝗　　*Gastrimargus marmoratus* Thunberg
二色戛蝗　　*Gonista bicolor* (Haan)
重庆鸣蝗　　*Mongoletettix chongqiingensis*
　　　　　　　　　　　　Xie et Li
短翅佛蝗　　*Phlaeoba angustidorsis* Bolivar
中华佛蝗　　*P. sinensis* I. Bolivar

54.蚱科　　Tetrigidae

大优角蚱　　*Eucrietettix grandis* (Hancock)
波氏蚱　　*Tetrix bolivari* Saulcy
日本蚱　　*T. japonicum* (Bolivar)

55.露螽科　　Phaneropteridae

云南安螽　　*Anisotima yunnanea* Bey-Bienko
日本条螽　　*Ducetia japonica* (Thunberg)
陈氏掩耳螽　　*Elimaea cheni* Yang et Kang
中华半掩耳螽　　*Hemielimaea chinensis* Brunner
日本露螽　　*Holochlora japonica* Brunner
细齿平背螽　　*Isopsera denticulata* Ebner
中华翡螽　　*Phyllomimus sinicus* Beier
切叶糙颈螽　　*Rudicollaris touncato-lobata*
　　　　　　　　　　　　(B.-W.)
中国华绿螽　　*Sinochlora sinensis* Tinxham
宽翅绿树螽　　*Sympaestria trancato-lobata*
　　　　　　　　　　　　Brunner

56.拟叶螽科　　Pseudophyllidae

绿背覆翅螽　　*Tegra novaehollandiae viridinotata*
　　　　　　　　　　　　(Stal)

57.纺织娘科　　Mecopodidae

纺织娘　　*Mecopoda elongata* (Linnaeus)

日本纺织娘　　*M. nipponensis* (De Haan)

58.蛩螽科　　Meconematidae

佩带剑螽　　*Xiphidiopsis cincta* Bey-Bienko
四川剑螽　　*X. szechwanensis* Tinkham

59.草螽科　　Conocephalidae

比尔锥尾螽　　*Conanalua pieli* (Tinkham)
斑翅草螽　　*Conocephalus maculatus*
　　　　　　　　　　　　(Le Guillou)
日本似织螽　　*Hexacentrus japonicus* Karny
圆锥头螽蟖　　*Euconocephalus varius* (Walker)

60.螽蟖科　　Tettigoniidae

西洋螽蟖　　*Atlanticus* sp.
褐足螽蟖　　*Homorocoryphus fuscipes*
　　　　　　　　　　　　Redtenbacher
中华螽蟖　　*Tettigonia chinensis* Willemse
绿螽蟖　　*T. uiridissima* (Linnaeus)

61.蟋蟀科　　Gryllidae

短翅灶蟋　　*Gryllodes sigillatus* (Walker)
雅科棺头蟋　　*Loxoblemmus jacobsoni* Chopard
污褐油葫芦　　*Teleogryllus testaceus* (Walker)
迷卡斗蟋　　*Velarifictorus micado* (Saussure)
丽斗蟋　　*V. ornatus* (Shiraki)

62.蟋蛉科　　Trigonidiidae

斑腿双色针蟋　　*Dianemobius fascipes* (Walker)

63.蝼蛄科　　Gryllotalpoidae

东方蝼蛄　　*Gryllotalpa orientalis* Burmeister

(二十三)革翅目　　Dermaptera

64.球蠼科　　Forficulidae

异球蠼　　*Allodahlia scabriuscula* Serville
日本张球蠼　　*Anechura japonica* (Bormans)
垂缘球蠼　　*Eudohrnia metallia* (Dohrn)
欧洲蠼螋　　*Forficula auricularia* Linn.
红褐蠼螋　　*F. scudderi* Bormans

65.蠼螋科　　Labiduridae

素钳螋　　*Forcipula decolyi* Bormans

146

日本蠼螋　*Labidura japonica* De Geer

66. 肥螋科　Anisolabidae

海肥螋　*Anisolabis maritima*（Gene）

（二十四）同翅目　Homoptera

67. 蝉科　Cicadidae

黑蚱蝉　*Cryptotympana atrata* Fabricius

华南蚱蝉　*C. mandrina* Distant

蚱蝉　*C. pustulata*（Fabricius）

云春蝉　*Gaeana festiva*（Fabricius）

褐翅红娘　*Huechys philanata*（Fabricius）

红蝉　*H. sanguinea*（De Geer）

短翅红娘　*H. thoracice* Distant

兰草春蝉　*Mogannia cyanea* Walker

草春蝉　*M. hebes*（Walker）

雷鸣蝉　*Oncotympana maculaticollis*

（Motschulsky）

黄花蛄蝉　*Platypleura hilpa* Walker

南方蛄蝉　*P. kaempteri*（Fabricius）

夏至蛄蟟蝉　*Pomponia fusca*（Olver）

华田红蝉　*Scieroptera formosana* Schmidt

绿翅蝉　*Taona versicolor* Distant

68. 角蝉科　Membracidae

黑角蝉　*Gargara genistae* Fabricius

犀角蝉　*Jingkara hyalipunctata* Chou

油桐三刺角蝉　*Tricentrus aleuritis* Chou

69. 沫蝉科　Cercopidae

二点尖胸沫蝉　*Aphrophora bipunctata* Melichar

白带尖胸沫蝉　*A. horizontalis* Kato

海滨尖胸沫蝉　*A. maritima* Matsumura

毋忘尖胸沫蝉　*A. memorabilis* Walker

小白带尖胸沫蝉　*A. obliqua* Uhler

四斑尖胸沫蝉　*A. quadriguttata* Melichar

桔黄稻沫蝉　*Callitettix braconoides*（Walker）

稻沫蝉　*C. versicolor*（Fabricius）

条纹花斑沫蝉　*Clovia conifer* Walker

两条隐条沫蝉　*C. puncia* Walker

方斑铲头沫蝉　*C. quadrangularis* Metcalf

et Horton

黑斑丽沫蝉　*Cosmoscarta dorsimacula*（Walker）

一带丽沫蝉　*C. egens*（Walker）

紫胸丽沫蝉　*C. exultans*（Walker）

橘红丽沫蝉　*C. mandarina* Distant

黑头曙沫蝉　*Eoscarta assimilis*（Uhler）

红头凤沫蝉　*Paphnutius ruficeps*（Melichar）

一带拟沫蝉　*Paracercopis atricapilla*（Distant）

白纹象沫蝉　*Philagra albinotata* Uhler

岗田圆沫蝉　*Lepyronia okadae*（Matsumra）

70. 殃叶蝉科　Euscelidae

稻斑叶蝉　*Inemadara oryzae*（Matsumura）

二点叶蝉　*Macrosteles fasciifrons*（Stal）

黑尾叶蝉　*Nephotettix cincticeps*（Uhler）

电光叶蝉　*Recilia dorsalis*（Motschulsky）

71. 小叶蝉科　Typhlocybidae

棉叶蝉　*Empoasca biguttula* Shiraki

小绿叶蝉　*E. flavescens* Fabricius

白翅叶蝉　*Thaia rubiginosa* Kuoh

72. 大叶蝉科　Tettigellidae

格氏安大叶蝉　*Atkinsoniella grahami* Young

弯凹大叶蝉　*Bothrogonia curvata* Yang and Li

白边大叶蝉　*Kolla albomarginatu*（Sigroret）

白大叶蝉　*Tettigoniella spectra*（Distant）

青大叶蝉　*T. viridis* Linnaeus

73. 叶蝉科　Cicadellidae

浅绿短头叶蝉　*Batracomorphus viridulus*

（Meilichar）

青头叶蝉　*Bythoscopus mandus* Uhler

单斑带叶蝉　*Scaphoideus unipunctatus* Li

74. 木虱科　Psyllidae

合欢羞木虱　*Acizzia jamatonica* Kumayama

桑异脉木虱　*Anomoneura mori* Schwarz

梨赤木虱　*Psylla pyrisuga* Forster

75. 飞虱科　Delphacidae

灰飞虱　*Laodelphax striatellus*（Fallen）

稻褐飞虱　*Nilaparvata lugens*（stal）

白背飞虱　*Sogatella furcifera*（Horvath）

白条飞虱　*Terthron albovittata*（Matsumura）

76. **粒脉蜡蝉科**　Meenoplidae

粉白粒脉蜡蝉　*Nisia atrovenosa* Leth.

77. **浆蜡蝉科**　Dictyopharidae

武隆象蜡蝉　*Dictyophara nakanonis* Matsumura
黑脊象蜡蝉　*D. pallida*（Don）
中华象蜡蝉　*D. sinica* Walker

78. **蛾蜡蝉科**　Flatidae

碧蛾蜡蝉　*Geisha distinctissima* Walker
青蛾蜡蝉　*Salurnis marginellus* Guerin

79. **广翅蜡蝉科**　Ricaniidae

眼纹广翅蜡蝉　*Euricania ocellus* Walker
钩纹广翅蜡蝉　*Ricania simulans* Walker

80. **粉虱科**　Aleyrodidae

黑刺粉虱　*Aleurocanthus spiniferus*
（Quaintance）
黑粉虱　*Aleurolobus marlatti* Quaintance
烟粉虱　*Bemisia tabaci* Gennadius
桔花粉虱　*Dialeurodes citri*（Ashmead）

81. **瘿绵蚜科**　Melaphisdae

枣铁倍芽　*Kaburagia ensigallis*（Tsai et Tang）
蛋铁倍芽　*K. ovogallis*（Tsai et Tang）
红花倍芽　*Nurudea yanoniella*（Matsumura）
角倍蚜　*Schlechtendalia chinensis*（Bell）
倍蛋芽　*Schlechtendalis peitan*（Tsai et Tang）
秋四脉棉蚜　*Tetraneura akinire*（Sasaki）
红腹四脉棉蚜　*T. nigriabdominalis*（Sasaki）

82. **扁蚜科**　Hormaphididae

林栖粉角蚜　*Ceratovacuna silvestrii*（Takahashi）

83. **斑蚜科**　Drepanosiphidae

罗汉松新叶蚜　*Neophyllaphis podocarpi*
（Takahashi）
朴绵叶蚜　*Shivaphis celti* Das

84. **毛蚜科**　Chaitophoridae

柳黑毛蚜　*Chaitophorus saliniger* Shinji

85. **短痣蚜科**　Anoeciidae

灯台树短痣蚜　Anoecia corni（*Fabricius*）

86. **大蚜科**　Lachnidae

马尾松大蚜　Cinara formosana（*Takahashi*）
柏大蚜　C. tujafilina（*del Guercio*）
板栗大蚜　Lachnus tropicalis（*van der Goot*）
柳瘤大蚜　Tuberolachnus salignus

87. **蚜科**　Aphididae

豌豆蚜　*Acyrthosiphon pisum*（Harris）
茶果蚜　*Aphis citricola vender* Goot
豆蚜　*A. craccivora* Koch
棉蚜　*A. gossypii* Glover
艾蚜　*A. kurosawai* Takahashi
夹竹桃蚜　*A. nerii* Boyer de Fonscolombe
洋槐蚜　*A. robiniae* Macchiati
甘蓝蚜　*Brevicoryne brassicae*（Linnaeus）
胡颓子钉毛蚜　*Capitophorus elaeagni*
（del Guercio）
大麻疣蚜　*Diphorodon cannabis*（Passerini）
藜蚜　*Hayhurstia atriplicis*（Linnaeus）
桃大尾蚜　*Hyalopterus arundinis*（Fabricius）
菜溢管蚜　*Lipaphis erysimi*（Kaltenbach）
艾小长管蚜　*Macrosiphoniella yomogifoliae*
（Shinji）
麦长管蚜　*Macrosiphum avenae*（Fabricius）
蔷薇长管蚜　*M. rosao*（Linnaeus）
月季长管蚜　*M. rosivorum* Zhang
拔葜长管蚜　*M. smilacifoliae* Takahashi
高粱蚜　*Melanaphis sacchari*（Zehntner）
桃蚜　*Myzus persicae*（Sulzer）
玉米蚜　*Rhopalosiphum maidis*（Fitch）
禾谷缢管蚜　*R. padi*（Linnaeus）
麦二岔蚜　*Schizaphis graminum*（Rondani）
蕨小跗蚜　*Shinjia orientalis*（Mordvilko）
梨二叉蚜　*Shizaphis piricola* Matsumura
吴茱萸修尾蚜　*Sinomegoura evodiae* Takaheshi
桔二叉蚜　*Toxoptera aurantii* Boyer de
Fonscolombe
桔蚜　*T. citricida*（Kirkaldy）

88. **根瘤蚜科**　Phylloxeridae

梨黄粉蚜　*Aphanostigma iakusuiense* Kishida

89. **球蚜科** Adelgidae

叶球蚜 *Pincus cembrae pinikoreanus* Zhang et Fan

枝缝球蚜 *P. cladogenous* Fang et Sun

球蚜 *P. cortacicolus* Fang et Sun

90. **蜡蚧科** Coccidae

角蜡蚧 *Ceroplastes ceriferus* (Anderson)

龟蜡蚧 *C. floridensis* Comstock

褐软蜡蚧 *C. hesperidum* (Linnaeus)

日本蜡蚧 *C. japonicus* Green

伪角蜡蚧 *C. pseudoceriferus* Green

红蜡蚧 *C. rubens* Maskell

桔绵蚧 *Chloropulvinaria aurantii* (Cockerell)

绿绵蜡蚧 *C. floccifera* (Westwood)

白蜡蚧 *Ericerus pela* (Chavannes)

大球蚧 *Eulecanium excrescens* Ferris

网珠蜡蚧 *Saissetia hemisphaerica* (Targioni-Tozzetti)

91. **盾蚧科** Diaspididae

黄圆蹄盾蚧 *Aonidiella citrina* (Coquillett)

椰圆盾蚧 *Aspidiotus detructor* Signoret

长牡蛎蚧 *Lepidosaphes gloverii* (Pockard)

梨白片盾蚧 *Lopholeucaspis japonica* (Cockerell)

糠片蚧 *Parlatoria pergandii* Comstock

黑点蚧 *P. zizyphus* (Lucas)

桑盾蚧 *Pseudaulacaspis pentagona* (Targioni-Tozzetti)

梨齿盾蚧 *Quadraspidiotus perniciosus* (Comstock)

矢尖蚧 *Unaspis yanonensis* Kuwana

92. **粉蚧科** Pseudococcidae

带东竹粉蚧 *Antonina zonata* Green

松白粉蚧 *Crisicoccus pini* (Kuwana)

柑橘粉蚧 *Planococcus citri* Risso

93. **硕蚧科** Margarodidae

桑硕蚧 *Drosicha contrahens* Walker

草履硕蚧 *D. corpulenta* (Kuwana)

吹绵蚧 *Icerya purchasi* Maskell

94. **链蚧科** Asterolecaniidae

樟链蚧 *Asterolecanium cinnamomi* Borchsenius

95. **胶蚧科** Lacciferidae

紫胶蚧 *Laccifer lacca* (Kerr)

(二十五)半翅目 Hemiptera

96. **负子蝽科** Belostomatidae

褐负子蝽 *Diplonychus rusticus* (Fabricius)

97. **蝽科** Pentatomidae

伊蝽 *Aenaria lewisi* (Scott)

宽缘伊蝽 *A. pinchii* Yang

中华蝎蝽 *Arma chinensis* Fallou

九香虫 *Aspongopus chinensis* Dallas

薄蝽 *Brachymna tenuis* Stal

辉蝽 *Carbula obtusangula* Reuter

峨眉疣蝽 *Cazira emeia* Zhang et Lin

大皱蝽 *Cyclopelta obscura* (Lepeletier & Serville)

小皱蝽 *C. parava* Distant

中华岱蝽 *Dalpada cinctipes* Walker

岱蝽 *D. oculata* (Fabricius)

绿岱蝽 *D. smaragdina* (Walker)

剪蝽 *Diplorhinus furcatus* (Westwood)

斑须蝽 *Dolycoris baccarum* (Linnaeus)

滴蝽 *Dybowskia reticulata* (Dallas)

麻皮蝽 *Erthesina fullo* (Thunberg)

硕蝽 *Eurostus validus* Dallas

异色巨蝽 *Eusthenes cupreus* (Westwood)

巨蝽 *E. robustus* (Lepeletier & Serville)

菜蝽 *Eurydema dominulus* (Scopoli)

扁盾蝽 *Eurygaster maurus* (Linnaeus)

拟二星蝽 *Eysarcoris annamita* (Breddin)

二星蝽 *E. guttiger* (Thunberg)

谷蝽 *Gonopsis affinis* (Uhler)

赤条蝽 *Graphosoma rubrolineata* (Westwood)

茶翅蝽 *Halyomorpha picus* (Fabricius)

全蝽 *Homalogonia obtusa* (Walker)

玉蝽　*Hoplistodera fergussoni* Distant
细角瓜蝽　*Megymenum gracilicorne* Dallas
宽曼蝽　*Menida lata* Yang
饰纹曼蝽　*M. ornata* Kirkaldy
北曼蝽　*M. scotti* Puton
紫蓝曼蝽　*M. violacea* Motschulgky
稻绿蝽　*Nezara viridula* Linnaeus
稻褐蝽　*Niphe elongata*（Dallas）
川甘碧蝽　*Palomena haemorrhoidalis* Lindberg
肖碧蝽　*P. hasiao* Zheng et Ling
卷蝽　*Paterculus elatus*（Yang）
红角真蝽　*Pentatoma roseicornuta* Zheng et Ling
褐真蝽　*P. semiannulata*（Motschulsky）
壁蝽　*Piezodorus rubro fasciatus*（Fabricius）
珀蝽　*Plautia crossota*（Dallas）
金绿宽盾蝽　*Poecilocoris lewisi*（Distant）
尖角普蝽　*Priassus spiniger* Haglund
褐普蝽　*P. testaceus* Hsiao et Cheng
棱蝽　*Rhynchocoris humeralis*（Thunberg）
弯刺黑蝽　*Scotinophara horvathi* Distant
稻黑蝽　*S. lurida*（Burmeister）
二星蝽　*Stollia guttiger*（Thunberg）
广二星蝽　*S. ventralis*（Westwood）
角胸蝽　*Tetroda histeroides*（Fabricius）
点蝽碎斑型　*Tolumnia latipes forma contingens*
　　　　　　　　　　　　　　　　（Walker）

蓝蝽　*Zicrona caerula*（Linnaeus）

98. 龟蝽科　Plataspidae

双列圆龟蝽　*Coptososa bifaria* Montandon
达圆龟蝽　*C. davidi* Montandon
执中圆龟蝽　*C. intermedia* Yang
显著圆龟蝽　*C. notabilis* Montandon
多变圆龟蝽　*C. variegata* Herrich-Schaeffer
筛豆龟蝽　*Megacopta cribraria*（Fabricius）
狄豆龟蝽　*M. distanti*（Montandon）
和豆龟蝽　*M. horvathi*（Montandon）

99. 缘蝽科　Coreidae

瘤缘蝽　*Acanthocoris scaber*（Linnaeus）
黄伊缘蝽　*Aeschyntelus chinensis* Dallas

点伊缘蝽　*A. notatus* Hsiao
红背安缘蝽　*Anoplocnemis phasiana* Fabricius
稻棘缘蝽　*Cletus punctiger*（Dallas）
平肩棘缘蝽　*C. tenuis* Kiritshenko
波原缘蝽　*Coreus potanini* Jakovlev
广腹同缘蝽　*Homoeocerus dilatatus* Horvath
小点同缘蝽　*H. marginellus* Herrich-Schaeffer
大稻缘蝽　*Leptocorisa acula* Thunberg
异稻缘蝽　*L. varicornis* Fabricius
四川锤缘蝽　*Marcius sichuanus* Ren
黑胫侎缘蝽　*Mictis fuscipes* Hsiao
黄胫侎缘蝽　*M. serina* Dallas
曲胫侎缘蝽　*M. tenebrosa* Fabricius
茶色赭缘蝽　*Ochrochira camelina* Kiritshenko
肩异缘蝽　*Pterygomia humeralis* Hsiao
暗异缘蝽　*P. obscurata*（Stal）
拉缘蝽　*Rhamnomia dubia* Hsiao
条蜂缘蝽　*Riptortus linearis* Fabricius
点蜂缘蝽　*R. pedestris* Fabricius

100. 长蝽科　Lygaeidae

白边球胸长蝽　*Caridops albomarginatus*（Scott）
豆突眼长蝽　*Chauliops fallax* Scott
川西大眼长蝽　*Geocoris chinensis* Jakovlev
宽大眼长蝽　*G. varius*（Uhler）
中国束长蝽　*Malcus sinicus* Stys
东亚毛肩长蝽　*Neolethaeus dallasi*（Scott）
黄色小长蝽　*Nysius inconspicuus* Distant
拟黄纹梭长蝽　*Pachygrontha similis* Uhler
斑脊长蝽　*Tropidothorax cruciger*（Motschulsky）

101. 红蝽科　Pyrrhocoridae

棉红蝽　*Dysdercus cingulatus*（Fabricins）
小斑红蝽　*Physopelta cincticollis* Stål
突背斑红蝽　*P. gutta*（Burmeister）
四斑红蝽　*P. quadriguttata* Bergroth
中华斑红蝽　*P. sinensis* Liu

102. 瘤蝽科　Phymatidae

天目螳瘤蝽　*Cnizocoris dimorphus* Maa et Lin

103. 猎蝽科　Reduviidae

缘斑光猎蝽　*Ectrychotes comotoi* Lethierry

云斑真猎蝽　*Harpactor incertus*（Distant）
华菱猎蝽　*Isyndus sinicus* Hsiao et Ren
红股隶猎蝽　*Lestomerus femoralis* Walker
蚊猎蝽　*Myiophanes tipulina*（Reuter）
日月猎蝽　*Pirates arcuatus* Stål
黄纹盗猎蝽　*P. atromaculatus* Stål
中黑猎蝽　*Phynocoris fuscipes* Fabricius
桔红背猎蝽　*Reduvius tenebrosus* Walker
轮刺猎蝽　*Scipinia horrida*（Stål）
膜翅塞猎蝽　*Serendiba hymenoptera* China
环斑猛猎蝽　*Sphedanolestes impressicollis*（Stål）
赤腹猛猎蝽　*S. pubinotum* Reuter
四川犀猎蝽　*Sycanus szechuanus* Hsiao
淡裙猎蝽　*Yolinus albopustulatus* China

104. 姬蝽科　Nabidae

柽姬蝽　*Aspilaspis viridulus* Spinola
泛希姬蝽　*Himacerus apterus*（Fabricius）

105. 同蝽科　Acanthosomatidae

大翅同蝽　*Anaxandra giganteum*（Matsumura）
宽翼同蝽　*A. laticollis* Hsiao et Liu
川翘同蝽　*A. sichuanensis* Liu
背匙同蝽　*Elasmucha dorsalis* Jakovlev
曲匙同蝽　*E. recurva* Dallas
似剪板同蝽　*Platacantha similis* Hsiao et Liu
伊椎同蝽　*Sastragala esakii* Hasegawa

106. 盲蝽科　Miridae

横断苜蓿盲蝽　*Adelphocoris funestus* Reuter
苜蓿盲蝽　*A. lineolatus*（Goeze）
黑唇苜蓿盲蝽　*A. nigritylus* Hsiao
狭领纹唇盲蝽　*Charagochilus angusticollis* Linnavuori
长角纹唇盲蝽　*C. longicornis*（Reuter）
大长盲蝽　*Dolichomiris antennatus*（Distant）
甘薯盲蝽　*Halticus tibialis* Reuter
多变光盲蝽　*Liocoridea mutabilis* Reuter
绿盲蝽　*Lygus lucorum*（Meyer-Dur）
牧草盲蝽　*L. pratensis*（Linnaeus）
深色狭盲蝽　*Stenodema elegans* Reuter
赤须盲蝽　*Trigonotylus ruficornis* Geoffroy

107. 异蝽科　Urostylidae

黄壮异蝽　*Urochela flavoannulata*（Stål）
无斑壮异蝽　*U. pollescens*（Jakovlev）

108. 土蝽科　Cydnidae

青草土蝽　*Macroscytus subaeneus*（Dallas）

109. 网蝽科　Tingidae

茶军配虫　*Stephanitis chinensis* Drake
梨冠网蝽　*S. nashi* Esake et Taleya

110. 花蝽科　Anthocoridae

荷氏小花蝽　*Orius horvathi*（Reuter）
小花蝽　*O. minutus*（Linnaeus）
东亚小花蝽　*O. sauteri*（Poppius）

（二十六）缨翅目　Thysanoptera

111. 蓟马科　Thripidae

稻蓟马　*Chloethrips oryzae* Williams
花蓟马　*Frankliniella intonsa*（Trybom）
豆条蓟马　*Hercothrips fasciatus* Pergande
腹小头蓟马　*Microcephalothrips abdominalis*（Crawford）
塔六点蓟马　*Scolothrips takahashii* Priesner
色蓟马　*Thrips coloratus* Schmutz
八节黄蓟马　*T. flavidulas*（Bagaall）
黄胸蓟马　*T. hawaiiensis*（Morgan）
烟蓟马　*T. tabaci* Lindeman

112. 管蓟马科　Phloeothripidae

稻管蓟马　*Haplothrips aculeatus*（Fabricius）
华简管蓟马　*H. chinensis* Priesner

（二十七）虱目　Anoplura

113. 虱科　Pediculidae

人体虱　*Pediculus corporis* De Geer

114. 兽虱科　Haematopinoididae

牛虱　*Haematopinus eurysternus*（Nitsch）
猪虱　*H. suis*（Linnaeus）

（二十八）鞘翅目　Coleoptera

115. 步甲科　Carabidae

布氏细胫步甲　*Agonum buchanani*（Hope）

南方细胫步甲　　A. meridies（Habu）
寡行步甲　　Anoplogenius cyanescens Hope
列王步甲　　Apotomopterus nestor Breuning
金山步甲　　A. odysseus Breuning
缘速步甲　　Badister marginellus Bates
川滇锥须步甲　　Bembidion exquisitum Anolrewes
梳爪步甲　　Calathus sp.
雅丽步甲　　Calleida lepida Redtenbacher
灿丽步甲　　C. splendidula Fabricius
裂唇步甲　　Carabus lenuis Breuning
黑光颚大步甲　　C. opaculus Putzeys
印度细颈步甲　　Casnoidea indica Thunberg
双斑青步甲　　Chlaenius bioculatus Chaudoir
小黄缘青步甲　　C. circumdatus Brulle
褐背青步甲　　C. costiger Chaudoir
狭边青步甲　　C. inops Chaudoir
黄斑青步甲　　C. micans Fabricius
大黄缘青步甲　　C. nigricans Wiedemann
宽逗青步甲　　C. pictus Chaudoir
后黄斑步甲　　C. posticalis Motschulsky
黄边大步甲　　C. spoliatus Rossi
细缘青步甲　　C. tetragonoderus Chaudoir
异角青步甲　　C. varriicoris Bates
逗斑青步甲　　C. vigulifer Chaudoir
金佛山弯步甲　　Colpoideshauseri Jedlicka
川类弯步甲　　C. kulti Iedlicka
膝敌步甲　　Desera geniculata（Klug）
大重唇步甲　　Diplocheila macromandibularis
　　　　　　　　Habu et Taraka
宽重唇步甲　　D. zeelandica Redtenbocher
蹋步甲　　Dolichus halensis halensis（Schaller）
速步甲　　Dromius amaculakus Linnaeus
赤绿撕步甲　　Drypta virgata Chaudoir
谷婪步甲　　Harpalus chlceatus（Duftschmid）
多毛婪步甲　　H. eous Tschitscherine
金山婪步甲　　H. ginfushanus Iedlicka
毛婪步甲　　H. griseus（Panzer）
唇基婪步甲　　H. jureceki Jedlicka
粘毛婪步甲　　H. muciulus Bates
箭炉婪步甲　　H. praecurreus Schauberger

单齿婪步甲　　H. simplicidens Schauberger
中华婪步甲　　H. sinicus Hope
小绿光婪步甲　　H. tinctulus Bates
三齿婪步甲　　H. tridens Morawitz
大盆步甲　　Lebia coelestis Bates
大劫步甲　　Lesticus magnus Motschulsky
黑脊青步甲　　Macrochlaenites insularis Sueno
均圆步甲　　Omophron aequalis Morawitz
凹翅宽颚步甲　　Parena cavipennis（Bates）
马来宽颚步甲　　P. malaisei（Andrewes）
耶气步甲　　Pheropsophus joessoensis Morawitz
广屁步甲　　P. occipitalis（Macleay）
大宽步甲　　Platynus magnus（Bates）
角额蝼步甲　　Scarites rectifrons Bates
彩虹沟步甲　　Stenolophus iridicolor Redtenbacher
五斑沟步甲　　S. quinquepustulatus（Wiedemann）
绿胸短角步甲　　Trigonotoma bhomoensis Bates

116. **虎甲科**　　Cicindelidae

八星虎甲　　Cicindela aurulenta Fabricius
中华虎甲　　C. chinensis De Geer
绒斑虎甲　　C. delavayi Fairmaire
银纹小虎甲　　C. haleen Bates
三星小虎甲　　C. triguttata Herbst
光端缺翅虎甲　　Tricondyla macrodera Chaudoir

117. **叩头虫科**　　Elateridae

蔗根平顶叩甲　　Agonischius obscuripes
　　　　　　　　（Gyllenhal）
沟胸平顶叩甲　　A. sulcicollis Candeze
茶锥尾叩甲　　Agriotes sericatus Schwarz
泥红槽缝叩甲　　Agrypnus argillaceus（Solsky）
暗带重脊叩甲　　Chiagosnius vittiger（Heyden）
暗栗叩甲　　Colaulon musculus（Candeze）
直角瘤盾叩甲　　Gnathodicrus perpendicularis
　　　　　　　　Fleutiaux
伟叩甲　　Sternocampsus sp.
巨四叶叩甲　　Tetralobus perroti Fleutiaux

118. **萤科**　　Lampyridae

维神光萤　　Lucidina vitalisi Pic
中华黄萤　　Luciola chinensis Linnaeus

封劲火腹萤　*Pyrocoelia signaticollis* Olivier

119. 红萤科　Lycidae

中华阔红萤　*Plateros chinensis* Wat.
瘤突阔红萤　*P. tuberculatus* Pic

120. 花萤科　Cantharidae

褐异花萤　*Athemus testaceipes* Pic
中国圆胸花萤　*Prothemus chinensis* Wittmer
黑胫丽花萤　*Themus talianus*（Pic）

121. 粪金龟科　Geotrupidae

变武粪金龟　*Enoplotrupes variicolor* Fairmaire
齿股粪金龟　*Geotrupes armicrus* Fairmaire

122. 驼金龟科　Hybosoridae

缺暗驼金龟　*Phaeochrous emarginatus* Castelnau

123. 金龟科　Scarabaeidae

独角凯蜣螂　*Caccobius gonoderus*（Fairmaire）
神农蜣螂　*Catharsius molossus*（Linnaeus）
川蜣螂　*Copris szechouanicus* Balthasar
紫蜣螂　*Geotrupes auratus*（Motts.）
疣侧裸蜣螂　*Gymnopleurus brahminus*
　　　　　　　　　　　Waterhouse
翘翅蜣螂　*G. sinuatus* Olivier
墨玉利蜣螂　*Liatongus gagatinus*（Hope）

124. 犀金龟科　Dynastidae

双叉犀金龟　*Allomyrina dichotoma*（Linnaeus）

125. 鳃金龟科　Melolonthidae

展六鳃金龟　*Hexataenius protensus* Fairmaire
棕背鳃金龟　*Holotrichia castanea* Waterhouse
海南狭肋鳃金龟　*. hainanensis* Chang
直齿爪鳃金龟　*H. koraiensis* Mrayama
巨狭肋鳃金龟　*H. maxima* Chang
暗黑鳃金龟　*H. parallela* Motschlsky
华南大黑鳃金龟　*H. sauteri* Moser
华脊鳃金龟　*H. sinensis* Hope
棕色鳃金龟　*H. titanis* Reitter
灰胸突鳃金龟　*Hoplosternus incanus*
　　　　　　　　　　　Motschulsky
桔金星金龟　*Liocola speculifera* Swartz
鲜黄鳃金龟　*Metabolus tumidifrons* Fairmaire

绢金龟　*Ophthalmoserica* sp.
戴云鳃金龟　*Polyphylla davidis* Fairmaire
大云鳃金龟　*P. laticollis* Lewis

126. 埋葬甲科　Silphidae

花葬甲　*Necrophorus maculifrons* Kraatz.
尼负葬甲　*N. nepalensis* Hope.

127. 锹甲科　Lucanidae

光环锹甲　*Cyclommatus slbersi* Kraatz
三带环锹甲　*C. strigiceps* Westwood
绒根锹甲　*Gnaphaloryx velutinus* Thomson
小黑新锹甲　*Neolucanus championi* Parry
巨锯锹甲　*Serrognathus titanus* Boisduval

128. 丽金龟科　Rutellidae

黑跗长丽金龟　*Adoretosoma chinense atritarse*
　　　　　　　　　　　（Fairmaire）
白花绿丽金龟　*Adoretus albopilosa* Hope
绿腿丽金龟　*A. chamaeleon* Fairmaire
铜绿丽金龟　*A. corpulenta* Motschlsky
红脚异丽金龟　*A. cupripes* Hope
漆里绿丽金龟　*A. ebenina* Fairmaire
斑喙丽金龟　*A. tenuimaculatus* Waterhouse
腹毛异丽金龟　*Anomala amychodes* Ohaus
毛边异丽金龟　*A. coxalis* Bates
川毛异丽金龟　*A. pilosella* Fairmaire
皱唇异丽金龟　*A. rugiclypea* Lin
弱脊异丽金龟　*A. sulcipennis*（Faldermann）
蓝边矛丽金龟　*Callistethus plagiicollis* Fairmaire
中华彩丽金龟　*Mimela chinensis* Kirby
墨绿彩丽金龟　*M. splendens*（Gyllenhal）
弱斑弧丽金龟　*Popillia histeroidea* Gyllenhal
棉花弧丽金龟　*P. mutans* Newman
中华弧丽金龟　*P. quadriguttata* Fabricius
曲带弧丽金龟　*P. pustulata* Fairmaire
川绿弧丽金龟　*P. sichuanensis* Lin

129. 绒毛金龟科　Glaphyridae

弗长角绒金龟　*Toxocerus florentini* Fairmaire
长角绒金龟　*Toxocerus* sp.

130. **花金龟科** Cetoniidae

赭翅臀花金龟　*Campsiura mirabilis*
(Faldermann)

褐鳞花金龟　*Cosmiomorpha modesta* Saunders

毛鳞花金龟　*C. setulosa* Westwood

宽带鹿花金龟　*Dicranocephalus adamsi* Pascoe

四带丽花金龟　*Euselates quadrilineata* (Hope)

红缘白纹花金龟　*Glycyphana horsfieidi* Hope

斑青花金龟　*Oxycetonia bealiae* (Gory et Perch.)

小青花金龟　*O. jucunda* Faldermann

横纹罗花金龟　*Rhomborrhina fortunei*
(Saunders)

黄毛罗花金龟　*R. fulvopilosa* Moser

日铜罗花金龟　*R. japonica* (Hope)

绿罗花金龟　*R. vnicolour* Motschlsky

131. **斑金龟科** Trichiidae

短毛斑金龟　*Lasiotrichius succinetus* (Fallas)

十点绿斑金龟　*Trichius dubernardi* Pouillaude

132. **芫青科** Meloidae

长毛芫青　*Epicauta apicipennis* Tan

短翅豆芫青　*E. aptera* Kaszab

钩刺豆芫青　*E. curvispina* Kaszab

豆芫青　*E. gorhami* (Marseul)

暗头豆芫青　*E. obscurocephala* Reitter

毛角芫青　*E. ruficeps* Illiger

眼斑芫青　*Mylabris cichorii* Linnaeus

多毛斑芫青　*M. hirta* Tan

大斑芫青　*M. phalerata* Pallae

133. **花蚤科** Mordellidae

克氏带花蚤　*Glipa klapperichi* Ermisch

皮氏花蚤　*G. pici* Ermisch

134. **天牛科** Cerambycidae

栗灰锦天牛　*Acalolepta degener* (Bates)

金绒锦天牛　*A. permutans* (Pascoe)

双斑锦天牛　*A. sublusca* (Thomson)

黑棘翅天牛　*Aethalodes verrucosus* Gahan

白角虎天牛　*Anaglyptus apicicornis* Gressitt

赤缘花天牛　*Anoploderarubra dichroa*
(Blanchard)

星天牛　*Anoplophora chinensis* (Forester)

四川星天牛　*A. freyi* Breuning

楝星天牛　*A. horsfiedi* (Hope)

拟星天牛　*A. imitatrix* (White)

槐星天牛　*A. lurida* (Pascoe)

皱绿柄天牛　*Aphlodisium gibbicolle* (White)

桑粒肩天牛　*Apriona germari* (Hope)

锈色粒肩天牛　*A. swainsoni* (Hope)

凹胸梗天牛　*Arhopalus oberthuri* Sharp

褐梗天牛　*A. rusticus* (Linnaeus)

瘤胸簇天牛　*Aristobia hispida* (Saunders)

桃红颈天牛　*Aromia bungii* Faldermann

黄荆重突天牛　*Astathes episcopalis* Chevrolat

橙斑白条天牛　*Batocera davidis* Deyrolle

云斑白条天牛　*B. lineolata* Chevrolat

黄八星白条天牛　*B. rubus* (Linnaeus)

灰天牛　*Blepephaeus succincter* (Chevrolat)

簇角缨象天牛　*Cacia cretifera* Hope

红翅拟柄天牛　*Cataphrodisium rubripenne*
(Hope)

柳枝豹天牛　*Coscinesthes porosa* Bates

桔绿虎天牛　*Chelidonium citri* Gressitt

绿长绿天牛　*Chloridolum viride* (Thomson)

竹绿虎天牛　*Chlorophorus annularis* (Fabricius)

槐绿虎天牛　*C. diadema* (Motschulsky)

榄绿虎天牛　*C. eleodes* (Fairmaire)

裂纹绿虎天牛　*C. separatus* Gressitt

黑跗眼天牛　*Chreonoma atritarsis* Pic

白盾筛天牛　*Cribragapanthia scutellata* Pic

二斑黑绒天牛　*Embrik-strandia bimaculata*
(White)

红天牛　*Erythrus championi* White

弧斑红天牛　*E. fortunei* White

榆并脊天牛　*Glenea relicta* Pascoe

四面山长颊花天牛　*Gnathostragalis simianshana*
Chain et Chen

拉米天牛　*Lamiodorcadion annulipes* Pic

双带粒翅天牛　*Lamiominus gottschei* Kolbe

瘤筒天牛　*Linda femorata*（Chevrolat）

赤瘤筒天牛　*L. nigroscutata*（Fairmaire）

栗山天牛　*Massicus radei*（Blessig）

中华薄翅锯天牛　*Megopis sinica sinica* White

松墨天牛　*Monochamus alternatus* Hope

蓝墨天牛　*M. guerryi* Pic

松巨瘤天牛　*Morimospasma paradoxum*
　　　　　　　　　　　　　　　Ganglbauer

粗粒巨瘤天牛　*M. tuberculatum* Breuning

桔褐天牛　*Naudezhdiella aurea* Gressitt

黑翅脊筒天牛　*Nupserha infantula* Ganglbauer

暗翅筒天牛　*Oberea fuscipennis* Chvrolat

日本筒天牛　*O. japonica*（Thunberg）

黑腹筒天牛　*O. nigriventris* Bates

凹尾筒天牛　*O. walkeri* Gahan

苎麻双脊天牛　*Paraglenea fortunei*（Saunders）

蜡斑齿胫天牛　*Paraleprodera carolina*
　　　　　　　　　　　　　　　（Fairmaire）

云纹肖锦天牛　*Perihammus infelix*（Pascoe）

桔根接眼天牛　*Priotyrranus closteroides*
　　　　　　　　　　　　　　　（Thomson）

中华棒角天牛　*Rhodopina sinica*（Pic）

椎天牛　*Spondylis buprestoides*（Linnaeus）

蚤瘦天牛　*Strangalia fortunei* Pascoe

二点瘦花天牛　*S. savioi*（Pic）

黄带刺楔天牛　*Thermistis croceocincta*
　　　　　　　　　　　　　　　（Saunders）

刺角天牛　*Trirachys orientalis* Hope

合欢双条天牛　*Xstrocera globosa*（Olivier）

核桃脊虎天牛　*Xylotrechus contortus* Gahan

135.负泥虫科　Crioceridae

短腿水叶甲　*Donacia frontalis* Jacoby

长腿水叶甲　*D. provosti* Fairmaire

红胸负泥虫　*Lema（Petauristes）fortunei* Baly

蓝翅负泥虫　*L.（Petauristes）honorata* Baly

蓝负泥虫　*L.（S. str.）concinni pennis* Baly

鸭跖草负泥虫　*L.（S. str.）diversa* Baly

薯蓣负泥虫　*L.（S. str.）infranigra* Pic

异负泥虫　*Lilioceris impressa*（Fabricius）

隆顶负泥虫　*L. merdigera*（Linnaeus）

中华负泥虫　*L. sinica*（Heyden）

水稻负泥虫　*Oulema oryzae*（Kuwayama）

蓝耀茎甲　*Sagra fulgida janthina* Chen

黑胸距甲　*Temnaspis atrithorax* Pic

136.叶甲科　Chrysomelidae

蓝丽叶甲　*Acrothinium cyaneum* Chen

钩殊角萤叶甲　*Agetocera de formicornis*
　　　　　　　　　　　　　　　Laboissiere

丝殊角萤叶甲　*A. filicornis* Laboissiere

蓟跳甲　*Altica cirsicola* Ohno

隆翅侧刺跳甲　*Aphthona howenchuni howenchuni*
　　　　　　　　　　　　　　　Chen

细背侧刺跳甲　*A. strigosa* Baly

紫缘异跗萤叶甲　*Apophylia epipleuralis*
　　　　　　　　　　　　　　　Laboissiere

旋心异跗萤叶甲　*A. flavovirens*（Fairmaire）

豆长刺萤叶甲　*Atrachya menetriesi*（Faldermann）

樟萤叶甲　*Atysa marginata*（Hope）

黄守瓜黄足亚种　*Aulacophora femoralis*
　　　　　　　　　　　　chinensis Weise

印度黄守瓜　*A. indica*（Gmelin）

柳氏黄守瓜　*A. lewisii* Baly

黑盾黄守瓜　*A. semifusca* Jacoby

脊鞘角胸叶甲　*Basilepta consobrinum* Chen

大锯龟甲　*Basiprionota chinensis*（Fabricius）

黑条波萤叶甲　*Brachyphora nigrovittata* Jacoby

黑凹胫跳甲　*Chaetocnema（Tlanoma）basalis*
　　　　　　　　　　　　　　　Baly

蒿金叶甲　*Chrysolina aurichalcea*（Mannerhaim）

薄荷叶金叶甲　*Chrysomela exanthematica*
　　　　　　　　　　　　　　　（Wiedeminn）

白杨叶甲　*C. tremulae* Fabricius

柳二十斑叶甲　*C. vigintipunctata*（Scopoli）

恶性叶甲　*Clitea metallica* Chen

继木讷萤叶甲　*Cneoranidea signatipes* Chen

麻克萤叶甲　*Cneorane cariosipennis* Fairmaire

脊刻克萤叶甲　*C. femoralis* Jacoby

福建克萤叶甲　C. forkiensis Weise
乌壳虫　Colaphellus bowringii Baly
麦颈叶甲　Colasposoma dauricum dauricum
　　　　　　　　　　　Mannerheim
甘薯叶甲　C. dauricum Mannerheim
黄斑德萤叶甲　Dercetina flavocincta（Hope）
黑缝攸萤叶甲　Euliroetis suturalis（Laboissiere）
褐背小萤叶甲　Galerucella grisescens（Joannis）
二纹柱萤叶甲　Gallerucida bifasciata
　　　　　　　　　　　Motschlsky
丽柱萤叶甲　G. gloriosa（Baly）
核桃扁叶甲　Gastrolina depressa depressa Baly
黄鞘角胫叶甲　Gonioctena flavipennis（Jacoby）
黄斑角胫叶甲　G. flavoplagiata（Jacoby）
十三斑角胫叶甲　G. tredecimmaculata（Jacoby）
黑顶哈萤叶甲　Haplosomoides verticolis Jiang
金绿沟胫跳甲　Hemipyxis plagioderoides
　　　　　　　　　　（Motschulsky）
卡代尔丝跳甲　Hespera cavaleriei Chen
长角黑丝跳甲　H. krishna Maulik
波毛丝跳甲　H. lomasa Maulik
杨叶甲　Humba cyanicollis（Hope）
斑刻拟柱萤叶甲　Laphris emarginata Baly
黑角长跗跳甲　Longitarsus belgaumensis Jacoby
血红长跗跳甲　L. pinfanus Chen
细角长跗跳甲　L. succineus（Foudras）
黄胸寡毛跳甲　Luperomorpha xanthodera
　　　　　　　　　　（Fairmaire）
粉筒胸叶甲　Lypesthes ater（Motschulsky）
黄腹拟大萤叶甲　Meristoides grandipennis
　　　　　　　　　　（Fairmairs）
桑黄米萤叶甲　Mimastra cyanura（Hope）
黄缘米萤叶甲　M. limbata Baly
双斑长跗萤叶甲　Monolepta hieroglyphica
　　　　　　　　　　（Motschulsky）
小斑长跗萤叶甲　M. longitarsoides Chujo
竹长跗萤叶甲　M. pallidula（Baly）
云南长跗萤叶甲　M. yunnanica Gressitt
　　　　　　　　　　et Kimoto

日本榕萤叶甲　Morphosphaera japonica
　　　　　　　　　　（Hornstedt）
蓝九节跳甲　Nonarthra cyaneum Baly
后带九节跳甲　N. postfasciatus（Fairmare）
多变九节跳甲　N. variabilis Baly
蓝翅瓢萤叶甲　Oides bowringii（Baly）
葡萄叶甲　O. decempunctata Fabricius
黑胸瓢萤叶甲　O. lividus（F.）
黑跗瓢萤叶甲　O. tarsatus（Baly）
褐凹翅萤叶甲　Paleosepharia fulvicornis Chen
曲脊萤叶甲　Paragetocera involuta Laboissiere
中华拟守瓜　Paridea（Paridea）sinensis
　　　　　　　　　　Laboissiere
横带拟守瓜　P.（Semacia）transversofasciata
　　　　　　　　　　Laboissiere
梨斑叶甲　Paropsides soriculata Swartz
猿叶甲　Phaedon brassicae Baly
牡荆叶甲　Phola octodecimguttata（Fabricius）
斑翅粗角跳甲　Phygasia ornata Baly
柳圆叶甲　Plagiodera versicolora（Laicharthing）
桔潜叶甲　Podagricomela nigricollis Chen
黄色凹缘跳甲　Podontia lutea（Olivier）
油菜蚤跳甲　Psylliodes punctifrons Baly
背毛萤叶甲　Pyrrhalta dorsalis（Chen）
褐翅拟隶萤叶甲　Siemssenius fulvipennis
　　　　　　　　　　（Jacoby）
木堇沟基跳甲　Sinocrepis micans Chen
黑额光叶甲　Smaragdina nigrifrons（Hope）
黑足球跳甲　Sphaeroderma nigripes Kimoto
细刻斯萤叶甲　Sphenoraia micans（Fairmaire）
双齿长瘤跳甲　Trachyaphthona bidentata
　　　　　　　　　　Chen et Wang

137. **铁甲科**　Hispidae

甘薯梳龟甲　Aspidomorpha furcata（Thunberg）
双斑锯龟甲　Basiprionota bimaeulata
西南锯龟甲　B.（S. str.）pudica（Spaeth）
红胸丽甲　Callispa rugicollis Fairmaire
艾龟甲　Cassida fuscorufa Motschlsky
虾钳菜日龟甲　C. japana Baly

红端趾铁甲 *Dactylispa (S. str.) sauteri* Uhmann

锯齿叉趾铁甲 *D. (Triplispa) angulosa*
(Solsky)

中华叉趾铁甲 *D. (Tr.) chinensis* Weise

多刺叉趾铁甲 *D. (Tr.) higoniae* (Lewis)

束腰扁趾铁甲 *D. (Platypriella) excisa*
(Kraatz)

水稻铁甲 *Dicladispa armigera* (Oliver)

豹短椭龟甲 *Glyphocassis spilota* (Gorham)

甘薯腊龟甲 *Laccoptera quadrimaculata*
quadrimaculata (Thunberg)

甘薯台龟甲 *Taiwania circumdata* (Herbst)

素带台龟甲 *T. (S. str.) postarcuata* Chen et Zia

真舌龟甲 *T. sauteri* Spaeth

苹果台龟甲 *T. versicolor* Botheman

双枝尾龟甲 *Thlaspida biramosa biramosa*
Boheman

138. 肖叶甲科 Eumolpidae

盾厚缘叶甲 *Aoria scutellaris* Pic

褐足角胸叶甲 *Basilepta fulvipes* (Motschulsky)

隆基角胸叶甲 *B. leechi* (Jacoby)

棕角胸叶甲 *B. sinara* Weise

黄跗瘤叶甲 *Chlamisus paliditarsis* (Chen)

亮叶甲 *Chrysolampra splendens* Baly

甘薯叶甲 *Colasposoma dauricum auripenne*
(Motschulsky)

凹股齿爪叶甲 *Melixanthus moupinensis*
(Gressitt)

巧锯胸叶甲 *Pseudometaxis nanus* Chen

黑额光叶甲 *Smaragdina nigrifrons* (Hope)

大毛叶甲 *Trichochrysea imperialis* (Baly)

139. 瓢甲科 Coccinellidae

二星瓢虫 *Adalis bipunctata* (Linnaeus)

球端崎齿瓢虫 *Afissula expansa* (Dieke)

六斑异瓢虫 *Aiolocaria hexaspilota* (Hope)

十斑大瓢虫 *Anisolemnia dilatata* (Fabricius)

黑斑瓢虫 *Ballia zephirinae* Mulsant

日本丽瓢虫 *Callicaria superba* (Mulsant)

链纹裸瓢虫 *Calvia sicardi* (Mader)

闪蓝唇瓢虫 *Chilocorus hauseri* Weise

黑背唇瓢虫 *C. nigritus* (Fabricius)

黑缘红瓢虫 *C. rubidus* Hope

宽缘唇瓢虫 *C. rufitarsus* (Motschulsky)

四斑月瓢虫 *Chilomenes quadriplagiata* (Swartz)

七星瓢虫 *Coccinella septempunctata* Linnaeus

红星盘瓢虫 *Coelophora congener* (Schoenherr)

变斑隐势瓢虫 *Cryptogonus orbiculus*
(Gyllenhal)

七斑隐势瓢虫 *C. schraiki* Mader

新月食植瓢虫 *Epilachna bicrescens* (Dieke)

菱斑食植瓢虫 *E. insignis* Gorhanl

黑缘光瓢虫 *Exochomus nigromarginatus*
Miyatake

白条菌瓢虫 *Halyzia hauseri* Mader

红肩瓢虫 *H. (Leis) dimidiata* (Fabricius)

隐斑瓢虫 *H. obscurosignata* Liu

马铃薯瓢虫 *Henosepilachna vigintioctomaculata*
(Motschulsky)

茄二十八星瓢虫 *H. vigintioctopunctata*
(Fabricius)

十二星瓢虫 *Hippedamia tredeeimpunctata*
(Linnaeus)

素鞘瓢虫 *Illeis cincta* (Fabricius)

黄斑盘瓢虫 *Lemnia saucia* Mulsant

白条菌瓢虫 *Macroilleis hauseri* (Mader)

六斑月瓢虫 *Menochilus sexmaculatatus* (F.)

稻红瓢虫 *Micraspis discolor* (Fabricius)

六斑巧瓢虫 *Oenopia sexmaculata* Jing

斧斑广盾瓢虫 *Platynaspis angulimaculata*
Mader

双斑广盾瓢虫 *P. bimaculata* Pang et Mao

龟纹瓢虫 *Propylaea japonica* (Thunberg)

大红瓢虫 *Rodolia rufopilosa* Mulsant

黑背小瓢虫 *Scymnus (Pullus) kawamurai*
(Ohta)

刀角瓢虫 *Serangium japonicum* Chapin

束管食螨瓢虫 *Stethorus (Allostethorus) chengi*
Sasaji

黑斑赤艳瓢虫　*Sticholotis punctata* Crotch
八斑和瓢虫　*Synharmonia octomaculata*
(Fabricius)
四川寡节瓢虫　*Telsimia sichuanensis*
Pang et Mao
十二斑菌瓢虫　*Vibidia duodecimguttata* (Poda)

140. **拟步甲科**　Tenebrionidae

亚刺土甲　*Gonocephalum subspinosum* Fairm.
中华垫甲　*Lypros sinensis* Mars.
赤拟谷盗　*Tribolium castaneum* (Hbst.)

141. **豆象科**　Bruchidae

豌豆象　*Bruchus pisorum* (Linnaeus)
绿豆象　*Callosobruchus chinensis* (Linnaeus)

142. **小蠹科**　Scolytidae

瘤胸材小蠹　*Ambrosiodmus rubricollis* (Eichhoff)
两色材小蠹　*Cnestus maculatus* Browne
马尾松梢小蠹　*Cryphalus massonianus* Tsai et Li
坡面材小蠹　*Euwallacea interjectus* (Blandford)
平穴材小蠹　*Hadrodemius armorphus* (Eggers)
杉肤小蠹　*Phloeosinus sinensis* Schedl
毛刺锉小蠹　*Scolytoplatypus raja* Blandford
小毛喙小蠹　*Sueus niisimai* (Eggers)
小粒材小蠹　*Xyleborus saxeseni* Ratzeburg
秃尾材小蠹　*Xylosandrus amputatus* (Blandford)
光滑材小蠹　*X. germanus* (Blandford)

143. **象甲科**　Curculionidae

日本长足象　*Alcidodes nipponicus* (Kono)
短胸长足象　*A. trifidus* (Pascoe)
中国角喙象　*Anosimus klapperichi* Voss
中华卷叶象　*Apoderus chinensis* Jekel
淡赤落纹象　*A. rubidus* Motschulsky
棉小丽象　*Calomycterus obconicus* Chao
山茶象　*Curculio chinensis* Chevrolat
竹直锥象　*Cyrtotruchelus longimaus* (Fabricius)
淡灰瘤象　*Dermatoxenus caesicollis* (Gyllenhyl)
稻象甲　*Echinocnemus squameus* Billberg
灌县癞象　*Episomus kwanhsiensis* Heller
长尖光洼象　*Gasteroclisus klapperichi* Voss
大绿象　*Hypomeces squamosus* Herbst

圆筒筒喙象　*Lixus mandaranus fukienensis* Voss
斜纹筒喙象　*L. obliquivittis* Voss
暗褐圆筒象　*Macrocorynus capito* (Faust)
大圆筒象　*M. psittacinus* Redtenbacher
茶丽纹象　*Myllocerinus aurolineatus* Voss
桃实小象甲　*Phynchites bacchus* Linnaeus
梨虎象　*Rhynchites coreanus* Kono
梨象甲　*R. heros* Roel
栗大象甲　*Sipalus gigas* Linnaeus
大灰象　*Sympiezomias velatus* Chevrolat

144. **卷象科**　Attelabidae

黑尾卷象　*Apoderus nigroapicatus* Jakel
六星卷象　*A. praecellens* Sharp
瘤胸茸卷象　*Euscelophilus gibbicollis* (Schils.)
黑胸异角象　*Henicolabus hypomelas* Fairmaire
花斑切叶象　*Paroplapoderus pardalis*
(Vollenhoven)
圆斑卷象　*P. semiamulatus* Jekel
漆黑瘤卷象　*Phymatapoderus latipennis* Jekel

145. **吉丁甲科**　Buprestidae

柑桔吉丁虫　*Agrilus auriventis* Sannder
柑桔溜皮虫　*A. inamoenus* Kerremans
中华窄吉丁　*A. sinensis* Thomson.

146. **隐翅甲科**　Staphylinidae

毒隐翅甲　*Paedelus* sp.
青翅蚁形隐翅甲　*Paederus fuscipes* Curtis

147. **伪叶甲科**　Lagriidae

褐伪叶甲　*Lagria nigricollis* Hope

148. **长角象甲科**　Anthribidae

长角象甲　*Anthribidae* sp.

(二十九)广翅目　Megaloptera

149. **齿蛉科**　Corydalidae

污翅斑鱼蛉　*Neochauliodes fraternus* Maclachlan
中华斑鱼蛉　*N. sinensis* (Walker)
普通齿蛉　*Neoneuromus ignobilis* Navás
花边星鱼蛉　*Protohermes costalis* (Walker)
星齿蛉　*P. grandis* Thunberg

(三十)脉翅目　Neuroptera

150.草蛉科　Chrysopidae

大草蛉　*Chrysopa septempunctata* Wesmael
晋草蛉　*C. shansiensis* Kawa
中华草蛉　*C. sinica* Tjeder

151.褐蛉科　Hemerobiidae

褐蛉　*Hemerobiidae* sp.
全北褐蛉　*Hemerobius humuli* Linnaeus

152.蚁蛉科　Myrmeleontidae

蚁蛉　*Myrmeleontidae* sp.

(三十一)毛翅目　Trichoptera

153.角石蛾科　Stenopsychidae

角石蛾　*Stenopsyche angustata* Martynov
纳氏角石蛾　*S. navasi* Ulmer

154.纹石蛾科　Hydropsychidae

纹石蛾　*Hydropsyche* sp.
疗长角纹石蛾　*Macrostemum fastosum* Walker
小缺距纹石蛾　*Potamyia parva* (Ulmer)
Tian et Li

(三十二)鳞翅目　Lepidoptera

155.网蛾科　Thyrididae

蝉网蛾　*Glanycus foochowensis* Chu et Wang
四川斜线网蛾　*Striglina susukii szechwanensis*
Chu et Wang

156.凤蛾科　Epicopeiidae

浅翅凤蛾　*Epicopeia hainesi sinicaria* Leech
榆凤蛾　*E. mencia* Moore

157.蚕蛾科　Bombycidae

白线野蚕　*Theophila religiosa* Helf

158.大蚕蛾科　Saturniidae

长尾大蚕蛾　*Actias dubernarde* Oberthür
红尾大蚕蛾　*A. rhodopneume* Böbre
绿尾大蚕蛾　*A. selene ningpoana* Felder
柞蚕　*Antheraea pernyi* Linnaeus
乌桕大蚕蛾　*Attacus atlas* (Linnaeus)
家蚕　*Bombyx mori* Linnaeus

银杏大蚕蛾　*Dictyoploca japonica* Moore
樟蚕　*Eriogyna pyretorum* Westwood
目豹大蚕蛾　*Loepa damartis* Jordan
豹大蚕蛾　*L. oberthuri* Leech
樗蚕　*Philosamia cynthia* Walker et Felder
蓖麻蚕　*P. cynthiaricini* (Denoran)
猫目大蚕蛾　*Salassa thespis* Leech

159.箩纹蛾科　Brahmaeidae

紫光箩纹蛾　*Brahmaea porpuyrio* Chu et Wang
青球箩纹蛾　*Brahmo phthalma hearseyi* (White)

160.天蛾科　Sphingidae

芝麻天蛾　*Acherontia styx* Westwood
葡萄缺角天蛾　*Acosmeryx naga* (Moore)
榆绿天蛾　*Callambulyx tartarinovii* Bremer
et Grey
条背天蛾　*Cechenena lineosa* (Walker)
平背天蛾　*C. minor* (Butler)
咖啡透翅天蛾　*Cephonodes hylas* Linnaeus
南方豆天蛾　*Clanis bilineata bilineata* (Walker)
豆天蛾　*C. bilineata tsingtauica* Mell
团角锤天蛾　*Gurelca hyas* (Walker)
锈胸黑斑天蛾　*Haemorrhagia staudingeri*
staudingeri (Leech)
甘薯天蛾　*Herse convalvuli* Linnaeus
九节木长喙天蛾　*Macroglossum fringitta*
(Boisduval)
黑长喙天蛾　*M. pyrrhosticta* (Butler)
椴六点天蛾　*Marumba dyras* (Walker)
梨六点天蛾　*M. gaschkewitschi eomplacens*
Walker
日本鹰翅天蛾　*Oxyambulyx japonica* Rothschild
栎鹰翅天蛾　*O. liturata* (Butler)
鹰翅天蛾　*O. ochracea* Butler
构月天蛾　*Parum colligata* (Walker)
月天蛾　*P. porphyria* (Butler)
齿翅三线天蛾　*Polyptychus dentatus* (Cramer)
丁香天蛾　*Psilogramma increta* (Walker)
霜天蛾　*P. menephron* (Cramer)
斜绿天蛾　*Rhyncholaba acteus* (Cramer)

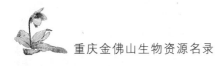

黄胸木蜂天蛾　*Sataspes tagalica thoracica*
　　　　　　　　Rothschild er Tordan
广东蓝目天蛾　*Smerithus planus kuantungensis*
　　　　　　　　　Clark
雀纹天蛾　*Theretra japonica* Orza
芋双线天蛾　*T. oldenlandiae*（Fabricius）

161.钩蛾科　Drepanidae

肾点丽钩蛾　*Callidrepana patrana patrana*
　　　　　　　　（Moore）
中华大窗钩蛾　*Macrauzata maxima chiensis*
　　　　　　　　　Inoue
日本线钩蛾　*Nordstroemia japonica*（Moore）
星线钩蛾　*N. vira*（Moore）
交让木山钩蛾　*Oreta insignis*（Butler）

162.翼蛾科　Alucitidae

栀子翼蛾　*Alucita flavofascia*（Inoue）

163.尖翅蛾科　Cosmopterygidae

茶梢蛾　*Parametriotes theae* Kusnetzov
栀子尖翅蛾　*Scaeosopha* sp.

164.细蛾科　Gracilariidae

金纹细蛾　*Lithocolletis ringoniella* Matsumura

165.叶潜蛾科　Phyllocnistidae

柑桔潜叶蛾　*Phyllocnistis citrella* Stainton

166.菜蛾科　Plutellidae

菜蛾　*Plutella xylostella*（Linnaeus）

167.透翅蛾科　Aegeriidae

苹果透翅蛾　*Conopia hector* Butler
粗腿透翅蛾　*Melittia bombiliformis* Cramer
白杨透翅蛾　*Parathrene tabaniformis* Rottenberg
海棠透翅蛾　*Synanthedon haitangvora* Yang

168.木蠹蛾科　Zeuzeridae

咖啡木蠹蛾科　*Zeuzera coffeae* Nietner

169.小卷叶蛾科　Olethreutidae

梨小食心虫　*Grapholitha molesta* Busck
豆小卷叶蛾　*Matsumuraeses phaseoli* Matsumura
桃白小卷蛾　*Spilonota albicana*（Motschulsky）

170.卷叶蛾科　Tortricidae

柑桔褐带卷蛾　*Adoxophyes cyrtodema* Meyrick
棉褐带卷蛾　*A. orana Fischer von* Roslerstamm
梨黄卷蛾　*Archips breviplicana*（Walsingham）
拟后黄卷蛾　*A. compacta* Meyrick
山楂黄卷蛾　*A. crataegana* Hiibner
茶黄卷蛾　*A. ingentana* Christoph
丽黄卷蛾　*A. opiparus* Liu
柑桔长卷蛾　*Homona coffearia* Nietner
茶长卷蛾　*H. magnanima* Diakonoff

171.麦蛾科　Gelechiidae

甘薯麦蛾　*Brachmia macroscopa* Meyrick
马铃薯块茎蛾　*Gnorimoschema operculella* Zeller
棉红铃虫　*Pectinophora gossypiella*（Saunders）
麦蛾　*Sitotroga cerealella*（Olivier）
黑星麦蛾　*Telphusa chloroderces* Meyrick

172.草蛾科　Ethmiidae

衡山草蛾　*Ethmia maculata* Sahler

173.木蛾科　Xyloryctidae

柑桔木蛾　*Epimactis* sp.
梅木蛾　*Odites issikii* Takahashi

174.潜蛾科　Lyonetiidae

旋纹潜叶蛾　*Leucoptera scitella* Zeller
银纹潜叶蛾　*Lyonetia prunifoliella* Hubner

175.祝蛾科　Lecithoceridae

竖平祝蛾　*Lecithocera（Patouissa）erecta*
　　　　　　　　　Meyrick

176.蓑蛾科　Psychidae

吊袋蛾　*Clania preyeri*（Leech）
大蓑蛾　*C. variegata* Snellen
小窠蓑蛾　*Eumeta minuscula* Butler

177.螟蛾科　Pyralidae

竹螟　*Algedonia ceclesalis* Walker
稻筒巢螟　*Ancylolomia japonica* Kellar
栀子三纹野螟　*Archernis tropicalis* Walker
稻暗水螟　*Bradina admixtalis*（Walker）
二化螟　*Chilo suppressalis*（Walker）

高粱条螟　C. venosata（Walker）

园斑黄缘野螟　Cirrhochrista brizoalis Walker

稻纵卷叶螟　Cnaphalocrocis medinalis Guenee

叉纹草螟　Crambus marcissus Bleszynski

绿翅绢野螟　Diaphania angustalis（Snellen）

瓜绢螟　D. indica（Saunders）

赭缘绢野螟　D. lacustalis（Moore）

三条螟　Dichocrocis chlorophanta Butler

桃蛀螟　D. punctiferalis Guenee

丛毛展须野螟　Eurrhyparodes contortalis
Hampson

黑点蚀叶野螟　Hedylepta commixta（Butler）

水稻切叶野螟　Herpetogramma licarsisalis
（Walker）

葡萄切叶野螟　H. luctuosalis（Guenèe）

甜菜螟　Hymema recurvalis Fabricius

缀叶丛螟　Locastra muscosalis Walker

扶桑四点野螟　Lygropia quaternalis Zeller

豆荚野螟　Maruca testulalis Geyer

梨大食心虫　Nephopterqx pirivorella Matsumura

茶须野螟　Nosophora semitritalis（Leech）

棉大卷叶螟　Notarcha derogata Fabricius

稻筒卷叶螟　Nymphula vittalis Bremer

盐肤木瘤丛螟　Orthaga euadrusalis Walker

金双点螟　Orybina flaviplaga（Walker）

亚洲玉米螟　Ostrinia furnacalis（Guenee）

珍洁水螟　Parthenodes prodigalis（Leech）

三点茎草螟　Pediasia mixtalis（Walker）

扬子茎草螟　P. yangtseella（Caradja）

大白斑野螟　Phlythlipta liquidalis Leech

枇杷卷叶野螟　Pleuroptya balteata（Fabricius）

黑脉厚须螟　Propachys nigrivena Walker

三化螟　Scirpophaga incertulas（Walker）

台湾卷叶野螟　Sylepta taiwannalis Shibuya

黄黑纹野螟　Tyspanodes hypsalis Warren

178. 斑蛾科　Zygaenidae

黄纹旭锦斑蛾　Campylotes pratti Leech

红肩旭锦斑蛾　C. romauovi Leech

菜斑蛾　Eterusia aedea Linnaeus

梨叶斑蛾　Illiberis pruni Dyar

茶六斑锦斑蛾　Soritia pulchella sexpunctata
（Doubleday）

榆斑蛾　Zygaenidae sp.

179. 尺蛾科　Geometridae

丝棉木金星尺蛾　Abraxas suspecta Warren

鲜鹿尺蛾　Alcis perfurcana（Wehrli）

掌尺蛾　Amraica superans（Butler）

媚尺蛾　Anthyperythra hermearia Swinhoe

滇沙弥尺蛾　Arichanna furcifera epiphanes
Wehrli

大造桥虫　Ascotis selenaria（Schiffermüller
et Denis）

双云尺蛾　Biston regalis comitata（Warren）

焦边尺蛾　Bizia aexaria Walker

茶尺蛾　Boarmia obligua hypulina Wehrli

油桐尺蛾　Buzura suppressaria Guenee

云尺蛾　B. thibetaria（Oberthür）

木镳尺蛾　Calcula panterinaria Bremer et Crey

丝绵木金星尺蛾　Calospilos suspecta Warren

中国四眼绿尺蛾　Chlorodontopera mandarinata
Leech

瑞霜尺蛾　Cleora repulsaria（Walker）

云纹尺蛾　Comibaena pictipennis Butler

木镳尺蛾　Culcula panterinaria（Bremer er Grey）

小蜻蜓尺蛾　Cystidia couaggaria（Guenée）

赫点峰尺蛾　Dindica para Swinhoe

隐折线尺蛾　Ecliptopera haplocrossa（Prout）

埃尺蛾　Ectropis crepuscularia（Denis &
Schiffermüller）

黎明尺蛾　Erobatodes eosaria（Walker）

点尾尺蛾　Euctenuropteryx nigrociliaria Leech

赭尾尺蛾　Exurapteryx aristidaria（Oberthür）

无常魈尺蛾　Garaeus subsparsus Wehrli

无脊青尺蛾　Herochroma baba Swinhoe

蝶青尺蛾　Hipparchus papilionaria Linnaeus

尘尺蛾　Hypomecis punctinalis conferenda
（Butler）

玻璃尺蛾　Krananda semihyalina Moore

亚叉脉尺蛾　Leptostegna asiatica（Warren）

辉尺蛾　*Luxiaria mitorrhaphes mitorrhaphes* Prout

白蛮尺蛾　*Medasina albidaria albidaria* Walker

默蛮尺蛾　*M. corticaria corticaria*（Leech）

小玷尺蛾　*Naxidia glaphyra* Wehrli

枯斑翠尺蛾　*Ochrognesia difficta*（Walker）

巨长翅尺蛾　*Obeidia gigantearia* Leech

大斑豹纹尺蛾　*O. tigrata maxima* Inoue

带四星尺蛾　*Ophthalmitis cordularia*（Swinhoe）

四星尺蛾　*O. irrorataria*（Bremer et Gret）

同尾尺蛾　*Ourapteryx similaria similaria* Leech

染垂耳尺蛾　*Pachyodes decorata*（Warren）

金边平沙尺蛾　*Parabapta perichrysa* Wehrli

拟柿星尺蛾　*Percnia albinigrata* Warren

均点尺蛾　*P. belluaria* Guenee

柿星尺蛾　*P. giraffata* Guenee

灰点尺蛾　*P. grisearia* Leech

桑尺蛾　*Phthonandria atrilineata*（Butler）

锯线烟尺蛾　*Phthonosema serratilinearia*（Leech）

苹烟尺蛾　*P. tendinosaria*（Bremer）

指眼尺蛾　*Problepsis crassinotata* Prout

佳眼尺蛾　*P. eucircota* Prout

茶银尺蛾　*Scopula subpunctaria* Herrich-Schaffer

绵庶尺蛾　*Semiothisa monticolaria monticolaria*（Leech）

尘尺蛾　*Serraca punctinalis conferenda* Butler

弓纹尺蛾　*Timandra amata* Linnaeus

极紫线尺蛾　*T. extremaria* Walker

缅洁尺蛾　*Tyloptera bella diecena*（Prout）

玉臂黑尺蛾　*Xandrames dholaria sericea* Butler

中华虎尺蛾　*Xanthabraxas hemionata* Guenee

180. 毒蛾科　Lymantriidae

珀色毒蛾　*Aroa substrigosa* Walker

茶白毒蛾　*Arctornis alba*（Bremer）

轻白毒蛾　*A. cloanges* Collenette

绢白毒蛾　*A. gelasphora* Collenette

白毒蛾　*A. lnigrum*（Muller）

萤白毒蛾　*A. xanthochila* Collenette

苔肾毒蛾　*Cifuna eurydice*（Butler）

肾毒蛾　*C. locuples* Walker

栎茸毒蛾　*Dasychira aurifera* Scriba

松茸毒蛾　*D. axutha* Collenette

霉茸毒蛾　*D. catocaloides* Leech

绿茸毒蛾　*D. chloroptera* Hampson

线茸毒蛾　*D. grotei* Moore

刻茸毒蛾　*D. kibarae* Matsumura

霜茸毒蛾　*D. lunulata* Butler

皎星黄毒蛾　*Euproctis bimaculata* Walker

乌桕黄毒蛾　*E. bipunctapex*（Hampson）

星黄毒蛾　*E. flavinata*（Walker）

梯带黄毒蛾　*E. montis*（Leech）

云星黄毒蛾　*E. niphonis*（Butler）

漫星黄毒蛾　*E. plana* Walker

茶黄毒蛾　*E. pseudoconspersa* Strand

幻带黄毒蛾　*E. varians*（Walker）

黄足毒蛾　*Ivela auripes*（Butler）

黄素毒蛾　*Laelia anamesa* Collenette

舞毒蛾　*Lymantria dispar*（Linnaeus）

杜果毒蛾　*L. marginata* Walker

栎毒蛾　*L. mathura* Moore

珊毒蛾　*L. viola* Swinhoe

黄斜带毒蛾　*Numenes disparilis* Staudinger

角斑古毒蛾　*Orgyia gonostigma*（Linnaeus）

蜀柏毒蛾　*Parocneria orienta* Chao

黑褐盗毒蛾　*Porthesia atereta* Collenete

戟盗毒蛾　*P. kurosawai* Inoue

豆盗毒蛾　*P. piperita*（Oberthür）

双线盗毒蛾　*P. scintillans*（Walker）

盗毒蛾　*P. similis*（Fueszly）

杨雪毒蛾　*Stilpnota candida* Staudinger

181. 波纹蛾科　Thyatiridae

花篓波纹蛾　*Gaurena florescens* Walker

浩波纹蛾　*Habrosyna derasa* Linnaeus

长大波纹蛾　*Macrothyatira oblonga* Poujade

内重波纹蛾　*Palimpsestis pseudomaculata* Houbert

金波纹蛾　*Plusinia aurea* Gaede

红波纹蛾　*Thyatira rubrescers* Werny

182. 虎蛾科　Agaristidae

黄修虎蛾　*Seudyra flavida* Leech
中国艳虎蛾　*S. subalba* Leech

183. 刺蛾科　Limacodidae

枣刺蛾　*Iragoides conjuncta*（Walker）
长奕刺蛾　*I. elongata* Hering
丽绿刺蛾　*Latoia lepida*（Cramer）
肖媚绿刺蛾　*L. pseudorepanda* Hering
线银纹刺蛾　*Miresa urga* Hering
黄刺蛾　*Monema flavescens* Walker
狡娜刺蛾　*Narosoideus vulpinus*（Wileman）
棕边青刺蛾　*Parasa hilarata* Staudinger
中华青刺蛾　*P. sinica* Moore
桑褐刺蛾　*Setora postornata*（Hampson）
眼鳞刺蛾　*Squamosa ocellata*（Moore）
素刺蛾　*Susica pallida* Walker
扁刺蛾　*Thosea sinensis*（Walker）

184. 舟蛾科　Notodontidae

峨眉迥舟蛾　*Disparia abraama*（Schaus）
栾蕊舟蛾　*Dudusa sphingiformis* Moore
栎纷舟蛾　*Fentonia ocypete*（Bremer）
钩刺舟蛾　*Gangarides dharma* Moore
拟金舟蛾　*Ginshachia elongata* Matsumura
褐新林舟蛾　*Neodrymonia brunnea*（Moore）
苹掌舟蛾　*Phalera flavescens*（Bremer et Grey）
艳金舟蛾　*Spatalia doerriesi* Graeser
剑心银斑舟蛾　*Tarsolepis sommeri*（Hubner）

185. 苔蛾科　Lithosiidae

滴苔蛾　*Agrisius guttivitta* Walker
优雪苔蛾　*Cyana hamata*（Walker）
草雪苔蛾　*C. pratti*（Elwes）
乌闪苔蛾　*Paraona staudingeri* Alpheraky
泥苔蛾　*Pelosia muscerda* Hüfnagel

186. 鹿蛾科　Ctenuchidae

广鹿蛾　*Amata emma*（Butler）
明鹿蛾　*A. lucerna*（Wileman）

187. 灯蛾科　Arctiidae

大丽灯蛾　*Aglaomorpha histrio*（Walker）

白黑华灯蛾　*Agylla ramelana*（moore）
白条纹灯蛾　*Atolmis albifascia* Fang
大丽灯蛾　*Callimorpha histrio* Walker
明雪灯蛾　*Chionaema phaedra* Leech
白雪灯蛾　*Chionarctia niveus*（Menetries）
黑条灰灯蛾　*Creatonotos gangis*（linnaeus）
八点灰灯蛾　*C. transiens*（Walker）
粉蝶灯蛾　*Nyctemera adversata*（Schaller）
净污灯蛾　*Spilarctia alba*（Bremer et Grey）
尘白灯蛾　*S. obliqua*（Walker）
星白雪灯蛾　*Spilosoma menthastri*（Esper）
点斑雪灯蛾　*S. ningyuenfui* Daniel
洁雪灯蛾　*S. pura* Leech

188. 夜蛾科　Noctuidae

桃剑纹夜蛾　*Acronicta incretata* Hampson
梨剑纹夜蛾　*A. rumicis* Linnaeus
果剑纹夜蛾　*A. strigosa* Schiffermiiller
枯叶夜蛾　*Adris tyrannus*（Guenee）
大地老虎　*Agrotis tokionis* Butler
小地老虎　*A. ypsilon*（Rottemberg）
八字地老虎　*Amathes cwigrum* Linnaeus
小造桥夜蛾　*Anomis flava*（Fabricius）
超桥夜蛾　*A. fulvida* Guenee
青安纽夜蛾　*Anua tirhaca*（Cramer）
斜蛾夜蛾　*Antha grata*（Butler）
冷靛夜蛾　*Belciana virens* Butler
柿癣皮蛾　*Blenina senex*（Butler）
红晕散纹夜蛾　*Callopistria repleta*（Walker）
脉散纹夜蛾　*C. venata*（Leech）
日月明夜蛾　*Chasmina biplaga* Walker
高山翠夜蛾　*Daseochaeta alpium*（Osbeck）
两色夜蛾　*Dichromia trigonalis* Guenée
鼎点金刚钻　*Earias cupreoviridis* Walker
翠纹金刚钻　*E. fabia* Stoll
甘薯绮夜蛾　*Emmelia trabealis* Scoppli
霜夜蛾　*Gelastocera exusta* Butler
棉铃虫　*Heliothis armigera* Hiibner
烟夜蛾　*H. assulta* Guenee
蓝条夜蛾　*Ischyja manlia* Cramer

苹美皮夜蛾　*Lamprothripa lactaria* Graeser

劳氏粘虫　*Leucania loreyi* Duponchel

粘虫　*L. separata* Walker

曲夜蛾　*Loxioda similis*（Moore）

甘蓝夜蛾　*Mamestra brassicae* Linnaeus

皎迷夜蛾　*Miselia eximia*（Staudinger）

缤夜蛾　*Moma champa* Moore

双带夜蛾　*Naranga aenescens* Moore

玉边魔目夜蛾　*Nyctipao albicinctus*（Kollar）

落叶夜蛾　*Ophideres fullonica* Linnaeus

茶眉夜蛾　*Pangrapta obscurata* Butler

玫瑰巾夜蛾　*Parallelia arctotaenia*（Guenee）

无肾巾夜蛾　*P. crameri*（Moore）

霉巾夜蛾　*P. maturata*（Walker）

肾巾夜蛾　*P. praetermissa*（Warren）

疆夜蛾　*Peridroma saucia* Hubner

白肾裙剑夜蛾　*Polyphaenis oberthuri* Staudinger

斜纹夜蛾　*Prodenia litura*（Fabricius）

大螟　*Sesamia inferens*（Walker）

胡桃豹夜蛾　*Sinna extrema*（Walker）

旋目夜蛾　*Speiredonia retorta* Linnaeus

掌夜蛾　*Tiracola plagiata* Walker

189. 枯叶蛾科　Lasiocompidae

马尾松毛虫　*Dentrolimus punctatus*（Walker）

油松毛虫　*D. tabulaeformis*（Tsai et Liu）

李枯叶蛾　*Gastropacha quercifolia* Linnaeus

竹斑枯叶蛾　*Philudoria albomaculata* Bremer

粟黄枯叶蛾　*Trabala uishmou* Lefebure

190. 钩翅蛾科　Drepanidae

黄点钩蛾　*Callicilix abraxata* Butler

191. 凤蝶科　Papilionidae

华中麝凤蝶　*Byasa alcinous* Klug

宽带青凤蝶（短带亚种）　*Graphium cloanthus clymenus*（Leech）

长尾樟凤蝶　*G. cloanthus* Westwood

木兰樟凤蝶　*G. doson axion* C. & R. Felder

华中樟凤蝶　*G. leechi* Rothschild

樟青凤蝶　*G. sarpedon*（Linnaeus）

樟凤蝶（南亚亚种）　*G. sarpedon luctatius*（Fruhstorfer）

窄黑条杏凤蝶　*Iphiclides eurous* Leech

红基美凤蝶（西藏亚种）　*Papilio alcmenor nausithous* Oberthür

碧凤蝶　*P. bianor* Cramer

玉斑凤蝶　*P. helenus* Linnaeus

黄凤蝶　*P. machaon* Linnaeus

雌多型凤蝶基亚种　*P. memmon agenor* Linnaeus

多型凤蝶　*P. memmon* Linnaeus

宽带凤蝶（东部亚种）　*P. nephelus chaonulus* Fruhstorfer

巴黎翠凤蝶（中原亚种）　*P. paris chinensis* Rothschild

巴黎翠凤蝶　*P. paris paris* Linnaeus

玉带凤蝶　*P. polytes polytes* Linnaeus

蓝凤蝶　*P. protenor* Cramer

蓝凤蝶（西南亚种）　*P. protenor euprotenor*（Fruhstorfer）

台湾凤蝶　*P. thaiwanus* Rothschild

春凤蝶（柑桔凤蝶）　*P. xuthus* Linnaeus

华夏剑凤蝶　*Pazala mandarina mandarina*（Oberthür）

192. 粉蝶科　Pieridae

勒氏绢粉蝶　*Aporia larraldei* Oberthür

小菜粉蝶　*Artogeia rapae* Linnaeus

斑缘豆粉蝶　*Colias erate*（Esper）

橙黄豆粉蝶　*C. fieldii* Menetries

橙黄豆粉蝶（中华亚种）　*C. fieldii sinensis* Verity

黑角方粉蝶　*Dercas lycorias*（Doubledy）

橙翅方粉蝶　*D. nina* Mell

宽边黄粉蝶　*Eurema hecabe*（Linnaeus）

圆翅钩粉蝶　*Gonepteryx amintha* Blanchard

锯缘鼠李粉蝶　*G. mahaguru* Gistel

尖钩粉蝶（大陆亚种）　*G. mahaguru aspasia*（Menetries）

钩粉蝶（大陆亚种）　*G. rhamni carnipennis* Butler

钩粉蝶　*G. rhamni*（Linnaeus）

东方菜粉蝶　*Pieris canidia canidia*（Sparrman）

黑脉粉蝶　*P. melete* Menetries

菜粉蝶　*P. rapae*（Linnaeus）

勾纹大粉蝶（卡氏亚种）　*Tabbotia naganum karumii* Ikeda

193. 斑蝶科　Danaidae

后褐花斑蝶　*Parantica sita*（Kollar）

黑脉金斑蝶　*Salatura genutia* Cramer

194. 眼蝶科　Satyridae

三星眼蝶　*Callerebia polyphemus* Oberthür

大艳眼蝶　*C. suroia* Tytler

白条黛眼蝶　*Lethe albolineata*（Poujade）

江谷竹眼蝶　*L. butleri* Leech

直带黛眼蝶　*L. lanaris* Butler

臀白点竹眼蝶　*L. manzorum* Poujade

臀大竹眼蝶（中华亚种）　*L. syrcis diunaga* Fruhstorfer

眉眼蝶　*Mycalesis francisca* Cramer

稻眼蝶　*M. gotama* Moore

角斑箬眼蝶　*Neope agrestis* Oberthür

阿芒荫眼蝶　*N. armandii*（Oberthür）

布莱荫眼蝶　*N. bremeri*（Felder）

八星眼蝶　*N. muirheadi* Felder

黑斑荫眼蝶（西藏亚种）　*N. plahoides xizangana* Wang

黄斑荫眼蝶（中原亚种）　*N. pulaha remosa* Leech

蛇眼蝶（二点亚种）　*Minois dryas bypunctatus*（Motschulsky）

僧袈眉眼蝶　*Mycalesis sangaca* Butler

白斑眼蝶　*Panthema adelma*（Felder）

四星云眼蝶　*Paraplesia adelma* Felder

带眼蝶　*Pararge episcopalis* Oberthür

无珠山眼蝶　*Paralas rurigena* Leech

瞿眼蝶　*Ypthima argus* Butler

波纹眼蝶　*Y. asterope* Klug

中华眼蝶　*Y. chinensis* Leech

穿缺链纹眼蝶　*Y. methorina* Oberthür

台湾眼蝶　*Y. praembila* Leech

195. 蛱蝶科　Nymphalidae

苎麻黄蛱蝶　*Acraea issoria* Hiibner

绿豹蛱蝶　*Argynnis paphia*（Linnaeus）

菲豹蛱蝶　*Argyreus hyperbius*（Linnaeus）

老豹蛱蝶（日本亚种）　*Argyronome laodice japonica*（Menetries）

幸福带蛱蝶　*Athyma fortuna* Leech

银豹蛱蝶　*Childrena childreni*（Gray）

粟铠蛱蝶　*Chtitoria subcaerulea*（Leech）

大赤蛱蝶　*Cynthia cardui* Linnaeus

网丝蛱蝶　*Cyrestis thyodamas* Biosduval

青豹蛱蝶　*Damora sagana*（Dobleday）

嘉翠蛱蝶　*Euthalia kardama*（Moore）

黄铜翠蛱蝶（峨眉亚种）　*E. nara omeia* Leech

直带绿蛱蝶　*E. thibetana* Poujade

西藏翠蛱蝶（云南亚种）　*E. thibetana yunana* Obcrthur

傲白蛱蝶　*Helcyra superba* Leech

黑脉蛱蝶　*Hestina assimilis* Linnaeus

翠蓝眼蛱蝶　*Junonia orithya*（Linnaeus）

琉璃蛱蝶（指名亚种）　*Kaliska canace canace*（Linnaeus）

琉璃蛱蝶　*K. canace*（Linnaeus）

戟眉线蛱蝶　*Limenitis homeyeri* Tancre

残锷线蛱蝶　*L. sulpitia*（Gramer）

褐脉蛱蝶　*Litinga mimica* Poujade

隐小三纹蛱蝶　*Neptis aceris* Fabricius

重环蛱蝶　*N. alwina*（Bremer et Gray）

矛环蛱蝶　*N. armandia*（Oberthür）

折环蛱蝶　*N. beroe* Leech

黄重环蛱蝶　*N. cydippe* Leech

中环蛱蝶　*N. hylas* Linnaeus

链环蛱蝶（川陕亚种）　*N. pryri* Butler

断环蛱蝶　*N. sankara* Kollar

小环蛱蝶　*N. sappho*（Pallas）

线蛱蝶　*Parathyma helmanni* Staudinger

白钩蛱蝶　*Polygonia calbum hemigera* Butler

二尾蛱蝶　*Polyuna narcaea*（Hewitson）

秀蛱蝶　*Pseudergolis wedah*（Kollar）

大紫蛱蝶　*Sasakia charonda* Hewitson
黄帅蛱蝶　*Sephisa princeps*（Fixsen）
素饰蛱蝶　*Stibochiona nicea*（Gray）
华中棒线蛱蝶　*Tharasia fortuna* Leech
小红蛱蝶　*Vanessa cardui*（Linnaeus）
大红蛱蝶　*V. indica*（Herbst）

196. 蚬蝶科　Riodinidae

白带褐蚬蝶　*Abisara fylloides*（Moore）
白纵条蚬蝶　*Dodona eugenes* Bates
银纹尾蚬蝶（彩斑亚种）　*D. eugenes maculosa*
　　　　　　　　　　　　　　　　Leech
波蚬蝶　*Zemeros flegyas*（Cramer）

197. 环蝶科　Amathusiidae

灰翅串珠环蝶　*Faunis aerope*（Leech）
箭环蝶　*Stichophthalma howqua* Leech
箭环蝶（华西亚种）　*S. howqua suffusa* Leech

198. 灰蝶科　Lycaenidae

丫灰蝶　*Ambiopala avdiena*（Hewitson）
琉璃灰蝶　*Celastrina argiolus* Linnaeus
江崎金缘灰蝶　*Chrysozephyrus esakii* Sonan
金灰蝶　*Chrysozephyrus* sp.
摩来彩灰蝶　*Heliophorus moorei*（Hewitson）
珠灰蝶　*Lycaeides argyrognomon* Bergstrasser
酢浆灰蝶　*Pseudozizeeria maha*（Kollar）
霓纱燕灰蝶　*Rapala nissa*（Kollar）
生灰蝶（嘉义亚种）　*Sinthusa chandrana*
　　　　　　　　　　　　kyyaniana Motschulsky
线灰蝶　*Thecla eximia* Fixsen
点玄灰蝶　*Tongeia filicaudis*（Pryer）
太和小灰蝶　*Zizera maha* Kollar

199. 喙蝶科　Libytheidae

朴喙蝶　*Libythea celtis* Godart
朴喙蝶（中华亚种）　*L. celtis chinensis*
　　　　　　　　　　　　　　　Fruhstorfer

200. 弄蝶科　Hesperiidae

白弄蝶　*Abraximorpha davidii*（Mabille）
麻斑弄蝶　*Aeromachus inachus* Menetries

绿伞弄蝶　*Bibasis striata* Hewitson
斑星弄蝶　*Celaenorrhinus maculosa*
　　　　　　　　　　　　（Felder et Falder）
雅绿翅弄蝶　*Choaspes benjaminii*
　　　　　　　　　　　　　Guerin-Meneville
绿弄蝶（日本亚种）　*C. benjaminii japonica*
　　　　　　　　　　　　　　　（Murray）
黑弄蝶　*Daimio tethys*（Menetries）
香蕉大弄蝶　*Erionota thorax*（Linnaeus）
双带弄蝶　*Lobocla bifasciata*（Bremer et Grey）
密纹枫弄蝶　*Satarupa monbeigi* Oberthür
直纹稻苞虫　*Parnara guttata* Bremer et Grey
隐纹稻苞虫　*Pelopidas mathias* Fabricius
曲纹多孔弄蝶　*Polytremis pellucida* Murray
大斑竹弄蝶　*P. zina* Eversman
大黄斑弄蝶　*Potanthus confucius flava* Murray
白腹环弄蝶　*Satarupa gopala* Moore

201. 珍蝶科　Acraeidae

苎麻珍蝶　*Acrecea issoria*（Hubner）

（三十三）双翅目　Diptera

202. 大蚊科　Tipulidae

稻大蚊　*Tipula aino* Alerxader
大蚊　*T. friedrichi* Alerxader
暗缘尖大蚊　*T. furvimarginata* Yang et Yang
黄头斐大蚊　*T. xanthocephala* Yang et Yang

203. 虻科　Tabanidae

双斑黄虻　*Atylotus bivittateinus* Takahasi
中华斑虻　*Chrysops sinensis* Walker
广斑虻　*C. vanderwulpi* Kröber
土灰虻　*Tabanus amaenus* Walker
黄巨虻　*T. chrysurus* Loew
杭州虻　*T. hongchouensis* Liu
江苏虻　*T. kiangsuensis* Krober
华广虻　*T. mandarinus* Schiner
五带虻　*T. quinquecintus* Richardo
高砂虻　*T. takasagoensis* Shiraki
三角虻　*T. trigonus* Coouillett
山崎虻　*T. yamasakii* Oucki

204. 水虻科 Stratiomyidae

金黄指突水虻　*Ptecticus aurifer*（Walker）
黑色指突水虻　*P. tenebrifer*（Walker）

205. 食虫虻科 Asilidae

膝低颜食虫虻　*Cerdistus geniculatus* Meigen
巧圆突食虫虻　*Machimus concinnus* Loew
毛圆突食虫虻　*M. setibarbis* Loew
微芒食虫虻　*Microstylum dux* Wiedemann
蓝弯顶毛食虫虻　*Neoitamus cyanurus* Loew
白毛叉径食虫虻　*Promachus albopilosus*
　　　　　　　　　　　　　　Macquart

206. 食蚜蝇科 Syrphidae

狭口食蚜蝇　*Asarcina porcina* Coquillette
细腰巴食蚜蝇　*Baccha maculata* Walk.
狭带食蚜蝇　*Betasyrphus serarius*（Wied.）
黑带食蚜蝇　*Epistrophe balteata* De Geer
具带食蚜蝇　*E. cinctella* Zetterstedt
黑带食蚜蝇　*Episyrphus balteatus*（De Gree）
灰带管蚜蝇　*Eristalis cerealis* Fabr.
长尾管蚜蝇　*E. tenax*（Linnaeus）
短刺刺腿食蚜蝇　*Ischiodon scutellaris* Fabercius
梯斑黑食蚜蝇　*Melanostoma scalare* Fabricius
黄食蚜蝇　*Mesembrius flavipes* Matsumura
小食蚜蝇　*Sphaerophoria cylindrica* Say
宽带细腹食蚜蝇　*S. macrogaster*（Thom.）
短翅细腹食蚜蝇　*S. scripta*（Linnaeus）
大灰食蚜蝇　*Syrphus corollae* Fabricius
狭带食蚜蝇　*S. serarius* Wiedemann

207. 实蝇科 Tephritidae

瓜实蝇　*Dacus（Zeugodacus）depressus* Shiraki
宽带寡鬃实蝇　*D.（Zeugodacus）scutellatus*
　　　　　　　　　　　　　　Hendel
花侧鬃实蝇　*Hexaptilona palpata*（Hendel）
越川帕实蝇　*Paroxyna spenceri*（Hardy）
柑桔大实蝇　*Tetradacus citri*（Chen）

208. 果蝇科 Drosophilidae

伊米果蝇　*Drosophila（Drosophila）immigrans*
　　　　　　　　　　　　　　Sturtevant
锯阳果蝇　*D.（Drosophila）lacertosa* Okada

普通果蝇　*D.（Sophophora）melanogaster* Meigen
丽果蝇　*D.（Sophophora）pulchrella* Tan，
　　　　　　　　　　　　Hsu et Sheng
高桥果蝇　*D.（Sophophora）takahashii*
　　　　　　　　　　　　Sturtevant
谈氏果蝇　*D.（Sophophora）tani* Cheng et Okada

209. 麻蝇科 Sarcophagidae

棕尾别麻蝇　*Boettcherisca peregrina*（R.-D.）
白头亚麻蝇　*Parasarcophaga albiceps*（Meigen）
拟对岛亚麻蝇　*P. kanoi*（Park）
巨耳亚麻蝇　*P. macroauriculata*（Ho）
台南细麻蝇　*Pierretia josephi*（Bött.）
翼阳细麻蝇　*P. subulata pterygota*（Thomas）

210. 花蝇科 Anthomyiidae

粪种蝇　*Adia cinerella*（Fall.）
黄股种蝇　*Hylemya detracta*（Walker）

211. 蝇科 Muscidae

瘤胫厕蝇　*Fannia scalaris*（Fabr.）
逐畜家蝇　*Musca conducens* Walker
家蝇　*M. domestica* Linnaeus
黑边家蝇　*M. hervei* Vill.
市蝇　*M. sorbens* Wd.
厩螫蝇　*Stomoxys calitrans*（Linnaeus）

212. 丽蝇科 Calliphoridae

巨尾阿丽蝇　*Aldrichina grahami*（Aldr.）
大头金蝇　*Chrysomya megacephala*（Fabr.）
肥躯金蝇　*C. pinguis*（Walker）
紫绿蝇　*Lucilia porphyrina*（Walker）
丝光绿蝇　*L. sericata*（Mg.）

213. 寄蝇科 Tachinidae

天幕毛虫枪寄蝇　*Baumhaueria goniaeformis*
　　　　　　　　　　　　　　Meigen
蚕饰腹寄蝇　*Blepharipa zebina*（Walker）
松毛虫狭颊寄蝇　*Carcelia matsukarehae* Shima
毛虫追寄蝇　*Exorista amoena* Mesnil
家蚕追寄蝇　*E. sorbillans* Wiedemann
黄粉短须寄蝇　*Linnaemya paralongipalpis*
　　　　　　　　　　　　　　Chao
钩肛短须寄蝇　*L. picta*（Meigen）

大型美根寄蝇　*Meigenia majuscula*（Rondani）
常怯寄蝇　*Phryxe vulgaris* Fallen
巨形柔寄蝇　*Thelaira macropus*（Wiédemann）

214.**瘿蚊科**　Cecidomyiidae

桔蕾瘿蚊　*Contarinia citri* Barnes

215.**木虻科**　Xylomyiidae

木虻　*Xylomyiidae* sp.

216.**蜂虻科**　Bombyliidae

蜂虻　*Bombylidae* sp.

217.**水蝇科**　Ephydridae

麦鞘毛眼水蝇　*Hydrellia chinensis* Qiet Li

218.**狂蝇科**　Oestridae

大头蝇　*Chrysomyia megacephale*（Fabricius）
蜂蝇　*Eristalis tenax* Linnaeus

（三十四）膜翅目　Hymenoptera

219.**三节叶蜂科**　Argidae

日本三节叶蜂　*Arge nipponensis* Rohwer
红胸三节叶蜂　*A. rejecta* Kirby
闹羊花叶蜂　*A. similis*（Vollenhoven）

220.**叶蜂科**　Tenthredinidae

当归尖腹叶蜂　*Aglaostigma occipitosa*（Malaise）
黑翅菜叶蜂　*Athalia lugens proxima*（Klug）
黄唇宽腹叶蜂　*Macrophya abbreviata* Takeuchi
弗顿狭腹叶蜂　*Tenthredo*（*Tenthredina*）
　　　　　　　　fortunii Kirby
烟翅狭腹叶蜂　*T.*（*Tenthredina*）*nubipennis*
　　　　　　　　Malaise

221.**姬蜂科**　Ichneumonidae

三化螟沟姬蜂　*Amauromorpha accepta*
　　　　　　　　（Schmead.）
负泥虫沟姬蜂　*Bathythrix kuwanae* Viereck
稻苞虫凹眼姬蜂　*Casinaria colacae* Sonan
灰色姬蜂　*Centeterus alternecoloratus* Cushman
螟蛉悬茧姬蜂　*Charops bicolor* Szepligeti
稻苞虫黑瘤姬蜂　*Coccygomimus parnarae*
　　　　　　　　（Viereck）
食蚜蝇姬蜂　*Diplazon laetatorius*（Fabricius）

三阶细颚姬蜂　*Enicospilus tripartitus* Chiu
螟黑钝唇姬蜂　*Eriborus sinicus*（Holmgren）
大螟钝唇姬蜂　*E. terebrans* Gravenhorst
稻纵卷叶螟红腹姬蜂　*E. vulgaris*（Morley）
横带沟姬蜂　*Goryphus basilaris* Holmgren
桑黄聚瘤姬蜂　*Gregopimpla kuwanae*（Viereck）
黑尾姬蜂　*Ischnojoppa luteator*（Fabricius）
螟蛉瘤姬蜂　*Itoplectis narangae*（Ashmead）
负泥瘦姬蜂　*Lemophaga japonica*（Sonan.）
细柄姬蜂　*Leptobatopsis* sp.
盘背菱室姬蜂　*Mesochorus discitergus* Say
毛虫菱室姬蜂　*Mesochorus* sp.
甘蓝夜蛾拟瘦姬蜂　*Netelia ocellaris*（Thomson）
夜蛾瘦姬蜂　*Ophion luteus*（Linnaeus）
中国齿腿姬蜂　*Pristomevus chinensis* Ashmead
点尖腹姬蜂　*Stenichneumon appropinquans*
　　　　　　　　Cameron
尖腹姬蜂　*Stenichneumon* sp.
黄眶离缘姬蜂　*Trathala flavo-orbitalis*
　　　　　　　　（Cameron）
两色深沟姬蜂　*Trogus heinrichi* Uchida
粘虫白星姬蜂　*Vulgichneumon leucaniae* Uchida
樗蚕黑点瘤姬蜂　*Xanthopimpla konowi* Krieger
松毛虫黑点瘤姬蜂　*X. pedator* Fabricius

222.**茧蜂科**　Braconidae

折半脊茧蜂　*Aleiodes dimidiatus*（Spinola）
弄蝶绒茧蜂　*Apanteles baoris* Wilkinson
纵卷叶螟绒茧蜂　*A. cypris* Nixon
菜粉蝶绒茧蜂　*A. glomeratus*（Linnaeus）
枯叶蛾绒茧蜂　*A. liparidis*（Bouche）
松毛虫绒茧蜂　*A. ordinarius*（Ratzeburg）
螟蛉绒茧蜂　*A. ruficrus*（Haliday）
中华茧蜂　*Bracon chinensis* Szepligti
螟黑纹茧蜂　*B. onukii* Watanabe
螟甲腹茧蜂　*Chelonus munakatae* Munakata
长须茧蜂　*Euagathis* sp.
茶蠕茧蜂　*Ipobracon* sp.
黄长距茧蜂　*Macrocentrus abdominalis*
　　　　　　　　（Fabricius）
松毛虫脊茧蜂　*Rogas dendrolimi*（Matsumura）

褐斑内茧蜂　*R. fuscomaculatus* Ashmead

223. 金小蜂科　Pteromalidae

钝缘脊柄金小蜂　*Asaphes suspensus*（Nees）

菲麦瑞金小蜂　*Merismus megapterus* Walker

短角斯夫金小蜂　*Sphegigaster ciliatuta* Huang

异胀刻柄金小蜂　*Stictomischus varitumidus*

Huang

底诺金小蜂　*Thinodytes cyzicus*（Walker）

稻苞虫金小蜂　*Trichomalopsis apanteles*

（Crawford）

224. 蚜茧蜂科　Aphidiidae

燕麦蚜茧蜂　*Aphidius avenae* Haliday

烟蚜茧蜂　*A. gifuensis* Ashmead

麦蚜茧蜂　*Ephedrus plagiator*（Nees）

棉平突蚜茧蜂　*Lysiphlebia japonica*（Ashmead）

225. 土蜂科　Scoliidae

金毛长睫土蜂　*Campsomeris prismatica*（Smith）

226. 泥蜂科　Sphecidae

皱胸泥蜂　*Ammophila atripes atripes* Smith

红腰泥蜂　*A. infersa* Smith

沙泥蜂南方亚种　*A. sabulosa vagabunda* Smith

刻臀小唇沙蜂　*Larra enchihuensis* Tsuneki

异足小唇沙蜂　*L. luzonensis* Ronwer

褐带小唇沙蜂　*Liris surusumi* Tsuneki

黄纹泥蜂　*Sceliphron deforme*

227. 胡蜂科　Vespidae

三齿胡蜂　*Vespa analis parallela* Andre

黄边胡蜂　*V. crabro* Linnaeus

黑尾胡蜂　*V. tropica ducalis* Smith

墨胸胡蜂　*V. velutina ingrithorax* Buysson

228. 马蜂科　Polistidae

中国长脚马蜂　*Polistes chinensis* Perez

长脚马蜂　*P. hebraeus* Fabricius

日本长脚马蜂　*P. japonicus fadwigae*

Dallatorrez

日本马蜂　*P. japonicus* Saussure

约马蜂　*P. jokahamae* Radoszkowski

柑马蜂　*P. mandarinus* Saussure

斯马蜂　*P. snelleni* Saussure

横滨长脚马蜂　*P. yokehamae* Radoszkowski

229. 异腹胡蜂科　Polybiidae

变侧异腹胡蜂　*Parapolybia varia varia*

（Fabricius）

230. 蜾蠃科　Eumenidae

黄缘蜾蠃　*Anterhynchium*（*Dirhynchium*）

flavomarginatum flavomarginatum（Smith）

镶黄蜾蠃　*Eumenes*（*Oreumenes*）*decoratus*

Smith

中华唇蜾蠃　*E.*（*Oreumenes*）*labiatus sinicus*

Soika

多蜾蠃　*E.*（*Oreumenes*）*tosawae* Soika

胸蜾蠃　*Orancistrocerus* sp.

弓费蜾蠃　*Phi flavopunctatum continentale*

（Zimmermann）

贯蜾蠃　*Phi* sp.

231. 蚁科　Formicidae

广布弓背蚁　*Camponotus herculeanus*（Linnaeus）

日本弓背蚁　*C. japonicus* Mayr

东方食植行军蚁　*Dorylus orientalis* Westwood

四川曲猛蚁　*Gnamptogenys panda*（Brown）

褐蚁　*Lasius fuliginosus* Latr.

黑蚁　*L. niger* Linnaeus

红蚁　*Monomorium pharaonis* Linnaeus

黄室蚁　*M. pharaonis* Latr.

宽节大头蚁　*Pheidole nodus* F. Smith

刺蚁　*Polyrhachis lamellidens* F. Smith

梅氏刺蚁　*P. mayri* Roger

鳞蚁　*Strumigengs godeffroyilewisi* Cameron

日本铺道蚁　*Tetramorium nipponense* Wheeler

232. 条蜂科　Anthophoridae

冲绳芦蜂　*Ceratina okinawana* Matsumura

et Uchida

中华回条蜂　*Habropoda sinensis* Alfken

黄胸木蜂　*Xylocopa appendioulata* Smith.

中华木蜂　*X. chinensis* Smith

竹蜂　*X. dissmilis* Lepel.

233. **蜜蜂科** Apidae

中华蜜蜂　*Apis cerana* Fabricius

意蜂　*A. mellifera* Linnaeus

红源熊蜂　*Bombus（Alpigenobombus）*
　　　　　　　　　rufocognitus Ckll.

宁波熊蜂　*B.（Diversobombus）ningpoensis*
　　　　　　　　　　　　　　Friese

桔背熊蜂　*B.（Pyrobombus）atrocinctus* Smith

黄熊蜂　*B.（Pyrobombus）flavescens* Smith

鸣熊蜂　*B.（Pyrobombus）sonani* Frison

萃熊蜂　*B.（Rufipediobombus）eximius* Smith

234. **小蜂科** Chalcididae

广大腿小蜂　*Brachymeria lasus*（Walker）

无脊大腿小蜂　*Erachymeria excarinata* Gahan

235. **广肩小蜂科** Eurytomidae

粘虫广肩小蜂　*Eurytoma verticillati*（Fabricius）

236. **扁股小蜂科** Elasmidae

卷叶蛾扁股小蜂　*Elasmus* sp.

237. **蚜小蜂科** Aphelinidae

斯氏粉虱蚜小蜂　*Prospaltella smithi* Silvestri

238. **旋小蜂科** Eupelmidae

荔椿卵平腹小蜂　*Anastatus* sp.

239. **赤眼蜂科** Trichogrammatidae

拟澳洲赤眼蜂　*Trichogramma confusum*
　　　　　　　　　　　Viggiani

稻螟赤眼蜂　*T. japonicus* Ashmead

240. **姬小蜂科** Eulophidae

稻苞虫羽角姬小蜂　*Dimmokia parnarae*
　　　　　　　　　　（Chu et Liao）

螟蛉裹尸姬小蜂　*Euplectrus* sp.

稻苞虫腹柄姬小蜂　*Pediobius mitsukurii*
　　　　　　　　　　　　Ashmead

241. **缘腹丽蜂科** Scelionidae

椿黑丽蜂　*Dissolcus* sp.

等腹黑丽蜂　*Telenomus dignus* Gahan

稻蝽小黑丽蜂　*T. gifuenis* Ashmead

242. **分盾细蜂科** Ceraphronidae

菲岛黑蜂　*Ceraphron manilae* Ashmead

243. **广腹细蜂科** Platygasteridae

粉虱细蜂　*Amitus hesperidum* Silvestri

244. **青蜂科** Chrysididae

四齿蓝斑青蜂　*Chrysis perfecata* Cameron

（三十五）蜱螨目　Acarina

245. **植绥螨科** Phytoseiidae

江原钝绥螨　*Amblyseius eharai* Amitai et Swirski

草栖钝绥螨　*A. herbicolus*（Chant）

大黑钝绥螨　*A. oguroi* Ehara

拟长刺钝绥螨　*A. pseudolongispinosus* Xin,
　　　　　　　　　　Liang et Ke

花溪植绥螨　*Phytoseius huaxiensis* Xin,
　　　　　　　　　　Liang et Ke

锯胸盲走螨　*Typhlodromus serrulatus* Ehara

246. **长须螨科** Stigmaeidae

坚真长须螨　*Eustigmaeus firmus* Tseng

247. **叶螨科** Tetranychidae

柑桔全爪螨　*Panonychus citri* McGregor

248. **细须螨科** Tenuipalpidae

卵形短须螨　*Brevipalpus obovatus* Donnadieu

249. **直卷甲螨科** Archoplophoridae

毛直卷甲螨　*Archoplophora villosa* Aoki

250. **短甲螨科** Brachychthoniidae

间滑缝甲螨　*Liochthonius intermedius*
　　　　　　　Chinone et Aoki

251. **洼甲螨科** Camisiidae

塔氏半懒甲螨　*Heminothrus targoinii*（Berlese）

252. **沙足甲螨科** Eremobelbidae

日本沙足甲螨　*Eremobelba japonica* Aoki

253. **耳头甲螨科** Otocepheidae

长隐甲螨　*Dolicheremaeus elongatus* Aoki

［金佛山无脊椎动物已知有254科1 158属
1 712种］

第六部分　重庆金佛山脊椎动物名录

—张含藻、刘正宇、李品明、周卯勤执笔

目　　录

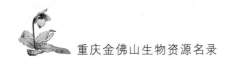
一、鱼纲　Pisces

(一)鳗鲡目　Anguilliformes

1. 鳗鲡科　Anguillidae

鳗鲡　*Anguilla japinica* Temminck et Schlegel

(二)鲤形目　Cypriniformes

2. 鲤科　Cyprinidae

2.1 鲌亚科　Danioninae

马口鱼　*Opsariichthys bidens* Günther

南方马口鱼　*O. uncirostris bidens* Gunther

宽鳍鱲　*Zaeeo platypus*（Temminck et Schlegel）

2.2 雅罗鱼亚科　Leuciscinae

草鱼　*Ctenopharyngodon idellus*（Cuvier et Valenciennes）*[1]

青鱼　*Mylopharyngodon piceus*（Richardson）*

2.3 鳊亚科　Abramidinae

高体近红鲌　*Ancherythroculter kurematsui* Kimura

翘嘴红鲌　*Erythroculter ilishaeformis*（Basilewsky）

油鳘条　*Hemiculter bleekeri* Warpachowsky

鳘条　*H. leucisculus*（Basilewsky）

黑尾鳘条　*H. nigromarginis* Yih et Wu

团头鲂　*Megalobrama amblycephala* Yih*

三角鲂　*M. terminalis*（Rich.）*

鳊鱼　*Parabramis pekinensis*（Basil.）*

南方拟鳘　*Pseudohemiculter dispar*（Peters）

贵州拟鳘　*P. kweichowensis*（Tang）

华鳊　*Sinibrama wui*（Rendahl）

2.4 鱊鲍亚科　Rhodeinae

无须鳈　*Acheilognathups gracilis* Nichols

彩石鲋　*Pseudoperilampus lighti* Wu

高体鳑鲏　*Rhodeus ocellatus*（Kner）

中华鳑鲏　*R. sinensis* Günther

2.5 鲴亚科　Xenocyprinae

细鳞斜颌鲴　*Plagiognathops microlepis*（Bleeker）

2.6 鲃亚科　Barbinae

细身光唇鱼　*Acrossocheilus（A.）elongatus*（Pellegrin et Cherey）

宽口光唇鱼　*A.（A.）monticola*（Günther）

云南光唇鱼　*A.（A.）yunnanensis*（Regan）

宽头四须鲃　*Barbodes（Bar.）laticeps* Lin et Zhang

中华倒刺鲃　*B.（Spinibarbus）sinensis*（Bleeker）

云南盘鮈　*Discogobio. yunnanensis*（Regan）

鲈鲤　*Percocypris pingi pingi*（Tchang）

泉水鱼　*Semilabeo. prochilus*（Sauvage et Dabry）

华鲮　*Sinilabeo rendahli*（Kimura）

瓣结鱼　*Tor（Folifer）brevifilis brevifilis*（Peters）

四川白甲　*Varicorhinus（Onyc.）angustistomatus* Fang

粗须铲颌鱼　*V.（Scap.）barbatus*（Lin）

短身白甲　*V.（Onyc.）brevis* Wu et Chen

多鳞铲颌鱼　*V.（Scap.）macrolepis*（Bleeker）

白甲鱼　*V.（Onyc.）sinus*（Sauvage et Dabry）

2.7 鮈亚科　Gobioninae

乐山棒花鱼　*Abbvttina. kiatingensis*（Wu）

棒花鱼　*A. rivurlaris*（Basil.）

银色颌须鮈　*Gnathopogon argentatus*（Sauvage et Dabry）

嘉陵颌须鮈　*G. herzensteini*（Gunther）

短须颌须鮈　*G. imberbis*（Sauvage et Dabry）

多纹颌须鮈　*G. polytaenia*（Nichols）

唇䱻　*Hemibarbus labeo*（Pallas）

麦穗鱼　*Pseudorasbora parva*（Temminck et Schlegel）

〔1〕　注:拉丁名后有"﹡"的为人工养殖的种类。

174

圆筒吻鮈　*Rhinogobio cylindricus* Gunther

银鮈　*Squalidus argentatus*（Sauvage et Dabry）

蛇鮈　*Saurogobio dabryi* Bleeker

2.8 **裂腹鱼亚科**　Schizothoracinae

重口裂腹鱼　*Schizothorax*（*Schizop.*）*davidi*
（Sauv.）

多斑裂腹鱼　*S.*（*Schizop.*）*multipunctatus*
Pellegrin

齐口裂腹鱼　*S.*（*Schizoth.*）*prenanti*（Tchang）

2.9 **鲤亚科**　Cyprininae

鲫　*Carassius auratus auratus*（Linnaeus）

鲤　*Cyprinus. carpio haematopterus*
Temminck et Schlegel

岩原鲤　*Procypris rabaudi*（Tchang）

2.10 **鲢亚科**　Hypophthalmichthyinae

鳙　*Aristichthys nobilis*（Richardson）*

鲢　*Hypophthalmichthys molitrix*（Cuvier et
Valenciennes）*

3. **平鳍鳅科**　Homalopteridae

四川爬岩鳅　*Beaufortia szechuanensis* Fang

中华间吸鳅　*Hemimyzon sinensis*（Sauvage
et Dabry）

西昌华吸鳅　*Sinogastromyzon sichangensis*
Chang

四川华吸鳅　*S. szechuanensis szechuanensis* Fang

4. **鳅科**　Cobitidae

长薄鳅　*Leptobotia elongata*（Bleeker）

泥鳅　*Misgurnus anguillicaudatus*（Cantor）

短体条鳅　*Nemacheilus potanini* Günther

红尾条鳅　*N. variegatus* Sauvage et Dabry

花斑沙鳅　*Paracobitis fasciata* Dabry
et Thiersant

中华沙鳅　*P.*（*Sinibotia*）*superciliaris*（Gunther）

（三）**鲇形目**　Siluriformes

5. **鲇科**　Siluridae

鲇　*Silurus asotus* Linnaeus

南方大口鲇　*S. saldatovi meridionalis* Chen

6. **胡鲇科**　Clariidae

胡子鲇　*Clrias batrachus*（Linnaeus）*

7. **鲿科**　Bagridae

钝吻鮠　*Leiocassis crassixrostris* Regan

大鳍鳠　*Mystus macropterus* Bleeker

黄颡鱼　*Pelteobagrus fulvidraco*（Richardson）

乌苏里拟鲿　*Pseudobagrus ussuriensis*
（Dybowski）

切尾拟鲿　*P. truncatus* Regan

8. **鮡科**　Sisoridae

短鳍鮡　*Euchiloglanis feae*（Vindiguerra）

中华纹胸鮡　*Glyptothorax sinensis*（Regan）

（四）**鲈形目**　Perciformes

9. **鲈科**　Serranidae

大眼鳜　*Siniperca kneri* Garman

斑鳜　*S. scherzeri* Steindachner

10. **鳢科**　Channidae

乌鳢　*Channa argus*（Cantor）

11. **攀鲈科**　Belontiidae

园尾斗鱼　*Macropodus chinensis*（Bloch）

叉尾斗鱼　*M. opercularis*（Linnaeus）

12. **鰕虎科**　Gobiidae

栉鰕虎鱼　*Ctenogobius giurinus*（Runther）

（五）**鳉形目**　Cyprinodontiformes

13. **青鳉科**　Oryziatidae

青鳉　*Oryzias latipes*（Temminck et Schlegel）

14. **胎鳉科**　Poeciliidae

食蚊鱼　*Gambusia affinis*（Baird et Girard）

（六）**合鳃目**　Synbranchiformes

15. **合鳃科**　Synbranchidae

黄鳝　*Monopterus albus*（Zuiew）

[金佛山鱼纲共有 15 科 59 属 85 种（亚种）]

二、两栖纲　Amphibia

（七）有尾目　Caudata

16. 隐鳃鲵科　Cryptobranchidae

大鲵　*Andrias davidianus*（Blanchard）

17. 小鲵科　Hynobiidae

龙洞山溪鲵　*Batrachuperus longdongensis* Liu and Tian

黄斑拟小鲵　*Pseudohynobis flavomaculatus*（Hu and Fei）

南川北鲵　*Ranodon nanchuanensis* Hu

（八）无尾目　Anura

18. 蟾蜍科　Bufonidae

华西大蟾蜍　*Bufo gargarizans andrewsi* Schmidt

中华大蟾蜍　*B. gargarizans gargarizans* Cantor

19. 锄足蟾科　Pelobatidae

峨山掌突蟾　*Leptolalax oshanensis*（Liu）

小角蟾　*Megophrys minor* Stejneger

棘指角蟾　*M. spinata* Lin and Hu

利川齿蟾　*Oreolalax lichuanensis* Hu and Fei

红点齿蟾　*O. rhodostigmatus* Hu and Fei

20. 雨蛙科　Hylidae

武陵雨蛙　*Hyla annectans wulingensis* Shen

21. 蛙科　Ranidae

崇安湍蛙　*Amolops chunganensis*（Pope）

棘皮湍蛙　*A. granulosus*（Liu and Hu）

华南湍蛙　*A. rickETTi*（Boulenger）

泽陆蛙　*Fejervarya limnocharis*（Boie）

沼水蛙　*Hylarana guentheri*（Boulenger）

绿臭蛙　*Odorrana margaratae*（Liu）

花臭蛙　*O. schmackeri*（Boettger）

棘腹蛙　*Paa*（*Pap*）*boulengeri*（Guenther）

湖北侧褶蛙　*Pelophylax hubeiensis*（Fei and Ye）

黑斑侧褶蛙　*P. nigromaculata*（Hallowell）

棘胸蛙　*P. spinosa*（David）

中国林蛙　*Rana chensinensis* David

日本林蛙　*R. japonica japonica* Guenther

峨眉林蛙　*R. omeimontis* Ye and Fei

22. 树蛙科　Rhacophoridae

经甫树蛙　*Rhacophorus chenfui* Liu

斑腿树蛙　*R. megacephalus*（Hallowell）

峨眉树蛙　*R. omeimontis*（Stejneger）

23. 姬蛙科　Microhylidae

四川狭口蛙　*Kaloula rugifera* Stejneger

粗皮姬蛙　*Microhyla butleri* Boulenger

饰纹姬蛙　*M. ornata*（Dumeril and Bibron）

［金佛山两栖纲共有 8 科 20 属 32 种（亚种）］

三、爬行纲　Reptilia

（九）龟鳖目　Testudoformes

24. 龟科　Testudinidae

龟　*Chinemys reevesii*（Gray）

25. 鳖科　Trionychidae

中华鳖　*Trionyx sinensis* Wiegmann

（十）蜥蜴目 Lacertiformes

26. 鬣蜥科　Agamidae

丽纹龙蜥　*Japalura splendida* Barbour et Dunn

27. 壁虎科　Gekkonidae

壁虎　*Gekko chinensis* J. E. Gray

多疣壁虎　*G. japonicus*（Dumeril et Bibron）

无疣壁虎　*G. subpalmatus* Guenther

28. **石龙子科** Scincidae

石龙子 *Eumeces chinensia*（J. E. Gray）

兰尾石龙子 *E. elegans* Boulenger

蜒蜓 *Lygosoma indicum*（Gray）

29. **蜥蜴科** Lacertidae

北草蜥 *Takydromus septentrionalis* Guenther

白条草蜥 *T. wolteri* Fischer

30. **蛇蜥科** Anguidae

脆蛇蜥 *Ophisaurus harti* Boulenger

（十一）**蛇目** Serpentiformes

31. **眼镜蛇科** Elepididae

银环蛇 *Bungarus multicinctus* Blyth

丽纹蛇 *Calliophis macclellandi*（Reinhardt）

32. **游蛇科** Colubridae

黑脊蛇 *Achalinus spinalis* Peters

绞花林蛇 *Boiga kraepelini* Stejneger

赤链蛇 *Dinodon rufozonatum*（Cantor）

王锦蛇 *Elaphe carinata*（Guenther）

双斑锦蛇 *E. bimaculata* Schmidt

玉斑锦蛇 *E. mandarina*（Cantor）

黑眉锦蛇 *E. taeniura* Cope

双全白环蛇 *Lycodon fasciatus*（Anderson）

黑背白环蛇 *L. ruhstrati*（Fischer）

锈链游蛇 *Natrix craspedogaster*（Boulenger）

丽纹游蛇 *N. optata* Hu et Zhao

乌游蛇 *N. percarinata percarinata*（Boulenger）

棕黑游蛇 *N. sauteri*（Boulenger）

虎斑游蛇 *N. tigrina lateralis*（Berthold）

翠青蛇 *Opheodrys major*（Guenther）

山溪后棱蛇 *Opisthotropis latouchii*（Boulenger）

平鳞钝头蛇 *Pareas boulengeri*（Angel）

钝头蛇 *P. chinensis*（Barbour）

灰鼠蛇 *Ptyas korros*（Schlegel）

乌梢蛇 *Zaocys dhumnades*（Cantor）

33. **蝮科** Crotalidae

尖吻蝮 *Agkistrodon acutus*（Guenther）

短尾蝮蛇 *A. halys brevicaudus* Stejneger

白唇竹叶青 *Trimeresurus albolabris*
（J. E. Gray）

菜花烙铁头 *T. jerdonii* Guenther

华东山烙铁头 *T. monticola orietalis* Guenther

烙铁头 *T. mucrosquamatus*（Cantor）

竹叶青 *T. stejnegeri stejnegeri* Schmidt

［金佛山爬行纲共有10科24属41种（亚种）］

四、鸟纲 Aves

（十二）**鸊鷉目** Podicipediformes

34. **鸊鷉科** Podicipedidae

小鸊鷉 *Podiceps ruficollis poggei*（Reichenow）

（十三）**鹈形目** Pelecaniformes

35. **鸬鹚科** Phalacrocoracidae

普通鸬鹚 *Phalacrocorax carbo sinensis*
（Blumenbach）

（十四）**鹳形目** Ciconiformes

36. **鹭科** Ardeidae

苍鹭 *Ardea cinerea rectirostris* Gould

池鹭 *Ardeola bacchus*（Bonaparte）

大麻鳽 *Botaurus stellaris stellaris*（Linnaeus）

牛背鹭 *Bubulucs ibis coromandus*（Bonaparte）

白鹭 *Egretta garzetta garzetta*（Linnaeus）

粟背苇鳽 *Ixobrychus cinnamomeus*（Gmelin）

黑鳽 *I. flavicollis flavicollis*（Latham）

夜鹭 *Nycticorax nycticorax nycticorax*
（Linnaeus）

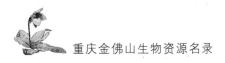 重庆金佛山生物资源名录

37. 鹳科　Ciconiidae

黑鹳　*Ciconia nigra*（Linnaeus）

（十五）雁形目　Anseriformes

38. 鸭科　Anatidae

鸳鸯　*Aix galericulata*（Linnaeus）

针尾鸭　*Anas acutae* Linnaeu

绿翅鸭　*A. crecca crecca* Linnaeus

绿头鸭　*A. platyrhynchos platyrhynchos* Linnaeus

斑嘴鸭　*A. poecilorhyncha zonorhyncha* Swinhoe

鸿雁　*Anser cygnoides*（Linnaeus）

豆雁　*A. fabalis johanseni* Delacour

凤头潜鸭　*Aythya fuligula*（Linnaeus）

普通秋沙鸭　*Mergus merganser merganser* Linnaeus

赤麻鸭　*Tadorna ferruginec*（Pallas）

（十六）隼形目　Falconiformes

39. 鹰科　Accipitridae

普通苍鹰　*Accipiter gentilis schvedowi*（Menzbier）

雀鹰　*A. nisus nisosimilis*（Tickell）

金雕　*Aquila chrysaetos daphanea* Menzbier

南方松雀鹰　*A. virgatus affinis* Hodgson

普通鵟　*Buteo buteo burmanicus* Hume

鹊鹞　*Circus melanoleucos*（pennant）

鸢　*Milvus korschun lineatus*（J.E.Gray）

40. 隼科　Falconidae

红隼　*Falco tinnunculus saturatus*（Blyth）

（十七）鸡形目　Galliformes

41. 雉科　Phasianidae

四川山鹧鸪　*Arborophlia rufipectus* Boulton

灰胸竹鸡　*Bambusicola thoracica thoracica*（Temminck）

红腹锦鸡　*Chrysolophus pictus*（Linnaeus）

鹌鹑　*Coturnix coturnix japonica* Temminck et Schlegel *

白鹇　*Lophura nycthemera rongjiangensis* Tan et Wu

贵州雉鸡　*Phasianus colchicus decollatus* Swinhoe

川南野鸡　*P. colchicus elegans* Elliot

白冠长尾雉　*Syrmaticus reevesii*（J.E.Gray）

红腹角雉　*Tragopan temminckii*（J.E.Gray）

（十八）鸽形目　Columbiformes

42. 鸠鸽科　Columbidae

火斑鸠　*Oenopopelia tranquebarica humilis*（Temminck）

珠颈斑鸠　*Streptopelia chinensis chinensis*（Scopoli）

山斑鸠　*S. orientalis orientalis*（Latham）

红翅绿鸠　*Treron sieboldii fopingensis* × *T. s. murielae*

（十九）鹃形目　Cuculiformes

43. 杜鹃科　Cuculidae

黄翠鹃　*Chalcites maculatus*（Gmelin）

华东大杜鹃　*Cuculus canorus fallax* Stresemann

四声杜鹃　*C. micropterus micropterus* Gould

小杜鹃　*C. poliocephalus poliocephalus* Latham

鹰鹃　*C. sparverioides sparverioides* Vigors

中华噪鹃　*Eudynamys scolopacea chinensis* Cabanis et Heine

（二十）鹦形目　Psittacformes

44. 鹦鹉科　Psittacidae

大紫胸鹦鹉　*Psittacula derbiana*（Fraser）*

（二十一）鸮形目　Strigiformes

45. 鸱鸮科　Strigidae

短耳鸮　*Asio flammeus flammeus*（Pontoppidan）

长耳鸮　*A. otus otus*（Linnaeus）

斑头鸺鹠　*Glaucidium cuculoides whiteleyi*（Blyth）

鹰鸮　*Ninox scutulata ussuriensis* Buturlin

华南领角鸮 *Otus bakkamoena erythrocampe*
(Swinhoe)

46. 草鸮科 Tytonidae

草鸮 *Tyto capensis chinensis*（Hartert）

（二十二）鹤形目 Gruiformes

47. 三趾鹑科 Turnicidae

黄脚三趾鹑 *Turnix tanki blanfordii* Blyth

48. 鹤科 Gruidae

灰鹤 *Grus grus lilfordi* Sharpe

49. 秧鸡科 Rallidae

秧鸡 *Amauroris phoenicurus chinensis*
(Boddaert)

骨顶鸡 *Fulica atra atra*（Linnaeus）
董鸡 *Gallicrer cinerea cinerea*（Gmelin）

（二十三）鸻形目 Charadriiformes

50. 鸻科 Charadriidae

剑鸻 *Charadrius hiaticula placidus*
J. E. et G. R. Gray

金鸻 *Pluvialis dominica fulva*（Gmelin）
灰斑鸻 *P. squatarola*（Linnaeus）

51. 鹬科 Scolopacidae

乌脚滨鹬 *Calidris temminckii*（Leisler）
丘鹬 *Scolopax rusticola rusticola* Linnaeus
林鹬 *Tringa glaraola* Linnaeus
矶鹬 *T. hypoleucos* Linnaeus
白腰草鹬 *T. ochropus* Linnaeus

（二十四）雨燕目 Apodiformes

52. 雨燕科 Apodidae

短嘴金丝燕 *Collocalia brevirostris innominata*
Hume

（二十五）佛发僧目 Coraciiformes

53. 翠鸟科 Alcedinidae

普通绿翠 *Alcedo atthis bengalensis* Gmelin
冠鱼狗 *Ceryle lugubris guttulata* Stejneger
蓝翡翠 *Halcyon pileata*（Boddaert）

54. 戴胜科 Upupidae

戴胜 *Upupa epops saturata* Lonnberg

（二十六）䴕形目 Piciformes

55. 啄木鸟科 Picidae

西南星头啄木鸟 *Dendrocopos canicapillus
omissus*（Rothschild）
四川星头啄木鸟 *D. canicapillus szetschuanensis*
（Rensch）
棕腹啄木鸟 *D. hyperythus subrufinus*
（Labanis et Heine）
西南斑啄木鸟 *D. major stresemanni*（Rensch.）
姬啄木鸟 *Picumnus innominatus
chinensis*（Hargitt）
四川黑枕绿啄木鸟 *Picus canus setschuanus*
Hessa

（二十七）雀形目 Passeriformes

56. 百灵科 Alaudidae

华南小云雀 *Alauda gulgula coelivox* Swinhoe

57. 燕科 Hirundinidae

毛脚燕 *Delichon urbica cashmeriensis*（Gould）
普通金腰燕 *Hirundo daurica japonica*
Temminck et Schlegel
普通家燕 *H. rustica gutturalis* Scopoli
岩燕 *Ptyonoprogne rupestris rupestris*（Scoepfi）
福建崖沙燕 *Riparia riparia fokiensis*
（La Touche）

58. 鹡鸰科 Motacillidae

树鹨 *Anthus hodgsoni hodgsoni* Richmond
粉红胸鹨 *A. roseatus* Blyth
水鹨 *A. spinoletta japonicus* Temminck et Schlegel
山鹡鸰 *Dendronanthus indicus*（Gmelin）
西南白鹡鸰 *Motacilla alba alboides* Hodgson
普通白鹡鸰 *M. alba leucopsis* Gould
灰鹡鸰 *M. cinerea robusta*（Brehm）
黄头鹡鸰 *M. citreola citreola* Pallas

59. 山椒鸟科 Campephagidae

普通暗灰鹃贝鸟 *Coracina melaschistos
intermedia*（Hume）

长尾山椒鸟　*Pericrocotus ethologus ethologus*
　　　　　　　　　　Bangs et Phillips

华南粉红山椒鸟　*P. roseus cantonensis* Swinhoe

60. 鹎科　Pycnonotidae

绿翅短脚鹎　*Hypsipetes macclellandii holtii*
　　　　　　　　　　Swinhoe

白头鹎　*Pycnonotus sinensis sinensis* (Gmelin)

华南黄臀鹎　*P. xanthorrhous andersoni*
　　　　　　　　　　(Swinhoe)

绿鹦嘴鹎　*Spizixos semitorques semitorques*
　　　　　　　　　　Swinhoe

61. 伯劳科　Laniidae

普通红尾伯劳　*Lanius cristatus lucionensis*
　　　　　　　　　　Linnaeus

棕背伯劳　*L. schach schach* Linnaeus

虎纹伯劳　*L. tigrinus* Drapiez

62. 黄鹂科　Oriolidae

黑枕黄鹂　*Oriolus chinensis diffusus* Sharpe

63. 卷尾科　Dicruridae

发冠卷尾　*Dicrurus hottentottus*
　　　　　　　　brevirostris (Cabanis et Heine)

普通灰卷尾　*D. leucophaeus leucogenis* (Walden)

黑卷尾　*D. macrocercus cathoecus* Swinhoe

64. 椋鸟科　Sturnidae

八哥　*Acridotheras cristatellus cristatellus*
　　　　　　　　　　(Linnaeus)

灰椋鸟　*Sturnus cineraceus* Temminck

丝光椋鸟　*S. sericeus* (Gmelin)

65. 鸦科　Corvidae

红嘴蓝鹊　*Cissa erythrorhyncha erythrorhyncha*
　　　　　　　　　　(Boddaert)

秃鼻乌鸦　*Corvus frugilegus pastinator* Gould

普通大嘴乌鸦　*C. macrorhynchus colonorum*
　　　　　　　　　　Swinhoe

寒鸦　*C. monedula dauuricus* Pallas

白颈鸦　*C. torquatus* Lesson

华南灰树鹊　*Crypsirina formosae sinica*
　　　　　　　　　　(Stresemann)

松鸦　*Garrulus glandarius sinensis* Swinhoe

普通喜鹊　*Pica pica sericea* Gould

66. 河乌科　Cinclidae

褐河乌　*Cinclus pallasii pallasii* Temminck

67. 鹟科　Muscicapidae

67.1 鸫亚科　Turdinae

白顶溪鸲　*Chaimarrornis leucocephalus* (Vigors)

白尾斑地鸲　*Cinclidium leucurum leucurum*
　　　　　　　　　　(Hodgson)

鹊鸲　*Copsychus saularis prosthopellus*
　　　　　　　　　　Oberholser

黑背燕尾　*Enicurus leschenaulti sinensis* Gould

灰背燕尾　*E. schistaceus* (Hodgson)

小燕尾　*E. scouleri* Vigors

短翅鸫　*Hodgsonius phoenicuroides ichangensis*
　　　　　　　　　　S. Baker

红喉歌鸲　*Luscinia calliope* (Pallas)

蓝歌鸲　*L. cyane cyane* (Pallas)

华南蓝矶鸫　*Monticola solitaria pandoo* (Sykes)

紫啸鸫　*Myiophoneus caeruleus caeruleus*
　　　　　　　　　　(Scopoli)

西南紫啸鸫　*M. caeruleus eugeni* (Hume)

北红尾鸲　*Phoenicurus auroreus auroreus*
　　　　　　　　　　(Pallas)

青藏北红尾鸲　*P. auroreus leucopterus* Blyth

蓝额红尾鸲　*P. frontalis* Vigors

黑喉红尾鸲　*P. hodgsoni* (Moore)

白喉红尾鸲　*P. schisticeps* (G. R. Gray)

红尾水鸲　*Rhyacornis fuliginosus fuliginosus*
　　　　　　　　　　(Vigors)

灰林即鸟　*Saxicola ferrea haringtoni* (Hartert)

黑喉石即鸟　*S. torquata przewalskii* (Pleske)

红肋蓝尾鸲　*Tarsiger cyanurus cyanurus*
　　　　　　　　　　(Pallas)

普通乌鸫　*Turdus merula mandarinus* Bonaparte

北方斑鸫　*T. naumanni eunomus* Temminck

白腹鸫　*T. pallidus obseurus* Gmelin

灰头鸫　*T. rubrocanus gouldi* (Verreaux)

长尾地鸫　*Zoothera dixoni* (Seebohm)

67.2 画鹛亚科　Timaliinae

金胸雀鹛　*Alcippe chrysotis swinhoii*（Verreaux）

黑头雀鹛　*A. cinereiceps*（Verreaux）

褐胁雀鹛　*A. dubia genestieri* Oustalet

湖北白睑雀鹛　*A. morrisonia davidi* Styan

滇西白睑雀鹛　*A. morrisonia yunnanensis*

Harington

毛纹草鹛　*Babax lanceolatus lanceolatus*

（Verreaux）

白喉噪鹛　*Garrulax albogularis albogularis*

（Gould）

画鹛　*G. canorus canorus*（Linnaeus）

华南灰翅噪鹛　*G. cineraceus cinereiceps*（Styan）

赤尾噪鹛　*G. milnei sinianus*（Stresemann）

眼纹噪鹛　*G. ocellatus artemisiae*（David）

黑脸噪鹛　*G. perspicillatus*（Gmelin）

棕噪鹛　*G. poecilorhynchus berthemyi*

（David ot Oustalet）

四川白颊噪鹛　*G. sannio oblectans* Deignan

鹊色奇鹛　*Heterophasia melanoleuca desgodinsi*

（Oustalet）

红嘴相思鸟　*Leiothrix lutea lutea*（Scopoli）

蓝翅希鹛　*Minla cyanuroptera wingatei*

（Ogilvie-Grant）

火尾希鹛　*M. ignotincta jerdoni* Verreaux

宝兴鹛雀　*Moupinia poecilotis*（Verreaux）

橙背鸦雀　*Paradoxornis nipalensis pallidus*

（La Touche）

贵州棕头鸦雀　*P. webbianus stresemanni* Yen.

小鳞鹛　*Pnoepyga pusilla pusilla* Hidgson

川东锈脸钩嘴鹛　*Pomatorhinus erythrogenys*

cowcnsae Deignan

峨嵋棕颈钩嘴鹛　*P. ruficollis eidos* Bangs

中南棕颈钩嘴鹛　*P. ruficollis hunanensis* Cheng

长尾鹩鹛　*Spelaeornis choclatinus reptatus*

（Bingham）

秦岭斑鹩鹛　*S. troglodytoides halsueti*（David）

红头穗鹛　*Stachyris ruficeps davidi*（Oustalet）

栗头凤鹛　*Yuhina castaniceps torqueola*

（Swinhoe）

白领凤鹛　*Y. diademata* Verreaux

黑额凤鹛　*Y. nigrimenta intermedia* Rothschild

67.3 莺亚科　Sylviinae

棕褐短翅莺　*Bradypterus luteoventris*

luteoventris（Hodgson）

黄腹树莺　*Cettia acanthizoides acanthizoides*

（Verreaux）

山树莺　*C. fortipes davidiana*（Verreaux）

棕扇尾莺　*Cisticola juncidis tinnabulans*

（Swinhoe）

西南棕眉柳莺　*Phylloscopus armandii perplexus*

Ticehurst

黄胸柳莺　*P. cantator ricketti*（Slater）

冕柳莺　*P. coronatus coronatus*（Temminck

et Schlegel）

白斑尾柳莺　*P. davisoni disturbans*（La Touche）

黄眉柳莺　*P. inornatus inornatus*（Blyth）

黄腰柳莺　*P. proregulus proregulus*（Pallas）

西南冠纹柳莺　*P. reguloides claudiae*

（La Touche）

棕腹柳莺　*P. subaffinis* Ogilvie et Grant

暗绿柳莺　*P. trochiloides trochiloides*（Sundevall）

灰胸鹪莺　*Prinia hodgsonii confusa* Deignan

褐头鹪莺　*P. subflava extensicauda*（Swinhoe）

棕脸鹟莺　*Seicercus albogularis fulvifacies*

（Swinhoe）

西南金眶鹟莺　*S. burkii distinctus*（La Touche）

栗头鹟莺　*S. castaniceps sinensis*（Rickett）

67.4 鹟亚科　Muscicapinae

方尾鹟　*Culicicapa ceylonensis calochrysea*

Oberholser

橙胸姬鹟　*Ficedula strophiata strophiata*

（Hodgson）

白眉姬鹟　*F. zanthopygia*（Hay）

北灰鹟　*Muscicapa latirostris* Raffles

乌鹟　*Muscicapa sibirca rothschildi*

（Stuart Baker）

铜蓝鹟　*M. thalassina thalassina* Swainson

棕腹大仙鹟　*Niltava davidi* La Touche

181

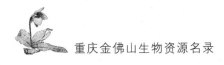

寿带鸟　*Terpsiphone paradisiincei*（Gould）

68. 山雀科　Paridae

红头长尾山雀　*Aegithalos concinnus concinnus*
（Gould）

煤山雀　*Parus ater aemodius* Hodgson
华南大山雀　*P. major commixtus* Swinhoe
绿背山雀　*P. monticolus yunnanensis* La Touche
黄腹山雀　*P. venustulus* Swinhoe

69. 旋木鸟科　Certhiidae

旋木鸟　*Certhia familiaris khamensis* Bianchi

70. 䴓科　Sittidae

华东普通䴓　*Sitta europaea sinensis* Verreaux

71. 啄花鸟科　Dicaeidae

纯色啄花鸟　*Dicaeum concolor olivaceum* Walden

72. 太阳鸟科　Nectariniidae

蓝喉太阳鸟　*Aethopyga gouldiae dabryii*
（Verreaux）

73. 绣眼鸟科　Zosteropidae

暗绿绣眼鸟　*Zosterops japonica simplex*
Swinhoe

74. 文鸟科　Ploceidae

麻雀　*Passer montanus malaccensis* Dubois

山麻雀　*P. rutilans rutilans*（Temminek）
白腰文鸟　*Lonchura striata swinhoei*（Cabanis）

75. 雀科　Fringillidae

金翅雀　*Carduelis sinica sinica*（Linnaeus）
普通朱雀　*Carpodacus erythrinus*
roseatus（Blyth）
酒红朱雀　*C. vinaceus vinaceus* Verreaux
华北灰眉岩鹀　*Emberiza cia omissa* Rothschild
三道眉草鹀　*E. cioides acstaneiceps* Moore
西南黄喉鹀　*E. elegans elegantula* Swinhoe
西南赤胸鹀　*E. fucata arcuata* Sharpe
小鹀　*E. pusilla* Pallas
蓝鹀　*E. siemsseni*（Martens）
西北灰头鹀　*E. spodocephala sordida* Blyth
白眉鹀　*E. tristrami* Swinhoe
黑尾蜡嘴雀　*Eophona migratoria*
migratoria Hartert
凤头鹀　*Melophus lathami lathami*（J. E. Gray）

［金佛山鸟纲共有42科140属228种（亚种）］

五、哺乳纲　Mammalia

（二十八）食虫目　Insectivora

76. 猬科　Erinaceidae

刺猬　*Erinaceus enropaeus miodon* Thomas

77. 鼹科　Talpidae

长尾鼹　*Scaptonyx fusicaudus* Milne-Edwards
长吻鼹　*Talpa micrura longirostris*
Milne-Edwards
川南鼩鼠　*Uropsilus soricipes gracilis* Thomas

78. 鼩鼱科　Soricidae

四川短尾鼩　*Anourosorex squamipes squamipes*
Milne-Edwards
川鼩　*Blarinella quadraticauda* Milne-Edwards
灰麝鼩　*Crocidura attenuata attenuata*
Milne-Edwards
川鄂小麝鼩　*C. suaveeolens phaeopus* G. Allen

（二十九）翼手目　Chiroptera

79. 蹄蝠科　Hipposiderdae

三叶小蹄蝠　*Aselliscus wheeleri* Osgood

无尾蹄蝠　*Coelops frithi sinicus* G. Allen
大蹄蝠　*Hipposideros armiger* Hodgson

80. 蝙蝠科　Vespertilionidae

亚洲宽耳蝠　*Barbastella leucomelas darjelingensis* Hodgson
哈氏彩蝠　*Kerivoula kardwickei depressa* Miller
西南鼠耳蝠　*Myotis altarium* Thomas
灰伏翼　*Pipistrellus pulveratus* Peters
斑蝠　*Scotomanes ornatus sinensis* Thomas

81. 菊头蝠科　Rhinolophidae

小菊头蝠　*Rhinolophus blythi* Andersen
华南角菊头蝠　*R. cornutus pumilus* Andersen
川东角菊头蝠　*R. cornutus szechwanus* Andersen
大耳菊头蝠　*R. macrotis episcopus* G. Allen
贵州菊头蝠　*R. rex* G. Allen

（三十）灵长目　Primates

82. 猕猴科　Cercopithecidae

猕猴　*Macaca mulatta mulatta* Zimmermann
藏酋猴　*M. thibetana* Milne-Edwards

83. 疣猴科　Colohidae

白颊黑叶猴　*Presbytis francoisi francoisi* Pousargues
灰金丝猴　*Rhinopithecus brelichi* Thomas

（三十一）鳞甲目　Pholiodota

84. 穿山甲科　Manidae

华南穿山甲　*Manis pentadactyla aurita* Hodgson

（三十二）食肉目　Carnivora

85. 熊科　Ursidae

黑熊　*Selenarctos thibetanus mupiuensis* Heude
于 1985 年后绝迹

86. 犬科　Canidae

狼　*Canis lupus* Linnaeus
江西豺　*Cuon alpinus lepturus* Heude
西南貉　*Nyctereutes procyonoides orestes* Thomas
华南狐　*Vulpes vulpes hoole* Swinhoe

87. 鼬科　Mustelidae

华南猪獾　*Arctonyx collaris albogularis* Blyth
黄喉貂　*Martes flavigula flavigula* Boddaert
华南狗獾　*Meles meles chinensis* Gray
鼬獾　*Melogale moschata moschata*（Gray）
香鼬　*M. altaica altaica* Pallas
黄腹鼬　*Mustela kathiah kathiah* Hodgson
华南黄鼬　*M. sibiria davidiana* Milne-Edwards
中国水獭　*Lutra lutra chinesis* Gary

88. 灵猫科　Viverridae

食蟹獴　*Herpestes urva* Hodgson
西南果子狸　*Paguma larvata intrudens* Wronghton
华东大灵猫　*Viverra zibetha ashtoni* Swinhoe
华东小灵猫　*Viverricula indiea pallida* Gray

89. 猫科　Felidae

华东豹猫　*Felis bengalensis chinensis* Gray
云豹　*Neofelis nebulosa nebulosa* Griffith
华南金钱豹　*Panthera pardus fusca* Meyer
华南虎　*P. tigris amoyensis* Hilzheimer
于 1972 年后未见踪迹
金猫　*Profelis temmincki* Vigors et Horsfield

（三十三）偶蹄目　Artiodactyla

90. 鹿科　Cervidae

湖北毛冠鹿　*Elaphodus cephalophus ichangensis* Lydekker
林麝　*Moschus berezovskii* Flerov
黄麂　*Muntiacus reevesi* Ogilby

91. 牛科　Bovidae

班羚　*Naemorhedus goral* Hardwicke

92. 猪科　Suidae

华南野猪　*Sus scrofa chirodontus* Heude

（三十四）兔形目　Lagomorpha

93. 兔科　Leporidae

长江草兔　*Lepus capensis aurigineus* Hollister
川西南草兔　*L. capensis cinnamomeus* H. Smith

(三十五)啮齿目　Rodentia

94. 鼯鼠科　Petauristidae

湖北红白鼯鼠　*Peraurista alborufus castaneus* Thomas

四川鼯鼠　*P. petaurista rubicundus* Howell

橙足鼯鼠　*Trogopterus xanthipes mordax* Thomas

95. 松鼠科　Sciuridae

川东红腹松鼠　*Callosciurus erythraeus bonhotei* (Robinotei et wroughton)

华东赤腹松鼠　*C. erythraeus styani* Thomas

红颊长吻松鼠　*Dremomys rufigenis pyrrhomerus* Thomas

湖北岩松鼠　*Sciurotamias davidianus saltitans* Heude

隐纹花松鼠　*Tamiops swinhoei* Milne-Edwards

96. 竹鼠科　Rhizomyidae

福建普通竹鼠　*Rhizomys sinensis davidi* Thomas

97. 豪猪科　Hystricidae

帚尾豪猪　*Atherurus macrourus macrourus* Linnaeus

刺猪　*Hystrix hodgsoni sudcristata* Swinhoe

98. 鼠科　Muridae

华北黑线姬鼠　*Apodemus agraius pallidior* Thomas

高山姬鼠　*A. chevrieri* Milne-Edwards

龙姬鼠　*A. draco* Barrett-Hamilton

四川巢鼠　*Micromys minutus pygmaeus* (Milne-Edwards)

华南小家鼠　*Mus musculus castaneus* Waterhouse

白腹巨鼠　*Rattus coxingi andersoni* Thomas

黄胸鼠　*R. flavipectus flavipectus* Anderson

小泡巨鼠　*R. gigas* Satunin

大足鼠　*R. nitidus* Hodgson

四川社鼠　*R. niviventer confucianus* Milne-Edwards

甘肃褐家鼠　*R. norvegicus socer* (Miller)

黑家鼠　*R. raffus* Linnaeus

99. 仓鼠科　Cricetidae

湖北大绒鼠　*Eorhenomys miletus aurora* G. M. Allen

100. 鼢鼠科　Spalacidae

罗氏鼢鼠　*Myospalax rothschildi* Thomas

［1. 金佛山哺乳纲共有 25 科 60 属 80 种(亚种)；2. 金佛山脊椎动物已知总共有 35 目 100 科 303 属 466 种(亚种)］

2006 年 10 月

附录1 重庆金佛山珍稀濒危大型真菌名录

——韦会平、刘正宇执笔

1. **麦角科** Clavicipitaceae

亚香棒虫草 *Cordyceps hawkesii* Gray

2. **肉座菌科** Hypocreaceae

竹砂仁 *Eypocrea rufa*（Pers.）Fr.

3. **羊肚菌科** Morchellaceae

粗腿羊肚菌 *Morchella crassipes*（Vent.）Pers.
羊肚菌 *M. esculenta*（L.）Pers.

4. **马鞍菌科** Helvellaceae

耳状马鞍菌 *Helvella silvicola*（Beck.）
Harmaja

5. **猴头菌科** Hericiaceae

猴头菌 *Hericium erinaceum*（Bull.：Fr.）
Pers.

6. **灵芝科** Ganodermataceae

黑紫灵芝 *Ganoderma neo-japonicum* Imaz.
多分枝灵芝 *G. ramosissimum* Zhao

7. **牛肝菌科** Boletaceae

褐盖牛肝菌 *Boletus brunneissimus* Chiu
美味牛肝菌 *B. edulis* Bull.：Fr.
灰褐牛肝菌 *B. griseus* Forst.

8. **红菇科** Russulaceae

香乳菇 *Lactarius camphoratus*（Bull.）Fr.

9. **侧耳科** Pleurotaceae

香菇 *Lentinus edodes*（Berk.）Sing.
豹皮香菇 *L. lepideus*（Fr.：Fr.）Fr.

10. **白蘑科** Tricholomataceae

鸡纵菌 *Termitomyces albuminosus*（Berk.）
Heim

尖盾白蚁伞 *T. clypentus* Heim
油黄口蘑 *Tricholoma flavovirens*（Pers.：Fr.）
Lundell.

11. **鬼笔科** Phallaceae

短裙竹荪 *Dictyophora duplicata*（Bosc.）
Fischer
长裙竹荪 *D. indusiata*（Vent.：Pers.）Fisch.
黄裙竹荪 *D. multicolor* Bork. et Br.

［金佛山珍稀濒危大型真菌共有 20 种］

附录 2　重庆金佛山珍稀濒危植物名录

——刘正宇、任明波执笔

一、蕨类植物　Pteridophyta

1. **石杉科**　Huperziaceae

南川石杉　*Huperzia nanchuanensis*（Ching et H. S. Kung）Ching et H. S. Kung

华南马尾杉　*Phlegmariurus fordii*（Baker）Ching

2. **松叶蕨科**　Psilotaceae

松叶蕨　*Psilotum nudum*（Linn.）Beauv.

3. **阴地蕨科**　Botrychiaceae

下延阴地蕨　*Botrypus decurrens*（Ching）Ching et H. S. Kung

4. **观音座莲科**　Angiopteridaceae

观音座莲　*Angiopteris fokiensis* Hieron.

南川莲座蕨　*A. nanchuanensis* Z. Y. Liu

5. **紫萁科**　Osmundaceae

华南紫萁　*Osmunda vachelii* Hook.

6. **蚌壳蕨科**　Dicksoniaceae

金毛狗　*Cibotium barometz*（Linn.）J. Smith

7. **桫椤蕨科**　Cyatheaceae

桫椤　*Alsophila spinulosa*（Wall. ex Hook.）Tryon

粗齿黑桫椤　*Gymnosphaera denticulata*（Baker）Cop.

小黑桫椤　*G. metteniana*（Hance）Tagawa

光叶小黑桫椤　*G. metteniana* var. *subglaba* Ching et Q. Xia

8. **稀子蕨科**　Monachosoraceae

尾叶稀子蕨　*Monachosorum flagellare*（Maxim. ex Makino）Hayata

稀子蕨　*M. henryi* Christ

9. **中国蕨科**　Sinopteridaceae

平羽碎米蕨　*Cheilosoria patula*（Baker）P. S. Wang

中华隐囊蕨　*Notholaena chinensis* Baker

10. **铁线蕨科**　Adiantaceae

小铁线蕨　*Adiantum mariesii* Baker

白垩铁线蕨　*A. gravesii* Hance

11. **车前蕨科**　Antrophyaceae

长柄车前蕨　*Antrophyum obovatum* Baker

12. **书带蕨科**　Vittariaceae

细柄书带蕨　*Vittaria filipes* Christ

13. **蹄盖蕨科**　Athyriaceae

金佛山短肠蕨　*Allantodia jinfoshanicola* W. M. Chu

秦氏介蕨　*Dryoathyrium chingii*（Z. Y. Liu）W. M. Chu

14. **金星蕨科**　Thelypteridaceae

秦氏毛蕨　*Cyclosorus chingii* Z. Y. Liu

南川毛蕨　*C. nanchuanensis* Ching et Z. Y. Liu

15. **铁角蕨科**　Aspleniaceas

大铁角蕨　*Asplenium bullatum* Wall. ex Mett.

剑叶铁角蕨　*A. ensiforme* Wall. ex Hook
et Grev.

卵叶铁角蕨　*A. ruta-muraria* Linn.

16. **睫毛蕨科**　Pleurosoriopsidaceae

睫毛蕨　*Pleurosoriopsis makinoi*（Maxim.）
Fomin

17. **柄盖蕨科**　Peranemaceae

东亚柄盖蕨　*Peranema cyatheoides* var.
luzonicum（Cop）Ching et S. H. Wu

18. **鳞毛蕨科**　Dryopteridaceae

南川复叶耳蕨　*Arachniodes nanchuanensis*
Ching et Z. Y. Liu

镰羽贯众　*Cyrtomium balansae*（Christ）C. Chr

单叶贯众　*C. hemionitis* Christ

低头贯众　*C. nephrolepioides*（Christ）Copel.

大羽鳞毛蕨　*Dryopteris bodinieri*（Christ）
C. Chr.

刘氏鳞毛蕨　*D. liuii* Ching

三泉鳞毛蕨　*D. shanquanensis* Ching

园裂耳蕨　*Polystichum cyclolobum* C. Chr.

杰出耳蕨　*P. excelsius* Ching et Z. Y. Liu

金佛山耳蕨　*P. jinfoshanense* Ching et Z. Y. Liu

正宇耳蕨　*P. liuii* Ching

19. **三叉蕨科**　Aspidiaceae

秦氏肋毛蕨　*Ctenitis chingii* Z. Y. Liu et
J. I. Chang

20. **舌蕨科**　Elaphoglossaceae

华南舌蕨　*Elaphoglossum yoshinagae* Makino

21. **水龙骨科**　Polypodiaceae

南川鳞果星蕨　*Lepidomicrosorium nanchuanense*
Ching et Z. Y. Liu

中华瓦韦　*Lepisorus sinicus* Ching et Z. Y. Liu

石蕨　*Saxiglossum angustissimum*（Gies.）Ching

22. **剑蕨科**　Loxogrammaceae

瑶山剑蕨　*Loxogramme assimilis* Ching

二、裸子植物　Gymnospermae

23. **松科**　Pinaceae

银杉　*Cathaya argyrophylla* Chun et Kuang

巴山松　*Pinus henryi* Mast.

华南五针松　*P. kwangtungensis* Chun ex
Tsiang

黄杉　*Pseudotsuga sinensis* Dode

24. **柏科**　Cupressaceae

福建柏　*Fokienia hodginsii*（Dunn）
Henry et Thomas

高山柏　*Sabina squamata*（Buch.-Hamilt.）Ant.

25. **罗汉松科**　Podocarpaceae

百日青　*Podocarpus neriifolius* D. Don

26. **三尖杉科**　Cephalotaxaceae

篦子三尖杉　*Cephalotaxus oliveri* Mast.

宽叶粗榧　*C. latifolia*（Cheng et L. K. Fu）
Cheng et L. K. Fu

27. **红豆杉科**　Taxaceae

穗花杉　*Amentotaxus argotaenia*（Hance）
Pilg.

红豆杉　*Taxus chinensis*（Pilg.）Rehd.

南方红豆杉　*T. chinensis* var. *mairei* Cheng
et L. K. Fu

云南红豆杉　*T. wallichiana* var. *yunnanensis*
（Cheng et Fu）C. T. Kuan

巴山榧　*Torreya fargesii* Franch.

三、被子植物　Angiospermae

28. **金粟兰科**　Chloranthaceae

四川金粟兰　*Chloranthus sessilifolius* K. F. Wu

29. **壳斗科**　Fagaceae

南川青冈　*Cyclobalanpsis nanchuanica*
（Huang et Y. T. Chang）Hsu et Jen

米心水青冈　*Fagus engleriana* Seem.

水青冈　*F. longipetiolata* Seem.

亮叶水青冈　*F. lucida* Rehd. et Wils.

木姜叶石栎　*Lithocarpus litseifolius*（Hance）
Chun

30. **榆科**　Ulmaceae

多脉榆　*Ulmus castaneifolia* Hemsl.

31. **桑科**　Moraceae

南川木菠萝　*Artocarpus nanchuanensis* S. S.
Chang，S. H. Tan et Z. Y. Liu

32. **檀香科**　Santalaceae

檀梨　*Pyrularia edulis*（Wall.）A. DC.

33. **桑寄生科**　Loranthaceae

黄杉寄生　*Taxillus kaempferi* var. *grandiflora*
H. S. Kiu

34. **马兜铃科**　Aristolochiaceae

扁茎马兜铃　*Aristolochia compressicaulis*
Z. L. Yang

金山马兜铃　*A. jinshanensis* Z. L. Yang
et S. X. Tan

朱砂莲　*A. tuberosa* C. F. Liag et S. M. Hwang

皱花细辛　*Asarum crispulatum* C. Y. Cheng
et C. S. Yang

铜钱细辛　*A. debile* Franch.

单叶细辛　*A. himalaicum* Hook. f. et Thoms
ex Klotzsch.

南川细辛　*A. nanchuanense* C. S. Yang
et J. L. Wu

马蹄香　*Saruma henryi* Oliv.

35. **芍药科**　Paeoniaceae

草芍药　*Paeonia obovata* Maxim.

毛叶草芍药　*P. obovata* var. *willmottiae*
（Stapf.）Stern.

36. **连香树科**　Cercidiphyllaceae

连香树　*Cercidiphyllum japonicum* Sieb.
et Zucc.

37. **毛茛科**　Ranunculaceae

岩乌　*Aconitum racemulosum* Franch.

无距耧斗菜　*Aquilegia ecalcarata* Maxim.

裂叶星果草　*Asteropyrum cavaleriei*（Lévl.
et Vant.）Drumm. et Hutch.

铁破锣　*Beesia calthaefolia*（Maxim.）Ulbr.

短果升麻　*Cimicifuga brachycarpa* Hsiao

南川升麻　*C. nanchuanensis* Hsiao

纵肋人字果　*Dichocarpum fargesii*（Franch.）
W. T. Wang et Hsiao

川鄂獐耳细辛　*Hepatica henryi*（Oliv.）
Steward

尾囊草　*Urophysa henryi*（Oliv.）Ulbr.

38. **木通科**　Lardizabalaceae

猫儿屎　*Decaisnea fargesii* Franch.

翅茎牛姆瓜　*Holboellia ptrocaulis* T. Chen
et C. H. Chen

39. **小檗科**　Berberidaceae

南川小檗　*Berberis fallaciosa* Schneid.

金佛山小檗　*B. jingfushanensis* Ying

贵州八角莲　*Dysosma majorensis*（Gagnep.）
Ying

类叶牡丹　*Leontice robustum*（Maxim.）Diels.

细梗十大功劳　*Mahonia gracilipes*（Oliv.）
Fedde

40. **木兰科**　Magnoliaceae

华中八角　*Illicium fargesii* Finet et Gagnep.

红茴香　*I. henryi* Diels

多子南五味　*Kadsura polysperma* Yang

湖北木兰　*Magnolia sprengeri* Pamp.

金山木莲　*Manglietia fordiana*（Hemls.）Oliv.

四川木莲　*M. szechuanica* Hu

四川含笑　*Michelia szechuanica* Dandy

峨眉含笑　*M. wilsonii* Finet et Gagnep.

柔毛五味子　*Schisandra pubescens* Hemsl. et Wils.

41. 樟科　Lauraceae

猴樟　*Cinnamomum bodinieri* Lévl.

阔叶樟　*C. platyphyllum*（Diels）Allen

香桂　*C. subavenium* Miq.

川桂　*C. wilsonii* Gamble

黑壳楠　*Lindera megaphylla* Hemsl.

毛黑壳楠　*L. megaphylla* f. *trichoclada*（Rehd.）Cheng

南川润楠　*Machilus nanchuanensis* N. Chao

菱叶新樟　*Neocinnamomum fargesii*（H. Lec.）Kosten

紫楠　*Phoebe sheareri*（Hemsl.）Gamble

楠木　*P. zhennan* S. Lee et F. N. Wei

42. 罂粟科　Papaveraceae

毛黄堇　*Corydalis tomentella* Franch.

大花荷苞牡丹　*Dicentra macrantha* Oliv.

43. 十字花科　Cruciferae

山嵛菜　*Eutrema yunnanense* Franch.

44. 茅膏菜科　Droseraceae

茅膏菜　*Drosera peltata* var. *multisepala* Y. Z. Ruan

45. 景天科　Crassulaceae

菱叶红景天　*Rhodiola henryi*（Diels）S. H. Fu

46. 虎耳草科　Saxifragaceae

南川茶藨子　*Ribes devidii* Franch.

钻地风　*Schizophragma integrifolium*（Franch.）Oliv.

峨屏草　*Tanakea omeiensis* Nakai

47. 蔷薇科　Rosaceae

野山楂　*Crataegus cuneata* Sieb. et Zucc.

盾叶莓　*Rubus peltatus* Maxim.

红腺悬钩子　*R. sumatranus* Miq.

美脉花楸　*Sorbus caloneura*（Stapf.）Rehd.

48. 豆科　Leguminosae

扁茎黄芪　*Astragalus complanatus* R. Brown.

响铃草　*Crotalaria ferruginea*（Grah.）Benth.

胡豆莲　*Euchresta japonica* Hook. f. et Regel

三叶山豆根　*E. trifoliolata* Merr.

管萼山豆根　*E. tubulosa* Dunn.

美丽胡枝子　*Lespedeza formosa*（Vog.）Koehne.

亮叶围涎树　*Pithecellobium lucidum* Benth.

49. 牻牛儿苗科　Geraniaceae

金山老鹳草　*Geranium bockii* R. Knuth.

草原老鹳草　*G. pratene* Linn.

50. 芸香科　Rutaceae

齿叶黄皮　*Clausena dunniana* Lévl.

乔木茵芋　*Skimmia arborescens* Gamble

小飞龙掌血　*Toddalia asiatica* var. *parva* Z. M. Tan

刺壳椒　*Zanthoxylum echinocarpum* Hemsl.

51. 苦木科　Simaroubaceae

刺樗　*Ailanthus vilmoriniana* Dode

52. 楝科　Meliaceae

毛红椿　*Toona ciliata* var. *pubescens*（Franch.）Hand.-Mazz.

紫椿　*T. microcarpa*（C. DC.）Harms

53. 远志科　Polygalaceae

香港远志　*Polygala hongkongensis* Hemsl.

54. 大戟科　Euphorbiaceae

毛果巴豆　*Croton lachnocarpus* Benth.

巴豆　*C. tiglium* Linn.

55. 黄杨科　Buxaceae

桃叶黄杨　*Buxus henryi* Mayr.

黄杨　*B. sinica*（Rehd. et Wils.）Cheng

56.**冬青科** Aquifoliaceae

枸骨 *Ilex cornuta* Lindl. et Paxt.

猫儿刺 *I. pernyi* Franch.

冬青 *I. purpurea* Haask

57.**卫矛科** Celastraceae

十齿花 *Dipentodon sinensis* Dunn.

卫矛 *Euonymus alatus*（Thunb.）Sieb.

南川卫矛 *E. rosthornii* Loes.

无柄卫矛 *E. subsessilis* Sprague

大果核子木 *Perrottetia macrocarpa*
C. Y. Cheng

核子木 *P. racemosa*（Oliv.）Loes.

昆明山海棠 *Tripterygium hypoglaucum*
（Lévl.）Hutch.

58.**省沽油科** Staphyleaceae

省沽油 *Staphylea bumalda*（Thunb.）DC.

膀胱果 *S. holocarpa* Hemsl.

大果山香园 *Turpinia affinis* Merr. et Perry

59.**茶茱萸科** Icacinaceae

无须藤 *Hosiea sinensis*（Oliv.）Hemsl. et Wils.

60.**槭树科** Aceraceae

扇叶槭 *Acer flabellatum* Rehd.

南川长柄槭 *A. longipes* var. *nanchuanense* Fang

色木槭 *A. mono* Maxim.

深裂中华槭 *A. sinense* var. *longilobum* Fang

七裂瘦叶槭 *A. tenellum* var. *septemlobum*
（Fang et Soong）Fang et Soong

61.**七叶树科** Hippocastanaceae

天师栗 *Aesculus wilsonii* Rehd.

62.**清风藤科** Sabiaceae

珂楠树 *Meliosma beaniana* Rehd. et Wils.

63.**杜英科** Elaeocarpaceae

薄果猴欢喜 *Sloanea leptocarpa* Diels

猴欢喜 *S. sinensis*（Hance）Hemsl.

64.**山茶科** Theaceae

南川秃房茶 *Camellia nanchuanensis*
H. T. Chang

峨眉红山茶 *C. omeiensis* H. T. Chang

黄药大头茶 *Gordonioa chrysandra* Cowan

大苞木荷 *Schima grandiperulata* H. T.
Chang

小花木荷 *S. parviflora* Cheng et H. T. Chang

华木荷 *S. sinensis*（Hemsl.）Airy. -Shaw

木荷 *S. superba* Gardn. et Champ.

65.**藤黄科** Guttiferae

贯叶连翘 *Hypericum perforatum* Linn.

66.**大风子科** Flacourtiaceae

山羊角树 *Carrierea calycina* Franch.

山桐子 *Idesia polycarpa* Maxim.

毛叶山桐子 *I. polycarpa* var. *vestita* Diels

伊桐 *Itoa orientalis* Hemsl.

67.**西番莲科** Passifloraceae

月叶西番莲 *Passiflora altebilobata* Hemsl.

68.**瑞香科** Thymelaeaceae

南川瑞香 *Daphne gracilis* E. Pritz.

光洁荛花 *Wikstroemia glabra* Cheng

69.**千屈菜科** Lythraceae

川黔紫薇 *Lagerstroemia excelsa*（Dode）
Chun ex S. Lee

南紫薇 *L. subcostata* Koehne

70.**五加科** Araliaceae

柔毛龙眼独活 *Aralia henryi* Harms

树参 *Dendropanax dentigerus*（Harms）Merr.

竹节参 *Panax japonicus* C. A. Mey.

狭叶竹节人参 *P. japonicus* var. *angustifolia*
（Burk.）Cheng et Chu

疙瘩七 *P. japonicus* var. *bipinnatifidus*
（Seem.）C. Y. Wu et Feng

珠子参 *P. japonicus* var. *major*（Burk.）
C. Y. Wu et Feng

假人参 *P. pscudo-ginseng* Wall.

屏边三七 *P. stipuleanatus* H. T. Tsai et K. M.
Fang

71.**伞形科** Umbelliferae

金山当归 *Angelica valida* Diels

细柄柴胡　*Bupleurum gracilipes* Diels

金山川芎　*Ligusticum fuxion* Hort.

匍匐川芎　*L. reptans* (Diels) Wolff

卵叶羌活　*Notopterygium forbesii* var.
　　　　　　oviforme (Shan) H. T. Chang

南川前胡　*Peucedanum rosthornii* Diels

卵叶变豆菜　*Sanicula ovifirmis* X. T. Liu
　　　　　　　　et Z. Y. Liu

72. 山茱萸科　Cornaceae

倒心叶珊瑚　*Aucuba obcordata* (Rehd.) Fu

南川青荚叶　*Helwingia himalaica* var.
　　　nanchuanensis (Fang) Fang et Soong

川鄂山茱萸　*Macrocarpium chinense* (Wanger.)
　　　　　　　　Hutch.

小果山茱萸　*M. chinense* f. *microcarpum*
　　　　　　　　W. K. Hu

73. 桤叶树科　Clethraceae

南川桤叶树　*Clethra nanchuanensis* Fang
　　　　　　　　et L. C. Hu

74. 鹿蹄草科　Pyrolaceae

水晶兰　*Monotropa uniflora* Linn.

拟水晶兰　*Cheilotheca macrocarpum*
　　　　　　(H. Aandrs) L. L. Chou

75. 杜鹃花科　Ericaceae

短梗杜鹃　*Rhododendron brachypodum* Fang
　　　　　　　　et Liu

金佛美容杜鹃　*R. calophytum* var. *jingfuense*
　　　　　　　　Fang et W. K. Hu

疏花美容杜鹃　*R. calophytum* var. *pauciflorum*
　　　　　　　　W. K. Hu

树枫杜鹃　*R. changii* (*Fang*) Fang

香花杜鹃　*R. decorum* ssp. *parvistigmatium*
　　　　　　　　W. K. Hu

方氏杜鹃　*R. fangii* Z. Y. Liu

短果峨马杜鹃　*R. ochraceum* var. *brevicarpum*
　　　　　　　　W. K. Hu

反边杜鹃　*R. thayerianum* Rehd. et Wils.

尾叶越橘　*Vaccinium dunalianum* var.
　　　　　　urophylum Rehd. et Wils.

76. 紫金牛科　Myrsinaceae

九管血　*Ardisia brevicaulis* Diels

尾叶紫金牛　*A. caudata* Hemsl.

疏花酸藤子　*Embelia pauciflora* Diels

毛穗杜茎山　*Maesa insignis* Chun

77. 报春花科　Primulaceae

南川过路黄　*Lysimachia nanchuanensis*
　　　　　　　　C. Y. Wu

矮葵叶报春　*Primula rosthornii* Diels

78. 柿树科　Ebenaceae

乌柿　*Diospyros cathayensis* A. N. Stward

罗浮柿　*D. morrisiana* Hance

老鸦柿　*D. rhombifolia* Hemsl.

79. 安息香科　Styracaceae

木瓜红　*Rehderodendron macrocarpum* Hu

南川安息香　*Styrax hemsleyana* Diels

80. 木犀科　Oleaceae

南川白蜡树　*Fraxinus nanchuanensis*
　　　　　　　　S. S. Sun et J. L. Wu

红柄木犀　*Osmanthus armatus* Diels

南川木犀　*O. nanchuanensis* H. T. Chang

81. 马钱科　Loganiaceae

蓬莱葛　*Gardneria multiflora* Makino

胡蔓藤　*Gelsemium elegana* (Gardn.) Benth.

82. 龙胆科　Gentianaceae

杯药草　*Cotylanthera paucisquama* C. B. Clarke

当药　*Swertia diluta* (Turcz.) Benth.
　　　　　　et Hook. f.

贵州獐牙菜　*S. kouytchensis* Franch.

毛萼双蝴蝶　*Tripterospermum hirticalyx*
　　　　　　C. Y. Wu ex C. J. Wu

83. 萝藦科　Asclepiadaceae

光白薇　*Cynanchum inamoenum* (Maxim.)
　　　　　　Loes.

柳叶白前　*C. stauntonii* (Decne.) Schltr.
　　　　　　ex Lévl.

通光散　*Marsdenia tenacissima*（Roxb.）
Wight et Arn.

通天连　*Tylophora koi* Merr.

84. 紫草科　Boraginaceae

厚壳树　*Ehretia thyrsiflora*（Sieb. et Zucc.）
Nakai

紫草　*Lithospermum erythrorhizon* Sieb.
et Zucc.

车前紫草　*Sinojohnstonia plantaginea* Hu

盾果草　*Thyrocarpus sampsonii* Hance

85. 马鞭草科　Verbenaceae

南川紫珠　*Callicarpa bodinieri* var. *rosthornii*
（Diels）Rehd.

大青　*Clerodendrum cyrtophyllum* Turcz.

86. 唇形科　Labiatae

南川鼠尾草　*Salvia nanchuanensis* Sun

四棱草　*Schnabelia oligophylla* Hand.-Mazz.

长叶四棱草　*S. oligophylla* var. *oblongifolia*
C. Y. Wu et G. Chen

四齿四棱草　*S. tetrodonta*（Sun）C. T. Wu
et G. Chen

黄花水苏　*Stachys xanthantha* C. Y. Wu

87. 玄参科　Scrophulariaceae

美丽通泉草　*Mazus pulchellus* Hemsl.
Ex Forb. Et Hemsl.

南川马先蒿　*Pedicularis nanchuanensis* Tsoong.

返顾马先蒿　*P. resupinata* Linn.

狭盔马先蒿　*P. stenocorys* Franch.

阴行草　*Siphonostegia chinensis* Benth.

88. 列当科　Orobanchaceae

金佛山齿鳞草　*Lathraea chinfushanica*
Hu et Tang

89. 苦苣苔科　Gesneriaceae

四川岩白菜　*Chirita sichuanensis* W. T. Wang

毛苞半蒴苣苔　*Hemiboea gracilis* var.
pilobracteata Z. Y. Li

90. 狸藻科　Lentibulariaceae

捕虫堇　*Pinguicula alpina* Linn.

91. 茜草科　Rubiaceae

中华茜草　*Rubia chinensis* Regel. et Mak.

92. 忍冬科　Caprifoliaceae

肉叶忍冬　*Lonicera carnosifolia* C. Y. Wu
et H. J. Wang

盘叶忍冬　*L. tragophylla* Hemsl.

蝴蝶荚蒾　*Viburnum plicatum* var. *tomentosum*
（Thunb.）Miq.

93. 败酱科　Valerianaceae

败酱　*Patrinia scabiosaefolia* Fisch. ex Trev.

94. 川续断科　Dipsacaceae

金山续断　*Dipsacus atrapurpureus* C. Y. Cheng
et Z. T. Yin

涪陵续断　*D. fulingensis* C. Y. Cheng et T. M. Ai

95. 葫芦科　Cucurbitaceae

金佛山雪胆　*Hemsleya pengxianensis* var.
jinfushanensis L. T. Shen et W. J. Chang

多果雪胆　*H. pengxianensis* var. *polycarpa*
L. T. Shen et W. J. Chang

皱果赤瓟　*Thladiantha henryi* var. *verrucosa*
（Cogn.）A. M. Lu et Z. Y. Zhang

96. 桔梗科　Campanulaceae

无柄沙参　*Adenophora stricta* ssp. *sessilifolia*
Hong

管花党参　*Codonopsis tubulosa* Komav.

97. 菊科　Compositae

白苞蒿　*Artemisia lactifolia* Wall. ex DC.

四川天名精　*Carpesium szechuanense* Chen
et C. M. Hu

金佛山大蓟　*Cirsium bracteiferum* Shih

南川泽兰　*Eupatorium nanchuanense*
Ling et Shih

南川鼠曲草　*Gnaphalium nanchuanense*
Ling et Tseng

南川橐吾　*Ligularia nanchuanica* S. W. Liu

三花紫菊　*Notoseris triflora*（Hemsl.）Shih
秃果蒲儿根　*Sinosenecio globogerus* var.
　　　　adenophyllus C. Jeffrey et Y. L. Chen
　　　　　　　　　　　　（Oliv.）Chang

98.泽泻科　Alismataceae

窄叶泽泻　*Alisma canaliculatum* A. Br.
　　　　　　　　　　　　　et Bouche.

99.水鳖科　Hydrocharitaceae

水车前　*Ottelia alismoides*（Linn.）Pers.

100.禾本科　Gramineae

佛肚竹　*Bambusa ventricosa* Mcclure
狭叶方竹　*Chimonobambusa angustifolia*
　　　　　　C. D. Chu et C. S. Chao
刺黑竹　*C. neopurpurea* Yi
紫竹　*Phyllostachys nigra*（Lodd. ex Lindl.）
　　　　　　　　　　　　　　Munro
毛金竹　*P. nigra* var. *henonis*（Mitf.）Stepf.
　　　　　　　　　　　　　ex Rendle

101.天南星科　Araceae

柄刺南星　*Arisaema asperatum* N. E. Brown
长耳南星　*A. auriculatum* Buchet
雪里见　*A. rhizomatum* C. E. C. Fischer
绥阳雪里见　*A. rhizomatum* var. *nudum*
　　　　　　　　　　C. E. C. Fischer
粗齿灯台莲　*A. sikokianum* var. *magnides*
　　　　　　　（N. E. Brown）P. C. Kao

102.百合科　Liliaceae

天蒜　*Allium paepalanthoides* Airy-Shaw
金佛山竹根七　*Disporopsis jinfushanensis*
　　　　　　　　　　　　Z. Y. Liu
南川鹭鸶草　*Diuranthera inarticulata* Wang
　　　　　　　　　　　ex K. Y. Lang
四川百合　*Lilium davidii* Duchartre
金佛山百合　*L. jinfushanense* L. J. Peng
　　　　　　　　　　　et B. N. Wang
小重楼　*Paris polyphylla* var. *minora* S. F.
　　　　　　　　　　　　　　　Wang

北重楼　*P. varticillata* M. Bieb.
疏花无叶莲　*Petrosavia sakurai*（Makino）
　　　　　　　　　　　　　　Dandy
金佛山黄精　*Polygonatum ginfoshanicum*
　　　　　　（Wang et Tang）Wang et Tang
小花扭柄花　*Streptopus parviflorus* Franch.
金佛山开口箭　*Tupistra jinshanensis* Z. L.
　　　　　　　　　Yang et X. G. Luo

103.仙茅科　Hypoxidaceae

小金梅草　*Hypoxis aurea* Lour.

104.薯蓣科　Dioscoreaceae

叉蕊薯蓣　*Dioscorea collettii* Hook. f.
穿龙薯蓣　*D. nipponica* Makino
柴黄姜　*D. nipponica* ssp. *rosthornii*（Prain
　　　　　　　　et Burkill）C. T. Ting
盾叶薯蓣　*D. zingiberensis* C. H. Wright

105.姜科　Zingiberaceae

南川山姜　*Alpinia nanchuanwnsis* Z. Y. Zhu
团聚姜　*Zingiber tuanjuum* Z. Y. Zhu

106.兰科　Orchidaceae

黄花白芨　*Bletilla ochracea* Schltr.
梳帽卷瓣兰　*Bulbophyllum andersonii*
　　　　　　　　（Hook. f.）J. J. Smith
细花虾脊兰　*Calanthe mannii* Hook. f.
三褶虾脊兰　*C. triplicata*（Willem.）Ames
银兰　*Cephalanthera erecta*（Thunb.
　　　　　　　　ex A. Murray）Bl.
金兰　*C. falcata*（Thunb. ex A. Murray）Bl.
莎草兰　*Cymbidium elegans* Lindl.
春剑　*C. goeringii* var. *longibracteatum* Y. S. Wu
　　　　　　　　　　　et S. C. Chen
黄蝉兰　*C. iridioides* D. Don *
寒兰　*C. kanran* Makino
腐生兰　*C. macrorhizon* Lindl.
斑叶构兰　*Cypripedium margaritaceum*
　　　　　　　　　　　　Franch.

小花杓兰　　*C. micranthum* Franch.

曲茎石斛　*Dendrobium flexicaule* Z. H. Tsi，
　　　　　　　　S. C. Sun et L. G. Xu

细叶石斛　*D. hancockii* Rolfe

罗河石斛　*D. lohohense* Tang et Wang

铁皮石斛　*D. officinale* Kimura et Migo

广东石斛　*D. wilsonii* Rlofe

城口盆距兰　*Gastrochilus fargesii*（Kraenzl）
　　　　　　　　　Schltr.

南川盆距兰　*G. nanchuanensis* Z. H. Tsi

乌天麻　*Gastrodia elata* f. *glauca* S. Chow

绿天麻　*G. elata* f. *viridis*（Makino）Makino

南川对叶兰　*Listera nanchuanica* S. C. Chen

对叶兰　*L. puberula* Maxim.

麻栗坡兜兰　*Paphiopedilum malipoense*
　　　　　　　　S. C. Chen et Z. H. Tsi

黄花鹤顶兰　*Phaius flavus*（Bl.）Lindl.

朱兰　*Pogonia japonica* Rchb. f.

金佛山兰　*Tangtsinia nanchuanica* S. C. Chen

小叶白点兰　*Thrixspermum japonicum*
　　　　　　　　（Miq.）Rchb. f.

〔金佛山珍稀濒危植物共有 343 种（亚种、变种）〕

附录 3　重庆金佛山珍稀濒危动物名录

——张含藻、刘正宇执笔

一、无脊椎动物

1.**蟠马陆科**　Sphaerotheriidae

滚山珠马陆　*Glomeris nipponica* Kishida

毛圆刺马陆（滚山珠）　*Sphaerobelum hisutum*
（Virhoeff）

2.**蜈蚣科**　Scolopendridae

多棘蜈蚣　*Scolopendra subspinipes multidens*
（Newport）

3.**鳖蠊科**　Corydiidae

金边土鳖　*Opisthoplatia orientalis* Burm.

4.**步甲科**　Carabidae

金山步甲　*Apotomopterus odysseus* Breuning

金山婪步甲　*Harpalus ginfushanus* Iedlicka

5.**瓢甲科**　Coccinellidae

黑缘光瓢虫　*Exochomus nigromarginatus*
Miyatake

6.**叶甲科**　Chrysomelidae

黑额光叶甲　*Smaragdina nigrifrons*（Hope）

7.**天牛科**　Cerambycidae

白角虎天牛　*Anaglyptus apicicornis* Gressitt

8.**枯叶蛾科**　Lasiocompidae

李枯叶蛾　*Gastropacha quercifolia* Linnaeus

竹斑枯叶蛾　*Philudoria albomaculata* Bremer

粟黄枯叶蛾　*Trabala uishmou* Lefebure

9.**弄蝶科**　Hesperiidae

大黄斑弄蝶　*Potanthus confucius flava* Murray

10.**凤蝶科**　Papilionidae

玉带凤蝶　*Papilio polytes polytes* Linnaeus

11.**斑蝶科**　Danaidae

后褐花斑蝶　*Parantica sita*（Kollar）

12.**虻科**　Tabanidae

五带虻　*Tabanus quinquecintus* Richardo

二、脊椎动物

（一）鱼纲　Pisces

13.**鳗鲡科**　Anguillidae

鳗鲡　*Anguilla japinica* Temminck et Schlegel

14.**鲤科**　Cyprinidae

细身光唇鱼　*Acrossocheilus（A.）elongatus*
（Pellegrin et Cherey）

中华倒刺鲃　*Barbodes（Spinibarbus）sinensis*
（Bleeker）

195

宽头四须鲃　*B. (Bar.) laticeps* Lin et Zhang

云南盘鮈　*Discogobio yunnanensis* (Regan)

唇鱼骨　*Hemibarbus labeo* (Pallas)

马口鱼　*Opsariichthys bidens* Günther

鲈鲤　*Percocypris pingi pingi* (Tchang)

岩原鲤　*Procypris rabaudi* (Tchang)

重口裂腹鱼　*Schizothorax (Schizop.) davidi*

(Sauv.)

多斑裂腹鱼　*S. (Schizop.) multipunctatus*

Pellegrin

齐口裂腹鱼　*S. (Schizoth.) prenanti* (Tchang)

华鲮　*Sinilabeo rendahli* (Kimura)

四川白甲　*Varicorhinus (Onyc.) angustistomatus*

Fang

粗须铲颌鱼　*V. (Scap.) barbatus* (Lin)

短身白甲　*V. (Onyc.) brevis* Wu et Chen

多鳞铲颌鱼　*V. (Scap.) macrolepis* (Bleeker)

白甲鱼　*V. (Onyc.) sinus* (Sauvage et Dabry)

瓣结鱼　*Tor (Folifer) brevifilis brevifilis*

(Peters)

15. 鲇科　Siluridae

鲇　*Silurus asotus* Linnaeus

南方大口鲇　*S. saldatovi meridionalis* Chen

16. 鲿科　Bagridae

大鳍鳠　*Mystus macropterus* Bleeker

切尾拟鲿　*Pseudobagrus truncatus* Regan

17. 鲈科　Serranidae

大眼鳜　*Siniperca kneri* Garman

斑鳜　*S. scherzeri* Steindachner

18. 攀鲈科　Belontiidae

园尾斗鱼　*Macropodus chinensis* (Bloch)

叉尾斗鱼　*M. opercularis* (L.)

(二) 两栖纲 Amphibia

19. 隐鳃鲵科　Cryptobranchidae

大鲵　*Andrias davidianus* (Blanchard)

20. 小鲵科　Hynobiidae

龙洞山溪鲵　*Batrachuperus longdongensis*

Liu and Tian

黄斑拟小鲵　*Pseudohynobis flavomaculatus*

(Hu and Fei)

南川北鲵　*Ranodon nanchuanensis* Hu

21. 锄足蟾科　Pelobatidae

利川齿蟾　*Oreolalax lichuanensis* Hu and Fei

红点齿蟾　*O. rhodostigmatus* Hu and Fei

22. 蛙科　Ranidae

棘腹蛙　*Paa (Pap) boulengeri* (Guenther)

棘胸蛙　*Pelophylax spinosa* (David)

日本林蛙　*Rana japonica japonica* Guenther

23. 树蛙科　Rhacophoridae

经甫树蛙　*Rhacophorus chenfui* Liu

24. 姬蛙科　Microhylidae

四川狭口蛙　*Kaloula rugifera* Stejneger

饰纹姬蛙　*Microhyla ornata* (Dumeril and

Bibron)

(三) 爬行纲　Reptilia

25. 龟科　Testudinidae

龟　*Chinemys reevesii* (Gray)

26. 鳖科　Trionychidae

中华鳖　*Trionyx sinensis* Wiegmann

27. 蛇蜥科　Anguidae

脆蛇蜥　*Ophisaurus harti* Boulenger

28. 眼镜蛇科　Elepididae

银环蛇　*Bungarus multicinctus* Blyth

丽纹蛇　*Calliophis macclellandi* (Reinhardt)

29. 游蛇科　Colubridae

双全白环蛇　*Lycodon fasciatus* (Anderson)

乌游蛇　*Natrix percarinata percarinata*

(Boulenger)

山溪后棱蛇　*Opisthotropis latouchii*

(Boulenger)

平鳞钝头蛇   *Pareas boulengeri*（Angel）

钝头蛇   *P. chinensis*（Barbour）

30. 蝮科   Crotalidae

尖吻蝮   *Agkistrodon acutus*（Guenther）

（四）鸟纲   Aves

31. 䴙䴘科   Podicipedidae

小䴙䴘   *Podiceps ruficollis poggei*（Reichenow）

32. 鸬鹚科   Phalacrocoracidae

普通鸬鹚   *Phalacrocorax carbo sinensis*
（Blumenbach）

33. 鸭科   Anatidae

凤头潜鸭   *Aythya fuligula*（Linnaeus）

普通秋沙鸭   *Mergus merganser merganser*
Linnaeus

赤麻鸭   *Tadorna ferruginec*（Pallas）

34. 鸠鸽科   Columbidae

火斑鸠   *Oenopopelia tranquebarica humilis*
（Temminck）

红翅绿鸠   *Treron sieboldii fopingensis*
× *T. s. murielae*

35. 杜鹃科   Cuculidae

华东大杜鹃   *Cuculus canorus fallax* Stresemann

四声杜鹃   *C. micropterus micropterus* Gould

36. 雨燕科   Apodidae

短嘴金丝燕   *Collocalia brevirostris innominata*
Hume

37. 戴胜科   Upupidae

戴胜   *Upupa epops saturata* Lonnberg

38. 山椒鸟科   Campephagidae

长尾山椒鸟   *Pericrocotus ethologus ethologus*
Bangs et Phillips

华南粉红山椒鸟   *P. roseus cantonensis* Swinhoe

39. 鹎科   Pycnonotidae

绿翅短脚鹎   *Hypsipetes macclellandii holtii*
Swinhoe

绿鹦嘴鹎   *Spizixos semitorques semitorques*
Swinhoe

40. 伯劳科   Laniidae

普通红尾伯劳   *Lanius cristatus lucionensis*
Linnaeus

棕背伯劳   *L. schach schach* Linnaeus

虎纹伯劳   *L. tigrinus* Drapiez

41. 黄鹂科   Oriolidae

黑枕黄鹂   *Oriolus chinensis diffusus* Sharpe

42. 鸦科   Corvidae

秃鼻乌鸦   *Corvus frugilegus pastinator* Gould

寒鸦   *C. monedula dauuricus* Pallas

43. 鹟科   Muscicapidae

金胸雀鹛   *Alcippe chrysotis swinhoii*
（Verreaux）

44. 山雀科   Paridae

红头长尾山雀   *Aegithalos concinnus concinnus*
（Gould）

45. 啄花鸟科   Dicaeidae

纯色啄花鸟   *Dicaeum concolor olivaceum* Walden

46. 太阳鸟科   Nectariniidae

蓝喉太阳鸟   *Aethopyga gouldiae dabryii*
（Verreaux）

47. 雀科   Fringillidae

普通朱雀   *Carpodacus erythrinus roseatus*
（Blyth）

酒红朱雀   *C. vinaceus vinaceus* Verreaux

凤头鹀   *Melophus lathami lathami*（J. E. Gray）

（五）哺乳纲   Mammalia

48. 猬科   Erinaceidae

刺猬   *Erinaceus enropaeus miodon* Thomas

49. 鼹科   Talpidae

长吻鼹   *Talpa micrura longirostris*
Milne-Edwards

50. 鼩鼱科   Soricidae

四川短尾鼩   *Anourosorex squamipes squamipes*
Milne-Edwards

川鄂小麝鼩   *Crocidura suaveeolens phaeopus*
G. Allen

51. 蹄蝠科　Hipposiderdae

大蹄蝠　*Hipposideros armiger* Hodgson

52. 蝙蝠科　Vespertilionidae

亚洲宽耳蝠　*Barbastella leucomelas darjelingensis* Hodgson

哈氏彩蝠　*Kerivoula kardwickei depressa* Miller

53. 菊头蝠科　Rhinolophidae

小菊头蝠　*Rhinolophus blythi* Andersen

大耳菊头蝠　*R. macrotis episcopus* G. Allen

54. 猕猴科　Cercopithecidae

藏酋猴　*Macaca thibetana* Milne-Edwards

55. 疣猴科　Colohidae

白颊黑叶猴　*Presbytis francoisi francoisi* Pousargues

灰金丝猴　*Rhinopithecus brelichi* Thomas

56. 穿山甲科　Manidae

华南穿山甲　*Manis pentadactyla aurita* Hodgson

57. 犬科　Canidae

江西豺　*Cuon alpinus lepturus* Heude

西南貉　*Nyctereutes procyonoides orestes* Thomas

华南狐　*Vulpes vulpes hoole* Swinhoe

58. 鼬科　Mustelidae

黄喉貂　*Martes flavigula flavigula* Boddaert

香鼬　*Mstela altaica altaica* Pallas

黄腹鼬　*M. kathiah kathiah* Hodgson

中国水獭　*Lutra lutra chinesis* Gary

59. 灵猫科　Viverridae

食蟹獴　*Herpestes urva* Hodgson

西南果子狸　*Paguma larvata intrudens* Wronghton

华东大灵猫　*Viverra zibetha ashtoni* Swinhoe

华东小灵猫　*Viverricula indiea pallida* Gray

60. 猫科　Felidae

华东豹猫　*Felis bengalensis chinensis* Gray

云豹　*Neofelis nebulosa nebulosa* Griffith

华南金钱豹　*Panthera pardus fusca* Meyer

金猫　*Profelis temmincki* Vigors et Horsfield

61. 鹿科　Cervidae

湖北毛冠鹿　*Elaphodus cephalophus ichangensis* Lydekker

林麝　*Moschus berezovskii* Flerov

62. 牛科　Bovidae

班羚　*Naemorhedus goral* Hardwicke

63. 鼯鼠科　Petauristidae

四川鼯鼠　*Peraurista petaurista rubicundus* Howell

橙足鼯鼠　*Trogopterus xanthipes mordax* Thomas

64. 松鼠科　Sciuridae

川东红腹松鼠　*Callosciurus erythraeus bonhotei* (Robinotei et Wroughton)

华东赤腹松鼠　*C. erythraeus styani* Thomas

隐纹花松鼠　*Tamiops swinhoei* Milne-Edwards

65. 豪猪科　Hystricidae

帚尾豪猪　*Atherurus macrourus macrourus* Linnaeus

刺猪　*Hystrix hodgsoni sudcristata* Swinhoe

66. 鼠科　Muridae

白腹巨鼠　*Rattus coxingi andersoni* Thomas

［金佛山珍稀濒危动物共计 133 种(亚种)］

198

附录 4　重庆金佛山国家野生重点保护植物名录

——刘正宇、刘翔 执笔

一、蕨类植物　Pteridophyta

1. **松叶蕨科**　Psilotaceae

松叶蕨　*Psilotum nudum*（L.）Beauv.

2. **阴地蕨科**　Botrychiaceae

下延阴地蕨　*Botypus decurrens*（Ching）
Ching et H. S. Kung

3. **瓶尔小草科**　Ophioglossaceae

狭叶瓶尔小草　*Ophioglossum thermale* Kom.

4. **蚌壳蕨科**　Dicksoniaceae

金毛狗　*Cibotium barometz*（L.）J. Smith

5. **桫椤蕨科**　Cyatheaceae

桫椤　*Alsophila spinulosa*（Wall.
ex Hook.）Tryon

粗齿黑桫椤　*Gymnosphaera denticulata*
（Baker）Cop.

小黑桫椤　*G. metteniana*（Hance）Tagawa

光叶小黑桫椤　*G. metteniana* var. *subglaba*
Ching et Q. Xia

6. **铁线蕨科**　Adiantaceae

荷叶铁线蕨　*Adiantum reniforme* var.
sinense Y. X. Lin　一级

7. **睫毛蕨科**　Pleurosoriopsidaceae

睫毛蕨　*Pleurosoriopsis makinoi*
（Maxim.）Fomin

8. **鳞毛蕨科**　Dryopteridaceae

单叶贯众　*Cyrtomium hemionitis* Christ

低头贯众　*C. nephrolepioides*（Christ）Copel.

二、裸子植物门　Gymnospermae

9. **苏铁科**　Cycadaceae

苏铁　*Cycas revoluta* Thunb.

10. **银杏科**　Ginkgoaceae

银杏　*Ginkgo biloba* Linn.　一级

11. **松科**　Pinaceae

银杉　*Cathaya argyrophylla* Chun et Kuang
一级

铁坚油杉　*Keteleeria davidiana*（Bertr.）
Beissn.

华南五针松　*Pinus kwangtungensis*
Chun ex Tsiang

黄杉　*Pseudotsuga sinensis* Dode

12. **柏科**　Cupressaceae

福建柏　*Fokienia hodginsii*（Dunn）Henry
et Thomas

13. **三尖杉科**　Cephalotaxaceae

篦子三尖杉　*Cephalotaxus oliveri* Mast.

14. **红豆杉科**　Taxaceae

穗花杉　*Amentotaxus argotaenia*（Hance）Pilg.

红豆杉　*Taxus chinensis*（Pilg.）Rehd.　一级

南方红豆杉　*T. chinensis* var. *mairei*
　　　　　　　　Cheng et L. K. Fu　一级

云南红豆杉　*T. wallichiana* var.
　　yunnanensis（Cheng et Fu）C. T. Kuan　一级

巴山榧　*Torreya fargesii* Franch.

三、被子植物门　Angiospermae

（一）双子叶植物纲　Dicotyledoneae
一）离瓣花亚纲　**Archichlamydeae**

15. **金粟兰科**　Chloranthaceae

四川金粟兰　*Chloranthus sessilifolius*
　　　　　　　　K. F. Wu

16. **胡桃科**　Juglandaceae

青钱柳　*Cyclocarya paliurus*（Batal.）Iljinskaja

核桃楸　*Juglans mandshurica* Maxim.

17. **桦木科**　Betulaceae

华榛　*Corylus chinensis* Franch.

18. **榆科**　Ulmaceae

青檀　*Pteroceltis tatarinowii* Maxim.

榉树　*Zelkova schneideriana* Hand. -Mazz.

19. **马兜铃科**　Aristolochiaceae

金山马兜铃　*Aristolochia jinshanensis*
　　　　　　　　Z. L. Yang et S. X. Tan

木通马兜铃　*A. manshuriensis* Kom.

朱砂莲　*A. tuberosa* C. F. Liag et S. M. Hwang

大花细辛　*Asarum maximum* Hemsl.

马蹄香　*Saruma henryi* Oliv.

20. **蓼科**　Polygonaceae

金荞麦　*Polygonum cymosum*（Trev.）Meism.

21. **领春木科**　Eupteleaceae

领春木　*Euptelea pleiosperma* Hook. f.
　　　　　　　　et Thoms.

22. **水青树科**　Tetracentraceae

水青树　*Tetracentron sinense* Oliv.

23. **连香树科**　Cercidiphyllaceae

连香树　*Cercidiphyllum japonicum*
　　　　　　　　Sieb. et Zucc.

24. **毛茛科**　Ranunculaceae

南川升麻　*Cimicifuga nanchuanensis* Hsiao

黄连　*Coptis chinensis* Franch.

狭裂黄连　*C. chinensis* var. *angustiloba*
　　　　　　　　W. Y. Kong

尾囊草　*Urophysa henryi*（Oliv.）Ulbr.

25. **小檗科**　Berberidaceae

南方山荷叶　*Diphylleia sinensis* Li.

川八角莲　*D. veitchii*（Hemsl. et Wils.）Fu

八角莲　*D. versipellis*（Hance）M. Cheng

26. **木兰科**　Magnoliaceae

鹅掌楸　*Liriodendron chinensis*（Hemsl.）
　　　　　　　　Sargent

厚朴　*Magnolia officinalis* Rehd. et Wils.

凹叶厚朴　*M. officinalis* ssp. *bilobe*
　　　　（Rehd. et Wils.）Cheng et Law

红花木莲　*Manglietia insignis*（Wall.）Bl.

巴东木莲　*M. patungensis* Hu

峨嵋含笑　*Michelia wilsonii* Finet et Gagnep.

27. **樟科**　Lauraceae

樟树　*Cinnamomum camphora*（L.）Presl.

油樟　*C. longepaniculatum*（Gamble）
　　　　　　　　N. Chao et H. W. Li

银叶桂　*C. mairei* Lévl.

阔叶樟　*C. platyphyllum*（Diels）Allen

润楠　*Machilus pingii* Cheng ex Yang

赛楠 *Nothaphoebe cavaleriei*（Lévl.）Yang

闽楠 *Phoebe bournei*（Hemsl.）Yang.

楠木 *P. zhennan* S. Lee et F. N. Wei

28. **伯乐树科** Bretschneideraceae

伯乐树 *Bretschneidera sinensis* Hemsl.　一级

29. **金缕梅科** Hamamelidaceae

半枫荷 *Semiliquidambar cathayensis*

H. T. Chang

30. **虎耳草科** Saxifragaceae

峨屏草 *Tanakea omeiensis* Nakai

31. **杜仲科** Eucommiaceae

杜仲 *Eucommia ulmoides* Oliv.

32. **豆科** Leguminosae

膜荚黄芪 *Astragalus membranaceus*

（Fisch.）Bunge

内蒙黄芪 *A. membranaceus* var. *mongholicus*

Bunge

胡豆莲 *Euchresta japonica* Hook. f. et Regel

野大豆 *Glycine soja* Sied. et Zucc.

花榈木 *Ormosia henryi* Prain

红豆树 *O. hosiei* Hemsl. et Wils.

33. **芸香科** Rutaceae

宜昌橙 *Citrus ichangensis* Swingle

川黄柏 *Phellodendron chinense* Schneid.

山麻黄 *Psilopeganum sinensis* Hemsl.

34. **楝科** Meliaceae

红椿 *Toona ciliata* Roem.

毛红椿 *T. ciliata* var. *pubescens*（Franch.）

Hand. -Mazz.

35. **卫矛科** Celastraceae

十齿花 *Dipentodon sinensis* Dunn.

36. **省沽油科** Staphyleaceae

利川银鹊树 *Tapiscia lichunaensis* W. C.

Cheng et C. D. Chu

银鹊树 *T. sinensis* Oliv.

37. **槭树科** Aceraceae

金钱槭 *Dipteronia sinensis* Oliv.

38. **猕猴桃科** Actinidiaceae

中华猕猴桃 *Actinidia chinensis* Planch.

39. **山茶科** Theaceae

野茶树 *Camellia assamica*（Mast.）Chang

长瓣短柱茶 *C. girijsii* Hance

云南山茶 *C. reticulata* Lindl.

紫茎 *Stewartia sinensis* Rehd. et Wils.

40. **旌节花科** Stachyuraceae

四川旌节花 *Stachyurus szechuanensis* Fang

41. **秋海棠科** Begoniaceae

掌叶秋海棠 *Begonia hemsleyana* Hook. f.

42. **千屈菜科** Lythraceae

川黔紫薇 *Lagerstroemia excelsa*（Dode）

Chun ex S. Lee

43. **蓝果树科** Nyssaceae

喜树 *Camptotheca acuminata* Decne.

44. **珙桐科** Davidiaceae

珙桐 *Davidia involucrata* Baill.　一级

光叶珙桐 *D. involucrata* var. *vilmoriniana*

（Dode）Wanger.　一级

45. **五加科** Araliaceae

屏边三七 *Panax stipuleanatus*

H. T. Tsai et K. M. Fang

46. **伞形科** Umbelliferae

大苞芹 *Dickinsia hydrocotyloides* Franch.

紫伞芹 *Melanosciadium pimpinelloideum*

de Boiss.

47. **桤叶树科** Clethraceae

南川桤叶树 *Clethra nanchuanensis* Fang et

L. C. Hu

48. **山茱萸科** Cornaceae

峨嵋四照花 *Dendrobenthamia emeiensis*

Fang et Hsieh

二)合瓣花亚纲　**Sympetalae**

49. **杜鹃花科**　Ericaceae

树生杜鹃　*Rhododendron dendrocharis*

Franch.

不凡杜鹃　*R. insigne* Hemsl. et Wils.

阔柄杜鹃　*R. platypodum* Diels

50. **安息香科**　Styracaceae

白辛树　*Pterostyrax psilophylla* Diels

ex Perk.

木瓜红　*Rehderodendron macrocarpum* Hu

金山安息香　*Styrax huana* Rehd.

51. **玄参科**　Scrophulariaceae

呆白菜　*Triaenophora rupestris*（Hemsl.）

Soler.

52. **茜草科**　Rubiaceae

香果树　*Emmenopterys henryi* Oliv.

53. **葫芦科**　Cucurbitaceae

绞股蓝　*Gynostemma pentaphyllum*

（Thunb.）Makino

（二）单子叶植物纲　Monocotyledoneae

54. **禾本科**　Gramineae

拟高粱　*Sorghum propinquum*（Kunth.）

Hitche.

55. **百合科**　Liliaceae

延龄草　*Trillum tschonoskii* Maxim.

56. **薯蓣科**　Dioscoreaceae

穿龙薯蓣　*Dioscorea nipponica* Makino

盾叶薯蓣　*D. zingiberensis* C. H. Wright

57. **兰科**　Orchidaceae

头序无柱兰　*Amitostigma capitatum* Tang

et Wang

峨眉无柱兰　*A. faberi*（Rolfe）Schltr.

细葶无柱兰　*A. gracile*（Bl.）Schltr.

白齿唇兰　*Anoectochilus candidus*

（T. P. Lin et C. C. Hsu）K. Y. Lang

西南开唇兰　*A. elwesii*（Clarke ex Hook. f.）

King et Pantl.

艳丽齿唇兰　*A. moulmeinensis*（Par.

et Rchb. f.）Seidenf.

花叶开唇兰　*A. roxburghii*（Wall.）Lindl.

竹叶兰　*Arundina graminifolia*（D. Don）

Hochr.

小白芨　*Bletilla formosana*（Hayata）Schltr.

黄花白芨　*B. ochracea* Schltr.

白芨　*B. striata*（Thunb. ex A. Murray）

Rchb. f.

梳帽卷瓣兰　*Bulbophyllum andersonii*

（Hook. f.）J. J. Smith

直唇卷瓣兰　*B. delitescens* Hance

戟唇石豆兰　*B. hastatum* T. Tang et F. T.

Wang

密花石豆兰　*B. odoratissimum*（J. E. Smith）

Lindl.

伏生石豆兰　*B. raptans*（Lindl.）Lindl.

泽泻虾脊兰　*Calanthe alismaefolia* Lindl.

流苏虾脊兰　*C. alpina* Hook. f. ex Lindl.

短距虾脊兰　*C. arcuata* Rolfe

肾唇虾脊兰　*C. brevicornu* Lindl.

剑叶虾脊兰　*C. davidii* Franch.

少花虾脊兰　*C. delavayi* Finet

密花虾脊兰　*C. densiflora* Lindl.

钩距虾脊兰　*C. graciliflora* Hayata

叉唇虾脊兰　*C. hancockii* Rolfe

疏花虾脊兰　*C. henryi* Rolfe

细花虾脊兰　*C. mannii* Hook. f.

反瓣虾脊兰　*C. reflexa*（Kuntze）Maxim.

三棱虾脊兰　*C. tricarinata* Wall. ex Lindl.

三褶虾脊兰　*C. triplicata*（Willem.）Ames

四川虾脊兰　*C. whiteana* King et Pantl.

卡特兰　*Cattleya bowriana* Veitch. *

银兰　*Cephalanthera erecta*（Thunb. ex A.

Murray）Bl.

金兰　*C. falcata*（Thunb. ex A. Murray）Bl.

独花兰　*Changnienia amoena* S. S. Chien

蜈蚣兰　*Cleisostoma scolopendrifolium*
（Makino）Garay

凹舌兰　*Coeloglossum viride*（Linn.）Hartm.

珊瑚兰　*Corallorhiza trifida* Chat.

杜鹃兰　*Cremastra appendiculata*
（D. Don）Makino

套叶兰　*Cymbidium cyperifolium* Wall. ex
Lindl.

莎草兰　*C. elegans* Lindl.

建兰　*C. ensifolium*（Linn.）Sw.

蕙兰　*C. faberi* Rolfe

送春　*C. faberi* var. *szechuanicum*（Y. S.
Wu et S. C. Chen）Y. S. Wu et S. C. Chen

多花兰　*C. floribundum* Lindl.

春兰　*C. goeringii*（Rchb. f.）Rchb. f.

雪兰　*C. goeringii* f. *papgrifloram* Y. S. Wu

春剑　*C. goeringii* var. *longibracteatum*
Y. S. Wu et S. C. Chen

线叶春兰　*C. goeringii* var. *serratum*
（Schltr.）Y. S. Wu et S. C. Chen

虎头兰　*C. hookerianum* Rchb. f.

黄蝉兰　*C. iridioides* D. Don *

寒兰　*C. kanran* Makino

兔耳兰　*C. lancifolium* Hook.

腐生兰　*C. macrorhizon* Lindl.

墨兰　*C. sinense*（Jackson ex Andr.）Willd. *

枸兰　*Cypripedium calceolus* Linn.

大叶枸兰　*Cypripedium fasciolatum* Franch.

黄花枸兰　*C. flavum* P. F. Hunt et Summerh.

绿花枸兰　*C. henryi* Rolfe

扇脉枸兰　*C. japonicum* Thunb.

斑叶枸兰　*C. margaritaceum* Franch.

小花枸兰　*C. micranthum* Franch.

曲茎石斛　*Dendrobium flexicaule* Z. H. Tsi,
S. C. Sun et L. G. Xu

细叶石斛　*D. hancockii* Rolfe

罗河石斛　*D. lohohense* Tang et Wang

细茎石斛　*D. moniliforme*（Linn.）Sw.

石斛　*D. nobile* Lindl.

铁皮石斛　*D. officinale* Kimura et Migo　一级

广东石斛　*D. wilsonii* Rlofe

单叶厚唇兰　*Epigeneium fargesii*（Finet）
Gagnep.

火烧兰　*Epipactis helleborine*（Linn.）Crantz

大叶火烧兰　*E. mairei* Schltr.

山珊瑚　*Galeola faberi* Rolfe

毛萼山珊瑚　*G. lindleyana*（Hook. f.
et Thoms.）Rchb. f.

城口盆距兰　*Gastrochilus fargesii*
（Kraenzl）Schltr.

细茎盆距兰　*G. intermedius*（Griff. ex Lindl.）
Kuntze

南川盆距兰　*G. nanchuanensis* Z. H. Tsi

天麻　*Gastrodia elata* Bl.

松天麻　*G. elata* f. *alba* S. Chow

水红杆天麻　*G. elata* f. *flavida* S. Chow

乌天麻　*G. elata* f. *glauca* S. Chow

绿天麻　*G. elata* f. *viridis*（Makino）Makino

地宝兰　*Geodorum densiflorum*（Lam.）Schltr.

大花斑叶兰　*Goodyera biflora*
（Lindl.）Hook. f.

多叶斑叶兰　*G. foliosa*（Lindl.）Benth. ex
Clarke

光萼斑叶兰　*G. henryi* Rolfe

小斑叶兰　*G. repens*（Linn.）R. Br.

斑叶兰　*G. schlechtendaliana* Rchb. f.

绒叶斑叶兰　*G. velutina* Maxim.

手参　*Gymnadenia conopsea*（Linn.）R. Br.

西南手参　*G. orchidis* Lindl.

毛亭玉凤花　*Habenaria ciliolaris* Kraenzl.

长距玉凤花　*H. davidii* Franch.

鹅毛玉凤花　*H. dentata*（Sw.）Schltr.

裂瓣玉凤花　*H. petelotii* Gagnep.

丝裂玉凤花　*H. polytricha* Rolfe

粗距舌喙兰　*Hemipilia crassicalcarata*
S. S. Chien

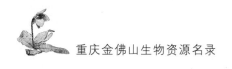

裂唇舌喙兰　　*H. henryi* Rolfe

叉唇角盘兰　　*Herminium lanceum*
　　　　　　　　　（Thunb. ex Sw）Vuijk

长瓣角盘兰　　*H. ophioglossoides* Schltr.

瘦房兰　　*Ischnogyne mandarinorum*
　　　　　　　　　（Kraenzl.）Schltr.

羊翅羊耳蒜　　*Liparis bootanensis* Griff.

二褶羊耳蒜　　*Liparis cathcartii* Hook. f.

大花羊耳蒜　　*L. distans* C. B. Clarke

小羊耳蒜　　*L. fargesii* Finet

羊耳蒜　　*L. japonica*（Miq.）Maxim.

黄花羊耳蒜　　*L. luteola* Lindl.

见血清　　*L. nervosa*（Thunb. ex A. Murray）
　　　　　　　　　Lindl.

香花羊耳蒜　　*L. odorata*（Willd.）Lindl.

长唇羊耳蒜　　*L. pauliana* Hand.-Mazz.

南川对叶兰　　*Listera nanchuanica* S. C. Chen

对叶兰　　*L. puberula* Maxim

钗子股　　*Luisia morsei* Rolfe

沼兰　　*Malaxis monophyllos*（Linn.）Sw.

全唇兰　　*Myrmechis chinensis* Rolfe

葱叶兰　　*Microtis unifolia*（Forst.）Rchb. f.

一叶兜被兰　　*Neottianthe monophylla*
　　　　　　　　　（Ames et Schltr.）Schltr.

广布芋兰　　*Nervilia aragoana* Gaud.

广布红门兰　　*Orchis chusua* D. Don

长叶山兰　　*Oreorchis fargesii* Finet

山兰　　*O. patens*（Lindl.）Lindl.

麻栗坡兜兰　　*Paphiopedilum malipoense*
　　　　　　　　　S. C. Chen et Z. H. Tsi　　一级

小花阔蕊兰　　*Peristylus affinis*（D. Don）
　　　　　　　　　Seidenf.

阔蕊兰　　*P. goodyeroides*（D. Don）Lindl.

黄花鹤顶兰　　*Phaius flavus*（Bl.）Lindl.

细叶石仙桃　　*Pholidota cantonensis* Rolfe

云南石仙桃　　*P. yunnanensis* Rolfe

二叶舌唇兰　　*Platanthera chlorantha*
　　　　　　　　　Cust. ex Reichb. f.

对耳舌唇兰　　*P. finetiana* Schltr.

舌唇兰　　*P. japonica*（Thunb. ex A. Marray）
　　　　　　　　　Lindl.

尾瓣舌唇兰　　*P. mandarinorum* Rchb. f.

小舌唇兰　　*P. minor*（Miq.）Rchb. f.

白花独蒜兰　　*Pleione albiflora* Cribb
　　　　　　　　　et C. Z. Tang

独蒜兰　　*P. bulbocodioides*（Franch.）Rolfe

云南独蒜兰　　*P. yunnanensis*（Rolfe）Rolfe

朱兰　　*Pogonia japonica* Rchb. f.

苞舌兰　　*Spathoglottis pubescens* Lindl.

绶草　　*Spiranthes sinensis*（Pers.）Ames

带唇兰　　*Tainia dunnii* Rolfe

金佛山兰　　*Tangtsinia nanchuanica*
　　　　　　　　　S. C. Chen　　一级

小叶白点兰　　*Thrixspermum japonicum*
　　　　　　　　　（Miq.）Rchb. f.

蜻蜓兰　　*Tulotis fuscescens*（Linn.）Czer.

小花蜻蜓兰　　*T. ussuriensis*（Reg. et
　　　　　　　　　Maack）Hara

旗唇兰　　*Vexillabium yakushimense*
　　　　　　　　　（Yamamoto）F. Maekawa

线柱兰　　*Zeuxine strateumatica*（Linn.）
　　　　　　　　　S. C. Chen

〔金佛山 1989 年经济动植物资源调查时国家保护植物为 52 种（变种），本次调查结果为 254 种（变种）（包括兰科植物）（其中国家一级保护植物 12 种），新增 201 种（变种）〕

附录 5　重庆金佛山国家重点保护植物(栽培)名录

——刘正宇、刘翔执笔

一、裸子植物门　Gymnospermae

1. **苏铁科　Cycadaceae**

贵州苏铁　*Cycas guizhouensis* K. M. Lan et P. E. Zou

攀枝花苏铁　*C. panzhihuaensis* L. Zhou et S. Y. Yang

华南苏铁　*C. rumphii* Miq.

2. **松科　Pinaceae**

金钱松　*Pseudolarix amabilis* (Nelson) Rehd.

3. **杉科　Taxodiaceae**

水杉　*Metasequoia glyptostroboides* Hu et Cheng　一级

4. **柏科　Cupressaceae**

崖柏　*Thuja sutchuenensis* Franch.　一级

5. **红豆杉科　Taxaceae**

香榧　*Torreya grandis* Fort. ex Lindl.

二、被子植物门　Angiospermae

6. **胡桃科　Juglandaceae**

核桃　*Juglans regia* L.

7. **芍药科　Paeoniaceae**

黄花牡丹　*Paeonia lutea* Delav. ex Franch.

牡丹　*P. suffruticosa* Andr.

紫斑牡丹　*P. suffruticosa* var. *papaveracea* (Andr.) Kerner

四川牡丹　*P. szechuanica* Fang

8. **蓼科　Polygonaceae**

掌叶大黄　*Rheum palmatum* L.

9. **睡莲科　Nymphaeaceae**

莼菜　*Brasenia schreberi* J. F. Gmel.　一级

莲　*Nelumbo nucifera* Gaertn

10. **毛茛科　Ranunculaceae**

短萼黄连　*Coptis chinensis* var. *brevisepla* W. T. Wang et Hsian

三角叶黄连　*C. deltoidea* C. Y. Cheng et Hsiao

峨嵋黄连　*C. omeiensis* (Chen) C. Y. Cheng

云南黄连　*C. teeta* Wall.

11. **蜡梅科　Calycanthaceae**

蜡梅　*Chimonanthus praecox* (Linn.) Link.

12. **蔷薇科　Rosaceae**

香水月季　*Rosa odorata* Sweet.

玫瑰花　*R. rugosa* Thunb.

13. **芸香科** Rutaceae

黎檬 *Citrus limonia* Osbeck
关黄柏 *Phellodendron amurense* Rupr.

14. **无患子科** Sapindaceae

龙眼 *Dimocarpus longan* Lour.

15. **五加科** Araliaceae

人参 *Panax ginseng* C. A. Mey. 一级

16. **伞形科** Umbelliferae

明党参 *Changium smyrnioides* Wolff
川明参 *Chuaminshen violaceum* Sheh et Shan
北沙参 *Glehnia littoralis* Franch.
et Schmidt ex Miq.

17. **报春花科** Primulaceae

藏报春 *Primula sinensis* Sabine ex Lindley

18. **夹竹桃科** Apocynaceae

印度萝芙木 *Rauvolfia serpentina* (Linn.)
Benth. et Kurz.

19. **茄科** Solanaceae

小米辣 *Capsicum frutescens* Linn.

20. **茜草科** Rubiaceae

巴戟天 *Morinda officinalis* How

21. **禾本科** Gramineae

筇竹 *Qiongzhuea tumidinoda* Hsueh et Yi

22. **棕榈科** Palmae

董棕 *Caryota urens* Jaca

23. **龙舌兰科** Agavaceae

剑叶龙血树 *Dracaena cochinchinensis*
(Lour.) S. C. Chen

24. **兰科** Orchidaceae

卡特兰 *Cattleya bowriana* Veitch.
虎头兰 *Cymbidium hookerianum* Rchb. f.
墨兰 *C. sinense* (Jackson ex Andr.) Willd.

〔金佛山有栽培或逸为野生的国家保护植物有 24 科 39 种(包括兰科植物 3 种),其中水杉、崖柏、莼菜和人参 4 种为一级保护植物〕

附录 6 重庆金佛山国家重点保护动物名录

——张含藻、刘正宇执笔

1. **鲤科** Cyprinidae

鲈鲤 *Percocypris pingi pingi*（Tchang）

重口裂腹鱼 *Schizothorax*（*Schizop.*）
davidi（Sauv.）

多斑裂腹鱼 *S.*（*Schizop.*）*multipunctatus*
Pellegrin

齐口裂腹鱼 *S.*（*Schizoth.*）*prenanti*（Tchang）

2. **鲈科** Serranidae

大眼鳜 *Siniperca kneri* Garman

斑鳜 *S. scherzeri* Steindachner

3. **隐鳃鲵科** Cryptobranchidae

大鲵 *Andrias davidianus*（Blanchard）

4. **鹳科** Ciconiidae

黑鹳 *Ciconia nigra*（Linnaeus） 一级

5. **鸭科** Anatidae

鸳鸯 *Aix galericulata*（Linnaeus）

6. **鹰科** Accipitridae

普通苍鹰 *Accipiter gentilis schvedowi*
（Menzbier）

雀鹰 *A. nisus nisosimilis*（Tickell）

金雕 *Aquila chrysaetos daphanea* Menzbier
一级

南方松雀鹰 *A. virgatus affinis* Hodgson

普通鵟 *Buteo buteo burmanicus* Hume

鹊鹞 *C. melanoleucos*（pennant）

鸢 *Milvus korschun lineatus*（J. E. Gray）

7. **隼科** Falconidae

红隼 *Falco tinnunculus saturatus*（Blyth）

8. **雉科** Phasianidae

四川山鹧鸪 *Arborophlia rufipectus*
Boulton 一级

红腹锦鸡 *Chrysolophus pictus*（Linnaeus）

白鹇 *Lophura nycthemera rongjiangensis*
Tan et Wu

白冠长尾雉 *Syrmaticus reevesii*（J. E. Gray）

红腹角雉 *Tragopan temminckii*（J. E. Gray）

9. **鸠鸽科** Columbidae

红翅绿鸠 *Treron sieboldii fopingensis*
× *T. s. murielae*

10. **鹦鹉科** Psittacidae

大紫胸鹦鹉 *Psittacula derbiana*（Fraser）

11. **鸱鸮科** Strigidae

短耳鸮 *Asio flammeus flammeus*（Pontoppidan）

长耳鸮 *A. otus otus*（Linnaeus）

斑头鸺鹠 *Glaucidium cuculoides whiteleyi*
（Blyth）

鹰鸮 *Ninox scutulata ussuriensis* Buturlin

华南领角鸮 *Otus bakkamoena erythrocampe*
（Swinhoe）

12. **草鸮科** Tytonidae

草鸮 *Tyto capensis chinensis*（Hartert）

13. **鹤科** Gruidae

灰鹤 *Grus grus lilfordi* Sharpe

14. **猕猴科** Cercopithecidae

猕猴 *Macaca mulatta mulatta* Zimmermann

藏酋猴 *M. thibetana* Milne-Edwards

15. 疣猴科　Colohidae

白颊黑叶猴　*Presbytis francoisi francoisi*

Pousargues　一级

灰金丝猴　*Rhinopithecus brelichi* Thomas

一级

16. 穿山甲科　Manidae

华南穿山甲　*Manis pentadactyla aurita*

Hodgson

17. 熊科　Ursidae

黑熊　*Selenarctos thibetanus mupiuensis*

Heude 于 1985 年后绝迹

18. 犬科　Canidae

江西豺　*Cuon alpinus lepturus* Heude

西南貉　*Nyctereutes procyonoides orestes*

Thomas

华南狐　*Vulpes vulpes hoole* Swinhoe

19. 鼬科　Mustelidae

黄喉貂　*Martes flavigula flavigula* Boddaert

中国水獭　*Lutra lutra chinesis* Gary

20. 灵猫科　Viverridae

华东大灵猫　*Viverra zibetha ashtoni* Swinhoe

华东小灵猫　*Viverricula indiea pallida* Gray

21. 猫科　Felidae

华东豹猫　*Felis bengalensis chinensis* Gray

云豹　*Neofelis nebulosa nebulosa* Griffith　一级

华南金钱豹　*Panthera pardus fusca* Meyer

一级

华南虎　*P. tigris amoyensis* Hilzheimer

于 1972 年后未见踪迹　一级

金猫　*Profelis temmincki* Vigors et Horsfield

22. 鹿科　Cervidae

湖北毛冠鹿　*Elaphodus cephalophus*

ichangensis Lydekker

林麝　*Moschus berezovskii* Flerov　一级

23. 牛科　Bovidae

班羚　*Naemorhedus goral* Hardwicke

24. 鼯鼠科　Petauristidae

四川鼯鼠　*Peraurista petaurista rubicundus*

Howe

25. 豪猪科　Hystricidae

帚尾豪猪　*Atherurus macrourus macrourus*

Linnaeus

刺猪　*Hystrix hodgsoni sudcristata* Swinhoe

〔金佛山国家重点保护动物共 25 科 55 种，
其中一级 9 种（亚种）〕

附录 7　重庆金佛山模式植物名录

——刘正宇、刘翔执笔

一、国内外其他相关专家发表的新种

（一）藓类植物　Musci

1. 提灯藓科　Mniaceae

密齿提灯藓　*Mnium denticulosum* Chen ex Li et Zang

2. 蔓藓科　Meteoriaceae

多瘤灰气藓　*Aerobryopsis multipapiiata* Wu et X. Y. Hu

3. 锦藓科　Sematophyllaceae

阔叶扁锦藓　*Glossadelphus latifolius* Wu et X. Y. Hu

4. 金发藓科　Polytrichaceae

短栉仙鹤藓　*Atrichum brevlamellatum* Wu et X. Y. Hu

（二）蕨类植物　Pteridophyta

5. 石杉科　Huperziaceae

皱叶石杉　*Huperzia crispata*（Ching）Ching

南川石杉　*H. nanchuanensis*（Ching et Kung）Ching et Kung.

四川石杉　*H. sutchueniana*（Herter）Ching

6. 石松科　Lycopodiaceae

密叶石松　*Lycopodium simulans* Ching et H. S. Kung.

7. 卷柏科　Selaginellaceae

四川卷柏　*Lycopodioides sichuanica*（H. S. Kung）H. S. Kung

8. 阴地蕨科　Botrychiaceae

下延阴地蕨　*Botypus decurrens*（Ching）Ching et H. S. Kung

药用阴地蕨　*Sceptridium officinale*（Ching）Ching et H. S. Kung

9. 铁线蕨科　Adiantaceae

团盖铁线蕨　*Adiantum erythrochlamys* Diels

10. 裸子蕨科　Hemionitidaceae

乳头凤丫蕨　*C. rosthornii* Hieron Vel aff.

11. 蹄盖蕨科　Athyriaceae

金佛山短肠蕨　*Allantodia jinfoshanicola* W. M. Chu

南川短肠蕨　*A. nanchuanenica* W. M. Chu

圆羽蹄盖蕨　*Athyrium clivicola* var. *salicifolium* Ching et Y. T. Hsieh

紫轴蹄盖蕨　*A. lilacinum* Ching

绢毛蹄盖蕨　*A. sericellum* Ching

金佛山峨眉蕨　*Lunathyrium sichuanense* var. *jinfoshanense* Z. R. Wang

12. 金星蕨科　Thelypteridaceae

毛束方杆蕨　*Glaphylopteridopsis eriocarpa* Ching

13. 岩蕨科　Woodsiaceae

密毛岩蕨　*Woodsia rosthorniana* Diels.

14. 乌毛蕨科　Blechaceae

大叶狗脊　*Woodwardia maxima* Ching

15. 鳞毛蕨科　Dryopteridaceae

金佛山复叶耳蕨　*Arachniodes jinfoshanensis* Ching

弓羽柳叶蕨　*Gyrtogonelium salicifolium* Ching et Hsieh

边生单行贯众　*Cyrtomium uniseriale* f. *marginale* Ching

粗齿阔羽贯众　*C. yamamotoi* var. *intermebium* (Diels) Ching et Shing

黑鳞鳞毛蕨　*Dryopteris rosthornii* (Diels) C. Chr.

南川耳蕨　*P. nanchuanicum* Ching

16. 水龙骨科　Polypodiaceae

南川石韦　*Pyrrosia nanchuanensis* Ching

(三)裸子植物　Gymnospermae

17. 三尖杉科　Cephalotaxaceae

宽叶粗榧　*Cephalotaxus latifolia* (Cheng et L. K. Fu) Cheng et L. K. Fu

(四)被子植物门　Angiospermae

一)双子叶植物纲　Dicotyledoneae

离瓣花亚纲　Archichlamydeae

18. 杨柳科　Salicaceae

网脉柳　*Salix dietyoneura* V. Seemen

南川柳　*S. rosthornii* V. Seemen

19. 桦木科　Betulaceae

川黔千金榆　*Carpinus fangiana* Hu

云贵鹅耳枥　*C. pubescens* var. *seemeniana* (Diels) Hu

20. 壳斗科　Fagaceae

米心水青冈　*Fagus engleriana* Seem.

南川稠　*Lithocarpus rosthornii* (Schott) Schott

南川青冈　*Quercus nanchuanica* Huang et Y. T. Chang

21. 桑科　Moraceae

全缘柘　*Cudrania integra* Wang et Tang

崖构　*Broussonetia rupicola* Wang et Tang

22. 荨麻科　Urticaceae

长梗楼梯草　*Elatostema longipes* W. T. Wang

南川楼梯草　*E. nanchuanensis* W. T. Wang

樱叶楼梯草　*E. prunifolium* W. T. Wang

毛茎赤车　*Pellionia setrohispida* W. T. Wang

南川冷水花　*Pilea nanchuanensis* C. J. Chen

序托冷水花　*P. receptacularis* C. J. Chen

翅茎冷水花　*P. subcoriacea* (Hand.-Mazz.) C. J. Chen

白火麻　*Urtica fissa* E. Pritz.

23. 檀香科　Santalaceae

米面蓊　*Buckleya henryi* Diels

24. 马兜铃科　Aristolochiaceae

金山马兜铃　*Aristolochia jinshanensis* Z. L. Yang et S. X. Tan

线叶马兜铃　*A. neolongifolia* J. L. Wu et Z. L. Yang

皱花细辛　*Asarum crispulatum* C. Y. Cheng et C. S. Yang

金佛山细辛　*A. franchetianum* Diels

南川细辛　*A. nanchuanense* C. S. Yang et J. L. Wu

25. 蓼科　Polygonaceae

南川金钱草　*Antenoron nanchuanensis* Z. Y. Liu et S. X. Tan

26. 苋科　Amaranthaceae

反枝苋　*Amaranthus retroflexus* Linn.

27. 石竹科　Caryophyllaceae

凿瓣蝇子草　*Silene incisa* C. L. Tang

28. 毛茛科　Ranunculaceae

墨七　*Aconitum scaposum* var. *vagimatum* (Pritz.) Rapaics

南川银莲花　*Anemone nanchuanensis* W. T. Wang

南川升麻　*Cimicifuga nanchuanensis* Hsiao

金佛铁线莲　*Clematis gratopsis* W. T. Wang

29. 木通科　Lardizabalaceae

鹰爪枫　*Holboellia coriacea* Diels

30. 小檗科　Berberidaceae

南川小檗　*Berberis fallaciosa* Schneid.

宽苞十大功劳　*Mahonia eurybracteata* Fedde

南川十大功劳　*M. polydonta* Fedde

31. **防己科**　Menispermaceae

毛汉防己　*Sinomenium acutum* var. *cinerum*
(Diels) Rehd. et Wils

32. **木兰科**　Magnoliaceae

红茴香　*Illicium henryi* Diels
金山五味子　*Schisandra glaucescens* Diels

33. **樟科**　Lauraceae

银木　*Cinnamomum platyphyllum* (Diels) Allen
川钓樟　*Lindera pulcherrima* var. *hemsleyana*
(Diels) Allen
南川钓樟　*L. rosthornii* Diels
红皮木姜子　*Litsea pedunculata* (Diels)
Yang et P. H. Huang
南川木姜子　*L. ruvescens* f. *nanchuanensis* Yang
川黔润楠　*Machilus chuanchienensis* S. Lee
南川润楠　*M. nanchuanensis* N. Chao

34. **十字花科**　Cruciferae

异叶碎米荠　*Cardamine heterophylla* Cheo
et Fang
湿生碎米荠　*C. hygrophila* T. Y. Cheo et Fang

35. **景天科**　Crassulaceae

菱叶红景天　*Rhodiola henryi* (Diels) Fu
苞叶景天　*Sedum amplibracteatum* K. T. Fu
凹叶大苞景天　*S. amplibracteatum* var.
emarginatum S. H. Fu
南川景天　*S. nanchuanense* K. T. Fu et G. Y. Rao
金佛山景天　*S. rosthornianum* Diels

36. **虎耳草科**　Saxifragaceae

韫珍金腰　*Chrysosplenium wuwenchenii* Jien
多辐溲疏　*Deutzia multiradiata* W. T. Wang
南川溲疏　*D. nanchuanensis* W. T. Wang
光叶溲疏　*D. nitidula* W. T. Wang
绢毛藤八仙　*Hydrangea anomala* var. *sericea*
C. C. Yang
大枝绣球　*H. rosthornii* Diels
倒卵叶腊莲绣球　*H. strigosa* var. *sinica*
(Diels) Rehd.

挂苦绣球　*H. xanthoneura* Diels
美丽梅花草　*Parnassia amoena* Diels
流苏梅花草　*P. perciliata* Diels
南川山梅花　*Philadelphus sericanthus* var.
rosthornii Koehne
南川茶藨子　*Ribes devidii* Franch.
楔基虎耳草　*Saxifraga sibirica* var. *bockiana*
Engl.
无斑虎耳草　*S. stolonifera* var. *immaculata*
(Diels) Z. Y. Liu
金佛山峨屏草　*Tanakea omeiensis* var.
jinfoshanensis W. T. Wang

37. **海桐花科**　Pittosporaceae

菱叶海桐　*Pittosporum truncatum* Pritz.
管花海桐　*P. tubiflorum* Chang et Yan

38. **金缕梅科**　Hamamelidaceae

园叶蜡瓣花　*Corylopsis rotundifolia* Chang

39. **蔷薇科**　Rosaceae

木帛枸子　*Cotoneaster dielsianus* Pritz.
皱叶枸子　*C. salicifolius* var. *rugosus* (Pritz.)
Rehd. et Wils.
小叶石楠　*Photinia parvifolia* (Pritz.)
Schneid.
无刺山刺玫　*Rosa davidii* var. *subinermis*
Focke
锐刺山刺玫　*R. davidii* var. *pungens* Focke
周毛悬钩子　*Rubus amphidasys* Focke
秃裸悬钩子　*R. inopertus* Focke
灰毛泡　*R. irenaeus* Focke
尖裂灰毛泡　*R. irenaeus* var. *innoxius* (Focke
ex Diels) Yu et Lu
金佛山悬钩子　*R. jinfoshanensis* Yu et Lu
喜阴悬钩子　*R. mesogaeus* Focke
脱毛喜阴悬钩子　*R. mesogaeus* var. *glabrescens*
Yu et Lu
密腺羽萼悬钩子　*R. pinnatisepalus* var.
glandulosus Yu et Lu
黄脉悬钩子　*R. xanthoneurus* Focke
南川绣线菊　*Spiraea rosthornii* Pritz.

绒毛红果树　*Stranvaesia tomentosa* Yu et Ku

40. **豆科**　Leguminosae

德氏香豌豆　*Lathyrus dielsianus* Harms
香花岩豆藤　*Millettia dielsiana* Harms ex Diels
菱叶花鹿藿　*Rhynchosia dielsii* Harms.

41. **牻牛儿苗科**　Geraniaceae

金山老鹳草　*Geranium bockii* R. Knuth.
方氏老鹳草　*G. fangii* R. Knuth.
园齿老鹳草　*G. franchetii* R. Knuth.
南川老鹳草　*G. rosthornii* R. Knuth.

42. **芸香科**　Rutaceae

石虎　*Evodia rutaecarpa* var. *officinalis*
　　　　　　　　（Dode）Huang
小飞龙掌血　*Toddalia asiatica* var. *parva*
　　　　　　　　Z. M. Tan
菱叶花椒　*Zanthoxylum rhombifoliolatum*
　　　　　　　　Huang

43. **楝科**　Meliaceae

地黄连　*Munronia sinica* Diels

44. **大戟科**　Euphorbiaceae

小肋五月茶　*Antidesma costulatum* Pax
　　　　　　　　et Hoffm.
野桐　*Mallotus tenuifolius* Pax.

45. **漆树科**　Anacardiaceae

红麸杨　*Rhus punjabensis* var. *sinica*（Diels）
　　　　　　　　Rehd. et Wils.
刺果毒漆藤　*Toxicodendron radicans* ssp.
　　　　　　　　hispidum（Engl.）Gillis

46. **冬青科**　Aquifoliaceae

南川冬青　*Ilex nanchuanensis* Z. M. Tan

47. **卫矛科**　Celastraceae

短梗南蛇藤　*Celastrus rosthorniaus* Loes.
光南蛇藤　*C. stylosus* ssp. *glaber* D. Hou
藤本卫矛　*Euonymus bockii* Loes.
全育卫矛　*E. fertilis*（Loes.）C. Y. Cheng
金佛山卫矛　*E. jinfoshanensis* Z. M. Gu
南川卫矛　*E. rosthornii* Loes.

石枣子　*E. sanguineus* Loes.
三花假卫矛　*Microtropis triflora* Merr.
　　　　　　　　et Freem.

48. **槭树科**　Aceraceae

短瓣槭　*Acer brachystephyanum* T. Z. Hsu
南川长柄槭　*A. longipes* var. *nanchuanense*
　　　　　　　　Fang
七裂薄叶槭　*A. tenellum* var. *septemlobum*
　　　　　　（Fang et Soong）Fang et Soong

49. **清风藤科**　Sabiaceae

四川清风藤　*Sabia schumanniana* Diels

50. **凤仙花科**　Balsaminaceae

长距凤仙花　*Impatiens dolichoceras* Pritz.
　　　　　　　　ex Diels
长翼凤仙花　*I. longialata* Pritz. ex Diels
窄萼凤仙花　*I. stenosepala* Pritz. ex Diels
小花凤仙花　*I. stenosepala* var. *parviflora*
　　　　　　　　Pritz. ex Hook. f

51. **鼠李科**　Rhamnaceae

小冻绿树　*Rhamnus rosthornii* E. Pritz.
毛冻绿树　*R. utilis* var. *hypochrysa*（Schneid.）
　　　　　　　　Rehd.

52. **葡萄科**　Vitaceae

大叶蛇葡萄　*Ampelopsis megalophylla* Diels
　　　　　　　　et Gilg
桦叶葡萄　*Vitis betulifolia* Diels et Gilg

53. **椴树科**　Tiliaceae

南川椴　*Tilia nanchuanensis* H. T. Chang

54. **猕猴桃科**　Actinidiaceae

多花藤山柳　*Clematoclethra floribunda*
　　　　　　　　W. T. Wang
披针叶藤山柳　*C. lanceolata* C. F. Liang
　　　　　　　　et Y. C. Chen
短叶藤山柳　*C. lasioclada* var. *oblongis*
　　　　　　　　C. F. Liang et Y. C. Chen
南川藤山柳　*C. nanchuanensis* W. T. Wang
变异藤山柳　*C. variabilis* C. F. Liang
　　　　　　　　et Y. C. Chen

多脉藤山柳　*C. variabilis* var. *multinervis*
　　　　　　C. F. Liang et Y. C. Chen

55. 山茶科　Theaceae

南川秃房茶　*Camellia nanchuanensis* H. T. Chang

川鄂连蕊茶　*C. rosthorniana* Hand. -Mazz.

银木荷　*Schima argentea* Pritz et Diels

56. 堇菜科　Violaceae

尖叶柔毛堇菜　*Viola principis* var. *acutifolia* C. J. Wang

57. 大风子科　Flacourtiaceae

毛叶山桐子　*Idesia polycarpa* var. *vestita* Diels

58. 旌节花科　Stachyuraceae

宽叶旌节花　*Stachyurus chinensis* var. *latus* Li

矩园叶旌节花　*S. oblongifolius* Wang et Tang

59. 秋海棠科　Begoniaceae

南川秋海棠　*Begonia dielsiana* E. Pritz.

60. 瑞香科　Thymelaeaceae

南川瑞香　*Daphne gracilis* E. Pritz.

61. 胡颓子科　Elaeagnaceae

长叶胡颓子　*Elaeagnus bockii* Diels

短柱胡颓子　*E. diffcilis* var. *brevistyla* W. K. Hu et H. F. Chow

披针叶胡颓子　*E. lanceolata* Warb. ex Diels

大花披针叶胡颓子　*E. lanceolata* ssp. *grandiflora* Serv.

南川胡颓子　*E. nanchuanensis* C. Y. Chang

62. 千屈菜科　Lythraceae

川黔紫薇　*Lagerstroemia excelsa* (Dode) Chun ex S. Lee

63. 伞形科　Umbelliferae

金山当归　*Angelica valida* Diels

细柄柴胡　*Bupleurum gracilipes* Diels

匍匐川芎　*Ligusticum reptans* (Diels) Wolff

卵叶水芹　*Oenannhe rosthornii* Diels

南川前胡　*Peucedanum rosthornii* Diels

水独活　*Pimpinella rhomboidea* Diels

川鄂囊瓣芹　*Pternopetalum rosthornii* (Diels) Hand. -Mazz.

卵萼变豆菜　*Sanicula giraldii* var. *ovicalycina* Shan et S. L. Liou.

皱叶变豆菜　*S. rubulosa* Diels

64. 桤叶树科　Clethraceae

南川桤叶树　*Clethra nanchuanensis* Fang et L. C. Hu

65. 山茱萸科　Cornaceae

窄叶珊瑚　*Aucuba albo-punctifolia* var. *angustula* Fang et Soong

南川青荚叶　*Helwingia himalaica* var. *nanchuanensis* (Fang) Fang et Soong

有齿鞘柄木　*Torricellia angulata* var. *intermedia* (Harms ex Diels) Hu

合瓣花亚纲　Sympetalae

66. 杜鹃花科　Ericaceae

金山白珠　*Gaultheria forrestii* Diels.

树枫杜鹃　*Rhododendron changii* (Fang) Fang

麻叶杜鹃　*R. coeloneurum* Diels

金山杜鹃　*R. longipes* var. *chienianum* (Fang) Chamb. ex Cullen et Chamb.

阔柄杜鹃　*R. platypodum* Diels

弯尖杜鹃　*R. youngae* Fang

贝叶越橘　*Vaccinium conchophyllum* Rehd.

67. 紫金牛科　Myrsinaceae

九管血　*Ardidia brevicaulis* Diels

疏花酸藤子　*Embelia pauciflora* Diels

68. 报春花科　Primulaceae

南川过路黄　*Lysimachia nanchuanensis* C. Y. Wu

矮葵叶报春　*Primula rosthornii* Diels

69. 山矾科　Symplocaceae

薄叶山矾　*Symplocos anomala* Brand

四川山矾　*S. setchuenensis* Brand.

70. **安息香科** Styracaceae

南川安息香　*Styrax hemsleyana* Diels
金山安息香　*S. huana* Rehd.

71. **木犀科** Oleaceae

南川白蜡树　*Fraxinus nanchuanensis* S. S. Sun et J. L. Wu
红柄木犀　*Osmanthus armatus* Diels
南川木犀　*O. nanchuanensis* H. T. Chang

72. **龙胆科** Gentianaceae

毛萼双蝴蝶　*Tripterospermum hirticalyx* C. Y. Wu

73. **夹竹桃科** Apocynaceae

川山橙　*Melodinus hemsleyanus* Diels

74. **萝藦科** Asclepiadaceae

青龙藤　*Biondia henryi* (Warb. ex Schltr. et Diels) Tsiang et P. T. Li

75. **紫草科** Boraginaceae

狭叶附地菜　*Trigonotis compressa* Johnst.
南川附地菜　*T. laxa* Johnst.

76. **马鞭草科** Verbenaceae

南川紫珠　*Callicarpa bodinieri* var. *rosthornii* (Diels) Rehd.
大萼臭牡丹　*Clerodendrum bungei* var. *megacalyx* C. Y. Wu ex S. L. Chen
海通　*C. mandarinorum* Diels

77. **唇形科** Labiatae

狭叶散血草　*Ajuae decumbens* var. *oblancifolia* Sun ex C. H. Hu
南川绵穗苏　*Comanthosphace nanchuanensis* C. Y. Wu et H. W. Li
块茎四轮香　*Hanceola thberifera* Sun
镰叶动蕊花　*Kinostemon ornatum* f. *falcatum* C. Y. Wu
南川冠唇花　*Microtoena prainiana* Diels
瘿花香茶菜　*Rabdosia rosthornii* (Diels) Hara
南川鼠尾草　*Salvia nanchuanensis* Sun
变黑黄芩　*Scutellaria nigricans* C. Y. Wu

黄花水苏　*Stachys xanthantha* C. Y. Wu

78. **玄参科** Scrophulariaceae

大花通泉草　*Mazus macranthus* Diels
连齿马先蒿　*Pedicularis confluens* Tsoong
南川马先蒿　*P. nanchuanensis* Tsoong.
南川腹水草　*Veronicastrum stenostachyum* ssp. *nanchuanense* Chin et Hong

79. **列当科** Orobanchaceae

金佛山齿鳞草　*Lathraea chinfushanica* Hu et Tang

80. **苦苣苔科** Gesneriaceae

川鄂粗筒苣苔　*Briggsia rosthornii* (Diels) Burtt

81. **车前科** Plantaginaceae

密花车前　*P. asiatica* ssp. *densiflora* (J. Z. Liu) Z. Y. Li

82. **忍冬科** Caprifoliaceae

肉叶忍冬　*Lonicera carnosifolia* C. Y. Wu
金山荚蒾　*Viburnum chinshanense* Graebn.
合轴荚蒾　*V. sympodiale* Graebn.

83. **败酱科** Valerianaceae

南川缬草　*Valeriana pseudofficinalis* C. Y. Cheng et H. B. Chen

84. **川续断科** Dipsacaceae

金山续断　*Dipsacus atrapurpureus* C. Y. Cheng et Z. T. Yin

85. **葫芦科** Cucurbitaceae

金佛山雪胆　*Hemsleya pengxianensis* var. *jinfushanensis* L. T. Shen et W. J. Chang
多果雪胆　*H. pengxianensis* var. *polycarpa* L. T. Shen et W. J. Chang
中华括楼　*Trichosanthes rosthornii* Harms

86. **菊科** Compositae

长穗兔儿风　*Ainsliaea henryi* Diels
多苞兔儿风　*A. multibracteata* Mattf.
波齿兔儿风　*A. unduata* Diels
南川蒿　*Artemisia rosthornii* Pamp

亮叶紫苑　*Aster nitidus* Ching

毛暗花金挖耳　*Carpesium triste* var. *sinense* Diels

四川天名精　*C. szechuanense* Chen

粗毛毛鳞菊　*Chaetoseris hispida* Shih

金佛山大蓟　*Cirsium bracteiferum* Shih

南川泽兰　*Eupatorium nanchuanense* Ling et Shih

南川花佩　*Faberia nanchuanensis* Shih

多裂大丁草　*Gerbera anandria* var. *densiloba* Mattf.

南川鼠曲草　*Gnaphalium nanchuanense* Ling et Tseng

植夫橐吾　*Ligularia fangiana* Hand.-Mazz.

南川橐吾　*L. nanchuanic* S. W. Liu

金佛山紫菊　*Notoseris nanchuanensis* Shih

南川紫菊　*N. porphyrolepis* Shih

光苞紫菊　*N. psilolepis* Shih

林生假福王菊　*Paraprenanthes sylvicola* Shih

南川福王草　*Prenanthes nanchuanensis* Shih

秃果蒲儿根　*Sinosenecio globigerus* var. *adenophyllus* C. Jeffrey et Y. L. Chen

七裂蒲儿根　*S. septilobus* (Chang) B. Nord.

革叶蒲儿根　*S. subcoriaceus* C. Jeffrey et Y. L. Chen

华合耳菊　*Synotis sinica* (Diels) C. Jeffrey et Y. L. Chen

莲座狗舌草　*Tephroseris changii* B. Nord.

南川斑鸠菊　*Vernonia bockiana* Diels

二) 单子叶植物纲　Monocotyledoneae

87. 禾本科　Gramineae

大锥剪股颖　*Agrostis megathyrsa* Keng

金佛山方竹　*Chimonobambusa utilis* (Keng) Keng. f.

南川镰序竹　*Drepanostachyum melicoideum* Keng f.

纤毛柳叶箬　*Icachne cilatiflora* Keng

微毛鹅冠草　*Roegneria puberula* Keng

金山小赤竹　*Sasa nubigena* Keng f.

料慈竹　*Sinocalamus distegius* Keng et Keng f.

梁山慈　*S. farinosus* Keng et Keng f.

88. 莎草科　Cyperaceae

金佛山苔草　*Carex jinfoshanensis* Tang et Wang ex S. Y. Liang

南川苔草　*C. nanchuanensis* Chü ex S. Y. Liang

宽叶苔草　*C. sino-aristata* Tang et Wang

百球藨草　*Scirpus rosthornii* Diels

89. 天南星科　Araceae

雷公莲　*Amydrium sinense* (Engl.) H. Li.

金佛山天南星　*Arisaema jinfushanense* Kao Pao-Chun.

花南星　*A. lobatum* Engl.

矮生花南星　*A. lobatum* var. *eulobatum* Engl.

三叶南星　*A. lobatum* var. *latisectum* Engl.

偏叶南星　*A. lobatum* var. *rosthornianum* Engl.

90. 百合科　Liliaceae

南川鹭鸶草　*Diuranthera inarticulata* Wang ex K. Y. Lang

金佛山百合　*Lilium jinfushanense* L. J. Peng et B. N. Wang

南川百合　*L. rosthornii* Diels

南川鹿药　*Maianthemum nanchuanense* H. Li et J. L. Huang

南川沿阶草　*Ophiopogon bockianus* Diels

短药沿阶草　*O. bockianus* var. *angustifoliatus* Wang et Tang

球药隔重楼　*Paris fargesii* Franch.

金佛山黄精　*Polygonatum ginfoshanicum* (Wang et Tang) Wang et Tang

西南菝葜　*Smilax bockii* Warb.

合蕊菝葜　*S. cyclophylla* Warb.

托柄菝葜　*S. discotis* Warb.

折枝菝葜　*S. lanceifolia* var. *elongata* (Warb.) Wang et Tang

红果菝葜　*S. polycolea* Warb.

黑刺菝葜　*S. scobinicaulis* var. *brevipes* C. H. Wright

金佛山开口箭　*Tupistra jinshanensis* Z. L. Yang et X. G. Luo

南川藜芦　*Veratrum nanchuanense* S. Z. Chen et G. J. Xu

91. 薯蓣科　Dioscoreaceae

柴黄姜　*Dioscorea nipponica* ssp. *rosthornii* (Prain et Burkill) C. T. Ting

92. 姜科　Zingiberaceae

南川山姜　*Alpinia nanchuanwnsis* Z. Y. Zhu

白毛姜花　*Hedychium coronarium* var. *baimao* Z. Y. Zhu

阳荷　*Zingiber striolatum* Diels

93. 兰科　Orchidaceae

南川盆距兰　*Gastrochilus nanchuanensis* Z. H. Tsi

瘦房兰　*Ischnogyne mandarinorum* (Kraenzl.) Schltr.

南川对叶兰　*Listera nanchuanica* S. C. Chen

金佛山兰　*Tangtsinia nanchuanica* S. C. Chen

［国内外其他专家、学者自 1890 年来在金佛山调查发现植物共 304 种（变种、变型）］

二、调查实施单位近期调查发现、发表的新种

南川莲座蕨　*Angiopteris nanchuanensis* Z. Y. Liu，in Bull. Bot. Res. 4(3):2. photo. 1. 1984. Sichuan：Nanchuan(南川)，Z. Y. Liu(刘正宇)3920

纤毛膜蕨　*Hymenopyllum rufo-fibrillosum* Ching et Z. Y. Liu，in Bull. Bot. Res. 3(4):8. photo. 7. 1983. Sichuan：Nanchuan(南川)，Z. Y. Liu(刘正宇)1174. T：PE and SMI

顶芽膜蕨　*H. suprapaleaceum* Ching，in Bull. Bot. Res. 3(4):9. photo. 8. 1983. Sichuan：Nanchuan(南川)，Z. Y. Liu(刘正宇)1395. T：PE and SMI

金佛山蕗蕨　*Mecodium jinfoshanense* Ching et Z. Y. Liu，in Bull. Bot. Res. 3(4):10. photo. 9. 1983. Sichuan：Nanchuan(南川)，Z. Y. Liu(刘正宇)1795. T：PE and SMI

金佛山鳞盖蕨　*Microlepia marginata* var. *jinfoshanensis* Ching et Z. Y. Liu，in Bull. Bot. Res. 3(4):23. photo. 20. 1983. Sichuan：Nanchuan(南川)，Z. Y. Liu(刘正宇)1256. T：PE and SMI

锐尖凤丫蕨　*Coniogramme argutiserrata* Ching et Shing，in Bull. Bot. Res. 4(3):3. photo. 3. 1984. Sichuan：Nanchuan(南川)，Z. Y. Liu(刘正宇)3982. T：PE and SMI

阔羽凤丫蕨　*C. latipinna* Ching et Shing，in Bull. Bot. Res. 4(3):5. photo. 6. 1984. Sichuan：Nanchuan(南川)，Z. Y. Liu(刘正宇)4048. T：PE and SMI

南川凤丫蕨　*C. nanchuanensis* Ching，in Bull. Bot. Res. 4(3):4. photo. 4-5. 1984. Sichuan：Nanchuan(南川)，Z. Y. Liu(刘正宇)3910. T：PE and SMI

拟黑轴凤丫蕨　*C. neorobusta* Ching et Shing，in Bull. Bot. Res. 4(3):2. photo. 2. 1984. Sichuan：Nanchuan(南川)，Z. Y. Liu(刘正宇)3908. T：PE and SMI

卵果短肠蕨　*Allantodia ovata* W. M. Chu，in Bull. Bot. Res. 4(3):12. photo. 14. 1984. Sichuan：Nanchuan(南川)，Z. Y. Liu(刘正宇)3865. T：PE and SMI

金佛山假蹄盖蕨　*Athyriopsis jinfoshanensis* Z. Y. Liu，in Bull. Bot. Res. 4(3):11. photo. 13. 1984. Sichuan：Nanchuan(南川)，Z. Y. Liu et al. (刘正宇等)4407. T：PE and SMI

膜叶假蹄盖蕨　*A. membranacea* Ching et Z. Y. Liu，in Bull. Bot. Res. 4(3):10. photo. 12. 1984. Sichuan：Nanchuan(南川)，Z. Y. Liu et al. (刘正宇等)4354. T：PE and SMI

柔毛蹄盖蕨　*Athyrium hirtirachis* Ching et Z. Y. Liu，in Bull. Bot. Res. 4(3):6. photo. 8. 1984. Sichuan：Nanchuan(南川)，Z. Y. Liu(刘正宇)839. T：PE and SMI

南川蹄盖蕨　*A. nanchuanense* Ching et Z. Y. Liu，in Bull. Bot. Res. 3(4):17. photo. 16. 1983. Sichuan：Nanchuan(南川)，Z. Y. Liu(刘正宇)2081. T：PE and SMI

毛轴蹄盖蕨　*A. pubicostatum* Ching et Z. Y. Liu，in Bull. Bot. Res. 4(3):7. photo. 19. 1984. Sichuan：Nanchuan(南川)，Z. Y. Liu(刘正宇)4168. T：PE and SMI

禾杆色蹄盖蕨　*A. sino-vidalii* Ching et Z. Y. Liu，in Bull. Bot. Res. 4(3):8. photo. 10. 1984. Sichuan：Nanchuan(南川)，Z. Y. Liu(刘正宇)1851. T：PE and SMI

近毛轴蹄盖蕨　*A. subpubicostatum* Ching et Z. Y. Liu，in Bull. Bot. Res. 4(3)：6. photo. 7. 1984. Sichuan：Nanchuan(南川)，Z. Y. Liu(刘正宇)4153. T：PE and SMI

变异蹄盖蕨　*A. varians* Ching et Z. Y. Liu，in Bull. Bot. Res. 4(3)：9. photo. 11. 1984. Sichuan：Nanchuan(南川)，Z. Y. Liu(刘正宇)4211. T：PE and SMI

金佛山介蕨　*Dryoathyrium jinfoshanense* Ching et Z. Y. Liu，in Bull. Bot. Res. 3(4)：30. 1983. Sichuan：Nanchuan(南川)，Z. Y. Liu(刘正宇)2081. T：PE and SMI

大果峨眉蕨　*Lunathyrium chingii* Z. Y. Liu，in Bull. Bot. Res. 3(4)：16. photo. 15. 1983. Sichuan：Nanchuan(南川)，Z. Y. Liu(刘正宇)444. T：PE and SMI

黑柄峨眉蕨　*L. ebeneostipes* Ching et Z. Y. Liu，in Bull. Bot. Res. 3(4)：14. photo. 13. 1983. Sichuan：Nanchuan(南川)，Z. Y. Liu(刘正宇)3462. T：PE and SMI

南川峨眉蕨　*L. nanchuanense* Ching et Z. Y. Liu，in Bull. Bot. Res. 3(4)：15. photo. 14. 1983. Sichuan：Nanchuan(南川)，Z. Y. Liu et al. (刘正宇等)3558.

秦氏毛蕨　*Cyclosorus chingii* Z. Y. Liu，in Bull. Bot. Res. 3(4)：25. photo. 22. 1983. Sichuan：Nanchuan(南川)，Z. Y. Liu(刘正宇)1172. T：PE and SMI.

平基毛蕨　*C. flaccidus* Ching et Z. Y. Liu，in Bull. Bot. Res. 3(4)：24. photo. 21. 1983. Sichuan：Nanchuan(南川)，Z. Y. Liu(刘正宇)708. T：PE and SMI.

阔羽毛蕨　*C. macrophyllus* Ching et Z. Y. Liu，in Bull. Bot. Res. 4(3)：18. photo. 18. 1984. Sichuan：Nanchuan(南川)，Z. Y. Liu(刘正宇)3759. T：PE and SMI.

南川毛蕨　*C. nanchuanensis* Ching et Z. Y. Liu，in Bull. Bot. Res. 3(4)：26. photo. 23. 1983. Sichuan：Nanchuan(南川)，Z. Y. Liu(刘正宇)2113. T：PE and SMI.

对生毛蕨　*C. oppositipinnus* Ching et Z. Y. Liu，in Bull. Bot. Res. 4(3)：15. photo. 17. 1984. Sichuan：Nanchuan(南川)，Z. Y. Liu(刘正宇)3911. T：PE and SMI.

拟渐尖毛蕨　*C. sino-acuminata* Ching et Z. Y. Liu，in Bull. Bot. Res. 6(1)：179. 1986. Sichuan：Nanchuan(南川)，Z. Y. Liu(刘正宇)3672. T：PE and SMI.

拟牙齿毛蕨　*C. sino-dentatus* Ching et Z. Y. Liu，in Bull. Bot. Res. 4(3)：13. photo. 15. 1984. Sichuan：Nanchuan(南川)，Z. Y. Liu(刘正宇)4226. T：PE and SMI.

金佛山方杆蕨　*Glaphylopteridopsis jinfoshanensis* Ching et Y. X. Lin in Addenda 325，Sichuan：Nan-chuan (南川)，Jin-fu Shan (金佛山)，Z. Y. Liu (刘正宇) No. 3917 (T：PE and SMI)，21，Ⅲ，1983，by stream under forest，alt. 750m.

金佛山伏蕨　*Leptogramma jinfoshanensis* Ching et Z. Y. Liu，in Bull. Bot. Res. 4(3)：17. photo. 19. 1984. Sichuan：Nanchuan(南川)，Z. Y. Liu(刘正宇)4414. T：PE and SMI.

金佛山金星蕨　*Parathelypteris jinfoshanensis* Ching et Z. Y. Liu，in Bull. Bot. Res. 4(3)：18. photo. 20. 1984. Sichuan：Nanchuan(南川)，Z. Y. Liu et(刘正宇等)4328. T：PE and SMI.

金佛山溪边蕨　*Stegnogramma jinfoshanensis* Ching et Z. Y. Liu，in Bull. Bot. Res. 3(4)：13. photo. 12. 1983. Sichuan：Nanchuan(南川)，Z. Y. Liu(刘正宇)3464. T：PE and SMI.

南川铁角蕨　*Asplenium nanchuanense* Ching et Z. Y. Liu，in Bull. Bot. Res. 3(4)：6-7. 1983. Sichuan：Nanchuan(南川)，Z. Y. Liu(刘正宇)3950. T：PE and SMI

毛茎铁角蕨　*A. pubirhizoma* Ching et Z. Y. Liu，in Bull. Bot. Res. 3(4):7. photo. 6. 1983. Sichuan：Nanchuan(南川)，Z. Y. Liu(刘正字)769

南川复叶耳蕨　*Arachniodes nanchuanensis* Ching et Z. Y. Liu，in Bull. Bot. Res. 4(4):21. photo. 50. 1984. Sichuan：Nanchuan(南川)，Z. Y. Liu(刘正字)4198. T：PE and SMI

基羽鳞毛蕨　*Dryopteris basitripinnatifida* Ching et Z. Y. Liu，in Bull. Bot. Res. 4(4):6. photo. 34. 1984. Sichuan：Nanchuan(南川)，Z. Y. Liu(刘正字)4260. T：PE and SMI

华夏鳞毛蕨　*D. cathayana* Ching et Z. Y. Liu，in Bull. Bot. Res. 4(4):1. photo. 29. 1984. Sichuan：Nanchuan(南川)，Z. Y. Liu(刘正字)3811. T：PE and SMI

远羽鳞毛蕨　*D. distantipinna* Ching et Z. Y. Liu，in Bull. Bot. Res. 4(3):24. photo. 27. 1984. Sichuan：Nanchuan(南川)，Z. Y. Liu(刘正字)4389. T：PE and SMI

拟日本鳞毛蕨　*D. erythrochlamys* Ching et Z. Y. Liu，in Bull. Bot. Res. 4(4):5. photo. 33. 1984. Sichuan：Nanchuan(南川)，Z. Y. Liu(刘正字)4233. T：PE and SMI

光滑鳞毛蕨　*D. glabrior* Ching et Z. Y. Liu，in Bull. Bot. Res. 4(4):11. photo. 39-40. 1984. Sichuan：Nanchuan(南川)，Z. Y. Liu(刘正字)4231. T：PE and SMI

微毛鳞毛蕨　*D. infrehirtella* Ching et Z. Y. Liu，in Bull. Bot. Res. 3(4):22. photo. 19. 1983. Sichuan：Nanchuan(南川)，Z. Y. Liu et al. (刘正字等)4534. T：PE and SMI

金佛山鳞毛蕨　*D. jinfoshanensis* Ching et Z. Y. Liu，in Bull. Bot. Res. 6(1):179. 1986. Sichuan：Nanchuan(南川)，Z. Y. Liu(刘正字)4155. T：PE and SMI

刘氏鳞毛蕨　*D. liuii* Ching，in Bull. Bot. Res. 4(4):12. photo. 41. 1984. Sichuan：Nanchuan(南川)，Z. Y. Liu et al. (刘正字等)3993. T：PE and SMI

大果鳞毛蕨　*D. megacarpa* Ching et Z. Y. Liu，in Bull. Bot. Res. 4(4):3. photo. 31. 1984. Sichuan：Nanchuan(南川)，Z. Y. Liu(刘正字)4219. T：PE and SMI

南川鳞毛蕨　*D. nanchuanensis* Ching et Z. Y. Liu，in Bull. Bot. Res. 3(4):20. photo. 18. 1983. Sichuan：Nanchuan(南川)，Z. Y. Liu(刘正字)3533. T：PE and SMI；，in Bull. Bot. Res. 4(3):19. photo. 21. 1984. Nanchuan(南川)，Z. Y. Liu(刘正字)4155. T：PE and SMI

平易鳞毛蕨　*D. neglecta* Ching et Z. Y. Liu，in Bull. Bot. Res. 4(4):4. photo. 32. 1984. Sichuan：Nanchuan(南川)，Z. Y. Liu(刘正字)4229. T：PE and SMI

新黑足鳞毛蕨　*D. neofuscipes* Ching et Z. Y. Liu，in Bull. Bot. Res. 4(3):22. photo. 25. 1984. Sichuan：Nanchuan(南川)，Z. Y. Liu(刘正字)3945. T：PE and SMI

对生鳞毛蕨　*D. oppositipinna* Ching et Z. Y. Liu，in Bull. Bot. Res. 4(3):25. photo. 28. 1984. Sichuan：Nanchuan(南川)，Z. Y. Liu et al. (刘正字等)4324. T：PE and SMI

密鳞鳞毛蕨　*D. paleifera* Ching et Z. Y. Liu，in Bull. Bot. Res. 4(4):2. photo. 30. 1984. Sichuan：Nanchuan(南川)，Z. Y. Liu(刘正字)4317. T：PE and SMI

湿地鳞毛蕨　*D. paludicola* Ching et Z. Y. Liu，in Bull. Bot. Res. 4(3):21. photo. 23-24. 1984. Sichuan：Nanchuan(南川)，Z. Y. Liu et al. (刘正字等)4318. T：PE and SMI

泡木弯鳞毛蕨　*D. paomowanensis* Ching et Z. Y. Liu，in Bull. Bot. Res. 4(4):10. 1984. Sichuan：Nanchuan(南川)，Z. Y. Liu(刘正字)4318. T：PE and SMI.

似黑足鳞毛蕨　*D. parafuscipes* Ching et Z. Y. Liu，in Bull. Bot. Res. 4(3):23. photo. 26. 1984. Sichuan：Nanchuan(南川)，Z. Y. Liu et al. (刘正字等)4362. T：PE and SMI

红柄鳞毛蕨　　*D. rubristipes* Ching et Z. Y. Liu，in Bull. Bot. Res. 3(4):19. photo. 17. 1983. Sichuan:Jinfoshan Mountan(南川)，Z. Y. Liu et al.(刘正宇等)4521. T:PE and SMI

三泉鳞毛蕨　　*D. shanquanensis* Ching et Z. Y. Liu，in Bull. Bot. Res. 4(3):20. photo. 22. 1984. Sichuan:Nanchuan(南川)，Z. Y. Liu(刘正宇)3827. T:PE and SMI

中华两色鳞毛蕨　*D. sino-bissetiana* Ching et Z. Y. Liu，in Bull. Bot. Res. 4(4):8. photo. 36. 1984. Sichuan:Nanchuan(南川)，Z. Y. Liu(刘正宇)4291. T:PE and SMI

拟变异鳞毛蕨　*D. sino-varia* Ching et Z. Y. Liu，in Bull. Bot. Res. 6(1):179. 1986. Sichuan:Nanchuan(南川)，Z. Y. Liu(刘正宇)3828. T:PE and SMI

鳞柄鳞毛蕨　　*D. squamistipes* Ching et Z. Y. Liu，in Bull. Bot. Res. 4(4):7. photo. 35. 1984. Sichuan:Nanchuan(南川)，Z. Y. Liu(刘正宇)3862. T:PE and SMI

杰出耳蕨　　*Polystichum excelsius* Ching et Z. Y. Liu，in Bull. Bot. Res. 4(4):16. photo. 44. 1984. Sichuan:Nanchuan(南川)，Z. Y. Liu et al.(刘正宇等)3914. T:PE and SMI

草叶耳蕨　　*P. herbacea* Ching et Z. Y. Liu，in Bull. Bot. Res. 4(4):20. photo. 49. 1984. Sichuan:Nanchuan(南川)，Z. Y. Liu(刘正宇)3814. T:PE and SMI

金佛山耳蕨　*P. jinfoshanense* Ching et Z. Y. Liu，in Bull. Bot. Res. 3(4):29. photo. 26. 1983. Sichuan:Nanchuan(南川)，Z. Y. Liu(刘正宇)2558. T:PE and SMI

正宇耳蕨　　*P. liuii* Ching，in Bull. Bot. Res. 3(4):28. 1983. Sichuan:Nanchuan(南川)，Z. Y. Liu(刘正宇)1235. T:PE and SMI

长叶耳蕨　　*P. longissimum* Ching et Z. Y. Liu，in Bull. Bot. Res. 4(4):16. photo. 45. 1984. Sichuan:Nanchuan(南川)，Z. Y. Liu et al.(刘正宇等)3907. T:PE and SMI

假对生耳蕨　*P. pseudo-deltoden* Ching et Z. Y. Liu，in Bull. Bot. Res. 4(4):17. photo. 46. 1984. Sichuan:Nanchuan(南川)，Z. Y. Liu et al.(刘正宇等)451. T:PE and SMI

假线鳞耳蕨　*P. pseudo-setosum* Ching et Z. Y. Liu，in Bull. Bot. Res. 4(4):19. photo. 48. 1984. Sichuan:Nanchuan(南川)，Z. Y. Liu(刘正宇)4223. T:PE and SMI

中华马祖耳蕨　*P. sino-tsus-simense* Ching et Z. Y. Liu，in Bull. Bot. Res. 4(4):18. photo. 47. 1984. Sichuan:Nanchuan(南川)，Z. Y. Liu(刘正宇)3800. T:PE and SMI

秦氏肋毛蕨　*Ctenitis chingii* Z. Y. Liu et J. I. Chang，in Bull. Bot. Res. 4(4):14. photo. 42. 1984. Sichuan:Nanchuan(南川)，Z. Y. Liu et al.(刘正宇等)4386. T:PE and SMI.

金佛山肋毛蕨　*C. jinfoshanensis* Ching et Z. Y. Liu，in Bull. Bot. Res. 4(4):14. photo. 43. 1984. Sichuan:Jinfo Mountain，Nanchuan(南川金佛山)，Z. Y. Liu et al.(刘正宇等) 4049. T:PE and SMI.

南川鳞果星蕨　*Lepidomicrosorium nanchuanense* Ching et Z. Y. Liu，in Bull. Bot. Res. 4(4):27. photo. 58. 1984. Sichuan:Nanchuan(南川)，Z. Y. Liu(刘正宇)4004. T:PE and SMI.

灰白茎瓦韦　*Lepisorus calcifer* Ching et Z. Y. Liu，in Bull. Bot. Res. 4(4):25. photo. 55. 1984. Sichuan:Nanchuan(南川)，Z. Y. Liu et al.(刘正宇等)4058. T:PE and SMI.

粗茎瓦韦　　*L. crassirhizoma* Ching et Z. Y. Liu，in Bull. Bot. Res. 3(4):3. photo. 2. 1983. Sichuan:Nanchuan(南川)，Z. Y. Liu et al.(刘正宇等)3465.

金佛山瓦韦　*L. jinfoshanensis* Ching，in Bull. Bot. Res. 3(4):4. 1983. Sichuan:Nanchuan(南川)，Z. Y. Liu et al.(刘正宇等)878. T:PE and SMI.

线叶瓦韦　*L. linearifolius* Ching et Z. Y. Liu，in Bull. Bot. Res. 3(4):5. photo. 6. 1983. Sichuan：Nanchuan(南川)，Z. Y. Liu(刘正宇)769. T：PE and SMI.

长柄瓦韦　*L. longipes* Ching et Z. Y. Liu，in Bull. Bot. Res. 4(4):25. photo. 56. 1984. Sichuan：Nanchuan(南川)，Z. Y. Liu(刘正宇)4033. T：PE and SMI.

南川瓦韦　*L. nanchuanensis* Ching et Z. Y. Liu，in Bull. Bot. Res. 3(4):4. photo. 3. 1983. Sichuan：Nanchuan(南川)，Z. Y. Liu(刘正宇)982. T：PE and SMI.

细叶小瓦韦　*L. pygmaeus* Ching et Z. Y. Liu，in Bull. Bot. Res. 4(4):24. photo. 54. 1984. Sichuan：Nanchuan(南川)，Z. Y. Liu et al.(刘正宇等)4372. T：PE and SMI.

拟扭瓦韦　*L. simulans* Ching et Z. Y. Liu，in Bull. Bot. Res. 4(4):23. photo. 53. 1984. Sichuan：Nanchuan(南川)，Z. Y. Liu(刘正宇)4096. T：PE and SMI.

中华瓦韦　*L. sinicus* Ching et Z. Y. Liu，in Bull. Bot. Res. 3(4):2. photo. 1. 1983. Sichuan：Nanchuan(南川)，Z. Y. Liu et al.(刘正宇等)4033. T：PE and SMI.

波叶瓦韦　*L. undulatus* Ching et Z. Y. Liu，in Bull. Bot. Res. 4(4):23. photo. 52. 1984. Sichuan：Nanchuan(南川)，Z. Y. Liu(刘正宇)3320. T：PE and SMI.

金佛山星蕨　*Microsorium jinfoshanense* Ching et Z. Y. Liu，in Bull. Bot. Res. 3(4):12. photo. 11. 1983. Sichuan：Nanchuan(南川)，Z. Y. Liu(刘正宇)3551. T：PE and SMI.

红柄星蕨　*M. rubripes* Ching et W. M. Chu，in Bull. Bot. Res. 3(4):11. photo. 10. 1983. Sichuan：Nanchuan(南川)，Z. Y. Liu(刘正宇)1171. T：PE and SMI.

拟星蕨　*M. simulans* Ching et Z. Y. Liu，in Bull. Bot. Res. 4(4):26. 1983. Sichuan：Nanchuan(南川)，Z. Y. Liu(刘正宇)3951. T：PE and SMI.

大叶剑蕨　*Loxogramme grandis* Ching et Z. Y. Liu，in Bull. Bot. Res. 4(4):221. photo. 51. 1984. Sichuan：Nanchuan(南川)，Z. Y. Liu et al.(刘正宇等)4044. T：PE and SMI.

南川木菠萝　*Artocarpus nanchuanensis* S. S. Chang，S. C. Tan et Z. Y. Liu，in Acta Bot. Yunnan. 11(1):29. 1989. Sichuan：Nanchuan(南川)，重庆市药物种植研究所 T：SMI.

拟聚尖楼梯草　*Elatostema subcuspidatum* W. T. Wang，in Bull. Bot. Res. 4(3):115. f. 3-4. 1984. Sichuan：Nanchuan(南川)，Z. Y. Liu et al.(刘正宇等)4387. T：PE and SMI.

金山马兜铃　*Aristolochia jinshanensis* Z. L. Yang et S. X. Tan，in Bull. Bot. Res. 7(2):129. f. 1. 1987. T：SMI.

金佛山小檗　*Berberis jingfushanensis* Ying in Acta Phytotax. Sin. 37(4):316，1999. Chongqing(nanchuan)重庆市药物种植研究所 T：PE and SMI.

卵叶变豆菜　*Sanicula oviformis* X. T. Liu et Z. Y. Liu，in Act. Phytotax. Sin. 29(5):471. 1991. Sichuan：Nan chuan(南川)，Jin fu Shan(金佛山)，Z. Y. Liu(刘正宇)No. 83646 (T：JSBI and SMI)，1983.

短梗杜鹃　*Rhododendron brachypodum* Fang et Liu in Bull. Bot. Res. 2(2):92. 1982. Sichuan：Nan chuan(南川)，Z. Y. Liu(刘正宇)No. 1339 (T：SZ and SMI)，1981.

金佛美容杜鹃　*R. calophytum* var. *jingfuense* Fang et W. K. Hu in Act. Phytotax. Sin. 26:68. 1988. T：SMI.

疏花美容杜鹃　*R. calophytum* var. *pauciflorum* W. K. Hu in Act. Phytotax. Sin. 26:304. f. 4. 1988. T：SMI.

短果峨马杜鹃　*R. ochraceum* var. *brevicarpum* W. K. Hu in Bull. Bot. Res. 8(3):56. 1988. T：SMI.

瘦柱绒毛杜鹃　*R. pachytrichum* var. *tenuisylsum* W. K. Hu in Act. Phytotax. Sin. 26：304. f. 5. 1988. T：SMI.

南川金盏苣苔　*Isometrum nanchuanense* K. Y. Pan et Z. Y. Liu in Act. Phytotax. Sin. 33（1）：100. 1995. Sichuan：Nan chuan（南川），Jin fu Shan（金佛山），Z. Y. Liu（刘正宇）No. 12936（T：PE and SMI），1990，on rocks by stream，alt. 720m.

金佛山附地菜　*Trigonotis jinfoshanica* W. T. Wang Guihaia 27（2）：143～145 Chongqing：Nan-Chuan（南川），Jin-fu Shan（金佛山），Z. Y. Liu（刘正宇）No. 15111（主模式 Holo-tye，PE）2007

金佛山竹根七　*Disporopsis jinfushannensis* Z. Y. Liu，in Act. Phytotax. Sin. 25（1）：67. 1987. Sichuan：Nan chuan（南川），Jin fo Shan（金佛山），Z. Y. Liu（刘正宇）No. 5155（T：SMI），1984，alt. 1650m.

　　［1. 项目实施单位近期在金佛山调查发现并正式发表新种（变种）共96种；2. 据统计现已知用金佛山采集标本作模式正式发表的植物新种（变种、亚种）总共 400 种］

附录 8 重庆金佛山特有植物名录

——刘正宇、刘翔执笔

1. **提灯藓科** Mniaceae
密齿提灯藓 *Mnium denticulosum* Chen ex Li et Zang

2. **蔓藓科** Meteoriaceae
多瘤灰气藓 *Aerobryopsis multipapiiata* Wu et X. Y. Hu

3. **锦藓科** Sematophyllaceae
阔叶扁锦藓 *Glossadelphus latifolius* Wu et X. Y. Hu

4. **金发藓科** Polytrichaceae
短栉仙鹤藓 *Atrichum brevlamellatum* Wu et X. Y. Hu

5. **石杉科** Huperziaceae
皱叶石杉 *Huperzia crispata* (Ching) Ching
南川石杉 *H. nanchuanensis* (Ching et Kung) Ching et Kung.

6. **阴地蕨科** Botrychiaceae
下延阴地蕨 *Botypus decurrens* (Ching) Ching et H. S. Kung

7. **观音座莲科** Angiopteridaceae
南川莲座蕨 *Angiopteris nanchuanensis* Z. Y. Liu

8. **膜蕨科** Hymenophyllaceae
纤毛膜蕨 *Hymenopyllum rufo-fibrillosum* Ching et Z. Y. Liu
顶芽膜蕨 *H. suprapaleaceum* Ching
金佛山蕗蕨 *Mecodium jinfoshanense* Ching et Z. Y. Liu

9. **碗蕨科** Dennstaedtiaceae
金佛山鳞盖蕨 *Microlepia marginata* var. *jinfoshanensis* Ching et Z. Y. Liu

10. **裸子蕨科** Hemionitidaceae
阔羽凤丫蕨 *Coniogramme latipinna* Ching et Shing
南川凤丫蕨 *C. nanchuanensis* Ching
拟黑轴凤丫蕨 *C. neorobusta* Ching et Shing

11. **蹄盖蕨科** Athyriaceae
金佛山短肠蕨 *Allantodia jinfoshanicola* W. M. Chu
南川短肠蕨 *A. nanchuanenica* W. M. Chu
金佛山假蹄盖蕨 *Athyriopsis jinfoshanensis* Z. Y. Liu
膜叶假蹄盖蕨 *A. membranacea* Ching et Z. Y. Liu
柔毛蹄盖蕨 *Athyrium hirtirachis* Ching et Z. Y. Liu
南川蹄盖蕨 *A. nanchuanense* Ching et Z. Y. Liu
毛轴蹄盖蕨 *A. pubicostatum* Ching et Z. Y. Liu
变异蹄盖蕨 *A. varians* Ching et Z. Y. Liu
大果峨眉蕨 *Lunathyrium chingii* Z. Y. Liu
黑柄峨眉蕨 *L. ebeneostipes* Ching et Z. Y. Liu

12. **金星蕨科** Thelypteridaceae
秦氏毛蕨 *Cyclosorus chingii* Z. Y. Liu
金佛山毛蕨 *C. jinfoshanensis* Ching et Z. Y. Liu
阔羽毛蕨 *C. macrophyllus* Ching et Z. Y. Liu

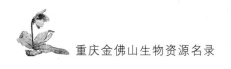

南川毛蕨　*C. nanchuanensis* Ching et Z. Y. Liu
对生毛蕨　*C. oppositipinnus* Ching et Z. Y. Liu
拟渐尖毛蕨　*C. sino-acuminata* Ching
　　　　　　et Z. Y. Liu
拟牙齿毛蕨　*C. sino-dentatus* Ching et Z. Y. Liu
金佛山方杆蕨　*Glaphylopteridopsis*
　　　　　jinfoshanensis Ching et Y. X. Lin
毛束方杆蕨　*G. eriocarpa* Ching
金佛山伏蕨　*Leptogramma jinfoshanensis*
　　　　　　Ching et Z. Y. Liu
金佛山金星蕨　*Parathelypteris*
　　　　　jinfoshanensis Ching et Z. Y. Liu
金佛山溪边蕨　*Stegnogramma*
　　　　　jinfoshanensis Ching et Z. Y. Liu

13. 鳞毛蕨科　Dryopteridaceae

南川复叶耳蕨　*Arachniodes nanchuanensis*
　　　　　　Ching et Z. Y. Liu
边生单行贯众　*Cyrtomium uniseriale* f.
　　　　　　marginale Ching
粗齿阔羽贯众　*C. yamamotoi* var.
　　　　　intermebium (Diels) Ching et Shing
刘氏鳞毛蕨　*Dryopteris liuii* Ching
大果鳞毛蕨　*D. megacarpa* Ching et Z. Y. Liu
泡木弯鳞毛蕨　*D. paomowanensis* Ching
　　　　　　et Z. Y. Liu
三泉鳞毛蕨　*D. shanquanensis* Ching
　　　　　　et Z. Y. Liu
杰出耳蕨　*Polystichum excelsius* Ching
　　　　　　et Z. Y. Liu
草叶耳蕨　*P. herbacea* Ching et Z. Y. Liu
金佛山耳蕨　*P. jinfoshanense* Ching
　　　　　　et Z. Y. Liu
正宇耳蕨　*P. liuii* Ching
长叶耳蕨　*P. longissimum* Ching et Z. Y. Liu
南川耳蕨　*P. nanchuanicum* Ching

14. 三叉蕨科　Aspidiaceae

秦氏肋毛蕨　*Ctenitis chingii* Z. Y. Liu
　　　　　　et J. I. Chang

金佛山肋毛蕨　*C. jinfoshanensis* Ching
　　　　　　et Z. Y. Liu

15. 水龙骨科　Polypodiaceae

南川鳞果星蕨　*Lepidomicrosorium*
　　　　　nanchuanense Ching et Z. Y. Liu
中华瓦韦　*Lepisorus sinicus* Ching et Z. Y. Liu
金佛山星蕨　*Microsorium jinfoshanense*
　　　　　　Ching et Z. Y. Liu
南川石韦　*Pyrrosia nanchuanensis* Ching

16. 三尖杉科　Cephalotaxaceae

宽叶粗榧　*Cephalotaxus latifolia*
　　　　(Cheng et L. K. Fu) Cheng et L. K. Fu

17. 壳斗科　Fagaceae

南川稠　*Lithocarpus rosthornii* (Schott) Schott
南川青冈　*Quercus nanchuanica* Huang
　　　　　　et Y. T. Chang

18. 桑科　Moraceae

南川木菠萝　*Artocarpus nanchuanensis*
　　　　　S. S. Chang, S. C. Tan et Z. Y. Liu

19. 荨麻科　Urticaceae

南川楼梯草　*Elatostema nanchuanensis*
　　　　　　W. T. Wang
樱叶楼梯草　*E. prunifolium* W. T. Wang
拟聚尖楼梯草　*E. subcuspidatum* W. T. Wang
毛茎赤车　*Pellionia setrohispida* W. T. Wang
南川冷水花　*Pilea nanchuanensis* C. J. Chen
序托冷水花　*P. receptacularis* C. J. Chen

20. 马兜铃科　Aristolochiaceae

金山马兜铃　*Aristolochia jinshanensis*
　　　　　Z. L. Yang et S. X. Tan
皱花细辛　*Asarum crispulatum* C. Y.
　　　　　　Cheng et C. S. Yang
金佛山细辛　*A. franchetianum* Diels
南川细辛　*A. nanchuanense* C. S. Yang
　　　　　　et J. L. Wu

21. 石竹科　Caryophyllaceae

凿瓣蝇子草　*Silene incisa* C. L. Tang

22. **毛茛科**　Ranunculaceae

南川升麻　*Cimicifuga nanchuanensis* Hsiao

金佛铁线莲　*Clematis gratopsis* W. T. Wang

23. **小檗科**　Berberidaceae

南川小檗　*Berberis fallaciosa* Schneid.

金佛山小檗　*B. jingfushanensis* Ying

南川十大功劳　*Mahonia polydonta* Fedde

24. **木兰科**　Magnoliaceae

金山五味子　*Schisandra glaucescens* Diels

25. **樟科**　Lauraceae

南川钓樟　*Lindera rosthornii* Diels

南川润楠　*Machilus nanchuanensis* N. Chao

26. **十字花科**　Cruciferae

异叶碎米荠　*Cardamine heterophylla* Cheo et Fang

湿生碎米荠　*C. hygrophila* T. Y. Cheo et Fang

27. **景天科**　Crassulaceae

凹叶大苞景天　*Sedum amplibracteatum* var. *emarginatum* S. H. Fu

南川景天　*S. rosthornianum* Diels

28. **虎耳草科**　Saxifragaceae

韫珍金腰　*Chrysosplenium wuwenchenii* Jien

南川溲疏　*Deutzia nanchuanensis* W. T. Wang

光叶溲疏　*D. nitidula* W. T. Wang

美丽梅花草　*Parnassia amoena* Diels

南川山梅花　*Philadelphus sericanthus* var. *rosthornii* Koehne

南川茶藨子　*Ribes devidii* Franch.

29. **蔷薇科**　Rosaceae

金佛山悬钩子　*Rubus jinfoshanensis* Yu et Lu

脱毛喜阴悬钩子　*R. mesogaeus* var. *glabrescens* Yu et Lu

密腺羽萼悬钩子　*R. pinnatisepalus* var. *glandulosus* Yu et Lu

30. **牻牛儿苗科**　Geraniaceae

金山老鹳草　*Geranium bockii* R. Knuth.

方氏老鹳草　*G. fangii* R. Knuth.

南川老鹳草　*G. rosthornii* R. Knuth.

31. **芸香科**　Rutaceae

小飞龙掌血　*Toddalia asiatica* var. *parva* Z. M. Tan

32. **冬青科**　Aquifoliaceae

南川冬青　*Ilex nanchuanensis* Z. M. Tan

33. **卫矛科**　Celastraceae

光南蛇藤　*Celastrus stylosus* ssp. *glaber* D. Hou

藤本卫矛　*Euonymus bockii* Loes.

全育卫矛　*E. fertilis* (Loes.) C. Y. Cheng

34. **槭树科**　Aceraceae

南川长柄槭　*Acer longipes* var. *nanchuanense* Fang

七裂薄叶槭　*A. tenellum* var. *septemlobum* (Fang et Soong) Fang et Soong

35. **凤仙花科**　Balsaminaceae

窄萼凤仙花　*Impatiens stenosepala* Pritz. ex Diels

36. **鼠李科**　Rhamnaceae

毛冻绿树　*Rhamnus utilis* var. *hypochrysa* (Schneid.) Rehd.

37. **椴树科**　Tiliaceae

南川椴　*Tilia nanchuanensis* H. T. Chang

38. **猕猴桃科**　Actinidiaceae

多花藤山柳　*Clematoclethra floribunda* W. T. Wang

距叶藤山柳　*C. lasioclada* var. *oblongis* C. F. Liang et Y. C. Chen

南川藤山柳　*C. nanchuanensis* W. T. Wang

变异藤山柳　*C. variabilis* C. F. Liang et Y. C. Chen

多脉藤山柳　*C. variabilis* var. *multinervis* C. F. Liang et Y. C. Chen

39. **山茶科**　Theaceae

南川秃房茶　*Camellia nanchuanensis* H. T. Chang

40. 瑞香科　Thymelaeaceae

南川瑞香　*Daphne gracilis* E. Pritz.

41. 胡颓子科　Elaeagnaceae

短柱胡颓子　*Elaeagnus diffcilis* var.
　　　　brevistyla W. K. Hu et H. F. Chow

南川胡颓子　*E. nanchuanensis* C. Y. Chang

42. 伞形科　Umbelliferae

金山当归　*Angelica valida* Diels

细柄柴胡　*Bupleurum gracilipes* Diels

匍匐川芎　*Ligusticum reptans* (Diels) Wolff

南川前胡　*Peucedanum rosthornii* Diels

卵萼变豆菜　*Sanicula giraldii* var.
　　　　ovicalycina Shan et S. L. Liou.

卵叶变豆菜　*Sanicula oviformis* X. T.
　　　　Liu et Z. Y. Liu

43. 桤叶树科　Clethraceae

南川桤叶树　*Clethra nanchuanensis* Fang et
　　　　L. C. Hu

44. 山茱萸科　Cornaceae

南川青荚叶　*Helwingia himalaica*
　　var. *nanchuanensis* (Fang) Fang et Soong

45. 杜鹃花科　Ericaceae

金山白珠　*Gaultheria forrestii* Diels.

短梗杜鹃　*Rhododendron brachypodum*
　　　　Fang et Liu

金佛美容杜鹃　*R. calophytum* var.
　　　　jingfuense Fang et W. K. Hu

疏花美容杜鹃　*R. calophytum* var.
　　　　pauciflorum W. K. Hu

树枫杜鹃　*R. changii* (Fang) Fang

金山杜鹃　*R. longipes* var. *chienianum*
　　(Fang) Chamb. ex Cullen et Chamb.

短果峨马杜鹃　*R. ochraceum* var.
　　　　brevicarpum W. K. Hu

瘦柱绒毛杜鹃　*R. pachytrichum* var.
　　　　tenuisylsum W. K. Hu

阔柄杜鹃　*R. platypodum* Diels

贝叶越橘　*Vaccinium conchophyllum* Rehd.

46. 报春花科　Primulaceae

南川过路黄　*Lysimachia nanchuanensis*
　　　　C. Y. Wu

矮葵叶报春　*Primula rosthornii* Diels

47. 安息香科　Styracaceae

金山安息香　*Styrax huana* Rehd.

48. 木犀科　Oleaceae

南川白蜡树　*Fraxinus nanchuanensis*
　　　　S. S. Sun et J. L. Wu

49. 紫草科　Boraginaceae

南川附地菜　*Trigonotis laxa* Johnst.

50. 唇形科　Labiatae

南川绵穗苏　*Comanthosphace*
　　nanchuanensis C. Y. Wu et H. W. Li

块茎四轮香　*Hanceola thberifera* Sun

镰叶动蕊花　*Kinostemon ornatum* f.
　　　　falcatum C. Y. Wu

南川冠唇花　*Microtoena prainiana* Diels

南川鼠尾草　*Salvia nanchuanensis* Sun

变黑黄芩　*Scutellaria nigricans* C. Y. Wu

黄花水苏　*Stachys xanthantha* C. Y. Wu

51. 玄参科　Scrophulariaceae

连齿马先蒿　*Pedicularis confluens* Tsoong

南川马先蒿　*P. nanchuanensis* Tsoong.

南川腹水草　*Veronicastrum stenostachyum*
　　ssp. *nanchuanense* Chin et Hong

52. 列当科　Orobanchaceae

金佛山齿鳞草　*Lathraea chinfushanica*
　　　　Hu et Tang

53. 苦苣苔科　Gesneriaceae

南川金盏苣苔　*Isometrum nanchuanense*
　　　　K. Y. Pan et Z. Y. Liu

54. 车前科　Plantaginaceae

密花车前　*P. asiatica* ssp. *densiflora*
　　　　(J. Z. Liu) Z. Y. Li

55. 忍冬科　Caprifoliaceae

肉叶忍冬　*Lonicera carnosifolia* C. Y. Wu

56. 川续断科　Dipsacaceae

金山续断　*Dipsacus atrapurpureus*
　　　　　　　　　　C. Y. Cheng et Z. T. Yin

57. 葫芦科　Cucurbitaceae

金佛山雪胆　*Hemsleya pengxianensis* var.
　　jinfushanensis L. T. Shen et W. J. Chang
多果雪胆　*H. pengxianensis* var. *polycarpa*
　　　　　　　　L. T. Shen et W. J. Chang

58. 菊科　Compositae

多苞兔儿风　*Ainsliaea multibracteata* Mattf.
四川天名精　*Carpesium szechuanense* Chen
金佛山大蓟　*Cirsium bracteiferum* Shih
南川泽兰　*Eupatorium nanchuanense* Ling et
　　　　　　　　　　　　　　　　　Shih
南川鼠曲草　*Gnaphalium nanchuanense*
　　　　　　　　　　　　　Ling et Tseng
南川囊吾　*Ligularia nanchuanic* S. W. Liu
光苞紫菊　*Notoseris psilolepis* Shih
南川福王草　*Prenanthes nanchuanensis* Shih
秃果蒲儿根　*Sinosenecio globigerus* var.
　　　adenophyllus C. Jeffrey et Y. L. Chen
七裂蒲儿根　*S. septilobus* (Chang) B. Nord.
革叶蒲儿根　*S. subcoriaceus* C. Jeffrey
　　　　　　　　　　　　　et Y. L. Chen
莲座狗舌草　*Tephroseris changii* B. Nord.

59. 禾本科　Gramineae

大锥剪股颖　*Agrostis megathyrsa* Keng
南川镰序竹　*Drepanostachyum melicoideum*
　　　　　　　　　　　　　　　Keng f.

微毛鹅冠草　*Roegneria puberula* Keng

60. 天南星科　Araceae

矮生花南星　*Arisaema lobatum* var.
　　　　　　　　　　　　eulobatum Engl.

61. 百合科　Liliaceae

金佛山竹根七　*Disporopsis jinfushannensis*
　　　　　　　　　　　　　　Z. Y. Liu
南川鹭鸶草　*Diuranthera inarticulata*
　　　　　　　　　　Wang ex K. Y. Lang
金佛山百合　*Lilium jinfushanense*
　　　　　　　　　L. J. Peng et B. N. Wang
南川沿阶草　*Ophiopogon bockianus* Diels
金佛山黄精　*Polygonatum ginfoshanicum*
　　　（Wang et Tang）Wang et Tang
金佛山开口箭　*Tupistra jinshanensis*
　　　　　　　　Z. L. Yang et X. G. Luo

62. 姜科　Zingiberaceae

南川山姜　*Alpinia nanchuanwnsis* Z. Y. Zhu
白毛姜花　*Hedychium coronarium*
　　　　　　　　var. *baimao* Z. Y. Zhu

63. 兰科　Orchidaceae

南川盆距兰　*Gastrochilus nanchuanensis*
　　　　　　　　　　　　　　Z. H. Tsi
南川对叶兰　*Listera nanchuanica* S. C. Chen
金佛山兰　*Tangtsinia nanchuanica* S. C. Chen

〔金佛山特有植物共有 181 种（变种、变型）〕

附录 9　重庆金佛山特有(模式)动物名录(昆虫)

——闫光凡执笔

1.**花蝽科**　Anthocoridae

东亚小花蝽　*Orius sauteri*（Poppius）

2.**步甲科**　Carabidae

金佛山弯步甲　*Colpoides hauseri* Jedlicka

金山婪步甲　*Harpalus ginfushanus* Iedlicka

3.**瓢甲科**　Coccinellidae

黑缘光瓢虫　*Exochomus nigromarginatus*

　　　　　　　　　Miyatake

4.**叶甲科**　Chrysomelidae

黑额光叶甲　*Smaragdina nigrifrons*（Hope）

5.**天牛科**　Cerambycidae

白角虎天牛　*Anaglyptus apicicornis* Gressitt

6.**尺蛾科**　Geometridae

苹烟尺蠖　*Phthonosema tendinosaria*（Bremer）

尘尺蠖　*Serraca punctinalis conferenda* Butler

7.**姬蜂科**　Ichneumonidae

樗蚕黑点瘤姬蜂　*Xanthopimpla konowi*

　　　　　　　　　Krieger

8.**蚁科**　Formicidae

鳞蚁　*Strumigengs godeffroyilewisi* Cameron

9.**虻科**　Tabanidae

五带虻　*Tabanus quinquecintus* Richardo

10.**寄蝇科**　Tachinidae

常怯寄蝇　*Phryxe vulgaris* Fallen

〔金佛山特有动物共计 12 种(亚种)〕

附录10　重庆金佛山兰科植物名录

——刘正宇、张军执笔

1.**无柱兰属**　Amitostigma
头序无柱兰　*A. capitatum* Tang et Wang
峨眉无柱兰　*A. faberi* (Rolfe) Schltr.
细葶无柱兰　*A. gracile* (Bl.) Schltr.

2.**开唇兰属**　Anoectochilus
白齿开唇兰　*A. candidus* (T. P. Lin et C. C. Hsu) K. Y. Lang
西南开唇兰　*A. elwesii* (Clarke ex Hook. f.) King et Pantl.
艳丽齿唇兰　*A. moulmeinensis* (Par. et Rchb. f.) Seidenf.
花叶开唇兰　*A. roxburghii* (Wall.) Lindl.

3.**竹叶兰属**　Arundina
竹叶兰　*A. graminifolia* (D. Don) Hochr.

4.**白芨属**　Bletilla
小白芨　*B. formosana* (Hayata) Schltr.
黄花白芨　*B. ochracea* Schltr.
白芨　*B. striata* (Thunb. ex A. Murray) Rchb. f.

5.**石豆兰属**　Bulbophyllum
梳帽卷瓣兰　*B. andersonii* (Hook. f.) J. J. Smith
直唇卷瓣兰　*B. delitescens* Hance
戟唇石豆兰　*B. hastatum* T. Tang et F. T. Wang
密花石豆兰　*B. odoratissimum* (J. E. Smith) Lindl.
伏生石豆兰　*B. raptans* (Lindl.) Lindl.

6.**虾脊兰属**　Calanthe
泽泻虾脊兰　*C. alismaefolia* Lindl.
流苏虾脊兰　*C. alpina* Hook. f. ex Lindl.
短距虾脊兰　*C. arcuata* Rolfe
肾唇虾脊兰　*C. brevicornu* Lindl.
剑叶虾脊兰　*C. davidii* Franch.
少花虾脊兰　*C. delavayi* Finet
密花虾脊兰　*C. densiflora* Lindl.
钩距虾脊兰　*C. graciliflora* Hayata
叉唇虾脊兰　*C. hancockii* Rolfe
疏花虾脊兰　*C. henryi* Rolfe
细花虾脊兰　*C. mannii* Hook. f.
反瓣虾脊兰　*C. reflexa* (Kuntze) Maxim.
三棱虾脊兰　*C. tricarinata* Wall. ex Lindl.
三褶虾脊兰　*C. triplicata* (Willem.) Ames
四川虾脊兰　*C. whiteana* King et Pantl.

7.**卡特兰属**　Cattleya
卡特兰　*C. bowriana* Veitch. *

8.**银兰属**　Cephalanthera
银兰　*C. erecta* (Thunb. ex A. Murray) Bl.
金兰　*C. falcata* (Thunb. ex A. Murray) Bl.

9.**独花兰属**　Changnienia
独花兰　*C. amoena* S. S. Chien

10.**蜈蚣兰属**　Cleisostoma
蜈蚣兰　*C. scolopendrifolium* (Makino) Garay

11.**凹舌兰属**　Coeloglossum
凹舌兰　*C. viride* (Linn.) Hartm.

12.**珊瑚兰属**　Corallorhiza
珊瑚兰　*C. trifida* Chat.

13.**杜鹃兰属**　Cremastra
杜鹃兰　*C. appendiculata* (D. Don) Makino

14. 兰属　Cymbidium

套叶兰　*C. cyperifolium* Wall. ex Lindl.

莎草兰　*C. elegans* Lindl.

建兰　*C. ensifolium* (Linn.) Sw.

蕙兰　*C. faberi* Rolfe

送春　*C. faberi* var. *szechuanicum* (Y. S. Wu et S. C. Chen) Y. S. Wu et S. C. Chen

多花兰　*C. floribundum* Lindl.

春兰　*C. goeringii* (Rchb. f.) Rchb. f.

雪兰　*C. goeringii* f. *papgrifloram* Y. S. Wu

春剑　*C. goeringii* var. *longibracteatum* Y. S. Wu et S. C. Chen

线叶春兰　*C. goeringii* var. *serratum* (Schltr.) Y. S. Wu et S. C. Chen

虎头兰　*C. hookerianum* Rchb. f. *

黄蝉兰　*C. iridioides* D. Don

寒兰　*C. kanran* Makino

兔耳兰　*C. lancifolium* Hook.

腐生兰　*C. macrorhizon* Lindl.

墨兰　*C. sinense* (Jackson ex Andr.) Willd. *

15. 杓兰属　Cypripedium

杓兰　*C. calceolus* Linn.

大叶杓兰　*C. fasciolatum* Franch.

黄花杓兰　*C. flavum* P. F. Hunt et Summerh.

绿花杓兰　*C. henryi* Rolfe

扇脉杓兰　*C. japonicum* Thunb.

斑叶杓兰　*C. margaritaceum* Franch.

小花杓兰　*C. micranthum* Franch.

16. 石斛属　Dendrobium

曲茎石斛　*D. flexicaule* Z. H. Tsi, S. C. Sun et L. G. Xu

细叶石斛　*D. hancockii* Rolfe

罗河石斛　*D. lohohense* Tang et Wang

细茎石斛　*D. moniliforme* (Linn.) Sw.

石斛　*D. nobile* Lindl.

铁皮石斛　*D. officinale* Kimura et Migo

广东石斛　*D. wilsonii* Rlofe

17. 厚唇兰属　Epigeneium

单叶厚唇兰　*E. fargesii* (Finet) Gagnep.

18. 火烧兰属　Epipactis

火烧兰　*E. helleborine* (Linn.) Crantz

大叶火烧兰　*E. mairei* Schltr.

19. 山珊瑚属　Galeola

山珊瑚　*G. faberi* Rolfe

毛萼山珊瑚　*G. lindleyana* (Hook. f. et Thoms.) Rchb. f.

20. 盆距兰属　Gastrochilus

城口盆距兰　*G. fargesii* (Kraenzl) Schltr.

细茎盆距兰　*G. intermedius* (Griff. ex Lindl.) Kuntze

南川盆距兰（模式）　*G. nanchuanensis* Z. H. Tsi(特有)

21. 天麻属　Gastrodia

天麻　*G. elata* Bl.

松天麻　*G. elata* f. *alba* S. Chow

水红杆天麻　*G. elata* f. *flavida* S. Chow

乌天麻　*G. elata* f. *glauca* S. Chow

绿天麻　*G. elata* f. *viridis* (Makino) Makino

22. 地宝兰属　Geodorum

地宝兰　*G. densiflorum* (Lam.) Schltr.

23. 斑叶兰属　Goodyera

大花斑叶兰　*G. biflora* (Lindl.) Hook. f.

多叶斑叶兰　*G. foliosa* (Lindl.) Benth. ex Clarke

光萼斑叶兰　*G. henryi* Rolfe

小斑叶兰　*G. repens* (Linn.) R. Br.

斑叶兰　*G. schlechtendaliana* Rchb. f.

绒叶斑叶兰　*G. velutina* Maxim.

24. 手参属　Gymnadenia

手参(佛手参)　*G. conopsea* (Linn.) R. Br.

西南手参　*G. orchidis* Lindl.

25. 玉凤花属　Habenaria

毛亭玉凤花　*Habenaria ciliolaris* Kraenzl.

长距玉凤花　*H. davidii* Franch.

鹅毛玉凤花　*H. dentata* (Sw.) Schltr.

裂瓣玉凤花　*H. petelotii* Gagnep.

丝裂玉凤花　*H. polytricha* Rolfe

26. 舌喙兰属　Hemipilia

粗距舌喙兰　*H. crassicalcarata* S. S. Chien

裂唇舌喙兰　*H. henryi* Rolfe

27. 角盘兰属　Herminium

叉唇角盘兰　*H. lanceum* (Thunb. ex Sw) Vuijk

长瓣角盘兰　*H. ophioglossoides* Schltr.

28. 瘦房兰属　Ischnogyne

瘦房兰 (模式)　*I. mandarinorum* (Kraenzl.) Schltr.

29. 羊耳蒜属　Liparis

洋翅羊耳蒜　*Liparis bootanensis* Griff.

二褶羊耳蒜　*L. cathcartii* Hook. f.

大花羊耳蒜　*L. distans* C. B. Clarke

小羊耳蒜　*L. fargesii* Finet

羊耳蒜　*L. japonica* (Miq.) Maxim.

见血清　*L. nervosa* (Thunb. ex A. Murray) Lindl.

香花羊耳蒜　*L. odorata* (Willd.) Lindl.

长唇羊耳蒜　*L. pauliana* Hand.-Mazz.

30. 对叶兰属　Listera

南川对叶兰 (模式)　*L. nanchuanica* S. C. Chen (特有)

对叶兰　*L. puberula* Maxim

31. 钗子股属　Luisia

钗子股　*L. morsei* Rolfe

32. 沼兰属　Malaxis

沼兰　*M. monophyllos* (Linn.) Sw.

33. 全唇兰属　Myrmechis

全唇兰　*M. chinensis* Rolfe

34. 葱叶兰属　Microtis

葱叶兰　*M. unifolia* (Forst.) Rchb. f.

35. 兜被兰属　Neottianthe

一叶兜被兰　*N. monophylla* (Ames et Schltr.) Schltr.

36. 芋兰属　Nervilia

广布芋兰　*N. aragoana* Gaud.

37. 红门兰属　Orchis

广布红门兰　*O. chusua* D. Don

38. 山兰属　Oreorchis

长叶山兰　*O. fargesii* Finet

山兰　*O. patens* (Lindl.) Lindl.

39. 兜兰属　Paphiopedilum

麻栗坡兜兰　*P. malipoense* S. C. Chen et Z. H. Tsi

40. 阔蕊兰属　Peristylus

小花阔蕊兰　*P. affinis* (D. Don) Seidenf.

阔蕊兰　*P. goodyeroides* (D. Don) Lindl.

41. 鹤顶兰属　Phaius

黄花鹤顶兰　*P. flavus* (Bl.) Lindl.

42. 石仙桃属　Pholidota

细叶石仙桃　*P. cantonensis* Rolfe

云南石仙桃　*P. yunnanensis* Rolfe

43. 舌唇兰属　Platanthera

二叶舌唇兰　*P. chlorantha* Cust. ex Reichb. f.

对耳舌唇兰　*P. finetiana* Schltr.

舌唇兰　*P. japonica* (Thunb. ex A. Marray) Lindl.

尾瓣舌唇兰　*P. mandarinorum* Rchb. f.

小舌唇兰　*P. minor* (Miq.) Rchb. f.

44. 独蒜兰属　Pleione

白花独蒜兰　*P. albiflora* Cribb et C. Z. Tang

独蒜兰　*P. bulbocodioides* (Franch.) Rolfe

云南独蒜兰　*P. yunnanensis* (Rolfe) Rolfe

45. 朱兰属　Pogonia

朱兰　*P. japonica* Rchb. f.

46. 苞舌兰属　Spathoglottis

苞舌兰　*S. pubescens* Lindl.

47. 绶草属　Spiranthes

绶草　*S. sinensis* (Pers.) Ames

231

48. **带唇兰属** Tainia

带唇兰 *T. dunnii* Rolfe

49. **金佛山兰属** Tangtsinia

金佛山兰（模式） *T. nanchuanica* S. C. Chen（特有）

50. **白点兰属** Thrixspermum

小叶白点兰 *T. japonicum* (Miq.) Rchb. f.

51. **蜻蜓兰属** Tulotis

蜻蜓兰 *T. fuscescens* (Linn.) Czer.

小花蜻蜓兰 *T. ussuriensis* (Reg. et Maack) Hara

52. **旗唇兰属** Vexillabium

旗唇兰 *V. yakushimense* (Yamamoto) F. Maekawa

53. **线柱兰属** Zeuxine

线柱兰 *Z. strateumatica* (Linn.) S. C. Chen

〔1. 金佛山的兰科植物已知有 53 属 144 种（变种），其中兰属植物有 16 种（变种）；2. 其中模式标本采自金佛山的有 4 种，仅产于金佛山的植物有 3 种；3. 其中金佛山兰、铁皮石斛、麻栗坡兜兰为国家一级保护植物，其他 141 种（变种）为国家二级保护植物〕

附录 11　重庆金佛山杜鹃花科植物名录

——刘正宇、任明波执笔

1. 吊钟花属　Enkianthus

中华吊钟花　*E. chinensis* Franch.

毛叶吊钟花　*E. deflexus*（Griff.）Schneid.

少花吊钟花　*E. pauciflorus* Wils.

齿叶吊钟花　*E. serrulatus*（Wils.）Schneid.

2. 白珠属　Gaultheria

四川白珠　*G. cuneata*（Rehd. et Wils.）Beans

金山白珠（模式）　*G. forrestii* Diels（特有）

尾叶白珠　*G. griffithiana* Wight

滇白珠　*G. luecocarpa* var. *crenulata*（Kurz）
T. Z. Hsu

3. 扁枝越橘属　Hugeria

扁枝越橘　*H. vaccinioides*（Lévl.）Hara

4. 南烛属　Lyonia

金山南烛（模式）　*L. jinfushanensis* Z. Y. Liu

南烛　*L. ovalifolia*（Wall.）Drude.

小果南烛　*L. ovalifolia* var. *elliptica*
（Sieb. et Zucc.）Hand.-Mazz.

狭叶南烛　*L. ovalifolia* var. *lanceolata*
（Wall.）Hand.-Mazz.

柔毛南烛　*L. villosa* var. *pubescens*
（Franch.）Rehd.

5. 马醉木属　Pieris

美丽马醉木　*P. formosa*（Wall.）D. Don

马醉木　*P. japanica*（Thunb.）D. Don

6. 杜鹃属　Rhododendron

腺柄杜鹃　*R. adenopodum* Franch.

银叶杜鹃　*R. argyrophyllum* Franch.

耳叶杜鹃　*R. auriculatum* Hemsl.

腺萼马银花　*R. bachii* Lévl.

短梗杜鹃（模式）　*R. brachypodum* Fang
et Liu（特有）

美容杜鹃　*R. calophytum* Franch.

金佛美容杜鹃（模式）　*R. calophytum* var.
jingfuense Fang et W. K. Hu（特有）

疏花美容杜鹃（模式）　*R. calophytum* var.
pauciflorum W. K. Hu（特有）

树枫杜鹃（模式）　*R. changii*（Fang）Fang
（特有）

麻叶杜鹃（模式）　*R. coeloneurum* Diels

大白杜鹃　*R. decorum* Franch.

香花杜鹃　*R. decorum* ssp. *parvistigmatium*
W. K. Hu

树生杜鹃　*R. dendrocharis* Franch.

方氏杜鹃（模式）　*R. fangii* Z. Y. Liu（特有）

云锦杜鹃　*R. fortunei* Lindley

弯蒴杜鹃　*R. henryi* Hance

凉山杜鹃　*R. huianum* Fang

粉白杜鹃　*R. hypoglaucum* Hemsl.

皋月杜鹃　*R. indicum*（Linn.）Sweet. *

夏鹃（锦绣杜鹃）　*R. indicum* var. *macranthum*
Maxim. *

不凡杜鹃　*R. insigne* Hemsl. et Wils.

薄叶马银花　*R. leptothrium* Balf. f. et Forrest

金山杜鹃（模式）　*R. longipes* var. *chienianum*
（Fang）Chamb. ex Cullen et Chamb.（特有）

白花金山杜鹃（模式）　*R. longipes* var.
chienianum f. *albe* Z. Y. Liu（特有）

黄花杜鹃　*R. lutescens* Franch.

麻花杜鹃　*R. maculiferum* Franch.

满山红　*R. mariesii* Hemsl. et Wils.

照山白　*R. micranthum* Turcz.

黄杜鹃　*R. molle*（Bl.）G. Don. ＊

毛棉杜鹃　*R. moulmainense* Hook. f.

白花杜鹃　*R. mucronatum*（Bl.）G. Don.

峨马杜鹃　*R. ochraceum* Rehd. et Wils.

短果峨马杜鹃（模式）　*R. ochraceum* var. *brevicarpum* W. K. Hu（特有）

粉红杜鹃　*R. oreodoxa* var. *fargesii* （Franch.）Chamb. ex Cullen et Chamb.

马银花　*R. ovatum*（Lindl.）Planch. ex Maxim.

瘦柱绒毛杜鹃（模式）　*R. pachytrichum* var. *tenuisylsum* W. K. Hu（特有）

阔柄杜鹃（模式）　*R. platypodum* Diels （特有）

腋花杜鹃　*R. recemosum* Franch.

溪畔杜鹃　*R. rivulare* Hand. -Mazz.

杜鹃　*R. simsii* Planch.

长蕊杜鹃　*R. stamineum* Franch.

四川杜鹃　*R. sutchuenense* Franch.

反边杜鹃　*R. thayerianum* Rehd. et Wils.

7. 越橘属　Vaccinium

乌饭树　*V. bracteatum* Thunb.

短尾越橘　*V. carlesii* Dunn.

贝叶越橘（模式）　*V. conchophyllum* Rehd.（特有）

尾叶越橘　*V. dunalianum* var. *urophylum* Rehd. et Wils.

无梗越橘　*V. henryi* Hemsl.

金佛山越橘（模式）　*V. jinfushanensis* Z. Y. Liu

西南越橘　*V. laetum* Diels

长尾越橘　*V. longicaudatum* Chun

江南越橘　*V. mandarinorum* Diels

抱石越橘　*V. nummularia* Hook. f. et Thons.

米饭花　*V. sprengelii*（G. Don）Sleumer

刺毛越橘　*V. trichocladum* Merr. et Metcalf

红花越橘　*V. urceolatum* Hemsl.

　　［1. 金佛山的杜鹃花科植物共有 7 属 72 种，其中杜鹃属植物有 44 种（变种）；2. 其中模式标本采自金佛山的有 16 种，仅产于金佛山的植物有 12 种；3. 纳入《国家植物红皮书（第二册）》的有阔柄杜鹃、树生杜鹃、不凡杜鹃 3 种］

附录 12　重庆金佛山外来入侵植物名录

——林茂祥、刘正宇 执笔

1. 荨麻科　Urticaceae

薄状冷水花　*Pilea microphylla*（Linn.）Lieb.

2. 藜科　Chenopodiaceae

土荆芥　*Chenopodium ambrosioides* Linn.

杂配藜　*C. hybridum* Linn.

3. 苋科　Amaranthaceae

空心莲子草　*Alternanthera philoxeroides*（Mart.）Griseb.

反枝苋　*Amaranthus retroflexus* Linn.

刺苋　*A. spinosus* Linn.

皱果苋　*A. viridis* Linn.

4. 紫茉莉科　Nyctaginaceae

紫茉莉　*Mirabilis jalapa* Linn.

5. 商陆科　Phytolaccaceae

十蕊商陆　*Phytolacca americana* Linn.

6. 落葵科　Basellaceae

藤三七　*Anredera cordifolia*（Ten.）Steen.

7. 酢浆草科　Oxalidaceae

红花酢浆草　*Oxalis corymbosa* DC.

8. 牻牛儿苗科　Geraniaceae

野老鹳草　*Geranium carolinianum* Linn.

9. 大戟科　Euphorbiaceae

飞扬草　*Euphorbia hirta* Linn.

斑地锦　*Euphorbia maculata* Linn.

蓖麻　*Ricinus communis* Linn.

10. 西番莲科　Passifloraceae

龙珠果　*Passiflora foetida* Linn.

11. 伞形科　Umbelliferae

细叶旱芹　*Apium leptophyllum*（Pers.）F. Muell.

野胡萝卜　*Daucus carota* Linn.

12. 旋花科　Convolvulaceae

圆叶牵牛　*Pharbitis purpurea*（Linn.）Voigt

13. 茄科　Solanaceae

曼陀罗　*Datura stramonium* Linn.

丁茄（牛茄子）　*Solanum surattense* Burm. f.［*S. aculeatissimum* Jacq.］

14. 玄参科　Scrophulariaceae

波斯婆婆纳　*Veronica persica* Poir.

婆婆纳　*V. didym* Tanore

15. 菊科　Compositae

藿香蓟　*Ageratum conyzoides* Linn.

钻形紫菀　*Aster subulatus* Mich.

三叶鬼针草　*Bidens pilosa* Linn.

小蓬草　*Conyza canadensis*（Linn.）Cronq.

苏门白酒草　*C. sumatrensis*（Retz.）Walker

野茼蒿　*Crassocephalum crepidioides*（Benth.）S. Moore

一年蓬　*Erigeron annuus*（Linn.）Pers.

牛膝菊　*Galinsoga parviflora* Cav.

16. 禾本科　Gramineae

野燕麦　*Avena fatua* Linn.

17. 雨久花科　Pontederiaceae

凤眼莲　*Eichhornia crassipes*（Mart.）Solms.

［金佛山共有外来入侵有害植物 17 科 28 属 33 种］

重庆金佛山生物资源名录

附录 13　重庆金佛山药用真菌名录

——韦会平、刘正宇、刘翔执笔

一、麦角菌目　Clavicipitales

1. 麦角科　Clavicipitaceae

蜣螂虫草　*Cordyceps geotrupis* Teng.
　　菌核及子座:止血收敛

蟋蟀虫草　*C. grylli* Teng
　　子座及寄主:益肾补精、化痰

亚香棒虫草　*C. hawkesii* Gray
　　子座及寄主:益肾、止血

凉山虫草　*C. liangshanensis* Zang，Liu et Hu
　　子座:补精益肾

珊瑚虫草　*C. martialis* Gray
　　子座及寄主:益肾补精、止咳、止血

蛹虫草　*C. militaris*（L.；Fr.）Link.
　　子座及寄主:益肺肾、止血化痰

蚂蚁虫草　*C. myrmecophila* Ces
　　子座及寄主:止血

垂头虫草　*C. nutans* Pat.
　　子座及寄主:益肺肾、止血、止咳

大团囊虫草　*C. ophioglossoides*（Ehrenb.）Link.
　　子座:止血收敛

蝉草　*C. sobolifera*（Hill.）Berk. et Br.
　　子座及寄主:解痉、散风寒、透疹

黄蜂虫草　*C. sphecocephala*（Kl.）Sacc.
　　子座及寄主:益肺肾、补精

细座虫草　*C. tuberculata*（Leb.）Maire
　　子座及寄主:益肺肾、补精

稻曲菌　*Ustilaginoidea virens*（Cke）Tak.
　　菌核:消炎、杀菌

二、肉座菌目　Hypocreales

2. 肉座菌科　Hypocreaceae

竹生肉球菌　*Engleromyces goetzii* P. Henn.
　　子座:抗癌、解毒、消炎

竹砂仁　*Eypocrea rufa*（Pers.）Fr.
　　子座:抗癌

黄肉棒菌　*Podostroma alutaceum*（Pers.；Fr.）Atk.
　　子座:止血、解毒、消炎

竹黄　*Shiraia bambusicola* P. Henn.
　　子座及孢子:止咳祛痰、舒筋活络、补中益气

三、炭角菌目　Xylariales

3. 炭角菌科　Xylariaceae

黑炭角菌　*Xylaria nigrescens*（Sacc.）Lloyd
　　菌核:清热利尿

黑柄炭角菌　*X. nigripes*（Kl.）Sacc.

　　菌核:清热利尿、补肾、降压、安神

多形炭角菌　*X. polymorpha*（Pers.；Fr.）Grer.
　　菌核:清热利尿

笔状炭角菌　*X. sanchezii* Lloyd
　　菌核:清热利尿、安神

四、柔膜菌目　Helotiales

4. **核盘菌科**　Sclerotiniaceae

核盘菌　*Sclerotinia sclerotiorum*（Lib.）de Bary
　　子实体:抗癌

五、盘菌目　Pezizales

5. **肉盘菌科**　Sarcosomataceae

美州丛耳菌　*Wynnea americana* Thax.
　　子实体:利水、降压

6. **羊肚菌科**　Morchellaceae

尖顶羊肚菌　*Morchella conica* Fr.
　　子实体:益肠胃、助消化、化痰理气

粗腿羊肚菌　*M. crassipes*（Vent.）Pers.
　　子实体:消食、祛痰、理气

小羊肚菌　*M. deliciosa* Fr.
　　子实体:消食、祛痰

羊肚菌　*M. esculenta*（L.）Pers.
　　子实体:益肠胃、助消化、化痰理气

六、黑粉菌目　Ustilaginales

7. **黑粉菌科**　Ustilaginceae

丝黑穗菌　*Sphacelotheca reiliana*（Kuehn）
　　　　　　　　　　　　　　　　　Clint.

　　病穗:止血、止痢

高粱黑粉菌　*S. sorghi*（Link.）Chint
　　病穗:止血

茭白黑粉菌　*Ustilago esculenta*（P. Henn.）
　　　　　　　　　　　　　　　　　　Liou

　　菌丝体:利尿通便

玉米黑粉菌　*U. maydis*（DC.）Corda
　　孢子:抗癌、利肝胆、益肠胃

小麦黑粉菌　*U. nuda*（Jens.）Rostr
　　冬孢子粉:发汗止痛

七、木耳目　Auriculariales

8. **木耳科**　Auriculariaceae

木耳　*Auricularis auricula*（L. ex Hook.）
　　　　　　　　　　　　　　　　　Underw.

　　子实体:抗癌、益气强身、补血活血、止血、
　　　止痛

皱木耳　*A. delicata*（Fr.）Henn.
　　子实体:抗癌、益气强身、补血活血、止血、
　　　止痛

毛木耳　*A. polytricha*（Mont.）Sacc.
　　子实体:抗癌、益气强身、补血活血、止血、
　　　止痛

9. 胶耳科　Exidiaceae

焰耳　*Phlogiotis helvelloides*（DC.；Fr.）
Martin

　　子实体：抗癌

虎掌刺银耳　*Pseudohydnum gelatinosum*
（Scop.；Fr.）Karst.

　　子实体：抗癌

八、银耳目　Tremellales

10. 银耳科　Tremellaceae

茶色银耳　*Tremella foliacea* Pers.；Fr.

　　子实体：民间用于治疗妇科病

银耳　*T. fuciformis* Berk.

　　子实体：抗癌、滋阴润肺、清热润肠、强筋补肾

金黄银耳　*T. mesenterica* Retz.；Fr.

　　子实体：滋阴润肺、止咳化痰、定喘

九、非褶菌目　Aphyllophorales

11. 珊瑚菌科　Clavariaceae

堇紫珊瑚菌　*Clavaria zollingerii* Lév.

　　子实体：抗结核

12. 枝瑚菌科　Ramariaceae

尖顶枝瑚菌　*Ramaria apiculata*（Fr.）Donk

　　子实体：抗癌

红顶枝瑚菌　*R. botrytoides*（Peck）Corner

　　子实体：祛风和胃、破血、缓中

疣孢黄枝瑚菌　*R. flava*（Schaeff.；Fr.）Quél.

　　子实体：抗癌、祛风和胃、破血、缓中

粉红枝瑚菌　*R. formosa*（Pers.；Fr.）Quél.

　　子实体：抗癌、祛风和胃、破血、缓中

13. 韧革菌科　Stereaceae

丛片韧革菌　*Stereum frustulosum*（Pers.）Fr.

　　子实体：抗癌

烟色韧革菌　*S. gausapatum* Fr.

　　子实体：抗癌

14. 皱孔菌科　Meruliaceae

干朽菌　*Gyrophana lacrymans*（Wulf.；Fr.）Pat.

　　子实体：抗癌

15. 牛舌菌科　Fistulinaceae

牛舌菌　*Fistulina hepatica*（Schaeff.）Fr.

　　子实体：抗癌

16. 鸡油菌科　Cantharellaceae

鸡油菌　*Cantharellus cibarius* Fr.

　　子实体：抗癌、清目利肺

小鸡油菌　*C. minor* Peck

　　子实体：抗癌、明目利肝、益肠胃

17. 猴头菌科　Hericiaceae

珊瑚状猴头菌　*Hericium coralloides*
（Scop. ex Fr.）Pers. ex Gray

　　子实体：壮筋骨、利五脏、助消化

猴头菌　*H. erinaceum*（Bull.；Fr.）Pers.

　　子实体：抗癌、壮筋骨、利五脏、助消化

18. 多孔菌科　Polyporaceae

烟管菌　*Bjerkandera adusta*（Willd.；Fr.）
Karst.

　　子实体：抗癌

烟色烟管菌　*B. fumosa*（Pers.；Fr.）Karst.

　　子实体：抗癌

鲑贝云芝　*Coriolus consors*（Berk.）Imaz.

　　子实体：抗癌

毛云芝　*C. hirsutus*（Fr. ex Wulf.）Quél.

　　子实体：抗癌

单色云芝　*C. unicolor*（L.：Fr.）Pat.

　　子实体:抗癌

云芝　*C. versicolor*（L.：Fr.）Quél.

　　子实体:抗癌、清热消炎

隐孔菌　*Cryptoporus volvatus*（Peck.）Shear

　　子实体:抗癌、并治大肠下血

白迷孔菌　*Daedalea albida* Fr.

　　子实体:抗癌、并治大肠下血

粉迷孔菌　*D. biennis*（Bull.）Fr.

　　子实体:抗癌、并治大肠下血

肉色迷孔菌　*D. dickinsii*（Berk. ex Cke.）Yasuda

　　子实体:抗癌、并治大肠下血

三色拟迷孔菌　*D. tricolor*（Bull.：Fr.）

　　　　　　　　　　Bond. et Sing.

　　子实体:抗癌、并治大肠下血

大孔菌　*Favolus alveolaris*（DC.：Fr.）Quél.

　　子实体:抗癌、并治大肠下血

漏斗大孔菌　*F. crcularius*（Batsch：Fr.）Ames.

　　子实体:抗癌、并治大肠下血

宽鳞大孔菌　*F. squamosus*（Huds.：Fr.）Ames.

　　子实体:抗癌、并治大肠下血

硬皮褐层孔菌　*Fomes adamantinus*（Brek.）Cke.

　　子实体:治胃痛

木蹄层孔菌　*F. fomentarius*（L.：Fr.）Kick.

　　子实体:抗癌

硬皮层孔菌　*F. hornodermus* Mont.

　　子实体:镇惊、祛风、止血、止痒

红颊拟层孔菌　*Fomitopsis cytisina*（Berk.）

　　　　　　　　　　Bond. et Sing.

　　子实体:抗癌

药用拟层孔菌　*F. officinalis*（Vill.：Fr.）

　　　　　　　　　　Bond. et Sing.

　　子实体:抗癌、清热解毒、止痛

红缘拟层孔菌　*F. pinicola*（Swartz.：Fr.）Karst.

　　子实体:抗癌

红肉拟层孔菌　*F. rosea*（A. et S.：Fr.）Karst.

　　子实体:抗癌

榆生拟层孔菌　*F. ulmaria*（Sor.：Fr.）Bond.

　　　　　　　　　　et Sing.

　　子实体:抗癌

篱边粘褶菌　*Gloeophyllum saepiarium*

　　　　　　　　　　（Wolf.：Fr.）Karst.

　　子实体:抗癌

密粘褶菌　*G. trabeum*（Pers.：Fr.）Murr.

　　子实体:抗癌

灰树花　*Grifola frondosa*（Fr.）S. F. Gray

　　子实体:抗癌

大刺孢树花　*G. gigantea*（Pers.）Karst.

　　子实体:抗癌

猪苓　*G. umbellata*（Pers.：Fr.）Pilat.

　　菌核:抗癌、利尿渗湿

冷杉囊孔菌　*Hirschioporus abietinus*

　　　　　　　　　　（Dicks.：Fr.）Donk

　　子实体:抗癌

褐紫囊孔菌　*H. fusco-violaceus*（Schrad.：Fr.）

　　　　　　　　　　Donk

　　子实体:抗癌

薄皮纤孔菌　*Inonotus cuticularis*（Bull.：Fr.）

　　　　　　　　　　Karst.

　　子实体:抗癌

丝光薄纤孔菌　*I. tabacinus*（Murr.）Karst.

　　子实体:抗癌

皱皮孔菌　*Ischnoderma resinosum*

　　　　　　　　　　（Schaeff.：Fr.）Karst.

　　子实体:抗癌

硫磺菌　*Laetiporus sulphureus*（Fr.）Murrill

　　子实体:抗癌

桦褶孔菌　*Lenzites betulina*（L.）Fr.

　　子实体:抗癌、追风散寒、舒筋活络

薄盖桦褶孔菌　*L. betulina* var. *flaccida*

　　　　　　　　　　（Bull.：Fr.）Bres.

　　子实体:追风散寒、舒筋活络

贝状木层孔菌　*Phellinus conchatus*

　　　　　　　　　　（Pers.：Fr.）Quél.

　　子实体:活血、化积解毒

厚贝木层孔菌　*P. densus*（Lloyd）Teng

　　子实体:解毒杀虫

淡黄木层孔菌　*P. gilvus*（Schw.：Fr.）Pat.

　　子实体:抗癌、补脾祛湿

火木层孔菌　*P. igniarius*（L.：Fr.）Quél.
　　子实体：抗癌、利五脏、软坚、排毒、止血
裂蹄木层孔菌　*P. linteus*（Berk. et Cart.）Teng
　　子实体：抗癌
松木层孔菌　*P. pini*（Fr.）Quél.
　　子实体：抗癌
缝裂木层孔菌　*P. rimosus*（Berk.）Pilat.
　　子实体：抗癌
稀硬木层孔菌　*P. robustus*（Karst.）Bond.
　　　　　　　　　　　　　　et Sing.
　　子实体：抗癌
桦剥管菌　*Piptoporus betulinus*（Bull.：Fr.）
　　　　　　　　　　　　　　Karst.
　　子实体：抗癌
黄多孔菌　*Polyporus elegans*（Bull.）Fr.
　　子实体：追风散寒、舒筋活络
黑柄多孔菌　*P. melanopus*（Sw.）Pilat
　　子实体：抗癌
多孔菌　*P. varius* Pers.：Fr.
　　子实体：祛风散寒、舒筋骨
茯苓　*Poria cocos*（Schw.）Wolf.
　　菌核：抗癌、渗湿利水、益脾和胃、宁心安神
朱红栓菌　*Trametes cinnabarina*（Jacq.）Fr.
　　子实体：抗癌、清热除湿、消炎解毒、止血
皱褶栓菌　*T. corrugata*（Pers.）Bers.
　　子实体：活血、止血、止痒
偏肿栓菌　*T. gibbosa*（Pers.：Fr.）Fr.
　　子实体：抗癌
东方栓菌　*T. orientalis*（Yasuda）Imaz.
　　子实体：抗癌

紫椴栓菌　*T. palisoti*（Fr.）Imaz.
　　子实体：祛风、止痒
槐栓菌　*T. robiniophila* Murr.
　　子实体：祛风、止痒
血红栓菌　*T. sanquinea*（L.：Fr.）Lloyd
　　子实体：抗癌
蓝灰干酪菌　*Tyromyces caesius*（Schrad.：Fr.）
　　　　　　　　　　　　　　　　Murr.
　　子实体：抗癌
蹄形干酪菌　*T. lacteus*（Fr.）Murr.
　　子实体：抗癌
绒盖干酪菌　*T. pubescens*（Schum.：Fr.）Imaz.
　　子实体：抗癌

19. 灵芝科　Ganodermataceae

皱盖假芝　*Amauroderma rudis*（Berk.）Cunn.
　　子实体：抗癌、消积、化痰、消炎、止血
树舌灵芝　*Ganoderma applanatum*（Pers.）Pat.
　　子实体：抗癌、主治食道癌
层叠灵芝　*G. lobatum*（Schw.）Atk.
　　子实体：强身、保肝益肾
灵芝　*G. lucidum*（Leyss.：Fr.）Karst.
　　子实体：抗癌、滋补、健脑、强身、保肝益胃
无柄紫灵芝　*G. mastoporum*（Lév.）Pat.
　　子实体：滋补、强身
黑紫灵芝　*G. neo-japonicum* Imaz.
　　子实体：抗癌、滋补、健脑、强身、保肝益胃
紫灵芝　*G. sinense* Zhao，Xu et Zhang
　　子实体：抗癌
松杉灵芝　*G. tsugae* Murr.
　　子实体：抗癌

十、伞菌目　Agaricales

20. 松塔牛肝菌科　Strobilomycetaceae

松塔牛肝菌　*Strobilomyces strobilaceus*
　　　　　　　　　　（Scop.：Fr.）Berk.
　　子实体：追风散寒

21. 牛肝菌科　Boletaceae

褐盖牛肝菌　*Boletus brunneissimus* Chiu
　　子实体：清热解烦、养血和中

美味牛肝菌　*B. edulis* Bull.；Fr.
　　子实体:抗癌、清热解烦、养血和中、补虚提神
削脚牛肝菌　*B. queletii* Schulz.
　　子实体:抗癌、清热解毒
细网柄牛肝菌　*B. satanas* Lenz.
　　子实体:抗癌
小美牛肝菌　*B. speciosus* Forst.
　　子实体:清热解烦、养血和中
黄粉牛肝菌　*Pulveroboletus ravenelii*
　　　　　　　　　　　　（Berk. et Curt.）Murr.
　　子实体:追风散寒、舒筋活络
粘盖牛肝菌　*Suillus bovinus*（L.；Fr.）
　　　　　　　　　　　　　　　O. Kuntze
　　子实体:抗癌
点柄粘盖牛肝菌　*S. granulatus*（L.；Fr.）
　　　　　　　　　　　　　　　O. Kuntze
　　子实体:抗癌、并治大骨节痛
褐环粘盖牛肝菌　*S. luteus*（L.；Fr.）Gray
　　子实体:抗癌、并治大骨节痛

22. 红菇科　Russulaceae

香乳菇　*Lactarius camphoratus*（Bull.）Fr.
　　子实体:抗癌、清热解毒
松乳菇　*L. deliciosus*（L.；Fr.）Gray
　　子实体:抗癌、清热解毒
红汁乳菇　*L. hatsudake* Tanaka
　　子实体:抗癌、清热解毒
环纹苦乳菇　*L. insulsus* Fr.
　　子实体:追风散寒、舒筋活络
白乳菇　*L. piperatus*（L.；Fr.）Gray
　　子实体:抗癌、追风散寒、舒筋活络
亚绒白乳菇　*L. subvellerreus* Peck
　　子实体:抗癌、追风散寒、舒筋活络
绒白乳菇　*L. vellereus*（Fr.）Fr.
　　子实体:抗癌、追风散寒、舒筋活络
多汁乳菇　*L. volemus* Fr.
　　子实体:抗癌、消肺及胃热
烟色红菇　*Russula adusta*（Pers.）Fr.
　　子实体:抗癌
白黑红菇　*R. albonigra*（Krombh.）Fr.
　　子实体:祛风除湿、舒筋活络

大红菇　*R. alutacea*（Pers.）Fr.
　　子实体:追风散寒、舒筋活络
黄斑红菇　*R. aurata*（With.）Fr.
　　子实体:抗癌
黄斑绿菇　*R. crustosa* Peck
　　子实体:抗癌
花盖红菇　*R. cyanoxantha* Schaeff.；Fr.
　　子实体:抗癌
梨红菇　*R. cyanoxantha* f. *peltereaui* R. Maire
　　子实体:消炎、杀虫
大白菇　*R. delica* Fr.
　　子实体:抗癌、追风散寒
密褶黑菇　*R. densifolia*（Secr.）Gill.
　　子实体:追风散寒
毒红菇　*R. emetica*（Schaeff.；Fr.）Pers.
　　　　　　　　　　　　　　　ex S. F. Gray
　　子实体:抗癌
臭黄菇　*R. foetens* Pers.；Fr.
　　子实体:抗癌、舒筋活络、追风散寒
全缘红菇　*R. integra*（L.）Fr.
　　子实体:追风散寒、舒筋活络
拟臭黄菇　*R. laurocerasi* Melzer
　　子实体:抗癌
红菇　*R. lepida* Fr.
　　子实体:抗癌
稀褶黑菇　*R. nigricans*（Bull.）Fr.
　　子实体:抗癌、追风散寒、舒筋活络
假大白菇　*R. pseudodelica* Lange
　　子实体:抗癌
点柄臭黄菇　*R. senecis* Imai
　　子实体:抗癌
亚稀褶黑菇　*R. subnigricans* Hongo
　　子实体:抗癌
正红菇　*R. vinosa* Lindbl.
　　子实体:追风散寒、活筋络
绿菇　*R. virescens*（Schaeff. ex Zanted.）Fr.
　　子实体:抗癌、清热明目、舒肝理气

23. **侧耳科** Pleurotaceae

亚侧耳 *Hohenbuehelia serotina*（Pers.；Fr.）Sing.

    子实体:抗癌

香菇 *Lentinus edodes*（Berk.）Sing.
    子实体:抗癌、理气化痰、益胃、降血压、降胆固醇

豹皮香菇 *L. lepideus*（Fr.；Fr.）Fr.
    子实体:抗癌、理气化痰、益胃、降血压、降胆固醇

鳞皮扇菇 *Panellus stypticus*（Bull.；Fr.）Karst.

    子实体:抗癌、止血

革耳 *Panus rudis* Fr.
    子实体:抗癌、解毒消肿

白黄侧耳 *Pleurotus cornucopiae*（Paul.；Pers）Rolland

    子实体:抗癌、解毒消肿

侧耳 *P. ostreatus*（Jacq.；Fr.）Kummer
    子实体:抗癌、舒筋活络、降血压、降胆固醇

24. **裂褶菌科** Schizophyllaceae

裂褶菌 *Schizophyllum commne* Fr.
    子实体:抗癌、滋补强身、清肝明目

25. **鹅膏菌科** Amanitaceae

橙盖鹅膏菌 *Amanita caesarea*（Scop.；Fr.）Pers ex Schw.

    子实体:抗癌、消炎

圈托鳞鹅膏菌 *A. ceciliae*（Berk. et Br.）Bas.
    子实体:抗湿疹

26. **光柄菇科** Pluteaceae

草菇 *Volvariella volvacea*（Bull.；Fr.）Sing.
    子实体:抗癌、消食祛热、降胆固醇

27. **白蘑科** Tricholomataceae

蜜环菌 *Armillariella mellea*（Vahl.；Fr.）Karst.

    子实体:抗癌、明目利肺、降血压

假蜜环菌 *A. tabescens*（Scop.；Fr.）Sing.
    菌丝体:抗癌、清热解毒

杯伞 *Clitocybe infundibuliformis*（Schaeff.；Fr.）Quél.

    子实体:抗癌

水粉杯伞 *C. nebularis*（Batsch；Fr.）Kummer
    子实体:抗癌

金针菇 *Flammulina velutipes*（Curt.；Fr.）Sing.

    子实体:抗癌

紫蜡蘑 *Laccaria amethystea*（Bull. ex Gray）Murr.

    子实体:抗癌

红蜡蘑 *L. laccata*（Scop.；Fr.）Berk. et Br.
    子实体:抗癌

条柄蜡蘑 *L. proxima*（Boud.）Pat.
    子实体:抗癌

安络小皮伞 *Marasmius androsaceus*（L.；Fr.）Fr.

    子实体:抗癌、消炎、止痛

硬柄小皮伞 *M. oreades*（Bolt.；Fr.）Fr.
    子实体:抗癌、消炎、止痛

黄柄小菇 *Mycena epipterygia*（Scop.；Fr.）S. F. Gray

    子实体:抗癌、消炎、止痛

灰盖小菇 *M. galericulata*（Scop.；Fr.）Gray
    子实体:抗癌、消炎、止痛

雷丸 *Omphalia lapidescens* Schroet.
    子实体:抗癌

白环粘奥德蘑 *Oudemansiella mucida*（Schrad.；Fr.）Hohnel

    子实体:抗癌

宽褶奥德蘑 *O. platyphylla*（Pers.；Fr.）Moser in Gams

    子实体:抗癌

长根奥德蘑 *O. radicata*（Relhan；Fr.）Sing.
    子实体:抗癌

假灰杯伞 *Pseudoclitocybe cyathiformis*（Bull.；Fr.）Sing.

    子实体:抗癌

鸡枞菌　*Termitomyces albuminosus*（Berk.）
Heim
　　子实体：益胃清神、助消化
根白蚁伞　*T. eurrhizus*（Berk.）Heim
　　子实体：益胃、清神、治痔
淡褐口蘑　*Tricholoma albobranneum*
（Pers.：Fr.）Quél.
　　子实体：抗癌
假松口蘑　*T. bakamatsutake* Hongo
　　子实体：抗癌
油黄口蘑　*T. flavovirens*（Pers.：Fr.）Lundell.
　　子实体：抗癌
黄褐口蘑　*T. fulvum*（DC.：Fr.）Rea.
　　子实体：抗癌
松口蘑　*T. matsutake*（S. Ito et Imai）Sing.
　　子实体：抗癌、理气止痛、化痰、强身
凸顶口蘑　*T. virgatum*（Fr.）Kummer
　　子实体：抗癌
黄干脐菇　*Xeromphalina campanella*
（Batsch：Fr.）Maire
　　子实体：抗癌

28. 蘑菇科　Agaricaceae

双孢蘑菇　*Agaricus bisporus*（Large）Sing.
　　子实体：抗癌、消食、清神、降血压
蘑菇　*A. campestris* L.：Fr.
　　子实体：抗癌、消食、清神、降血糖
双环林地蘑菇　*A. placomyces* Peck
　　子实体：抗癌
赭鳞蘑菇　*A. subrufescens* Peck
　　子实体：抗癌
金盖鳞伞　*Phaeolepiota aurea*（Matt.：Fr.）
Konr. et Maubl.
　　子实体：抗癌

29. 鬼伞科　Coprinaceae

墨汁鬼伞　*Coprinus atramentarius*（Bull.）Fr.
　　子实体：抗癌、理气化痰、解毒消肿
毛头鬼伞　*C. comatus*（Mull.：Fr.）Gray
　　子实体：抗癌、理气化痰、解毒消肿
绒白鬼伞　*C. lagopus* Fr.
　　子实体：抗癌

晶粒鬼伞　*C. micaceus*（Bull.）Fr.
　　子实体：抗癌
褶纹鬼伞　*C. plicatilis*（Curt：Fr.）Fr.
　　子实体：抗癌
粪鬼伞　*C. sterquilinus* Fr.
　　子实体：抗癌、益肠胃、理气化痰

30. 粪锈伞科　Bolbitiaceae

硬田头菇　*Agrocybe dura*（Bolt.：Fr.）Sing.
　　子实体：消炎、杀菌
田头菇　*A. praecox*（Pers：Fr.）Fayod.
　　子实体：抗癌

31. 球盖菇科　Strophariaceae

簇生黄韧伞　*Naematoloma fasciculare*
（Pers.：Fr.）Sing.
　　子实体：抗癌
黄伞　*Pholiota adiposa*（Fr.）Quél.
　　子实体：抗癌
黄鳞环锈伞　*P. flammans*（Fr.）Kummer
　　子实体：抗癌
黄褐环锈伞　*P. spumosa*（Fr.）Sing.
　　子实体：抗癌
皱环球盖菇　*Stropharia rugosoannulata* Farlow
　　子实体：抗癌

32. 丝膜菌科　Cortinariaceae

黄丝膜菌　*Cortinarius turmalis* Fr.
　　子实体：抗癌
黄丝盖伞　*Inocybe fastigiata*（Schaeff.）Fr.
　　子实体：抗湿疹
皱盖罗鳞伞　*Rozites caperata*（Pers.：Fr.）
Karst.
　　子实体：抗癌

33. 粉褶菌科　Rhodophyllaceae

斜盖粉褶菌　*Rhodophyllus abortivus*
（Berk. ex Curt.）Sing.
　　子实体：抗癌
臭粉褶菌　*R. nidorosus*（Fr.）Quél.
　　子实体：抗癌
毒粉褶菌　*R. sinuatus*（Bull.：Fr.）Pat.
　　子实体：抗癌

34. 网褶菌科　Paxillaceae

卷边网褶菌　*Paxillus involutus*（Batsch）Fr.
　　子实体:追风散寒、舒筋活络

35. 铆钉菇科　Gomphidiaceae

血红铆钉菇　*Chroogomphis rutilus*
　　　　　　　（Schaeff.；Fr.）O. K. Miller
　　子实体:治神经性皮炎

十一、鬼笔目　Phallaes

36. 鬼笔科　Phallaceae

短裙竹荪　*Dictyophora duplicata*（Bosc.）Fischer
　　子实体:止咳、补气、止痛、降血压、降胆固醇
长裙竹荪　*D. indusiata*（Vent.；Pers.）Fisch.
　　子实体:抗癌
黄裙竹荪　*D. multicolor* Bork. et Br.
　　子实体:治脚气病
红鬼笔　*Phallus rubicundus*（Bosc.）Fr.
　　子实体:解毒、消肿、生肌

37. 笼头菌科　Clathraceae

五棱散尾鬼笔　*Lysurus mokusin*（L.；Pers）Fr.
　　子实体:消炎、止血
中华散尾鬼笔　*L. mokusin* f. *sinensis*（Lloyd）
　　　　　　　　　　　　　　　　Kobayasi
　　子实体:消炎、止血
黄柄笼头菌　*Simblus gracile* Berk.
　　子实体:抗癌,可治食道癌和胃癌

十二、马勃目　Lycoperdales

38. 地星科　Geastraceae

粉红地星　*Geastrum rufescens* Pers.
　　孢粉:消炎止血
袋形地星　*G. saccatun*（Fr.）Fisch.
　　孢粉:消炎止血
尖顶地星　*G. triplex*（Jungh.）Fisch.
　　子实体:润肺消炎、活血止血
绒皮地星　*G. velutinum*（Morg.）Fisch.
　　孢粉:消炎止血

39. 马勃科　Lycoperdaceae

长根静灰球菌　*Bovistella radicata*（Mont.）Pat.
　　子实体:止血、消肿
大口静灰球菌　*B. sinensis* Lloyd
　　子实体:消炎、止血
头状秃马勃　*Calvatia craniiformis*（Schw.）Fr.
　　子实体:抗癌、消炎、止血
大秃马勃　*C. gigantea*（Batsch；Fr.）Lloyd
　　子实体:抗癌、清肺利喉、消肿止血
紫色秃马勃　*C. lilacina*（Mont. et Berk.）Lloyd
　　孢子粉:止血
粒皮马勃　*Lycoperdon asperum*（Lév.）de Toni
　　子实体:止血
网纹马勃　*L. perlatum* Pers.
　　子实体:消肿、止血、清肺
小马勃　*L. pusillum* Batsch；Pers.
　　子实体:消肿、止血、清肺
梨形马勃　*L. pyriforme* Schaeff.；Pers.
　　子实体:抗癌
长柄梨形马勃　*L. pyriforme* var. *excipuliforme*
　　　　　　　　　　　　　　　　Desm.
　　子实体:抗癌
赭褐马勃　*L. umbrinum* Pers.
　　子实体:止血、消炎
白刺马勃　*L. wrightii* Berk. et Curt.
　　子实体:止血、消炎、解毒

十三、硬皮地星目　Sclerodermatales

40. **硬皮地星科**　Astraeaceae

硬皮地星　*Astraeus hygrometricus*（Pers.）
Morgan

　　子实体:清热消炎、止血

41. **豆包菌科**　Pisolithaceae

豆包菌　*Pisolithus tinctorius*（Pers.）
Coker et Couch

　　子实体:消炎、止血

42. **硬皮马勃科**　Sclerodermataceae

马勃状硬皮马勃　*Scleroderma areolatum*
Ehrenb.

　　子实体:消炎止血

大孢硬皮马勃　*S. bovista* Fr.

　　子实体:消肿、止血

光硬皮马勃　*S. cepa* Pers.

　　子实体:清热利咽、止血

多根硬皮马勃　*S. polyrhizum* Pers.

　　子实体:消肿、止血、解毒

疣硬皮马勃　*S. verrucosum*（Vaill.）Pers.

十四、鸟巢菌目　Nidulariales

43. **鸟巢菌科**　Nidulariaceae

白被黑蛋巢菌　*Cyathus pallidus* Berk. et Curt.
　　子实体:止胃痛

粪生黑蛋巢菌　*C. stercoreus*（Schw.）de Toni
　　子实体:止胃痛

隆纹黑蛋巢菌　*C. striatus* Willd.；Pers.

　　子实体:消炎、止血

　　子实体:止胃痛、消化不良

〔金佛山药用真菌共计 14 目 43 科 96 属
253 种(变种)〕

附录14 重庆金佛山药用植物名录

——谭杨梅、刘正宇、刘翔执笔

一、地衣植物门 Lichenes

1. **皮果衣科** Dermatocarpaceae

皮果衣 *Dermatocarpon miniatum* (L.) Mann.
   叶状体:抗菌、降压、消食

2. **地卷科** Peltigeraceae

长根地卷 *Peltigera neopolydactyla* (Gyeln.)
   Gyeln.
   叶状体:清热解毒、祛湿、生肌、止血

3. **肺衣科** Lobariaceae

光肺衣 *Lobaria kurokawae* Yoshim.
   叶状体:消食、利水、消炎
肺衣 *L. pulmonaria* (L.) Hoffm.
   叶状体:健脾利水、祛风止痛、消炎
网脊肺衣 *L. retigera* (Boy) Trev
   叶状体:健脾利水、祛风止痛
牛皮衣 *Sticta pulmonacea* Ach.
   叶状体:养血、明目、利肾、利尿、清热解毒

4. **梅衣科** Parmeliaceae

石梅衣 *Parmelia saxatilis* (L.) Ach.
   叶状体:养血补肾、清热解毒

5. **树发科** Alectoriaceae

亚洲藓发 *Bryoria asiatica* (DR.) Brodo
   & Hawksw.
   枝状体:滋补肝肾、收敛止汗、除湿热、通淋
   利尿、消肿

6. **松萝科** Usneaceae

破茎松萝 *Usnea diffracta* Vain.
   枝状体:清热解毒、止咳化痰、强心利尿、生
   肌止血、清肝明目
硬毛松萝 *U. hirta* (L.) Wlgg.
   枝状体:止血、消炎、生肌
长松萝 *U. longissima* Ach.
   枝状体:清肝、化痰、止血、舒筋活血、解毒

7. **石蕊科** Cladoniaceae

聚筛蕊 *Cladia aggregata* (Sw.) Nyl.
   枝状体:利水通淋、明目、消肿解毒
鹿蕊 *Cladina rangiferina* (L.) Nyl.
   枝状体:清热化痰、凉血止血、祛风镇痛
小喇叭石蕊 *Cladonia verticillata* Hoffm
   枝状体:清热、凉血、止血

8. **石耳科** Umbilicariaceae

石耳 *Umbilicaria esculenta* (Miyoshi)
   Minks.
   叶状体:清热解毒、利尿止血

9. **地茶科** Thamnaliaceae

地茶 *Thamnolia vermicularis* (Sw.) Ach.
   ex Schaer.
   枝状体:清热、解渴、醒脑安神、明目

二、苔藓植物门　Bryophyta

10.羽苔科　Plagiochileaceae

大羽苔　*Plagiochila aspleniodes*（L.）Dumortier
　　全草:清热利湿

延叶羽苔　*P. semidecurrens* Lehm. et Lindenb.
　　全草:清热利湿

11. 光萼苔科　Porellaceae

长叶光萼苔　*Porella densifolia* ssp.
　　　　　　　　　appendiculate（Steph.）Hatt.
　　全草:清热除湿

尖叶光萼苔　*P. setigera*（Steph.）Hatt.
　　全草:清热除湿

12.耳叶苔科　Frullaniaceae

日本耳叶苔　*Frullania jackii* ssp. *japonica* Lac.
　　全草:清热散结

列胞耳叶苔　*F. moniliata*（R. BL. et Nees）Mont.
　　全草:清心明目、补肾

东亚耳叶苔　*F. nishiyamensis* Steph.
　　全草:清心明目、补肾

13.带叶苔科　Pallaviciniaceae

带叶苔　*Pallavicinia lyellii*（Hook.）Gray
　　全草:清热消炎、止血、生肌

14.叉苔科　Metzgeriaceae

钩毛叉苔　*Metzgeria hamata* Lindb.
　　全草:解毒、祛瘀、生肌

15.蛇苔科　Conocephalaceae

蛇苔　*Conocephalum conicum*（Linn.）Dumort
　　全草:解热毒、消肿止痛

小蛇苔　*C. supradecompositum*（Lindb.）Steph.
　　全草:解热毒、消肿止痛

16.地钱科　Marchantiaceae

地钱　*Marchantia polymorpha* L.
　　全草:清热解毒、消肿、生肌拔毒、祛痰

毛地钱　*Dumortiera hirsute*（Sw.）Reinw.
　　全草:清热解毒、消肿

17.石地钱科　Rebouliaceae

石地钱　*Reboulia hemisphaerica*（L.）Raddi
　　全草:消肿止血、清热解毒

18.泥炭藓科　Sphagnaceae

暖地泥炭藓　*Sphagnum junghuhnianum* Doz
　　　　　　　　　　　　　　　et Molk.
　　全草:清热、消炎、止血

泥炭藓　*S. cymbifolium* Ehrh.
　　全草:清热、消肿、明目

假泥炭藓　*S. pseudo-cymbifolium* C. Mull.
　　全草:清热、消肿、明目

广舌泥炭藓　*S. robustum*（Warnst）Roell
　　全草:清热、消肿、明目

粗叶泥炭藓　*S. squarrosum* Crom.
　　全草:止血、生肌、清热、退翳

19.牛毛藓科　Ditrichaceae

对叶藓　*Distichium capillaceum*（Hedw.）
　　　　　　　　　　　　　　　B. S. G.
　　全草:清热、镇静

散叶牛毛藓　*Ditrichum divaricatum* Mitt.
　　全草:清热、消炎、止血

牛毛藓　*D. heteromallum*（Hedw.）Britt.
　　全草:清热、镇静、消炎、止血

黄牛毛藓　*D. pallidum*（Hedw.）Hamp.
　　全草:清热、镇静、消炎、止血

20.曲尾藓科　Dicranaceae

南亚曲柄藓　*Campylopus richardii* Brid.
　　全草:祛风湿、止热咳

平肋狭叶曲柄藓　*C. subulatus* var. *schimperi*
　　　　　　　　　　　　　（Mild.）Husn.
　　全草:祛风除湿、止咳

纤细狗牙藓　*Cynodontium gracilescens*
　　　　　　　　　（Web. et Mohr）Schimp.
　　全草:消炎、止血

南亚卷毛藓　*Dicranoweisia indica*（Wils）Par.
　　全草:祛风除湿

棕色曲尾藓　*Dicranum fuscescens* Turn.
　　全草:祛风除湿
日本曲尾藓　*D. japonicum* Mitt.
　　全草:祛风除湿、止咳
多蒴曲尾藓　*D. majus* Turn.
　　全草:止痛生肌
麦氏曲尾藓　*D. mayrii* Proth.
　　全草:止痛、消炎、生肌
东亚曲尾藓　*D. nipponense* Besch.
　　全草:祛风除湿
曲尾藓　*D. scoparium* Hedw.
　　全草:止痛生肌
四川曲尾藓　*D. setschwanicum* Broth.
　　全草:止痛生肌
密叶苞领藓　*Holomitrium densifolium*（Wils.）
　　　　　　　　　　　　Wijk. et Mang.
　　全草:祛风除湿、止咳
山曲背藓　*Oncophorus wahlenbergii* Brid.
　　全草:消炎、止血、生肌
南亚合睫藓　*Symblepharis reinwardtii*
　　　　　　　　（Doz. et Molk.）Mitt.
　　全草:消炎、止血、生肌

21. **白发藓科**　Leucobryaceae

弯叶白发藓　*Leucobryum aduncum* Doz. et Molk.
　　全草:止血、消炎
狭叶白发藓　*L. bowringii* Mitt.
　　全草:止血、消炎
爪哇白发藓　*L. javense*（Brid.）Mitt.
　　全草:清热解毒、消炎、止血
南亚白发藓　*L. neilgherrense* C. Muell.
　　全草:消炎、止血、生肌
疣白发藓　*L. scabrum* Lac.
　　全草:消炎、止血、生肌

22. **凤尾藓科**　Fissidentaceae

车氏凤尾藓　*Fissidens zollingeri* Mont.
　　全草:祛风除湿
卷叶凤尾藓　*F. cristatus* Wils. ex Mitt.
　　全草:祛湿、消炎、止血

大叶凤尾藓　*F. grandifrons* Brid.
　　全草:祛湿、止咳
日本凤尾藓　*F. japonicus* Doz. et Molk.
　　全草:消炎、止血、止咳
粗肋凤尾藓　*F. laxus* Sull. et Lesq.
　　全草:清热解毒
羽叶凤尾藓　*F. plagiochiloides* Besch.
　　全草:祛风除湿、止血、生肌
鳞叶凤尾藓　*F. taxifolius* Hedw.
　　全草:止血、生肌
拟小叶凤尾藓　*F. tosaensis* Broth.
　　全草:清热解毒
链状凤尾藓　*F. zippelianus* Doz. et Molk.
　　全草:清热解毒

23. **丛藓科**　Pottiaceae

核扭口藓　*Barbula coreensis*（Card.）Saito
　　全草:消炎、止血
狭叶扭口藓　*B. subcontorta* Broth.
　　全草:活血散瘀
扭口藓　*B. unguiculata* Hedw.
　　全草:活血散瘀
尖叶对齿藓　*Didymodon constrictus*（Mitt.）Saito
　　全草:清热、降压、祛湿
粗对齿藓　*D. eroso-denticulatus*（C. Mull.）Saito
　　全草:清热、降压、祛湿
大对齿藓　*D. giganteus*（Funck）Jur.
　　全草:清热、降压、祛湿
对齿藓　*D. rigidicaulis*（C. Mull.）Saito
　　全草:清热解毒、祛风除湿
橙色净口藓　*G. aurantiacum*（Mitt.）Par.
　　全草:清热解毒、消肿
钙土净口藓　*Gymnostomum calcareum* Nees
　　　　　　　　　　　　et Hornsch.
　　全草:清热解毒、消肿
卷叶湿地藓　*Hyophila involuta*（Hook.）Jaeg.
　　全草:清热、止痢
酸土藓　*Oxystegus cylindricus*（Brid.）Hilp.
　　全草:清热、止咳、化痰
拟合睫藓　*Pseudosymblepharis angustata*
　　　　　　　　　　　　（Mitt.）Chen
　　全草:祛风除湿

墙藓　*Tortula muralis* Hedw.

　全草:清热、止咳、消肿止痛

阔叶毛口藓　*Trichostomum platyphyllum*

　　　　　　　　（Broth. ex Ihs.）Chen

　全草:清热、消炎、止痢

小石藓　*Weissia controversa* Hedw.

　全草:清热解毒、治鼻炎

阔叶小石藓　*W. planifolia* Dix.

　全草:清热解毒

24. 缩叶藓科　Ptychomitriaceae

东亚缩叶藓　*Ptychomitrium fauriei* Besch.

　全草:清热除湿

狭叶缩叶藓　*P. linearifolium* Reim. et Sak.

　全草:清热除湿

25. 紫萼藓科　Grimmiaceae

砂藓　*Racomitrium canescens*（Hedw.）Brid.

　全草:清热、除烦、降压

长枝砂藓　*R. canescens* var. *ericoides*（Hedw.）

　　　　　　　　　　　　　Hamp.

　全草:清热、除烦、降压

长叶砂藓　*R. fasciculare*（Hedw.）Brid.

　全草:活血散瘀、祛湿

26. 葫芦藓科　Funariaceae

葫芦藓　*Funaria hygrometrica* Hedw.

　全草:除湿、止血、理气止痛

27. 壶藓科　Splachnaceae

印度小壶藓　*Tayloria indica* Mitt.

　全草:止血

28. 真藓科　Bryaceae

瓦叶银藓　*Amonobryum filiforme*（Dicks.）

　　　　　　　　　　　　　Husu.

　全草:清热、解毒

真藓　*Bryum argenteum* Hedw.

　全草:清热、解毒、止痢

韩氏真藓　*B. blandum* ssp. *handelii*（Broth.）

　　　　　　　　　　　　　Ochi.

　全草:清热、解毒、止痢

丛生真藓　*B. caespiticium* L. ex Hedw.

　全草:治鼻窦炎

细叶真藓　*B. capillare* L. ex Hedw.

　全草:治鼻窦炎

黄色真藓　*B. pallescens* Schleich. ex Schwaegr.

　全草:清热解毒

拟三叶真藓　*B. pseudotriquetrum*（Hedw.）

　　　　　　　　　　　　　Schwaegr.

　全草:消炎、止血

扭叶真藓　*B. tortifolium* Brid.

　全草:清热解毒

截叶真藓　*B. truncorum* Brid.

　全草:除湿止血、消炎、生肌

拉氏丝瓜藓　*Pohlia wahlenbergii*

　　　　　　　（Web. et Mohr）Andrews

　全草:祛风除湿

芽孢丝瓜藓　*P. bulbifera*（Warnst.）Warnst.

　全草:祛风除湿

丝瓜藓　*P. cruda*（Hedw.）Lindb.

　全草:祛风除湿

狭叶丝瓜藓　*P. timmioides* Broth.

　全草:清热降压

暖地大叶藓　*Rhodobryum giganteum*

　　　　　　　　（Schwaegr.）Par.

　全草:养心安神、清肝明目、降压

似大叶藓　*R. ontariense*（Kindb.）Kindb.

　全草:养心安神、清肝明目、降压

29. 提灯藓科　Mniaceae

密齿提灯藓　*Mnium denticulosum* Chen ex

　　　　　　　　　　　　Li et Zang

　全草:止血、止带

挺枝提灯藓　*M. handelii* Broth.

　全草:止血、消炎

提灯藓　*M. hornum* Hedw.

　全草:止血、消炎

偏叶提灯藓　*M. thomsonii* Schimp

　全草:凉血、止血

双灯藓　*Orthomniopsis japonica* Broth.

　全草:清热、除烦、降压

挺叶立灯藓　*Orthomnion handelii*（Broth.）

　　　　　　　　　　　　T. Kop.

　全草:消炎、止血

多蒴立灯藓　*O. nudum* Bartr.

　　全草:清热解毒

尖叶走灯藓　*Plagiomnium cuspidatum*

　　　　　　　　　(Hedw.) T. Kop.

　　全草:止血、止带

全缘走灯藓　*P. cuspidatum* var. *subintegrum*

　　　　　(Chen ex Li et Zeng) T. Kop.

　　全草:止血、止带

无边走灯藓　*P. immarginatum* (Broth.) T. Kop.

　　全草:止血、消炎

日本走灯藓　*P. japonicum* (Lindb.) T. Kop.

　　全草:止血、止带

平肋走灯藓　*P. laevinerve* (Card.) T. Kop.

　　全草:止血、止带

侧枝走灯藓　*P. maximoviczii* (Lindb.) T. Kop.

　　全草:止血、消炎、生肌

凹顶走灯藓　*P. maximoviczii* var. *emarginatum*

　　　　　　　　　(Chen) T. Kop.

　　全草:止血、消炎、生肌

走灯藓　*P. pinnatum* Mu et Lou

　　全草:清热利湿、降压、止泻

钝叶走灯藓　*P. rostratum* (Schrad.) T. Kop.

　　全草:止血、止带

革叶走灯藓　*P. rostratum* f. *coriaceum* (Griff.)

　　　　　　　　　T. Kop.

　　全草:止血、止带

大叶走灯藓　*P. succulentum* (Mitt.) T. Kop.

　　全草:止血、消炎、生肌

波叶走灯藓　*P. undulatum* (Mitt.) T. Kop.

　　全草:止血、消炎、生肌

园叶走灯藓　*P. vesicatum* (Besch.) T. Kop.

　　全草:止血、消炎、生肌

羽肋拟真藓　*Pseudobryum speciosum* (Mitt.)

　　　　　　　　　T. Kop.

　　全草:止血、消炎、生肌

树形疣灯藓　*Trachycystis ussuriensis*

　　　　　　(Maack et Regel) T. Kop.

　　全草:祛风除湿

30. **桧藓科**　Rhizogoniaceae

大桧藓　*Rhizogonium dozyanum* Lac.

　　全草:清热、降压、止泻

31. **皱蒴藓科**　Aulacommiaceae

异枝皱蒴藓　*Aulacomnium heterostichum*

　　　　　　　　　(Hedw.) B. S. G.

　　全草:祛风除湿

32. **珠藓科**　Bartramiaceae

珠藓　*Bartramia halleroana* Hedw.

　　全草:清热利湿

直叶珠藓　*B. ithyphylla* Brid.

　　全草:清热利湿

梨蒴珠藓　*B. pomiformis* Hedw.

　　全草:清热、降压

卷叶泽藓　*Philonotis falcata* (Hook.) Mitt.

　　全草:清热解毒

偏叶泽藓　*P. revoluta* Bosch. et Lac.

　　全草:清热解毒

33. **木灵藓科**　Orthotriaceae

狭叶蓑藓　*Macromitrium angustifolium*

　　　　　　　　　Doz. et Molk.

　　全草:清热利湿

福氏蓑藓　*M. ferriei* Card. et Ther.

　　全草:清热利湿

34. **虎尾藓科**　Hedwigiaceae

虎尾藓　*Hedwigia ciliata* (Hedw.) Ehrh.

　　　　　　　　　ex P. Beauv.

　　全草:活血、通络止痛

35. **白齿藓科**　Leucodontaceae

疣齿藓　*Scabridens sinensis* Bartr.

　　全草:止血、消炎

36. **扭叶藓科**　Trachypodaceae

台湾拟扭叶藓　*Trachypodopsis formosana* Nog.

　　全草:祛风除湿

卷叶拟扭叶藓　*T. serrulata* var. *crispatula*

　　　　　　　　　(Hook.) Zant.

　　全草:祛风除湿

扭叶藓　*Trachypus bicolor* Reinw. et Hornsch.

　　全草:清热利湿、止泻

小扭叶藓　*T. humilis* Lindb.
　　全草:清热利湿、止泻
四川扭叶藓　*T. rubutata* Chen
　　全草:清热利湿、止泻

37. 蕨藓科　Pterobryaceae

小蔓藓　*Meteoriella soluta*（Mitt.）Okam.
　　全草:清热解毒、活血散瘀
大滇蕨藓　*Pseudoterobryum laticuspis* Broth.
　　全草:清热利湿、降压
滇蕨藓　*P. tenuicuspis* Broth
　　全草:清热利湿、降压

38. 蔓藓科　Meteoriaceae

大灰气藓　*Aerobryopsis subdivergens*（Broth.）
　　　　　　　　　　　　　　　　　Broth.
　　全草:祛风除湿
气藓　*Aerobryum speciosum*（Doz. et Molk.）
　　　　　　　　　　　　　　Doz. et Molk.
　　全草:祛风除湿、活血散瘀
细枝悬藓　*Barbella compressiramea*
　　　　　　　　　（Ren. et Card.）Fleisch.
　　全草:祛风除湿、活血散瘀
鞭枝悬藓　*B. fllagellifera*（Card.）Nog.
　　全草:止血
多疣悬藓　*B. pendula*（Sull.）Fleisch.
　　全草:清热解毒
粗垂藓　*Chrysocladium phaeum*（Mitt.）Fleisch.
　　全草:清热解毒
垂藓　*C. retrorsum*（Mitt.）Fleisch.
　　全草:清热解毒
四川丝带藓　*Floribundaria setschwanica* Broth.
　　全草:祛风除湿、止血、消炎
散生丝带藓　*F. sparsa*（Mitt.）Broth.
　　全草:祛风除湿、止血、消炎
黑枝蔓藓　*Meteorium miquelianum*（C. Mull.）
　　　　　　　　　　　　　Fleisch. ex Broth.
　　全草:止血、消炎
蔓藓　*M. miquelianum* var. *atrovariegatum*
　　　　　　　　　　（Card. et Ther.）Nog.
　　全草:止血、消炎

细枝蔓藓　*M. papillarioides* Nog.
　　全草:止血、消炎
粗枝蔓藓　*M. subpolytrichum*（Besch.）Broth.
　　全草:祛风除湿、止泻、止血
扭叶松罗藓　*Papillaria semitorta*（C. Mull.）
　　　　　　　　　　　　　　　　　Jaeg.
　　全草:止血、消炎
疏叶假悬藓　*Pseudobarbella laxifolia* Nog.
　　全草:止血、消炎、止泻
南亚假悬藓　*P. levieri*（Ren. et Card.）Nog.
　　全草:止血、消炎、止泻

39. 平藓科　Neckeraceae

拟扁枝藓　*Homaliadelphus targionianus*
　　　　　（Mitt.）Dix. et P. de la Van de
　　全草:祛风除湿
树平藓　*Homaliodendron flabellatum*（Sm.）
　　　　　　　　　　　　　　　　Fleisch.
　　全草:止血、生肌、消炎
钝叶树平藓　*H. microdendron*（Mont.）Fleisch.
　　全草:止血、生肌、消炎
西南树平藓　*H. montagneanum*（C. Mull.）
　　　　　　　　　　　　　　　　Fleisch.
　　全草:祛风除湿
山地树平藓　*H. obtusatum*（Mitt.）Gangulee
　　全草:止血、消炎
匙叶树平藓　*H. sandei*（Besch.）Iwats
　　全草:止血、消炎
刀叶树平藓　*H. scalpellifolium*（Mitt.）Fleisch.
　　全草:止血、生肌
羽平藓　*Neckera pennata* Hedw.
　　全草:清热、消炎
多枝平藓　*N. polyclada* C. Mull.
　　全草:清热、消炎
拟平藓　*Neckeropsis calcicola* Nog.
　　全草:祛风除湿、活血止痛
截叶拟平藓　*N. lepineana*（Mont.）Fleisch.
　　全草:祛风除湿、活血止痛
东亚羽枝藓　*Pinnatella makinoi*（Broth.）Broth.
　　全草:清热解毒

褶叶木藓　*Thamnobryum plicatulum*（Lac.）Iwats.

全草：祛风除湿

匙叶木藓　*T. sandei*（Besch.）Iwats.

全草：祛风除湿

40.万年藓科　Climaciaceae

东亚万年藓　*Climacium americanum* ssp. *japonicum*（Lindb.）Perss.

全草：祛风除湿、活血散瘀

万年藓　*C. dendroides*（Hedw.）Web. et Mohr.

全草：祛风除湿

树藓　*Pleuroziopsis ruthenica*（Weinm.）Kindb.

全草：清热解毒、治风湿心脏病

41.油藓科　Hookeriaceae

尖叶黄藓　*Distichophyllum cuspidatum* Doz. et Molk.

全草：清热利湿

尖叶油藓　*Hookeria acutifolia* Hook. et Grev.

全草：祛风除湿

42.孔雀藓科　Hypopterygiaceae

布氏尾藓　*Cyathophorella burkillii*（Dix.）Broth.

全草：活血散瘀

短肋雉尾藓　*C. hookeriana*（Griff.）Fleisch.

全草：活血散瘀

粗齿雉尾藓　*C. tonkinensis*（Broth. et Par.）Broth.

全草：活血散瘀

树雉尾藓　*Dendrocyathophorum paradoxum*（Broth.）Dix.

全草：清热利湿、止泻

长肋孔雀藓　*Hypopterygium japonicum* Mitt.

全草：消炎、止血、清热利湿、止泻

43.鳞藓科　Theliaceae

粗疣藓　*Fauriella tennis*（Mitt.）Card.

全草：舒筋活血

44.羽藓科　Thuidiaceae

狭叶小羽藓　*Bryohaplocladium angustifolium*（Hamp. et C. Mull.）Broth.

全草：消炎、退热

细枝麻羽藓　*Claopodium gracillium*（Card. et Ther.）Nog.

全草：清热、消炎、镇痛

大羽藓　*Thuidium cymbifolium*（Doz. et Molk.）Doz. et Molk.

全草：祛风除湿、消炎止血

短肋羽藓　*T. kanedae* Sak.

全草：祛风除湿、消炎止泻

尖叶羽藓　*T. philibertii* Limpr.

全草：清热、消炎

亚灰羽藓　*T. subglauicnum* Card.

全草：消炎、止痛

短枝羽藓　*T. submicropteris* Card.

全草：清热、消炎

45.柳叶藓科　Amblystegiaceae

长叶牛角藓　*Cratoneuron commutatum*（Hedw.）Roth.

全草：安神镇静

牛角藓　*C. filicinum*（Hedw.）Spruce

全草：安神镇静

大镰刀藓　*Drepanocladus exannulatus*（B. S. G.）Warnst

全草：祛风除湿

钩叶镰刀藓　*D. uncinatus*（Hedw.）Warnst

全草：祛风除湿

46.青藓科　Brachytheciaceae

羽枝青藓　*Brachythecium plumosum*（Hedw.）B. S. G.

全草：清热、消炎

长肋青藓　*B. populeum*（Hedw.）B. S. G.

全草：清热、消炎

弯叶青藓　*B. reflexum*（Stark.）B. S. G.

全草：清热、消炎

青藓　*B. rivulare* B. S. G.

　　全草:祛风除湿、消炎止痛

燕尾藓　*Bryhnia novae-angliae*

　　　　　　(Sull. et Lesq. ex Sull.) Grout.

　　全草:清热消炎

平叶燕尾藓　*B. sublaevifolia* var. *rigescens*

　　　　　　　　　　　　Card.

　　全草:清热消炎

毛尖藓　*Cirriphyllum piliferum* (Hedw.) Grout

　　全草:消炎止血

近河美喙藓　*Eurhynchium riparioides*

　　　　　　　　(Hedw.) Rich.

　　全草:消炎止血

47. 绢藓科　Entodontaceae

厚角绢藓　*Entodon concinnus* (De Not.) Par.

　　全草:清热利尿

东亚绢藓　*E. okamurae* Broth.

　　全草:清热利尿

赤茎藓　*Pleurozium schreberi* (Brid.) Mitt.

　　全草:活血散瘀、消炎止血

48. 棉藓科　Plagiotheciaceae

扁平棉藓　*Plagiothecium neckeroideum* B. S. G.

　　全草:清热解毒

林地棉藓　*Plagiothecium nemorale* (Mitt.) Jaeg.

　　全草:清热解毒

山地棉藓　*P. sylraticum* (Brid.) B. S. G.

　　全草:清热解毒

49. 锦藓科　Sematophyllaceae

喜马拉雅小锦藓　*Brotherella himaalayanum*

　　　　　　　　　　　　Chen

　　全草:清热消炎

球蒴腐木藓　*Heterophyllium confine* (Mitt.)

　　　　　　　　Fleisch.

　　全草:清热消炎

50. 灰藓科　Hypnaceae

平叶偏蒴藓　*Ectropothecium zollingeri*

　　　　　　　　(C. Mull.) Jaeg.

　　全草:止血、消炎

皱叶粗枝藓　*Gollania ruginosa* (Mitt.) Broth.

　　全草:止血、凉血

南亚灰藓　*Hypnum oldhamii* (Mitt.) Jaeg.

　　全草:清热消炎

黄灰藓　*H. pallescens* (Hedw.) P. Beauv.

　　全草:提取青藓毒、治各种炎症

大灰藓　*H. plumaeforma* Wils.

　　全草:清热消炎、抗菌

萨氏灰藓　*H. sakuraii* (Sak.) Ando.

　　全草:清热、凉血

鳞叶藓　*Taxiphyllum taxirameum* (Mitt.)

　　　　　　　　Fleisch.

　　全草:止血、消炎

明叶藓　*Vesicularia montagnei* (Bel.) Broth.

　　全草:利水消肿

51. 垂枝藓科　Rhytidiaceae

拟垂枝藓　*Rhytidiadlaphus triquetrus*

　　　　　　　　(Hedw.) Warnst.

　　全草:祛风除湿、消炎止痛

52. 塔藓科　Hylocomiaceae

塔藓　*Hylocomium splendens* (Hedw.) B. S. G.

　　全草:祛风除湿

南木藓　*Macrothamnium macrocarpum*

　　　　　　(Reinw. et Hornsch.) Fleisch.

　　全草:祛风除湿

53. 金发藓科　Polytrichaceae

短栉仙鹤藓　*Atrichum brevlamellatum*

　　　　　　　　Wu et X. Y. Hu

　　全草:清热凉血

钝叶仙鹤藓　*A. obtusulum* (C. Mull.) Jaeg.

　　全草:清热凉血

大仙鹤藓　*A. spinulosum* (Card.) Miz.

　　全草:清热凉血、止血

仙鹤藓　*A. undulatum* (Hedw.) P. Beauv.

　　全草:清热消肿、抗癌

重庆金佛山生物资源名录

广叶绢藓　*Entodon flavescens*（Hook.）Jaeg.
　　全草：消热解毒
苏氏绢藓　*E. sullivantii*（C. Mull.）Lindb.
　　全草：消热解毒
硬叶小金发藓　*Pogonatum akitense* Besch.
　　全草：镇静安神
刺边小金发藓　*P. cirratum*（Sw.）Brid.
　　全草：清热止血
东亚小金发藓　*P. inflexum*（Lindb.）Lac.
　　全草：治劳伤无力
苞叶小金发藓　*P. spinulosum* Mitt.
　　全草：镇静安神
拟刺边小金发藓　*P. spurio-cirratum* Broth.
　　全草：清热止血
疣小金发藓　*P. urnigerum*（Hedw.）P. Beauv.
　　全草：镇静安神
高山黄发藓　*Polytrichastrum alpinum*
　　　　　　　　（Hedw.）Smith.

全草：清热解毒
高山大金发藓　*Polytrichum alpinum*
　　　　　　　　　　　　L. ex Smith.
　　全草：清热解毒
大金发藓　*P. commune* Hedw.
　　全草：清热解毒、抗癌
东亚大金发藓　*P. commune* var. *maximoviczii*
　　　　　　　　　　　　Lindb.
　　全草：清热解毒、抗癌
凤氏大金发藓　*P. commune* var.
　　　　　　　swartzii（Hartm.）Moenk.
　　全草：清热解毒、抗癌
美丽大金发藓　*P. formosum* Hedw.
　　全草：清热利湿、抗癌
桧叶大金发藓　*P. juniperinum* Willa. ex Hedw.
　　全草：清热解毒、抗癌
多形大金发藓　*P. ohioense* Ren. et Card.
　　全草：清热解毒、抗癌

三、蕨类植物门　Pteridophyta

54. 石杉科　Huperziaceae
皱叶石杉　*Huperzia crispata*（Ching et H. S.
　　　　　　　　　　Kung）Ching
　　全草：退热、止血、消肿
南川石杉　*H. nanchuanensis*（Ching et H. S.
　　　　　　　　Kung）Ching et H. S. Kung
　　全草：消肿、止血、祛风散寒
石杉　*H. serrata*（Thunb.）Trevis
　　全草：散瘀、消肿、解毒止痛
中间石杉　*H. serrata* f. *intarmedia*（Nakai）Ching
　　全草：消肿解毒、止血、退热
大叶石杉　*H. serrata* f. *longipetiolata*（Spring）
　　　　　　　　　　　　Ching
　　全草：散瘀、消肿、解毒止痛
四川石杉　*H. sutchueniana*（Herter）Ching
　　全草：解毒消肿、散瘀止痛
华南马尾杉　*Phlegmariurus fordii*（Baker）
　　　　　　　　　　　　Ching

全草：祛风除湿、舒筋活络
55. 石松科　Lycopodiaceae
扁枝石松　*Diphasiastrum complanatum*
　　　　　　　　　　（Linn.）Holub.
　　全草：舒筋活血、祛风除湿
藤石松　*Lycpodiastrum casuarinoides*
　　　　　　　　　　（Spring）Holub.
　　全草：舒筋活络、消炎除湿
石松　*Lycopodium japonicum* Thunb.
　　全草：祛风除湿、舒筋活血
笔直石松　*L. obscurum* f. *strictum*（Milde）
　　　　　　　　　　Nakai ex Hara.
　　全草：祛风除湿、舒筋活血
灯笼草　*Palhinhaea cernua*（Linn.）
　　　　　　　　　Franco et Vasc.
　　全草：祛风除湿、舒筋活血
毛枝灯笼草　*P. cernua* f. *sikkimensis*（Müell.）
　　　　　　　　　　H. S. Kung

— 254 —

全草:祛风除湿、舒筋活血

56. 卷柏科　Selaginellaceae

布朗卷柏　*Lycopodioides braunii*（Baker）
　　　　　　　　　　　　　　　　Kuntze

　　全草:清热解毒、止血利尿
蔓生卷柏　*L. davidii*（Franch.）Kuntze
　　全草:舒筋活血、止血利尿
薄叶卷柏　*L. delicatula*（Desv.）H. S. Kung
　　全草:清热利尿、消肿活血
深绿卷柏　*L. doederleinii*（Hieron.）H. S. Kung
　　全草:祛风散寒、消肿止咳、接骨抗癌
澜沧卷柏　*L. gebaueriana*（Hand.-Mazz.）
　　　　　　　　　　　　　　　H. S. Kung

　　全草:清热解毒
异穗卷柏　*L. heterostachya*（Baker）Kuntze
　　全草:清热利湿、解毒
兖州卷柏　*L. involvens*（Sw.）Kuntze
　　全草:清热解毒、止血消肿、利湿
细叶卷柏　*L. labordei*（Hieron. ex Christ）
　　　　　　　　　　　　　　　H. S. Kung

　　全草:清热利湿、消炎退血、止血、止喘
江南卷柏　*L. moellendorffii*（Hieron.）
　　　　　　　　　　　　　　　H. S. Kung

　　全草:清热利湿、止血
伏地卷柏　*L. nipponica*（Franch. et Sav.）Kuntze
　　全草:清热解毒、消炎逐水
垫状卷柏　*L. pulvinata*（Hook. et Grev.）
　　　　　　　　　　　　　　　H. S. Kung

　　全草:收敛止血、止痛、活血
疏叶卷柏　*L. remotifolia*（Spring）H. S. Kung
　　全草:清热解毒、止血
红枝卷柏　*L. sanguinolenta*（Linn.）kuntze
　　全草:治痢疾、刀伤
甘孜卷柏　*L. sanguinolenta* f. *kantzensis*
　　　　　　　　　（H. S. Kung）H. S. Kung

　　全草:治痢疾、刀伤
四川卷柏　*L. sichuanica*（H. S. Kung）
　　　　　　　　　　　　　　　H. S. Kung

　　全草:清热利尿
翠云草　*L. uncinata*（Desv.）Kuntze
　　全草:清热利尿、止血、止咳

57. 木贼科　Equisetaceae

问荆　*Equisetum arvense* Linn.
　　全草:利尿、止血
犬问荆　*E. palustre* Linn.
　　全草:利尿、止血
四川犬问荆　*E. palustre* var. *szechuanense* Page
　　全草:利尿、止血
笔管草　*Hippochaete debile*（Roxb. ex Vaucher）
　　　　　　　　　　　　　　　Holub

　　全草:散风退翳、止血
密枝木贼　*H. diffusum*（D. Don）Börner
　　全草:明目退翳、清热利尿
木贼　*H. hiemale*（Linn.）Börner
　　全草:散风退翳、止血
节节草　*H. ramosissima*（Desf.）Börner
　　全草:祛风清热、除湿利尿

58. 松叶蕨科　Psilotaceae

松叶蕨　*Psilotum nudum*（Linn.）Beauv.
　　全草:活血通经、祛风利湿

59. 阴地蕨科　Botrychiaceae

下延阴地蕨　*Botrypus decurrens*（Ching）
　　　　　　　　　　　　Ching et H. S. Kung

　　全草:补虚、润肺、止咳化痰
劲直假阴地蕨　*B. strictus*（Und.）Holub.
　　全草:清热解毒
蕨箕　*B. virginianus*（Linn.）Holub.
　　全草:清热解毒、平肝散结
药用阴地蕨　*Sceptridium officinale*（Ching）
　　　　　　　　　　　　Ching et H. S. Kung

　　全草:补虚、润肺、止咳化痰
阴地蕨　*S. ternatum*（Thunb.）Lyon
　　全草:补虚、润肺、止咳化痰

60. 瓶尔小草科　Ophioglossaceae

心脏叶瓶尔小草　*Ophioglossum reticulatum*
　　　　　　　　　　　　　　　Linn.

　　全草:清热解毒、消肿止痛
狭叶瓶尔小草　*O. thermale* Kom.
　　全草:清热解毒、行血止痛

瓶尔小草　*O. vulgatum* Linn.

 全草:清热、镇痛、解毒、凉血

61.**观音座莲科**　Angiopteridaceae

观音座莲　*Angiopteris fokiensis* Hieron.

 根茎:祛风解毒、凉血止血

南川莲座蕨　*A. nanchuanensis* Z. Y. Liu

 根茎:祛风解毒、凉血止血

62.**紫萁科**　Osmundaceae

分株紫萁　*Osmunda cinnamomea* Linn.

 根茎:清热解毒、凉血止痛

绒紫萁　*O. claytoniana* Linn.

 根茎:清热解毒、止血杀虫

紫萁　*O. japonica* Thunb.

 根茎:清热解毒、止血

华南紫萁　*O. vachelii* Hook.

 根茎:清热解毒、止血杀虫

63.**瘤足蕨科**　Plagiogyriaceae

峨眉瘤足蕨　*Plagiogyria assurgens* Christ.

 根茎:散寒发表

华中瘤足蕨　*P. euphlebia*（Kunze）Mett.

 根茎:清热、散寒发表

华东瘤足蕨　*P. japonica* Nakai

 根茎:清热、散寒发表

镰叶瘤足蕨　*P. rankanensis* Hayata

 根茎:散寒发表

耳形瘤足蕨　*P. stenoptera*（Hance）Diels

 根茎:清热、散寒发表

大叶耳形瘤足蕨　*P. stenoptera* var. *major* Ching

 根茎:清热、散寒发表

64.**里白科**　Gleicheniaceae

芒萁　*Dicranopteris pedata*（Houtt.）Nakaike

 根茎:清热解毒、止血止痛

中华里白　*Diplopterygium chinensis*（Rosenst.）
           Devol

 根茎、茎髓:止血

里白　*D. glaucum*（Thunb. ex Houtt）Nakai

 根茎、茎髓:止血

光里白　*D. laevissimum*（Christ）Nakai

 根茎:行气止痛、治胃病

65.**海金沙科**　Lygodiaceae

海金沙　*Lygodium japonicum*（Thunb.）Sw.

 孢子及全草:清热解毒、利水通淋

66.**膜蕨科**　Hymenophyllaceae

翅茎假脉蕨　*Crepidomanes latealatum*
         （V. d. Bosch）Cop.

 全草:消炎、止血

峨眉假脉蕨　*C. omeiense* Ching et Chiu

 全草:清热、消肿、止血

长柄假脉蕨　*C. racemulosum*（V. d. Bosch）Ching

 全草:止血、生肌

团扇蕨　*Gonocormus saxifragoides*（Presl）
          V. d. Bosch

 全草:止血

华东膜蕨　*Hymenopyllum barbatum*
       （V. d. Bosch）Baker

 全草:消炎、止血

顶果膜蕨　*H. khasyanum* Hook. et Baker

 全草:止血、生肌

峨眉膜蕨　*H. omeiense* Christ.

 全草:止血、生肌

小叶膜蕨　*H. oxyodon* Baker

 全草:止血

纤毛膜蕨　*H. rufo-fibrillosum* Ching
         et Z. Y. Liu

 全草:止血、生肌

顶芽膜蕨　*H. suprapaleaceum* Ching

 全草:止血、生肌

金佛山蕗蕨　*Mecodium jinfoshanense* Ching
         et Z. Y. Liu

 全草:消炎、生肌

小果蕗蕨　*M. microsorum*（V. d. Bosch）Ching

 全草:消炎、止血

瓶蕨　*Trichomanes auriculatum* Bl.

 全草:清凉解热、止血、生肌

管苞瓶蕨　*T. birmanicum* Bedd.

 全草:清凉解热、止血、生肌

城口瓶蕨　*T. fargesii* Christ

 全草:止血生肌

华东瓶蕨　*T. orientale* C. Chr.

　　全草：清热健脾、消积

漏斗瓶蕨　*T. striatum* Don.

　　全草：健脾和胃、止血、生肌

67. 蚌壳蕨科　Dicksoniaceae

金毛狗　*Cibotium barometz*（Linn.）J. Smith

　　根茎：补肝肾、强筋骨、壮腰膝、祛风湿

68. 桫椤蕨科　Cyatheaceae

桫椤　*Alsophila spinulosa*（Wall. ex Hook.）
　　　　　　　　　　　　　　　　　Tryon

　　根茎：清热解毒、杀虫、祛风除湿

69. 稀子蕨科　Monachosoraceae

尾叶稀子蕨　*Monachosorum flagellare*
　　　　　　　（Maxim. ex Makino）Hayata

　　全草：祛风止痛

稀子蕨　*M. henryi* Christ

　　全草：治感冒发热

70. 碗蕨科　Dennstaedtiaceae

顶生碗蕨　*Dennstaedtia appendiculata*
　　　　　　　（Wall. ex Hook.）J. Sm.

　　全草：祛风除湿

细毛碗蕨　*D. hirsuta*（Sw.）Mett. ex Miq.

　　全草：祛风湿、通经血

碗蕨　*D. scabra*（Wall. ex Hook.）Moore

　　全草：祛风除湿

光叶碗蕨　*D. scabra* var. *glabrescens*（Ching）
　　　　　　　　　　　　　　　　　C. Chr.

　　全草：祛风除湿

溪洞碗蕨　*D. wilfordii*（Moore）Christ

　　全草：清热解毒

华南鳞盖蕨　*Microlepia hancei* Prantl

　　全草：祛湿热

西南鳞盖蕨　*M. khasiyana*（Hook.）Presl

　　全草：祛湿热

边缘鳞盖蕨　*M. marginata*（Panzer）C. Chr.

　　根茎：解毒、消肿

金佛山鳞盖蕨　*M. marginata* var.
　　　　　jinfoshanensis Ching et Z. Y. Liu

　　根茎：清热解毒、祛湿

毛叶边缘鳞盖蕨　*M. marginata* var. *villosa*
　　　　　　　　　　　　　　（Presl）Wu

　　根茎：解毒、消肿

假粗毛鳞盖蕨　*M. pseudo-strigosa* Makino

　　全草：祛湿热

粗毛鳞盖蕨　*M. strigosa*（Thunb.）Presl

　　全草：祛湿热、治肺炎

四川鳞盖蕨　*M. szechuanica* Ching

　　全草：祛湿热

71. 鳞始蕨科　Lindsaeaceae

钱氏鳞始蕨　*Lindsaea cheinii* Ching

　　全草：清热解毒

鳞始蕨　*L. odorata* Roxb.

　　茎、叶：止血镇静、利尿

乌蕨　*Sphenomeris chinensis*（Linn.）Maxon

　　全草：清热解毒、利湿、止血

72. 姬蕨科　Hypolepidaceae

姬蕨　*Hypolepis punctata*（Thunb.）Mett.

　　全草：清热解毒、收敛止痛

73. 蕨科　Pteridiaceae

蕨菜　*Pteridium aquilinum* var. *latiusculum*
　　　　　　（Desv.）Underw. et Heller

　　根茎：清热利湿、平肝安神、解毒消肿

74. 凤尾蕨科　Pteridaceae

辐状凤尾蕨　*Pteris actiniopteroides* Christ

　　全草：清热解毒、利尿通淋

掌羽凤尾蕨　*P. dactylina* Hook.

　　全草：清热利湿、解毒

岩凤尾蕨　*P. deltodon* Baker

　　全草：清热解毒、止血、生肌

刺齿凤尾蕨　*P. dispar* Kze.

　　全草：疏风散寒、清热解毒

剑叶凤尾蕨　*P. ensiformis* Burm.

　　全草：清热利湿、凉血解毒

阔叶凤尾蕨　*P. esquirolii* Christ

　　全草：清热解毒、凉血

溪边凤尾蕨　*P. excelsa* Gaud.

　　全草：清热解毒、疏风散寒

狭叶凤尾蕨　*P. henryi* Christ
　　全草:清热解毒

凤尾草　*P. multifide* Poir.
　　全草:清热利湿、凉血、解表

斜羽凤尾蕨　*P. oshimensis* Hieron
　　全草:止血生肌、清热解毒

四川凤尾蕨　*P. sichuanensis* H. S. Kung
　　全草:清热利湿、凉血

75. 中国蕨科　Sinopteridaceae

银粉背蕨　*Aleuritopteris argentea*（Gmel.）Fée
　　全草:活血调经、补虚止咳

毛轴碎米蕨　*Cheilosoria chusana*（Hook.）
　　　　　　　　　　Ching et Shing
　　全草:清热利湿、解毒、止血、散血

平羽碎米蕨　*C. patula*（Baker）P. S. Wang
　　全草:活血散瘀

中华隐囊蕨　*Notholaena chinensis* Baker
　　全草:清热利尿、止血

金粉蕨　*Onychium japonicum*（Thunb.）Kunze.
　　全草:清热解毒、止血、消积

粟柄金粉蕨　*O. japonicum* var. *lucidum*（Don）
　　　　　　　　　　Christ
　　全草:清热解毒、止血、消积

滇西旱蕨　*Pellaea mairei* Brause
　　全草:止血、生肌、祛风除湿

旱蕨　*P. nitidula*（Hook.）Baker
　　全草:止血、生肌、祛风除湿

76. 铁线蕨科　Adiantaceae

铁线蕨　*Adiantum capillus-veneris* Linn.
　　全草:清热祛风、利尿消肿

深裂铁线蕨　*Adiantum capillus-veneris* f.
　　　　　　　　　　dissecta Ching
　　全草:清热祛风、利尿消肿

条裂铁线蕨　*A. capillus-veneris* f. *fissum*
　　　　　　　　　　（Christ）Ching
　　全草:清热祛风、利尿消肿

鞭叶铁线蕨　*A. caudatum* Linn.
　　全草:清热利尿、活血祛痰

月芽铁线蕨　*A. edentulum* Christ
　　全草:清热利尿、活血祛痰

团盖铁线蕨　*A. erythrochlamys* Diels
　　全草:行气活血、通淋

假鞭叶铁线蕨　*A. malesianum* Ghatak
　　全草:清热利尿、活血祛痰

小铁线蕨　*A. mariesii* Baker
　　全草:清热解毒、利尿

灰背铁线蕨　*A. myriosorum* Baker
　　全草:清热利尿、止血

掌叶铁线蕨　*A. pedatum* Linn.
　　全草:利水、除湿、通淋、调经、止痛

荷叶铁线蕨　*A. reniforme* var. *sinense* Y. X. Lin
　　全草:清热解毒、利水通淋

陇南铁线蕨　*A. roborowskii* Maxim.
　　全草:清热利尿、止咳、止血

77. 裸子蕨科　Hemionitidaceae

尖齿凤丫蕨　*Coniogramme affinis* Hieron
　　根茎:清热解毒、凉血、强筋骨

锐尖凤丫蕨　*C. argutiserrata* Ching et Shing
　　根茎:清热解毒、祛风湿

圆齿凤丫蕨　*C. crenato-serrata* Ching et Shing
　　根茎:清热解毒、祛风湿

乌轴凤丫蕨　*C. ebenea* Ching et Z. Y. Liu
　　根茎:祛风除湿、理气止痛

峨眉凤丫蕨　*C. emeiensis* Ching et Shing
　　根茎:清热解毒、祛风湿

镰羽凤丫蕨　*C. falcipinna* Ching et Shing
　　根茎:清热解毒、祛风湿

普通凤丫蕨　*C. intermedia* Hieron
　　根茎:清热解毒、凉血散瘀

凤丫蕨　*C. japonica*（Thunb.）Diels
　　根茎:清热凉血、祛风湿、散瘀

阔羽凤丫蕨　*C. latipinna* Ching et Shing
　　根茎:清热解毒、祛风湿

阔带凤丫蕨　*C. maxima* Ching et Shing
　　根茎:清热解毒、凉血散瘀

南川凤丫蕨　*C. nanchuanensis* Ching
　　根茎:清热解毒、凉血散瘀

拟黑轴凤丫蕨　*C. neorobusta* Ching et Shing
　　根茎:舒筋活血、利尿、止痛

假黑轴凤丫蕨　*C. pseudorobusta* Ching et Shing
　　根茎:清热解毒、祛风湿

黑轴凤丫蕨　*C. robusta* Christ
　　根茎:清热解毒、祛风湿

乳头凤丫蕨　*C. rosthornii* Hieron
　　根茎:祛风除湿、舒筋活血、利尿止痛

上毛凤丫蕨　*C. suprapilosa* Ching
　　根茎:祛风除湿、舒筋活血、利尿止痛

耳叶金毛裸蕨　*Gymnopteris bipinnata* var.
　　　　　　　auriculata (Franch.) Ching
　　全草:解毒止痒、退热止痛

78.车前蕨科　Antrophyaceae

长柄车前蕨　*Antrophyum obovatum* Baker
　　全草:消炎、利关节

79.书带蕨科　Vittariaceae

细柄书带蕨　*Vittaria filipes* Christ
　　全草:活血、止痛、理气

书带蕨　*V. flexuosa* Fée
　　全草:舒筋活血、清热止痛、健脾消疳

平肋书带蕨　*V. fudzinoi* Makino
　　全草:活血、止痛、理气

80.蹄盖蕨科　Athyriaceae

亮毛蕨　*Acystopteris japonica* (Luerss.) Nakai
　　根茎:清热解毒、治疖肿

中华短肠蕨　*Allantodia chinensis* (Baker) Ching
　　根茎:清热利湿

大型短肠蕨　*A. gigantea* (Baker) Ching
　　根茎:活血散瘀

薄盖短肠蕨　*A. hachijoensis* (Nakai) Ching
　　根茎:活血散瘀

鳞轴短肠蕨　*A. hirtipes* (Christ) Ching
　　根茎:活血散瘀

金佛山短肠蕨　*A. jinfoshanicola* W. M. Chu
　　根茎:清热、祛湿

异裂短肠蕨　*A. laxifrons* (Rosenst.) Ching
　　根茎:活血散瘀、祛湿

江南短肠蕨　*A. matteniana* (Miq.) Ching
　　根茎:活血散瘀

小叶短肠蕨　*A. matteniana* var. *fauriei*
　　　　　　　(Christ) Tard. -Blot
　　根茎:活血散瘀

大羽短肠蕨　*A. megaphylla* (Baker) Ching
　　根茎:活血散瘀

南川短肠蕨　*A. nanchuanica* W. M. Chu
　　根茎:活血散瘀、祛湿

假耳羽短肠蕨　*A. okudairai* (Mak.) Ching
　　根茎:活血散瘀

卵果短肠蕨　*A. ovata* (Christ) W. M. Chu
　　根茎:清热祛湿

双生短肠蕨　*A. prolixa* (Rosensr.) Ching
　　根茎:清热、祛湿

鳞柄短肠蕨　*A. squamigera* (Mett.) Ching
　　根茎:祛风除湿

淡绿短肠蕨　*A. virescens* (Kze.) Ching
　　根茎:清热解毒

华东安蕨　*Anisocampium sheareri* (Baker) Ching
　　根茎:清热利尿

美丽假蹄盖蕨　*Athyriopsis concinna* Z. R. Wang
　　全草:清热解毒

假蹄盖蕨　*A. japonica* (Thunb.) Ching
　　全草:清热解毒、祛瘀止痛

金佛山假蹄盖蕨　*A. jinfoshanensis* Ching et
　　　　　　　　　　　　　　Z. Y. Liu
　　全草:清热解毒、祛痰止痛

膜叶假蹄盖蕨　*A. membranacea* Ching
　　　　　　　　　　　et Z. Y. Liu
　　全草:清热解毒、祛痰止痛

峨眉假蹄盖蕨　*A. omeiensis* Z. R. Wang
　　全草:清热解毒

毛轴假蹄盖蕨　*A. petersenii* (Kze.) Ching
　　全草:清热解毒、祛瘀止痛

坡生蹄盖蕨　*Athyrium clivicola* Tagawa
　　根茎:清热解毒

园羽坡生蹄盖蕨　*A. clivicola* var. *rotundus*
　　　　　　　　　　　　　　　Ching
　　根茎:清热解毒

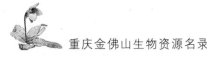

翅轴蹄盖蕨　A. delavayi Christ
　　根茎:清热解毒、消炎

轴果蹄盖蕨　A. epirachis (Christ) Ching
　　根茎:清热解毒

溪边蹄盖蕨　A. gigantenum Devo
　　根茎:清热解毒、止血

柔毛蹄盖蕨　A. hirtirachis Ching et Z. Y. Liu
　　根茎:清热解毒、杀虫

密羽蹄盖蕨　A. imbricatum Christ
　　根茎:解毒、止血

长江蹄盖蕨　A. iseanum Rosenst.
　　根茎:解毒、止血

紫轴蹄盖蕨　A. lilacinum Ching
　　根茎:凉血、止血

川滇蹄盖蕨　A. mackinonii (Hope) C. Chr.
　　根茎:清热、解毒、杀虫

南川蹄盖蕨　A. nanchuanense Ching et Z. Y. Liu
　　根茎:清热、解毒、杀虫

华东蹄盖蕨　A. niponicum (Mett.) Hance
　　根茎:解毒、消肿、止血

光蹄盖蕨　A. otophorum (Miq.) Koidz.
　　根茎:清热解毒、杀虫

毛轴蹄盖蕨　A. pubicostatum Ching et Z. Y. Liu
　　根茎:清热解毒、消肿、止血

尖头蹄盖蕨　A. vidalii (Franch. et Sav.) Nakai
　　根茎:清热利湿

胎生蹄盖蕨　A. viviparum Christ
　　根茎:清热解毒

华中蹄盖蕨　A. wardii (Hook.) Makino
　　根茎:清热、消肿、止血、杀虫

角蕨　Cornopteris decurrentialata (Hook.)
　　　　　　　　　　　　　　　Nakai
　　根茎:舒筋活血

黑叶角蕨　C. opaca (Don) Tagawa
　　根茎:活血祛痰

川黔肠蕨　Diplaziopsis cavaleriana (Christ)
　　　　　　　　　　　　　　　C. Chr.
　　根茎:祛风除湿

中间肠蕨　D. intermedia Ching
　　根茎:祛风除湿

双盖蕨　Diplazium donianum (Mett.)
　　　　　　　　　　　　　Tard.-Blot.
　　全草:清热凉血、利尿

薄叶双盖蕨　D. pinfaense Ching
　　全草:清热、止咳、止血、利尿

单叶双盖蕨　D. subsinuatum (Wall. ex Grev.)
　　　　　　　　　　　　　　　Tagawa
　　全草:清热解毒、明目消肿

鄂西介蕨　Dryoathyrium henryi (Baker) Ching
　　叶:清热、消肿

华中介蕨　D. okuboanum (Makino) Ching
　　叶:清热、消肿

川东介蕨　D. stenoptera (Christ) Ching
　　叶:清热、消肿

峨眉介蕨　D. unifurcatum (Baker) Ching
　　叶:清热、消肿

绿叶介蕨　D. viridifrons (Makino) Ching
　　根茎:清热解毒、除湿

羽节蕨　Gymnocarpium disjunctum (Rupr.)
　　　　　　　　　　　　　　　Ching
　　全草:清热解毒

东亚羽节蕨　G. oyamense (Baker) Ching
　　全草:清热解毒

黑柄蛾眉蕨　Lunathyrium ebeneostipes
　　　　　　　　　　　Ching et Z. Y. Liu
　　根茎:解毒、杀虫

陕西蛾眉蕨　L. giraldii (Christ) Ching
　　根茎:解毒、杀虫

南川蛾眉蕨　L. nanchuanense Ching et Z. Y. Liu
　　根茎:解毒、杀虫

峨山蛾眉蕨　L. wilsonii (Christ) Ching
　　根茎:清热、解毒、杀虫

81.肿足蕨科　Hypodematiaceae

肿足蕨　Hypodematium crenatum (Forsk.) Kuhn
　　根茎:清热拔毒、止血生肌

82.金星蕨科　Thelypteridaceae

小叶钩毛蕨　Cyclogramma flexilis (Christ)
　　　　　　　　　　　　　　　Tagawa
　　全草:祛风除湿

狭基钩毛蕨　*C. leveillei*（Christ）Ching
　　全草:祛风除湿

峨眉钩毛蕨　*C. omeiensis*（Baker）Tagawa
　　全草:祛风除湿

渐尖毛蕨　*Cyclosorus acuminatus*（Houtt.）
　　　　　　　　　　　　　　　　　Nakai
　　全草:祛风除湿、舒筋活血

齿牙毛蕨　*C. dentatus*（Forssk.）Ching
　　根茎:舒筋活络、散寒

平基毛蕨　*C. flaccidus* Ching et Z. Y. Liu
　　全草:祛风除湿、舒筋活血

金佛山毛蕨　*C. jinfoshanensis* Ching et Z. Y. Liu
　　全草:祛风除湿

阔羽毛蕨　*C. macrophyllus* Ching et Z. Y. Liu
　　全草:祛风除湿、活血散瘀

南川毛蕨　*C. nanchuanensis* Ching et Z. Y. Liu
　　全草:祛风除湿、舒筋活络

对羽毛蕨　*C. oppositipinnus* Ching et Z. Y. Liu
　　根茎:舒筋活络

华南毛蕨　*C. parasiticus*（Linn.）Farwell
　　全草:发表散风寒

拟渐尖毛蕨　*C. sino-acuminatus* Ching
　　　　　　　　　　　　　et Z. Y. Liu
　　全草:祛风除湿、舒筋活血

毛囊方杆蕨　*Glaphyropteridopsis eriocarpa*
　　　　　　　　　　　　　　　　　Ching
　　根茎:祛风除湿

方杆蕨　*G. erubescens*（Wall. ex Hook.）Ching
　　根茎:祛风除湿

金佛山茯蕨　*Leptogramma jinfoshanensis*
　　　　　　　　　　　　Ching et Z. Y. Liu
　　全草:清热解毒

峨眉茯蕨　*L. scallani*（Christ）Ching
　　全草:清热解毒

小叶茯蕨　*L. tottoides* H. Ito
　　全草:清热解毒

普通针毛蕨　*Macrothelypteris toressiane*
　　　　　　　　　　　　　　（Gaud.）Ching
　　根茎:清热解毒、利湿

林下凸轴蕨　*Metathelypteris hattorii*（H. Ito）
　　　　　　　　　　　　　　　　　Ching
　　全草:清热解毒

疏羽凸轴蕨　*M. laxa*（Franch. et Sav.）Ching
　　全草:清热、消炎、止血

金星蕨　*Parathelypteris glanduligera*（Kze.）
　　　　　　　　　　　　　　　　　Ching
　　全草:清热、消炎、止血

光脚金星蕨　*P. japonica*（Baker）Ching
　　全草:清热、消炎、止血

淡绿金星蕨　*P. japonica* var. *musashiensis*
　　　　　　　　　　　　（Hiyama）Jiang
　　全草:清热、消炎、止血

金佛山金星蕨　*P. jinfoshanensis* Ching
　　　　　　　　　　　　　　et Z. Y. Liu
　　全草:清热、消炎、止血

中日金星蕨　*P. nipponica*（Franch. et Sav.）Ching
　　全草:清热、消炎、止血

延羽卵果蕨　*Phegopteris decursivepinnata* Fée
　　全草:清热利水、消肿排毒

西南假毛蕨　*Pseudocyclosorus esquirolii*
　　　　　　　　　　　　（Christ）Ching
　　叶:抗菌收敛

普通假毛蕨　*P. subochthodes*（Ching）Ching
　　叶:抗菌收敛

紫柄蕨　*Pseudophegopteris pyrrhorachis*
　　　　　　　　　　　　（Kze.）Ching
　　根茎:清热利湿、止血

光叶紫柄蕨　*P. pyrrhorachis* var. *glabrata*
　　　　　　　　　　　　（Clarke）Ching
　　根茎:清热利湿、止血

贯众叶溪边蕨　*Stegnogramma cyrtomioides*
　　　　　　　　　　　　（C. Chr.）Ching
　　根茎:清热解毒

83. 铁角蕨科　Aspleniaceae

华南铁角蕨　*Asplenium austrochinense* Ching
　　全草:清热利尿、消炎止血

大铁角蕨　*A. bullatum* Wall. ex Mett.
　　全草:清热解毒、止血

线柄铁角蕨　*A. capillipes* Makino
　全草:清热解毒

毛轴铁角蕨　*A. crinicaule* Hance
　全草:清热解毒、止血、消炎

乌木铁角蕨　*A. fuscipes* Baker
　全草:清热解毒、止血、消炎

虎尾铁角蕨　*A. incisum* Thunb.
　全草:清热解毒、利尿

北京铁角蕨　*A. pekinense* Hance
　全草:化痰止咳、止血

长叶铁角蕨　*A. prolongatum* Hook.
　全草:活血散瘀、祛风湿、通关节

卵叶铁角蕨　*A. ruta-muraria* Linn.
　全草:止血、生肌

华中铁角蕨　*A. sarelii* Hook.
　全草:消炎止血、清热利尿

石生铁角蕨　*A. saxicola* Rosenst.
　全草:清热润肺

细裂铁角蕨　*A. tenuifolium* D. Don
　全草:消炎止血、清热利尿

假庙宇铁角蕨　*A. toramanum* Makizo
　全草:清热解毒、消炎止血

铁角蕨　*A. trichomanes* Linn.
　全草:清热渗湿、止血、散瘀

三翅铁角蕨　*A. tripteropus* Nakai
　全草:清热活血、祛瘀止痛

半边铁角蕨　*A. unilaterale* Lam.
　全草:清肺止痛、舒筋活络

狭翅铁角蕨　*A. wrightii* Eaton ex Hook.
　根茎:治疮肿毒

疏齿铁角蕨　*A. wrightioides* Christ
　全草:清热利尿

84. 睫毛蕨科　Pleurosoriopsidaceae

睫毛蕨　*Pleurosoriopsis makinoi*（Maxim.）Fomin
　全草:祛风除湿

85. 球子蕨科　Onocleaceae

中华荚果蕨　*Matteuccia intermedia* C. Chr.
　根茎:清热解毒、止血杀虫

东方荚果蕨　*M. orientalis*（HooK.）Trev.
　根茎:舒筋活血、止血、消炎

86. 岩蕨科　Woodsiaceae

耳羽岩蕨　*Woodsia polystichoides* D. C. Eaton
　全草:舒筋活络、止血消炎

87. 乌毛蕨科　Blechnaceae

夹囊蕨　*Struthiopteris eburnea*（Christ）Ching
　全草:清热解毒、杀虫

狗脊蕨　*Woodwardia japonica*（Linn. f.）Sm.
　根茎:清热解毒、杀虫、止血

单芽狗脊　*W. unigemmata*（Makino）Nakai
　根茎:清热解毒、杀虫、止血

88. 柄盖蕨科　Peranemaceae

东亚柄盖蕨　*Peranema cyatheoides* var. *luzonicum*
　　　　　　　　　　　　（Cop）Ching et S. H. Wu
　根茎:清热解毒

89. 鳞毛蕨科　Dryopteridaceae

美丽复叶耳蕨　*Arachniodes amoena*（Ching）
　　　　　　　　　　　　　　　　　Ching
　根茎:祛风渗湿、止痛

尾形复叶耳蕨　*A. caudata* Ching
　根茎:祛风渗湿、止痛

中华复叶耳蕨　*A. chinensis*（Rosenst）Ching
　根茎:清热、止痢疾

细裂复叶耳蕨　*A. coniifolia*（Moore）Ching
　根茎:清热利湿

镰羽复叶耳蕨　*A. falcata* Ching
　根茎:清热、止痢疾

华南复叶耳蕨　*A. festina*（Hance）Ching
　根茎:清热杀菌

南川复叶耳蕨　*A. nanchuanensis* Ching
　　　　　　　　　　　　　　et Z. Y. Liu
　根茎:清热解毒、利水

斜方复叶耳蕨　*A. rhomboidea*（Wall. ex Mett.）
　　　　　　　　　　　　　　　　　Ching
　根茎:清热解毒、止痢

稀羽复叶耳蕨　*A. simplicior*（Makino）Ohwi
　根茎:清热杀菌

华西复叶耳蕨　*A. simulanes* Ching
　　根茎：利水除湿、清热解毒
拟斜方复叶耳蕨　*A. sino-rhomboida* Ching
　　根茎：清热利湿、活血止痛
紫云山复叶耳蕨　*A. ziyunshanensis* Y. T. Xie
　　根茎：利水除湿
离脉柳叶蕨　*Cyrtogonellum caducum* Ching
　　根茎：清热解毒
柳叶蕨　*C. fraxinellum*（Christ）Ching
　　全草：清热解毒
斜基柳叶蕨　*C. inaequle*（Christ）Ching
　　全草：清热解毒
镰羽贯众　*Cyrtomium balansae*（Christ）C. Chr
　　根茎：清热解毒、驱虫
短楔贯众　*C. brevicuneatum* Ching et Shing
　　根茎：清热解毒、驱虫
刺齿贯众　*C. caryotideum*（Wall. ex Hook.）
　　　　　　　　　　　　　　　　Presl
　　根茎：清热解毒、止血、杀虫
粗齿贯众　*C. caryotideum* f. *grossedentetum* Ching
　　根茎：清热解毒、止血、杀虫
戟羽贯众　*C. caryotideum* f. *hastosum*（Christ）
　　　　　　　　　　　　　　　　Ching
　　根茎：清热解毒、止血、杀虫
披针叶贯众　*C. devexiscapulae*（Koidz.）Ching
　　根茎：清热解毒、止血、杀虫
全缘贯众　*C. falcatum*（Linn. f.）Presl
　　根茎：清热解毒、止血、杀虫
贯众　*C. fortunei* J. Smith
　　根茎：清热解毒、止血、杀虫
贯众小羽变型　*C. fortunei* f. *polypterum*
　　　　　　　　　　　　（Diels）Ching
　　根茎：清热解毒、止血、杀虫
单叶贯众　*C. hemionitis* Christ
　　全草：清热解毒、止血、杀虫
尖羽贯众　*C. hookerianum*（Presl.）C. Chr.
　　根茎：清热解毒、止血、杀虫
大叶贯众　*C. macrophyllum*（Makino）Tagawa
　　根茎：清热解毒、杀虫、消炎

狭叶贯众　*C. macrophyllum* f. *minor* Ching
　　　　　　　　　　　　　　et Shing
　　根茎：清热解毒、杀虫、消炎
楔基大叶贯众　*C. mactophyllum* f. *muticum*
　　　　　　　　　　　　（Christ）Ching
　　根茎：清热解毒、驱虫散瘀
狭顶贯众　*C. mediocre* Ching et Shing
　　根茎：清热解毒、驱虫散瘀
低头贯众　*C. nephrolepioides*（Christ）Copel.
　　根茎：清热解毒、杀虫、消炎
峨眉贯众　*C. omeiense* Ching et Shing
　　根茎：清热解毒、杀虫、消炎
齿盖贯众　*C. tukusicola* Tagawa
　　根茎：清热解毒、杀虫、消炎
边生单行贯众　*C. uniseriale* f. *marginale* Ching
　　根茎：清热解毒、驱虫
长叶贯众　*C. urophyllum* Ching
　　全草：止血、生肌、杀虫、清热
阔叶贯众　*C. yamamotoi* Tagawa
　　根茎：清热、杀虫
粗齿阔羽贯众　*C. yamamotoi* var. *intermebium*
　　　　　　　　　　　（Diels）Ching et Shing
　　根茎：清热解表、驱虫
两色鳞毛蕨　*Dryopteris bissetiana*（Baker）
　　　　　　　　　　　　　　　　C. Chr.
　　根茎：止血收敛、利水生肌
大羽鳞毛蕨　*D. bodinieri*（Christ）C. Chr.
　　根茎：止血收敛、利水生肌
华夏鳞毛蕨　*D. cathayana* Ching et Z. Y. Liu
　　根茎：清热解毒、利水驱虫
阔鳞鳞毛蕨　*D. championii*（Benth.）C. Chr.
　　　　　　　　　　　　　　ex Ching
　　根茎：止血收敛、利水生肌
中华鳞毛蕨　*D. chinensis*（Baker）Koidz
　　根茎：清热解毒、止血
暗色鳞毛蕨　*D. cycadina*（Franch. et Sav.）
　　　　　　　　　　　　　　　　C. Chr.
　　根茎：止血收敛、利水生肌
迷人鳞毛蕨　*D. decipiens*（Hook.）O. Ktze.
　　根茎：清热利水、杀虫收敛

狭基鳞毛蕨　　*D. dickinsii* (Franch. et Sav.)
C. Chr.
　　根茎:清热利水、杀虫收敛

远羽鳞毛蕨　　*D. distantipinna* Ching et Z. Y. Liu
　　根茎:止血收敛、利水生肌

红盖鳞毛蕨　　*D. erythrosora* (Eaton) O. Ktze.
　　根茎:清热利水、杀虫收敛

拟日本鳞毛蕨　　*D. erythrochlamys* Ching
et Z. Y. Liu
　　根茎:清热解毒

黑足鳞毛蕨　　*D. fuscipes* C. Chr.
　　根茎:清热利水、收敛

光滑鳞毛蕨　　*D. glabrior* Ching et Z. Y. Liu
　　根茎:清热、杀虫、止血、生肌

霍德鳞毛蕨　　*D. handeliana* C. Chr.
　　根茎:清热解毒、利尿杀虫

假变异鳞毛蕨　　*D. immixta* Ching
　　根茎:清热解毒、杀虫

微毛鳞毛蕨　　*D. infrehirtella* Ching et Z. Y. Liu
　　根茎:清热杀虫

金佛山鳞毛蕨　　*D. jinfoshanensis* Ching
et Z. Y. Liu
　　根茎:清热解毒

齿头鳞毛蕨　　*D. labordei* (Christ) C. Chr.
　　根茎:杀虫、止痢

华鳞毛蕨　　*D. lacera* var. *chinensis* Ching
　　根茎:收敛止痢
　　叶:活血散瘀

厚叶鳞毛蕨　　*D. lepidopodo* Hayata
　　根茎:清热解毒、杀虫

刘氏鳞毛蕨　　*D. liuii* Ching
　　根茎:清热利水、杀虫

南川鳞毛蕨　　*D. nanchuanensis* Ching et Z. Y. Liu
　　根茎:清热杀虫

新黑足鳞毛蕨　　*D. neofuscipes* Ching et Z. Y. Liu
　　根茎:清热解毒、收敛

日本鳞毛蕨　　*D. nipponensis* Koidz.
　　根茎:清热解毒

对生鳞毛蕨　　*D. oppositipinna* Ching et Z. Y. Liu
　　根茎:清热利水、杀虫

密鳞鳞毛蕨　　*D. paleifera* Ching et Z. Y. Liu
　　根茎:清热利水、杀虫

大果鳞毛蕨　　*D. panda* (Clarke) Christ
　　全草及根茎:清热利水、杀虫

似黑足鳞毛蕨　　*D. parafuscipes* Ching
et Z. Y. Liu
　　根茎:清热解毒、收敛

半岛鳞毛蕨　　*D. peninsulae* Kitagawa
　　根茎:清热解毒、利水除湿

紫果鳞毛蕨　　*D. porosa* Ching
　　根茎:清热解毒、利水除湿

假稀羽鳞毛蕨　　*D. pseudosparsa* Ching
　　根茎:清热解毒

拟西藏鳞毛蕨　　*D. pycnopteroides* (Christ)
C. Chr.
　　根茎:清热解毒、驱虫

黑鳞鳞毛蕨　　*D. rosthornii* (Diels) C. Chr.
　　根茎:清热解毒、驱虫

红柄鳞毛蕨　　*D. rubristipes* Ching et Z. Y. Liu
　　根茎:清热解毒、驱虫

无盖鳞毛蕨　　*D. scottii* (Bedd.) Ching
　　根茎:清热解毒、驱虫

三泉鳞毛蕨　　*D. shanquanensis* Ching et Z. Y. Liu
　　根茎:清热利水、杀虫

奇数鳞毛蕨　　*D. sieboldii* (Van Houtt. ex Mett.)
O. Ktze.
　　根茎:清热解毒、杀虫

中华两色鳞毛蕨　　*D. sino-bissetiana* Ching
et Z. Y. Liu
　　根茎:清热解毒、止血生肌

中华红盖鳞毛蕨　　*D. sino-erythrosora*
Ching et Shing
　　根茎:清热解毒

拟变异鳞毛蕨　　*D. sino-varia* Ching et Z. Y. Liu
　　根茎:清热解毒、消炎止痛

稀羽鳞毛蕨　　*D. sparsa* (Don.) O. Ktze.
　　根茎:清热解毒

三角叶鳞毛蕨　　*D. subtriangularis* (Hope)
C. Chr.
　　根茎:清热利水、杀虫

西藏鳞毛蕨　*D. thibetica*（Franch.）C. Chr.

　　根茎：清热解毒、杀虫

变异鳞毛蕨　*D. varia*（Linn.）O. Ktze.

　　根茎：清热解毒、消炎

四回毛枝蕨　*Leptorumohra quadripinnata*

　　　　　　　　　　　　　（Hay.）H. Ito

　　全草：清热解毒

无盖肉刺蕨　*Nothoperanema shikokianum*

　　　　　　　　　　　　　（Makino）Ching

　　根茎：清热解毒、杀虫

尖齿耳蕨　*Polystichum acutidens* Christ

　　全草：清热解毒、止血

角状耳蕨　*P. alcicorne*（Baker）Diels

　　全草：清热利水

城口耳蕨　*P. chengkouense* Ching

　　全草：活血止痛、消肿利尿

鞭叶耳蕨　*P. craspedosorum*（Maxim.）Diels

　　全草：清热解毒、止血

园裂耳蕨　*P. cyclolobum* C. Chr.

　　全草：止血、解毒

对生耳蕨　*P. deltodon*（Baker）Diels

　　全草：活血止痛、消肿利尿

蚀盖耳蕨　*P. erosum* Ching et Shing

　　全草：清热解毒、止血

杰出耳蕨　*P. excelsius* Ching et Z. Y. Liu

　　根茎：活血止痛、止痢

小三叶耳蕨　*P. hancockii*（Hance）Diels

　　全草：解毒、治蛇伤

芒齿耳蕨　*P. hecatopteron* Diels

　　全草：清热解毒

宜昌耳蕨　*P. ichangense* Christ

　　全草：活血止痛、清热利水

金佛山耳蕨　*P. jinfoshanense* Ching et Z. Y. Liu

　　根茎：清热解毒

白盖耳蕨　*P. leucochlamys* Christ

　　全草：清热解毒、止血

正宇耳蕨　*P. liuii* Ching

　　全草：清热解毒、止血

长叶耳蕨　*P. longissimum* Ching et Z. Y. Liu

　　全草：活血止痛、消肿利尿

黑鳞耳蕨　*P. makinoi*（Tagawa）Tagawa

　　嫩叶：清热解毒、消肿

南川耳蕨　*P. nanchuanicum* Ching

　　全草：活血止痛、消肿利尿

新裂耳蕨　*P. neolobatum* Nakai

　　根茎：清热止痛、消肿

峨眉耳蕨　*P. omeiense* C. Chr.

　　全草：清热解毒、止泻

假对生耳蕨　*P. pseudo-deltoden* Ching

　　　　　　　　　　　　　et Z. Y. Liu

　　全草：活血止痛、消肿利尿

中华马祖耳蕨　*P. sino-tsus-simense* Ching

　　　　　　　　　　　　　et Z. Y. Liu

　　根茎：清热解毒、活血散瘀

近方耳蕨　*P. speluncae* Ching

　　全草：活血止痛、消肿利尿

三叉耳蕨　*P. tripteron*（Kze.）Presl

　　全草：清热解毒

对马耳蕨　*P. tsus-simense*（Hook.）J. Sm.

　　根茎：清热解毒、活血散瘀

革叶耳蕨　*P. xiphophyllum*（Baker）Diels

　　根茎：清热解毒、活血散瘀

二回革叶耳蕨　*P. xiphophyllum* var. *bipinnatum*

　　　　　　　　　　　　　Ching

　　根茎：清热解毒、活血散瘀

90. 三叉蕨科　Aspidiaceae

秦氏肋毛蕨　*Ctenitis chingii* Z. Y. Liu

　　　　　　　　　　　　　et J. I. Chang

　　根茎：清热解毒

金佛山肋毛蕨　*C. jinfoshanensis* Ching

　　　　　　　　　　　　　et Z. Y. Liu

　　根茎：清热解毒

泡鳞轴鳞蕨　*Dryopsis mariformis*（Rosenst.）

　　　　　　　　　　　　　Holtt. et Edwards

　　根茎：清热解毒

阔鳞轴鳞蕨　*D. maximowicziana*（Miq.）

　　　　　　　　　　　　　Holtt. et Edwards

　　根茎：清热解毒

91. 实蕨科　Bolbitidaceae

长叶实蕨　*Bolbitis heteroclita*（Presl）Ching

　　全草:凉血、止血、止咳

92. 肾蕨科　Nephrolepidaceae

肾蕨　*Nephrolepis auriculata*（Linn.）Trimen

　　块茎:清热利湿、止咳、消积

93. 骨碎补科　Davalliaceae

鳞轴小膜盖蕨　*Araiostegia perdurans*
　　　　　　　　　　　　　（Christ）Cop.

　　根茎:祛风除湿

假钻毛蕨　*Paradavallodes multidentata*
　　　　　　　　　　　　　（Hook.）Ching

　　根茎:祛风除湿

94. 水龙骨科　Polypodiaceae

节肢蕨　*Arthromeris lehmannii*（Mett.）Ching

　　根茎:清热利尿、止痛

龙头节肢蕨　*A. lungtauensisi* Ching

　　根茎:清热利尿、止痛

多羽节肢蕨　*A. mairei*（Brause）Ching

　　根茎:祛风散寒、止痛

两色节肢蕨　*A. puberula* Ching

　　根茎:清热利尿、止痛

线蕨　*Colysis elliptica*（Thunb.）Ching

　　全草:清热解毒

曲边线蕨　*C. elliptica* var. *flexiloba*（Christ）
　　　　　　　　　　　　　L. Shi et X. C. Zheng

　　全草:清热解毒

宽羽线蕨　*C. elliptica* var. *pothifolia*（Don）
　　　　　　　　　　　　　Ching

　　全草:补虚损、强筋骨

矩园线蕨　*C. henryi*（Baker）Ching

　　全草:清热解毒、活血止痛

丝带蕨　*Drymotaenium miyoshianum*（Makino）
　　　　　　　　　　　　　Makino

　　全草:镇惊祛风

抱石莲　*Lepidogrammitis drymoglossoides*
　　　　　　　　　　　　　（Baker）Ching

　　全草:清热解毒、祛风化痰

长叶骨牌蕨　*L. elongata* Ching

　　全草:清热解毒、祛风化痰

中间骨牌蕨　*L. intermedia* Ching

　　全草:清热解毒

梨叶骨牌蕨　*L. pyriformis*（Ching）Ching

　　全草:清热解毒、祛风化痰

尾叶鳞果星蕨　*Lepidomicrosorium caudifrons*
　　　　　　　　　　　　　Ching et W. M. Chu

　　全草:利尿、止痢

南川鳞果星蕨　*L. nanchuanense* Ching
　　　　　　　　　　　　　et Z. Y. Liu

　　全草:清热利尿

狭叶瓦韦　*Lepisorus angustus* Ching

　　全草:清热利尿、止咳

两色瓦韦　*L. bicolor*（Takeda）Ching

　　全草:清热利尿、活血散瘀

扭瓦韦　*L. contortus*（Christ）Ching

　　全草:清热解毒、利尿通淋

粗茎瓦韦　*L. crassirhizoma* Ching et Z. Y. Liu

　　全草:清热利尿、通淋

高山瓦韦　*L. eilophyllus*（Diels）Ching

　　全草:除风湿、利尿止血

金佛山瓦韦　*L. jinfoshanensis* Ching

　　全草:清热利尿、平肝明目

线叶瓦韦　*L. linearifolius* Ching et Z. Y. Liu

　　全草:清热利湿

黄瓦韦　*L. macrosphaerus* var. *asterolepis*
　　　　　　　　　　　　　（Baker）Ching

　　全草:消炎、解毒、止血

南川瓦韦　*L. nanchuanensis* Ching et Z. Y. Liu

　　全草:清热利湿

粤瓦韦　*L. obscure-venulosus*（Hayata）Ching

　　全草:清热解毒、通淋止血

鳞瓦韦　*L. oligolepidus*（Baker）Ching

　　全草:清热利湿

峨眉瓦韦　*L. omeiensis* Ching

　　全草:清热利尿、平肝明目

百华山瓦韦　*L. paohuashanensis* Ching

　　全草:清热利尿、止血

长瓦韦　*L. pseudonudus* Ching
　　全草:清热利尿
中华瓦韦　*L. sinicus* Ching et Z. Y. Liu
　　全草:清热利尿、止血、止咳
瓦韦　*L. thunbergianus*（Kaulf.）Ching
　　全草:平肝明目、清热利尿
阔叶瓦韦　*L. tosaensis*（Makino）H. Ito
　　全草:平肝明目、清热利尿
攀援星蕨　*Microsorium brachylepis*（Baker）
　　　　　　　　　　　　　　　　Nakaike
　　全草:清热凉血、解毒
羽裂星蕨　*M. dilatatum*（Bedd.）Sledge
　　全草:清热解毒、利尿
江南星蕨　*M. henryi*（Christ）C. M. Kuo
　　全草:清热凉血、通淋、解毒
金佛山星蕨　*M. jinfoshanense* Ching et Z. Y. Liu
　　全草:清热利尿
膜叶星蕨　*M. membranaceum*（D. Don）Ching
　　全草:清热利湿
红柄星蕨　*M. rubripes* Ching et W. M. Chu
　　全草:清热利尿
似星蕨　*M. simulans* Ching et Z. Y. Liu
　　全草:清热凉血、解毒
表面星蕨　*M. superficiale*（Bl.）Ching
　　全草:清热利湿
戟叶盾蕨　*Neolepisorus dengii* f. *hastatus*
　　　　　　　　　　　Ching et P. S. Wang
　　全草:清热解毒、利水通淋
深裂盾蕨　*N. emeiensis* f. *dissectus* Ching
　　　　　　　　　　　　　　　et Shing
　　全草:清热解毒、利水通淋
剑叶盾蕨　*N. ensatus*（Thunb.）Ching
　　全草:清热解毒、利水通淋
畸变剑叶盾蕨　*N. ensatus* f. *monstriferus* Tagawa
　　全草:清热解毒、利水通淋
梵净山盾蕨　*N. lancifolius* Ching et Shing
　　全草:清热解毒、利水通淋
盾蕨　*N. ovatus*（Bedd.）Ching
　　全草:清热解毒、利水通淋

三角叶盾蕨　*N. ovatus* f. *deltoideus*（Baker）
　　　　　　　　　　　　　　　　Ching
　　全草:清热利窍、凉血、祛痰
蟹爪叶盾蕨　*N. ovatus* f. *doryopteris*（Christ）
　　　　　　　　　　　　　　　　Ching
　　全草:清热解毒、利水通淋
畸裂盾蕨　*N. ovatus* f. *monstrosus* Ching
　　　　　　　　　　　　　　　et Shings
　　全草:清热解毒、利水通淋
中华盾蕨　*N. sinensis* Ching
　　全草:清热解毒、利水通淋
截基盾蕨　*N. truncatus* Ching et P. S. Wang
　　全草:清热解毒、利水通淋
撕裂盾蕨　*N. truncatus* f. *laciatua* Ching
　　　　　　　　　　　　　　　et Shing
　　全草:清热解毒、利水通淋
交连假密网蕨　*Phymatopsis conjuncta* Ching
　　根茎:清热解毒、通经活络
大果假密网蕨　*Phymatopteris griffithiana*
　　　　　　　　　　（Hook.）Pichi-Serm.
　　全草:清热止咳
金鸡脚　*P. hastata*（Thunb.）Pichi-Serm.
　　全草:祛风清热、利湿解毒
单叶金鸡脚　*P. hastata* f. *simplex*（Christ）
　　　　　　　　　　　　　　　　Ching
　　全草:祛风清热、利湿解毒
宽底假密网蕨　*P. majoensis*（C. Chr.）
　　　　　　　　　　　　　　Pichi-Serm.
　　全草:清热止咳
喙叶假密网蕨　*P. rhynchophylla*（Hook.）
　　　　　　　　　　　　　　Pichi-Serm.
　　全草:清热止咳
陕西假密网蕨　*P. shensiensis*（Christ）
　　　　　　　　　　　　　　Pichi-Serm.
　　全草:通淋消肿
细柄假密网蕨　*P. tenuipes*（Ching）Pichi-Serm.
　　全草:利尿、凉血、解毒
川拟水龙骨　*Polypodiastrum dielsianum*
　　　　　　　　　　（C. Chr.）Ching
　　根茎:清热利湿

友水龙骨　*Polypodiodes amoesa*
　　　　　（Wall. ex Mett.）Ching
　　根茎:舒筋活络、止痛止咳
水红杆水龙骨　*P. amoesa* var. *duclouxii*
　　　　　（Christ）Ching
　　根茎:舒筋活络、止痛止咳
柔毛水龙骨　*P. amoesa* var. *pilosa*（Clarke）
　　　　　Ching
　　根茎:舒筋活络、止痛止咳
水龙骨　*P. nipponica*（Mett.）Ching
　　根茎:舒筋活络、止痛止咳
相似石韦　*Pyrrosia assimilis*（Baker）Ching
　　全草:镇痛、利尿、止血
光石韦　*P. calvata*（Baker）Ching
　　全草:清热止血、消肿散结
西南石韦　*P. gralla*（Gies.）Ching
　　全草:清热止血
石韦　*P. lingua*（Thunb.）Farw.
　　全草:利尿排石、清肺化痰、凉血止血
南川石韦　*P. nanchuanensis* Ching
　　全草:清热、利水通淋
有柄石韦　*P. petiolosa*（Christ）Ching
　　全草:消炎、利尿、清湿热
大石韦　*P. sheareri*（Baker）Ching
　　全草:清热利尿、通淋
三尖石韦　*P. tricuspsis*（Sw）Tagawa
　　全草:清热凉血、利尿通淋

95.槲蕨科　Drynariaceae
中华槲蕨　*Drynaria baronii*（Christ.）Diels
　　根茎:补肾坚骨、活血止痛
槲蕨　*D. fortunei*（Kunze.）J. Sm.
　　根茎:补肾坚骨、活血止痛
96.剑蕨科　Loxogrammaceae
瑶山剑蕨　*Loxogramme assimilis* Ching
　　全草:清热利尿、止血
中华剑蕨　*L. chinensis* Ching
　　全草:清热解毒、活血利尿
阔叶剑蕨　*L. formosana* Nakai
　　全草:清热利尿、止血
匙叶剑蕨　*L. grammitoides*（Baker）C. Chr.
　　全草:清热利尿
柳叶剑蕨　*L. salicifolia*（Makino）Makino
　　全草:清热利尿、止血
97.苹科　Marsileaceae
苹　*Marsilea quadrifolia* Linn.
　　全草:清热解毒、利水、安神
98.槐叶苹科　Salviniaceae
槐叶苹　*Salvinia natans*（Linn.）All.
　　全草:清热解毒、活血止痛
99.满江红科　Azolaceae
满江红　*Azolla imbricata*（Roxb. ex Griff.）Nakai
　　全草:发汗、祛风、透疹

四、裸子植物门　Gymnospermae

100.苏铁科　Cycadaceae
贵州苏铁　*Cycas guizhouensis* K. M. Lan
　　　　　et P. E. Zou *
　　叶:收敛止血
　　根:祛风活络
攀枝花苏铁　*C. panzhihuaensis* L. Zhou
　　　　　et S. Y. Yang *
　　叶:收敛止血
　　根:祛风活络

苏铁　*C. revoluta* Thunb.
　　叶:收敛止血
　　花:理气止痛
　　根:祛风活络
华南苏铁　*C. rumphii* Miq. *
　　根:祛风活络
　　种子:平肝降压
101.银杏科　Ginkgoaceae
银杏　*Ginkgo biloba* Linn.
　　果仁:润肺定喘、收敛止带缩小便

102. **南洋杉科　Araucariaceae**

异叶南洋杉　*Araucaria heterophylla*
　　　　　　　　　　　　（Salisb.）Franco ＊

　　皮：治皮肤过敏

103. **松科　Pinaceae**

银杉　*Cathaya argyrophylla* Chun et Kuang
　　皮、叶：祛风湿、涩肠、止血、消肿

雪松　*Cedrus deodara*（Roxb.）G. Don ＊
　　枝叶：祛风湿、通络、活血、止血、生肌

铁坚油杉　*Keteleeria davidiana*（Bertr.）
　　　　　　　　　　　　　　　　Beissn.

　　种子：驱虫、消积、抗癌

华山松　*Pinus armandi* Franch.
　　松节：祛风、明目、止咳喘

白皮松　*P. bungeana* Zucc. ex Endl. ＊
　　球果：镇咳祛痰、平喘

湿地松　*P. elliottii* Engelm. ＊
　　茎叶：祛风祛湿、活血止痛

海南五针松　*P. fenzeliana* Hand.-Mazz.
　　茎皮：祛风生肌、清热、燥湿

巴山松　*P. henryi* Mast.
　　皮、油：祛风燥湿、生肌止痛

马尾松　*P. massoniana* Lamb.
　　松节：祛风、杀虫、生肌止痛、消肿

油松　*P. tabulaeformis* Carr. ＊
　　皮、叶：止血、燥湿、活血止痛

黑松　*P. thunbergii* Parl. ＊
　　叶、花粉：祛风止痛、活血消肿、明目

金钱松　*Pseudolarix amabilis*（Nelson）Rehd. ＊
　　根皮：止痒杀虫、祛风除湿

黄杉　*Pseudotsuga sinensis* Dode
　　茎皮：祛风活络

104. **杉科　Taxodiaceae**

柳杉　*Cryptomeria fortunei* Hooibrenk
　　　　　　　　　　　ex Otto et Dietr.

　　皮：清热解毒、理气、杀虫、止痒

日本柳杉　*C. japonica*（Linn. f.）D. Don ＊
　　皮：清热解毒、理气、杀虫、止痒

杉木　*Cunninghamia lanceolata*（Lamb.）Hook.
　　根皮：祛风止痛、散瘀止血

灰叶杉木　*C. lanceolata* CV. 'Glauca'
　　　　　　　　　　　　　　Dallimore ＊

　　根皮：祛风止痛、散瘀止血

水杉　*Metasequoia glyptostroboides*
　　　　　　　　　　　　　Hu et Cheng ＊

　　根皮：祛风止痛、散瘀止血

池杉　*Taxodium ascendens* Brongn. ＊
　　叶、果：清热解毒、消炎

105. **柏科　Cupressaceae**

日本花柏　*Chamaecyparis pisifera*
　　　　　　　　　（Sieb. et Zucc.）Endl. ＊

　　叶：凉血止血、舒筋活血

线柏　*C. pisifera* CV. 'Filifera' Dallimore
　　　　　　　　　　　　　　et Jackson ＊

　　叶：凉血止血、舒筋活血

粉绒柏　*C. pisifera* CV. 'Squarrosa' Ohwi ＊
　　叶：凉血止血、舒筋活血

干香柏　*Cupressus duclouxiana* Hickel
　　叶：凉血止血
　　种子：养血安神

柏木　*C. funebris* Endl.
　　皮：祛风散寒、活血消肿、养心安神

福建柏　*Fokienia hodginsii*（Dunn）Henry
　　　　　　　　　　　　　　et Thomas

　　叶：收敛止血

刺柏　*Juniperus formosana* Hayata
　　枝、叶：清热解毒、止血止痢

侧柏　*Platycladus orienfalis*（Linn.）
　　　　　　　　　　　　　　Franch. ＊

　　叶、仁：凉血消肿、养心润肠

千头柏　*P. orientalis* CV. 'Sieboldii'
　　　　　　　　　　　　　　Dallimore ＊

　　叶：止血、凉血
　　种子：补心脾、安神

圆柏　*Sabina chinensis*（Linn.）Antoine
　　枝、树皮：祛风散寒、活血消肿、解毒杀虫

金星柏　*S. chinensis* CV. 'Aurea'（Young）
Cheng et W. T. Wang ＊
　　枝、树皮：祛风散寒、活血消肿、解毒杀虫
龙柏　*S. chinensis* CV. 'Kaizuca' Cheng
et W. T. Wang ＊
　　枝叶：杀虫止痒
垂枝柏　*S. chinensis* CV. 'Pendulla'（Franch.）
Cheng et W. T. Wang ＊
　　叶：止血收敛
塔柏　*S. chinensis* CV. 'Pyramidalis'（Carr）
Cheng et W. T. Wang ＊
　　枝叶：祛风活血
高山柏　*S. squamata*（Buch.-Hamilt.）Ant.
　　枝叶：止血、生肌
北美香柏　*Thuja occidentalis* Linn. ＊
　　叶：清热凉血、收敛止血

106. 罗汉松科　Podocarpaceae

罗汉松　*Podocarpus macrophyllus*（Thunb.）
D. Don
　　果：益气补中、止血生肌
狭叶罗汉松　*P. macrophyllus* var.
angustifolius Bl.
　　果：益气补中、止血生肌
短叶罗汉松　*P. macrophyllus* var. *maki* Endl.
　　果：益气补中、止血生肌
竹柏　*P. nagi*（Thunb.）Zoll. et Mor. ＊
　　皮、叶：止血接骨、消肿散瘀
百日青　*P. neriifolius* D. Don
　　果：补中益气、止痛
　　皮：杀虫

107. 三尖杉科　Cephalotaxaceae

三尖杉　*Cephalotaxus fortunei* Hook. f.
　　枝叶：润肺止咳、消食积、抗癌
宽叶粗榧　*C. latifolia*（Cheng et L. K. Fu）
Cheng et L. K. Fu
　　枝叶、果：清热解毒、润肺止咳
篦子三尖杉　*C. oliveri* Mast.
　　枝叶：抗癌、消积、驱蛔虫
粗榧　*C. sinensis*（Rehd. et Wils.）Li
　　枝叶、皮、果：清热润肺、祛风止痛、抗痛

108. 红豆杉科　Taxaceae

穗花杉　*Amentotaxus argotaenia*（Hance）Pilg.
　　枝叶：祛风湿、止血止痒、生肌镇痛
红豆杉　*Taxus chinensis*（Pilg.）Rehd.
　　果：驱虫、消积、抗癌
南方红豆杉　*T. chinensis* var. *mairei* Cheng
et L. K. Fu
　　果及皮：消食、驱虫、清热解毒、抗癌
云南红豆杉　*T. wallichiana* var. *yunnanensis*
（Cheng et Fu）C. T. Kuan
　　果及皮：消食、驱虫、清热解毒、抗癌
巴山榧　*Torreya fargesii* Franch.
　　果：消积、杀虫、行气血
香榧　*T. grandis* Fort. ex Lindl. ＊
　　果：消积、行气、活血、强筋骨

109. 麻黄科　Ephedraceae

中麻黄　*Ephedra intermedia* Schrenk et Mey. ＊
　　全草：发汗、平喘、止咳、利尿

五、被子植物门　Angiospermae

（一）双子叶植物纲　Dicotyledoneae

一）离瓣花亚纲　**Archichlamydeae**

110. 木麻黄科　Casuarinaceae

木麻黄　*Casuarina equisetifolia* Forst. ＊
　　枝叶：消炎杀菌、润肺止咳

111. 三白草科　Saururaceae

裸蒴　*Gymnotheca chinensis* Decne.
　　全草：清热解毒、外敷治跌打损伤
鱼腥草　*Houttuynia cordata* Thunb.
　　全草：清热解毒、水肿、治扁桃体炎、肺脓
疡、肺炎、气管炎

三白草 *Saururus chinensis*（Lour.）Baill.

　　根：消炎利尿、清湿热

112.胡椒科　Piperaceae

石蝉草 *Peperomia dindigulensis* Miq.

　　全草：清热解毒、散瘀消肿

一柱香 *P. reflexa*（Linn. f.）A. Dietr.

　　全草：润肺止咳、舒筋活络

竹叶胡椒 *Piper bambusaefolium* Tseng

　　茎叶：祛风湿、止痛止咳

蒌叶 *P. betle* Linn. *

　　藤叶：祛风散寒、行气化痰

荜拨 *P. longum* Linn. *

　　未成熟果穗：祛风暖胃、温中散寒、止痛

胡椒 *P. nigrum* Linn. *

　　果、茎、叶、根：温中散寒、理气止痛、健胃祛风

毛蒟 *P. puberulum*（Benth.）Maxim.

　　茎叶：祛风除湿、散寒止痛

假蒟 *P. sarmentosum* Roxb. *

　　果穗：温中散寒、祛风利湿、消肿止痛

石南藤 *P. wallichii*（Miq.）Hand.-Mazz.

　　茎叶：祛风湿、止痛、止咳

113.金粟兰科　Chloranthaceae

鱼子兰 *Chloranthus elatior* Link *

　　全草：活血散瘀、止痒

宽叶金粟兰 *C. henryi* Hemsl.

　　根茎：调经活血

多穗金粟兰 *C. multistachys*（Hand.-Mazz.）Pei

　　根：祛风除湿、行气通经、利小便

及己 *C. serratus*（Thunb.）Roem. et Schult.

　　根：（有毒）祛风止痛、舒筋活络

四川金粟兰 *C. sessilifolius* K. F. Wu

　　根：（有毒）散寒止咳、活血止痛

金粟兰 *C. spicatus*（Thunb.）Makino *

　　全草：活血散瘀、杀虫

草珊瑚 *Sarcandra glabra*（Thunb.）Nakai

　　全草：（有毒）清热解毒、通经接骨

114.杨柳科　Salicaceae

响叶杨 *Populus adenopoda* Maxim.

　　根及树皮：祛风除湿、散瘀消肿

山杨 *P. davidiana* Dode

　　树根皮：祛风散寒

毛山杨 *P. davidiana* var. *tomentella*

　　　　　　　　　　　（Schneid.）Nakai

　　树根皮：祛风散瘀

大叶杨 *P. lasiocarpa* Oliv.

　　根皮：解乌头中毒

钻天杨 *P. nigra* var. *italica*（Munchh.）

　　　　　　　　　　　Koahne *

　　根皮：杀蛔虫

垂柳 *Salix babylonica* Linn. *

　　根：祛风止痛、清湿热

网脉柳 *S. dictyoneura* V. Seemen

　　根皮：祛风除湿

巴山柳 *S. etosia* Schneid.

　　根皮：祛风除湿、活血化瘀

巫山柳 *S. fargesii* Burkill

　　根皮：祛风除湿

紫枝柳 *S. heterochroma* Seemen

　　根：祛风除湿、解热消肿

小叶柳 *S. hypoleuca* Seem.

　　根皮：祛风除湿、活血化瘀

旱柳 *S. matsudana* Koidz.

　　根：祛风止痛、清湿热

龙爪柳 *S. matsudana* var. *tortuosa* Vilm. *

　　根：祛风止痛、清湿热

裸头柳 *S. psilostigma* Anderss.

　　根皮：祛风除湿、活血散瘀

南川柳 *S. rosthornii* V. Seemen

　　根皮：活血散瘀

秋华柳 *S. variegata* Franch.

　　根：活血祛瘀

皂柳 *S. wallichiana* Anderss.

　　根、皮、叶：祛风解热、除湿

115.杨梅科　Myricaceae

毛杨梅 *Myrica esculenta* Buch.-Ham.

　　根皮：散瘀、止血、止痛

杨梅 *M. rubra*（Lour.）Sieb. et Zucc.

　　根、皮、果：散瘀、止血、止痛

116. **胡桃科　Juglandaceae**

青钱柳　*Cyclocarya paliurus*（Batal.）Iljinskaja
　　果、叶：祛风杀虫

黄杞　*Engelhardtia roxburghiana* Wall.
　　树皮：行气化湿、导滞

野核桃　*Juglans cathayensis* Dode
　　种仁：补养气血、润燥化痰

核桃楸　*J. mandshurica* Maxim.
　　种仁及树皮：敛肺定喘、清热解毒

核桃　*J. regia* Linn. ＊
　　核桃仁：补肾固精、敛肺定喘

泡核桃　*J. sigillata* Dode ＊
　　种仁及树皮：敛肺定喘、清热解毒

园果化香树　*Platycarya longipes* Wu
　　叶：止疮毒

化香树　*P. strobilacea* Sieb. et Zucc.
　　叶：解毒杀虫

湖北枫杨　*Pterocarya hupehensis* Skan
　　根皮：杀虫止痒

华西枫杨　*P. insignis* Rehd. et Wils.
　　根皮：杀虫止痒

枫杨　*P. stenoptera* C. DC.
　　叶及根皮：杀虫止痒、利尿消肿

短翅枫杨　*P. stenoptera* var. *brevlialata*
　　　　　　　　　　　　Pampan.
　　叶及根皮：杀虫止痒、利尿消肿

117. **桦木科　Betulaceae**

桤木　*Alnus cremastogyne* Burk.
　　嫩枝叶：清热降火、止泻

尼泊尔桤木　*A. nepalensis* D. Don.
　　根皮：清热利湿、凉血止血

红桦　*Betula albo-sinensis* Burk.
　　嫩枝：清热解毒、利湿

西南桦　*B. alnoides* Boch.-Ham. et D. Don
　　嫩枝：清热解毒、利湿

华南桦　*B. austo-sinensis* Chun ex P. C. Li
　　嫩枝：清热解毒、利湿

亮叶桦　*B. luminifera* H. Winkl.
　　树皮或嫩枝：清热解毒、利湿

糙皮桦　*B. utilis* D. Don
　　根皮：清热利尿、消炎

川黔鹅耳枥　*Carpinus fangiana* Hu
　　根皮：舒筋活络

川陕鹅耳枥　*C. fargesiana* H. Winkl.
　　根皮：祛风除湿、散瘀

贵州鹅耳枥　*C. kweichowensis* Hu
　　根皮：祛风除湿、散瘀

短尾鹅耳枥　*C. londoniana* H. Winkl.
　　果及根皮：舒筋活血、散瘀

多脉鹅耳枥　*C. polyneura* Franch.
　　果及根皮：舒筋活血、散瘀

云贵鹅耳枥　*C. pubescens* Burk.
　　根皮：跌打损伤

昌化鹅耳枥　*C. tschonoskii* Maxim.
　　果及根皮：舒筋活血、散瘀

鹅耳枥　*C. turczaniowii* Hance
　　果及根皮：舒筋活血、散瘀

华榛　*Corylus chinensis* Franch.
　　种仁：调中、开胃、明目

川榛　*C. heterophylla* var. *sutchuenesis* Franch.
　　种仁：调中、开胃、明目

118. **壳斗科　Fagaceae**

锥栗　*Castanea henryi*（Skan）Rehd. et Wils.
　　根皮：治恶刺、失眠

板栗　*C. mollissima* Blume
　　果实：补肾气、益肠

茅栗　*C. sequinii* Dode
　　根皮：清热解毒、镇静安神

丝栗栲　*Castanopsis fargesii* Franch.
　　根皮：祛湿、止痢

扁刺栲　*C. platyacantha* Rehd. et Wils.
　　根皮：祛风接骨、消炎解毒

南川青冈　*Cyclobalanpsis nanchuanica*
　　　　　　（Huang et Y. T. Chang）Hsu et Jen
　　根皮：涩肠止痢、解毒杀菌

蛮青冈　*C. oxyodon*（Miq.）Derst.
　　根皮：涩肠止痢、解毒杀菌
　　果实：消乳肿、止泻

榭栎 *Q. aliena* Blume
果实:涩肠止痢、止血

锐齿槲栎 *Q. aliena* var. *acuteserrata* Maxim.
果壳:清热利湿

柞栎 *Q. dentata* Thunb.
果实及树皮:涩肠止痢、解毒止血

白栎 *Q. fabri* Hance
果实:消疳理气

枹栎 *Q. glandulifera* Blume
果实:涩肠止痢

短柄枹栎 *Q. glandulifera* var. *brevipetiolata* Nakai

果壳:止咳

栓皮栎 *Q. variabilis* Blume
果壳:止咳、涩肠、健胃

119. **榆科 Ulmaceae**

糙叶树 *Aphananthe aspera*(Bl.)Planch.
根及茎皮:舒筋活络、止痛

紫弹树 *Celtis biondii* Pamp.
树、根、皮:清热解毒、利尿祛瘀

小叶朴 *C. bungeana* Blume
树皮:祛痰、止咳、平喘

珊瑚朴 *C. julianae* Schneid.
树皮:止咳、平喘

朴树 *C. tatrandra* ssp. *sinensis*(Pers.)Y. C. Yang

根皮:祛痰、止咳、平喘

西川朴 *C. vandervoetiana* Schneid.
根皮:祛痰、止咳、平喘

青檀 *Pteroceltis tatarinowii* Maxim.
根皮:治疗疮

银毛叶山黄麻 *Trema nitida* C. J. Chen
根叶:收敛止血、散瘀、消肿

兴山榆 *Ulmus bergmanniana* Schneid.
树皮:安神、止血、利尿

大果榆 *U. macrocarpa* Hance
皮:杀虫、消积

榔榆 *U. parvifolia* Jacq.
树皮:利水、通淋、消肿

榆 *U. pumila* Linn.
树皮:利水、通淋、消肿

毛白榆 *U. pumila* var. *pilosa* Rehd.
皮:接骨、消肿、止血

榉树 *Zelkora schneideriana* Hand. -Mazz.
树皮:清热安胎
叶:治疗疮

120. **桑科 Moraceae**

南川木菠萝 *Artocarpus nanchuanensis* S. S. Chang,S. C. Tan et Z. Y. Liu
树液:治疮疖、红肿
叶:外用治溃疡

小构树 *Broussonetia kazinoki* Sieb. et Zucc.
根叶:清热止咳、利尿

藤构 *B. kaempferi* var. *australis* Suzuki
根及叶:清热解毒

楮实子 *B. papyrifera*(Linn.)L'Her. ex Vent.
果实:利尿消肿、明目软坚

大麻 *Cannabis sativa* Linn.
果实:润燥滑肠

构棘 *Cudrania cochinchinensis*(Lour.)Kudo et Masam.
根:止咳化痰、祛风止痛

柘树 *C. tricurpidata*(Carr.)Bur. ex Lavallee
树皮、根皮:补肾固精
茎叶:消炎解毒、润肺止咳

无花果 *Ficus carica* Linn. *
果序:润肺止咳、清热润肠

菱叶冠毛榕 *F. gasparrinia* var. *lacerafifolia*(Lévl. et Vant.)Corner
果序:下乳、收敛

小果榕 *F. gasparriniana* var. *viridescens*(Lévl. et Vant.)Corner
根:祛风除湿、舒筋活络

尖叶榕 *F. henryi* Warb. ex Diels
果序:止咳、行气、润肠

异叶榕 *F. heteromorpha* Hemsl.
果序:下乳、收敛

小叶榕　*F. microcarpa* Linn. ＊
　　气根:治感冒、百日咳、消炎解毒
　　树皮:治泄泻、疥癣
南川榕　*F. nanchuanensis* Z. Y. Liu
　　果序:润肠下乳、止咳
琴叶榕　*F. pandurata* Hance
　　根:行气活血、舒筋活络
薜荔　*F. pumila* Linn.
　　果序:补肾固精、活血催乳
珍珠莲　*F. sarmentosa* var. *henryi*
　　　　　　　　(King ex Oliv.) Corner
　　果序:补脾肾、止血、下乳
小叶爬藤榕　*F. sarmentosa* var. *impressa*
　　　　　　　　(Champ.) Corner
　　茎:祛风除湿、散瘀
尾尖爬藤榕　*F. sarmentosa* var. *lacrymens*
　　　　　　　　(Lévl.) Corner
　　茎:祛风除湿、散瘀
白背爬藤榕　*F. sarmentosa* var. *nipponica*
　　　　　　　　(Franch. et Sav.) Corner
　　茎:祛风除湿、散瘀
竹叶榕　*F. stenophylla* Hemsl.
　　根及茎:祛痰止咳、补肾安胎
地枇杷　*F. tikoua* Bur.
　　根及茎:清热利湿、行气化瘀
糙叶榕　*F. tsangii* Merr. ex Corner
　　果序:活血散瘀、止咳行气
啤酒花　*Humulus lupulus* Linn. ＊
　　果序:健胃、抗痨、安神
华忽布　*H. lupulus* var. *cordifolius* (Miq.)
　　　　　　　　Maxim. ＊
　　全草:健胃镇静、抗结核
葎草　*H. scandens* (Lour.) Merr.
　　全草:清热解毒、利尿消肿
桑　*Morus alba* Linn.
　　枝叶、根皮:清肺热、祛风湿
鸡桑　*M. australis* Poir.
　　枝叶:祛风清热、止咳平喘
华桑　*M. cathayana* Hemsl.
　　根皮、小枝:祛风除湿、止咳平喘

蒙桑　*M. mongolica* (Bur.) Schneid.
　　根皮、小枝:祛风除湿、止咳平喘
山桑　*M. mongolica* var. *diabolica* Koidz.
　　根皮、小枝:祛风除湿、止咳平喘

121. 荨麻科　Urticaceae

序叶苎麻　*Boehmeria clidemioides* var. *diffusa*
　　　　　　　　(Wedd.) Hand. -Mazz.
　　根及叶:利水消肿
密球苎麻　*B. densiglomerata* W. T. Wang
　　全草:清热解毒
细野麻　*B. gracilis* C. H. Wright
　　全草:清热解毒、舒筋活血
大叶苎麻　*B. longispica* Steud.
　　全草:清热解毒、舒筋活血
苎麻　*B. nivea* (Linn.) Gaud.
　　根:清热凉血、解毒安胎
悬铃木叶苎麻　*B. platanifolia* Franch. et Sav.
　　根叶:舒筋活血、跌打损伤
微柱麻　*Chamabainia cuspidata* Wight.
　　全草:行气止痛、止血
水麻　*Debregeasia orientalis* C. J. Chen
　　根及叶:祛风除湿、活血止血
星序楼梯草　*Elatostema asterocephalum*
　　　　　　　　W. T. Wang
　　全草:祛风除湿、清热解毒、接骨、治风湿肿痛
短齿楼梯草　*E. brachyobontum* (Hand. -Mazz.)
　　　　　　　　W. T. Wang
　　全草:祛风除湿、消肿散瘀
聚尖楼梯草　*E. cuspidatum* Wight.
　　全草:消炎解毒
锐齿楼梯草　*E. cyrtandrifolium*
　　　　　　　　(Zoll. et Mor.) Miq.
　　全草:消炎拔毒、接骨
梨序楼梯草　*E. ficoides* (Wall.) Wedd.
　　全草:祛风除湿
宜昌楼梯草　*E. ichangense* H. Schroter
　　全草:消炎拔毒
楼梯草　*E. involucratum* Franch. et Sav.
　　全草:清热利湿、消肿散瘀

长梗楼梯草　*E. longipes* W. T. Wang
　　全草:清热利湿、消肿散瘀

南川楼梯草　*E. nanchuanensis* W. T. Wang
　　全草:拔毒、消肿、止血

长园楼梯草　*E. oblongifolium* Fu. ex W. T. Wang
　　全草:拔毒、消肿、止血

钝叶楼梯草　*E. obtusum* Wedd.
　　全草:清热利湿

光茎钝叶楼梯草　*E. obtusum* var. *glabrescens*
　　　　　　　　　　　　　　W. T. Wang
　　全草:清热利湿

多脉楼梯草　*E. pseudoficoides* W. T. Wang
　　全草:清热解毒、利水

小叶楼梯草　*E. parvum*（Bl.）Miq.
　　全草:活血、祛瘀、除湿

樱叶楼梯草　*E. prunifolium* W. T. Wang
　　全草:祛风除湿

对叶楼梯草　*E. sinense* H. Schroter
　　全草:祛风除湿

伏毛楼梯草　*E. strigulosum* W. T. Wang
　　全草:清热利湿

赤水楼梯草　*E. strigulosum* var. *semitriplinerva*
　　　　　　　　　　　　　　W. T. Wang
　　全草:清热利湿

拟聚尖楼梯草　*E. subcuspidatum* W. T. Wang
　　全草:消炎解毒

大蝎子草　*Girardinia suborbiculata* C. J. Chen
　　全草:祛风除湿、解毒止痒

红火麻　*G. suborbiculata* ssp. *triloba*（C. J. Chen）
　　　　　　　　　　　　　　C. J. Chen
　　全草:祛风行血、治风湿

珠芽艾麻　*Laportea bulbifera*（Sieb. et Zucc.）
　　　　　　　　　　　　　　Wedd.
　　根及全草:祛风除湿、活血

心叶艾麻　*L. bulbifera* ssp. *latiuscula* C. J. Chen
　　全草:祛风除湿、止痒

棱果艾麻　*L. elevata* C. J. Chen
　　全草:祛风除湿、止痒

假楼梯草　*Lecanthus peduncularis*
　　　　　　　　　（Wall. ex Royle）Wedd.
　　全草:清热消炎、治烫伤

雪药　*Nanocnide lobata* Wedd.
　　全草:清热解毒、治烧伤

紫麻　*Oreocnide frutescens*（Thunb.）Miq.
　　根茎:活血散瘀、清热解毒

墙草　*Parietaria micrantha* Ledeb.
　　全草:清热解毒、拔脓消肿

赤车　*Pellionia radicans*（Sieb. et Zucc.）Wedd.
　　全草:活血祛瘀、消肿解毒

毛茎赤车　*P. setrohispida* W. T. Wang
　　全草:清热解毒、消炎止痛

绿赤车　*P. viridis* C. H. Wright
　　全草:清热解毒、消炎止痛

园瓣冷水花　*P. angulata*（Bl.）Bl.
　　全草:祛风除湿、散瘀消肿

华中冷水花　*P. angulata* ssp. *latiuscula*
　　　　　　　　　　　　　　C. J. Chen.
　　全草:祛风除湿、活血

湿生冷水花　*Pilea aquarum* Dunn
　　全草:祛风除湿、舒筋活络

花叶冷水花　*P. cadierei* Gagnep. et Guill. ＊
　　叶:止血

波缘冷水花　*P. cavaleriei* H. Lévl.
　　全草:清热解毒、化痰止咳

椭园叶冷水花　*P. elliptilimba* C. J. Chen
　　全草:活血散瘀、除湿

日本冷水花　*P. japonica*（Maxim.）
　　　　　　　　　　　　　　Hand. -Mazz.
　　全草:清热解毒、渗湿利尿

隆脉冷水花　*P. lomatogramma* Hand. -Mazz.
　　全草:清热解毒、凉血散瘀

长茎冷水花　*P. longicaulis* Hand. -Mazz.
　　全草:利尿、祛风除湿

黄花冷水花　*P. longicaulis* var. *flaviflora*
　　　　　　　　　　　　　　C. J. Chen
　　全草:利尿、祛风除湿

大叶冷水花　*P. martinii*（Lévl.）Hand. -Mazz.
　　全草:活血利尿、除湿

念珠冷水花　*P. monilifera* Hand. -Mazz.
　　全草:祛风除湿、活血

南川冷水花　*P. nanchuanensis* C. J. Chen
　　全草:活血散瘀、除湿
冷水花　*P. notata* C. H. Wright
　　全草:清热利湿、止咳、化痰
齿叶矮冷水花　*P. peploides* var. *major* Wedd.
　　全草:清热解毒、散瘀止痛
西南冷水花　*P. plataniflora* C. H. Wright
　　全草:祛风除湿、舒筋活络
透茎冷水花　*P. pumila* (Linn.) A. Gray
　　全草:清热利湿、止咳止血
序托冷水花　*P. receptacularis* C. J. Chen
　　全草:祛风除湿
红花冷水花　*P. rubrifora* C. H. Wright
　　全草:祛风除湿、利尿
镰叶冷水花　*P. semisescilis* Hand.-Mazz.
　　全草:清热利湿、止咳化痰
粗齿冷水花　*P. sinofasciata* C. J. Chen
　　全草:清热止咳、理气止痛
翅茎冷水花　*P. subcoriacea* (Hand.-Mazz.)
　　　　　　　　　　　　　C. J. Chen
　　全草:清热利湿
三角叶冷水花　*P. swinglei* Merr.
　　全草:解毒消肿、除湿杀虫
疣果冷水花　*P. verrucosa* Hand.-Mazz.
　　全草:祛风除湿、活血散瘀
雾水葛　*Pouzolzia zeylanica* (Linn.) Benn.
　　全草:清热利湿、解毒排脓
小果荨麻　*Urtica atrichocaulis* (Hand.-Mazz.)
　　　　　　　　　　　　　C. J. Chen
　　全草:祛风除湿、止痒
白火麻　*U. fissa* E. Pritz.
　　全草:祛风除湿、止痒
宽叶荨麻　*U. laetevirens* Maxim.
　　全草:祛风除湿、止痒
齿叶荨麻　*U. laetevirens* ssp. *dentata*
　　　　　　　(Hand.-Mazz.) C. J. Chen
　　全草:祛风除湿、止痒

122. 山龙眼科　Proteaceae

银桦　*Grevillea robusta* A. Cunn. ex R. Br. *
　　叶:清热理气

123. 铁青树科　Olacaceae

青皮木　*Schoepfia jasminodora* Sieb. et Zucc.
　　枝、叶:祛风除湿、散瘀止痛

124. 檀香科　Santalaceae

檀梨　*Pyrularia edulis* (Wall.) A. DC.
　　根皮:止胃痛
百蕊草　*Thesium chinense* Turcz.
　　全草:清热解毒、解暑

125. 桑寄生科　Loranthaceae

桐树桑寄生　*Loranthus delavayi* Van Tiegh
　　全株:祛风利湿
红花寄生　*Scurrula parasitica* Linn.
　　全株:祛风通络、强筋壮骨
毛叶寄生　*Taxillus nigrans* (Hance) Danser
　　全株:祛风通络、强筋壮骨
灰背寄生　*T. sutchuenensis* var. *duclouxii*
　　　　　　　　　　　　(Lecte.) H. S. Kiu
　　全株:祛风湿、强筋骨、养气血
扁枝寄生　*Viscum articulatum* Burm. f.
　　全株:祛风除湿、舒筋活络
槲寄生　*V. coloratum* (Komav.) Nakai
　　全株:强筋骨、养血安胎
棱枝槲寄生　*V. diospyrosicolum* Hayata
　　全株:祛风除湿、舒筋活络
枫香寄生　*V. liquidambaricolum* Hayata
　　全株:祛风除湿、舒筋活络

126. 马兜铃科　Aristolochiaceae

扁茎马兜铃　*Aristolochia compressicaulis*
　　　　　　　　　　　　　Z. L. Yang
　　根及茎:行气止痛、解毒消肿
北马兜铃　*A. contorta* Bunge *
　　根:行气止痛、解毒、消肿降压
马兜铃　*A. dedilis* Sieb. et Zucc.
　　根:行气止痛、解毒、消肿降压
异叶马兜铃　*A. heterophylla* Hemsl.
　　根:利水消肿、祛风止痛
金山马兜铃　*A. jinshanensis* Z. L. Yang
　　　　　　　　　　　　　et S. X. Tan
　　根及茎:祛风镇痛、解毒、消肿

大叶马兜铃　*A. kwangsiensis* Chun et How
　　　　　　　　　　　　ex C. F. Liang
　　块根:行气止痛、解毒排脓
柔毛马兜铃　*A. mollis* Dunn.
　　根及茎:行气止痛、解毒散结
木通马兜铃　*A. manshuriensis* Kom.
　　根茎:清热祛湿、消食止痛
淮通　*A. moupinensis* Franch.
　　根及茎:除烦退热、行水下乳、排脓止痛
线叶马兜铃　*A. neolongifolia* J. L. Wu
　　　　　　　　　　　　et Z. L. Yang
　　根及茎:活血散瘀、行气止痛、消炎杀菌
朱砂莲　*A. tuberosa* C. F. Liag et S. M. Hwang
　　块根:(有小毒)清热解毒、消肿止痛
管花马兜铃　*A. tubiflora* Dunn.
　　根及茎:清热解毒、止咳平喘、止泻镇痛
短尾细辛　*Asarum caudigerellum*
　　　　　　　　　C. Y. Cheng et C. S. Yang
　　全草:散寒祛湿、顺气止痛、消肿
长尾细辛　*A. caudigerum* Hance
　　全草:清热散寒、祛瘀消肿
花叶尾花细辛　*A. caudigerum* var. *cardiophyllum*
　　　　　　(Franch.) C. Y. Cheng et C. S. Yang
　　全草:清热散寒、祛瘀消肿
双叶细辛　*A. caulescens* Maxim.
　　全草:发表散寒、止咳祛痰、顺气止痛
川北细辛　*A. chinense* Franch.
　　全草:散寒解毒、祛风止咳
皱花细辛　*A. crispulatum* C. Y. Cheng
　　　　　　　　　　　　et C. S. Yang
　　全草:散寒解毒、祛风止咳
铜钱细辛　*A. debile* Franch.
　　全草:散寒祛湿、顺气止痛、消肿
金佛山细辛　*A. franchetianum* Diels
　　全草:祛风散寒、止痛
单叶细辛　*A. himalaicum* Hook. f. et Thoms
　　　　　　　　　　　　ex Klotzsch.
　　全草:祛风散寒、止痛、祛痰
大花细辛　*A. maximum* Hemsl.
　　全草:散寒解毒、祛风止痒、化痰止咳

南川细辛　*A. nanchuanense* C. S. Yang
　　　　　　　　　　　　et J. L. Wu
　　全草:祛风散寒、止痛、止咳消炎
长毛细辛　*A. pulchellum* Hemsl.
　　全草:理气止痛、润肺化痰、祛风除湿
华细辛　*A. sieboldii* Miq. *
　　全草:祛风散寒、止痛祛痰
青城细辛　*A. splendens* (F. Maekawa) C. Y.
　　　　　　　　Cheng et C. S. Yang
　　全草:散寒发表、止痛消炎、止咳化痰
武隆细辛　*A. wulongense* Z. L. Yang
　　全草:祛风散寒、止痛消炎、止咳祛痰
马蹄香　*Saruma henryi* Oliv.
　　全草:温中散寒、理气镇痛

127.芍药科　Paeoniaceae

西昌牡丹　*Paeonia lutea* Delav. ex Franch. *
　　根:清热凉血、活血行瘀
芍药　*P. lactiflora* Pall. *
　　根:养血、敛阴、祛痰、镇痛
毛果芍药　*P. lactiflora* var. *trichocarpa*
　　　　　　　　　(Bunge) Stern. *
　　根:养血、敛阴、祛痰、镇痛
草芍药　*P. obovata* Maxim.
　　根:养血调经、凉血止痛
毛叶草芍药　*P. obovata* var. *willmottiae*
　　　　　　　　　(Stapf.) Stern.
　　根:凉血活血、消肿止痛
牡丹　*P. suffruticosa* Andr. *
　　根皮:清热凉血、活血行瘀
紫斑牡丹　*P. suffruticosa* var. *papaveracea*
　　　　　　　　　(Andr.) Kerner *
　　根皮:清热凉血、活血行瘀
四川牡丹　*P. szechuanica* Fang *
　　根皮:清热凉血、活血行瘀
川赤芍　*P. veitchii* Lynch *
　　根:活血通经、凉血散瘀
毛赤芍　*P. veitchii* var. *woodwardii*
　　　　　　　　　(Stapt ex Cox) Stern *
　　根:活血通经、凉血散瘀

128. 蛇菰科　Balanophoraceae

筒鞘蛇菰　*Balanophora involucrata* Hook. f.
　　全草：清热解毒、止血

多蕊蛇菰　*B. polyandra* Griff.
　　全草：清热解毒、止血止痛

129. 蓼科　Polygonaceae

金线草　*Antenoron filiforme*（Thunb.）
　　　　　　　　　　　　　　Roberty et Vautier
　　根：凉血止血、祛瘀止痛

短毛金线草　*A. filiforme* var. *neofiliforme*
　　　　　　　　　　　（Nakai）A. J. Li
　　根：凉血止血、祛瘀止痛

南川金线草　*A. nanchuanensis* Z. Y. Liu
　　　　　　　　　　　　et S. X. Tan
　　根：凉血止血、祛瘀止痛

竹节蓼　*Muehlenbeckia platyclada*
　　　　　　　（F. Muell. ex Hook.）Meisn. *
　　全草：清热解毒、祛瘀消肿

山蓼　*Oxyria digyna*（Linn.）Hill.
　　全草：清热利湿

园叶山蓼　*O. sinensis* Hemsl.
　　全草：舒筋活络、止泻

萹蓄　*Polygonum aviculare* Linn.
　　全草：利尿通淋、杀虫

细刺毛蓼　*P. barbatum* var. *gracile*（Danser）
　　　　　　　　　　　　　　Steward
　　全草：散寒活血、拔毒生肌

拳参　*P. bistorta* Linn.
　　根茎：清热解毒、凉血止血

头花蓼　*P. capitatum* Buch. -Ham. ex D. Don
　　全草：解毒散瘀、利尿通淋

火炭母　*P. chinense* Linn.
　　全草：益气行血、祛风热

红火炭母　*P. chinense* var. *hispidudum* Hook. f.
　　全草：益气行血、祛风热

藤火炭母　*P. chinense* var. *thunbergianum* Meisn.
　　全草：益气行血、祛风热

花叶火炭母　*P. chinense* var. *umbellatum* Makino
　　全草：益气行血、祛风热

毛脉蓼　*P. cillinerve*（Nakai）Ohwi
　　块根：清热解毒、止血镇痛

虎杖　*P. cuspidatum* Sieb. et Zucc.
　　根茎：清热利湿、活血解毒

金荞麦　*P. cymosum*（Trev.）Meisn.
　　根茎：消食健脾、清热利湿

箭叶蓼　*P. darrisii* Lévl.
　　全草：清热利湿、利尿止淋

齿翅蓼　*P. dentato-alatum* F. Schm.
　　块茎：收敛止痛、消炎

荞麦　*P. esculentum* Moench *
　　叶：强心利尿、祛风杀虫

中轴蓼　*P. excurrens* Steward
　　全草：清热利尿

戟叶箭蓼　*P. hastato-sagittatum* Makino
　　全草：发表除湿、利尿

水蓼　*P. hydropiper* Linn.
　　全草：止血、祛寒、退热

愉悦蓼　*P. jucundum* Meisn.
　　全草：清热解毒、利尿

酸模叶蓼　*P. lapathifolium* Linn.
　　全草：清热解毒、利尿

棉毛酸模叶蓼　*P. lapathifolium* var.
　　　　　　　　　　　　salicifolium Sibth.
　　全草：清热利尿、解毒

小蓼　*P. minus* Huds.
　　全草：发表利尿、止痢

何首乌　*P. multiflorum* Thunb.
　　块茎：补肝肾、益气血

尼泊尔蓼　*P. nepalense* Meisn.
　　全草：收敛固肠、清热解毒

荭草　*P. orientale* Linn. *
　　果实：清肺化痰、祛热明目

草血竭　*P. paleaceum* Wall. ex Hook. f.
　　根茎：散瘀止血、清热解毒

杠板归　*P. perfoliatum* Linn.
　　全草：化腐生肌、清热解毒

桃叶蓼　*P. persicaria* Linn.
　　全草：发表除湿、消食止泻

小扁蓄　*P. plebeium* R. Br.

　　全草:利尿通淋、化湿杀虫

丛枝蓼　*P. posumbum* Buch. -Ham. ex D. Don

　　全草:利尿止血

赤胫散　*P. runcinatum* Buch. -Ham. ex D. Don

　　全草:清热解毒

中华赤胫散　*P. runcinatum* var. *sinense* Hemsl.

　　全草:清热解毒、除湿止血

刺蓼　*P. senticosum*（Meisn.）Franch. et Savat.

　　全草:消肿解毒

支柱蓼　*P. suffultum* Maxim.

　　根茎:消肿散瘀、活血止痛

细穗支柱蓼　*P. suffultum* var. *pergracile*

　　　　　　　　　（Hemsl.）Sam.

　　根茎:消肿散瘀、活血止痛

苦荞麦　*P. tataricum*（Linn.）Gaerth.

　　全草:消食解毒、散结活血

粘蓼　*P. viscoferum* Makino

　　全草:清热利尿

川大黄　*Rheum officinale* Baill

　　根茎:破积滞、行瘀血

掌叶大黄　*R. palmatum* Linn. *

　　根茎:清热解毒、利便

波叶大黄　*R. undulatum* Linn. ex Regel *

　　根茎:清热解毒、利便

酸模　*Rumex acetosa* Linn.

　　根:凉血解毒、通便杀虫

红筋土大黄　*R. madaio* Makino

　　根:清热解毒、止血通便

皱叶酸模　*R. crispus* Linn.

　　根:清热解毒、消肿杀虫

羊蹄　*R. japonicus* Houtt.

　　根:清热凉血、杀虫润肠

尼泊尔酸模　*R. nepalensis* Spreng

　　根:清热解毒、通便、杀虫、止血

乌筋土大黄　*R. nepalensis* var. *nanchuanensis*

　　　　　　　　　Z. Y. Liu

　　根:清热解表、活血散瘀

巴天酸模　*R. patientia* Linn.

　　根:清热解毒、消肿杀虫

130. **藜科**　Chenopodiaceae

千针苋　*Acroglochin persicarioides*（Poir.）Moq.

　　全草:清热止血、止痢

君达菜　*Beta vulgaris* var. *cicla* Linn. *

　　叶:解毒止血、生肌

藜　*Chenopodium album* Linn.

　　全草:清热解毒、止血

土荆芥　*C. ambrosioides* Linn.

　　全草:祛风除湿、杀虫止痒

杖藜　*C. giganteum* D. Don

　　全草:清热利湿、杀虫

杂配藜　*C. hybridum* Linn.

　　全草:调经止血

小藜　*C. serotinum* Linn.

　　全草:清热解毒、止血

地肤子　*Kochia scoparia*（Linn.）Schrad.

　　种子:利尿除湿、强阴

毛叶地肤子　*K. scoparia* f. *trichophyila*

　　　　　　　　　（Hort.）Schinz et Thell.

　　种子:清热利尿

猪毛菜　*Salsola collina* Pall. *

　　全草:降血压

菠菜　*Spinacia oleracea* Linn. *

　　全草:养血止血、敛阴润燥

无刺菠菜　*S. oleracea* var. *inermis*（Moench）

　　　　　　　　　Peterm. *

　　全草:养血止血、敛阴润燥

131. **苋科**　Amaranthaceae

土牛膝　*Achyranthes aspera* Linn.

　　根:舒筋活血、利尿通经

银毛土牛膝　*A. aspera* var. *argentea*

　　　　　　　　　（Thwaites）Hook. f.

　　根:利尿、通经

钝叶牛膝　*A. aspera* var. *indica* Linn.

　　根:舒筋活血、利尿通经

褐叶牛膝　*A. aspera* var. *rubrofusca* Hook. f.

　　根:舒筋活血、利尿通经

牛膝　*A. bidentata* Bl.

　　根:舒筋活血、利尿通经

红叶牛膝　*A. bidentata* f. *rubra* Ho ex Kuan
　　根：舒筋活血、利尿

少毛牛膝　*A. bidentata* var. *japonica* Miq.
　　根：舒筋活血、利尿

柳叶牛膝　*A. longifolia* (Makino) Makino
　　根：活血通经

红柳叶牛膝　*A. longifolia* f. *rubra* Ho ex Kuan
　　根：活血通筋、利尿

白花苋　*Aerva sanguinolenta* (Linn.) Bl. *
　　根或花：生用破血、利湿；炒用补肝肾、强筋骨

锦绣苋　*Alternanthera ficoidea* CV.
　　　　　　　　　　　'Bettzickiana' *
　　全草：清热解毒、凉血止血

空心苋　*A. philoxeroides* (Mart.) Griseb.
　　全草：清热利水、凉血解毒

莲子草　*A. sessilis* (Linn.) DC.
　　全草：清火退热、止痛利尿

尾穗苋　*Amaranthus caudatus* Linn.
　　根及种子：滋补强壮、明目利湿

繁穗苋　*A. cruentus* Linn.
　　种子：明目利尿

绿穗苋　*A. hybridus* Linn.
　　种子：明目利尿

千穗谷　*A. hypochondriacus* Linn.
　　种子：清肝明目

凹头苋　*A. lividus* Linn.
　　全草：收敛利尿、止痛明目

苋菜　*A. mangostanus* Linn.
　　种子：清肝明目
　　根：滋补强壮

反枝苋　*A. retroflexus* Linn.
　　全草：清热解毒、凉血、除湿、消肿

刺苋菜　*A. spinosus* Linn.
　　全草：清热利湿、解毒消肿

雁来红　*A. tricolor* Linn. *
　　全草：祛寒明目、利小便

皱果苋　*A. viridis* Linn.
　　全草：清热解毒、利尿止痛

青葙　*Celosia argentea* Linn.
　　种子：泻肝明目、祛风

鸡冠花　*C. cristata* Linn. *
　　花和种子：凉血止血、止痢

白鸡冠花　*C. cristata* CV. 'Alba' *
　　花种子：凉血止血、止痢

川牛膝　*Cyathula officinalis* Kuan. *
　　根：补肝肾、通经散恶血

千日红　*Gomphrena globosa* Linn. *
　　花序：止咳平喘、平肝明目

千日白　*G. globosa* f. *alba* Hart. *
　　花序：止咳平喘、平肝明目

132. **紫茉莉科　Nyctaginaceae**

光叶子花　*Bougainvillea glabra* Choisy *
　　花：调经活血、收敛止带

叶子花　*B. spectabilis* Willd. *
　　花：调经活血、收敛止带

紫茉莉　*Mirabilis jalapa* Linn.
　　根：清热利湿、活血调经

133. **粟米草科　Molluginaceae**

粟米草　*Mollugo pentaphylla* Linn.
　　全草：利水除湿、清热解毒

134. **商陆科　Phytolaccaceae**

商陆　*Phytolacca acinosa* Roxb.
　　根：泻下利尿、消肿

十蕊商陆　*P. americana* Linn. *
　　根：泻下利尿、消肿

多药商陆　*P. polyandra* Bat.
　　根：泻下利尿、消肿

135. **马齿苋科　Portulacaceae**

大花马齿苋　*Portulaca grandiflora* Hook. *
　　全草：清热解毒、祛湿

马齿苋　*P. oleracea* Linn.
　　全草：清热利湿、凉血解毒

土人参　*Talinum patens* (Jacq.) Willd.
　　根：润肺生津、滋补强壮

136. **落葵科　Basellaceae**

藤三七　*Anredera cordifolia* (Ten.) Steen.
　　块茎：舒筋活血、止痛

白落葵　*Basella alba* Linn. ＊
　　全草：散热利肠
落葵　*B. alba* CV. 'Rubra' ＊
　　全草：清热除湿

137. 石竹科　Caryophyllaceae

麦仙翁　*Agrostema githago* Linn. ＊
　　全草：清热明目
蚤缀　*Arenaria serpyllifolia* Linn.
　　全草：止咳、清热、明目
簇生卷耳　*Cerastium caespitosum* Gilib.
　　全草：清热解毒、消肿止痛
球序卷耳　*C. glomeratum* Thillia
　　全草：祛风利尿、解热
狗筋蔓　*Cucubalus baccifer*（Linn.）Buch.
　　　　　　　　　　　　-Ham ex D. Don
　　全草：补虚弱、祛风接筋骨
东北石竹　*Dianthus amurensis* Jaoq. ＊
　　全草：利尿
沙地石竹　*D. arenarius* Linn. ＊
　　全草：利尿通淋
五彩石竹　*D. barbatus* Linn. ＊
　　全草：清热利尿
大花石竹　*D. caryophyllus* Linn. ＊
　　全草：清热利湿
石竹　*D. chinensis* Linn. ＊
　　全草：利尿通淋、泄心火
白花石竹　*D. chinensis* CV. 'Alba' ＊
　　全草：利尿通淋、泄心火
遂毛石竹　*D. ciliatus* Guss. ＊
　　全草：利尿通淋、泄心火
瞿麦石竹　*D. superbus* Linn. ＊
　　全草：利尿通淋
白花瞿麦　*D. superbus* CV. 'Alba' ＊
　　全草：利尿通淋
何莲豆草　*Drymaria cordata*（Linn.）Willd.
　　全草：清热止痛、消食化痰
霞草　*Gypsophila paniculata* Linn
　　全草：清热凉血
毛叶剪秋萝　*Lychnis coronaria*（Linn.）Desr. ＊
　　全草：解热镇痛

剪夏萝　*L. coronata* Thunb. ＊
　　根：消炎止泻、祛风止痛
剪秋萝　*L. senno* Sieb. Et Zucc. ＊
　　全草：活血散瘀、祛风止痛
紫萼女娄菜　*Melandrium tatarinowii*（Regel）
　　　　　　　　　　　　　　　　　Tsui
　　全草：利尿、健脾、通乳
白花女娄菜　*M. tatarinowii* var. *albiflorum*
　　　　　　　　　　　　（Franch）Z. Cheng
　　根：补虚益精、健胃肠
鹅肠草　*Myosoton aquaticum*（Linn.）Moench
　　全草：祛风解毒、治痔疮
孩儿参　*Pseudostellaria heterantha*（Maxim.）
　　　　　　　　　　　　　　　　　Pax. ＊
　　根：滋养强壮、补气生津
漆姑草　*Sagina japonica*（Sweet.）Ohwi.
　　全草：散结消肿、治白血病
肥皂草　*Saponaria officinalis* Linn. ＊
　　根：祛痰、治慢性皮肤病
高雪轮　*Silene armeria* Linn. ＊
　　全草：清热利湿
白花高雪轮　*S. armeria* CV. 'Alba' ＊
　　全草：清热利湿
麦瓶草　*S. conoidea* Linn. ＊
　　全草：清热利尿、止血
蝇子草　*S. fortunei* Vis.
　　全草：清热利湿、解毒消肿
凿瓣蝇子草　*S. incisa* C. L. Tang
　　全草：清热利湿
粘萼蝇子草　*S. viscidula* Franch.
　　全草：补血益气、调经
中国繁缕　*Stellaria chinensis* Regel
　　全草：抗菌消炎、止血
繁缕　*S. media*（Linn.）Cyr.
　　全草：清热解毒、消炎
峨眉繁缕　*S. omeiensis* C. Y. Wu et Y. W. Tsui
　　全草：清热凉血、止血散瘀
白筋骨草　*S. vestita* Kurz
　　全草：祛风除湿、活血止痛

小筋骨草　*S. uliginasa* Murr.

　　全草:清热解毒、止血

巫山繁缕　*S. wushanensis* Williams

　　全草:抗菌消炎、通筋活络

王不留行　*Vaccaria pyramidata* Medik *

　　种子:行血调经、下乳消肿

138. 睡莲科　Nymphaeaceae

芡实　*Euryale ferox* Salisb. *

　　种子:益肾涩精、补脾止泻

莲　*Nelumbo nucifera* Gaertn. *

　　叶及莲房:健脾止泻、养心益胃

红睡莲　*Nymphaea alba* var. *rubra* Lounr. *

　　花:消暑、解酒

黄睡莲　*N. mexicana* Zucc. *

　　花:祛风清热、凉血止血

睡莲　*N. tetragona* Georgi *

　　花:消暑解酒、凉血止血

139. 金鱼藻科　Ceratophyllaceae

金鱼藻　*Ceratophyllum demiersum* Linn.

　　全草:止血生肌、清热解毒

140. 领春木科　Eupteleaceae

云叶树　*Euptelea pleiosperma* Hook. f.
　　　　　　　　　　　　　et Thoms.

　　根皮:祛风除湿

141. 水青树科　Tetracentraceae

水青树　*Tetracentron sinense* Oliv.

　　根茎:具有抗艾滋病病毒活性成分

142. 毛茛科　Ranunculaceae

乌头　*Aconitum carmichaeli* Debx.

　　块根:祛风散寒、除湿止痛

瓜叶乌头　*A. hemsleyanum* Pritz.

　　块根:活血镇痛、祛风除湿

铁棒锤　*A. pendulum* Busch. *

　　块根:祛风止痛、散瘀止血

岩乌　*A. racemulosum* Franch.

　　块根:祛风镇痛、治风湿麻木

花葶乌头　*A. scaposum* Franch.

　　块根:温中止痛、散寒燥湿

墨七　*A. scaposum* var. *vaginatum*（Pritz.）
　　　　　　　　　　　　　Rapaics

　　根:活血散瘀、治喘咳等

高乌头　*Actaea sinomontanum* Nakai.

　　根:祛风除湿、理气止痛、活血散瘀

南川水黄莲　*Adonis brevistyla* Franch.

　　根:清热燥湿、解毒杀虫

卵叶银莲花　*Anemone begoniifolia* Lévl. et Vant.

　　全草:祛风除湿

西南银莲花　*A. davidii* Franch.

　　根茎:镇痛活血、消肿解毒

林荫银莲花　*A. flaceida* Fr. Schmilt

　　根茎:活血消肿、解毒

三出银莲花　*A. griffithii* Hook. f. et Thoms.

　　根茎:活血消肿、解毒

打破碗花花　*A. hupehensis* Lem.

　　根:利湿、驱虫、祛瘀

白花打破碗花花　*A. hupehensis* f. *alba* W. T.
　　　　　　　　　　　　　Wang

　　根:解毒、消积、杀虫

南川银莲花　*A. nanchuanensis* W. T. Wang

　　根茎:活血消肿、解毒

大火草　*A. vitifolia* Buch. -Ham. ex DC.

　　根茎:化痰、散瘀、截疟

无距耧斗菜　*Aquilegia ecalcarata* Maxim.

　　全草:生肌拔毒

短距耧斗菜　*A. ecalcarata* f. *semicalecarta*
　　　　　　　　（Schipcz.）Hand. -Mazz.

　　全草:清热解毒、止呕、止痢

甘肃耧斗菜　*A. oxysepala* var. *kansuensis* Bruhl.

　　根茎:活血祛痛、解表镇痛

直距耧斗菜　*A. rockii* Munz

　　根:祛瘀生新、镇痛祛风

裂叶星果草　*Asteropyrum cavaleriei*
　　　　　　（Lévl. et Vant.）Drumm. et Hutch.

　　全草:清热止血、止痢

铁破锣　*Beesia calthaefolia*（Maxim.）Ulbr.

　　全草:祛风散寒、清热解毒

驴蹄草　*Caltha palustris* Linn.

　　全草:祛风止痛、活血消肿

小升麻　*Cimicifuga acerian*（Sieb. et Zucc.）
　　　　　　　　　　　　　　Tanaka

　　根茎:活血散瘀、消肿止痛

短果升麻　*C. brachycarpa* Hsiao

　　根茎:祛风解热、治疮毒

升麻　*C. foretida* Linn.

　　根茎:发表透疹、清热解毒

南川升麻　*C. nanchuanensis* Hsiao

　　根茎:祛风解热

单穗升麻　*C. simplex* Wormsk.

　　根茎:发表透疹、清热解毒

钝齿铁线莲　*Clematis apiifolia* var. *argentilucida*
　　　　　　　（Lévl. et Vant）W. T. Wang

　　藤茎:清热利尿、祛风止痛

粗齿铁线莲　*C. argentilucida*（Lévl. et Van.）
　　　　　　　　　　　　　W. T. Wang

　　藤茎:行气活血、止痛解毒

川木通　*C. armandii* Franch.

　　藤茎:清热利尿、祛风止痛

威灵仙　*C. chinensis* Osbeck

　　根:祛风除湿、通络止痛

山木通　*C. finetiana* Lévl. et Vant.

　　茎:清热解毒、利尿活血

铁线莲　*C. florida* Thunb.

　　根及茎:利尿、理气通便、活血止血

杨子铁线莲　*C. ganpiniana*（Lévl. et Vant.）
　　　　　　　　　　　　　Tamura.

　　藤茎:祛风除湿

毛叶铁线莲　*C. ganpiniana* var. *subsericea*
　　　　　　　（Rehd. et Wils.）C. T. Ting

　　藤茎:祛风除湿

毛果铁线莲　*C. ganpiniana* var. *tenuisepala*
　　　　　　　（Maxim.）C. T. Ting

　　藤茎:祛风除湿

小蓑衣藤　*C. gouriana* Roxb. ex DC.

　　藤茎:祛风除湿、活血止痛

金佛铁线莲　*C. gratopsis* W. T. Wang

　　根茎:祛风除湿

单叶铁线莲　*C. henryi* Oliv.

　　根:行气镇痛、活血消肿

大叶铁线莲　*C. heracleifolia* DC. *

　　藤茎:祛风除湿、解毒消肿

贵州铁线莲　*C. kweichowensis* Pei

　　藤茎:祛风除湿、解毒消肿

毛蕊铁线莲　*C. lasiandra* Maxim.

　　藤茎:舒筋活血、除湿止痛

绣毛铁线莲　*C. leschenaultiana* DC.

　　藤茎:清热利尿、止痛

光柱铁线莲　*C. longistyla* Hand. -Mazz.

　　藤茎:舒筋活络、祛风除湿

绣球藤　*C. montana* Buch. -Ham. ex DC.

　　藤茎:通血脉、治五淋

谭氏铁线莲　*C. montana* var. *tanii*
　　　　　　　　W. T. Wang et Z. Y. Liu

　　藤茎:通血脉、治五淋

晚花铁线莲　*C. montana* var. *wilsonii* Sprag.

　　藤茎:通血脉、治五淋

钝萼铁线莲　*C. peterae* Hand. -Mazz.

　　藤茎:清热利尿、活血止痛

毛果钝萼铁线莲　*C. peterae* var. *trichocarpa*
　　　　　　　　　　　　　W. T. Wang

　　藤茎:治骨节痛、通血脉

五叶铁线莲　*C. quinquefoliolata* Hutch.

　　藤茎:祛风除湿、散瘀止痛

曲柄铁线莲　*C. repens* Finet et Gagnep.

　　藤茎:凉血、降火、解毒

糠头花　*C. terniflora* DC.

　　藤茎:凉血、降火、解毒

柱果铁线莲　*C. uncinata* Champ.

　　根、茎、叶:祛风除湿、活血止痛

尾叶铁线莲　*C. urophylla* Franch.

　　茎:行气止痛、活血消肿

云南铁线莲　*C. yunnanensis* Franch.

　　藤茎:祛风除湿、止痛利尿

黄连　*Coptis chinensis* Franch.

　　根茎:清热燥湿、泻火解毒

狭裂黄连　*C. chinensis* var. *angustiloba*
　　　　　　　　　　　　　W. Y. Kong

　　根茎:清热燥湿、泻火解毒

短萼黄连　*C. chinensis* var. *brevisepla* W. T.
　　　　　Wang et Hsian *
　　根茎：清热燥湿、泻火解毒
三角叶黄连　*C. deltoidea* C. Y. Cheng et Hsiao *
　　根茎：清热燥湿、泻火解毒
峨眉黄连　*C. omeiensis* (Chen) C. Y. Cheng *
　　根茎：清热燥湿、泻火解毒
云南黄连　*C. teeta* Wall. *
　　根茎：清热燥湿、泻火解毒
还亮草　*Delphinium anthriscifolium* Hance
　　全草：祛风除湿
大花还亮草　*D. anthriscifolium* var. *majus*
　　　　　Pamp.
　　全草：清热解毒、祛痰止咳
川黔翠雀花　*D. bonvalotii* Franch.
　　根：镇痛、祛风除湿
毛梗川黔翠雀花　*D. bonvalotii* var. *eriostylum*
　　　　　(Lévl.) W. T. Wang
　　根：镇痛、祛风除湿
三小叶翠雀花　*D. trifoliolatum* Finet et Gagnep.
　　根：祛风除湿、镇痛
人字果　*Dichocarpum adiantifolium* var.
　　　　　sutchuenense (Franch.) D. Z. Fu
　　全草：祛风除湿、解毒
耳状人字果　*D. auriculatum* (Franch.) W. T.
　　　　　Wang et Hsiao
　　全草：消肿解毒
蕨叶人字果　*D. dalzielii* (Drumm et Hutch.)
　　　　　W. T. Wang et Hsiao
　　全草：消肿解毒
纵肋人字果　*D. fargesii* (Franch.) W. T. Wang
　　　　　et Hsiao
　　全草：清热解毒、祛湿
南川人字果　*D. fargesii* var. *nanchuanense*
　　　　　Z. Y. Liu
　　全草：祛风除湿、清热解毒
小花人字果　*D. franchetii* (Finet et Gagnep.)
　　　　　W. T. Wang et Hsiao
　　全草：祛风除湿、解毒

水葫芦苗　*Halevpestes sarmentosa* (Adams)
　　　　　Kom.
　　全草：清热解毒、消肿
黑种草　*Nigella damascena* Linn. *
　　全草：祛风湿、止痛
白头翁　*Pulsatilla chinensis* (Bunge) Regel
　　根：清热凉血、解毒杀虫
禺毛茛　*Ranunculus cantoniensis* DC.
　　全草：治黄疸、目疾
回回蒜　*R. chinensis* Bunge
　　全草：消炎退肿、平喘、截疟
西南毛茛　*R. ficariifolius* Lévl. et Vant.
　　全草：消炎退肿、平喘、截疟
毛茛　*R. japonicus* Thunb.
　　全草：利湿消肿、止痛杀虫
石龙芮　*R. sceleratus* Linn.
　　全草：消肿拔毒、散结
杨子毛茛　*R. sieboldii* Miq.
　　全草：攻毒、杀虫、截疟
棱喙毛茛　*R. trigonus* Hand.-Mazz.
　　全草：消肿、拔毒、截疟
天葵　*Semiaquilegia adoxoides* (DC.) Makino
　　根：清热解毒、散结消肿
尖叶唐松草　*Thalictrum acutifolium*
　　　　　(Hand.-Mazz.) Boivin
　　全草：清热燥湿、利疸除黄
盾叶唐松草　*T. ichangense* Lecoyer ex Oliv.
　　全草：清热利湿、祛风明目
爪哇唐松草　*T. javanicum* Bl.
　　全草：清热解毒、软坚、治肺病
微毛爪哇唐松草　*T. javanicum* var. *puberulum*
　　　　　W. T. Wang
　　全草：清热解毒、软坚
　　全草：清热解毒、祛瘀止痛
东亚唐松草　*T. minus* var. *hypoleucum*
　　　　　(Sieb et Zucc.) Miq.
　　全草：清热解毒、明目止泻
峨眉唐松草　*T. omeiense* W. T. Wang
　　　　　et S. H. Wang
　　全草：清热毒、治湿热、发黄

粗壮唐松草　*T. robustum* Maxim.
　　全草:清热解毒、利湿
箭头唐松草　*T. simplex* var. *brevipes* Hara
　　根:清热利尿、泻火解毒
弯柱唐松草　*T. uncinulatum* Franch.
　　全草:清热泻火、消炎定痛
尾囊草　*Urophysa henryi*（Oliv.）Ulbr.
　　根:舒筋活络、消肿止痛

143. 木通科　Lardizabalaceae

木通　*Akebia quinata*（Thunb.）Decne.
　　根及茎藤:祛风除湿、止咳
三叶木通　*A. trifoliata*（Thunb.）Koidz.
　　根及藤茎:祛风除湿
　　果:疏肝补肾、止痛
白木通　*A. trifoliata* var. *australis*（Dies）Rehd.
　　根及藤茎:祛风除湿
　　果:疏肝补肾、止痛
猫儿屎　*Decaisnea fargesii* Franch.
　　果实:清热解毒、除湿、止痛
紫花牛姆瓜　*H. fargesii* Reaub.
　　根:祛风除湿、活血消肿
鹰爪枫　*Holboellia coriacea* Diels
　　根:祛风除湿、活血消肿
牛姆瓜　*H. grandiflora* Reaub.
　　茎、果实:祛风除湿、活络止痛
大花牛姆瓜　*H. latifolia* Wall.
　　根:祛风除湿、活血消肿、利尿止痛
翅茎牛姆瓜　*H. ptrocaulis* T. Chen et C. H. Chen
　　根:祛风除湿、活血消肿、利尿止痛
大血藤　*Sargentodoxa cuneata*（Oliv.）
　　　　　　　　　　　　　　Rehd. et Wils.
　　根及茎:清热解毒、祛风活血
串果藤　*Sinofranchetia chinensis*（Franch.）
　　　　　　　　　　　　　　　　　Hemsl.
　　茎:舒筋活络、利湿、调经
牛藤果　*Stauntonia elliptica* Hemsl.
　　茎、根:利尿、调经、下乳

144. 小檗科　Berberidaceae

黄芦木　*Berberis amurensis* Rupr.
　　根:清热解毒、消炎

秦岭小檗　*B. circumserrata*（Schneid.）Schneid.
　　根、茎:清热燥湿、泻火解毒
直穗小檗　*B. dasystachya* Maxim.
　　根、茎:清热解毒、消炎抗菌
湖北小檗　*B. gagnepainii* Schneid.
　　根:清热解毒、消炎抗菌、泻火
蓝果小檗　*B. gagnepainii* var. *lanceifolia*
　　　　　　　　　　　　　　　　　Ahrendt
　　根:清热解毒、消炎抗菌
川鄂小檗　*B. henryana* Schneid.
　　根、茎:清热退火、消炎杀菌
金佛山小檗　*B. jingfushanensis* Ying
　　根、茎:清热解毒、燥湿泻火、消炎杀菌
蠔猪刺　*B. julianae* Schneid.
　　根:清热燥湿、泻火解毒
刺黑珠　*B. sargentiana* Schneid.
　　根:清热燥湿、泻火解毒
假蠔猪刺　*B. soulieana* Schneid.
　　根、茎:清热解毒、消炎抗菌
芒齿小檗　*B. triacanthophora* Fedde
　　根、茎:清热退火、消炎杀菌
巴东小檗　*B. veitchii* Schneid.
　　根、茎:清热解毒、消炎抗菌
庐山小檗　*B. virgetorum* Schneid.
　　根:清热解毒、燥湿泻火
金花小檗　*B. wilsonae* Hemsl.
　　根、茎:清热燥湿、泻火解毒
西南小檗　*B. zanlanscianensis* Pamp.
　　根、茎:清热燥湿、泻火解毒
南方山荷叶　*Diphylleia sinensis* Li.
　　根、茎:(有毒)活血散瘀、解毒消肿
贵州八角莲　*Dysosma majorensis*（Gagnep.）
　　　　　　　　　　　　　　　　　Ying
　　根茎:清热解毒、活血散瘀、杀虫、止痛
六角莲　*D. pleiantha*（Hance）Woods.
　　根茎:(有毒)消肿解毒、散瘀止痛
川八角莲　*D. veitchii*（Hemsl. et Wils.）
　　　　　　　　　　　　　　H. Fu ex T. S. Ying
　　根茎:清热解毒、活血散瘀、止痛、杀虫

八角莲　*D. versipellis*（Hance）M. Cheng
ex T. S. Ying

　　根茎:清热解毒、活血散瘀

粗毛淫羊藿　*Epimedium acuminatum* Franch.

　　全草:温肾壮阳、祛风除湿

大花淫羊藿　*E. davidii* Franch.

　　根及全草:温肾壮阳、祛风除湿

淫羊藿　*E. grandiflorum* Morr.

　　根茎:温肾壮阳、祛风除湿

黔岭淫羊藿　*E. leptorrhizum* Stearn

　　根茎:温肾壮阳、祛风除湿、止咳

柔毛淫羊藿　*E. pubescens* Maxim.

　　根及全草:温肾壮阳、祛风除湿

光叶淫羊藿　*E. sagittatum* var. *glabratum*
T. S. Ying

　　根及全草:温肾壮阳、祛风除湿

四川淫羊藿　*E. sutchuenense* Franch.

　　根及全草:温肾壮阳、祛风除湿、止咳

巫山淫羊藿　*E. wushanense* T. S. Ying

　　根及全草:止咳、强筋壮骨

类叶牡丹　*Leontice robustum*（Maxim.）Diels.

　　根茎:散瘀止血、清热利湿

阔叶十大功劳　*Mahonia bealei*（Fort.）Carr.

　　根及茎:清热解毒、泻火燥湿

宽苞十大功劳　*M. eurybracteata* Fedde

　　根及茎:祛风除湿、清热解毒、泻火

十大功劳　*M. fortunei*（Lindl.）Fedde *

　　根:清热解毒

　　叶:滋阴清热

细梗十大功劳　*M. gracilipes*（Oliv.）Fedde

　　根及茎:清热燥湿、泻火解毒

南天竹　*Nandina domestica* Thunb.

　　根:清热除湿、通经活络

145. 防己科　Menispermaceae

木防己　*Cocculus orbiculatus* C. K. Schneid.

　　根及茎:祛风止痛、利尿消肿

毛木防己　*C. orbiculatus* var. *mollis*
（Wall. ex Hook. f. et Thoms.）Hara

　　根及茎:祛风止痛、利尿消肿

轮环藤　*Cyclea racemosa* Oliv.

　　根:(有毒)清热解毒、散瘀止痛

四川轮环藤　*C. sutchuenensis* Gagnep.

　　根:清热解毒、祛风止痛

西南轮环藤　*C. wattii* Diels

　　根:清热解毒、散瘀止痛

秤钩风　*Diploclisia affinis*（Oliv.）Diels

　　根及茎:清热利湿、消肿解毒

蝙蝠葛　*Menispermum dauricum* DC. *

　　根:清热解毒、消肿止痛、通便

细圆藤　*Pericampylus glaucus*（Lam.）Merr.

　　根及茎:清热解毒、散瘀止痛、通经除湿

汉防己　*Sinomenium acutum*（Thunb.）Rehd.
et Wils.

　　根:祛风湿、通经络

毛汉防己　*S. acutum* var. *cinerum*（Diels）
Rehd. et Wils.

　　根:祛风湿、通经络

白药子　*Stephania cepharantha* Hayata

　　块根:清热解毒、凉血止血、散瘀消肿

小寒药　*S. delavayi* Diels

　　全草:(有小毒)清热解毒、利湿止痛

金不换　*S. hainanensis* H. S. Lo et Y. Tsoong *

　　块根:清热解毒、散瘀止痛

草质千斤藤　*S. herbacea* Gagnep.

　　全草:清热解毒

桐叶千斤藤　*S. hernandifolia*（Willd.）Walp.

　　根:散血解毒、祛风除湿、通经活络

千金藤　*S. japonica*（Thunb.）Miers

　　根:清热解毒、利尿消肿、祛风止痛

华千金藤　*S. sinica* Diels

　　块根:清热解毒、散瘀止痛

粉防己　*S. tetrandra* S. Moore

　　块根:利水消肿、祛风除湿、行气止痛

金果榄　*Tinospora capillipes* Gagnep.

　　块根:清热解毒、清利咽喉、散结、消肿

青牛胆　*T. sagittata*（Oliv.）Gagnep.

　　块根:清热解毒、清利咽喉、散结、消肿

峨眉青牛胆　*T. sagittata* var. *craveniana*
（S. Y. Hu）H. S. Lo

　　块根:清热解毒、清利咽喉、散结、消肿

146. **木兰科** Magnoliaceae

华中八角 *Illicium fargesii* Finet et Gagnep.
　　根及根皮:散瘀止痛、祛风除湿

红茴香 *I. henryi* Diels
　　根及根皮:散瘀止痛、祛风除湿

大八角 *I. majus* Hook. f. et Thoms.
　　树皮:祛风除湿

小花八角 *I. micranthum* Dunn
　　根:行气止痛、散瘀消肿

野八角 *I. simonsii* Maxim.
　　树皮:祛风除湿、活血止痛

八角 *I. verum* Hook. f. ＊
　　果:芳香化湿

鹅掌楸 *Liriodendron chinensis*（Hemsl.）Sargent
　　皮:祛风除湿、止痢

白玉兰 *Magnolia denudata* Desr. ＊
　　花蕾:祛风散寒、通窍

荷花玉兰 *M. grandiflora* Linn. ＊
　　叶:降压
　　皮:疏风散寒、止痛

紫玉兰 *M. liliflora* Desr. ＊
　　花蕾:祛风散寒、通肺窍

厚朴 *M. officinalis* Rehd. et Wils.
　　皮:温中下气、化湿行滞

凹叶厚朴 *M. officinalis* ssp. *bilobe*
　　　　　（Rehd. et Wils.）Cheng et Law ＊
　　皮:温中下气、化湿行滞

湖北木兰 *M. sprengeri* Pamp.
　　花蕾:祛风散寒、通肺窍

白花湖北木兰 *M. sprengeri* var. *elongata*
　　　　　（Rehd. et Wils.）Stapf
　　花蕾:祛风散寒、通肺窍

金山木莲 *Manglietia fordiana*（Hemls.）Oliv.
　　根及茎皮:通便、止咳、祛瘀

巴东木莲 *M. patungensis* Hu
　　皮:温中除湿、止血止痛

四川木莲 *M. szechuanica* Hu
　　根及茎皮:通便、止咳、祛瘀

白兰花 *Michelia alba* DC. ＊
　　花:芳香化湿、行气通窍

黄兰 *M. champaea* Linn. ＊
　　根:祛风湿、利咽喉

含笑 *M. figo*（Lour.）Spreng. ＊
　　花蕾:祛瘀生新、治月经不调

黄心含笑 *M. martinii*（Lévl.）Lévl. ＊
　　皮:祛风除湿、止血止痛

深山含笑 *M. maudiae* Dunn ＊
　　花:芳香化湿

四川含笑 *M. szechuanica* Dandy
　　皮:温中除湿、芳香化湿

峨眉含笑 *M. wilsonii* Finet et Gagnep.
　　皮:祛风湿、利咽喉

金山五味子 *Schisandra glaucescens* Diels
　　果:敛肺滋肾、止泻

翼梗五味子 *S. henryi* Clarke
　　根及茎:祛风除湿、活血止痛

香巴戟 *S. propingqua* var. *sinensis* Oliv.
　　根:祛风活血、消肿止疡

柔毛五味子 *S. pubescens* Hemsl. et Wils.
　　根:行气活血、祛风除湿

毛脉五味子 *S. pubescens* var. *pubinervis*
　　　　　（Rehd. et Wils.）A. C. Smith
　　根:祛风活血、消肿止疡

红花五味子 *S. rubriflore*（Franch.）Rebd.
　　　　　　　　　　　et Wils.
　　果:敛肺、滋肾、止泻
　　根:行气活血

华中五味子 *S. sphenanthera* Rehd. et Wils.
　　果:敛肺、滋肾、止泻
　　根:行气活血

147. **蜡梅科** Calycanthaceae

山蜡梅 *Chimonanthus nitens* Oliv.
　　根叶:散寒解表、理气化痰

蜡梅 *C. praecox*（Linn.）Link. ＊
　　花:散郁、解暑、除烦

148. **樟科** Lauraceae

红果黄肉楠 *Actinodaphne cupularis*（Hemsl.）
　　　　　　　　　　　Gamble
　　根及叶:清热解毒、杀虫

柳叶黄肉楠　*A. lecomtei* Allen
　　根:行气安胎、止痛

峨眉黄肉楠　*A. omeiensis*（H. Liou）Allen
　　根皮:散瘀消肿、行气止痛

毛果黄肉楠　*A. trichocarpa* Allen
　　根及叶:清热解毒、杀虫

贵州琼楠　*Beilschmiedia kweichowensis* Cheng
　　叶:消炎止痛、治跌打损伤

猴樟　*Cinnamomum bodinieri* Lévl.
　　根:祛风散寒、理气活血

香樟　*C. camphora*（Linn.）Presl.
　　根:理气活血、止痛止痒

肉桂　*C. cassia* Presl. *
　　茎皮:温中补阳、散寒、止痛

野黄桂　*C. jensenianum* Hand.-Mazz.
　　茎皮:祛风湿、镇痛

油樟　*C. longepaniculatum*（Gamble）N. Chao
　　　　　　　　　　　　　　ex H. W. Li
　　根:祛风散寒、行气止痛

银叶桂　*C. mairei* Lévl.
　　枝及茎皮:发汗、温经通阳

阔叶樟　*C. platyphyllum*（Diels）Allen
　　根:祛风散寒、行气止痛

黄樟　*C. porrectum*（Roxb.）Kosterm.
　　根:理气止痛、舒筋活血

香桂　*C. subavenium* Miq.
　　枝及茎皮:祛风除湿、理气活血

蜀桂　*C. szechuanense* Yang
　　根及皮:祛风散寒、理气活血

川桂　*C. wilsonii* Gamble
　　树皮:行气散结、治风湿痛

月桂　*Laurus nobilis* Linn. *
　　皮:散寒止痛

乌药　*Lindera aggregata*（Sims）Kosterm.
　　根:祛湿、安神

小叶乌药　*L. aggregata* var. *playfairii*
　　　　　　　　　　　（Hemsl.）H. P. Tsui
　　根:消肿止痛、散寒理气

鸡婆子　*L. angustifolia* Cheng
　　根、茎、叶:清心安神、平肝明目

香叶树　*L. communis* Hemsl.
　　根皮:活血散瘀

毛叶钓樟　*L. floribunda*（Allen）H. P. Tsui
　　根:行气止痛、祛风除湿

香叶子　*L. fragrans* Oliv.
　　根:行气止痛、温肾散寒

线叶香叶　*L. fragrans* var. *linenrifolia* Y. K. Li
　　枝叶:行气散结、温经通脉

绿叶甘橿　*L. fruticosa* Hemsl.
　　根:消肿止血、止痛

山胡椒　*L. glauca*（Sieb. et Zucc.）Bl.
　　根:祛风除湿、活血通络

川钓樟　*L. pulcherrima* var. *hemsleyana*
　　　　　　　　　　　　（Diels）H. P. Tsui
　　根:行气止痛、温中散寒

黑壳楠　*L. megaphylla* Hemsl.
　　根:行气止痛、温中散寒

毛黑壳楠　*L. megaphylla* f. *trichoclada*
　　　　　　　　　　　　（Rehd.）Cheng
　　根:行气止痛、温中散寒

绒毛山胡椒　*L. nacusua*（D. Don.）Merr.
　　根:活血散瘀

三桠乌药　*L. obtusiloba* Blume
　　根皮:活血舒筋、散瘀消肿

大叶钓樟　*L. partinii* Gamble
　　枝、果:祛风止痛

香粉叶　*L. pulcherrima* var. *attenuata* Allen.
　　根:行气止痛

山橿　*L. reflexa* Hemsl.
　　根:消肿、止血、止痛

南川钓樟　*L. rosthornii* Diels
　　根:行气止痛、温中散寒

四川山胡椒　*L. setchuanensis* Gamble
　　根:活血散瘀

毛豹皮樟　*Litsea coreane* var. *lanuginosa*
　　　　　　　　　　（Miq.）Yang et P. H. Huang
　　叶:清热祛烦
　　根:祛风除湿

山鸡椒　*L. cubeba*（Lour.）Pers.
　　果实:散寒祛风、理气止痛

宜昌木姜子　*L. ichangensis* Gamble
　　根皮:祛风散寒、除湿理气
毛叶木姜子　*L. mollis* Hemsl.
　　果实:温胃散寒
宝兴木姜子　*L. moupinensis* H. Lec.
　　果实:祛风散寒
四川木姜子　*L. moupinensis* var. *szechuanica*
　　　　　　　（Allan）Yang et P. H. Huang
　　果实:温胃散寒
　　根:祛风止痛
红皮木姜子　*L. pedunculata*（Diels）Yang
　　　　　　　　　　　　et P. H. Huang
　　果实:祛风散寒、理气止痛
杨叶木姜子　*L. populifolia*（Hemsl.）Gamble
　　根:祛风散寒
红叶木姜子　*L. rubescens* H. Lec.
　　果实:散寒、行气、止痛
南川木姜子　*L. ruvescens* f. *nanchuanensis* Yang
　　果实:行气、散寒、止痛
绢毛木姜子　*L. sericea*（Nees）Hook. f.
　　果实:祛风散寒
栓皮木姜子　*L. suberosa* Yang et P. H. Huang
　　果实:祛风散寒
钝叶木姜子　*L. veitchiana* Gamble
　　果实:祛风散寒、理气止痛
绒叶木姜子　*L. wilsonii* Gamble
　　根皮:祛风除湿
川黔润楠　*Machilus chuanchienensis* S. Lee
　　茎皮:清热消炎、行气止痛
道真润楠　*M. daezhenensis* Y. K. Li
　　茎皮:清热消炎、行气止痛
南川润楠　*M. nanchuanensis* N. Chao
　　根及茎皮:祛风止痛
新樟　*Neocinnamomum delavayi*（Lec.）Liou
　　根皮:祛风湿、理气血
菱叶新樟　*N. fargesii*（H. Lec.）Kosten
　　根皮:祛风除湿、理气壮阳
白毛新木姜子　*Neolitsea aurata* var. *glauca*
　　　　　　　　　　　　　　　　Yang
　　根:行气止痛

簇叶新木姜子　*N. confertfolia*（Hemsl.）
　　　　　　　　　　　　　　　　Merr.
　　根:行气止痛、温肾散寒
大叶新木姜子　*N. levinei* Merr.
　　根:行气止痛
紫新新木姜子　*N. purpurescens* Yang
　　根:行气止痛
巫山新木姜子　*N. wushania*（Chun）Merr.
　　根:行气止痛
白楠　*Phoebe neurantha*（Hemsl.）Gamble
　　根:祛风散寒、行气止痛
紫楠　*P. sheareri*（Hemsl.）Gamble
　　枝叶:祛湿暖胃、温中理气
峨眉紫楠　*P. sheareri* var. *omeiensis*（Yang）
　　　　　　　　　　　　　　　　N. Chao
　　枝叶:温中理气、散瘀消肿
楠木　*P. zhennan* S. Lee et F. N. Wei
　　叶、根:温中理气、散瘀消肿
檫木　*Sassafras tzumu*（Hemsl.）Hemsl.
　　根及根皮:活血散瘀、祛风除湿

149. 罂粟科　Papaveraceae

蓟罂粟　*Argemone mexicana* Linn. *
　　果壳及全草:镇痛、止咳、涩肠止泻
白屈菜　*Chelidonium majus* Linn. *
　　全草:(有毒)清热解毒、止痛、止咳
川东紫堇　*Corydalis acuminata* Franch.
　　全草:(有毒)清热解毒、止痛止咳
南黄紫堇　*C. davidii* Franch.
　　全草:解毒杀虫、消炎拔脓
紫堇　*C. edulis* Maxim.
　　根及全草:(有毒)清热解毒
南川紫堇　*C. nanchuanensis* Z. Y. Liu
　　块茎:活血散瘀、理气止痛
蛇果黄堇　*C. ophiocarpa* Hook. f. et Thoms.
　　全草:止血消炎、止痛止痒
黄堇　*C. pallida*（Thunb.）Pers.
　　全草:清热解毒、止痛止痒
小花黄堇　*C. racemosa*（Thunb.）Pers.
　　全草:止血消炎、止痛止痒

石生黄堇　*C. saxicola* Bunting

　　全草:消炎止痛、健胃止血

尖距紫堇　*C. sheareri* S. Moore

　　块茎:舒筋活血、散瘀消肿、止血止痛

大叶紫堇　*C. temulifolia* Franch.

　　根茎:清热解毒、活血止痛

毛黄堇　*C. tomentella* Franch.

　　全草:祛瘀止痛、凉血止血、消炎生肌

延胡索　*C. yanhusuo* W. T. Wang ex Z. Y. Su
　　　　　　　　　　　　et C. Y. Wu *

　　块茎:活血散瘀、理气止痛

大花荷苞牡丹　*Dicentra macrantha* Oliv.

　　根茎:清热解毒、散血、祛瘀

荷苞牡丹　*D. spectabilis* (Linn.) Lem. *

　　根茎:散血、消疮毒、除风活血

血水草　*Eomecon chionantha* Hance

　　块茎:(有小毒)清热解毒、活血止痛

花菱草　*Eschscholtzia californica* Cham. *

　　全草:止血、消炎

荷青花　*Hylomecon japonica* (Thunb.)
　　　　　　　　　　　　Prantl et Kundig

　　根茎:散瘀消肿、止血、止痛、祛风除湿

锐裂荷青花　*H. japonica* var. *subincisa* Fedde

　　根:祛风湿、止血止痛、舒筋消肿

搏落茴　*Macleaya cordata* (Willd.) R. Brown.

　　根及叶:消肿、解毒、杀虫、镇痛

小果搏落茴　*M. microcarpa* (Maxim.) Fedde.

　　根及叶:(有毒)杀虫、祛风解毒、散瘀、消肿

山罂粟　*Papaver nudicaule* ssp. *rubroaurantiacum*
　　　　　　var. *chinense* (Regel) Fedde

　　果壳、全草:清热解毒、消炎镇痛

丽春花　*P. rhoeas* Linn. *

　　花、全草:镇咳、镇痛、止泻

罂粟　*P. somniferum* Linn. *

　　果壳:镇痛、止咳

　　壳:止痢、敛肺、涩肠、止痛

观赏罂粟　*P. somniferum* var. *paeoniaeflorum*
　　　　　　　　　　　　Hort. *

　　果壳及全草:镇痛、止咳、敛肺、涩肠

人血七　*Styophorum lasiocarpum* (Oliv.)
　　　　　　　　　　　　Fedde.

　　全草:活血调经、行气散瘀

150. 白花菜科　Capparaceae

白花菜　*Cleome gynandra* Linn. *

　　全草:(有小毒)除湿散瘀、止痛

西洋白花菜　*C. spinosa* Linn. *

　　全草:散寒止痛、消肿

黄花菜　*C. viscosa* Linn. *

　　种子:活血散瘀

151. 十字花科　Cruciferae

小花南芥　*Arabis alpina* var. *parviflora*
　　　　　　　　　　　　Franch.

　　全草:调经止带、清热解毒

垂果南芥　*A. pendula* Linn.

　　果实:清热解毒、消肿

云苔　*Brassica campestris* Linn. *

　　种子及叶:散血消肿

紫芸苔　*B. campestris* var. *purpuraea*
　　　　　　　　　　　　L. H. Bailey *

　　种子:行气散结、消肿止痛

擘兰　*B. caulorapa* Pasq. *

　　球茎:健脾除湿、消肿解毒

青菜　*B. chinensis* Linn. *

　　种子:解热除烦、利肠解酒

油白菜　*B. chinensis* var. *oleifera* Makino
　　　　　　　　　　　　et Nemoto *

　　幼株:解热除烦、利肠

芥菜　*B. juncea* (Linn.) Czern. et Coss. *

　　种子:温中散寒、消肿止痛

儿菜　*B. juncea* var. *megarrhiza* Tsen et Lee *

　　种子:温中散寒

雪里蕻　*B. juncea* var. *multiceps* Tsen et Lee *

　　种子:温中散寒、消肿止痛

榨菜　*B. juncea* var. *tumida* Tsen et Lee *

　　幼株:解热除烦、利肠

大头菜　*B. napiformis* L. H. Bailey. *

　　种子:泻湿热、散热毒

胜利油菜　*B. napus* Linn. *

　　种子:行血、散结、消肿

蹋菜　*B. narinosa* L. H. Bailey *

　　全草:滑肠、疏肝、利五脏

野甘蓝　*B. oleracea* Linn.

　　全草:清热解毒

彩叶甘蓝　*B. oleracea* var. *acephala* f. *tricolor*

　　　　　　　　　　　　　　　Hort. *

　　全草:清热解毒

花菜　*B. oleracea* var. *botrytis* Linn. *

　　茎、叶:清热止痛、益肾明目

卷心菜　*B. oleracea* var. *capitata* Linn. *

　　叶:清热止痛

白菜　*B. pekinensis*（Lour.）Rupr. *

　　根及种子:清热利尿、解毒

荠　*Capsella bursa-pastoris*（Linn.）Medic.

　　全草及花:凉血止血、清热利尿

光头碎米荠　*Cardamine engleriana* O. E. Schulz

　　全草:清热利尿

弯曲碎米荠　*C. flexuosa* With.

　　全草:清肝明目、和胃止血、利尿

大叶山芥　*C. griffithii* var. *grandifolia*

　　　　　　　　　T. Y. Cheo et R. C. Fang

　　全草:清热利尿、消炎止血

异叶碎米荠　*C. heterophylla* T. Y. Cheo

　　　　　　　　　　　　　et R. C. Fang

　　全草:清热解毒、消炎止血

小叶碎米荠　*C. hirsuta* Linn.

　　全草:清热利湿、清肝明目

湿生碎米荠　*C. hygrophila* T. Y. Cheo

　　　　　　　　　　　　　et R. C. Fang

　　全草:清热解毒、消肿

弹裂碎米荠　*C. impatiens* Linn.

　　全草:清热解毒

窄叶碎米荠　*C. impatiens* var. *angustifolia*

　　　　　　　　　　　　　O. E. Schilz

　　全草:清热解毒、利尿止血

钝叶碎米荠　*C. impatiens* var. *obcusifolia*

　　　　　　　　　　（Kuaf）O. E. Schulz

　　全草:清热解毒、利尿止血

水田碎米荠　*C. lyrata* Bunge

　　全草:清热解毒

大叶碎米荠　*C. macrophylla* Willd.

　　全草:补虚、利尿、止血、消肿

紫花碎米荠　*C. tangutorum* O. E. Schulz

　　全草:清热解毒、利尿

三叶碎米荠　*C. trifoliolata*（Hook. f.）

　　　　　　　　　　　　　　　et Thoms.

　　全草:清热解毒、消炎止血

中华碎米荠　*C. urbaniana* O. E. Schulz

　　全草:清热利尿、消炎止血

云南碎米荠　*C. yunnanensis* Franch.

　　全草:清热利尿

岩荠　*Cochlearia officinalis* Linn.

　　根:消炎止痛

播娘蒿　*Descurainia sophia*（Linn.）Webb.

　　　　　　　　　　　　　　　ex Prantl

　　种子:润肺定喘、利尿消肿

葶苈子　*Draba nemorosa* Linn.

　　种子:祛痰定喘、泻下利水

毛果芝麻菜　*Eruca sativa* var. *eriocarpa*

　　　　　　　　　　　　（Boiss.）Port.

　　种子:利肺气、祛热痰

小花糖芥　*Erysmum cheiranthoides* Linn. *

　　全草:清热、润肺、止咳

三角叶山嵛菜　*Eutrema deltoideum*（Hook. f.

　　　　　　　　　et Thoms）O. E. Schulz

　　全草:清热祛痰、凉血止血

山嵛菜　*E. yunnanense* Franch.

　　全草:清热祛痰、凉血止血

菘兰　*Isatis indigotica* Fortune *

　　根及叶:清热解毒、凉血止血、利咽止痛

欧大青　*I. tinctoria* Linn. *

　　根及叶:清热解毒、凉血止血、利咽止痛

独荇菜　*Lepidium apetalus* Willd.

　　种子:祛痰定喘、润肺利水

楔叶独荇菜　*L. cuneiforme* C. Y. Wu

　　果:祛痰定喘、润肺利水

萝卜　*Raphanus sativus* Linn. *

　　种子:下气定喘、消食化痰

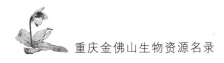
长羽裂萝卜　*R. sativus* var. *longipinnatus*

　　　　　　　　L. H. Bailey *

　　种子:下气定喘、消食化痰

野萝卜　*R. sativus* var. *raphanistroides*

　　　　　　　(Maixm.) Maixm.

　　种子:消食化痰

蔊菜　*Rorippa dubia* (Rers.) Hara

　　全草:清热利湿、祛痰止咳

菥蓂　*Thlaspi arvense* Linn.

　　全草:利肝明目、补中益气

　　种子:明目、除痹、利五脏

152.伯乐树科　Bretschneideraceae

伯乐树　*Bretschneidera sinensis* Hemsl.

　　树皮:祛风活血、治筋骨痛

153.茅膏菜科　Droseraceae

茅膏菜　*Drosera peltata* var. *multisepala*

　　　　　　　　Y. Z. Ruan

　　全草:(有毒)祛风活络、活血止痛

154.景天科　Crassulaceae

园齿落地生根　*Bryophyllum crenatum* Baker *

　　全草:解毒消肿、活血止痛、拔毒生肌

落地生根　*B. pinnatum* (Linn. f.) Oken. *

　　全草:解毒消肿、活血止痛、拔毒生肌

肉叶落地生根　*Kalanchoe carnea* Mast. *

　　全草:消肿止痛、散瘀止血

伽兰菜　*K. laciniata* (Linn.) DC. *

　　全草:清热解毒、散瘀、消肿

洋吊钟　*K. verticillata* Elliat *

　　全草:清热解毒、杀菌止痒

瓦莲花　*Orostachy fimbriatus* (Turcz.) Berger

　　全草:清热解毒、止血、止咳

菱叶红景天　*Rhodiola henryi* (Diels) S. H. Fu

　　根茎:活血、凉血、除烦

细梗红景天　*R. henryi* var. *jinfoshanensis*

　　　　　　　　Z. Y. Liu

　　根茎:活血、凉血、除烦

园叶红景天　*R. rotundifolia* (Frod.) S. H. Fu

　　根茎:活血、凉血、除烦

费菜　*Sedum aizoon* Linn.

　　根或全草:散瘀止血、安神镇痛

东南景天　*S. alfredii* Hance

　　全草:活血、止血、祛湿、消肿

苞叶景天　*S. amplibracteatum* K. T. Fu

　　全草:清热解毒

凹叶大苞景天　*S. amplibracteatum* var.

　　　　　　　emarginatum (S. H. Fu) S. H. Fu

　　全草:清热解毒、活血行瘀

珠芽景天　*S. bulbiferum* Makino

　　全草:散寒、理气、止痛、截疟

大叶火烟草　*S. drymarioides* Hance

　　全草:清热解毒、凉血止血

细叶景天　*S. elatinòides* Franch.

　　全草:清热解毒、消肿止血

凹叶景天　*S. emarginatum* Miq.

　　全草:清热解毒、止痛、散瘀

小山飘风　*S. filipes* Hemsl.

　　全草:清热凉血、止血

横根费菜　*S. kamtschaticum* Fisch.

　　全草:活血散瘀、清热解毒

佛甲草　*S. lineare* Thunb.

　　全草:清热解毒、止血、凉血

齿叶景天　*S. odontophyllum* Frod.

　　全草:活血、散瘀、解毒止血

秦岭景天　*S. pampaninii* Hamet

　　全草:活血止血、祛湿

南川景天　*S. rosthornianum* Diels

　　全草:清热解毒、活血散瘀

垂盆草　*S. sarmentosum* Bunge

　　全草:清热解毒、消肿排脓

繁缕叶景天　*S. stellariifolium* Franch.

　　全草:清热解毒、凉血止血

短蕊景天　*S. yvesii* Hamet

　　全草:清热解毒、消肿止痛

石莲花　*Sinocrassula indica* (Decne.) Berger

　　全草:清热止咳、收敛止血

155. **虎耳草科 Saxifragaceae**

落新妇 *Astibe chinensis*（Maxim.）Franch.
et Savat.

　　根茎及全草:散瘀止痛、祛风除湿

大落新妇 *A. grandis* Stapf. ex Wils

　　根茎:散瘀止痛、祛风除湿

多花落新妇 *A. rivularis* var. *myriantha*
（Diels）J. T. Pan

　　根茎:祛痰发表、镇痛

山荷叶 *Astilboides tabularis*（Hemsl.）Engl.

　　根茎:活血散瘀、止痛

锈毛金腰 *Chrysosplenium davidianum*
Decne. ex Maxim.

　　全草:清热解毒、治疗疮

肾萼金腰 *C. delavayii* Franch.

　　全草:清热解毒、生肌

绵毛金腰 *C. lanuginosum* Hook. f. et Thoms

　　全草:祛风除湿、凉血止血

大叶金腰 *C. macrophyllum* Oliv.

　　叶:清热解毒、祛腐生新

中华金腰 *C. sinicum* Maxim.

　　全草:祛风除湿、凉血止血

韫珍金腰 *C. wuwenchenii* Jien

　　全草:凉血止血

赤壁草 *Decumaria sinensis* Oliv.

　　藤茎:祛风除湿

异色溲疏 *Deutzia discolor* Hemsl.

　　根:祛风除湿、利尿

狭叶溲疏 *D. esquirolii*（Lévl.）Rehd.

　　根:祛风除湿、利尿

粉背叶溲疏 *D. hypoglauca* Rehd.

　　根:祛风除湿、利尿

多辐溲疏 *D. multiradiata* W. T. Wang

　　枝叶:清热除烦、利尿

　　根:祛风除湿

南川溲疏 *D. nanchuanensis* W. T. Wang

　　根:清热除湿、利尿

光叶溲疏 *D. nitidula* W. T. Wang

　　枝叶:清热除湿、利尿

川溲疏 *D. setchuenensis* Franch.

　　枝叶:清热除烦、利尿

黄常山 *Dichroa febrifuga* Lour.

　　根、枝、叶:(有小毒)解毒、抗疟、祛痰

南川常山 *D. nanchuanensis* Z. Y. Liu
et S. X. Tan

　　枝及根:祛风除湿、活血散瘀

冠盖绣球 *Hydrangea anomala* D. Don

　　叶:清热、抗疟

　　根及藤:祛风除湿

绢毛藤八仙 *H. anomala* var. *sericea* C. C. Yang

　　叶:清热、抗疟

　　根及藤:祛风除湿

中国绣球 *H. chinensis* Maxim.

　　根:祛风除湿、解热抗疟

西南绣球 *H. davidii* Franch.

　　根叶:截疟疾、祛风湿

长柄绣球 *H. longipes* Franch.

　　叶:清热抗疟

　　根:祛风除湿

绣球花 *H. macyophylla*（Thunb.）DC. *

　　根茎叶:抗疟清热

大枝绣球 *H. rosthornii* Diels

　　叶:清热、抗疟

腊莲绣球 *H. strigosa* Rehd.

　　根:解毒截疟、涌吐痰涎

狭叶腊莲绣球 *H. strigosa* var. *angustifolia*
（Hensl.）Rehd.

　　根:解毒截疟、涌吐痰涎

阔叶腊莲绣球 *H. strigosa* var. *macrophylla*
（Hensl.）Rehd.

　　根:解毒截疟、涌吐痰涎

倒卵叶腊莲绣球 *H. strigosa* var. *sinica*
（Diels）Rehd.

　　根:清热解毒、消食散结

伞形绣球 *H. umbellata* Rehd.

　　根:解热抗疟

柔毛绣球 *H. villosa* Rehd.

　　根:祛风除湿、截疟

卵叶柔毛绣球　*H. villosa* var. *velutina* Chun
　　根：祛风除湿、截疟
挂苦绣球　*H. xanthoneura* Diels
　　枝、果皮：清热解毒
矩形叶鼠刺　*Itea chinensis* var. *oblonga*
　　　　　　　　（Hand.-Mazz.）C. Y. Wu
　　根：润肺止咳
月月青　*I. ilicifolia* Oliv.
　　叶、茎、皮：活血散瘀、祛风止痛
美丽梅花草　*Parnassia amoena* Diels
　　全草：利水祛湿、止咳、止血
突隔梅花草　*P. delavayi* Franch.
　　全草：清肺止咳、利水祛湿
流苏梅花草　*P. perciliata* Diels
　　全草：清热解毒、利水祛湿、止咳止血
鸡眼梅花草　*P. wightiana* Wall. ex Wight et Arn
　　全草：清热止咳、利水祛湿、止血
扯根菜　*Penthorum chinense* Pursh.
　　全草：利水消肿、除湿、退黄、活血散瘀
山梅花　*Philadelphus pekinensis* Rupr.
　　根皮：调经止带、活血祛瘀
紫萼山梅花　*P. purpurascens*（Koehne）Rehd.
　　枝叶：活血定痛、调经止带
南川山梅花　*P. sericanthus* var. *rosthornii*
　　　　　　　　　　　　　　　Koehne
　　根皮：活血定痛、截疟
毛柱山梅花　*P. subcanus* Koehne
　　根皮：月经不调、清血热、安胎
钝叶冠盖藤　*Pileostegia obtusifolia* Hu
　　藤茎：祛风除湿、散瘀止血
冠盖藤　*P. viburnoides* Hook. f. et Thoms
　　藤茎：祛风除湿、散瘀止血
南川茶藨子　*Ribes devidii* Franch.
　　全株：祛风除湿、止痛
冰川茶藨　*R. glaciale* Wall.
　　果实：清热除湿、活血散瘀
糖茶藨　*R. himalense* Royle ex Decne.
　　果实：清热解毒、活血散瘀
宝兴茶藨子　*R. moupinensis* Franch.
　　果实：清热除湿、活血散瘀

鬼灯檠　*Rodgersia aesculifolia* Batal.
　　根茎：(有小毒)凉血、止血、消肿、解毒
扇叶虎耳草　*Saxifraga flabellifolia* Franch.
　　全草：祛风除湿、凉血止血
卵心叶虎耳草　*S. ovatocordata* Hand.-Mazz.
　　全草：清热解毒、凉血止血
红毛虎耳草　*S. rufescens* Balf. f.
　　全草：清热解毒、凉血止血
楔基虎耳草　*S. sibirica* Linn.
　　全草：清热解毒、凉血止血
虎耳草　*S. stolonifera* Meerb.
　　全草：清热解毒、凉血止血
钻地风　*Schizophragma integrifolium*
　　　　　　　　　　　　（Franch.）Oliv.
　　根或茎藤：舒筋活络、祛风除湿
小齿钻地风　*S. integrifolium* f.
　　　　　　　denticulatum（Rehd.）Chun
　　根或茎藤：舒筋活络
柔毛钻地风　*S. molle*（Rehd.）Chun
　　根或茎藤：舒筋活络
峨屏草　*Tanakea omeiensis* Nakai
　　全草：息风定惊、清热解毒
金佛山峨屏草　*T. omeiensis* var.
　　　　　　　jinfoshanensis W. T. Wang
　　全草：息风定惊、清热解毒
黄水枝　*Tiarella polyphylla* D. Don
　　全草：散表发汗、活血散瘀

156. 海桐花科　Pittosporaceae

大叶海桐　*Pittosporum adaphniphylloides*
　　　　　　　　　　　　　Hu et Wang
　　种子：清热、收敛、止泻
短萼海桐　*P. brevicalyx*（Oliv.）Gagnep.
　　种子：清热、收敛、止泻
光叶海桐　*P. glabratum* Lindl. *
　　种子：清热收敛、止泻
　　根：祛风活络
狭叶海桐　*P. glabratum* var. *neriifolium*
　　　　　　　　　　　　　Rehd. et Wils.
　　种子或根：清热、除湿

小柄果海桐　*P. henryi* Gowda.
　　种子:收敛止泻
　　根:祛风活络

异叶海桐　*P. heterophyllum* Franch.
　　根、茎、皮:解毒消炎、祛风除湿、止血

崖花海桐　*P. illicioides* Madino
　　根:祛风活络、散瘀

峨眉海桐　*P. omeinse* H. T. Chang et Yan
　　种子:清热、收敛、止泻

柄果海桐　*P. podocarpum* Gagnep.
　　根:祛风活络、散瘀止痛

线叶海桐　*P. podocarpum* var. *angustatum*
　　　　　　　　　　　　　Gowda.
　　种子:清热除湿

海桐　*P. tabira*（Thunb.）Ait. *
　　枝、叶:杀虫

棱果海桐　*P. trigonocarpum* Lévl.
　　根:祛风活络、散瘀止痛
　　种子:收敛止泻

菱叶海桐　*P. truncatum* Pritz.
　　根:祛风活络、散瘀止痛
　　种子:收敛止泻

管花海桐　*P. tubiflorum* H. T. Chang et Yan
　　种子:清热收敛、止泻

波叶海桐　*P. undulatifolium* Chang et Yan
　　根:祛风活络、散瘀止痛

木果海桐　*P. xylocarpum* Hu et Wang
　　种子:清热收敛、止泻
　　根:祛风活络

157.**金缕梅科**　Hamamelidaceae

园叶蜡瓣花　*Corylopsis rotundifolia* Chang
　　根皮:清热除烦

黑尾蜡瓣花　*C. stelligera* Guill.
　　根:清热除烦、散瘀消肿

中华蚊母树　*Distylium chinense*（Franch.）
　　　　　　　　　　　　　Diels *
　　根:祛风除湿、利水消肿

杨梅蚊母树　*D. myricoides* Hemsl.
　　根:利水消肿、活血散瘀

缺萼枫香树　*Liquidambar acalycina* H. T. Chang
　　果序:行气温中、活血通络

枫香树　*L. formosana* Hance
　　果序:温中行气、活血通络
　　根:祛风止痛

山枫香树　*L. formosana* var. *monticola*
　　　　　　　　　　　　　Rehd. et Wils.
　　果序:行气温中、活血通络

檵木　*Loropetalum chinense*（R. Brown）Oliv.
　　叶:止血、止痛、生肌
　　花:清热止血

红花檵木　*L. chinense* var. *rubrum* Yieh *
　　叶:止血、止泻、止痛
　　花:清热止血

半枫荷　*Semiliquidambar cathayensis* H. T.
　　　　　　　　　　　　　Chang
　　根、枝、叶:祛风除湿、舒筋活血

158.**杜仲科**　Eucommiaceae

杜仲　*Eucommia ulmoides* Oliv.
　　皮:补肝肾、强筋骨、安胎

159.**悬铃木科**　Platanaceae

悬铃木　*Platanus acerifolia*（Ait.）Willd. *
　　树皮:祛瘀、消肿

法国梧桐　*P. orientalis* Linn. *
　　树皮:祛瘀、消肿

160.**蔷薇科**　Rosaceae

小花龙芽草　*Agrimonia nipponica* var.
　　　　　　　　　　　　occidentalis Skalicky
　　全草:收敛止血、消炎止痢

龙芽草　*A. pilosa* Ledeb.
　　全草:收敛止血、消炎止痢

绒毛龙芽草　*A. pilosa* var. *nepalensis*
　　　　　　　　　　　　（D. Don）Nakai
　　全草:收敛止血、消炎止痢

假升麻　*Aruncus sylvester* Kostel.
　　根茎:治损伤或劳伤、筋骨疼痛

毛叶木瓜　*Chaenomeles cathayensis*
　　　　　　　　　　　（Hemsl.）Schneid. *
　　果实:除湿和胃、舒筋壮骨

光皮木瓜　*C. sinensis*（Thouin）Koehne ＊

　　果实:除湿和胃、舒筋壮骨

贴梗木瓜　*C. speciosa*（Sweet.）Nakai ＊

　　果实:除湿和胃、舒筋壮骨

大头叶无尾果　*Coluria henryi* Batal.

　　全草:清肝热、止血

匍匐栒子　*Cotoneaster adpressus* Bois

　　根:消肿解毒

泡叶栒子　*C. bullatus* Bois

　　根、叶:清热解毒、止痛

木帚栒子　*C. dielsianus* Pritz.

　　根:清热、利湿、止血

小叶木帚栒子　*C. dielsianus* var. *elegans*

　　　　　　　　　　　　　Rehd. et Wils.

　　　根:清热、利湿、止血

散生栒子　*C. divaricatus* Rehd. et Wils.

　　果:除湿止痒

　　枝叶煎膏:止血

平枝栒子　*C. horizontalis* Dcne.

　　根及叶:止咳、除湿、止血

小叶平枝栒子　*C. horizontalis* var. *perpusillus*

　　　　　　　　　　　　　　Schneid.

　　　根及叶:止咳、除湿、止血

小叶栒子　*C. microphylla* Wall. ex Lindl.

　　叶:(有毒)止血、生肌、治刀伤

宝兴栒子　*C. moupinensis* Franch.

　　枝、叶:凉血止血、收敛固涩

柳叶栒子　*C. salicifolius* Franch.

　　全草:清热解毒、利湿止血

大柳叶栒子　*C. salicifolius* var. *henryanus*

　　　　　　　　　　　　　（Schneid.）Yu

　　　全草:清热解毒、利湿止血

皱叶栒子　*C. salicifolius* var. *rugosus*

　　　　　　　　　　　（Pritz.）Rehd. et Wils.

　　　根及叶:清热解毒、利湿止血

野山楂　*Crataegus cuneata* Sieb. et Zucc.

　　果:消食化滞、散瘀止痛

　　叶:降压

湖北山楂　*C. hupehensis*（Pamp.）Sarg.

　　根:治风湿关节病、痢疾、水肿

皱果蛇莓　*Duchesnea chrysantha*（Zoll. et Mor.）

　　　　　　　　　　　　　　　　Miq.

　　茎叶:捣敷蛇咬、烫伤、疔疮

蛇莓　*D. indica*（Andr.）Focke

　　全草:(有小毒)清热解毒、散瘀消肿

枇杷　*Eriobotrya japonica*（Thunb.）Lindl.

　　叶:清肺止咳、和胃止呕

草莓　*Fragaria ananassa* Duch. ＊

　　全草:疏风止咳、清热解毒

黄毛草莓　*F. nilgerrensis* Schltr. ex Gay

　　全草:消炎解毒、通筋接骨

粉叶黄毛草莓　*F. nilgeerensis* var. *mairei*

　　　　　　　　　　　　（Lévl.）Hand. -Mazz.

　　　全草:祛风止咳、消炎

水杨梅　*Geum aleppicum* Jacq.

　　全草或根:清热解毒、消肿止痛

柔毛水杨梅　*G. japonicum* var. *chinense* F. Bolle

　　全草:清热解毒、益气养阴、降压调经

棣棠　*Kerria japonica*（Linn.）DC.

　　根及嫩枝:化痰止咳、消食降逆

重瓣棣棠　*K. japonica* var. *planiflora*

　　　　　　　　　　　　　（Witte）Rehd ＊

　　　茎叶:利湿消肿、解毒

　　　花:化痰止咳

花红　*Malus asiatica* Nakai ＊

　　果实:健胃消食、解暑除烦

垂丝海棠　*M. halliana* Koehne ＊

　　根:祛风除湿、收敛止泻

湖北海棠　*M. hupehensis*（Pamp.）Rehd.

　　叶:清热解毒、止痢

苹果　*M. pumila* Mill. ＊

　　果实:生津润肺、除烦解暑、开胃醒酒

毛叶绣线梅　*Neillia ribesioides* Rehd.

　　根:利水除湿、清热止血

中华绣线梅　*N. sinensis* Oliv.

　　根:利水除湿、清热止血

椤木石楠　*Photinia davidsoniae* Rehd. et Wils.

　　枝及根皮:祛风除湿、收敛止血

小叶石楠　*P. parvifolia*（Pritz.）Schneid.

　　枝及根皮:祛风除湿、强筋壮骨

石楠　*P. serrulata* Lindley
　叶:利尿、解热、镇痛
委陵菜　*Potentilla chinensis* Ser.
　全草:清热解毒、止血止痢
翻白草　*P. discolor* Bunge
　根或全草:清热解毒、凉血止血
莓叶委陵菜　*P. fragarioides* Linn.
　全草:清热解毒、凉血止血
三叶委陵菜　*P. freyniana* Bornm.
　根或全草:清热解毒、散瘀止血
西南委陵菜　*P. fulgens* Wall. ex Hook.
　根:凉血止血、收敛止泻
蛇含　*P. kleiniana* Wight et Arn.
　全草:清热解毒、止咳化痰
银叶委陵菜　*P. lauconota* D. Don
　全草:清热凉血、止血、收敛止泻
蕤核　*Prinsepia uniflora* Batalin *
　种仁:清肝明目、安神
红叶李　*Prunus cerasifera* f. *atropurpurea*
　　　　（Jacq.）Rehd. *
　根:利水滑肠
山桃　*P. davidiana*（Carr.）Franch.
　种仁:活血行瘀、润燥滑肠
尾叶樱　*P. dielsiana* Schneid.
　树皮:收敛止泻、润肺止咳
麦李　*P. glandulosa* Thunb. *
　果核:健胃润肠、利水消肿
灰叶稠李　*P. grayana* Maxim.
　根皮:祛风除湿
欧李　*P. humilis* Bunge *
　种仁:润燥滑肠、下气利水
郁李　*P. japonica* Thunb. *
　种仁:润燥滑肠、下气利水
乌梅　*P. mume* Sieb. et Zucc.
　果实:敛肺涩肠、生津止渴
白梅　*P. mume* f. *alba*（Carr.）Rehd. *
　种仁:缓泻、利尿、消肿
红梅　*P. mume* f. *alphandii*（Carr.）Rehd. *
　种仁:缓泻、利尿、消肿

垂枝梅　*P. mume* f. *pendula* Nichols. *
　种仁:缓泻、利尿、消肿
绿萼梅　*P. mume* f. *viridicalyx* Mak. *
　种仁:缓泻、利尿、消肿
桃　*P. persica*（Linn.）Batsch *
　种仁:活血行瘀、润燥滑肠
重瓣白桃　*P. persica* f. *albaplena* Schneid. *
　叶:清热解毒、止痒
　根:祛风除湿
重瓣红桃　*P. persica* f. *duplex*（West.）Rehd. *
　叶:清热解毒、止痒
　根:祛风除湿
酒金碧桃　*P. persica* f. *uersicolor*（Vanh.）
　　　　Dipp. *
　叶:清热解毒、止痒
　根:祛风除湿
寿星桃　*P. persica* var. *densa* Mak. *
　根:祛风除湿
樱桃　*P. pseudocerasus* Lindl. *
　种仁及果实:发斑透疹、灭斑痕
　树皮:收敛止咳
李　*P. salicina* Lindl. *
　种仁:活血、祛痰、润燥、滑肠
绢毛稠李　*P. sericea*（Bl.）Koehne
　根皮:祛风除湿
山樱花　*P. serrulata* Lindl.
　种仁:透发麻疹
　树皮:收敛止咳
鸡血李　*P. simonii* Carr. *
　种仁:活血祛瘀、润燥滑肠
榆叶梅　*P. triloba* Lindl. *
　树皮:收敛止咳
杏子　*P. vulgaris* Lam. *
　种仁:(有小毒)止咳平喘、宣肺润肠
日本樱花　*P. yedoensis* Matsum. *
　树皮:收敛止泻
窄叶火棘　*Pyracantha angustifolia*（Franch.）
　　　　Scheid.
　根及叶:止血止泻、散瘀消食

全缘火棘　*P. atalantioides*（Hance）Stapf

　　根及叶:止血止泻、散瘀消食

细圆齿火棘　*P. crenulata*（D. Don）Roem.

　　根及叶:止血止泻、散瘀消食

火棘　*P. fortuneana*（Maxim.）Li

　　根及叶:止血止泻、散瘀消食

长叶火棘　*P. longifolia* Z. Y. Liu et Y. M.

　　　　　　　　　　　　　　　　Tan

　　根:祛风除湿、收敛止血、消食

西洋梨　*Pyrus communis* var. *sativa*（DC.）

　　　　　　　　　　　　　　　DC. *

　　果实:清心除烦、润肺化痰、生津止渴

沙梨　*P. pyrifolia*（Burm. f.）Nakai

　　果实:清暑热、生津收敛

　　根:止咳

麻梨　*P. serrulata* Rehd.

　　果实:清心除烦、润肺化痰、生津止渴

石斑木　*Rhaphiolepis indica*（Linn.）Lindl.

　　叶、根:清热解毒、散寒止血

　　根:祛风消肿

鸡麻　*Rhodotypos scandens*（Thunb.）Mak.

　　果及根:治血虚肾亏、风湿麻木

木香花　*Rosa banksiae* Aiton *

　　根:凉血止血、活血调经

单瓣木香花　*R. banksiae* var. *normalis* Regel

　　根:凉血止血、活血调经

西洋蔷薇　*R. centifolia* Linn. *

　　花:活血消肿、调经

月季花　*R. chinensis* Jacq. *

　　花、根:活血调经、散毒消肿

黄花月季　*R. chinensis* CV. 'Szechua' *

　　花、根:活血祛瘀、拔毒消肿

紫月季　*R. chinensis* var. *semperflorens*

　　　　　　　　　　　（Curtis）Koehne *

　　花、根:活血祛瘀、拔毒消肿

小果蔷薇　*R. cymosa* Tratt.

　　根:散瘀止血、清热解毒、收敛固脱

无刺山刺玫　*R. davidii* var. *subinermis* Focke

　　花:凉血止血、调经止带

锐刺山刺玫　*R. davidii* var. *pungens* Focke

　　花:凉血止血、调经止带

绣球蔷薇　*R. glomerata* Rehd. et Wils.

　　根:祛风除湿、活血收敛

　　叶:清热解毒

卵果蔷薇　*R. helenae* Rehd. et Wils.

　　根皮:止血、收敛

软条蔷薇　*R. henryi* Boeleng

　　根:活血调经、化痰、止血

　　叶:治烫伤

贵州缫丝花　*R. kweichowensis* Yu et Ku

　　根及果实:收敛固精、消食健脾、止血

金樱子　*R. laevigata* Michx.

　　果:补肾固精

　　根:祛风除湿

红花蔷薇　*R. mopesii* Hemsl. et Wils.

　　花、果:活血调经、消肿解毒

野蔷薇　*R. multiflora* Thunb.

　　根:祛风活血、收敛活络

粉团蔷薇　*R. multiflora* var. *acthayensis*

　　　　　　　　　　　　Rehd. et Wils. *

　　根:祛风活血、收敛活络

小和尚头　*R. multiflora* var. *braechacantha*

　　　　　　　　　　（Focke）Rehd. et Wils

　　根:行气、活血、调经

七姐妹　*R. multiflora* var. *carnea* Thory. *

　　根:祛风活血、收敛活络

多花蔷薇　*R. multiflora* var. *cathaynsis*

　　　　　　　　　　　　Rehd. et Wils. *

　　根:祛风活血、收敛活络

　　叶:清热解毒

香水月季　*R. odorata* Sweet. *

　　花:活血调经、祛痰生新

峨眉蔷薇　*R. omeiensis* Rolfe

　　果实:止血、止痢、涩精

　　根:治吐血、崩带

翅刺蔷薇　*R. omeiensis* f. *pteracantha*（Franch.）

　　　　　　　　　　　　Rehd. et Wils.

　　果实:止血、止痢、涩精

繅丝花　*R. roxburghii* Tratt.

　　根:消食健脾、收敛止泻

刺梨　*R. roxburghii* f. *normalis* Rehd. et Wils.

　　根和果实:收涩固精、消食健脾、止血

悬钩子蔷薇　*R. rubus* Lévl. et Vant.

　　根:清热解毒、活血祛瘀

玫瑰花　*R. rugosa* Thunb. *

　　花:理气活血

大红蔷薇　*R. saturata* Baker

　　根及果:止血除湿、解毒

钝叶蔷薇　*R. sertata* Rolfe

　　根、果及叶:止血除湿、解毒

黄刺玫　*R. xanthina* Lindl. *

　　花:理气活血

腺毛莓　*Rubus adenophorus* Rolfe

　　根:活血调气、止痛收敛

美丽悬钩子　*R. amabilis* Focke

　　根:祛风除湿、清热止血、收敛

刺萼秀丽莓　*R. amabilis* var. *aculeatissimus*
　　　　　　　　　　　　　　Yu et Lu

　　根:清热解毒、收敛止血

周毛悬钩子　*R. amphidasys* Focke ex Diels

　　全株:清热解毒、活血调经、祛风除湿

西南悬钩子　*R. assamensis* Focke

　　根、叶:清热止血

五爪风　*R. blinii* Lévl.

　　根及叶:清热解毒、消肿止痛、祛风利湿

寒莓　*R. buergeri* Miq.

　　全株:祛风活血、清热解毒

尾叶悬钩子　*R. caudifolius* Wuzhi

　　根:祛风除湿、舒筋活络

长序莓　*R. chiliadenus* Focke

　　根及叶:清热凉血、散结、利尿、止痛

毛萼莓　*R. chroosepalus* Focke

　　根:祛风除湿

深绿悬钩子　*R. columelaris* Tutcher

　　根:祛风除湿、舒筋活络

山莓　*R. corchorifolius* Linn. f.

　　根及叶:凉血止血、清热利湿、活血解毒

插田泡　*R. coreanus* Miq.

　　果实和根:治产后手足酸麻

毛叶插田泡　*R. coreanus* var. *tomentosus* Card.

　　根:活血、止血、祛风利湿

栽秧泡　*R. ellipticus* var. *obcordatus* Focke

　　根及叶:消肿止痛、清热解毒、活血止痛

按莓　*R. eucalyptus* Focke

　　根:清热解毒、活血消肿

大红泡　*R. eustephanus* Focke ex Diels

　　根:祛风活络、清热止血

腺毛大红泡　*R. eustephanus* var. *glanduliger*
　　　　　　　　　　　　　　Yu et Lu

　　根:祛风活络、清热止血

少花乌泡　*R. flagelliflorus* Focke ex Dieis

　　根:祛风除湿、活血散瘀

鸡爪茶　*R. henryi* Hemsl. et O. Ktze.

　　根及叶:清热解毒、除湿利尿

短柄鸡爪茶　*R. henryi* var. *bambusarum*
　　　　　　　　　　　(Focke) Rehd.

　　根及叶:清热解毒、除湿利尿

大叶鸡爪茶　*R. henryi* var. *sozostylus*（Focke）
　　　　　　　　　　　　　　Yu et Lu

　　根及叶:清热解毒、除湿利尿

白花悬钩子　*R. hirsutus* Thunb.

　　根:祛风活络、清热镇惊

　　叶:消炎接骨

黄泡子　*R. ichangensis* Hemsl. et O. Kuntze

　　根:利尿、止痛、杀虫

无腺白叶莓　*R. innominatus* var. *kuntzeanus*
　　　　　　　　　　　（Hemsl.）Bailey

　　根:散寒止咳

秃裸悬钩子　*R. inopertus*（Diels）Focke

　　根:祛风除湿

　　叶:清热除烦

灰毛泡　*R. irenaeus* Focke

　　全草:清热解毒、活血调经

金佛山悬钩子　*R. jinfoshanensis* Yu et Lu

　　根:祛风除湿、活血调经

高粱泡　*R. lambertianus* Seringe

　　根及叶:活血调经、消肿解表

光叶高粱泡　*R. lambertianus* var. *glabra* Hemsl.
　　根及叶：活血调经、消肿解表
羊屎泡　*R. malifolius* Focke
　　根：祛风除湿、活血散瘀
楸叶悬钩子　*R. mallotifolius* Wu ex Yu et Lu
　　根：祛风除湿
喜阴悬钩子　*R. mesogaeus* Focke
　　根：祛风除湿、活血散瘀
脱毛喜阴悬钩子　*R. mesogaeus* var. *glabrescens*
　　　　　　　　　　　　　　　Yu et Lu
　　根：祛风除湿、散瘀
大乌泡　*R. multibracteatus* Lévl. et Vant.
　　根、全草：清热利湿、止血接骨
红泡刺藤　*R. niveus* Thunb.
　　根：祛风除湿
乌泡子　*R. parkeri* Hance
　　根：收敛止血、活血调经
茅莓　*R. parvifolius* Linn.
　　根及叶：清热凉血、散结止痛、利尿消肿
黄泡　*R. pectinellus* Maxim.
　　根及叶：清热利湿、解毒
菰帽悬钩子　*R. pileatus* Focke
　　根：祛风活络、清热收敛
红毛悬钩子　*R. pinfaensis* Lévl. et Vant.
　　叶：清热解毒、祛湿消肿
密腺羽萼悬钩子　*R. pinnatisepalus* var.
　　　　　　　　　　　　　　glandulosus Yu et Lu
　　根：凉血止血、清热解毒
五叶鸡爪茶　*R. playfairianus* Hemsl. ex Focke
　　根及叶：清热解毒、除湿利尿
梨叶悬钩子　*R. pyrifolius* Smith
　　根：强筋骨、祛风寒
棕红盾叶莓　*R. rufus* Focke
　　根、叶：清热收敛、凉血止血
川莓　*R. setchuenensis* Bur. et Franch.
　　根：活血散瘀、清热解毒
红腺悬钩子　*R. sumatranus* Miq.
　　根：清热解毒、利水消肿
木莓　*R. swinhoei* Hance
　　根：祛风除湿、舒筋活络

三花悬钩子　*R. trianthus* Focke
　　根：活血散瘀、祛风除湿
黄脉悬钩子　*R. xanthoneurus* Focke ex Diels
　　叶：清热除湿
　　根：祛风除湿
地榆　*Sanguisorba officinalis* Linn. *
　　根：凉血止血、收敛止泻
长叶地榆　*S. officinalis* var. *longifolia*
　　　　　　　　　　　　　(Bertol) Yu et Li
　　根：凉血止血、收敛止泻
美脉花楸　*Sorbus caloneura*（Stapf.）Rehd.
　　果：健脾利水
　　茎皮：清肺止咳
石灰花楸　*S. falgneri*（Schenid.）Rehd.
　　果：健脾利水
　　茎皮：清肺止咳
球穗花楸　*S. glomerulata* Koehne
　　根皮：祛风除湿、清热止咳
江南花楸　*S. hemsleyi*（Schneid.）Rehd.
　　果：健脾利水
　　根及茎皮：祛风除湿
毛序花楸　*S. keissleri*（Schneid.）Rehd.
　　茎皮：清肺止咳、祛风除湿
大果花楸　*S. megalocarpa* Rehd.
　　根皮：清热止咳、祛风除湿
华西花楸　*S. wilsoniana* Schneid.
　　根皮：清热止咳、祛风除湿
黄脉花楸　*S. xanthoneura* Rehd. ex Diels
　　果：健脾利水
　　根及茎皮：祛风除湿
绣球锈线菊　*Spiraea blumei* G. Don *
　　根：清热利咽、止咳
麻叶锈线菊　*S. cantoniensis* Lour.
　　枝叶：治疥疮
中华锈线菊　*S. chinensis* Maxim.
　　叶：清热止咳
　　根：祛风除湿
翠蓝锈线菊　*S. henryi* Hemsl. *
　　根：清热利湿、止咳止血

渐尖锈线菊　*S. japonica* var. *acuminata* Franch.

　　根:清热利咽

　　叶:润肺止咳

光叶绣线菊　*S. japonica* var. *fortunei*

　　　　　　　　　　　　(Planch.) Rehd.

　　叶、果:清热止咳

　　根:清热利咽

南川绣线菊　*S. rosthornii* Pritz.

　　果:治牙痛

　　根:清热利咽

鄂西绣线菊　*S. veitchii* Hemsl.

　　根:清热利湿、止血止咳

野珠兰　*Stephanandra chinensis* Hance

　　根:清热、消炎、止痛、利咽喉

毛萼红果树　*Stranvaesia amphidoxa* Schneid.

　　叶、果:消食健胃、收敛止泻

光萼红果树　*S. amphidoxa* var. *amphileia*

　　　　　　　　　　(Hand.-Mazz.) Yu

　　叶、果:消食健胃、收敛止泻

红果树　*S. davidiana* Dcne.

　　根:清热除湿、化瘀止痛

绒毛红果树　*S. tomentosa* Yu et Ku

　　根或根皮:祛风除湿、强筋壮骨、止血

161. 豆科　Leguminosae

相思豆　*Abrus precatorius* Linn. *

　　根:清暑解表

　　种子:杀虫、拔毒、排脓

儿茶　*Acacia catechu* (Linn.) Willd. *

　　树液:清热化痰、敛疮止血

金合欢　*A. farnesiana* (Linn.) Willd. *

　　全草:消痈排脓、舒筋、截疟、抗痨

黑荆树　*A. mearnsii* Dewolde Wilde *

　　树胶:代阿拉伯胶

　　树皮:外用、收敛止血

蛇藤　*A. pennata* (Linn.) Willd.

　　根:活血散瘀、祛风除湿

藤状金合欢　*A. sinuata* (Lour.) Merr.

　　根皮:解热散血、消肿止痛

水皂角　*Aeschynomene indica* Linn.

　　全草:清痢湿热、消肿

楹树　*Albizzia chinensis* (Osbeck.) Merr. *

　　树皮:固涩止泻、收敛生肌

合欢　*A. julibrissin* Durazz.

　　皮:安神解郁、和血止痛

山合欢　*A. kalkora* (Roxb.) Prain

　　根及皮:补气活血、消肿止痛、安神解郁

紫穗槐　*Amorpha fruticosa* Linn. *

　　根皮:清热解毒、凉血活血

两型豆　*Amphicarpaea edgeworthii* Benth.

　　种子:清热解毒

土栾儿　*Apios fortunei* Maxim.

　　块根:清热解毒、化痰止咳

落花生　*Arachis hypogaea* Linn. *

　　种子、种皮:补脾健胃、润肺止血

地八角　*Astragalus bhotanensis* Baker

　　全草:清热解毒、利尿消肿

华黄芪　*A. chinensis* Linn.

　　种子:益肾固精、补肝明目

扁茎黄芪　*A. complanatus* R. Brown. *

　　种子:益肾固精、补肝明目

膜荚黄芪　*A. membranaceus* (Fisch.) Bunge *

　　根:补气固表、利尿消肿、脱毒生肌

内蒙黄芪　*A. membranaceus* var. *mongholicus*

　　　　　　　　　　　　　　　　Bunge *

　　根:补气固表、利水消肿

紫云英　*A. sinicus* Linn.

　　全草及种子:祛风明目、除湿退黄、活血化瘀

龙须藤　*Bauhinia championi* (Benth.) Benth.

　　根及茎:祛风除湿、活血止痛

双肾藤　*B. hupehana* Craib.

　　根及茎:清热利湿、消肿止痛、行气收敛

大夜关门　*B. pernervosa* L. Chen

　　根及叶:补肾固精、止咳止血

黄花羊蹄甲　*B. tomentosa* Linn. *

　　根及茎:祛风除湿、活血止痛

云实　*Caesalpinia decapetala* (Roth) Alston

　　根、枝、叶:发表散寒、祛风活络、活血止痛

南蛇簕　*C. minax* Hance

　　全草:清热解毒、祛瘀消肿、杀虫止痒

　　叶:外用治跌打损伤、蛇咬伤

苏木　*C. sappan* Linn. ＊
　　茎:活血行瘀、祛风解表
木豆　*Cajanus cajan*（Linn.）Mill. ＊
　　根:消喉肿
西南杭子梢　*Campylotropis delavayi*
　　　　　　　　　　　（Franch.）Schindl.
　　根:解热、治感冒发热
杭子梢　*C. macrocarpa*（Bunge）Rehd.
　　根:调经活血、止痛收敛
三棱杭子梢　*C. trigonoclada*（Franch.）Schindl.
　　根:解热利湿、活血止血
洋刀豆　*Canavalia ensiformis*（Linn.）DC. ＊
　　种子、果壳及根:温中补肾、降气止呃
刀豆　*C. gladiata*（Jacq.）DC. ＊
　　果及种子:行气活血、补肾、散瘀
锦鸡儿　*Caragana sinica*（Buchoz）Rehd.
　　根及根皮:补中气、除风湿、调经血
决明　*Cassia obtusifolia* Linn.
　　种子:清肝明目、通便
野扁豆　*C. occidentalis* Linn.
　　种子和叶:排脓、消痈、清热通便
短叶决明　*C. leschenaultiana* DC.
　　种子:清肝明目、润肠通便
山扁豆　*C. mimosoides* Linn.
　　种子:清肝明目、缓泻通便
豆茶决明　*C. nomame*（Sieb.）Kitagawa ＊
　　种子:清肝明目、缓泻通便
木决明　*C. sophera* Linn. ＊
　　种子:清肝明目、强壮利尿
紫荆　*Cercis chinensis* Bunge. ＊
　　树皮:清热解毒、活血散瘀
南紫荆　*C. racemosa* Oliver
　　树皮:清热解毒、活血散瘀
小花香槐　*Cladrastis sinensis* Hemsl.
　　根:消肿止痛
蝶豆　*Clitoria ternatea* Linn. ＊
　　根:外敷疮肿
细茎旋花豆　*Cochlianthus gracilis* Benth.
　　根:止痛止泻

小叶野百合　*Crotalaria alata* Heyna ex Roth.
　　全草:补肾养肝、止咳定喘、消肿解毒
响铃草　*C. ferruginea*（Grah.）Benth.
　　全草:补肾养肝、止咳平喘、消肿解毒
太阳麻　*C. juncea* Linn. ＊
　　根:解毒、麻醉
三尖叶猪屎豆　*C. micans* Linn.
　　全草:清热利湿、解毒消肿
野百合　*C. sessiliflora* Linn.
　　全草:清热利湿、解毒
藤黄檀　*Dalbergia hancei* Benth.
　　茎根:行气止痛
　　树脂:止血
黄檀　*D. hupeana* Hance.
　　种子:下气化痰
　　根:除风湿
含羞草黄檀　*D. mimosoides* Franch.
　　根:行气止痛、破积
　　树脂:止血
凤凰木　*Delonix regia*（Boj.）Raf ＊
　　树皮:降血压
绣毛鱼藤　*Derris ferruginea* Benth.
　　根及茎:散瘀止痛
边果鱼藤　*D. marginata*（Roxb.）Benth.
　　根及茎:散瘀止痛
小槐花　*Desmodium caudatum*（Thunb.）DC.
　　根及叶:清热解毒、祛风利湿
园锥山蚂蝗　*D. eaquirolii* Lévl.
　　根:消食、祛风、除湿
小叶三点金草　*D. microphyllum*（Thunb.）DC.
　　全草:健脾利湿、止咳、平喘、化痰、解毒
饿蚂蝗　*D. multiflorum* DC.
　　花、枝:清热发表、消肿止痛
波叶山蚂蝗　*D. sequax* Wall.
　　根:补虚、驱虫、止咳定喘
葫芦茶　*D. triquetrum*（Linn.）DC.
　　全株:清热解毒、消积利湿
雀舌豆　*Dumasia forrestii* Diels
　　全草:清热解毒、通经止痛

柔毛山黑豆　*D. villosa* DC.

　　全草:清热解毒、通经消食

园叶野扁豆　*Dunbaria rotundifolia*（Lour.）

　　　　　　　　　　　　　　　　Merr.

　　全草:解毒消肿、祛风活血

毛野扁豆　*D. villosa*（Thunb.）Makino

　　全草:祛风和血、解毒、杀虫

刺木通　*Erythrina arborescens* Roxb. *

　　根、花、根皮:（有小毒）祛风除湿、杀虫消积

龙芽花　*E. corallodendron* Linn. *

　　根皮及花:（有小毒）祛风镇静、化湿杀虫

胡豆莲　*Euchresta japonica* Hook. f. et Regel

　　根:清热解毒、消肿止痛

三叶山豆根　*E. trifoliolata* Merr.

　　根:清热解毒、活血止痛

管萼山豆根　*E. tubulosa* Dunn.

　　根:清热解毒、活血止痛

野皂角　*Gleditsia microphylla* Gordon

　　　　　　　　　　　　　　et Y. T. Lee

　　根:壮筋骨、强腰肾、祛风湿、调经补血

皂角　*G. sinensis* Lam. *

　　刺:活血消肿、排脓、通乳

　　荚果:祛痰、开窍

大豆　*Glycine max*（Linn.）Merr. *

　　种子、叶:健脾补肾、解毒

野大豆　*G. soja* Sied. et Zucc.

　　种子:健脾、敛汗

刺果甘草　*Glycyrrhiza pallidiflora* Maxim. *

　　根:清热解毒

肥皂荚　*Gymnocladus chinensis* Baill.

　　果实:祛风除湿、止血、攻毒

马棘　*Indigofera pseudotinctoria* Matsum.

　　全株:清热解毒、止咳、止血

长萼鸡眼草　*Kummerowia stipulacea*（Maxim.）

　　　　　　　　　　　　　　　　Makino

　　全草:活血、消肿

鸡眼草　*K. striata*（Thunb.）Schindl.

　　全草:清热除湿、明目

扁豆　*Dolichos lablab* Linn. *

　　种子:补脾除湿、和中止泻、消暑解毒

德氏香豌豆　*Lathyrus dielsianus* Harms

　　全草:清热解毒、消炎

香豌豆　*L. odoratus* Linn. *

　　全草:清热解毒

牧地香豌豆　*L. pratensis* Linn.

　　全草:清热解毒

胡枝子　*Lespedeza bicolor* Turcz.

　　茎叶:润肺清热、利水通淋

中华胡枝子　*L. chinensis* G. Don.

　　根:祛风活络、消肿止痛

截叶铁扫帚　*L. cuneata*（Dum. Cours.）G. Don.

　　全株:清热利尿、消食除积、祛痰止咳

多花胡枝子　*L. floribunde* Bunge

　　全株:消积、散瘀

美丽胡枝子　*L. formosa*（Vog.）Koehne.

　　花:清热凉血

　　茎叶:治小便不利

铁马鞭　*L. pilosa*（Thunb.）Sieb. et Zucc.

　　全株:活血祛瘀、清热解毒

毛叶胡枝子　*L. tomentosa*（Thunb.）Sieb.

　　　　　　　　　　　　　　　　et Zucc.

　　根:健脾补虚、消积、消瘀

细梗胡枝子　*L. virgata*（Thunb.）DC.

　　全株:治疟疾、中暑、风湿、哮喘

银合欢　*Leucarna levcocephala*（Lam.）

　　　　　　　　　　　　　　　　de Wit *

　　树皮:祛风湿

百脉根　*Lotus corniculatus* Linn.

　　全草:清热解毒、消肿利湿

天蓝苜蓿　*Medicago lupulina* Linn.

　　全草:清热利湿、舒筋活络、止咳

南苜蓿　*M. polymorpha* Linn.

　　全草:清脾胃、利大小肠、下膀胱结石

白花草木犀　*Melilotus albus* Desr.

　　全草:化湿健胃、利尿

黄花草木犀　*M. officinalis*（Linn.）Desr.

　　全草:解痉、止痛

草木犀　*M. suaveolens* Ledeb. *

　　全草:芳香化湿、截疟、消热解毒、利湿

云南鸡血藤　*Millettia calcarea* Z. Wei
　　茎藤：行气补血、舒筋活血

香花岩豆藤　*M. dielsiana* Harms ex Diels
　　根及藤茎：活血补血、舒筋活络

异果岩豆藤　*M. heterocarpa* Chun ex T. Chen
　　根及藤茎：活血补血、舒筋活络

厚果鸡血藤　*M. pachycarpa* Benth.
　　种子：杀虫、解毒、外用治虫疮疥癣

四川鸡血藤　*M. reticulata* Benth.
　　茎藤：补血行血、通经活络、活血

含羞草　*Mimosa pudica* Linn. *
　　全草：(有小毒)清热利尿、化痰止咳

常春油麻藤　*Mucuna sempervirens* Hemsl.
　　根茎叶：活血化瘀、通经脉

花榈木　*Ormosia henryi* Prain
　　枝叶：祛风散结、解毒祛痰

红豆树　*O. hosiei* Hemsl. et Wils.
　　种子：(有小毒)镇痛、理气

地瓜　*Pachyrrhizus erosus* (Linn.) Urban *
　　块根、种子：生津液、解酒毒

芸豆　*Phaseolus coccineus* Linn. *
　　花：消肿利尿

菜豆　*P. vulgaris* Linn. *
　　种子：清凉利尿、消肿解毒

豌豆　*Pisum satiyum* Linn. *
　　种子：和中下气、利小便、解疮毒

亮叶围涎树　*Pithecellobium bigeminum*
　　　　　　　　　　(Linn.) Mact.
　　果实：收敛止血、解疮毒

补骨脂　*Psoralea corylifolis* Linn. *
　　种子：补骨助阳、温中止泻

老虎刺　*Pterolobium punctatum* Hemsl.
　　根：祛风除湿、活血散瘀

葛藤　*Pueraria edulis* Pamp.
　　块根：升阳、解肌、除烦、止渴

野葛　*P. lobata* (Willd.) Ohwin
　　块根：解肌退热、止泻、生津止渴

甘葛　*P. lobata* var. *thomsonii* (Benth.)
　　　　　　　　　　Van der Maesen
　　根及花：清热解毒、生津止喝、止泻

峨眉葛藤　*P. omeiensis* Wang et Tang
　　根花：解肌退热、生津止咳、透疹

苦葛　*P. peduncularis* (Grah. ex Benth.) Benth.
　　根及茎：杀虫

菱叶鹿藿　*Rhynchosia dielsii* Harms.
　　茎叶：除风解热、治老人心烧、小儿惊风

紫脉鹿藿　*R. himalensis* var. *craibiana* (Rehd.)
　　　　　　　　　　Peter-Stiba
　　茎叶：除风解热、解毒、杀虫

鹿藿　*R. volubilis* Lour.
　　全草：镇咳祛痰、祛风和血、解毒杀虫

刺槐　*Robinia pseudoacacia* Linn. *
　　茎皮、根皮、叶：清热解毒、祛风止痛

无刺槐　*R. pseudoacacia* f. *inermis* (Mirbel.)
　　　　　　　　　　Rehd. *
　　茎皮、根皮、叶：清热解毒、祛风止痛

田菁　*Sesbania cannabina* (Retz.) Pers.
　　根：利水通淋、消肿
　　叶：治尿血、毒蛇蛟伤

白刺花　*Sophora davidii* (Franch.) Skeels
　　根和枝叶：清热解毒、凉血止血

苦参　*S. flavescens* Aiton
　　根：清热利湿、祛风杀虫

槐花　*S. japonica* Linn. *
　　花蕾、果实、根和树皮：凉血止血、疏风清热

龙爪槐　*S. japonica* CV. 'Pendula' *
　　花蕾：凉血、止血

毛叶槐　*S. japonica* var. *pubescens* (Tausch)
　　　　　　　　　　Bosse *
　　花蕾及果实：凉血、止血、疏风清热

西南槐　*S. wilsonii* Craib
　　种子、根：清热除湿、活血化瘀

茸毛黎豆　*Stizolobium deeringianum* (Small)
　　　　　　　　　　Bort.
　　种子：清热解毒

红车轴草　*Trifolium pratense* Linn.
　　花序：镇静、止咳、平喘

白车轴草　*T. repens* Linn.
　　全草：清热解毒

葫芦巴　*Trigonella foenum-graecum* Linn. *
　　种子:温肾壮阳、散寒止痛
窄叶野豌豆　*Vicia angustifolia* Linn.
　　全草:清热利尿、凉血止血
广布野豌豆　*V. cracca* Linn.
　　全草:清热利湿、凉血止血
蚕豆　*V. faba* Linn. *
　　花及叶:清热利湿、止血止咳
硬毛野豌豆　*V. hirsuta* (Linn.) S. F. Gray
　　全草:发汗、除湿热
救荒野豌豆　*V. sativa* Linn.
　　全草:补脾益肾、利水消肿
四籽野豌豆　*V. tetrasperma* (Linn.) Moench
　　全草:补脾益肾、利水消肿
歪头菜　*V. unijuga* A. Brown.
　　全草:清热解毒、疏肝、利尿止痛
赤豆　*Vigna angularis* (Wight.) Ohwi
　　　　　　　　　　　　　　　et Ohashi *
　　全草:利水、消肿、解毒、排脓
眉豆　*V. cylindrica* (Linn.) Skeels *
　　种子:健胃、补气
山绿豆　*V. minimus* (Roxb.) Ohwi
　　种子:清湿热、利尿消肿
绿豆　*V. radiatus* (Linn.) Wilczek *
　　种子和种皮:清热解毒、消暑止渴
赤小豆　*V. umbellata* (Thunb.) Ohwi
　　　　　　　　　　　　　　　et Ohashi *
　　种子:清热行水、散恶血、解毒消肿
豇豆　*V. unguiculata* (Linn.) Walp. *
　　根和种子:健胃利湿、清热解毒
长豇豆　*V. unguiculata* var. *sesquipedalis*
　　　　　　　　　　　　(Linn.) Verdc. *
　　全草:健胃补气、滋养消食
野豇豆　*V. vexillata* (Linn.) Roch.
　　根:补脾益气、清热解毒
紫藤　*Wisteria sinensis* (Sims) Sweet. *
　　种子、茎皮:祛风除湿、解毒、驱虫、消积
白花紫藤　*W. sinensis* f. *alba* (Lindl.)
　　　　　　　　　　　　　Rehc. Et Wils. *
　　种子、茎皮:祛风除湿、解毒、驱虫、消积

162. 酢浆草科　Oxalidaceae

深山酢浆草　*Oxalis acetosella* Linn.
　　全草:清热利湿、解毒消肿、活血化瘀
山酢浆草　*O. acetosella* ssp. *griffithii*
　　　　　　　　　　(Edgew et Hook. f.) Hare
　　全草:清热解毒、利小便
酢浆草　*O. corniculata* Linn.
　　全草:活血散瘀、利湿通淋
红花酢浆草　*O. corymbosa* DC.
　　全草:清热消肿、行气散血

163. 牻牛儿苗科　Geraniaceae

牻牛儿苗　*Erodium stephanianum* Willd.
　　全草:强筋骨、祛风湿、清热解毒
金山老鹳草　*Geranium bockii* R. Knuth.
　　全草:祛风除湿、活血通络
紫背老鹳草　*G. branchetii* var. *glandulosa*
　　　　　　　　　　　　　　　　Z. M. Tan
　　全草:祛风除湿、活血通经、清热止泻
野老鹳草　*G. carolinianum* Linn.
　　全草:祛风通络、收敛止泻、活血生肌、拔毒
　　　消炎
毛蕊老鹳草　*G. platyanthum* Duthie
　　全草:祛风除湿
园齿老鹳草　*G. franchetii* R. Knuth.
　　全草:祛风除湿、活血通经
血见愁老鹳草　*G. henryi* R. Knuth.
　　全草:祛风除湿、活血通经
尼泊尔老鹳草　*G. nepalense* Sweet.
　　全草:强筋骨、祛风湿、收敛止泻
草原老鹳草　*G. fangii* R. Knuth.
　　全草:祛风除湿、活血通经
纤细老鹳草　*G. robertianum* Linn.
　　全草:祛风除湿、活血通经
南川老鹳草　*G. rosthornii* R. Knuth.
　　全草:祛风除湿、清热解毒
鼠掌老鹳草　*G. sibiricum* Linn.
　　全草:祛风除湿、活血通络、止泻
老鹳草　*G. wilfordii* Maxim.
　　全草:祛风除湿、清热解毒

具腺老鹳草　*G. wilfordii* var. *glandulosum*
Z. M. Tan
　　全草:祛风除湿、清热解毒
灰背老鹳草　*G. wlassowianum* Fisch. ex Link
　　全草:祛风除湿、清热解毒
香叶天竺葵　*Pelargonium graveolens* L'Herit. *
　　叶:祛风除湿、理气止痛
天竺葵　*P. hortorum* Bailey *
　　花:清热消炎
马蹄纹天竺葵　*P. zonale*（Linn.）Ait. *
　　花:清热消炎

164.旱金莲科　Tropaeolaceae

旱金莲　*Tropaeolum majus* Linn. *
　　全草:清热解毒、治疮毒、目赤肿痛

165.亚麻科　Linaceae

宿根亚麻　*Linum perrenne* Linn. *
　　种子:补肝肾、养气血、祛风湿
亚麻　*L. usitatissimum* Linn. *
　　种子:补肝肾、养气血、祛风湿
石海椒　*Reinwardtia indica* Dum.
　　全草:清热、利小便

166.蒺藜科　Zygophyllaceae

蒺藜　*Tribulus terrestris* Linn.
　　种子:疏肝散风、明目祛湿

167.芸香科　Rutaceae

松风草　*Boenninghausenia albiflora*（Hook.）
Reichb. ex Meisn.
　　全草:(有小毒)活血散瘀、温中行气、杀虫
毛松风草　*B. albiflora* var. *pilosa* Z. M. Tan
　　全草:(有小毒)活血散瘀、温中行气、杀虫
石胡椒　*B. sessilicarpa* Lévl.
　　全草:(有小毒)清热解毒、活血止痛、散瘀
酸橙　*Citrus aurantium* Linn. *
　　果实:破气、行瘀、散积、消积消痞、宽中行气
代代花　*C. aurantium* var. *amara* Engl. *
　　果实:破气行瘀、散积消痞
宜昌橙　*C. ichangensis* Swingle
　　果实:理气健胃、燥湿宽中

香橙　*C. junos* Sieb. ex Tanaka *
　　果实:理气止痛、祛湿宽中
柠檬　*C. limon*（Linn.）Burm. f. *
　　果实:行气健胃、解暑
黎檬　*C. limonia* Osbeck *
　　果实:行气健胃、解暑
四季柑　*C. maduresis* Lour. *
　　果实:理气健脾、止痛
柚　*C. maxima*（Burm.）Merr. *
　　果皮:宽中行气、消食化痰
香橼　*C. medica* Linn. *
　　果实:理气解郁、化痰宽膈
佛手柑　*C. medica* var. *sarcodactylis*（Noot.）
Swingle *
　　果实:行气止痛、健胃化痰
葡萄柚　*C. paradisci* Macf. *
　　果皮:宽中行气、消食化痰
桔　*C. reticulata* Blanco. *
　　果皮:理气健胃、燥湿化痰
甜橙　*C. sinensis*（Linn.）Osbeck *
　　果皮:理气健胃、燥湿化痰
齿叶黄皮　*Clausena dunniana* Lévl.
　　根、果:解表行气、健胃止痛
毛齿叶黄皮　*C. dunniana* var. *robusta*
（Tanaka.）Huang
　　根、果:解表行气、健胃止痛
黄皮　*C. lansium*（Lour.）Skeels *
　　根及叶:解表散热、顺气化痰
白鲜　*Dictamnus dasycarpus* Turcz. *
　　根皮:祛热、解毒、利尿、杀虫
密果吴萸　*Evodia compacta* Hand. -Mazz.
　　果实:温中理气、止痛
贵州臭檀　*E. daniellii* var. *labordei*（Dode.）
Huang
　　果实:(有小毒)肝气郁带、胃痛呕吐、吞酸
臭辣吴萸　*E. fargesii* Dode
　　果实:散寒止咳
假黄檗　*E. henryi* Dode
　　树皮:(有小毒)温中理气

三叉苦　*E. lepta* (Spreng.) Merr. *
　　叶:清热解毒、散瘀止痛

楝叶吴萸　*E. meliiaefolia* Benth.
　　果实:暖胃、止痛、治胃病、吐清水

吴茱萸　*E. rutaecarpa* (Juss.) Benth. *
　　果实:散寒温中、止痛止呕

少毛吴茱萸　*E. rutaecarpa* var. *bodinieri*
　　　　　　　　　　　　　　(Dode) Huang
　　果实:散寒温中、止痛止呕

石虎　*E. rutaecarpa* var. *officinalis* (Dode)
　　　　　　　　　　　　　　　　Huang
　　果实:散寒温中、止痛止呕

四川吴茱萸　*E. sutchuenensis* Dode
　　果实:温中理气、止呕止痛

金桔　*Fortunella margarita* (Lour.) Swingle *
　　果实:理气、化痰散结

园叶金桔　*F. japonica* (Thunb.) Swing. *
　　果实:理气、化痰、散结

长寿金柑　*F. obovata* Tanaka *
　　果实:行气健胃、化痰止咳

九里香　*Murraya exotica* Linn. *
　　根及全株:止痛、行气、活血祛痰、除湿

和常山　*Orixa japonica* Thunb.
　　根:行气止痛、清热利湿、活血祛痰

关黄檗　*Phellodendron amurense* Rupr. *
　　皮:清热燥湿、泻火解毒

川黄檗　*P. chinense* Schneid.
　　皮:清热燥湿、泻火解毒

镰叶黄皮树　*P. chinense* var. *falcatum* Huang
　　皮:清热燥湿、泻火解毒

秃叶黄檗　*P. chinense* var. *glabriusculum*
　　　　　　　　　　　　　　　Schneid. *
　　皮:清热燥湿、泻火解毒

三叶枸桔　*Poncirus trifoliata* (Linn.) Rafin. *
　　果实:健胃消食
　　叶:行气止痛、止呕

山麻黄　*Psilopeganum sinense* Hemsl.
　　全株:清热泻痢、解表、消积止呕

芸香　*Ruta graveolens* Linn. *
　　全草:祛风镇痉、通经杀虫、凉血散瘀

乔木茵芋　*Skimmia arborescens* Gamble
　　根皮:祛风除湿、杀虫止痒

黑果茵芋　*S. melanocarpa* Rehd. et Wils.
　　果实:(有毒)祛寒胜湿

茵芋　*S. reevesiana* Fortune
　　果实及叶:(有毒)祛寒胜湿

飞龙掌血　*Toddalia asiatica* (Linn.) Lam.
　　根:散瘀止血、祛风除湿、消肿解毒
　　叶:外用治痈疖、毒蛇咬伤

小飞龙掌血　*T. asiatica* var. *parva* Z. M. Tan
　　根:散瘀止血、祛风除湿、消肿解毒
　　叶:外用治痈疖、毒蛇咬伤

刺花椒　*Zanthoxylum acanthopodium* DC.
　　根皮、茎叶:温中散寒、止痛、杀虫、避孕

樗叶花椒　*Z. ailanthoiodes* Sieb. et Zucc.
　　根皮:祛风除湿、杀虫止痒

竹叶椒　*Z. armatum* DC.
　　全草:温中理气、祛风除湿、活血、止痛、祛蛔

毛叶竹椒　*Z. armatum* f. *ferrugineum*
　　　　　　　　　　(Rehd. et Wils.) Huang.
　　果实、枝叶:温中理气、祛风除湿、活血、止
　　　　　　　　痛、祛蛔

花椒　*Z. bungeanum* Maxim. *
　　果实:(有小毒)温中散寒、止痛

蚌壳椒　*Z. dissitum* Hemsl.
　　根:化痰、活血、止痛

齿叶蚌壳椒　*Z. dissitum* var. *acutiserratum*
　　　　　　　　　　　　　　　　Huang
　　根:化痰、活血、止痛

刺蚌壳椒　*Z. dissitum* var. *hispidum* (Reeb.
　　　　　　　　　　　　　et Cheo) Huang
　　根:化痰、活血、止痛

刺壳椒　*Z. echinocarpum* Hemsl.
　　根:祛风除湿、行气活血

岩椒　*Z. esquirolii* Lévl.
　　根及果实:(有小毒)祛风除湿、活血止痛

大花花椒　*Z. macranthum* (Hand.-Mazz.) Huang
　　根:止血、止痛

小花花椒　*Z. micranthum* Hemsl.
　　根:止血、止痛

异叶花椒　*Z. ovalifolium*

　　果及根皮：祛风除湿、杀虫、止痛

刺异叶花椒　*Z. ovalifolium* var. *spinifolium*

　　　　　　　　　　（Rehd. et Wils.）Huang

　　果：祛寒、清热

菱叶花椒　*Z. rhombifoliolatum* Huang

　　根：（有小毒）活血散瘀、祛风除湿、止痛

野花椒　*Z. simulans* Hance

　　果、叶、根：散寒健胃、止吐止泻、利尿

狭叶花椒　*Z. stenophyllum* Hemsl.

　　根皮：理气止痛

　　叶：止痒、解毒

168. 苦木科　Simaroubaceae

臭椿　*Ailanthus altissima*（Mill.）Swingle

　　根皮：燥湿清热、止泻止血

大果臭椿　*A. altissima* var. *sutchinensis*

　　　　　　　　　（Dode）Rehd. et Wils.

　　根皮：燥湿清热、止泻止血

毛臭椿　*A. giraldii* Dode

　　根皮：清热利湿、止血、杀虫

刺樗　*A. vilmoriniana* Dode

　　根皮：清热止泻、止血

鸦胆子　*Brucea javanica*（Linn.）Merr. *

　　果实：杀虫、止痢、止疟

苦木　*Picrasma quassioides*（D. Don）Benn.

　　根及树皮、叶：（有毒）清热燥湿、杀虫、解毒

169. 橄榄科　Burseraceae

橄榄　*Canarium album*（Lour.）Raeusch. *

　　果实：清热解毒、化痰消积

　　根：舒筋活血

170. 楝科　Meliaceae

米兰　*Aglaia odorata* Lour. *

　　枝叶：活血散瘀、消肿止痛

灰毛浆果楝　*Cipadessa cinerascens*（Pell.）

　　　　　　　　　　　　　Hand. -Mazz.

　　叶：伤风发热、头腹疼痛

苦楝　*Melia azedarach* Linn. *

　　皮、叶、果：驱虫止痛、祛湿泻火

川楝　*M. toosendan* Sieb. et Zucc. *

　　皮、果、根：祛湿止痛、泻火杀虫

地黄连　*Munronia sinica* Diels

　　全草：舒筋活血、消炎止痛、治骨折

　　根：治气胀腹痛、恶性疟疾

单叶地黄连　*M. unifoliolata* Oliv.

　　全草：祛风除湿、活血止痛

三叶地黄连　*M. unifoliolata* var. *trifoliolata*

　　　　　　　　　　　　　　　C. Y. Wa

　　全草：祛风除湿、活血止痛

红椿　*Toona ciliata* Roem.

　　根皮：祛风除湿、收敛止血

毛红椿　*T. ciliata* var. *pubescens*（Franch.）

　　　　　　　　　　　　　Hand. -Mazz.

　　根皮：祛风除湿、收敛止血

紫椿　*T. microcarpa*（C. DC.）Harms

　　根皮：祛风除湿、抗菌收敛、止血

　　叶：治痔疮

香椿　*T. sinensis*（A. Juss.）Roem.

　　根、茎内皮：祛风利湿、止血、止痛、除热

　　叶：消炎、解毒、杀虫

　　果：治溃疡

171. 远志科　Polygalaceae

黄花远志　*Polygala arillata* Buch. -Ham.

　　根：补益气血、健脾、利湿、活血调经

尾叶远志　*P. caudata* Rehd. et Wils.

　　根：止咳平喘、清热利湿

假黄花远志　*P. fallax* Hemsl.

　　根皮：补气和血、祛风除湿

香港远志　*P. hongkongensis* Hemsl.

　　根：安神祛痰、解毒消肿

狭叶远志　*P. honkongensis* var. *stenophylla*

　　　　　　　　　　　　　（Hayata）Miq.

　　根：安神祛痰、解毒消肿

日本远志　*P. japonica* Houtt.

　　全草：活血散瘀、祛痰镇咳、解毒止痰

西北利亚远志　*P. sibirica* Linn.

　　全草：活血散瘀、止咳化痰

小扁豆　*P. tatarinowii* Regel

　　全草：清热解毒、活血止痛

远志　*P. tenuifolia* Willd. *

　　根：益智安神、散郁化痰、活血散瘀

木本远志　*P. wattersii* Hence

　　根：活血解毒、止痛，治乳痛

172.大戟科　Euphorbiaceae

铁苋菜　*Acalypha australis* Linn.

　　全草：止痢、清热、利便

短序铁苋菜　*A. brachystachya* Hornem.

　　全草：止痢、清热、利便

红桑　*A. wilkesiana* Muell.-Arg. *

　　叶：清热消肿

金边红桑　*A. wilkesiana* var. *mayginata* W. Mill. *

　　叶：清热消肿

山麻杆　*Alchornea davidii* Franch.

　　茎皮、叶：解毒、杀虫、止痛

红背山麻杆　*A. trewioides*（Benth.）Muell.-Arg.

　　根：祛风除湿、消肿解毒

小肋五月茶　*Antidesma costulatum* Pax et Hoffm.

　　茎、叶：收敛、拔脓、止痒

日本五月茶　*A. japonicum* Sieb. et Zucc.

　　叶：治胃痛、痈疮肿毒

小叶五月茶　*A. venosum* E. Mey. et Tul.

　　根、叶：收敛、止泻、止渴、生津、行气活血

秋枫　*Bischofia javanica* Bl. *

　　枝叶、根：祛风、活血、消肿解毒

重阳木　*B. polycarpa*（Lévl.）Airy-Shaw *

　　枝叶、根：祛风、活血、消肿解毒

黑面神　*Breynia fruticosa*（Linn.）Hook. f. *

　　根、叶：清热解毒、止痛止痒

变叶木　*Cordiaeum variegatum*（Linn.）Bl. *

　　叶：（有小毒）清热理肺、散瘀消肿

大叶变叶木　*C. variegatum* var. *iobatum* Pax. *

　　叶：（有小毒）清热理肺、散瘀消肿

毛果巴豆　*Croton lachnocarpus* Benth.

　　种子：（有小毒）祛风除湿、逐痰行水

巴豆　*C. tiglium* Linn.

　　种子：（有大毒）泻下寒积、逐积行水

假奓包叶　*Discocleidion rufescens*（Franch.）Pax et Hoff.

　　根：祛风除湿

草蔺茹　*Euphorbia adenochlora* Morr. et Decne

　　全草：攻毒、利尿、消肿、止痒

黄苞大戟　*E. sikkimensis* Boiss.

　　根：舒筋活血、逐水攻积

乳浆大戟　*E. esula* Linn.

　　根：化痰通水、消肿通二便

松球掌　*E. globosa* Sims. *

　　茎：泻火拔毒、消肿止痛

泽漆　*E. helioscopia* Linn.

　　全草：利水、消肿、散瘰疬

一层红　*E. heterophylla* Linn. *

　　茎叶：消肿止痛、治疥癣

飞扬草　*E. hirta* Linn.

　　全草：活血止血、利尿

地锦草　*E. humifusa* Willd.

　　全草：止血、利尿、活血、下乳

西南大戟　*E. hylonoma* Hand.-Mazz.

　　根：散瘀、逐水、攻积

甘遂　*E. kansui* T. N. Liou ex S. B. Ho *

　　根：（有毒）逐水攻痰、通便消肿

千金子　*E. lathyris* Linn.

　　种子：解毒行水、破血利肠、治心腹痛

猫眼草　*E. lunulata* Runge

　　全草：利尿、泻下、拔毒、止痒

斑地锦　*E. maculata* Linn.

　　全草：消炎、止痢、透疹

高山积雪　*E. marginata* Pursh. *

　　全草：清热利湿、消肿止痛

铁海棠　*E. milii* Ch. des Moulins *

　　茎及根：（有小毒）清热解毒、拔毒消积

霸王鞭　*E. neriifolia* Linn. *

　　茎：泻火拔毒、消肿止痛

大戟　*E. pekinensis* Rupr.

　　根：（有毒）逐水通便、消肿散结

湖北大戟　*E. pekinensis* var. *hupehensis* Hurusawa

　　茎、叶：利尿、止血、止痛、消肿

一品红　*E. pulcherrima* Willd. ex Klite. ＊
　　茎、叶:消肿止痛、祛瘀排脓

钩腺大戟　*E. sieboldiana* Morr. et Dcne.
　　根:利湿、泻下、解毒

千根草　*E. thymifolia* Linn.
　　全草:活血止血、利尿下乳汁

绿玉树　*E. tirucalli* Linn. ＊
　　茎:祛风除湿、止痒

刮筋板　*Excoecaria acerifolia* F. Didr.
　　全株:祛风痰、消肿胀、化铜钱、散包块

红背桂　*E. cochinchinensis* Lour. ＊
　　全株:消肿利水

绿背桂　*E. cochinchinensis* var. *viridis*
　　　　　　　（Pax. et Hoffm）Merr. ＊
　　根:清热解毒

叶底珠　*Flueggea suffuticosa*（Pall.）Baill.
　　全株:清热解毒

白饭树　*F. virosa*（Roxb. ex Willd.）Voigt
　　全株:清热解毒

革叶算盘子　*Glochidion daltonii*（Muell. -Arg.）
　　　　　　　　　　　　　Kurz
　　果:止咳、祛痰

毛果算盘子　*G. eriocarpum* Champ. ex Benth.
　　根:收敛止泻、祛湿止痒

算盘子　*G. puberum*（Linn.）Hutch.
　　根及叶:清肺热、利咽喉、行气止痛

里白算盘子　*G. triandrum*（Bl.）C. B. Rob.
　　根:止痢、祛湿、透疹

湖北算盘子　*G. wilsonii* Hutch.
　　根及果实:活血散瘀、消肿解毒、止泻

麻疯树　*Jatropha curcas* Linn. ＊
　　种子:泻下、行气
　　叶:散瘀消肿

佛肚树　*J. podogrica* Hook. ＊
　　根及茎:清热解毒、消肿止痛

雀儿舌头　*Leptopus chinensis*（Bge.）Pojark.
　　嫩苗、叶:(有毒)治腹痛

粗毛雀舌木　*L. chinenensis* var. *hirsutus*
　　　　　　　　　（Hutch.）P. T. Li
　　嫩苗、叶:(有毒)治腹痛

尾叶雀舌木　*L. esquirolii*（Lévl.）P. T. Li
　　叶:止血、固脱

白背叶　*Mallotus apelta*（Lour.）Muell. -Arg.
　　叶:理气、活血祛痰

红毛桐　*M. barbatus*（Wall.）Muell. -Arg.
　　根:清热收敛、活血祛湿

腺叶石岩枫　*M. contubernalis* Hance
　　根、叶、果实、种子:(有小毒)除湿利水

白毛桐　*M. japonicus*（Thunb.）Muell. -Arg.
　　根:生新、解毒、治骨折
　　茎皮:治狂犬咬伤、骨结核

野桐　*M. japonicus* var. *floccosus*（Muell. -Arg.）
　　　　　　　　　　　　S. M. Huang
　　根:生新、解毒、治骨折
　　茎皮:治狂犬咬伤、骨结核

粗糠柴　*M. philippinensis*（Lam.）Muell. -Arg.
　　果实:为缓下剂、杀虫

石岩枫　*M. repandus*（Willd.）Muell. -Arg.
　　根、叶、果实:(有小毒)祛湿利水

木薯　*Manihot esculenta* Crantz. ＊
　　叶、根:清热、解毒、杀虫、治疮癣

红雀珊瑚　*Pedilanthus tithymaloides*（Linn.）
　　　　　　　　　　　　Poit. ＊
　　茎:祛风除湿、消肿止痛

余甘子　*Phyllanthus emblica* Linn. ＊
　　果实:润肺化痰、生津止渴
　　根:收敛降压

青灰叶下珠　*P. glaucus* Wall. ex Muell. -Arg.
　　根及茎叶:清肝明目、收敛利水、消积

小果叶下珠　*P. reticulatus* Pior.
　　全草:清肝明目、收敛利水、消积

叶下珠　*P. urinaria* Linn.
　　全草:清肝明目、收敛利水、消积

狭叶叶下珠　*P. virgatus* Forst.
　　全草:清肝明目、收敛利水

蓖麻子　*Ricinus communis* Linn.
　　根:祛湿通络
　　叶:消肿拔毒

红蓖麻　*R. communis* var. *sanguineus* Linn. ＊
　　根:祛湿通络
　　叶:消肿拔毒

乌桕　*Sapium sebiferum*（Linn.）Roxb.

　　根、皮、叶:消肿解毒、利水泻下、杀虫

守宫木　*Sauropus androgynus*（Linn.）Merr. *

　　全株:消肿、拔毒、止痛

龙利叶　*S. spatulifolius* Beille *

　　叶:止咳化痰、清热润肺

华南地构叶　*Speranskia cantonensis*（Hance）

　　　　　　　　　　　　　　Pax et Hoffm.

　　全草:舒筋活络、活血、祛风除湿、止痛

地构叶　*S. tuberculata*（Bunge）Baill.

　　全株:活血止痛、通经活络

油桐　*Vernicia fordii*（Hemsl.）Airy

　　花:清热解毒、生肌

　　根:(有小毒)消积驱虫

173.虎皮楠科　Daphniphyllaceae

狭叶虎皮楠　*Daphniphyllum angustifolium*

　　　　　　　　　　　　　　Hutch.

　　叶及种子:清热解毒、消炎止痛

虎皮楠　*D. longistylium* Chien

　　根及叶:杀虫、消胀、解毒

交让木　*D. macropodum* Miq.

　　根及叶:杀虫、消胀、解毒

长柱虎皮楠　*D. oldhami*（Hemsl.）Rosenth.

　　根:清热解毒、活血散瘀

脉叶虎皮楠　*D. paxianum* Rosenth.

　　根及叶:解毒消炎

174.黄杨科　Buxaceae

细叶黄杨　*Buxus bodinieri* Lévl. *

　　根及叶:祛风除湿、行气止痛

桃叶黄杨　*B. henryi* Mayr.

　　根及茎皮:祛风止痛

杨梅黄杨　*B. myrica* Lévl.

　　根:祛风除湿

黄杨　*B. sinica*（Rehd. et Wils.）Cheng *

　　根及叶:祛风除湿、行血止痛、解毒

三角咪　*Pachysandra axilleris* Franch.

　　全株:祛风除湿、清热解毒、止痛

光叶三角咪　*P. axillaris* var. *glaberrima*

　　　　　　　　　　（Hand.-Mazz.）C. Y. Wu

　　全株:祛风除湿、清热解毒、止痛

毛青杠　*P. stylosa* Dunn

　　全株:祛风除湿、消炎、镇痛

顶花三角咪　*P. terminalis* Sieb. et Zucc.

　　全株:除风湿、清热解毒、调经止痛

高山清香桂　*Sarcococca hookeriana* var.

　　　　　　　　　　　　　digyna Franch.

　　根:祛风消肿、止痛

东方清香桂　*S. orientalis* C. Y. Wu

　　根:理气止痛、祛风活络

少花清香桂　*S. pauiiflora* C. Y. Wu

　　根:理气止痛、祛风活络

清香桂　*S. ruscifolia* Stapf.

　　根:理气止痛、祛风活络

　　果:补血养肝、和胃止痛

狭叶清香桂　*S. ruscifolia* var. *chinensis*

　　　　　　　　　　　　Rchd. et Wils.

　　根:祛风消肿、止痛

175.马桑科　Coriariaceae

马桑　*Coriaria nepalensis* Wall.

　　根及叶:祛风解毒、杀虫安神

176.漆树科　Anacardiaceae

南酸枣　*Choerospondis axillaris*（Roxb.）

　　　　　　　　　　　　　Burtt et Hill

　　根皮及果:解毒、收敛、止痛、止血

毛脉南酸枣　*C. axillaris* var. *pubinervis*

　　　　　　　　（Rehd. et Wils.）Burtt et Hill

　　根皮及果:解毒、收敛、止痛、止血

毛叶黄栌　*Cotinus coggygria* var. *pubescens*

　　　　　　　　　　　　　　Engl.

　　根皮及枝叶:清热祛湿、消炎调经

杧果　*Mangifera indica* Linn. *

　　果皮:清热利尿

黄连木　*Pistacia chinensis* Bge.

　　根皮及枝叶:祛湿解毒

盐肤木　*Rhus chinensis* Mill.

　　虫瘿及根:敛肺止咳、涩肠止泻、敛汗止血

青麸杨　*R. potaninii* Moxim.

　　虫瘿及根:收敛止痢、敛肺止血

红麸杨　*R. punjabensis* var. *sinica*（Diels）
　　　　　　　　　　Rehd. et Wils.
　　虫瘿:收敛止泻、散瘀止血
山漆树　*Toxicodendron delavayi*（Franch.）
　　　　　　　　　　F. A. Bark.
　　根、叶:祛风除湿、消肿止痛
刺果毒漆藤　*T. radicans* ssp. *hispidum*（Engl.）
　　　　　　　　　　Gillis
　　茎:祛风除湿、止血
野漆树　*T. succedanea*（Linn.）O. Kuntze
　　根、叶果:解毒止血、散瘀消肿
漆树　*T. verniciflnum*（Stokes）F. A. Bark.
　　干漆:活血祛瘀、攻坚杀虫

177. 冬青科　Aquifoliaceae

壮刺冬青　*Ilex bioritsensis* Hayata
　　根:祛风止痛
　　叶:滋阴清热、补肾壮阳
革叶冬青　*I. chieniana* S. Y. Hu
　　叶:清热解毒
红果冬青　*I. corallina* Franch.
　　根、叶:祛风止痛、补肾壮骨
刺齿冬青　*I. corallina* var. *aberrans* Hand.
　　　　　　　　　　et Mazz.
　　根、叶:祛风止痛、补肾壮骨
卵果冬青　*I. corallina* var. *macroarpa* S. Y. Hu
　　根、叶:祛风止痛、补肾壮骨
毛枝冬青　*I. corallina* var. *pubescens* S. Y. Hu
　　根、叶:祛风止痛、补肾壮骨
枸骨　*I. cornuta* Lindl. et Paxt. *
　　根:祛风止痛
　　叶:滋阴清热、补肾壮阳
狭叶冬青　*I. fargesii* Franch.
　　根、叶:清热解毒、活血止痛
榕叶冬青　*I. ficoidea* Hemsl.
　　根:清热解毒、祛风止痛
毛叶扁果冬青　*I. fragilis* f. *kingii* Loes.
　　根、叶:清热解毒、活血止痛
山枇杷　*I. franchetiana* Loes.
　　叶:清热解毒、滋阴壮骨

刺叶冬青　*I. hylonoma* Hu et Tang
　　根、叶:清热解毒
大果冬青　*I. macrocarpa* Oliv.
　　根:治眼翳
小果冬青　*I. micrococca* Maxim.
　　树皮:止痛
毛梗冬青　*I. micrococca* f. *pilosa* S. Y. Hu
　　树皮:止痛
南川冬青　*I. nanchuanensis* Z. M. Tan
　　根:祛风止痛、活血消肿
猫儿刺　*I. pernyi* Franch.
　　根:祛风止痛
　　叶:滋阴清热、补肾壮阳
具柄冬青　*I. pedunculosa* Miq
　　叶:滋阴清热
冬青　*I. purpurea* Haask
　　根皮及叶:清热解毒、活血止血
香冬青　*I. suaveolens*（Lévl.）Loes.
　　根皮:祛风止痛
　　叶:清热解毒、滋阴壮阳
四川冬青　*I. szechwanensis* Loes.
　　根及叶:祛风除湿、散寒发表
灰脉冬青　*I. tephrophylla*（Loes.）S. Y. Hu
　　根、叶:清热解毒、通经活血
兰花冬青　*I. triflora* Bl.
　　根:祛风除湿
尾叶冬青　*I. wilsonii* Loes.
　　根及叶:清热解毒、消肿止痛

178. 卫矛科　Celastraceae

苦皮藤　*Celastrus angulata* Maxim.
　　根皮:清热解毒、消炎杀虫
灰叶南蛇藤　*C. glaucophyllus* Rehd. et Wils.
　　根:化瘀消肿、止血生肌
皱脉南蛇藤　*C. glaucophyllus* var. *rugosus*
　　（Rehd. et Wils.）C. Y. Cheng et T. C. Kao
　　根:化瘀消肿、止血生肌
青江藤　*C. hindsii* Benth.
　　茎、根:祛风除湿、活血解毒
粉背南蛇藤　*C. hypoleucus*（Oliv.）Warb.
　　根皮:祛风除湿

南蛇藤　*C. orbiculatus* Thunb.

　　根茎及果:活血行气、消肿解毒

楔叶南蛇藤　*C. orbiculatus* var. *cuneatus*

　　　　　　　（Rehd. et Wils.）Wuzhi

　　根茎及果:活血行气、消肿解毒

短梗南蛇藤　*C. rosthorniaus* Loes.

　　根皮:活血行气、消肿解毒

显柱南蛇藤　*C. stylosus* Wall.

　　茎:祛风消肿、舒筋活络

光南蛇藤　*C. stylosus* ssp. *glaber* D. Hou

　　茎:祛风消肿、舒筋活络

长序南蛇藤　*C. vanioti*（Lévl.）Rehd.

　　根及茎:祛风除湿、活血散瘀

刺果卫矛　*Euonymus acanthocarpus* Franch.

　　根及茎:祛风散寒、活血止痛

黄刺卫矛　*E. aculeatus* Hemsl.

　　茎及叶:祛风散寒、活血止痛

卫矛　*E. alatus*（Thunb.）Sieb.

　　根及木栓翅:破血落胎、通月经

毛脉卫矛　*E. alata* var. *pubescens* Maxim.

　　根及木栓翅:破血落胎、通月经

藤本卫矛　*E. bockii* Loes.

　　茎:舒筋活血、强筋骨

白杜仲　*E. bungeanus* Maxim. *

　　根:祛风除湿、舒筋活络

百齿卫矛　*E. centidens* Lévl.

　　根及茎:活血化瘀、强筋壮骨

角翅卫矛　*E. cornutus* Hemsl.

　　根:祛风除湿、舒筋活络

裂果卫矛　*E. dielsianus* Loes.

　　根及茎:祛风除湿、散寒解毒

双歧卫矛　*E. distichus* Lévl.

　　根皮:祛风除湿、散寒

细柄卫矛　*E. euscaphis* var. *gracilipes* Rehd.

　　根及茎:祛风除湿、舒筋活络

扶芳藤　*E. fortunei*（Turcz.）Hand.-Mazz.

　　茎叶:祛风除湿

大花卫矛　*E. grandiflorus* Wall.

　　树皮:祛风除湿

西南卫矛　*E. hamiltonianus* Wall.

　　根及茎皮:祛风除湿、活血散瘀

披针叶卫矛　*E. hamiltonianus* f.

　　　　　lanceifolius（Loes.）C. Y. Cheng

　　根皮、茎皮:祛风湿、强筋骨

常春卫矛　*E. hederaceus* Champ. ex Benth.

　　根及茎:祛风除湿、散寒止咳

冬青卫矛　*E. japonicus*（Linn.）Thunb. *

　　叶:清热止痛、祛风除湿

银边冬青卫矛　*E. japonicus* f. *allomarginata*

　　　　　　　　T. Moore. *

　　叶:清热止痛

　　根:祛风除湿

金边冬青卫矛　*E. japonicus* f. *aureomarginata*

　　　　　　　　Rehd. *

　　叶:清热止痛

　　根:祛风除湿

金心冬青卫矛　*E. japonicus* f. *viridi-variegatus*

　　　　　　　　（Reg.）Rehd. *

　　叶:清热止痛

　　根:祛风除湿

革叶卫矛　*E. lecleri* Lévl.

　　根及茎:祛风除湿、散寒解毒

宝兴卫矛　*E. mupinensis* Loes. et Rehd.

　　根及茎:祛风除湿、活血散瘀

大果卫矛　*E. myrianthus* Hemsl.

　　枝、叶:祛风散寒

　　果:止咳、止痛

矩园叶卫矛　*E. oblongifolius* Loes. et Rehd.

　　根及茎:祛风除湿、活血散瘀

垂丝卫矛　*E. oxyphyllus* Miq. *

　　根皮:通经活络、利湿

椭园叶卫矛　*E. prophyreus* var. *ellipticus* Blak.

　　根及茎:祛风除湿、通经活络

南川卫矛　*E. rosthornii* Loes.

　　根及茎:祛风除湿、散寒、散结

石枣子　*E. sanguineus* Loes. ex Diels

　　根及茎:祛风除湿、散寒、散结

无柄卫矛　*E. subsessilis* Sprague

　　根及茎:祛风除湿、散寒、活血

疣点卫矛　*E. verrucosoides* Loes.
　　根：清热解毒、祛风除湿

荚迷卫矛　*E. vihurnoides* Prain
　　根及茎：祛风除湿、清热散结

长刺卫矛　*E. wilsonii* Sprague
　　根及茎：祛风散寒、活血止痛

美登木　*Maytenus hookeri* Loes. ＊
　　根及茎：清热除湿、抗癌散结

刺茶　*M. variabilis* (Hemsl.) C. Y. Cheng
　　根：抗癌散结

三花假卫矛　*Microtropis triflora* Merr.
　　　　　　　　　　　　　　et Freem.
　　根皮：祛风除湿、通络止痛

核子木　*Perrottetia racemosa* (Oliv.) Loes.
　　根及茎：祛风除湿、活血散瘀

昆明山海棠　*Tripterygium hypoglaucum*
　　　　　　　　　　　(Lévl.) Hutch.
　　根及茎：(有小毒)舒筋活血、祛风湿

雷公藤　*T. wilfordii* Hook. f.
　　根及茎：(有毒)祛风除湿、舒筋活血

179. 省沽油科　Staphyleaceae

野鸦椿　*Euscaphis japonica* (Thunb.) Dippel
　　根：解表、清热、止泻、消炎

省沽油　*Staphylea buamalda* (Thunb.) DC.
　　根：祛痰止咳

膀胱果　*S. holocarpa* Hemsl.
　　根、果：止咳祛痰、活血止痛

利川银鹊树　*Tapiscia lichunensis* Cheng
　　　　　　　　　　　　et C. D. Chu
　　根及茎皮：祛风除湿

银鹊树　*T. sinensis* Oliv.
　　根及茎皮：祛风除湿

大果山香园　*Turpinia affinis* Merr. et Perry
　　根：祛风活血、通经活络

180. 茶茱萸科 Icacinaceae

无须藤　*Hosiea sinensis* (Oliv.) Hemsl. et Wils.
　　根及茎：祛风除湿

假柴龙树　*Nothapodytes pittosporoides*
　　　　　　　　　　　(Oliv.) Sleumer
　　根皮：祛风除湿、理气散寒

181. 槭树科　Aceraceae

小叶青皮槭　*Acer cappadocicum* var. *sinicum*
　　　　　　　　　　　　　　Rehd.
　　根皮：祛风除湿

三尾青皮槭　*A. cappadocicum* var. *tricaudatum*
　　　　　　　　　　(Rehd. ex Veitch) Rehd.
　　根：治风湿、跌打

樟叶槭　*A. cinnamomifolium* Hayata
　　根：清热解毒、行气止痛

紫果槭　*A. cordatum* Pax
　　根皮：祛风除湿

革叶槭　*A. coriaceifolium* Lévl.
　　根皮：消炎止血、祛风除湿

青榨槭　*A. davidii* Franch.
　　根皮：消炎止血、祛风除湿

异色槭　*A. discolor* Maxim.
　　根皮：祛风除湿、活血散瘀

罗浮槭　*A. fabri* Hance
　　果：清热、利咽喉

红果罗浮槭　*A. fabri* var. *rubrocarpum* Metc.
　　果：清热、利咽喉

房县槭　*A. franchetii* Pax
　　根皮：祛风除湿、活血

光叶槭　*A. laevigatum* Wall.
　　根及茎皮：舒筋活络、消炎止血

疏花槭　*A. laxiflorum* Pax
　　果实：清热止痛、解毒行气

南川长柄槭　*A. longipes* var. *nanchuanense* Fang
　　茎皮及叶：消炎止血

五尖槭　*A. maximowiczii* Pax
　　根及茎皮：祛风除湿、消炎止血

色木槭　*A. mono* Maxim.
　　枝叶：祛风除湿、活血散瘀

三尖色木槭　*A. mono* var. *tricuspis* (Rehd.)
　　　　　　　　　　　　　　Rehd.
　　根皮：祛风除湿

飞蛾槭　*A. oblongum* Wall. ex DC.
　　根皮：祛风除湿

绿叶飞蛾槭　*A. oblongum* var. *concolor* Pax
　　根及茎皮：祛风除湿、消炎止血

峨眉飞蛾槭　*A. oblongum* var. *omeiense* Fang
et Soong

　　根及茎皮：祛风除湿、消炎止血

五裂槭　*A. oliverianum* Pax

　　根及茎皮：祛风除湿、舒筋活络

鸡爪槭　*A. palmatum* Thunb. *

　　枝叶：清热解毒、行气止痛

红枫　*A. palmatum* CV. 'Atropurpureum' *

　　枝叶：清热解毒、行气止痛

中华槭　*A. sinense* Pax

　　根及茎皮：祛风除湿、舒筋活络

绿叶中华槭　*A. sinense* var. *concolor* Pax

　　根及茎皮：祛风除湿、舒筋活络

深裂中华槭　*A. sinense* var. *longilobum* Fang

　　根及茎皮：祛风除湿、舒筋活络

七裂瘦叶槭　*A. tenellum* var. *septemlobum*
　　　　　（Fang et Soong）Fang et Soong

　　果：清热、利咽喉

　　根皮：祛风除湿

182. 七叶树科　Hippocastanaceae

天师栗　*Aesculus wilsonii* Rehd.

　　果实：健胃止痛

183. 无患子科　Sapindaceae

倒地铃　*Cardiospermum halicacabum* Linn. *

　　全草：消肿止痛、凉血解毒

龙眼　*Dimocarpus longan* Lour. *

　　假种皮：养脾长智、养心补血

复叶栾树　*Koelreuteria bipinnata* Franch.

　　根：消肿、止痛、活血、驱蛔虫

全缘叶栾树　*K. bipinnata* var. *integrifoliola*
　　　　　　（Merr.）T. Chen.

　　根：消肿、止痛、活血、驱蛔虫

栾树　*K. paniculata* Laxm. *

　　根、花：疏风、清热、止咳、杀虫

荔枝　*Litchi chinensis* Sonn. *

　　果核：温中理气、散寒止痛

川滇无患子　*Sapindus delavayi*（Franch.）
　　　　　　　　　　　　　　　Radlk.

　　果实、种子：驱虫、止痛

无患子　*S. mukorossi* Gaertn.

　　果实：（有小毒）清热除痰、利咽止泻

文冠果　*Xanthoceras sorbifolium* Bunge *

　　根及枝叶：祛风湿

184. 清风藤科　Sabiaceae

珂楠树　*Meliosma beaniana* Rehd. et Wils.

　　叶：止咳化痰

　　根：祛风除湿

泡花树　*M. cuneifolia* Franch.

　　根皮：清热解毒、镇痛利水

光叶泡花树　*M. cuneifolia* var. *glabriuscula*
　　　　　　　　　　　　　　　　Cufod.

　　根皮：清热解毒、镇痛利水

垂枝泡花树　*M. flexuosa* Pamp.

　　根皮：清热解毒、消肿镇痛

柔毛泡花树　*M. myriantha* var. *pilosa*（Lec.）
　　　　　　　　　　　　　　　　Law.

　　根皮：清热解毒、镇痛、利水

灰背清风藤　*Sabia discolor* Dunn.

　　茎：祛风除湿

四川清风藤　*S. schumanniana* Diels

　　茎：祛风除湿、消肿止痛

南川清风藤　*S. schumanniana* var. *nanchuanensis*
　　　　　　　　　　　　　　　Z. Y. Liu

　　茎：祛风除湿、消肿止痛

多花清风藤　*S. schumanniana* ssp.
　　　　　　pluriflor（R. et W.）Y. F. Wu

　　茎：祛风除湿、消肿止痛

毛枝清风藤　*S. swinhoei* Hemsl.

　　根及藤茎：祛风除湿、清热解毒

阔叶清风藤　*S. yunnanensis* ssp. *latifolia*
　　　　　　（Rehd. et Eils.）Y. F. Wu

　　根及茎：祛风除湿、通经活络

185. 凤仙花科　Balsaminaceae

凤仙花　*Impatiens balsamina* Linn. *

　　种子：破积、通经、催产

重瓣凤仙花　*I. balsamina* CV. 'Plena' *

　　种子：破积、通经、催产

黄麻叶凤仙　　*I. corchorifolia* Franch.
　　全草：消炎止血、清热解毒
齿萼凤仙　　*I. dicentra* Franch.
　　全草：活血散瘀、利尿解毒
裂距凤仙花　　*I. fissicornis* Maxim.
　　全草：清热解毒、活血散瘀
细柄凤仙花　　*I. leptocaulon* Hook. f.
　　全草：清热解毒、止血消炎
长翼凤仙花　　*I. longialata* Pritz. ex Diels
　　全草：清热解毒、止血、活血散瘀
水金凤　　*I. noli-tangere* Linn.
　　全草：清热解毒、止血、活血散瘀
翼萼凤仙花　　*I. pterosepala* Pritz. ex Hook. f.
　　全草：清热解毒、消炎止血
黄金凤　　*I. siculifer* Hook. f.
　　全草：清热解毒、利水、消肿
窄萼凤仙花　　*I. stenosepala* Pritz. ex Diels
　　全草：清热解毒、消炎止血
小花凤仙花　　*I. stenosepala* var. *parviflora*
　　　　　　　　　Pritz. ex Hook. f.
　　全草：清热解毒、消炎止血
霸王七　　*I. textori* Miq.
　　块根：祛瘀消肿、止痛

186. **鼠李科**　　Rhamnaceae
黄背勾儿茶　　*Berchemia flavescens*（Wall.）
　　　　　　　　　　Brongn.
　　根、茎：解表、清热
多花勾儿茶　　*B. floribunda*（Wall.）Brongn.
　　根、茎：祛风除湿、散瘀消肿、止痛
毛背勾儿茶　　*B. hispida*（Tsai et Feng）Y. L.
　　　　　　　　　Chen et P. K. Chou
　　根、茎：祛风除湿、散瘀消肿
光轴勾儿茶　　*B. hispida* var. *glabrata* Y. L.
　　　　　　　　　Chen et P. K. Chou
　　根、茎：祛风除湿、散瘀消肿
峨眉勾儿茶　　*B. omeiensis* Fang ex Y. L. Chen
　　根、茎：活血散瘀、消肿
光枝勾儿茶　　*B. polyphylla* var. *leioclada*
　　　　　　　　　Hand.-Mazz.
　　根、茎：清热消胀、理气通淋、消炎

勾儿茶　　*B. sinica* Schneid.
　　根、茎：清热解毒、舒筋活络
云南勾儿茶　　*B. yunnanensis* Franch.
　　根、茎：清热消胀、理气通淋、消炎
枳椇　　*Hovenia acerba* Lindl.
　　果实：清凉利尿、通酒毒、除风湿
铜钱树　　*Paliurus hemsleyanus* Rehd.
　　根及茎：解痛消肿、止痛活血
铁篱笆　　*P. ramosissimus*（Lour.）Poir.
　　根：除湿活血、发表解毒、消肿
多脉猫乳　　*Rhamnella martinii*（Lévl.）Schneid.
　　根：祛风活络
长叶冻绿　　*Rhamnus crenata* Sieb. et Zucc.
　　根：清热凉血、消炎通经
刺鼠李　　*R. dumetorum* Schneid.
　　根及茎：消食顺气、清热止咳、活血祛瘀
圆齿刺鼠李　　*R. dumetorum* var.
　　　　　　　　　crenoserrata Rehd. et Wils.
　　根及茎：消食顺气、清热止咳、活血祛瘀
无刺鼠李　　*R. esquirolii* Lévl.
　　根：清热消炎、活血祛瘀
平净无刺鼠李　　*R. esquirolii* var. *glabrata*
　　　　　　　　　Y. L. Chen et P. K. Chou
　　根：清热消炎、活血祛瘀
大花鼠李　　*R. grandiflora* C. Y. Wu
　　　　　　　　　et Y. L. Chen
　　根：清热解毒、活血止痛
亮叶鼠李　　*R. hemsleyana* Schneid.
　　根：清热消炎、活血祛瘀
毛叶鼠李　　*R. henryi* Schneid.
　　果及叶：消食健胃、通气行滞
异叶鼠李　　*R. heterophylla* Oliv.
　　根及茎：清热利尿、凉血消炎
桃叶鼠李　　*R. iteinophylla* Schneid.
　　根：清热凉血、消炎通经
纤花鼠李　　*R. leptacantha* Schneid.
　　根：清热解毒
薄叶鼠李　　*R. leptophylla* Schneid.
　　根：清热解毒
　　果及叶：利水行气

小冻绿树　*R. rosthornii* E. Pritz.

　　果、叶:消食健胃

多脉鼠李　*R. sargentiana* Schneid.

　　根:清热消炎、活血祛瘀

冻绿　*R. utilis* Decne.

　　果、叶:消食健胃

毛冻绿树　*R. utilis* var. *hypochrysa* (Schneid.)

　　　　　　　　　　　Rehd.

　　果:消食健胃

钩刺雀梅藤　*Sageretia hamosa* (Wall.) Brongn.

　　根:清热止咳、降气化痰

梗花雀梅藤　*S. henryi* Drumm. et Sprangue

　　根:止咳化痰、清热降气

峨眉雀梅藤　*S. omeiensis* Schneid.

　　根:止咳化痰、降气清肺

皱叶雀梅藤　*S. rugosa* Hance

　　根:润肺止咳、降气化痰

尾叶雀梅藤　*S. subcaudata* Schneid.

　　根:清热理肺、止咳化痰

枣　*Ziziphus jujuba* Mill. *

　　果实:健脾、止泻痢、安神

无刺枣　*Ziziphus jujuba* var. *inermis* (Bge.)

　　　　　　　　　　　Rehd. *

　　果实:补脾和胃、安神生津

酸枣　*Z. jujuba* var. *spinosa* (Bunge)

　　　　　　　　　　Hu ex H. F. Chou *

　　种仁:镇静安神

187. 葡萄科　Vitaceae

蓝果蛇葡萄　*Ampelopsis bodinieri*

　　　　　　　(Lévl. et Vant.) Rehd.

　　根:消炎镇痛、接骨消肿、止血

灰毛蛇葡萄　*A. bodinieri* var. *cinerea*

　　　　　　　　　(Gagnep.) Rehd.

　　根:消炎镇痛、接骨消肿、止血

羽叶蛇葡萄　*A. chaffanjonii* (Lévl. et Vant.)

　　　　　　　　　　Rehd.

　　根:活血、消肿、解毒

三叶蛇葡萄　*A. delavayana* Planch.

　　根:消炎、镇痛、接骨、止血

毛三裂蛇葡萄　*A. delavayana* var. *setulosa*

　　　　　　　(Diels et Gilg) C. L. Li

　　根:消炎、镇痛、接骨、止血、消肿

显齿蛇葡萄　*A. grossedentata* (Hand.-Mazz.)

　　　　　　　　　　　W. T. Wang

　　根及茎:祛风除湿

牯岭蛇葡萄　*A. heterophylla* var. *kulingensis*

　　　　　　　(Rehd.) C. L. Li

　　根及茎:清热解毒、消肿祛湿

白蔹　*A. japonica* (Thunb.) Makino *

　　茎及块根:清热解毒、消肿止痛

大叶蛇葡萄　*A. megalophylla* Diels et Gilg

　　根及茎:消炎、镇痛、接骨、止血、消肿

蛇葡萄　*A. sinica* (Miq.) W. T. Wang

　　根及茎:清热解毒、消肿祛湿

光叶蛇葡萄　*A. sinica* var. *hancei* (Planch.)

　　　　　　　　　　　W. T. Wang

　　根及茎:清热解毒、消肿祛湿

乌蔹莓　*Cayratia japonica* (Thunb.) Gagnep.

　　全草:清热解毒、利水除湿

尖叶乌蔹莓　*C. japonica* var. *pseudotrifolia*

　　　　　　　(W. T. Wang) C. L. Li

　　全草:清热解毒、利水除湿

大叶乌蔹莓　*C. oligocarpa* (Lévl. et Vant.)

　　　　　　　　　　　Gagnep.

　　全草:清热解毒、利水除湿

毛叶乌蔹莓　*C. oligocarpa* var. *czudata* C. L. Li

　　全草:清热解毒、利水除湿

樱叶乌蔹莓　*C. oligocarpa* var. *glabra*

　　　　　　　(Gagnep.) Rehd.

　　全草:清热解毒、利水除湿

毛叶白粉藤　*Cissus assamica* (Laws.) Craib. *

　　茎:祛风活络、散瘀活血

翅茎白粉藤　*C. hexangularis* Thorel

　　　　　　　　　　ex Planch. *

　　茎:祛风活络、散瘀活血

白粉藤　*C. modecoides* var. *subintegra*

　　　　　　　　　　Gagnep. *

　　根:化痰散结、祛风活络

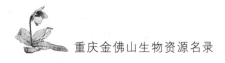

异叶爬山虎　*Parthenocissus dalzielii* Gagnep.
　　根及茎：活血散瘀、解毒、消肿

川鄂爬山虎　*P. henryana* (Hemsl.) Diels et Glig
　　根、茎：祛风除湿、舒筋活络

三叶爬山虎　*P. semicorolata* (Wall.) Planch.
　　根及茎：破瘀血、消肿毒

爬山虎　*P. tricuspidata* (Sieb. et Zucc.) Planch.
　　根及茎：破瘀血、消肿毒

三叶崖爬藤　*Tetrastigma hemsleyanum* Diels
　　块根：活血散瘀、解毒化痰

狭叶崖爬藤　*T. hypoglaucum* Planch.
　　全草：祛风除湿、活血散瘀

崖爬藤　*T. obtectum* (Wall.) Planch.
　　根及茎：祛风除湿

毛叶崖爬藤　*T. obtectum* var. *pilosum* Gagnep.
　　根及茎：发散风湿、行血导滞

腺枝葡萄　*Vitis adenoclada* Hand.-Mazz.
　　根：通经活络、行气止痛

山葡萄　*V. amurensic* Rupr.
　　根及茎：利尿行气、舒筋活络、祛湿

美丽葡萄　*V. bellula* (Rehd.) W. T. Wang
　　根：通经活络、行气止痛

桦叶葡萄　*V. betulifolia* Diels et Gilg
　　根：祛风除湿、行气利尿

刺葡萄　*V. davidii* (Roman.) Foex.
　　根：行气通经、筋骨疼痛

葛藟　*V. flexuosa* Thunb.
　　根及茎：利尿行气、舒筋活络、祛湿

华东葡萄　*V. pseudoreticulata* W. T. Wang
　　根：祛风除湿、行气利尿

毛葡萄　*V. quinquangularis* Rehd.
　　根、行气：活血、消积

秋葡萄　*V. romanetii* Roman.
　　根：行气活血、消积、消肿胀

葡萄　*V. vinifera* Linn. *
　　根、藤、叶：止呕安神、利尿消肿

网脉葡萄　*V. wilsonae* Veitch.
　　根：行气止痛、利尿除湿

俞藤　*Yua thomsoni* (Laws.) C. L. Li
　　藤茎：清热解毒、祛风除湿

188. **杜英科**　Elaeocarpaceae

冬桃　*Elaeocarpus duclouxii* Gagnep.
　　根：舒筋活络

猴欢喜　*Sloanea sinensis* (Hance) Hemsl.
　　根：止痢

189. **椴树科**　Tiliaceae

光果田麻　*Corchoropsis psilocarpa* Harms
　　　　　　　　　　　　　et Loes.
　　种子：利尿、止泻、止痢

田麻　*C. tomentosa* (Thunb.) Makino
　　全草：祛风除湿、舒筋活络

甜麻　*Corchorus aestuans* Linn. *
　　全草：解暑、清热解毒

黄麻　*C. capsularis* Linn. *
　　根及叶：祛瘀止痢

扁担杆　*Grewia biloba* G. Don.
　　全草：健脾益气、固精止带、祛风除湿

小花扁担杆　*G. biloba* var. *parviflora* (Bunge)
　　　　　　　　　　　　　Hand.-Mazz.
　　根、茎、叶：健脾益胃、固精止带

毛果扁担杆　*G. eriocarpa* Juss.
　　根、茎、叶：健脾益胃

南川椴　*Tilia nanchuanensis* H. T. Chang
　　根：祛风活血、除湿

椴树　*T. tuan* Szysz.
　　根：祛风活血、治损伤、风湿

小刺蒴麻　*Triumfetta annua* Linn.
　　叶：解毒、止血

190. **锦葵科**　Malvaceae

长毛锦葵　*Abelmoschus crinitus* Wall. *
　　全草：清热凉血、解毒消炎、调经

秋葵　*A. esculentus* (Linn.) Moench *
　　种子：消炎截疟、解毒散瘀

黄蜀葵　*A. manihot* (Linn.) Medicus
　　全草：清热凉血、解毒消炎、调经收敛

刚毛黄蜀葵　*A. manihot* var. *pungens* (Roxb.)
　　　　　　　　　　　　　Hochr.
　　全草：清热凉血、解毒消炎、调经收敛

箭叶秋葵　*A. sagittifolius* (Kurz) Merr. *

全草:滋养强壮、调经通乳

磨盘草　*A. indicum* (Linn.) Sweet. *

根及种子:疏风清热、益气通窍、祛痰利尿

金铃花　*Abutilon striatum* Dickson *

叶、花:清热解毒、活血

苘麻　*A. theophrasti* Medicus *

种子:清热利湿、通乳

药蜀葵　*Althaea officinalis* Linn. *

根、花:活血、止血、利尿通便

蜀葵　*A. rosea* (Linn.) Cavan. *

根、花:活血利尿、清热止咳

白花蜀葵　*A. rosea* CV. 'Alba' *

根、花:活血利尿、清热止咳

重瓣蜀葵　*A. rosea* CV. 'Plenus' *

根、花:活血利尿、清热止咳

草棉　*Gossypium herbaceum* Linn. *

根及种子:补气、止咳、平喘

陆地棉　*G. hirsutum* Linn. *

根及种子:补气、止咳、平喘

木芙蓉　*Hibiscus mutabilis* Linn.

花、叶、根、茎:清热凉血、消肿拔毒

重瓣木芙蓉　*H. mutabilis* f. *plenus* (Andrews)

S. Y. Hu *

花:清热明目

叶:排脓止痛

朱槿　*H. rosa-sinensis* Linn. *

根及叶:解毒消肿、清热利水

重瓣朱槿　*H. rosa-sinensis* var. *rubro-plenus*

Sweet. *

根及叶:解毒消肿、清热利水

吊钟扶桑　*H. schizopetalus* (Masters) Hook. f. *

叶:清热解毒、拔毒消炎

华木槿　*H. sinosyriacus* Bailey

根及茎:清热、凉血、利尿

木槿　*H. syriacus* Linn.

根及茎:清热、凉血、利尿

重瓣白花木槿　*H. syriacus* f. *albusplenus*

Loudon *

根及茎:清热、凉血、利尿

白花木槿　*H. syriacus* f. *totusalbus* T. Moore *

根及茎:清热、凉血、利尿

长苞木槿　*H. syriacus* var. *longibracteatus*

S. Y. Hu

根及茎:清热、凉血、利尿

野西瓜苗　*H. trionum* Linn.

全草:活血止痛、治月经不调

麝香锦葵　*Malva moschata* Linn. *

全草:润肠利尿、通淋

圆叶锦葵　*M. rotundifolia* Linn. *

全草:利湿解毒、润肠通便

锦葵　*M. sinensis* Cavan. *

花及叶:祛痰止咳、发散消炎

冬葵　*M. verticillata* Linn. *

种子:利尿、下乳、润肠通便

中华冬葵　*M. verticillata* var. *chinensis*

(Miller.) S. Y. Hu

种子:利尿、下乳、润肠通便

垂花悬铃花　*Malvaviscus arboreus* var.

penduliflorus (DC.) Schery *

根、皮、叶:拔毒消肿

白背黄花稔　*Sida rhombifolia* Linn.

全株:疏风解热、散瘀拔毒

四川黄花稔　*S. szechuensis* Matsuda

根及叶:通经通乳、解毒消肿

肖梵天花　*Urena lobata* Linn.

根、叶:散瘀、止血、解毒

191. 梧桐科　Sterculiaceae

梧桐　*Firmiana platanifolia* (Linn. f.) Marsili

根及果实:顺气和胃

午时花　*Pentapetes phoenicea* Linn. *

全草:消结散肿

梭罗树　*Reevesia pubescens* Mast.

树皮:祛风除湿、消肿止痛

苹婆　*Sterculia nobilis* Smith *

果实:舒筋活血

192. 猕猴桃科　Actinidiaceae

紫果猕猴桃　*Actinidia arguta* var. *purpurea*

(Rehd.) C. F. Liang

果实:清热利湿、补虚气

异色猕猴桃　*A. callosa* var. *discolor* C. F. Liang
　　根:祛风除湿、散瘀止血
椭圆叶京梨　*A. callosa* var. *henryi* Maxim.
　　根:祛风除湿、散瘀止血
中华猕猴桃　*A. chinensis* Planch.
　　果:调中理气、生津润燥、解热除烦
硬毛猕猴桃　*A. chinensis* var. *hispida* C. F. Liang
　　果:调中理气、生津除烦
　　根:散瘀止血
毛花猕猴桃　*A. eriantha* Benth.
　　根及叶:清热利湿、消肿解毒
光萼猕猴桃　*A. fortunatii* Finet et Gagnep.
　　果实:清热生津、调中理气
长叶猕猴桃　*A. hemsleyana* Dunn
　　根及茎:祛风除湿、消肿解毒
狗枣猕猴桃　*A. kolomikta* (Rupr. et Maxim.)
　　　　　　Planch.
　　根:祛风除湿、散瘀止血
多花猕猴桃　*A. latifolia* (Gardn. et Champ.)
　　　　　　Merr.
　　根及茎:祛风除湿、消肿解毒
黑蕊猕猴桃　*A. melanadra* Franch.
　　根:清热利水、散瘀消肿
葛枣猕猴桃　*A. polygama* (Sieb. et Zucc.)
　　　　　　Maxim.
　　根及茎:治风湿、腰痛、闭经
革叶猕猴桃　*A. rubricaulis* var. *coriacea*
　　　　　　(Finet et Gagnep.) C. F. Liang
　　果:清热生津、调中理气
心叶藤山柳　*Clematoclethra cordifolia* Franch.
　　根:清热利湿
毛背藤山柳　*C. faberi* Franch.
　　根:活血化瘀、消肿止痛
多花藤山柳　*C. floribunda* W. T. Wang
　　根:祛风除湿、散瘀
披针叶藤山柳　*C. lanceolata* C. F. Liang
　　　　　　et Y. C. Chen
　　根:祛风除湿、拔毒、消肿、抗癌
南川藤山柳　*C. nanchuanensis* W. T. Wang
　　　　　　ex C. F. Liang
　　根:祛风除湿、活血散瘀

变异藤山柳　*C. variabilis* C. F. Liang
　　　　　　et Y. C. Chen
　　根:祛风除湿、活血散瘀
多脉藤山柳　*C. variabilis* var. *multinervis*
　　　　　　C. F. Liang et Y. C. Chen
　　根:祛风除湿、活血散瘀
长叶藤山柳　*C. wilsonii* Hemsl.
　　根:祛风除湿、活血散瘀

193. 山茶科　Theaceae
四川黄瑞木　*Adinandra bockiana* Pritz. ex Diels
　　根及茎:祛风解毒、理气散寒
黄杨叶连蕊茶　*Camellia buxifolia* H. T. Chang
　　根皮:收敛止血、散瘀消肿
尾叶山茶　*C. caudata* Wall.
　　根皮:收敛止血、散瘀消肿
重庆山茶　*C. chungkingensis* H. T. Chang
　　根皮:散瘀消肿、止血收敛
贵州连蕊茶　*C. costai* Lévl.
　　根皮:止血收敛、散瘀消肿
叶山茶　*C. cuspidata* (Kochs) Wight ex Gard.
　　根皮:止血收敛、散瘀消肿
长瓣短柱茶　*C. girijsii* Hance
　　根皮:散瘀、消肿
山茶　*C. japonica* Linn. *
　　花:收敛止血
北碚毛蕊茶　*C. lawii* Sealy
　　根:收敛止血
毛蕊山茶　*C. mairei* (Lévl.) Melch.
　　果实:润燥通便
　　根皮:散瘀消肿
南川秃房茶　*C. nanchuanensis* H. T. Chang
　　叶:清热除烦
油茶　*C. oleifera* Abel.
　　根皮:散瘀消肿
峨眉红山茶　*C. omeiensis* H. T. Chang
　　根:散瘀消肿
西南红山茶　*C. pitardii* Coh. Stuart
　　根:散瘀、消肿
窄叶西南红山茶　*C. pitardii* var. *yunnanica* Sealy
　　根:散瘀、消肿

云南山茶　*C. reticulata* Lindl. ＊
　　花:凉血、止血、调经
川鄂连蕊茶　*C. rosthorniana* Hand. -Mazz.
　　幼叶:清头目、利尿
怒江红山茶　*C. saluenensis* Stapf ex Bean
　　叶、嫩尖:清热利尿
茶　*C. sinensis*（Linn.）O. Ktze
　　叶:清热降火、消食提神
普洱茶　*Camellia assamisa*（Mast.）Chang ＊
　　叶:兴奋、利尿
四川山茶　*C. szechuanensis* Chien
　　根皮:散瘀消肿、通筋络
日本红淡比　*Cleyera japonica* Thunb.
　　叶:消肿止痛
齿叶红淡比　*C. japonica* var. *lippingensis*
　　　　　　（Hand. -Mazz.）Kobuski
　　叶:消肿止痛
川黔尖叶柃　*Eurya acuminoides* Hu et L. K. Ling
　　叶:止咳、提神
　　根:祛湿、止痛
翅柃　*E. alata* Kobuski
　　叶:消肿止痛、祛痰镇咳
金叶柃　*E. aurea*（Lévl.）Hu et L. K. Ling
　　叶:消肿止痛
　　果实:利尿提神
短柱柃　*E. brevistyla* Kobuski
　　叶:祛痰镇咳、消肿止痛
川柃　*E. fangii* Rehder
　　叶:祛痰消肿
　　根:散瘀除湿
大叶川柃　*E. fangii* var. *megaphlla* Hsu
　　叶:祛痰消肿
　　根:散瘀除湿
岗柃　*E. groffii* Merr.
　　叶:镇咳祛痰、消肿止痛
贵州毛柃　*E. kueichowensis* Hu et L. K. Ling
　　叶:镇咳祛痰、消肿止痛
细枝柃　*E. loquaiana* Dunn
　　根:祛风散瘀
　　叶:止咳提神

格药柃　*E. muricata* Dunn
　　叶:止血、收敛
细齿叶柃　*E. nitida* Korthals
　　根:祛风散瘀
黄背细齿柃　*E. nitida* var. *aurescens*
　　　　　　（Rehd. et Wils.）Kobuskl.
　　根:祛风散瘀
矩圆叶柃　*E. oblonga* Yung
　　茎、叶:消肿、止痛
钝叶柃　*E. obtusifolia* H. T. Chang
　　果实:止渴、利尿
　　叶:止咳、提神
半齿柃　*E. semiserrata* H. T. Chang
　　果实:止渴、利尿
　　叶:止咳、提神
四川大头茶　*Gordonioa acuminata* H. T. Chang
　　叶:活络止痛、温中止泻
黄药大头茶　*G. chrysandra* Cowan
　　叶:活络止痛、温中止泻
中华大头茶　*G. sinensis* Hemsl. et Wils
　　叶:活络止痛、温中止泻
银木荷　*Schima argentea* Pritz. et Diels
　　叶、树皮:消食健胃、通气镇痛
华木荷　*S. sinensis*（Hemsl.）Airy. -Shaw
　　叶液:治火烫伤
木荷　*S. superba* Gardn. et Champ.
　　根皮:外敷治疔疮、无名肿毒
紫茎　*Stewartia sinensis* Rehd. et Wils.
　　根皮、茎皮:舒筋活血
厚皮香　*Ternestroemeia gymnanthera*
　　　　　　（Wight. et Arn.）Sprag.
　　根:活血利尿
　　花、叶、果:治疮痈、乳腺炎

194. 藤黄科　Guttiferae

湖南连翘　*Hypericum ascyron* Linn.
　　全草:温中散寒、行气止痛
赶山鞭　*H. attrenuatum* Choisy
　　全草:清热解毒、调经
小连翘　*H. erectum* Thunb. ex Murray
　　全草:清热解毒、止血、凉血、调经

地耳草　*H. japonicum* Thunb. ex Murray
　　全草:清热利湿、解毒、消肿
贵州金丝桃　*H. kouytchouense* Lévl.
　　根:解热毒、利湿热、消积
金丝桃　*H. monogynum* Linn.
　　根:祛风湿、止热咳
金丝梅　*H. patulum* Thunb. ex Murray
　　根:祛风湿
　　叶:清热解毒
贯叶连翘　*H. perforatum* Linn.
　　全草:清热解毒、调经止血
有柄小连翘　*H. petiolulatum* Hook. f.
　　　　　　　　　　　et Thoms. ex Dyer
　　全草:调经止血、清热解毒
突脉金丝桃　*H. przewalskii* Maxim.
　　根:利湿、活血、消积
对月草　*H. sampsonii* Hance
　　全草:清热解毒、调经止血
孙氏小连翘　*H. seniawini* Maxim.
　　全草:调经止血

195. 柽柳科　Tamaricaceae

西河柳　*Tamarix chinensis* Lour. *
　　枝叶:发汗透疹、解毒、利尿

196. 堇菜科　Violaceae

鸡腿堇菜　*Viola acuminata* Ledeb.
　　全草:清热解毒、消肿止血
如意菜　*V. hamiltoniana* D. Don
　　全草:清热解毒、消炎止血
戟叶堇菜　*V. betonicifolia* W. W. Sm.
　　全草:清热解毒、凉血消肿
双花堇菜　*V. biflora* Linn.
　　全草:清热解毒、消炎止血
长茎堇菜　*V. brunneostipulosa* Hand. -Mazz.
　　全草:消肿排脓、祛痰通经
南山堇菜　*V. chaerophylloides* (Regel)
　　　　　　　　　　　W. Becker
　　全草:清热解毒
毛果堇菜　*V. collina* Bess.
　　全草:清热解毒、活血散瘀、止血

心叶堇菜　*V. concordifolia* C. J. Wang
　　全草:清热解毒、凉血消肿
深圆齿堇菜　*V. davidii* Franch.
　　全草:清热解毒
蔓茎堇菜　*V. diffusa* Ging.
　　全草:清热解毒、消肿排脓
密毛堇菜　*V. fargesii* H. de Boiss.
　　全草:消炎止血
阔萼堇菜　*V. grandisepala* W. Beck.
　　全草:清热解毒、消炎止血
紫花堇菜　*V. grypoceras* A. Gray
　　全草:清热消肿、止血生肌
紫叶堇菜　*V. henryi* H. Boiss.
　　全草:清热解毒、消炎止血
长萼堇菜　*V. inconspicua* Bl.
　　全草:清热解毒、凉血消肿
金山马蹄草　*V. moupinensis* Franch.
　　全草:清热解毒、凉血消肿
紫花地丁　*V. philippica* Cav.
　　全草:清热解毒、消肿
柔毛堇菜　*V. principis* H. de Boiss.
　　全草:清热解毒、消肿排脓
深山堇菜　*V. selkirkii* Pursh. ex Gold
　　全草:清热解毒、凉血消肿
三色堇　*V. tricolor* Linn. *
　　全草:消炎、止咳
大花三色堇　*V. tricolor* var. *hortensis* DC. *
　　全草:消炎、止咳
堇菜　*V. verecunda* A. Gray
　　全草:消肿止血、清热解毒
云南堇菜　*V. yunnanensis* W. Becker et H.
　　　　　　　　　　　De. Boiss.
　　全草:清热解毒、消炎止血

197. 大风子科　Flacourtiaceae

山羊角树　*Carrierea calycina* Franch.
　　根皮:祛风除湿
　　果实:活血散瘀、行气
山桐子　*Idesia polycarpa* Maxim.
　　果实:解毒、杀虫

毛叶山桐子　*I. polycarpa* var. *vestita* Diels
　　果实:解毒、杀虫
伊桐　*Itoa orientalis* Hemsl.
　　根及茎皮:舒筋活络、行气止痛
南岭柞木　*Xylosma controversum* Clos
　　根及叶:利水消肿、活血散瘀
长叶柞木　*X. longifolium* Clos.
　　根及叶:利水消肿、活血散瘀
柞木　*X. japonicum* (Walp.) A. Gray
　　根及叶:利水消肿、通关开窍

198. 旌节花科　Stachyuraceae

中国旌节花　*Stachyurus chinensis* Franch.
　　茎髓:利尿、渗湿、收敛止血
尖叶旌节花　*S. chinensis* var. *cuspidatus* Li
　　茎髓:利尿、渗湿、收敛止血
宽叶旌节花　*S. chinensis* var. *latus* Li
　　茎髓:利尿、渗湿、收敛止血
喜马拉雅旌节花　*S. himalaicus* Hook. f.
　　　　　　　　　　　et Thoms.
　　茎髓:利尿、渗湿、收敛止血
矩园叶旌节花　*S. oblongifolius* Wang et Tang
　　茎髓:利尿、渗湿、收敛止血
倒卵叶旌节花　*S. obovatus* (Rehd.) Li
　　茎髓:利尿、渗湿、收敛止血
柳叶旌节花　*S. salicifolius* Franch.
　　茎髓:利尿、渗湿、收敛止血
披针叶旌节花　*S. salicifolius* var. *lancifolius*
　　　　　　　　　　　C. Y. Wu
　　茎髓:利尿、渗湿、收敛止血
四川旌节花　*S. szechuanensis* Fang
　　茎髓:利尿、渗湿、收敛止血
云南旌节花　*S. yunnanensis* Franch.
　　茎髓:利尿、渗湿、收敛止血

199. 西番莲科　Passifloraceae

月叶西番莲　*Passiflora altebilobata* Hemsl.
　　根及茎:健胃理气、止泻
西番莲　*P. caerulea* Linn. *
　　根、果:安神宁心、活血止痛

杯叶西番莲　*P. cupiformis* Mast.
　　全株:祛风除湿、舒筋活络、止血、镇痛
鸡蛋果　*P. edulis* Sims. *
　　果实、根:清热解毒、镇痛安神
龙珠果　*P. foetida* Linn. *
　　果:清热解毒、利水

200. 番木瓜科　Caricaceae

番木瓜　*Carica papaya* Linn. *
　　果及叶:强心利尿、解毒、消肿

201. 秋海棠科　Begoniaceae

银星秋海棠　*Begonia argenteo-guttata* Lam. *
　　茎、叶:消肿止血
盾叶秋海棠　*B. cavalerei* Lévl.
　　根茎:活血散瘀、消肿生新
川东秋海棠　*B. edulis* var. *laciniata* S. Y. Chen
　　全草:清热解毒、润燥止咳
秋海棠　*B. evansiana* Andr.
　　全草:消肿止痛、镇痛
掌叶秋海棠　*B. hemsleyana* Hook. f.
　　全草:清热解毒
裂叶秋海棠　*B. laciniata* Roxb.
　　全草:清热解毒、化痰消肿、止痛
竹节秋海棠　*B. maculata* Raddi *
　　茎及叶:消肿止血
玻璃海棠　*B. margaritae* Hert *
　　全草:清热利湿、消肿
掌裂秋海棠　*B. pedatifida* Lévl.
　　根茎:散瘀、止血消肿、止痛
四季海棠　*B. semperflorens* Link et Otto *
　　全草:清热利水、消炎止血
中华秋海棠　*B. sinensis* A. DC.
　　块根:活血散瘀、消炎生新
长柄秋海棠　*B. smithiana* Yu
　　全草:消炎止血
球根秋海棠　*B. tuberhybrida* Voss *
　　全草:清热消炎、止血
一点血　*B. wilsonii* Gagnep
　　根茎:生血活血、消炎解毒、补虚、止带

202. 仙人掌科　Cactaceae

鼠尾鞭　*Aporocactus flagelliformis*（Linn.）Zucc. *

　　茎：清热解毒

仙人鞭　*Cereus dayamii* Speg. *

　　茎：清热解毒、利水

仙人镜　*C. peruvianus* var. *monstrous* Dc. *

　　茎：清热解毒、利水

仙人球　*Echinopsis tubiflora*（Pfeiff.）Zucc. *

　　茎：行气活血、消肿止痛

昙花　*Epiphyllum oxypetalum*（DC.）Haw. *

　　花：活血祛瘀、止咳化痰

量天尺　*Hylocereus undatus*（Haw.）Britt. et Rose *

　　茎：清热解毒

褐毛掌　*Opuntia basilaris* Engelm. et Bogel. *

　　茎：清热解毒、散瘀消肿

瘦仙人掌　*O. brasilensis*（Will.）Haw. *

　　茎：清热解毒、散瘀消肿

白毛仙人掌　*O. leucotricha* DC. *

　　茎：清热解毒

仙人掌　*O. vulgaris* Mill

　　茎：健脾散瘀、安神

仙人伞　*O. vulgaris* f. *variegata* Baker *

　　茎：清热解毒、散瘀

仙人棒　*Rhapsalis cereuscula* Haw. *

　　茎：清热活血、消肿

圆齿蟹爪兰　*Schlumbergera. bridgesii*（Lem.）Löfgr. *

　　茎：清热解毒

绿蟹爪　*S. buckleyi*（T. Moore）D. R. Hunt *

　　茎：清热解毒、消肿止痛

蟹爪兰　*S. truncata*（Haw.）Moran *

　　茎：清热解毒

203. 瑞香科　Thymelaeaceae

滇瑞香　*Daphne feddei* Lévl.

　　根及茎：舒筋通络、祛脾寒、止痛

芫花　*D. genkwa* Sieb. et Zucc. *

　　花：泻水逐饮、解毒

黄瑞香　*D. giraldii* Nitsche

　　根及茎皮：（有小毒）祛风通络、祛痰止痛

南川瑞香　*D. gracilis* E. Pritz.

　　全株：舒筋活络、祛风止痛

毛瑞香　*D. kiusiana* var. *atrocaulis*（Rehd.）F. Meckawa

　　根皮：祛风除湿

　　花：煎水洗治眼痛

瑞香　*D. odora* Thunb. *

　　根：祛风除湿、消炎止痛

白瑞香　*D. papyracea* Wall. ex Stend.

　　根皮：祛风除湿

结香　*Edgeworthia chrysantha* Lindl. *

　　根及茎皮：舒筋接骨、消肿止痛

狼毒　*Stellera chamaejasme* Linn. *

　　根：（有大毒）祛痰消积

狭叶荛花　*W. angustifolia* Hemsl.

　　茎、皮、根：止咳化痰、止痛

了哥王　*Wikstroemia indica*（Linn.）C. A. Mey. *

　　根及叶：（有毒）清热解毒、化痰散结

小黄构　*W. micrantha* Hemsl.

　　全株：止咳化痰

204. 胡颓子科　Elaeagnaceae

长叶胡颓子　*Elaeagnus bockii* Diels

　　根：治哮喘及牙痛

　　枝叶：顺气、化痰

赤铜胡颓子　*E. cuprea* Rehd.

　　根：清热化痰

　　果：止痢

巴东胡颓子　*E. diffcilis* Serv.

　　根：清热化痰

　　果：止痢

短柱胡颓子　*E. diffcilis* var. *brevistyla* W. K. Hu et H. F. Chow

　　根：清热化痰

　　果：止痢

蔓胡颓子　*E. glabra* Thunb.

　　叶：收敛止泻、平喘止咳

　　根：行气止痛

宜昌胡颓子　*E. henryi* Warb. ex Diels
　　叶:收敛止泻、平喘止咳
　　根:行气止痛
披针叶胡颓子　*E. lanceolata* Warb. ex Diels
　　果实:止痢
　　叶:止咳平喘
大花披针叶胡颓子　*E. lanceolata* ssp.
　　　　　　　　　　grandiflora Serv.
　　果实:止痢
　　叶:止咳平喘
银果胡颓子　*E. magna* Rehd.
　　叶:止咳平喘
木半夏　*E. multiflora* Thunb.
　　果实:收敛、止泻
　　叶:治哮喘
南川胡颓子　*E. nanchuanensis* C. Y. Chang
　　根:行血散瘀
　　叶及果:收敛止咳、止泻
白花胡颓子　*E. pallidiflora* C. Y. Chang
　　根:行血散瘀
　　叶及果:收敛止咳
毛柱胡颓子　*E. pilostyla* C. Y. Chang
　　根:行血散瘀
　　叶及果:收敛止咳
星毛胡颓子　*E. stellipila* Rehd.
　　根、叶、果:治跌打损伤、痢疾
牛奶子　*E. umbellata* Thunb.
　　根、叶:清热利湿、收敛
文山胡颓子　*E. wenshanensis* C. Y. Chang
　　根:行气止血
　　果:截痢
巫山胡颓子　*E. wushanensis* C. Y. Chang
　　根:清热利湿、收敛

205.**千屈菜科**　Lythraceae

水苋菜　*Ammannia baccifera* Linn.
　　全草:消瘀止血、接骨
川黔紫薇　*Lagerstroemia excelsa* (Dode)
　　　　　　　　　　Chun ex S. Lee
　　树皮:活血散瘀、止血、消肿

紫薇　*L. indica* Linn. *
　　树皮:活血止血、解毒消肿
翠微　*L. indica* CV. 'Rubra' *
　　树皮:活血止血、解毒消肿
银薇　*L. indica* CV. 'Alba' *
　　树皮:活血止血、解毒消肿
南紫薇　*L. subcostata* Koehne
　　茎皮:清热解毒
千屈菜　*Lythrum salicaria* Linn.
　　全草:清热解毒、凉血止血
节节菜　*Rotala indica* (Willd.) Koehne
　　全草:清热解毒、凉血止血
园叶节节草　*R. rotundifolia* (Ruch.-Ham.
　　　　　　　　　　ex Roxb.) Koehne
　　全草:清热解毒、通便消肿

206.**石榴科**　Punicaceae

石榴　*Punica granatum* Linn.
　　果皮:涩肠止血
　　根皮:驱虫
白花石榴　*P. granatum* CV. 'Albescens' *
　　果皮:涩肠止血
　　根皮:驱虫
黄花石榴　*P. granatum* CV. 'Flavescens' *
　　果皮:涩肠止血
　　根皮:驱虫
白重瓣石榴　*P. granatum* CV. 'Multiplex' *
　　果皮:涩肠止血
　　根皮:驱虫
月季石榴　*P. granatum* CV. 'Nana' *
　　果皮:涩肠止血
　　根皮:驱虫
红重瓣石榴　*P. granatum* CV. 'Pleniflora' *
　　果皮:涩肠止血
　　根皮:驱虫

207.**蓝果树科**　Nyssaceae

喜树　*Camptotheca acuminata* Decne.
　　根及叶:清热散结、抗癌

208.**珙桐科** Davidiaceae

珙桐 *Davidia involucrata* Baill.
　　果及叶：止血消肿
　　根：祛风除湿
光叶珙桐 *D. involucrata* var. *vilmoriniana*
　　　　　　　　　　　　（Dode）Wanger.
　　果及叶：止血消肿
　　根：祛风除湿

209.**八角枫科** Alangiaceae

八角枫 *Alangium chinense*（Lour.）Harms
　　根：祛风除湿、舒筋活络
少花八角枫 *A. chinense* ssp. *pauciflorum* Fang
　　根：祛风除湿、舒筋活络
伏毛八角枫 *A. chinense* ssp. *strigosum* Fang
　　根：祛风除湿、舒筋活络
深裂八角枫 *A. chinense* ssp. *triangulare*
　　　　　　　　　　　　（Wanger.）Fang
　　根：祛风除湿、舒筋活络
小花八角枫 *A. faberi* Oliv.
　　根及茎：祛风除湿、活血散瘀
异叶八角枫 *A. faberi* var. *heterophyllum* Yang
　　根及茎：祛风除湿、活血散瘀
小叶八角枫 *A. faberi* var. *perforatum*
　　　　　　　　　　　　（Lévl.）Rehd.
　　根：消肿止痛
瓜木 *A. platanifolium*（Sieb. et Zucc.）Harms.
　　根：（有小毒）祛风除湿、舒筋活络

210.**使君子科** Combretaceae

使君子 *Quisqualis indica* Linn. *
　　果：（有小毒）杀虫、健脾胃、除虚热
诃子 *Terminalia chebula* Retz. *
　　果实：涩肠止血、敛肺化痰

211.**桃金娘科** Myrtaceae

红千层 *Callistemon rigidus* R. Br. *
　　树皮：祛风止痒
垂枝红千层 *C. viminalis*（Soland ex Gaertn.）
　　　　　　　　　　　　　　　　Cheel *
　　树皮：祛风止痒

赤桉 *Eucalyptus camaldulensis* Dehnh. *
　　叶：消炎、解热、疏风止痒
垂枝赤桉 *E. camaldulensis* var. *pendula*
　　　　　　　　　　　Blak. et Jacobs. *
　　叶：清热解毒、止痒
柠檬桉 *E. citriodora* Hook. f. *
　　叶：祛风止痛、止痒
蓝桉 *E. globulus* Labill. *
　　叶：消炎、杀菌、健胃、祛痰、收敛
直杆桉 *E. maidenii* F. J. Muell. *
　　叶：疏风解表、消炎止痒
大叶桉 *E. robusta* Smith. *
　　叶：疏风解表、防腐止痒
细叶桉 *E. tereticornis* Smith *
　　叶：疏风解表、防腐止痒
番石榴 *Psidium guajava* Linn. *
　　果、叶：收敛止泻、消炎止血
蒲桃 *Syzygium jambos*（Linn.）Alston
　　果实：镇痛、驱虫、祛风、润肺定喘、凉血收敛

212.**野牡丹科** Melastomataceae

红毛野海棠 *Bredia tuberculata*（Guillaum）
　　　　　　　　　　　　　　　　Diels
　　全株：消炎止血、清热解毒
伏毛肥肉草 *Fordiophyton feberi* Stapf
　　全株：消炎、止血、祛瘀
地稔 *Melastoma dodecandrum* Lour.
　　全株：涩肠止痢、舒筋活络
展毛野牡丹 *M. normale* D. Don.
　　根、叶：清热利湿、消肿、止痛
金锦香 *Osbeckia chinensis* Linn.
　　全株：清热利湿、消肿解毒、止咳化痰
假天罐 *O. crinita* Benth. et C. B. Clarke
　　根：清热利湿、止咳、调经
肉穗草 *Sarcopyramis bodinieri* Lévl. et Van.
　　全草：消炎止血、散瘀消肿
楮头红 *S. nepalensis* Wall.
　　全草：清肝明目、消炎止血
小叶肉穗草 *S. parvifolia* Merr. ex H. L. Li
　　全草：清肝明目、消炎止血

213. **菱科**　Trapaceae

乌菱　*Trapa bicornis* Osbeck ＊
　　果实：生食清热、解暑、除烦止渴；熟食益气、健胃

菱　*T. bispinosa* Roxb. ＊
　　果实：清暑解热、除烦止渴(生食)

214. **柳叶菜科**　Onagraceae

高山露珠草　*Circaea alpina* ssp. *inaicola*
　　　　　　　（Asch et Magnus）Kitam.
　　全草：清热止咳、消炎安神

牛龙草　*C. cordata* Royle
　　全草：消食止咳、镇静安神

谷蓼　*C. erubescens* Franch. et Savat.
　　全草：清热止咳、安神

露珠草　*C. lutetrana* ssp. *quodrisulcata*
　　　　　　　（Maxim.）Ascht. et Magnus
　　全草：消食、止咳、镇静、安神

南方露珠草　*C. mollis* Sieb. et Zucc.
　　全草：消食止咳、镇静安神

毛脉柳叶菜　*Epilobium amurense* Hausskn.
　　全草：祛风除湿、消肿止痛

光柳叶菜　*E. amurense* ssp. *cephalostigma*
　　（Hausskn.）C. J. Chen ex Hoch et Roven
　　全草：祛风除湿、消肿止痛

高山柳叶菜　*E. angustifolium* ssp. *circumvagum*
　　　　　　　　　　Mosquin
　　全草：祛风除湿

短叶柳叶菜　*E. brevifolium* Don
　　全草：收敛止血、祛风除湿

广布柳叶菜　*E. brevifolium* ssp. *trichoneurum*
　　　　　　　（Hausskn.）Raven
　　全草：收敛止血、祛风除湿

柳叶菜　*E. hirsutum* Linn. ＊
　　全草：祛风除湿、清热消肿

片马柳叶菜　*E. kermodei* Raven
　　全草：收敛止血

小花柳叶菜　*E. parviflorum* Schreb.
　　全草：祛风除湿、清热消肿

小叶柳叶菜　*E. platystigmatosum* C. B. Robinson
　　全草：祛风除湿、消炎止痛

长籽柳叶菜　*E. pyrricholophum* Franch.
　　　　　　　　　　et Savat.
　　全草：祛风除湿、收敛止血

华柳叶菜　*E. sinense* Lévl.
　　全草：祛风除湿、消肿止痛

毛柳叶菜　*E. wallichianum* Hausskn.
　　全草：祛风除湿、止血消肿

柳叶水丁香　*Ludwigia epilobioides* Maxim.
　　全草：清热解毒、利湿消肿

月见草　*Oenothera erythrosepala* Borb. ＊
　　根：强筋壮骨、祛风除湿

待霄草　*O. odovata* Jacq.
　　花及根、种子：强筋壮骨、祛风除湿、清热

215. **小二仙草科**　Haloragaceae

小二仙草　*Haloragis micrantha*（Thunb.）
　　　　　　　　　　R. Br.
　　全草：消肿散瘀、解蛇毒

穗花狐尾藻　*Myriophyllum spicatum* Linn.
　　全草：清热解毒

轮叶狐尾藻　*M. verticillatum* Linn.
　　全草：清热解毒

216. **杉叶藻科**　Hippuridaceae

杉叶藻　*Hippuris vulgaris* Linn.
　　全草：清热解毒

217. **五加科**　Araliaceae

两歧五加　*Acanthopanax divericatun*
　　　　　　　（Sieb. et Zucc.）Seem.
　　根及茎皮：强筋壮骨、祛风除湿

茱萸五加　*A. evodiaefolius* Franch.
　　根及茎：祛风除湿、强筋健骨、化瘀生肌

锈毛五加　*A. evodiaefolius* var.
　　　　　　ferrugineus（W. W. Smith）Nakai
　　根及茎：祛风除湿、强筋壮骨

刺五加　*A. gracilistylus* W. W. Smith
　　根皮：祛风除湿、强筋壮骨

糙叶五加　*A. henryi*（Oliv.）Harms
　　根及枝：活血散瘀、祛风除湿

藤五加　*A. leucorrhizus*（Oliv.）Harms
　　根及枝:祛风除湿、强筋壮骨

长叶藤五加　*A. leucorrhizus* f. *angustifoliatus*
　　　　　　　　　　　　　　　　　Hoo
　　根及枝:祛风除湿、强筋壮骨

糙叶藤五加　*A. leucorrhizus* var. *fulvescens*
　　　　　　　　　　　　　Harms ex Rehd.
　　根及枝:祛风除湿、强筋壮骨

蜀五加　*A. setchuenensis* Harms ex Diels
　　根及茎皮:祛风除湿、消炎止痛

毛叶五加　*A. villosulus*（Harms）S. Y. Hu
　　根皮:祛风除湿、强筋壮骨

浓紫龙眼独活　*Aralia atropurpurea* Franch.
　　根茎:祛风除湿、活血散瘀

毛叶楤木　*A. dasyphylloides*（Hand.-Mazz.）
　　　　　　　　　　　　　　　　J. Wen
　　根皮:祛风除湿、利尿

黄毛楤木　*A. decaisneana* Hance
　　根皮:滋阴强壮、健胃、利尿

棘茎楤木　*A. echinocaulis* Hand.-Mazz.
　　根皮:祛风除湿、活血止痛

楤木　*A. elata*（Miq.）Seem.
　　根皮:祛风除湿、利尿消肿、活血止痛

龙眼独活　*A. fargesii* Franch. *
　　根茎:祛风除湿、解毒、散瘀、消肿

柔毛龙眼独活　*A. henryi* Harms
　　根茎:祛风燥湿、活血止痛、消肿

树参　*Dendropanax dentigerus*（Harms）Merr.
　　根及茎皮:祛风除湿、消肿止痛

假通草　*Euaraliopsis ciliata*（Dunn）Hutch.
　　根:祛风除湿

八角金盘　*Fatsia japonica*（Thunb.）
　　　　　　　　　　Decne. et Planch. *
　　叶:祛痰

常春藤　*Hedera nepalensis* K. Koch. *
　　茎及叶:祛风利湿、活血消肿

中华常春藤　*H. nepalensis* var. *sinensis*
　　　　　　　　　　　　（Tobl.）Rehd.
　　茎及叶:祛风利湿、活血消肿

刺楸　*Kalopanax septemlobus*（Thunb.）Koidz.
　　皮及枝:祛风利湿、活血止痛

深裂叶刺楸　*K. septemlobus* var. *maximowiczii*
　　　　　　　　　　　　　Hand.-Mazz.
　　皮及枝:祛风利湿、活血止痛

异叶梁王茶　*Nothopanax davidii*（Franch.）
　　　　　　　　　　　　Harms ex Diels
　　根及叶:清热解毒、止痛消炎

梁王茶　*N. delavayi*（Franch.）Harms ex Diels
　　根及叶:清热解毒、止痛消炎

尾叶梁王茶　*N. delavayi* var. *longicaudatus* Feng
　　根及叶:清热解毒、止痛消炎

人参　*Panax ginseng* C. A. Mey. *
　　根茎及叶:补气固脱、生津、安神、益智

竹节参　*P. japonicus* C. A. Mey.
　　根茎:滋补强壮、散瘀止痛、止血

狭叶竹节人参　*P. japonicus* var. *angustifolia*
　　　　　　　　　（Burk.）Cheng et Chu
　　根茎:滋补强壮、散瘀止痛、止血

疙瘩七　*P. japonicus* var. *bipinnatifidus*
　　　　　　（Seem.）C. Y. Wu et Feng
　　根茎及叶:止血、散瘀、活血止痛

珠子参　*P. japonicus* var. *major*（Burk.）
　　　　　　　　　　C. Y. Wu et Feng
　　根茎:祛瘀生新、止痛止血

假人参　*P. pscudo-ginseng* Wall.
　　根茎及叶:补气安中、止血散瘀

三七　*P. notoginseng*（Burk.）F. H. Chen
　　　　　　　　ex C. Y. Wu et Feng *
　　根茎及叶:活血散瘀、止血、消肿止痛

西洋参　*P. quinquefolius* Linn. *
　　根茎及叶:强壮补血、生津安神

屏边三七　*P. stipuleanatus* H. T. Tsai
　　　　　　　　　　et K. M. Fang
　　根茎:止血、祛瘀、健胃

狭叶鹅掌柴　*Schefflera angustifoliolata*
　　　　　　　　　　　　　　C. N. Ho
　　根及茎皮:止痛散瘀、消肿祛湿

短序鹅掌柴　*S. bodinieri*（Lévl.）Rehd.
　　根及茎皮:祛风除湿、强筋壮骨

穗序鹅掌柴　*S. delavayi*（Franch.）Harms
　　　　　　　　　　　　　　et Diels

　　根及茎皮:消肿毒、接骨

星毛鸭脚木　*S. minutistellata* Merr. ex Li

　　根及茎皮:祛风除湿、消肿止痛

鹅掌柴　*S. octophylla*（Lour.）Harms

　　根皮:清热解毒、止痒、消肿

通脱木　*Tetrapanax papyriferus*（Hook.）
　　　　　　　　　　　　　　K. Koch

　　茎髓:清热解毒、消肿通乳

218. **伞形科**　Umbelliferae

巴东羊角芹　*Aegopodium henryi* Diels

　　全草:祛湿止痛、发散风寒

莳萝　*Anethum graveolens* Linn.

　　全草:行气止痛、健胃、散寒

肉独活　*Angelica biserrata*（Shan et Yuan）
　　　　　　　　　　　　　　Kitag et Shan

　　根:祛风胜湿、散寒止痛

白芷　*A. dahurica*（Fisch. ex Hofm.）Benth.
　　　　et Hook. f. ex Franch. et Sav. *

　　根:祛风胜湿、排脓、生肌止痛

紫花前胡　*A. decursiva*（Miq.）Franch. et Savat

　　根:活血散瘀、止咳祛痰

长柄当归　*A. longicaudata* Shan et Yuan

　　根:祛风除湿、发表散寒

紫茎独活　*A. megaphylla* Diels

　　根:祛风胜湿

芹菜当归　*A. pseudoselinum* Boiss.

　　根:行气止痛、活血散瘀

当归　*A. sinensis*（Oliv.）Diels *

　　根:补血调经、润燥滑肠

秦岭当归　*A. tsinlingensis* K. T. Fu *

　　根:祛风除湿、散寒止咳

金山当归　*A. valida* Diels

　　根:活血、补血、调经

峨参　*Anthriscus sylvestris*（Linn.）Hoffm.

　　块根:补中益气、祛瘀生新

旱芹　*Apium graveolens* Linn. *

　　根及叶:清热止咳、健胃、利尿

欧白芷　*Archangelica officinalis* Hoffm. *

　　根:散寒止痛、活血消肿、排脓

细柄柴胡　*Bupleurum gracilipes* Diels

　　全草:解热散结、平肝调经

坚挺柴胡　*B. longicaule* var. *strictum* C. B. Clarke

　　全草:解表和里、升阳、疏肝

紫花大叶柴胡　*B. longiradiatum* var.
　　　　　　　　porphyranthum Shan et Y. Li

　　全草:解表和里、升阳、疏肝、解郁

竹叶柴胡　*B. marginatum* Wall. ex DC.

　　全草:解表和里、升阳、疏肝、解郁

小叶柴胡　*B. tenue* Buch. -Ham. ex D. Don

　　全草:解热散结、升阳、平肝、调经

积雪草　*Centella asiatica*（Linn.）Urban

　　全草:清热解毒、活血利尿

明党参　*Changium smyrnioides* Wolff *

　　根:润肺止咳、和胃止呕

川明参　*Chuaminshen violaceum* Sheh et Shan *

　　根:润肺止咳、祛风补肾

蛇床　*Cnidium monnieri*（Linn.）Cusson..

　　种子:祛风燥湿、杀虫、止痒、补肾

芫荽　*Coriandrum sativum* Linn. *

　　全草:散寒顺气、解表透疹

鸭儿芹　*Cryptotaenia japonica* Hassk.

　　全草:祛风、止咳、活血、祛瘀、消炎、理气

深裂鸭儿芹　*C. japonica* f. *dissecta*（Yabe）Hara

　　全草:祛风、止咳、活血、祛瘀、消炎、理气

野胡萝卜　*Daucus carota* Linn.

　　种子:(有小毒)杀虫、消气、化痰

胡萝卜　*D. carota* var. *sativa* Hoffm. *

　　根:消食

大苞芹　*Dickinsia hydrocotyloides* Franch.

　　全草:祛风、除湿、解毒

小茴香　*Foeniculum vulgare* Mill. *

　　果、根、叶:行气散寒、和中止痛

北沙参　*Glehnia littoralis* Franch. et Schmidt
　　　　　　　　　　　　　　ex Miq. *

　　根:润肺止咳、养胃生津、调经

牛尾独活　*Heracleum hemsleyanum* Diels

　　根:祛风止痛、舒筋活络

短毛独活　*H. moellendorffii* Hance
　　根:祛风止痛

中华天胡荽　*Hydrocotyle chinensis* (Dunn) Craib
　　全草:清热利湿、祛痰止咳

柄花天胡荽　*H. himalaica* P. K. Mukh.
　　全草:清肺止咳、活血止血

红马蹄草　*H. nepalensis* Hook.
　　全草:清肺止咳、活血止血

天胡荽　*H. sibthorpioides* Lam.
　　全草:清热利湿、祛痰止咳

裂叶天胡荽　*H. sibthorpioides* var. *bayrachium*
　　　　(Hance) Hand. -Mazz. ex Shan
　　全草:清热解毒、消肿散结

肾叶天胡荽　*H. wilfordi* Maxim.
　　全草:清热解毒

保加利亚当归　*Levisticum officinale* Koch. *
　　根:活血止血、调经止痛

川防风　*Ligusticum brachylobum* Franch.
　　根:发表镇痛、祛风胜湿

川芎　*L. chuanxiong* Hort. *
　　根茎:活血行气、散风止痛

羽苞藁本　*L. daucoides* (Franch.) Franch.
　　根茎:散寒发表、祛风除湿

金山川芎　*L. fuxion* Hort.
　　根茎:活血行气、散风止痛

岩川芎　*L. jinfushanense* Z. Y. Liu
　　根茎:祛风止痛、活血调经

匍匐川芎　*L. reptans* (Diels) Wolff
　　根茎:活血行气、祛风止痛

藁本　*L. sinense* Oliv. *
　　根茎:发散风寒、祛湿止痛

紫伞芹　*Melanosciadium pimpinelloideum*
　　　　　　de Boiss.
　　根:舒筋活血

狭叶紫伞芹　*M. pimpinelloideum* f. *flavum* Shan
　　根:舒筋活血

卵叶羌活　*Notopterygium forbesii* var.
　　　　oviforme (Shan) H. T. Chang
　　根茎:祛风胜湿、止痛、解表

羌活　*N. incisum* Ting ex H. T. Chang *
　　根茎:解表、祛风、胜湿、止痛

短辐水芹　*Oenanthe benghalensis* Benth.
　　　　　　et Hook. f.
　　全草:清热除湿、发表、止血

西南水芹　*O. dielsii* Boiss.
　　全草:祛风除湿、发表止血

细叶水芹　*O. dielsii* ssp. *stenophylla* (Boiss.)
　　　　　　C. Y. Wu et Pu
　　全草:祛风除湿、发表止血

水芹菜　*O. decumbebs* (Thunb.) K. Pol.
　　全草:利湿退热、发表、祛风、止血

线叶水芹　*O. linearia* Wall. ex DC.
　　全草:清热解毒、利湿、降压

中华水芹　*O. linearia* ssp. *sinensis* (Dunn)
　　　　　　C. Y. Wu et Pu
　　全草:清热凉血

卵叶水芹　*O. rosthornii* Diels
　　全草:发表祛寒、利湿止血

多裂叶水芹　*O. thomsonii* C. B. Clark.
　　全草:清热除湿、发表、止血

香根芹　*Osmorhiza aristata* (Thunb.)
　　　　　　Makino et Yabe
　　根:散寒发表、止痛

疏叶香根芹　*O. aristata* var. *laxa* (Royle)
　　　　　　Constance et Shan
　　根:散寒发表、止痛

大苞前胡　*Peucedanum dissolutum* (Diels)
　　　　　　H. Wolff
　　根:散风清热、降气化痰

华中前胡　*P. medicum* Dunn
　　根:散风清热、降气化痰

前胡　*P. praeruptorum* Dunn *
　　根:散风清热、降气化痰

南川前胡　*P. rosthornii* Diels
　　根:散风清热、降气化痰

细裂前胡　*P. wulongense* Shan et Sheh
　　根:散风清热、降气化痰

细裂茴芹　*Pimpinella bisinuata* Wolff
　　全草:祛风活血、解毒消肿

杏叶防风　*P. candolleana* Wight et Arn.

全草:祛风解表、行气散结、健脾、截疟

异叶茴芹　*P. diversifolia* DC.

全草:祛风活血、解毒消肿

城口茴芹　*P. fargesii* Boiss

全草:解毒、消肿、祛风、活血

川鄂茴芹　*P. henryi* Diels

全草:解毒、消肿、祛风、活血

水独活　*P. rhomboidea* Diels

根:祛风解表、行气

直立茴芹　*P. smithii* Wolff

全草:解毒消肿

三出囊瓣芹　*Pternopetalum botrychioides*
(Dunn) Hand. -Mazz.

全草:发表散寒、解肌舒筋、利湿

丛枝囊瓣芹　*P. caespitosum* Shan

全草:收敛止血、消炎

囊瓣芹　*P. davidii* Franch.

全草:收敛止血、消炎发表

薄叶囊瓣芹　*P. leptophyllum*(Dunn)
Hand. -Mazz.

全草:发表散寒、舒筋活络

川鄂囊瓣芹　*P. rosthornii*(Diels) Hand. -Mazz.

全草:散寒解表、收敛止血、消炎

膜蕨囊瓣芹　*P. trichomanifolium*(Franch.)
Hand. -Mazz.

全草:收敛止血、消炎、生肌

尖叶五匹青　*P. vulgare* var. *acuminatum*
C. Y. Wu

全草:祛风除湿、活血散瘀

毛五匹青　*P. vulgare* var. *strigosum* Shan et Pu

全草:消炎解毒、祛风除湿

天全囊瓣芹　*P. wangianum* Hand. -Mazz.

全草:消炎解毒、止血

川滇变豆菜　*Sanicula astrantiifolia* Wolff
ex Kretsch.

全草:祛风除湿、止痛止血

变豆菜　*S. chinensis* Bunge

全草:祛风除湿、止痛

天蓝变豆菜　*S. coerulescens* Franch.

全草:润肺止咳、行气通经

卵萼变豆菜　*S. giraldii* var. *ovicalycina*
Shan et S. L. Liou

全草:润肺止咳、行气通经

薄叶变豆菜　*S. lamelligera* Hance

全草:润肺止咳、行血通经

直刺变豆菜　*S. orcthacantha* S. Moore

全草:清热解毒、散寒止咳

短刺变豆菜　*S. orthacantha* var. *brevispina*
Boiss.

全草:清热解毒、散寒止咳

走茎变豆菜　*S. orthacantha* var. *stolonifera*
Shan et S. L. Liou

全草:清热解毒、散寒止咳

彭水变豆菜　*S. pengshuiensis* Sheh et Z. Y. Liu

全草:润肺止咳、行血通经

皱叶变豆菜　*S. rubulosa* Diels

全草:清热润肺、行血通经

防风　*Saposhnikovia divaricata*(Turcz.)
Schischk. *

根:发汗解表、祛风除湿

小窃衣　*Torilis japonica*(Houtt.) DC.

全草:驱蛔虫、解烟毒

窃衣　*T. scabra*(Thunb.) DC.

全草:驱蛔虫、解烟毒

219. 山茱萸科　Cornaceae

斑叶珊瑚　*Aucuba albo-punctifolia* Wang

叶:清热解毒、消炎、止血

窄叶珊瑚　*A. albo-punctifolia* var. *angustula*
Fang et Soong

叶:清热解毒、消炎、止血

峨眉桃叶珊瑚　*A. chinensis* ssp. *omeiensis*
(Fang) Fang et Soong

根:祛风除湿

喜马拉雅珊瑚　*A. himalaica* Hook. f. et Thoms.

叶:清热解毒、消炎止血

长叶珊瑚　*A. himalaica* var.
dolichophylla Fang et Soong

叶:清热解毒、消炎止血

倒披针叶珊瑚　*A. himalaica* var. *oblanceolata*

Fang et Soong

　　叶:清热解毒、消炎止血

洒金叶珊瑚　*A. joponica* var. *variegata*

Dombr. *

　　叶:清热解毒

倒心叶珊瑚　*A. obcordata*（Rehd.）Fu

　　叶:清热解毒、消炎止血

灯苔树　*Bothrocaryum controversum*

（Hemsl. ex Prain）Pojark.

　　树皮:清热解毒

　　叶:消肿止痛

尖叶四照花　*Dendrobenthamia angustata*

（Chun）Fang

　　叶、花、果:行气

绒毛四照花　*D. angustata* var. *mollis*（Rehd.）

Fang

　　叶、花、果:能行气

头状四照花　*D. capitata*（Wall.）Hutch.

　　树皮及叶:消肿、镇痛

峨眉四照花　*D. emeiensis* Fang et Hsieh

　　树皮:祛风除湿、行水利胆

大型四照花　*D. gigantea*（Hand.-Mazz.）Fang

　　树皮:祛风除湿、行水利胆

四照花　*D. japonica* var. *chinensis*

（Osborn）Fang

　　果肉:补肝肾、活精气、消积驱虫、清热利湿

白毛四照花　*D. japonica* var. *leucotricha*

Fang et Hsieh

　　果肉:补肝肾、活精气、消积驱虫、清热利湿

黑毛四照花　*D. melanotricha*（Pojark.）Fang

　　花:治乳痛、牙痛

多脉四照花　*D. multinervosa*（Pojark.）Fang

　　树皮及叶:消肿止痛

　　花:利胆、杀虫

中华青荚叶　*Helwingia chinensis* Batal.

　　全株:清热除湿、止咳、止痛

钝齿青荚叶　*H. chinensis* var. *crenata*

（Lingelsh. ex Limpr.）Fang

　　全株:清热除湿、止咳、止痛

小叶青荚叶　*H. chinensis* var. *microphylla*

Fang et Soong

　　全株:清热除湿、止咳、止痛

喜马拉雅青荚叶　*H. himalaica* Hook. f.

　　果、叶:清热除湿、治痢疾落胎

南川青荚叶　*H. himalaica* var. *nanchuanensis*

（Fang）Fang et Soong

　　果、叶:清热除湿、治痢疾落胎

青荚叶　*H. japonica*（Thunb.）Dietr.

　　全株:清热解毒、活血消肿

粉白青荚叶　*H. japonica* var. hypoleuca

Hemsl. ex Rehd.

　　全株:清热解毒、活血消肿

四川青荚叶　*H. japonica* var. *szechuanensis*

（Fang）Fang et Soong

　　全株:清热解毒、活血消肿

峨眉青荚叶　*H. omeiensis*（Fang）Hara. et

Kurosawa ex Hara. Fl.

　　全株:散寒、解毒

川鄂山茱萸　*Macrocarpium chinense*

（Wanger.）Hutch.

　　果实:清热明目

小果山茱萸　*M. chinense* f. *microcarpum*

W. K. Hu *

　　果实:清热明目

山茱萸　*M. officinalis*（Sieb. et Zucc.）Nakai *

　　果肉:活血散瘀、祛风利湿

红椋子　*Swida hemsleyi*（Schneid et Wanger.）

Sojak

　　树皮:祛风止痛

梾木　*S. macrophylla*（Wall.）Sojak

　　树皮:祛风除湿、活血散瘀

长圆叶梾木　*S. oblonga*（Wall.）Sojak

　　树皮及叶:治皮炎、疮疖

小梾木　*S. paucinervis*（Hance）Sojak

　　叶:清热解毒

灰叶梾木　*S. poliophylla*（Schneid. et Wanger.）

Sojak

　　树皮:祛风除湿

宝兴桸木　*S. scabrida* (Franch.) Sojak
　　树皮:祛风除湿、解毒
毛桸　*S. walteri* (Wanger.) Sojak
　　枝叶:治漆疮
光皮桸木　*S. wilsoniana* (Wanger.) Sojak
　　树皮:祛风除湿
角叶鞘柄木　*Torricellia angulata* Oliv.
　　茎皮、叶、根:活血祛瘀、祛风利湿
有齿鞘柄木　*T. angulata* var. *intermedia*
　　　　　　　　(Harms ex Diels) Hu
　　根及茎皮:活血散瘀、祛风利湿
鞘柄木　*T. tiliifolia* (Wall.) DC.
　　茎皮、叶、根:活血祛瘀、祛风利湿

二)合瓣花亚纲　Sympetalae

220. 鹿蹄草科　Pyrolaceae

水晶兰　*Monotropa uniflora* Linn.
　　全草:养阴润肺、补虚止咳
拟水晶兰　*Cheilotheca macrocarpum*
　　　　　　　　(H. Andrs) L. L. Chou
　　全草:养阴润肺、补虚止咳
鹿蹄草　*Pyrola calliantha* H. Andrs
　　全草:补虚益肾、祛风除湿、活血调经、清热
　　　止痛、收敛
普通鹿蹄草　*P. decorata* H. Andrs
　　全草:祛风除湿、强筋骨、止血

221. 杜鹃花科　Ericaceae

中华吊钟花　*Enkianthus chinensis* Franch.
　　根:活血散瘀
少花吊钟花　*E. pauciflorus* Wils.
　　根:祛风除湿、活血
齿叶吊钟花　*E. serrulatus* (Wils.) Schneid.
　　根:活血散瘀、除湿
四川白珠　*Gaultheria cuneata* (Rehd. et Wils.)
　　　　　　　　　　　　　　Beans
　　根:祛风除湿
金山白珠　*G. forrestii* Diels
　　全株:祛风止痒
尾叶白珠　*G. griffithiana* Wight
　　根:祛风除湿

滇白珠　*G. luecocarpa* var. *crenulata* (Kurz)
　　　　　　　　　　　　T. Z. Hsu
　　枝、叶:祛风除温、活血祛瘀、止痛
金山南烛　*Lyonia jinfushanensis* Z. Y. Liu
　　叶及枝:活血、祛瘀、止痛
南烛　*L. ovalifolia* (Wall.) Drude.
　　叶及枝:活血、祛瘀、止痛
小果南烛　*L. ovalifolia* var. *elliptica*
　　　　　　　(Sieb. et Zucc.) Hand.-Mazz.
　　茎及叶:强精益气、止泄
狭叶南烛　*L. ovalifolia* var. *lanceolata*
　　　　　　　　(Wall.) Hand.-Mazz.
　　茎及叶:强精益气、止泄
美丽马醉木　*Pieris formosa* (Wall.) D. Don
　　根枝:活血祛瘀、止痛
马醉木　*P. japonica* (Thunb.) D. Don
　　根枝:活血祛瘀、止痛
腺柄杜鹃　*Rhododendron adenopodum* Franch.
　　嫩枝、叶:清热止咳、平喘
银叶杜鹃　*R. argyrophyllum* Franch.
　　嫩枝、叶:清热解毒、止咳
腺萼马银花　*R. bachii* Lévl.
　　嫩枝、叶:清热解毒、止咳
短梗杜鹃　*R. brachypodum* Fang et Liu
　　枝叶:祛风止咳、平喘
美容杜鹃　*R. calophytum* Franch.
　　花及嫩叶:清热解毒、止咳平喘
金佛美容杜鹃　*R. calophytum* var.
　　　　　　　　jingfuense Fang et W. K. Hu
　　花及嫩叶:清热解毒、止咳平喘
疏花美容杜鹃　*R. calophytum* var. *pauciflorum*
　　　　　　　　　　　　W. K. Hu
　　花及嫩叶:清热解毒、止咳平喘
树枫杜鹃　*R. changii* (Fang) Fang
　　根及叶:清热解毒、止血通经
麻叶杜鹃　*R. coeloneurum* Diels
　　叶、花:祛风止咳、止血镇痛
大白杜鹃　*R. decorum* Franch.
　　嫩枝叶及花:清热

香花杜鹃　R. decorum ssp. parvistigmatium
　　　　　　　　　　　　　　W. K. Hu
　　嫩枝叶及花：清热
树生杜鹃　R. dendrocharis Franch.
　　树枝及嫩叶：止咳平喘
方氏杜鹃　R. fangii Z. Y. Liu
　　根及嫩枝叶：清热止咳、镇痛消炎
云锦杜鹃　R. fortunei Lindley
　　花：润肺止咳
不凡杜鹃　R. insigne Hemsl. et Wils.
　　枝、根、花：活血调经、祛瘀止痛
薄叶马银花　R. leptothrium Balf. f. et Forrest
　　枝叶：清热利湿、止咳
　　根：祛风除湿
金山杜鹃　R. longipes var. chienianum（Fang）
　　　　　　　Chamb. ex Cullen et Chamb.
　　嫩枝叶及花蕾：止咳、平喘、止血、镇痛
白花金山杜鹃　R. longipes var. chienianum f.
　　　　　　　　　　　albe Z. Y. Liu
　　嫩枝叶及花蕾：止咳、平喘、止血、镇痛
黄花杜鹃　R. lutescens Franch.
　　花、嫩枝叶：清热解毒、止咳平喘
麻花杜鹃　R. maculiferum Franch.
　　根及树皮：祛风除湿
满山红　R. mariesii Hemsl. et Wils.
　　枝及叶：祛风止咳、平喘
照山白　R. micranthum Turcz.
　　根、花：清热利尿
黄杜鹃　R. molle（Bl.）G. Don. *
　　花：（有大毒）镇痛
毛棉杜鹃　R. moulmainense Hook. f.
　　根：治肺痨、水肿、跌打损伤
白花杜鹃　R. mucronatum（Bl.）G. Don.
　　枝叶：舒筋活血、止血止痢
峨马杜鹃　R. ochraceum Rehd. et Wils.
　　花及枝叶：祛风止咳、止血消炎
短果峨马杜鹃　R. ochraceum var. brevicarpum
　　　　　　　　　　　　　　W. K. Hu
　　花及枝叶：祛风止咳、止血消炎

粉红杜鹃　R. oreodoxa var. fargesii
　　　　（Franch.）Chamb. ex Cullen et Chamb.
　　花及枝叶：祛风止咳、止血消炎
瘦柱绒毛杜鹃　R. pachytrichum var.
　　　　　　　　　　tenuisylsum W. K. Hu
　　嫩枝叶：清热止咳、平喘
阔柄杜鹃　R. platypodum Diels
　　嫩枝叶、花：清热解毒、止咳平喘
溪畔杜鹃　R. rivulare Hand.-Mazz.
　　根：活血止痛、祛湿
杜鹃　R. simsii Planch.
　　根（有毒）：祛风湿、活血祛瘀
长蕊杜鹃　R. stamineum Franch.
　　根及花：活血调经、祛痰止痛
四川杜鹃　R. sutchuenense Franch.
　　根皮：活血止血
反边杜鹃　R. thayerianum Rehd. et Wils.
　　枝、根、花：活血调经、祛瘀止痛
乌饭树　Vaccinium bracteatum Thunb.
　　根：祛风除湿、活血散瘀
短尾越橘　V. carlesii Dunn.
　　全株：止咳、平喘、消肿
贝叶越橘　V. conchophyllum Rehd.
　　根：顺气、消饱胀
长尾越橘　V. longicaudatum Chun
　　根：消肿散瘀
抱石越橘　V. nummularia Hook. f. et Thons.
　　全株：止喘平喘、消肿
米饭花　V. sprengelii（G. Don）Sleumer
　　果实：消肿、治全身浮肿
刺毛越橘　V. trichocladum Merr. et Metcalf
　　果：消食化气、止痢

222.紫金牛科　Myrsinaceae

九管血　Ardisia brevicaulis Diels
　　全株：除风湿、解热毒、喉头生蛾、蛇咬伤
尾叶紫金牛　A. caudata Hemsl.
　　全株：清热解毒、利喉
朱砂根　A. crenata Sims
　　根：活血祛瘀、清热降火、消肿解毒

红背朱砂根　*A. crenata* f. *hortensis*（Miq.）
W. Z. Fang

　　根:活血祛瘀、清热降火、消肿解毒

百两金　*A. crispa*（Thunb.）A. DC.

　　根:清利咽喉、散瘀消肿

细柄百两金　*A. crispa* var. *dielsii*（Lévl.）Walker

　　根:清热利喉、消炎止血

江南紫金牛　*A. faberi* Hemsl.

　　全株:舒筋活血、止咳化痰

紫金牛　*A. japonica*（Thunb.）Blume

　　全株:止咳化痰、祛风解毒、活血止痛

红毛走马胎　*A. mamillata* Hance *

　　全株:清热利湿、活血止血、祛腐生肌

九节龙　*A. pusilla* A. DC.

　　全株:消肿止痛、治蛇咬伤

疏花酸藤子　*Embelia pauciflora* Diels

　　根及茎:祛风除湿

网脉酸藤子　*E. vestita* Roxb.

　　根及茎:清凉解毒、滋阴补肾

湖北杜茎山　*Maesa hupehensis* Rehd.

　　根:祛风除湿、消肿

毛穗杜茎山　*M. insignis* Chun

　　全株:祛风除湿、消肿

杜茎山　*M. japonica*（Thunb.）Moritzi
et Zollinger

　　根:祛风除湿、消肿

山地杜茎山　*M. montana* A. DC.

　　全株:祛风除湿、活血消肿

铁仔　*Myrsine africana* Linn.

　　全株:清热利湿、收敛止血

密花树　*Rapanea neriifolia*（Sieb. et Zucc.）
Mezz.

　　根:治膀胱结石

　　叶:可敷外伤

针齿铁仔　*M. semiserrata* Wall.

　　皮及叶:活血行气、祛瘀胜湿

光叶铁仔　*M. stolonifera*（Koidz.）Walker

　　根:活血行气、祛瘀胜湿

223. 报春花科　Primulaceae

莲叶点地梅　*Androsace henryi* Oliv.

　　全草:治皮疹、疔疮

峨眉点地梅　*A. paxiana* R. Knuth

　　全草:清热解毒、消肿止痛

狼尾花　*Lysimachia barystachys* Bunge

　　全草:活血调经、散瘀消肿

泽珍珠菜　*L. candida* Lindl.

　　全草:解毒散结、祛风止痛

细梗排香草　*L. capillipes* Hemsl.

　　全草:祛风湿、理气、醒脑、除烦

金钱草　*L. christinae* Hance

　　全草:清热解毒、利尿、排石、活血散瘀

露珠珍珠菜　*L. circaeoides* Hemsl.

　　全草:活血散瘀、消肿止痛、凉血止血、消炎
生肌

珍珠菜　*L. clethroides* Duby

　　全草:活血调经、解毒消肿

管茎过路黄　*L. fistulosa* Hand.-Mazz.

　　全草:清热消肿

大叶排草　*L. fordiana* Oliv.

　　全草:舒筋活络、清热解毒

裸头过路黄　*L. gymnocephala* Hand.-Mazz.

　　全草:清热化痰、祛风除湿

点腺过路黄　*L. hemsleyana* Maxim.

　　全草:清热解毒、祛湿

宜昌过路黄　*L. henryi* Hemsl.

　　全草:清热解毒、祛湿

爪哇珍珠菜　*L. javanica* Bl.

　　全草:祛瘀、消痈肿

南川过路黄　*L. nanchuanensis* C. Y. Wu

　　全草:清热解毒、利尿排石

重楼排草　*L. paridiformis* Franch.

　　全草:活血止痛、祛风除湿

狭叶重楼排草　*L. paridiformis* var. *stenophylla*
Franch.

　　全草:活血止痛、祛风除湿

大过路黄　*L. phyllocephala* Hand.-Mazz.

　　全草:祛风清热、化痰

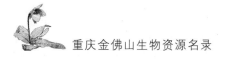
短毛叶头过路黄　*L. phyllocephala* var.
　　　　polycephala（Chien）Chen et C. M. Hu
　　全草：祛风清热、化痰

点叶落地梅　*L. punchatilimba* C. Y. Wu
　　全草：祛风除湿、清热化痰

显苞过路黄　*L. rubiginosa* Hemsl.
　　全草：清热解毒、消炎止血

阔叶假排草　*L. sikokiana* ssp. *petelotii*（Merr.）
　　　　　　　　　　　C. M. Hu
　　全草：祛风除湿、理气止痛

腺药珍珠菜　*L. stenosepala* Hemsl.
　　全草：清热解毒、利湿消肿

云贵腺药珍珠菜　*L. stenosepala* var. *flavescens*
　　　　　　　　Chen et C. M. Hu
　　全草：清热解毒、利湿消肿

川香草　*L. wilsonii* Hemsl.
　　全草：祛风散寒

乳黄报春　*Primula agleniana* Balf. f et Forrest
　　全草：清热利湿、祛风止血

掌叶报春　*P. alsophila* Balf. f. *
　　全草：清热利湿、祛痰止咳

峨眉报春　*P. faberi* Oliv.
　　全草：除湿、止五淋

葵叶报春　*P. malvacea* Franch.
　　全草：治疮肿

俯垂报春　*P. nutantiflora* Hemsl.
　　全草：清热解毒

鄂报春　*P. obconica* Hance
　　全草：清热解毒、利湿

卵叶报春　*P. ovalifolia* Franch.
　　全草：清热、利湿、祛风、止咳

矮葵叶报春　*P. rosthornii* Diels
　　全草：清湿热、祛风痰

藏报春　*P. sinensis* Sabine ex Lindley *
　　全草：治疮疖

224.兰雪科　Plumbaginaceae

紫金莲　*Ceratostigma willmottianum* Stapf
　　根及叶：舒筋活血、祛湿明目、消肿

兰雪花　*Plumbago auriculata* Lamk. *
　　根及叶：舒筋活血、明目、祛风、消肿

白花丹　*P. zeylanica* Linn. *
　　根及叶：（有毒）祛风止痛、散瘀消肿

225.柿树科　Ebenaceae

乌柿　*Diospyros cathayensis* A. N. Stward
　　根：清热凉血、活血散瘀

小叶柿　*D. dumetorum* W. W. Smith
　　根：祛风除湿

柿　*D. kaki* Thunb. *
　　果实：生津止渴、健胃行气

君迁子　*D. lotus* Linn.
　　果实：止渴除烦

罗浮柿　*D. morrisiana* Hance
　　茎皮：止痢

226.山矾科　Symplocaceae

腺柄山矾　*Symplocos adenopus* Hance
　　根皮：祛风除湿

铜绿山矾　*S. aenea* Hand. -Mazz.
　　根皮：祛风除湿

薄叶山矾　*S. anomala* Brand
　　根：清热、杀虫

总状山矾　*S. botryantha* Franch.
　　花及叶：清热解毒、理气止痛

华山矾　*S. chinensis*（Lour.）Druce.
　　根：解表退热、解毒、除烦
　　叶：止血

光叶山矾　*S. lancifolia* Sieb. et Zucc.
　　根：治跌打损伤

黄牛奶树　*S. laurina*（Retz.）Wall.
　　根皮：散寒清热

茶条果　*S. lucida*（Thunb.）Sieb. et Zucc.
　　根：止咳、消胀
　　叶：治咳嗽喘逆

白檀　*S. paniculata*（Thunb.）Miq.
　　全草：消炎、软坚、调气

多花山矾　*S. ramosissima* Wall. ex D. Don
　　根、茎：清热解毒

四川山矾　*S. setchuenensis* Brand
　　茎叶：清热解毒、祛风除湿

老鼠矢　*S. stellaris* Brand

　　根：舒筋活络

　　叶：止血

银色山矾　*S. subconnata* Hand.-Mazz.

　　根：祛风除湿

　　花：止咳消炎

山矾　*S. sumuntia* Buch-Ham. ex D. Don

　　根：治黄疸、关节炎

　　花：治咳嗽

227. 安息香科　Styracaceae

赤杨叶　*Alniphyllum fortunei*（Hemsl.）Perk.

　　根皮：祛风活络

白辛树　*Pterostyrax psilophylla* Diels ex Perk.

　　根：活血散瘀

贵州木瓜红　*Rehderodendron kweichowense* Hu

　　根皮：祛风除湿、散瘀消肿

南川安息香　*Styrax hemsleyana* Diels

　　根：祛风除湿、清热消炎

金山安息香　*S. huana* Rehd.

　　根及树皮：祛风除湿

野茉莉　*S. japonica* Sieb. et Zucc.

　　根、叶、果：祛风除湿

粉花安息香　*S. rosea* Dunn.

　　根：祛风除湿

　　叶：止咳润肺

红皮安息香　*S. suberifolia* Hook. et Arn.

　　叶及根：祛风除湿、理气止痛

安息香　*S. tonkinensis*（Pierre）Craib

　　　　　　　　　　　　ex Hartw. *

　　树脂：开窍、辟秽、行血

228. 木犀科　Oleaceae

雪柳　*Fontanesia fortunei* Carr. *

　　根：散寒祛湿

连翘　*Forsythia suspensa*（Thunb.）Vahl *

　　果实：清热解毒、散结消肿、利尿

金钟花　*F. viridissima* Lindl. *

　　枝叶：清肺散寒

　　果实：清热消肿、利尿

小叶白蜡树　*Fraxinus bungeana* DC.

　　树皮：泻热明目、止痢涩肠

白蜡树　*F. chinensis* Roxb.

　　树皮：清热燥湿、止痢、明目

尖叶白蜡树　*F. chinensis* var. *acuminata* Ling

　　树皮：清热燥湿、止痢、明目

大叶白蜡树　*F. chinensis* var.

　　　　　　rhynchophylla（Hance）E. Murray

　　树皮：清热燥湿、止痢、明目

苦枥木　*F. insularis* Hemsl.

　　树皮：清热燥湿、止痢、明目

湖北白蜡树　*F. hopeiensis* Fang

　　树皮：清热燥湿、止痢、明目

南川白蜡树　*F. nanchuanensis* S. S. Sun et

　　　　　　　　　　　　　　　　J. L. Wu

　　树皮：清热燥湿、止痢、明目

探春花　*Jasminum floridum* Bunge

　　茎：清热解毒、消炎、治火烫伤

破骨风　*J. lanceolarium* Roxb.

　　茎：祛风除湿、活血散瘀

毛破骨风　*J. lanceolarium* var. *puberulum*

　　　　　　　　　　　　　　　Hemsl.

　　茎：祛风除湿、活血散瘀

迎春花　*J. nudiflorum* Lindl. *

　　叶：清火解毒

　　花：清热利尿

素花　*J. officinale* var. *grandiflorum*（Linn.）

　　　　　　　　　　　　　　　Kobuski

　　茎及花：舒肝解郁、化滞止痛

素心清香藤　*J. polyanthum* Franch.

　　茎藤：祛风除湿

茉莉花　*J. sambac*（Linn.）Aiton *

　　花及叶：清热解毒

　　根：止痛（有小毒）

华清香藤　*J. sinense* Hemsl.

　　根及藤：祛风除湿

无毛女贞　*Ligustrum compactum* Wall. ex

　　　　　　　　G. DonHook. f . et Thoms.

　　叶及小枝：清热解毒、除烦

紫药女贞 *L. delavayanum* Hariot
根:利尿通淋、消食健胃

兴山蜡树 *L. henryi* Hemsl.
叶:清热解毒

日本女贞 *L. japonicum* Thunb.
叶:清热解毒、治火火烫伤、乳痛

毛日本女贞 *L. japonicum* var. *pubescens* Koidz.
叶及小枝:清热解毒、除湿

园叶女贞 *L. japonicum* var. *rotundifolium*
Nichols.
叶及枝:清热解毒、除烦

蜡子树 *L. leucanthum* (S. Moore) P. S. Green
叶:清热解毒

女贞 *L. lucidum* Ait.
果实:滋补肝肾、乌发明目

总梗女贞 *L. pricei* Hayata
叶、枝:清热解毒、除烦

小叶女贞 *L. quihoui* Carr.
叶及小枝:清热解毒、除烦止痛

小蜡 *L. sinense* Lour.
叶、枝:抗感染、止咳

尖叶油橄榄 *Olea cuspidata* Wall. *
果实榨油:治火烫伤

油橄榄 *O. europaea* Linn. *
果实榨油:降血压、治头晕及火烫伤

红柄木犀 *Osmanthus armatus* Diels
根:散寒降温

木犀 *O. fragrans* (Thunb.) Lour
根:祛风除湿、散寒

银桂 *O. fragrans* CV. 'Latifolius' *
根:祛风除湿、散寒

金桂 *O. fragrans* CV. 'Thunbergii' *
根:祛风除湿、散寒

四季桂 *O. fragrans* CV. 'Semperflorens' *
根:祛风除湿、散寒

南川木犀 *O. nanchuanensis* H. T. Chang
根:祛风除湿、消肿止痛

毛桂花 *O. venosus* Pamp.
根及花:化痰生津、消肿止痛、祛风除湿

野桂花 *O. yunnanensis* (Franch.) P. S. Green
根:祛风除湿、消肿止痛

紫丁香 *Syringa oblata* Lindl. *
种子及嫩叶:收敛涩肠

白丁香 *S. oblata* CV. 'Alba' *
种子及嫩叶:收敛涩肠

暴马丁香 *S. reticulata* var. *mandshurica*
(Maxim.) Hara *
根及茎:清肺祛痰、止咳平喘

229.马钱科 Loganiaceae

巴东醉鱼草 *Buddleja albiflora* Hemsl.
根:活血散瘀
叶:杀虫止痒

七里香 *B. asiatica* Lour.
茎叶:(有毒)杀虫止痒、祛湿

密香醉鱼草 *B. candida* Dunn
花、叶及根:(有毒)祛风除湿、止咳化痰

大叶醉鱼草 *B. davidii* Franch.
茎叶:(有毒)杀虫止痒、祛湿

醉鱼草 *B. lindleyana* Fort.
叶及根:(有毒)祛风除湿、止咳化痰

大序醉鱼草 *B. macrostachya* Benth.
叶及根:(有毒)祛风除湿、止咳化痰

密蒙花 *B. officinalis* Maxim.
花:清肝明目、止咳

披针叶蓬莱葛 *G. lanceolata* Rehd. et Wils.
茎:除风湿、安五脏、通九窍

蓬莱葛 *Gardneria multiflora* Makino
茎:除风湿、安五脏、通九窍

胡蔓藤 *Gelsemium elegana* (Gardn.) Benth.
茎及叶:消肿拔毒、杀虫止痒

230.龙胆科 Gentianaceae

杯药草 *Cotylanthera paucisquama* C. B. Clarke
全草:清热解毒、抗癌

密花龙胆 *Gentiana densiflora* T. N. Ho
全草:清热利湿、解毒消痈

流苏龙胆 *G. panthaica* Prain et Burk.
全草:清热利湿

红花龙胆　*G. rhodantha* Franch. ex Hemsl.
　　全草:清热利湿、解毒

深红龙胆　*G. rubicunda* Franch.
　　全草:清热利湿、杀菌、消肿

水繁缕叶龙胆　*G. samolifolia* Franch.
　　全草:清肝明目、清热解毒

鳞叶龙胆　*G. squarrosa* Ledeb.
　　全草:清热利湿、解毒消肿

麻花秦艽　*G. straminea* Maxim. *
　　根:祛风除湿、退虚热

灰绿龙胆　*G. yokusai* Burk.
　　全草:解毒消肿

椭园叶花锚　*Halenia elliptica* D. Don
　　全草:清热利湿、平肝利胆

匙叶草　*Latouchea fokiensis* Franch.
　　全草:活血化瘀、清热止咳

獐牙菜　*Swertia bimaculata*（Sieb. et Zucc.）
　　　　　　　　　　　Hook. f. et Thoms.
　　全草:清热利湿、消炎止血

西南獐牙菜　*S. cincta* Burkill
　　全草:清热凉血、利尿

川东獐牙菜　*S. davidii* Franch.
　　全草:清热解毒、消炎止痢

当药　*S. diluta*（Turcz.）Benth. et Hook. f.
　　全草:清热消炎、止痛利湿

贵州獐牙菜　*S. kouytchensis* Franch.
　　全草:清热、健胃、利湿

大籽獐牙菜　*S. macrosperma*（Clarke）
　　　　　　　　　　　C. B. Clarke
　　全草:清热、消炎、清肝利胆、除湿

翼梗獐牙菜　*S. nervosa*（G. Don）Wall. ex
　　　　　　　　　　　C. B. Clarke
　　全草:清热解毒、利湿健胃

长柄当药　*S. oculata* Hemsl.
　　全草:清热解毒、利湿健胃

紫红獐牙菜　*S. punicea* Hemsl.
　　全草:清热利湿、健脾胃

双蝴蝶　*Tripterospermum chinense*（Migo）
　　　　　　　　　　　H. Sm.
　　全草:清热解毒、止咳止血

峨眉双蝴蝶　*T. cordatum*（Marq.）H. Sm.
　　全草:清热利湿、解毒

湖北双蝴蝶　*T. discoideum*（Marq.）H. Sm.
　　全草:清热利湿、解毒

细茎双蝴蝶　*T. filicaule*（Hemsl.）H. Sm.
　　全草:清热解毒、消炎

毛萼双蝴蝶　*T. hirticalyx* C. Y. Wu
　　全草:清热利胆、消炎

231.**睡菜科**　Menyanthaceae

睡菜　*Menyanthes trifoliata* Linn.
　　全草:健脾消食、养心安神
　　根茎:润肺止咳、消肿、降压

荇菜　*Nymphoides peltatum*（Gmel.）O. Kuntze
　　全草:清热解毒

232.**夹竹桃科**　Apocynaceae

鸡骨常山　*Alstonia yunnanensis* Diels
　　根:消炎止血、接骨止痛、解热降压

念珠藤　*Alyxia odorata* Wall. ex G. Don.
　　根及茎:解热镇痛、消炎解毒、祛风利湿

大花罗布麻　*Apocynum hendersonii* Hook. f. *
　　叶:清热平肝、息风降压

罗布麻　*A. venetum* Linn. *
　　叶:清热平肝、息风降压

云南假虎刺　*Carissa spinarum* Linn. *
　　根及叶:清热解毒、消肿

长春花　*Catharanthus roseus*（Linn.）G. Don. *
　　全草:镇静安神、平肝、降压、抗癌

白长春花　*C. roseus* CV. 'Alhus' *
　　全草:镇静安神、平肝、降压、抗癌

黄长春花　*C. roseus* CV. 'Flavus' *
　　全草:镇静安神

川山橙　*Melodinus hemsleyanus* Diels
　　茎及根:补血、清热解毒

夹竹桃　*Nerium oleander* Linn. *
　　茎叶:(有毒)强气利尿、祛痰催吐

白花夹竹桃　*N. oleander* CV. 'Paihua' *
　　茎叶:(有毒)强气利尿、祛痰催吐

鸡蛋花　*Plumeria rubra* Linn. *
　　花及树皮:清热下痢、润肺止咳

白鸡蛋花　*P. rubra* CV. 'Acutifolia' *
　　花及树皮:清热下痢、润肺止咳

阔叶萝芙木　*Rauvolfia latifrons* Tsiang *
　　根茎:祛风活血、止痛、接骨

印度萝芙木　*R. serpentina* (Linn.) Benth.
　　　　　　　　　　　　　　et Kurz. *
　　根、叶:退热、降压、消炎解毒

四叶萝芙木　*R. tetraphylla* Linn. *
　　根:催吐、泻下、利尿、降压、消肿

萝芙木　*R. verticillata* (Lour.) Baill. *
　　根:镇静、降压、活血、止痛

药用萝芙木　*R. verticillata* var. *officinalis*
　　　　　　　　　　　　　　Tsiang *
　　根:镇静、降压、活血、止痛

红果萝芙木　*R. verticillata* f. *rubrocarpa*
　　　　　　　　　　　　　　H. T. Chang *
　　根:镇静、降压、活血、止痛

催吐萝芙木　*R. vomitoria* Afzel. ex Spreng *
　　根:催吐泻下
　　茎皮:退热、消食

云南萝芙木　*R. yunnanensis* Tsiang *
　　根、茎叶:清热凉血、解毒、降血压

毛药藤　*Sindechites henryi* Oliv.
　　根:清热解毒、健脾补虚

羊角坳　*Strophanthus divericatus* (Lour.)
　　　　　　　　　　　　　　Hook. et Arn.
　　根及茎:(有大毒)强心消肿、止痛、止痒

狗牙花　*Tabernacmontana divaricata* (Linn.)
　　　　　　　　R. Br. ex Roem. et Schult. *
　　根、叶及花:(有毒)清热解毒、降压

重瓣狗牙花　*T. divaricata* CV. 'Gouyahua' *
　　根、叶及花:(有毒)清热解毒、降压

黄花夹竹桃　*Thevetia peruviana* (Pers.)
　　　　　　　　　　　　　　K. Schum. *
　　花根:(有大毒)强心、利尿、消肿

紫花络石　*Trachelospermum axillare* Hook. f.
　　茎藤:祛风除湿、通乳汁、解毒止痒

短柱络石　*T. brevistylum* Hand.-Mazz.
　　茎藤:祛风除湿、止血、止痛

乳儿藤　*T. cathayanum* Schneid.
　　茎:治风湿、腰痛

细梗络石　*T. gracilipes* Hook. f.
　　根及茎:活血祛痰、治跌打损伤

湖北络石　*T. gracilipes* var. *hupehense* Tsiang
　　　　　　　　　　　　　　et P. T. Li
　　根及茎:活血祛痰、治跌打损伤

络石藤　*T. jasminoides* (Lindl.) Lem
　　根及茎:祛风通络、活血止痛

变色络石　*T. jasminoides* var. *variegatum*
　　　　　　　　　　　　　　Miller
　　根及茎:祛风通络、止血、止痛

蔓长春花　*Vinca major* Linn. *
　　全草:清热解毒、消肿止痛

花叶长春花　*V. major* CV. 'Variegata' *
　　全草:镇静安神、平肝、降压、抗癌

233. 萝藦科　Asclepiadaceae

马利筋　*Asclepias curassavica* Linn. *
　　全草:(有毒)强心消炎、止血、驱虫

青龙藤　*Biondia henryi* (Warb.) Tsiang
　　　　　　　　　　　　　　et P. T. Li
　　根及茎:祛风除湿

牛角瓜　*Calotropis gigantea* (Linn.) Dry.
　　　　　　　　　　　　　　ex Ait. f. *
　　茎、叶:(有毒)强心利湿、止痢、止痒

吊灯花　*Ceropegia trichantha* Hemsl.
　　全株:清热解毒、杀菌止痒

白薇　*Cynanchum atratum* Bunge
　　根:清热、凉血、利尿、祛湿

耳叶牛皮消　*C. auriculatum* Royle et Wight
　　块根:(有小毒)养胃清热、润肺止咳

光白薇　*C. inamoenum* (Maxim.) Loes.
　　根:清热凉血、利尿

朱砂藤　*C. officinale* (Hemsl.) Tsiang et Zhang
　　根:清热润肺、止咳、化痰

徐长卿　*C. paniculatum* (Bunge) Kitag.
　　全草:解毒、消肿、通经活络、止痛

柳叶白前　*C. stauntonii* (Decne.) Schltr.
　　　　　　　　　　　　　　ex Lévl.
　　根茎:清热、润肺、化痰止咳

狭叶白前　*C. stenophyllum* Hemsl.
　　根茎:润肺止咳、消炎止痛
蔓生白薇　*C. versicolor* Bunge *
　　根:清热补虚、凉血、利尿
轮叶白前　*C. verticillatum* Hemsl.
　　根茎:润肺止咳、消炎止痛
药用白前　*C. vincetoxicum*（Linn.）Pers. *
　　根:催吐、祛湿、强心利尿
昆明杯冠藤　*C. wallichii* Wight.
　　根:壮腰健肾、强筋骨、解毒
苦绳　*Dregea sinensis* Hemsl.
　　茎:止咳、祛风、止血、催乳
贯筋藤　*D. sinensis* var. *corrugata*（Schneid.）
　　　　　　　　　　　　Tsiang et P. T. Li
　　茎:止咳、祛风、止血、催乳
醉魂藤　*Heterostemma alatum* Wight
　　根:祛风除湿、解毒截疟
缸豆藤　*Hoya fungii* Merr.
　　全株:治风湿跌打、脾肿大、吐血、骨折
香花球兰　*H. lyi* Lévl.
　　全株:祛风除湿、舒筋活络、镇痛
牛奶菜　*Marsdenia sinensis* Hemsl.
　　全株:舒筋通络
通光散　*M. tenacissima*（Roxb.）Wight et Arn.
　　藤茎:止咳平喘、通乳利尿、抗癌
蓝叶藤　*M. tinctoria* R. Br.
　　果:治胃气痛
华萝藦　*Metaplexis hemsleyana* Oliv.
　　茎叶:补肾、行气活血、消肿解毒
萝藦　*M. japonica*（Thunb.）Makino.
　　茎叶:强壮行气、活血、消肿解毒
青蛇藤　*Periploca calophylla*（Wight）Falc.
　　根及茎:祛风散寒、活血散瘀
西南杠柳　*P. forrestii* Schlecht.
　　根及茎:(有毒)祛风湿、强筋骨
杠柳　*P. sepium* Bunge
　　根皮:(有毒)祛风湿、强筋骨
通天连　*Tylophora koi* Merr.
　　藤茎:清热解毒、治蛇咬伤

234. 旋花科　Convolvulaceae
心萼薯　*Aniseia biflora*（Linn.）Choisy *
　　全草:清热解毒、利湿
月光花　*Calonyction aculeatum*（Linn.）House *
　　种子:解毒、泻下
打碗花　*Calystegia hederacea* Wall.
　　全草:调经活血、滋阴补虚
篱打碗花　*C. sepium*（Linn.）R. Br.
　　根及全草:清热消炎、止带
长裂旋花　*C. sepium* var. *japonica*（Choisy）
　　　　　　　　　　　　　　　　Makino
　　根及全草:清热消炎、止带
箭叶旋花　*Convolvulus arvensis* Linn.
　　种子:解毒、泻下
南方菟丝子　*Cuscuta australis* R. Br.
　　种子:补养肝肾、润燥
菟丝子　*C. chinensis* Lam.
　　种子:补养肝肾、益精明目
日本菟丝子　*C. japonica* Choisy
　　种子:补肾固精、养肝明目
马蹄金　*Dichondra micrantha* Urb.
　　全草:清热利尿、祛风止痛、生肌止血
土丁桂　*Evolvulus alsinoides*（Linn.）Linn.
　　全草:散瘀止痛、清热利湿
蕹菜　*Ipomoea aquatica* Forsk. *
　　茎及叶:清热解毒、利湿接骨
番薯　*I. batatas*（Linn.）Lam. *
　　茎及叶:清热解毒、消肿排脓
枫叶苕　*I. cairica*（Linn.）Sweet. *
　　茎:止血、排脓
　　块根:补中生津
北鱼黄草　*Merremia sibirica*（Linn.）Hall. f.
　　全草:活血散瘀、消肿止痛
盒果藤　*Operculina turpethum*（Linn.）
　　　　　　　　　　　　　　　　S. Manso *
　　根皮:舒筋活络、泻下
大花牵牛　*Pharbitis indica*（Burm.）R. C. Fang *
　　种子:泻下利尿、祛痰杀虫
牵牛　*P. nil*（Linn.）Choisy
　　种子:泻下利尿、祛痰止血

白牵牛　*P. nil* CV. 'Alba' *

　　种子:泻下利尿、祛痰止血

园叶牵牛　*P. purpurea*（Linn.）Voigt

　　种子:泻下利尿、祛痰止血

白花园叶牵牛　*P. purpurea* CV. 'Alba'

　　种子:泻下利尿、祛痰止血

腺毛飞蛾藤　*Porana duclouxii* var. *lasia*

　　　　　　（Schneid.）Hand.-Mazz.

　　全草:祛痰、退热、补血

飞蛾藤　*P. racemose* Roxb.

　　全草:暖胃补血、祛痰退热

大果飞蛾藤　*P. sinensis* Hemsl.

　　根:治高烧、肺结核、支气管炎、胸膜炎、劳伤

圆叶茑萝　*Quamoclit coccinea*（Linn.）Moench

　　全草:清热解毒、利尿

羽叶茑萝　*Q. pennata*（Desr.）Bojer. *

　　全草:清热解毒

槭叶茑萝　*Q. sloteri* House *

　　全草:清热解毒

235. 紫草科　Boraginaceae

长蕊斑种草　*Bothriospermum dunnianum*

　　　　　　（Diels）Hand.-Mazz.

　　根:养阴补虚、除热解毒

多苞斑种草　*B. secundum* Maxim.

　　全草:祛风、解毒、杀虫

柔弱斑种草　*B. tenellum*（Hornem.）Fisch.

　　　　　　et Mey.

　　全草:解毒、消肿

倒提壶兰布裙　*Cynoglossum amabile* Stapf.

　　　　　　et Drumm.

　　全草:清热利湿、散瘀止血、止咳

小花琉璃草　*C. lanceolatum* Forsk.

　　根及叶:清凉、消肿、活血散瘀

琉璃草　*C. zeylanicum*（Vahl）Thunb. ex Lehm.

　　根及叶:清凉、消肿、活血散瘀

粗糠树　*Ehretia macrophylla* Wall.

　　根及茎皮:祛风除湿、散瘀消肿

光叶粗糠树　*E. macrophylla* var. *glabrescens*

　　　　　　（Nakai）Y. L. Liu

　　叶、果:生津止渴

厚壳树　*E. thyrsiflora*（Sieb. et Zucc.）Nakai

　　根及茎皮:祛风除湿、消肿止痛

紫草　*Lithospermum erythrorhizon* Sieb.

　　　　　　et Zucc.

　　根:清热凉血、解毒透疹

梓木草　*L. zollingeri* DC.

　　全株:胃胀反酸、吐血、跌打损伤

车前紫草　*Sinojohnstonia plantaginea* Hu

　　全草:舒筋活络、消炎止血

聚合草　*Symphytum officinale* Linn. *

　　根:止泻、止血

盾果草　*Thyrocarpus sampsonii* Hance

　　全草:清热、散风、镇痛

钝萼附地菜　*Trigonotis amblyosepala* Nakai

　　　　　　et Kitagawa

　　全草:祛风、镇痛、止血

窄叶附地菜　*T. angustifolis*（C. J. Wang）

　　　　　　W. T. Wang

　　全草:温中健胃、消肿止痛

西南附地菜　*T. cavaleriei*（Lévl.）Hand.-Mazz.

　　全草:祛风、镇痛

狭叶附地菜　*T. giraldii* Brand.

　　全草:消肿、止痛、止血

南川附地菜　*T. laxa* Johnst.

　　全草:清热利湿、消肿止痛

大叶附地菜　*T. macrophylla* Vant.

　　全草:祛风、镇痛

附地菜　*T. peduncularis*（Trev.）Benth.

　　　　　　Ex Baker et Moore

　　全草:温中健胃、消肿止痛、止血

236. 马鞭草科　Verbenaceae

珍珠枫　*Callicarpa bodinieri* Lévl.

　　根及叶:舒筋和血、解毒、祛痰

南川紫珠　*C. bodinieri* var. *rosthornii*（Diels）

　　　　　　Rehd.

　　根及叶:舒筋和血、解毒、祛痰

华紫珠　*C. cathayana* H. T. Chang

　　根及叶:散瘀止血、消肿止痛

老鸦糊　*C. giraldii* Hesse ex Rehd.

　　根及叶:止血、散瘀、消炎

毛叶老鸦糊　*C. giraldii* var. *subcanescens* Rehd.
　　根及叶:清热凉血、解毒
湖北紫珠　*C. gracilipes* Rehd.
　　根及叶:消炎、止血、散瘀
紫珠　*C. japonica* Thunb.
　　根及叶:止血、散瘀、消炎止痛
长叶紫珠　*C. longifolia* Lamk.
　　根:祛风除湿
　　叶:止血
尖尾紫珠　*C. longissima*（Hemsl.）Merr.
　　根及叶:止血、散瘀、消炎止痛
白毛长叶紫珠　*C. longifolia* var. *floccosa*
　　　　　　　　　　　　　　　Schauer
　　根及叶:止血、散瘀、消炎止痛
披针叶紫珠　*C. longifolia* var. *lanceolaria*
　　　　　　　　　　（Roxb.）C. B. Clarke
　　根及叶:止血、散瘀、消炎止痛
黄腺紫珠　*C. luteopunctata* Chang
　　根及叶:止血、散瘀、消炎止痛
红紫珠　*C. rubella* Lindle
　　根及叶:散瘀、止血、祛风止痛
狭叶红紫珠　*C. rubella* f. *angustata* Péi
　　根及叶:散瘀、止血、祛风止痛
钝齿红紫珠　*C. rubella* f. *crenata* Péi
　　根、茎、叶:止血、散瘀、消炎
兰香草　*Caryopteris incana*（Thunb.）Miq.
　　全株:疏风解表、祛痰止咳
臭牡丹　*Clerodendrum bungei* Steud.
　　根及叶:祛风除湿、解毒散瘀
大萼臭牡丹　*C. bungei* var. *megacalyx* C. Y.
　　　　　　　　　　　　Wu ex S. L. Chen
　　根及叶:祛风除湿、解毒散瘀
毛赪桐　*C. canescens* Wall. ex Walp.
　　根:祛风除湿、退热止痛
大青　*C. cyrtophyllum* Turcz. *
　　叶:清热泻火、利尿、凉血解毒
赪桐　*C. japonicum*（Thunb.）Sweet
　　根:祛风除湿、散瘀消肿
　　叶:解毒、排脓

黄腺大青　*C. luteopunctatum* Péi et S. L. Chen
　　根:祛风除湿、利尿、止血、降压
海通　*C. mandarinorum* Diels
　　根:祛风除湿
　　叶:拔毒消肿
臭茉莉　*C. philippinum* var. *simplex* Moldenke
　　根、叶、花:祛风除湿、化痰止咳、活血消肿
海州常山　*C. trichatomum* Thunb.
　　根及叶:祛风除湿、降血压
紫萼臭梧桐　*C. trichatomum* var. *fangesii*
　　　　　　　　　　　　（Dode）Rehd.
　　根及叶:祛风除湿、降血压
马缨丹　*Lantana camara* Linn. *
　　枝叶:(有小毒)祛风止痒、解毒消肿
过江藤　*Phyla nodiflora*（Linn.）Greene
　　全草:破瘀生新、通利小便
狭叶臭黄荆　*Premna ligustroides* Hemsl.
　　根及叶:除风湿、清湿热
豆腐柴　*P. microphylla* Turcz.
　　根及茎:清热解毒、消肿止痛、收敛止血
长柄臭黄荆　*P. puberula* Pamp.
　　根及叶:清热解毒、治月经不调
假马鞭草　*Stachytarpheta jamaicensis*（Linn.）
　　　　　　　　　　　　　　　　Vahl. *
　　全草:清热解毒、利水通淋
美女樱　*Verbena hybrida* Voss
　　全草:清热凉血
马鞭草　*V. officinalis* Linn.
　　全草:清热解毒、截疟杀虫、利尿止咳
细叶美女樱　*V. tenera* Spreng *
　　全草:清热凉血
灰毛牡荆　*Vitex canescens* Kurz
　　果实:健胃止痛
黄荆　*V. negundo* Linn.
　　果实:上咳平喘
　　根及茎:清热止咳
齿叶黄荆　*V. negundo* var. *cannabifolia*
　　　　　　　　（Sieb. et Zucc.）Hand. -Mazz.
　　果实:养肝除风
　　根:清热止咳

荆条　*V. negundo* var. *heterophylla*（Franch.）
Rehd.

　　果实：养肝除风、行气止咳、止痢

山牡荆　*V. quinata*（Lour.）Will.

　　果实：健胃止痛

　　根：清热止咳、杀虫

蔓荆　*V. trifolia* Linn. *

　　果实：疏散风热、清利头目

单叶蔓荆　*V. trifolia* var. *simplicifolia*
Cham. *

　　果实：疏散风热、清利头目

237. **唇形科**　Labiatae

藿香　*Agastache rugosa*（Fisch. et Mey.）
O. Ktze.

　　全草：芳香化湿、和胃止呕

筋骨草　*Ajuga ciliata* Bunge

　　全草：清热解毒、消肿止痛、凉血平肝

散血草　*A. decumbens* Thunb.

　　全草：清热解毒、凉血、消肿止痛、平肝

狭叶散血草　*A. decumbens* var. *oblancifolia*
Sun ex C. H. Hu

　　全草：清热解毒、凉血、消肿止痛、平肝

紫背金盘　*A. nipponensis* Makino

　　全草：清热消炎、止痛止血

矮生散血草　*A. nipponensis* var. *pallescens*
（Maxim.）C. Y. Wu et C. Chen

　　全草：清热解毒、消肿止痛

毛药花　*Bostrychanthera deflexa* Benth.

　　全草：清热解毒、消肿

肾茶　*Clerodendranthus spicatus*（Thunb.）
C. Y. Wu et H. W. Li *

　　全草：清热利湿、排石利水

风轮菜　*Clinopodium chinense*（Benth.）
O. Ktze.

　　全草：消肿、活血、解毒、消炎

瘦风轮菜　*C. gracile*（Benth.）Matsum.

　　全草：清热解毒、消肿止痛

峨眉风轮菜　*C. omeiense* C. Y. Wu et Hsuan
ex H. W. Li

　　全草：散寒发表、消炎止痛

灯笼草　*C. polycephalum*（Vaniot）C. Y. Wu
et Hsuan ex Hsu

　　全草：清热解毒、消炎止痛

匍匐风轮菜　*C. repens*（D. Don）Wall. ex Benth.

　　全草：凉血止血、清热解毒

麻叶风轮菜　*C. urticifolium*（Hance）
C. Y. Wu et Hsuan ex H. W. Li

　　全草：清热平肝、活血消肿

南川绵穗苏　*Comanthosphace nanchuanensis*
C. Y. Wu et H. W. Li

　　全草：清热利湿

紫花香薷　*Elsholtzia argyi* Lévl.

　　全草：发汗解暑、利湿行水

香薷　*E. ciliata*（Thunb.）Hyland.

　　全草：发汗解暑、利湿行水

野草香　*E. cypriani*（Pavol.）S. Chow
ex P. S. Hsu

　　全草：清热解毒、止血

窄叶野草香　*E. cypriani* var. *angustifolia*
C. Y. Mu et S. C. Huang

　　全草：清热解毒、止血

野拔子　*E. rugulosa* Hemsl.

　　全草：清热解毒、消食止痛

穗状香薷　*E. stachyodes*（Link.）C. Y. Wu

　　全草：清热解毒

球穗香薷　*E. strobilifera* Benth.

　　全草：散寒发表

四川假野芝麻　*Galeobdolon szechuanense*
C. Y. Wu

　　全草：清热利湿

鼠曲瓣花　*Galeopsis bifida* Boenn.

　　全草：解毒，治疮痈、肿毒、梅毒

连钱草　*Glechoma longituba*（Nakai）Kupr.

　　全草：清热解毒、利尿排石

块茎四轮香　*Hanceola thberifera* Sun

　　块茎：活血散瘀、消肿止痛

异野芝麻　*Heterolamium debile*（Hemsl.）
C. Y. Wu

　　全草：清热解毒、利尿

细齿异野芝麻　*H. debile* var. *cardiophyllum*
　　　　　　　（Hemsl.）C. Y. Wu
　　全草：清热解毒、利尿

山香　*Hyptis suaveolens*（Linn.）Poit. *
　　全草：散瘀止痛、止血、祛风解表

四川霜柱　*Keiskea szechuanensis* C. Y. Wu
　　全草：清热除湿、活血散瘀

动蕊花　*Kinostemon ornatum*（Hemsl.）Kudo
　　全草：治头痛发热

镰叶动蕊花　*K. ornatum* f. *falcatum* C. Y. Wu
　　　　　　　　　　　　　　et S. Chow
　　　全草：清热解毒

夏至草　*Lagopsis supina*（Steph.）Ik. -Gal
　　　全草：活血调经

宝盖草　*Lamium amplexicaule* Linn.
　　　全草：舒筋活络、接骨、清肝热

野芝麻　*L. barbatum* Sieb. et Zucc.
　　　全草：活血散瘀、调经止带、消食

薰衣草　*Lavandula angustifolia* Mill. *
　　　花：止痒

五裂叶益母草　*Leonurus guinguelobatus* Gilib *
　　　种子或全草：调经养血、安胎、祛瘀

益母草　*L. japonica* Houtt.
　　　全草：调经活血、祛瘀
　　　种子：利尿消肿

多棱益母草　*L. japonica* CV. 'Multiangulus' *
　　　全草：调经活血、祛瘀
　　　种子：利尿消肿

白花益母草　*L. japonica* f. *niveus*（Baran.
　　　　　　　　　et Skvortz.）Hara *
　　　种子或全草：调经养血、安胎、祛瘀

錾菜　*L. pseudo-macranthus* Kitag.
　　　根：补血、活血、行气利尿

细叶益母草　*L. sibiricus* Linn.
　　　根：补血、活血、行气利尿

疏毛白绒草　*Leucas mollissima* var. *chinensis*
　　　　　　　　　　　　　　Benth.
　　　全草：清肺止咳、解毒，外用治痈肿

斜萼草　*Loxocalyx urticifolius* Hemsl.
　　　全草：清热解毒、止痛、止痢

小叶地笋　*Lycopus cavaleriek* Lévl.
　　　全草：活血调经、利尿

地笋　*L. lucidus* Turcz.
　　　全草：活血调经、利尿

硬毛地笋　*L. lucidus* var. *hirtus* Regel
　　　全草：活血调经、利尿

华西龙头花　*Meehania fargesii*（Lévl.）C. Y. Wu
　　　全草：治风寒感冒

梗花龙头花　*M. fargesii* var. *pedunculata*
　　　　　　　　　　　（Hemsl.）C. Y. Wu
　　　全草：治腹泻

松林龙头花　*M. fargesii* var. *pinetorum*
　　　　　　　　　（Hand. -Mazz.）C. Y. Wu
　　　全草：散寒解表

龙头花　*M. henryi*（Hemsl.）Sun ex C. Y. Wu
　　　全草：清热解毒

蜜蜂花　*Melissa axillaris*（Benth.）Bakh. f.
　　　全草：清热解毒，治风湿麻木

龙脑薄荷　*Mentha arvensis* var. *malinvaudi*
　　　　　　　（Lévl.）C. Y. Wu et H. W. Li *
　　　全草：散寒发表、解热镇痛

家薄荷　*M. canadensis* var. *piperascens*
　　　　　　（Malinv.）C. Y. Wu et H. W. Li *
　　　全草：散风发表、解热镇痛

柠檬留兰香　*M. citrata* Ehrh. *
　　　全草：散风发表、解热镇痛

皱叶留兰香　*M. crispata* Schrad. ex Willd.
　　　全草：散风发表、解热镇痛

野薄荷　*M. haplocalyx* Briq.
　　　全草：散风发表、解热镇痛

辣薄荷　*M. piperita* Linn. *
　　　全草：散风发表、解热镇痛

园叶薄荷　*M. rotundifolia*（Linn.）Huds. *
　　　全草：祛风、镇痛

毛叶薄荷　*M. segarita* Juz.
　　　全草：散风发表、解热、镇痛

留兰香　*M. spicata* Linn.
　　　全草：散风发表、解热、镇痛

凉粉草　*Mesona chinensis* Benth. *
　　　全草：清热解毒

宝兴冠唇花　*Microtoena moupinensis*（Franch.）
　　　　　　　　　　Prain
　　全草:清热解毒、止痛散瘀
南川冠唇花　*M. prainiana* Diels
　　全草:清热解毒、消炎止血
美国薄荷　*Monarda didyma* Linn.＊
　　全草:清热解毒
拟美国薄荷　*M. fistulosa* Linn.＊
　　全草:清热解毒
石香薷　*Mosla chinensis* Maxim.
　　全草:发表散寒、利湿消肿
小石荠苧　*M. dianthera*（Buch.-Ham.）Maxim.
　　全草:散寒发表、清热解暑、消炎止血
少花石荠苧　*M. pauciflora*（C. Y. Wu）
　　　　　　　　　C. Y. Wu et H. W. Li
　　全草:散寒发表、清热解暑、消炎止血
石荠苧　*M. scabra*（Thunb.）C. Y. Wu
　　　　　　　　　　et H. W. Li
　　全草:清热解毒、止血止痒
柔毛荆芥　*Nepeta cataria* Linn.
　　全草:发表祛风、清热散瘀
心叶荆芥　*N. fordii* Hemsl.
　　全草:清热解毒、除湿
罗勒　*Ocimum basilicum* Linn.＊
　　全草、种子:疏风解表、活血、解毒
毛罗勒　*O. basilicum* var. *pilosum*（Willd.）
　　　　　　　　　　Benth.＊
　　全草:发汗解表、祛风利湿
丁香罗勒　*O. gratissinum* var. *suare*（Willd.）
　　　　　　　　　　Hook. f.＊
　　全草:发汗解表、祛风利湿
牛至　*Origanum vulgare* Linn.
　　全草:发汗解表、消暑化湿
纤细假糙苏　*Paraphlomis gracilis* Kudo
　　全草:清热止咳、凉血止血
罗甸假糙苏　*P. gracilis* var. *lutienensis*（Sun）
　　　　　　　　　C. Y. Wu
　　全草:清热止咳、凉血止血
假糙苏　*P. javanica*（Bl.）Prain
　　全草:润肺止咳、补血调经

狭叶假糙苏　*P. javanica* var. *angustifolia*
　　　　　　　　　C. Y. Wu
　　全草:润肺止咳、补血调经
长叶假糙苏　*P. lanceolata* Hand.-Mazz.
　　全草:清热止咳、凉血止血
白苏　*Perilla frutescens*（Linn.）Britton
　　叶:发汗止咳
　　根:平气安胎
紫苏　*P. frutescens* var. *crispa*（Thunb.）
　　　　　　　　　　Hand.-Mazz.
　　茎、叶:发表风寒、理气宽胸
鸡冠紫苏　*P. frutescens* var. *crispa* f. *nankinensis*
　　　　　　　　　（Lour.）Sun＊
　　茎、叶:发表风寒、理气宽胸
野紫苏　*P. frutescens* var. *purpurascens*
　　　　　　　　　（Hayata）H. W. Li
　　茎、叶:发表风寒、理气宽胸
大花糙苏　*Phlomis megalantha* Diels
　　全草:清热解毒、镇痛
糙苏　*P. umbrosa* Turcz.
　　根:消肿、生肌、续筋、接骨
南方糙苏　*P. umbrosa* var. *australis* Hemsl.
　　根:凉血、补肾、强筋骨、止痛
广藿香　*Pogostemon cablin*（Blanco）Benth.＊
　　全草:解暑化湿、行气和胃
夏枯草　*Prunella vulgaris* Linn.
　　全草:清肝明目、清热散结
狭叶夏枯草　*P. vulgaris* var. *lanceolata*
　　　　　　　　　（Bart.）Term.
　　全草:清肝明目、清热散结
白花夏枯草　*P. vulgaris* var. *leucantha* Schur.
　　全草:清肝明目、清热散结
细锥香茶菜　*Rabdosia coetsa*（Buch.-Ham.
　　　　　　　　　ex D. Don）Hara
　　全草:发表散寒
香茶菜　*R. excisoides*（Sun ex Hu）C. Y. Wu
　　　　　　　　　　et H. W. Li
　　全草:发表散寒、祛风止痛
粗齿香茶菜　*R. grosseserrata*（Dunn）Hara
　　全草:发表散寒、祛风止痛

线蚊香茶菜　*R. lophanthoides*（Buch.-Ham.
　　　　　　　ex D. Don）Hara
　　全草、根:解毒、祛风,治风湿麻木
大锥香茶菜　*R. megathyrsa*（Diels）Hara
　　全草:解表散寒、祛风湿、止呕
显脉香茶菜　*R. nervosa*（Hemsl.）C. Y. Wu
　　　　　　　et H. W. Li
　　全草:解毒、清热、祛风、利湿
总状香茶菜　*R. racemosus*（Hemsl.）H. W. Li
　　全草:清热解毒、利湿
瘿花香茶菜　*R. rosthornii*（Diels）Hara
　　全草:散寒发汗、清热化痰
碎米桠　*R. rubescens*（Hemsl.）Hara
　　全株:散寒解表、清热化痰
溪黄草　*R. serra*（Maxim.）Kudo
　　全草:利湿解毒
四川香茶菜　*R. setschwanensis*（Hand.-Mazz.）
　　　　　　　Hara
　　全草:解毒、祛风,治风湿麻木
细叶香茶菜　*R. tenuifolia*（W. W. Sm.）Hara
　　全株:祛风散寒、化痰止痛、生血生肌
南丹参　*Salvia bowleyana* Dunn *
　　根:祛瘀、生新、活血调经
贵州鼠尾草　*S. cavaleriei* Lévl.
　　全草:凉血解毒、散瘀止血
紫背血盆草　*S. cavaleriei* var.
　　　　　　erythrophylla（Hemsl.）Stib.
　　全草:凉血解毒、散瘀止血
单叶血盆草　*S. cavaleriei* var. *simplicifolia* Stib.
　　全草:凉血解毒、活血镇痛
华鼠尾草　*S. chinensis* Benth.
　　全草:清热解毒、活血镇痛
丹参　*S. miltiorrhiza* Bunge *
　　根:祛瘀生新、活血调经、清心除烦
白花丹参　*S. miltiorrhiza* f. *alba* C. Y. Wu
　　　　　　et H. W. Li *
　　根:祛瘀生新、活血调经、清心除烦
单叶丹参　*S. miltiorrhiza* var. *charbonnelii*
　　　　　　（Lévl.）C. Y. Wu *
　　根:祛瘀生新、活血调经、清心除烦

南川鼠尾草　*S. nanchuanensis* Sun
　　全草:凉血、止血、解毒散瘀
蕨叶鼠尾草　*S. nanchuanensis* var. *pteridifolia*
　　　　　　　　　Sun
　　全草:散瘀止血、凉血解毒
峨眉鼠尾草　*S. omeiana* Stib.
　　全草:清热止血、利湿、止咳
荔枝草　*S. plebeia* R. Br.
　　全草:清热解毒、利尿消肿
长冠鼠尾草　*S. plectranthoides* Griff.
　　全草:清热解毒、止血、散瘀
南欧丹参　*S. slaieag* Linn. *
　　全草:活血散瘀
一串红　*S. splendens* Ker.-Gawl. *
　　全草:凉血消肿
一串紫　*S. splendens* var. *atropurpura*
　　　　　　　　Ker.-Gawl. *
　　全草:凉血消肿
佛光草　*S. substolonifera* Stib.
　　全草:活血散瘀、消炎止痛
滇鼠尾草　*S. yunnanensis* C. H. Wright
　　全草:祛瘀、生新、消炎止痛
多裂叶荆芥　*Schizonepeta multifida*（Linn.）
　　　　　　　　Briq. *
　　全草:发表、散风、透疹
荆芥　*S. tenuifolia*（Benth.）Briq. *
　　全草:发表、散风、透疹
四棱草　*Schnabelia oligophylla* Hand.-Mazz.
　　全草:清热解毒、祛风除湿
长叶四棱草　*S. oligophylla* var. *oblongifolia*
　　　　　　　C. Y. Wu et G. Chen
　　全草:清热解毒、祛风除湿
四齿四棱草　*S. tetrodonta*（Sun）
　　　　　　　C. T. Wu et G. Chen
　　全草:清热解毒、祛风除湿
西南黄芩　*Scutellaria amoena* C. H. Wright *
　　根:泻实火、除湿热、止血、安胎
黄芩　*S. baicalensis* Georgi *
　　根:清热解毒、消炎、降压

半支莲　*S. barbata* D. Don
　　全草：清热消炎、止血、止痛、抗癌

尾叶黄芩　*S. caudifolia* Sun ex C. H. Hu
　　全草：清热解毒、消肿止血

赤水黄芩　*S. chishuiensis* C. Y. Wu et H. W. Li
　　全草：清热利尿、润肺止咳

岩藿香　*S. franchetiana* Lévl.
　　全草：清热止咳、舒筋消肿

韩信草　*S. indica* Linn.
　　全草：散血消肿、平肝退热

长毛韩信草　*S. indica* var. *elliptica* Sun
　　　　　　　　　　　　　ex C. H. Hu
　　全草：散血消肿、平肝退热

小叶韩信草　*S. indica* var. *parrifolia*（Makino）
　　　　　　　　　　　　　Makino
　　全草：清热解毒、活血散瘀

缩茎韩信草　*S. indica* var. *subcarlis*（Sun ex
　　　　　　C. H. Hu）C. Y. Wu et C. Chen
　　全草：清热解毒、活血散瘀

变黑黄芩　*S. nigricans* C. Y. Wu
　　全草：清热解毒

四裂花黄芩　*S. quadrilobulata* Sun ex C. H. Hu
　　全草：清肝发表

石蜈蚣草　*S. sessilifolia* Hemsl.
　　全草：解表散寒、祛毒消肿

顶序黄芩　*S. sessilifolia* f. *terminalis*
　　　　　　　　　　C. Y. Wu et S. Chow
　　全草：解表散寒、祛毒消肿

英德黄芩　*S. yingtakensis* Sune et C. H. Hu
　　根：泻火、解毒、安胎

筒冠花　*Siphocranion macranthum*（Hook. f.）
　　　　　　　　　　　　　C. Y. Wu
　　全草：清热解毒、治疮毒

小叶筒冠花　*S. macronthum* var. *microphyllum*
　　　　　　　　　　　　　C. Y. Wu
　　全草：清热解毒、治疮毒

光柄筒冠花　*S. nudipes*（Hemsl.）Kudo
　　全草：清热解毒、治疮毒

毛水苏　*Stachys baicalensis* Fisch. et Benth.
　　全草、根：消炎解毒、清热祛瘀、止痛

水苏　*S. japonica* Miq.
　　全草、根：消炎解毒、清热祛瘀、止痛

西南水苏　*S. kouyangensis*（Vaniot）Dunn
　　全草：清热解毒、拔脓

狭齿水苏　*S. pseudophlomis* C. Y. Wu
　　全草：解毒祛风

甘露子　*S. sieboldi* Miq.
　　全草：清热解毒、消炎止痛

黄花水苏　*S. xanthantha* C. Y. Wu
　　全草：解毒祛风

二齿香科　*Teucrium bidentatum* Hemsl.
　　全草：祛风除湿

穗花香科　*T. japonicum* Willd.
　　全草：发表散寒,治外感风寒

大唇香科　*T. labiosum* C. Y. Wu et Chow.
　　全草：清热解毒

长毛香科　*T. pilosum*（Pamp.）C. Y. Wu
　　　　　　　　　　　　　et Chow.
　　全草：清热解毒

血见愁　*T. viscidum* Bl.
　　全草：祛风解毒、消炎

光萼血见愁　*T. viscidum* var. *leiocalyx*
　　　　　　　　　　C. Y. Wu et S. Chow.
　　全草：祛风解毒、消炎

微毛血见愁　*T. viscidum* var. *nepetoides*
　　　　　　　　（Lévl.）C. Y. Wu et Chow.
　　全草：祛风解毒、消炎

百里香　*Thymus mongolicus* Ronn. *
　　全草：祛风解毒、行气止痛、止咳、降压

238.**茄科**　Solanaceae

颠茄　*Atropa belladonna* Linn. *
　　叶：镇痉、镇痛

鸳鸯茉莉　*Brunfelsia acuminata* Benth. *
　　叶：治水肿

辣椒　*Capsicum annuum* Linn. *
　　果实：驱虫、发汗

五彩椒　*C. annuum* var. *cerasiforme* Irish. *
　　果实：驱虫、发汗

朝天椒　*C. annuum* var. *conoides*（Mill.）Irish. *
　　果实：驱虫、发汗

簇生椒　*C. annuum* var. *fasciculatum*

(Sturt.) Irish. *

　果实:驱虫、发汗

菜椒　*C. annuum* var. *grossum*（Linn.）Sendt. *

　果实:驱虫、发汗

小米辣　*C. frutescens* Linn. *

　果实:温中散寒、健胃消食

夜香树　*Cestrum nocturnum* Linn. *

　茎及叶:消肿杀虫

树番茄　*Cypomandra betacea* Sendt. *

　果实:解毒

木本曼陀罗　*Datura arborea* Linn. *

　花:兴奋、强心止咳

毛蔓陀罗　*D. innoxia* Mill. *

　全草:(有毒)镇痉、镇痛、麻醉

洋金花　*D. metel* Linn. *

　花:(有毒)解痉平喘、解毒消肿

重瓣曼陀罗　*D. metel* var. *fastuosa* Linn. *

　花、叶:解痉平喘、解毒消肿

曼陀罗　*D. stramonium* Linn.

　种子:(有毒)祛风除湿

　花:定喘消肿

无刺曼陀罗　*D. stramonium* var. *inermis*

(Jacq.) Schinz et Thell. *

　种子:(有毒)祛风除湿

　花:定喘消肿

紫花曼陀罗　*D. stramonium* var. *tatula* Torrey *

　种子:(有毒)祛风胜湿

　花:定喘消肿

天仙子　*Hyoscyamus niger* Linn. *

　种子、根及叶:镇痉镇痛、止咳、麻醉

十萼茄　*Lycianthes biflora*（Lour.）Bitter

　全株:清热解毒、止咳、补虚

密毛十萼茄　*L. biflora* var. *subtusochracea* Bitter

　全草:清热解毒、止咳、补虚

鄂红丝线　*L. hupehensis*（Bitter）C. Y. Wu

et S. C. Huang

　全草:清热解毒、杀虫、止痒

单花红丝线　*L. lysimachioides*（Wall.）Bitter

　全草:清热解毒、杀虫、止痒

中华红丝线　*L. lysimachicides* var. *chinensis*

Bitter

　全草:清热解毒、杀虫、止痒

心叶单花红丝线　*L. lysimachioides* var. *cordifolia*

C. Y. Wu et S. C. Huang

　全草:清热解毒、杀虫、止痒

紫单花红丝线　*L. lysimachioides* var.

purpuriflora C. Y. Wu et S. C. Huang

　全草:清热解毒、杀虫、止痒

宁夏枸杞　*Lycium barbarum* Linn. *

　果实:滋肾水、益精气润肺、清肝、明目

枸杞　*L. chinense* Mill.

　果实:滋肾水、益精气、润肺、清肝、明目

番茄　*Lycopersicon esculentum* Mill. *

　果实:生津止渴、健胃消食

樱桃番茄　*L. esculentum* var. *cerasitorme* Alef. *

　果实:生津止渴、健胃消食

普通番茄　*L. esculentum* var. *commune* Bailey *

　果实:生津止渴、健胃消食

大叶番茄　*L. esculentum* var. *grandifolium*

Bailey *

　果实:生津止渴、健胃消食

梨形番茄　*L. esculentum* var. *pyriforme* Alef. *

　果实:生津止渴、健胃消食

直立番茄　*L. esculentum* var. *vaildum* Bailey *

　果实:生津止渴、健胃消食

茄参　*Mandragora caulescens* C. B. Clarke

　根:(有毒)镇痛、消肿

假酸浆　*Nicandra physaloides*（Linn.）Gaertn.

　全草:镇咳、祛痰、镇静、祛热毒

　花、果实:祛风、消炎

黄花烟草　*Nicotiana rustica* Linn. *

　全草:杀虫

烟草　*N. tabacum* Linn. *

　根:治风寒、湿痒、化痰

碧冬茄　*Petunia hybrida* Vilm. *

　全草:清热、消肿、止血

酸浆　*Physalis alkekengi* Linn.

　宿存花萼:清热解毒、消炎利水

红姑娘　*P. alkekengi* var. *franchetii*（Mast.）
　　　　　　　　　　　　　　　　Makino
　　宿存花萼:清热解毒、消炎利水
小酸浆　*P. minima* Linn.
　　全草:清热解毒、祛痰止咳、利尿
灯笼草　*P. peruviana* Linn.
　　宿存花萼:清热解毒
毛酸浆　*P. pubescens* Linn.
　　全草:清热解毒、消肿利尿
赛莨菪　*Scopolia carniolicoides* C. Y. Wu
　　　　　　　　　　　　　　et C. Chen *
　　根:治跌打损伤、风湿痛
少花龙葵　*Solanum americanum* Mill.
　　全草:清热解毒、活血消肿
澳洲茄　*S. aviculare* Forst. *
　　叶、果实:强心利尿
毛白英　*S. cathayanum* C. Y. Wu et S. C. Huang
　　全草:祛风热、清风毒,治小儿惊风
野茄　*S. coagulans* Forsk.
　　根及叶:散瘀消肿
刺天茄　*S. indicum* Linn.
　　果实:散寒止咳、止痒、杀虫
红丁茄　*S. integrifolium* Poir.
　　根及叶:可提强心剂、和麻醉剂
野海椒　*S. japonense* Nakai
　　叶:治马盘疮
白英　*S. lyvatum* Thunb.
　　全草:(有小毒)清热利湿、解毒消肿
乳茄　*S. mammosum* Linn. *
　　根及叶:祛风除湿、收敛止血
茄　*S. melongena* Linn. *
　　根、茎、叶:散血消肿、收敛利尿
鸡蛋茄　*S. melongena* CV. 'Depressum' *
　　根、茎、叶:散血消肿、收敛利尿
园果茄　*S. melongena* CV. 'Esculentum' *
　　全株:散血消肿、收敛利尿
弯果茄　*S. melongena* CV. 'Serpentinum' *
　　根、茎、叶:散血消肿、收敛利尿
龙葵　*S. nigrum* Linn.
　　全草:散瘀消肿、清热解毒

矮株龙葵　*S. nigrum* var. *humile*（Bernh.）
　　　　　　　　　　　C. Y. Wu et S. C. Huang
　　全草:散瘀消肿、清热解毒
海桐叶白英　*S. pittosporifolium* Hemsl.
　　全草:清热利湿、解毒、消肿、抗癌
冬珊瑚　*S. pseudocapsicum* var. *diflorum*
　　　　　　　　　　　　　（Vell.）Bitter *
　　根:止痛
丁茄　*S. surattense* Burm. f.
　　全草:散瘀消肿
马铃薯　*S. tuberosum* Linn. *
　　块茎、叶:补气、健脾
假烟叶　*S. varbascifolium* Linn. *
　　叶:清热、消肿、杀虫、止痒、止血
黄果茄　*S. xanthocarpum* Schrad. et Wendl.
　　根:清热止咳、活血散瘀
龙珠　*Tubocapsicum anomalum*（Franch. et Sav.）
　　　　　　　　　　　　　　　　Makino
　　果实:清热解毒、除烦热

239.**玄参科**　Scrophulariaceae
金鱼草　*Antirrhinum majus* Linn. *
　　全草:消肿止痛
来江藤　*Brandisia hancei* Hook. f.
　　全草:强心退热、止吐
狭叶毛地黄　*Digitalis lanata* Ehrh. *
　　全草:强心、利尿
毛地黄　*D. purpurea* Linn. *
　　叶:强心利尿
白花毛地黄　*D. purpurea* var. *alba* Linn. *
　　叶:强心利尿
幌菊　*Ellisiophyllum pinnatum*（Wall.）
　　　　　　　　　　　　　　　　Makino
　　全草:消炎杀虫、止痒
鞭打绣球　*Hemiphragma heterophyllum* Wall.
　　全草:活血调经、舒筋活络、除湿
紫苏草　*Limnophila aromatica*（Lam.）Merr.
　　全草:清热止咳、解毒、消肿
长蒴母草　*Lindernia anagallis*（Burm. f.）
　　　　　　　　　　　　　　　　Pennell.
　　全草:清热解毒、利水通淋

泥花草　*L. antipoda*（Linn.）Alston

　　全草：清热利湿、止血消肿

母草　*L. crustacea*（Linn.）F. Muell

　　全草：清热解毒、利水通淋

陌上菜　*L. procumbens*（Krock.）Philcox

　　全草：清热解毒、利尿

纤细通泉草　*Mazus gracilis* Hemsl. et

　　　　　　　　Forb. et Hemsl.

　　全草：清热解毒、利尿

大花通泉草　*M. macranthus* Diels

　　全草：止痛、健胃、解毒

美丽通泉草　*M. pulchellus* Hemsl. et

　　　　　　　　Forb. et Hemsl.

　　全草：清热解毒

通泉草　*M. japonicus*（Thunb.）O. Ktze.

　　全草：止痛、健胃、解毒

毛果通泉草　*M. spicatus* Vant.

　　全草：治头痛、风寒

弹刀子菜　*M. stachydifolius*（Turcz.）Maxim.

　　全草：清热消炎、解毒、利湿

四川沟酸浆　*Mimulus szechuanensis* Pai

　　全草：清热、解毒、利湿

沟酸浆　*M. tenellus* Bunge

　　全草：清热、解毒、利湿

尼泊尔沟酸浆　*M. tenellus* var. *nepalensis*

　　　　　　　（Benth.）Tsoong

　　全草：清热、解毒、利湿

宽叶沟酸浆　*M. tenellus* var. *platyphyllus*

　　　　　　　（Franch.）Tsoong

　　全草：清热、利湿、解毒、消肿

南方泡桐　*Paulownia australis* Gong Tong

　　根皮：祛风除湿、清热解毒

川泡桐　*P. fargesii* Franch.

　　根：消肿祛风、解毒、止痛

泡桐　*P. fortunei* Hemsl.

　　根：祛风解毒、消肿

　　果实：化痰止咳

干黑马先蒿　*Pedicularis comptoniifolia*

　　　　　　　Franch. ex Maxim.

　　全草：清热消肿、解毒止痛

连齿马先蒿　*P. confluens* Tsoong

　　全草：清热解毒、消肿止痛

扭盔马先蒿　*P. davidii* Franch.

　　全草：清热、消肿、解毒

华中马先蒿　*P. fargesii* Franch.

　　全草：清热、消肿、解毒

江南马先蒿　*P. henryi* Maxim.

　　根：补气血、活络

西南马先蒿　*P. labordei* Vant. et Bonati

　　全草：解毒、补虚益肾、强筋壮骨

藓生马先蒿　*P. musciola* Maxim.

　　全草：清热、消肿、解毒

南川马先蒿　*P. nanchuanensis* Tsoong.

　　全草：清热、消肿、解毒

返顾马先蒿　*P. resupinata* Linn.

　　全草：清热、消肿、解毒

穗花马先蒿　*P. spicata* Pall.

　　全草：清热、消肿、解毒

松蒿　*Phtheirospermum japonicum*（Thunb.）

　　　　　　　Kanitz

　　全草：杀虫、止痒

地黄　*Rehmannia glutinosa*（Gaert.）Libosch.

　　　　　　　ex Fisch. et Mey. *

　　块根：滋阴补肾、清热凉血

怀庆地黄　*R. glutinosa* var. *huaichingensis*

　　　　　　　Tsao *

　　块根：滋阴补肾、清热凉血、通血脉、消瘀

湖北地黄　*R. henryi* N. E. Brown

　　块根：滋阴补肾、清热凉血

炮仗竹　*Russelia equisetiformis* Schlecht.

　　　　　　　et Cham. *

　　全草：舒筋活络、接骨止痛

冰糖草　*Scoparia dulcis* Linn.

　　全草：清热利湿、疏风止痒

北玄参　*Scrophularia buergerinan* Miq.

　　块根：解毒消肿、滋阴降火

长梗玄参　*S. fargesii* Franch.

　　块根：解毒消肿、滋阴降火

玄参　*S. ningpoensis* Hemsl. *

　　块根：滋阴降火、解热毒、消肿

阴行草　*Siphonostegia chinensis* Benth.

　全草:清热利湿、凉血止血、祛痰止痛

光叶蝴蝶草　*Torenia asiatica* Linn.

　全草:清热解毒、利湿

西南蝴蝶草　*T. cordifolia* Roxb.

　全草:清热利湿

呆白菜　*Triaenophora rupestris*（Hemsl.）

　　　　　　　　　　　　　　　　　Soler.

　全草:清热润肺、止咳止血

紫毛蕊花　*Verbascum phoeniceum* Linn.

　根:清热解毒、止血、消炎

毛蕊花　*V. thapsus* Linn.

　根:清热解毒、止血、消炎

接骨仙桃草　*Veronica anagallis-aquatica* Linn.

　全草:活血止血、解毒消肿

直立婆婆纳　*V. arvensis* Linn.

　全草:收敛、止血、调经

婆婆纳　*V. polita* Peries

　全草:滋阴补肾、收敛止血

城口婆婆纳　*V. fargesii* Franch.

　全草:收敛止血、消炎止痛

华中婆婆纳　*V. henryi* Yamazaki

　全草:收敛止血、消炎止痛

多枝婆婆纳　*V. javanica* Bl.

　全草:祛风散热、解毒消肿

疏花婆婆纳　*V. laxa* Benth.

　全草:收敛止血、调经

兔儿尾苗　*V. longifolia* Linn.

　全草:清热利湿、消食

仙桃草　*V. peregrina* Linn.

　全草:利水消肿、散瘀解毒

阿拉伯婆婆纳　*V. persica* Poir.

　全草:祛风除湿、截疟

小婆婆纳　*V. serpyllifolia* Linn.

　全草:活血散瘀、止血、解毒

爬岩红　*Veronicastrum axillare*（Sieb. et Zucc.）

　　　　　　　　　　　　　　　　　Yamazaki

　全草:清热利湿、消肿、杀虫

美穗草　*V. braunonianum*（Benth.）Hong

　全草:清热解毒、消肿止痛

四方麻　*V. caulopterum*（Hance）Yamazaki

　全草:清热解毒、消肿止痛

宽叶腹水草　*V. latifolium*（Hemsl.）Yamazaki

　全草:清热解毒、止咳

长穗腹水草　*V. longispicatum*（Merr.）Yamazaki

　全草:清热解毒、利水消肿、散瘀止痛

细穗腹水草　*V. stenostachyum*（Hemsl.）

　　　　　　　　　　　　　　　　　Yamazaki

　全草:清热解毒、利水消肿、散瘀止痛

南川腹水草　*V. stenostachyum* ssp.

　　　　　　　　　nanchuanense Chin et Hong

　全草:消炎解毒、利水消肿、散瘀止痛

腹水草　*V. stenostachyum* ssp. *plukenetii*

　　　　　　　　　　　　　　（Yama.）Hong

　全草:清热解毒、利水消肿

毛叶腹水草　*V. villosulum*（Miq.）Yamazaki

　全草:清热利尿、消肿杀虫

240. 紫葳科　Bignoniaceae

凌霄花　*Campsis grandiflora*（Thunb.）

　　　　　　　　　　　　　　　Loisel. *

　花:凉血通经

　根:凉血、破瘀、解毒

楸树　*Catalpa bungei* C. A. Mey.

　种子、根皮:解毒、利湿、消肿

川楸　*C. fargesii* Bureau

　根皮:解毒利湿、消肿

梓树　*C. ovata* G. Don. *

　根皮:解热毒、止吐逆

毛子草　*Incarvillea arguta*（Royle）Royle

　全草:利湿消肿、解毒

角蒿　*I. sinensis* Lam. *

　全草:利湿消肿、解毒

木蝴蝶　*Oroxylum indicum*（Linn.）Vent. *

　种子:散寒、止痛、敛口疮

菜豆树　*Radermachera sinica*（Hance）Hemsl. *

　根、叶及果实:凉血解毒、接骨止痛

硬骨凌霄　*Tecomaria capensis*（Thunb.）

　　　　　　　　　　　　　　　Spach. *

　全草:散瘀、消肿

　花:通经利尿

241.**胡麻科**　Pedaliaceae

胡麻　*Sesamum orientale* Linn. *

　　种子:滋养强壮

242.**列当科**　Orobanchaceae

野菰　*Aeginetia indica* Linn.

　　全草:解毒消肿

假野菰　*Christisonia hookeri* C. B. Clarke

　　全草:清热解毒、消肿

齿鳞草　*Lathraea japonica* Miq.

　　全草:解毒消肿、止痛

豆列当　*Mannagettaea labiata* H. Smith

　　全草:补肾壮阳、强筋骨

列当　*Orobanche coerulescens* Steph.

　　全草:理气止痛、止咳祛痰

243.**苦苣苔科**　Gesneriaceae

直瓣苣苔　*Ancylostemon saxatilis*（Hemsl.）
　　　　　　　　　　　　　　Craib.

　　全草:养阴、祛风、润肺止咳

旋蒴苦苣苔　*Boea hygrometrica*（Bunge）R. Br.

　　全草:舒筋活络、止痛止血

革叶粗筒苣苔　*Briggsia mihieri*（Franch.）Carib

　　全草:舒筋活血、消炎止痛

川鄂粗筒苣苔　*B. rosthornii*（Diels）Burtt

　　全草:舒筋活血、消炎止痛

鄂西粗筒苣苔　*B. speciosa*（Hemsl.）Craib

　　全草:滋阴润阳、止咳

牛耳朵　*Chirita eburnea* Hance

　　全草:清热润肺、止咳止血

四川岩白菜　*C. sichuanensis* W. T. Wang

　　全草:清热润肺、止咳止血

珊瑚苣苔　*Corallodiscus lanuginosus*
　　　　　　　　　　　（Wall. ex Br.）Burtt

　　全草:活血散瘀、消食祛湿、止血消炎

贵州半蒴苣苔　*Hemiboea cavaleriei* Lévl.

　　全草:清热利湿、利水通淋

纤细半蒴苣苔　*H. gracilis* Franch.

　　全草:清热解毒

柔毛半蒴苣苔　*H. mollifolia* W. T. Wang

　　全草:清热解毒、治蛇咬伤

半蒴苣苔　*H. subcapitata* Clarke.

　　全草:清热解毒、治蛇咬伤

城口金盏苣苔　*Isometrum fargesii*（Franch.）
　　　　　　　　　　　　　　　　Burtt

　　全草:清热解毒、消肿止血

南川金盏苣苔　*I. nanchuanense* K. Y. Pan
　　　　　　　　　　　　　　et Z. Y. Liu

　　全草:舒筋活血、止血止痢

羽裂金盏苣苔　*I. pinnatilobatum* K. Y. Pan

　　全草:清热利湿、消炎止血

异叶吊石苣苔　*Lysionotus heterophyllus* Franch.

　　全草:治跌打损伤、吐血

吊石苣苔　*L. pauciflorus* Maxim.

　　全草:清热利湿、祛痰、止咳、活血调经

长瓣马玲苣苔　*Oreocharis auricula*（Moore）
　　　　　　　　　　　　　　　　Clarke

　　全草:清热解毒、祛风除湿

厚叶蛛毛苣苔　*Paraboea crassifolia*（Hemsl.）
　　　　　　　　　　　　　　　　Burtt

　　全草:散瘀止血、消肿止痛

石山苣苔　*Petrocodon dealbatus* Hance

　　全草:清热利湿

244.**狸藻科**　Lentibulariaceae

捕虫堇　*Pinguicula alpina* Linn.

　　全草:祛风除湿、止血止咳

黄花狸藻　*Utricularia aurea* Lour.

　　全草:外用治急性结膜炎

挖耳草　*U. bifida* Linn.

　　全草:治中耳炎

少花狸藻　*U. exoleta* R. Br.

　　全草:清热、消炎

245.**爵床科**　Acanthaceae

金蝉脱壳　*Acanthus montanus*（Nees）
　　　　　　　　　　　　　　T. Anders. *

　　全草:清热解毒、消肿止痛

鸭嘴花　*Adhatoda vasica*（Linn.）Nees *

　　全草:祛痰、治跌打损伤

大驳骨　*A. ventricosa*（Wall.）Nees *

　　全草:消肿止痛、祛风湿

 重庆金佛山生物资源名录

穿心莲 *Andrographis paniculata*（Burm. f.）
　　　　　　　　　　　　　　Nees *

　　茎、叶:清热解毒

白接骨 *Asystasiella chinensis*（S. Moore）
　　　　　　　　　　　　　　E. Hossain

　　全草:散瘀生新、止血、消肿、接骨

草杜鹃 *Barleria cristata* Linn.

　　全草:清热解毒

狗肝草 *Dicliptera chinensis*（Linn.）Nees

　　全草:清热利尿、驳骨

印度狗肝草 *D. roxburghiana* Nees

　　全草:清热凉血、生津利尿

虾衣草 *Drejerella guttata*（Brand.）Bremek. *

　　全草:清热解毒

山一笼鸡 *Gutzlaffia aprica* Hance

　　根:清热解毒、利尿、发汗解表、清肺止咳

水蓑衣 *Hygrophila salicifolia*（Vahl.）Nees

　　全草:清热消炎、行水、舒肝散郁

九头狮子草 *Peristrophe japonica*（Thunb.）
　　　　　　　　　　　　　　Bremek.

　　全草:祛风清热、化痰、解毒

味牛膝 *Pteracanthus forresttii*（Diels）
　　　　　　　　　　　　　　C. Y. Wu

　　根茎:祛风解毒、消肿散瘀

云南马蓝 *P. yunnanensis*（Diels）C. Y. Wu
　　　　　　　　　　　　　　et C. C. Hu

　　全草:活血止痛

白鹤灵芝 *Rhinacanthus nasutus*（Linn.）Kurz *

　　全草:润肺降火

　　枝叶:治肺结核

爵床 *Rostellularia procumbens*（Linn.）Nees

　　全草:除风清热、止咳、散瘀消肿

246. 透骨草科　Phrymataceae

透骨草 *Phryma leptostachya* var. *oblongifolia*
　　　　　　　　　　　　　　（Koidz.）Honda

　　全草:清热解毒、催产

247. 车前科　Plantaginaceae

车前 *Plantago asiatica* Linn.

　　种子及全草:清热利尿、祛痰止咳、明目

密花车前 *P. asiatica* ssp. *densiflora*（J. Z. Liu）
　　　　　　　　　　　　　　Z. Y. Li

　　种子及全草:清热利尿、祛痰止咳、明目

疏花车前 *P. asiatica* ssp. *erosa*（Wall.）Z. Y. Li

　　种子及全草:清热利尿、祛痰止咳、明目

平车前 *P. depressa* Willd.

　　种子及全草:清热利尿、祛痰止咳、明目

印度车前 *P. indica* Linn. *

　　全草:清热利尿、祛痰止咳

日本车前 *P. japonica* Franch. et Sev. *

　　种子及全草:利水、镇咳、祛痰、通淋

长叶车前 *P. lanceolata* Linn.

　　全草:清热利尿、祛痰止咳

大车前 *P. major* Linn.

　　种子及全草:清热利尿、祛痰止咳、明目

比利时车前 *P. psyllium* Linn. *

　　种子及全草:清热利尿、祛痰止咳、明目

248. 茜草科　Rubiaceae

细叶水团花 *Adina rubella* Hance

　　枝、叶:止痛、止痢

金鸡纳 *Cinchona ledgeriana* Maens *

　　叶及根:治疟疾、退热

小果咖啡 *Coffea arabica* Linn. *

　　种子:兴奋、镇咳、利尿

大果咖啡 *C. liberica* Bull. ex Hien *

　　种子:兴奋、镇咳、利尿

流苏子 *Coptosapelta diffusa*（Champ. ex Benth.）
　　　　　　　　　　　　　　Van Steenis

　　根:治皮炎

虎刺 *Damnacanthus indicus*（Linn.）Gaerth. f.

　　根:祛风湿、活血止痛

香果树 *Emmenopterys henryi* Oliv.

　　根皮:活血散瘀、祛风除湿

猪殃殃 *Galium aparine* var. *tenerum*
　　　　　　　　　　　　　　（Gren. et Godr.）Reichb.

　　全草:清热解毒、利尿消肿

六叶葎 *G. asperuloides* var. *hoffmeisteri*
　　　　　　　　　　　　　　（Klotzsch）Hand. -Mazz

　　全草:清热解毒、消炎利尿

354

小叶葎　*G. asperifolium* var. *sikkimense* Cuf.
　　全草:清热解毒、消炎利尿
硬毛拉拉藤　*G. boreale* var. *ciliatum* Nakai
　　全草:清热解毒、消炎利尿
四叶葎　*G. bungei* Steud.
　　全草:清热解毒
阔叶四叶葎　*G. bungei* var. *trachyspermum*
　　　　　　　　　　　　　(A. Gray) Cuf.
　　全草:清热解毒、利尿消肿
西南拉拉藤　*G. elegans* Wall. ex Roxb.
　　全草:清热解毒、通络、固精、止血
小叶猪殃殃　*G. trifidum* Linn.
　　全草:清热利湿
蓬子菜　*G. verum* Linn.
　　全草:解毒、利湿、止痒
栀子　*Gardenia jasminoides* Ellis
　　果实:泻火解毒、清热利湿、凉血散瘀
重瓣栀子　*G. jasminoides* var. *fortuniana*
　　　　　　　　　　　　　Lindl. *
　　根及叶:清热利湿、解毒
卵叶栀子　*G. jasminoides* var. *ovalifolia* Nakai
　　果实:泻火解毒、清热利湿、凉血散瘀
宽叶栀子　*G. latifolia*（Soland.）Ait.
　　果实:泻火解毒、清热利湿、凉血散瘀
水栀子　*G. radicans* Thunb. *
　　花:解毒
白花蛇舌草　*Hedyotis diffusa* Willd.
　　全草:清热解毒、利尿消肿、活血止痛
纤花耳草　*H. tenelliflora* Bl.
　　全草:清热解毒、消肿止痛
污毛粗叶木　*Lasianthus hartii* Franch.
　　根皮:活血散瘀、消肿止痛
日本粗叶木　*L. japonicus* Miq.
　　根及茎:清热、消炎、止咳
云广粗叶木　*L. longicauda* Hook. f.
　　根皮:活血散瘀、消肿止痛
狭尖粗叶木　*L. tenuicaudatus* Merr.
　　根及枝:清热解毒、活血散瘀
巴戟天　*Morinda officinalis* How *
　　根:补肾壮阳、强筋骨、祛风湿

直立巴戟天　*M. officinalis* var. *birsuta* How *
　　根:强壮、祛风
羊角藤　*M. umbellata* Linn.
　　根及枝叶:清热泻火、解毒、消炎
椭圆玉叶金花　*Mussaenda ellipitica* Hutch.
　　根及叶:清热泻火、解毒、消炎
阔叶玉叶金花　*M. esquirolii* Lévl.
　　根及叶:清热解毒、凉血解表
玉叶金花　*M. pubescens* Ait. f.
　　根及叶:清热解毒、凉血解表
密脉木　*Myrioneuron faberi* Hemsl.
　　全株:祛风除湿、解毒消肿
薄柱草　*Nertera sinensis* Hemsl.
　　全草:止咳化痰
日本蛇根草　*Ophiorrhiza japonica* Blume
　　全草:止咳祛痰、活血调经
蛇根草　*O. mungos* Linn.
　　全草:解毒消肿、治毒蛇咬伤
耳叶鸡矢藤　*Paederia cavaleriei* Lévl.
　　全株:祛风利湿、消食化积、止咳止痛
鸡矢藤　*P. foetida* Linn.
　　全株:祛风利湿、消食化积、止咳止痛
狭叶矢藤　*P. sterolhylla* Merr.
　　全株:祛风利湿、消食化积、止咳止痛
云南鸡矢藤　*P. yunnanensis*（Lévl.）Rehd.
　　全株:祛风利湿、消食化积、止咳止痛
中华茜草　*Rubia chinensis* Regel. et Mak.
　　全草:祛风利湿、消食化积、止咳止痛
茜草　*R. cordifolia* Linn.
　　全草:凉血止血、活血祛瘀
长叶茜草　*R. cordifolia* var. *longifolia*
　　　　　　　　　　　　　Hand.-Mazz.
　　全草:祛风利湿、消食化积、止咳止痛
四轮茜草　*R. cordifolia* var. *stenophylla*
　　　　　　　　　　　　　Franch.
　　根:凉血止血、祛痰生新
大叶茜草　*R. leiocaulis* Diels
　　根及藤:凉血止血、通经
狭叶茜草　*R. truppeliana* Loes.
　　全草:活血行瘀、止血止痛

六月雪　*Serissa japonica*（Thunb.）Thunb.

　　茎及叶:疏风解表、清热利湿

白马骨　*S. serissoides*（DC.）Druce

　　全株:拔毒、消肿、清热止咳

鸡仔木　*Sinoadina racemosa*（Sieb. et Zucc.）

　　　　　　　　　　　　　　Ridsdale

　　根及茎皮:祛风除湿

毛狗骨柴　*Tricalysia fruticosa*（Hemsl.）

　　　　　　　　　　　　　K. Schum.

　　根及茎皮:祛风胜湿、凉血止血

狗骨柴　*T. dubia*（Lindl.）Ohwi

　　根及茎皮:祛风胜湿、凉血止血

钩藤　*Uncaria rhynchophylla*（Miq.）Miq.

　　　　　　　　　　　　　ex Havil.

　　钩及小枝:清热、平肝、止痉

华钩藤　*U. sinenesis*（Oliv.）Havil.

　　钩及小枝:清热、平肝、止痉

249.忍冬科　Caprifoliaceae

华六道木　*Abelia chinensis* R. Br.

　　根及茎:清热解毒、止血

　　叶:治跌打损伤、流行性感冒

南方六道木　*A. dielsii*（Graebn.）Rehd.

　　果实:散寒发表、解热毒

短枝六道木　*A. engleriana*（Graebn.）Rehd.

　　果实:散寒发表、解热毒

二翅六道木　*A. macroptera*

　　　　　　　（Graebn. et Buchw.）Rehd.

　　枝、叶:祛风湿、消肿毒

小叶六道木　*A. parvifolia* Hemsl.

　　根:祛风除湿

伞花六道木　*A. umbellata*（Graebn. et Buchw.）

　　　　　　　　　　　　　Rehd.

　　根:祛风除湿、消肿止痛

云南双盾木　*Dipelta yunnanensis* Franch.

　　根:祛风除湿

淡红忍冬　*Lonicera acuminata* Wall.

　　花及藤:清热解毒、消炎

无毛淡红忍冬　*L. acuminata* var. *depilata*

　　　　　　　　　　Hsu et H. J. Wang

　　花及藤:清热解毒、消炎

肉叶忍冬　*L. carnosifolia* C. Y. Wu et H. J.

　　　　　　　　　　　　　Wang

　　花及藤:清热解毒、消炎除烦

须蕊忍冬　*L. chrysartha* ssp. *koehneana*（Rehd.）

　　　　　　　　　　Hsu et H. J. Wang

　　叶:清凉解暑

匍伏忍冬　*L. crassifolia* Batal.

　　花:清热解毒、消炎

木本忍冬　*L. fragrantissima* ssp. *standishii*

　　　　　　　（Carr.）Hsu et H. J. Wang

　　根及茎:祛风除湿、清热止痛

菰腺忍冬　*L. hypoglauca* Miq.

　　花:清热解毒

　　藤:祛风除湿、通经

忍冬　*L. japonica* Thunb.

　　花:清热解毒、消炎

红脉忍冬　*L. lanceolata* ssp. *nervosa*（Maxim.）

　　　　　　　　　　　　　Y. C. Tang

　　枝叶:清热解毒、祛风除湿

女贞叶忍冬　*L. ligustrina* Wall.

　　叶花:清热解毒、消炎

金银忍冬　*L. maackii*（Rupr.）Maxim.

　　花:清热解毒、消炎

大花忍冬　*L. macrantha*（D. Don）Spreng.

　　花及藤茎:清热消炎、解毒、除烦

灰毡毛忍冬　*L. macranthoides* Hand.-Mazz.

　　花及藤:清热解毒、消炎

短柄忍冬　*L. pampaninii* Lévl.

　　花:清热解毒、消炎

蕊帽忍冬　*L. pileata* Oliver

　　根:清热解毒、祛风、除湿

袋花忍冬　*L. saccata* Rehd.

　　花:清热解毒、消炎

细毡毛忍冬　*L. similis* Hemsl.

　　花及藤:清热解毒、消炎

盘叶忍冬　*L. tragophylla* Hemsl.

　　花及藤:清热解毒、消炎通络

血满草　*Sambucus adnata* Wall. ex DC.

　　根:活血散瘀、祛风湿利尿

接骨草　*S. chinensis* Lindl.

　　根:散瘀消肿、祛风活络

金佛山接骨木　*S. jinfushanensis* Z. Y. Liu

　　皮、叶:活血、行瘀、止痛

接骨木　*S. williamsii* Hance

　　根皮:接骨续筋、活血止痛

五转七　*Triosteum himalayanum* Wall.

　　全草:利尿消肿、活血调经

莛子藨　*T. pinnatifidum* Maxim.

　　全草:利尿、消肿、调经、活血

桦叶荚蒾　*Viburnum betulifolium* Batal.

　　根:活血调经、收敛止带

短序荚蒾　*V. brachybotryum* Hemsl.

　　根及茎皮:清热利湿、活血散瘀

金山荚蒾　*V. chinshanense* Graebn.

　　根:清热利湿、祛风活络、凉血止血

伞房荚蒾　*V. corymbiflorum* Hsu et S. C. Hsu

　　根:清热解毒、凉血、止血

水红木　*V. cylindricum* Buch.-Ham. ex D. Don

　　根皮及叶:清热解毒

荚蒾　*V. dilatatum* Thunb.

　　根及叶:祛风除湿、凉血止血

淡红荚蒾　*V. erubescens* var. *prattii*（Graebn.）
　　　　　　　　　　　　　　　　Rehd.

　　枝叶:清热解毒、疏风解表

珍珠荚蒾　*V. foetidum* var. *ceanothoides*
　　　　　　　　　（C. H. Wright）Hand.-Mazz.

　　根:祛风除湿、活血散瘀

软毛荚蒾　*V. foetidum* var.
　　　　　　　　　malacotrichum Hand.-Mazz.

　　根:祛风除湿、活血散瘀

直角荚蒾　*V. foetidum* var. *rectangulatum*
　　　　　　　　　　　　　（Graebn.）Rehd.

　　根:祛风除湿、活血散瘀

巴东荚蒾　*V. henryi* Hemsl.

　　根:清热利湿、凉血止血

湖北荚蒾　*V. hupehense* Rehd.

　　果实:润肺止咳

绣球花　*V. macrocephalum* Fortune

　　根:清热利湿、收敛止血

绣球荚蒾　*V. macrocephalum* f. *keteleeri*
　　　　　　　　　　　　（Carr.）Rehd. *

　　根:清热利湿

心叶荚蒾　*V. nervosum* D. Don

　　根及茎皮:祛风活血、利湿

日本珊瑚树　*V. odoratissimum* var. *awabuki*
　　　　　　　（K. Koch）Zabel ex Rumpl. *

　　根及茎皮:清热解毒、止痛

少花荚蒾　*V. olinganthum* Batal.

　　根及茎叶:祛风除湿、解毒、消肿

粉团荚蒾　*V. plicatum* Thunb.

　　根或茎:清热解毒、健脾消积

蝴蝶荚蒾　*V. plicatum* var. *tomentosum*
　　　　　　　　　　　　（Thunb.）Miq.

　　根或茎:清热解毒、健脾消积

球核荚蒾　*V. propinquum* Hemsl.

　　根及枝:祛风除湿、活血散瘀

狭叶球核荚蒾　*V. propinquum* var. *mairei*
　　　　　　　　　　　　　　　　W. W. Sm

　　根及枝:祛风除湿、活血散瘀

枇杷叶荚蒾　*V. rhytidophyllum* Hemsl.

　　根:清热利湿、祛风活络、凉血、止血

茶荚蒾　*V. setigerum* Hance

　　根及茎叶:活血散瘀、祛风除湿

　　果:健脾

合轴荚蒾　*V. sympodiale* Graebn.

　　根及茎皮:祛风活血、利湿

三叶荚蒾　*V. ternutum* Rehd.

　　根及茎皮:祛风除湿、解毒消肿

红果荚蒾　*V. thytifophyllum* Hemsl.

　　根及茎皮:清热祛湿、活血散瘀

烟管荚蒾　*V. utile* Hemsl.

　　根:清热利湿、祛风活络

锦带花　*Weigela japonica* Thunb. *

　　根:祛风除湿

水马桑　*W. japonica* var. *sinica*（Rehd.）Bailey

　　根:祛风除湿

250.**败酱科** Valerianaceae

少蕊败酱 *Patrinia monandra* C. B. Clarke
全草:清热解毒、活血散瘀

单叶败酱 *P. monandra* var. *formosana*
(Kitam.) H. J. Wang
全草:清热解毒、活血散瘀

斑花败酱 *P. punctiflora* Hsu et H. J. Wang
全草:清热解毒、排脓利尿

糙叶败酱 *P. rupestris* ssp. *scabra* (Bunge)
H. J. Wang
全草:清热解毒、消肿排脓

败酱 *P. scabiosaefolia* Fisch. ex Trev.
全草:清热解毒、消肿排脓

白花败酱 *P. villosa* (Thunb.) Juss.
全草:清热解毒、消肿排脓

柔垂缬草 *Valeriana flaccidissima* Maxim.
全草:安神镇静、消炎止血

长序缬草 *V. hardwickii* Wall.
根:兴奋、镇痉、理气

蜘蛛香 *V. jatamansi* Jones
根茎:消食、健胃、理气、镇痛

金山蜘蛛香 *V. jinfoshanensis* Z. Y. liu
根茎:消食健胃、祛风除湿

缬草 *V. officinalis* Linn.
根茎及根:安神、镇痉、祛风止痛

宽叶缬草 *V. officinalis* var. *latifolia* Miq.
根茎及根:安神、镇痉、祛风止痛

窄裂小缬草 *V. stenoptera* Diels
全草:除湿散寒、行气止痛

251.**川续断科** Dipsacaceae

川续断 *Dipsacus asperoides*
C. Y. Chen et T. M. Ai
根:补肝肾、强筋骨、利关节、散瘀血

峨眉续断 *D. asperoides* var. *omeiensis* Z. T. Yin
根:行血消肿、生肌止痛、补肝肾、安胎

金山续断 *D. atrapurpureus*
C. Y. Cheng et Z. T. Yin
根:祛风除湿、活血散瘀、生肌止痛

涪陵续断 *D. fulingensis* C. Y. Cheng
et T. M. Ai
根:活血散瘀、强筋壮骨、祛湿

日本续断 *D. japonicus* Miq.
根:补肝肾、强筋骨、利关节、散瘀血

双参 *Triplostegia glondulifera* Wall. ex DC.
全草:温肾益气、解菌毒

252.**葫芦科** Cucurbitaceae

冬瓜 *Benincase hispida* (Thunb.) Cogn.
果皮及种子:清热利尿、消肿

节瓜 *B. hispida* var. *chiehqua* How *
果实:清热利尿

假贝母 *Bolbostemma paniculatum* (Maxim.)
Franquet
鳞茎:清热解毒、散结消肿

西瓜 *Citrullus lanatus* (Thunb.) Matsum
et Nakai *
果皮:清暑解热、利尿降压

甜瓜 *Cucumis melo* Linn. *
茎叶:消炎解毒、除湿退黄

菜瓜 *C. melo* var. *conomon* (Thunb.) Makino *
果实:清热利尿

黄瓜 *C. sativus* Linn. *
果实:清热解渴
叶汁:治痢疾
茎:祛痰

南瓜 *Cucurbita moschata* (Duch. ex Lam.)
Duch. ex Poiret *
种子:清热除湿、驱虫
茎:清热解毒

西葫芦 *C. pepo* Linn. *
果实:清热解毒、杀虫、止渴

金瓜 *C. pepo* var. *kintoga* Makino *
果实:平喘、止咳

毛绞股蓝 *Gynostemma burmanicum*
King et Chakr.
全草:消炎解毒、止咳祛痰、抗癌

心籽绞股兰 *G. cardiospermum* Cogn. ex Oliv.
全草:消炎解毒、止咳祛痰、抗癌

金佛山绞股兰　*G. jinfoshanensie* Z. Y. Liu

　　全草:消炎解毒、止咳祛痰、抗癌

长梗绞股蓝　*G. longipes* C. Y. Wu ex X. V. Wu

　　　　　　　　　　　　　et S. K. Chen

　　全草:消炎解毒、止咳祛痰、抗癌

绞股蓝　*G. pentaphyllum*（Thunb.）Makino

　　全草:消炎解毒、止咳祛痰、抗癌

金佛山雪胆　*Hemsleya pengxianensis* var.

　　　jinfushanensis L. T. Shen et W. J. Chang

　　块茎:清热解毒、健胃止痛、止痢

多果雪胆　*H. pengxianensis* var. *polycarpa*

　　　　　　　　　L. T. Shen et W. J. Chang

　　块茎:清热解毒、健胃止痛、止痢

母猪雪胆　*H. villosipetala* C. Y. Wu

　　　　　　　　　　　　　et Z. L. Chen

　　块根:清热解毒、消肿

葫芦　*Lagenaria siceraria*（Molina）Standl. *

　　种子:消炎、解毒

瓠子瓜　*L. siceraria* var. *hispida*（Thunb.）

　　　　　　　　　　　　　　　　Hara *

　　种子:消炎、解毒

小葫芦　*L. siceraria* var. *microcarpa*（Naud.）

　　　　　　　　　　　　　　　　Hara *

　　果实:消炎解毒、利水消肿

广东丝瓜　*Luffa acutangula*（Linn.）Roxb. *

　　瓜络:通经活络

丝瓜　*L. cylindrica*（Linn.）Roem. *

　　种子:清热化痰、驱虫

　　茎:通经活络

苦瓜　*Momordica charantia* Linn. *

　　茎及果实:解毒清凉、健胃明目

木鳖　*M. cochinchinensis*（Lour.）Spreng

　　种子:(有毒)消肿解毒

佛手瓜　*Sechum edule*（Jacq.）Swartz *

　　果实:清热解毒、消炎

罗汉果　*Siraitia grasvenorii*（Swingle）

　　　　　　　　　　　　　　C. Jeffrey *

　　果实:止咳润肺

　　叶子:消炎止咳

头花赤瓟　*Thladiantha capitata* Cogn.

　　块根:清热解毒、止咳润肺

大苞赤瓟　*T. cordifolia*（Bl.）Cogn

　　块根:清热解毒、止咳、润肺

川赤瓟　*T. davidii* Franch.

　　块根:清热解毒、止咳、润肺

齿叶赤瓟　*T. dentata* Cogn.

　　块根:清热解毒、止咳、润肺

皱果赤瓟　*T. henryi* var. *verrucosa*（Cogn.）

　　　　　　　　　　A. M. Lu et Z. Y. Zhang

　　块根:清热解毒、止咳、润肺

异叶赤瓟　*T. hookeri* C. B. Clarke

　　块根:清热健胃、行气止痛

三叶赤瓟　*T. hookeri* var. *palmatifolia* Chakr.

　　块根:消炎解毒、润肺止咳

五叶赤瓟　*T. hookeri* var. *pentadactyla*

　　　　　（Cogn.）A. M. Lu et Z. Y. Zhang

　　块根:消炎解毒、润肺止咳

长叶赤瓟　*T. longifolia* Cogn. ex Oliv.

　　块根:清热解毒、消炎止咳

南赤瓟　*T. nudiflora* Hemsl. ex Forb. et Hemsl.

　　块根:消炎解毒、润肺止咳

鄂赤瓟　*T. oliveri* Cogn. ex Mottet

　　块根:清热解毒、消炎止咳

长毛赤瓟　*T. villosula* Cogn.

　　块根:清热消炎、润肺止咳

王瓜　*Trichosanthes cucumeroides*（Ser.）

　　　　　　　　　　　　　　　　Maxim.

　　块根:(有小毒)清热解毒、利尿消肿

长猫瓜　*T. cucumeroides* var. *cavaleriei*

　　　　　　　　　　（Lévl.）W. T. Cheng

　　块根:(有小毒)清热解毒、利尿消肿

糙点栝楼　*T. dumniana* Lévl.

　　块根:外用治疮疖

贵州栝楼　*T. guizhouensis* C. Y. Cheng et Yueh

　　果实:清热化痰、润肺止咳

栝楼　*T. kirilowii* Maxim.

　　果实及种子:清热化痰、润肺止咳

长萼栝楼　*T. laceribractea* Hayata *

　　块根:清热生津、解毒消肿

全缘栝楼　*T. ovigera* Bl.

　　块根：清热解毒、活血散瘀、利水

中华栝楼　*T. rosthornii* Harms

　　果实：清热化痰、润肺止咳、滑肠

厚叶中华栝楼　*T. rosthornii* var. *multicirrata*

　　　　　（C. Y. Cheng et Yueh）S. K. Chen.

　　果实：清热化痰、润肺止咳、滑肠

红花栝楼　*T. rubriflos* Thore ex Cayla *

　　果实：清热化痰、润肺止咳、滑肠

马绞儿　*Zehneria indica*（Lour.）Keraudren

　　全草：清热解毒、利尿消肿、散结

钮子瓜　*Z. maysorensis*（Wight et Arn.）Arn.

　　全草：清热解毒、消肿散结

253. 桔梗科　Campanulaceae

丝裂沙参　*Adenophora capillaris* Hemsl.

　　根：清热养阴、润肺止咳

杏叶沙参　*A. hunanensis* Nannf.

　　根：祛痰止咳、养阴润肺

湖北沙参　*A. longipedicellata* Hong

　　根：清热润肺、滋补强壮

桔梗草　*A. nikoensis* Franch. et Sov. *

　　全草：清热养阴、润肺止咳

沙参　*A. stricta* Miq.

　　根：滋补、祛寒、清肺止咳

无柄沙参　*A. stricta* ssp. *sessilifolia* Hong

　　根：滋补、祛寒、清肺止咳

轮叶沙参　*A. tetraphylla*（Thunb.）Fisch.

　　根：养阴清肺、化痰、益气

荠苨　*A. trachelioides* Maxim. *

　　根：清热解毒、润肺止咳

聚叶沙参　*A. wilsonii* Nannf.

　　根：祛痰止咳、养阴润肺

紫斑风铃草　*Campanula punctata* Lam

　　全草：清热解毒、润肺止咳

金钱豹　*Campanumoea javanica* ssp. *japonica*

　　　　　　　　　　（Makino）Hong

　　根：补中益气、润肺生津

长叶轮钟草　*C. lancifolia*（Roxb.）Merr.

　　根：益气补虚、祛瘀止痛、清肺发乳

二色党参　*Codonopsis bicolor* Nennf.

　　根：益气、生津、补脾

羊乳　*C. lanceolata*（Sieb. et Zucc.）Trautv. *

　　根：补虚通乳、排脓解毒、滋补强壮

党参　*C. pilosula*（Franch.）Nannf. *

　　根：补脾、益气、生津

川党参　*C. tangshen* Oliv.

　　根：补脾、益气、生津

管花党参　*C. tubulosa* Komav.

　　根：补脾、益气、生津

半边莲　*Lobelia chinensis* Lour.

　　全草：清热解毒、利尿消肿

江南山梗菜　*L. davidii* Franch.

　　根：润肺化痰、清热解毒

西南山梗菜　*L. sequinii* Lévl. et Van.

　　根：润肺化痰、清热解毒

袋果草　*Peracarpa carnosa*（Wall.）Hook. f.

　　　　　　　　　　　　　　et Thoms

　　全草：清热润肺、止咳

桔梗　*Platycodon grandiflorum*（Jacq.）

　　　　　　　　　　　　A. DC. *

　　根：润肺、散寒、祛痰、排脓

白花桔梗　*P. grandiflorum* var. *album* Hort. *

　　根：润肺、散寒、祛痰、排脓

铜锤玉带草　*Pratia nummularia*（Lam.）

　　　　　　　　　　　A. Br. et Aschers.

　　全草：顺气、消痰、通经、活络、消积、散瘀

蓝花参　*Wahlenbergia marginata*（Thunb.）

　　　　　　　　　　　　　　A. DC.

　　根：益气补虚、祛痰截疟

254. 菊科　Compositae

千叶蓍　*Achillea millefoium* Linn.

　　全草：发汗、祛风除湿

西南蓍　*A. wilsoniana*（Heimerl）Heimerl

　　全草：活血定痛、消肿散毒

下田菊　*Adenostemma lavenia*（Linn.）O. Kuntze

　　全草：清热利尿、解毒消肿

胜红蓟　*Ageratum conyzoides* Linn.

　　叶及茎：清热解毒、消肿止血

腺梗菜　*Adenocaulon himalaicum* Edgew.

　　全草:清肺热、除湿

心叶兔儿风　*Ainsliaea bonatii* Beauvd.

　　全草:清热解毒

杏香兔儿风　*A. fragrans* Champ.

　　全草:清热解毒、消积散结

光叶兔儿风　*A. glabra* Hemsl.

　　全草:清热解毒、行气活血

纤细兔儿风　*A. gracilis* Franch.

　　全草:疏风散寒、除湿

粗齿兔儿风　*A. grossedentata* Franch.

　　全草:祛湿健脾

长穗兔儿风　*A. henryi* Diels

　　全草:清热解毒、消积散结

铁灯兔儿风　*A. macroclinidiodes* Hayata

　　全草:清热解毒、利湿

白背叶下花　*A. pertyoides* var. *albotomentosa*

　　　　　　　　　　　　　　　Beauv.

　　全草:除湿止痛、行气活血

红背兔儿风　*A. rubrifolia* Franch.

　　全草:清热解毒、消积散结

红脉兔儿风　*A. rubrinervis* Chang

　　全草:清热解毒、行气活血

波齿兔儿风　*A. unduata* Diels

　　全草:清热解毒、散结

云南兔儿风　*A. yunnanensis* Franch.

　　全草:祛风湿、舒筋骨

旋叶香青　*Anaphalis contorta*(D. Don) Hook. f.

　　全草:解毒消肿、止血

宽翅香青　*A. latialata* Ling et Y. L. Chen

　　全草:止血、消炎

珠光香青　*A. margaritacea*(Linn.) Benth.

　　　　　　　　　　　　　　　et Hook. f.

　　全草:消肿散毒,止痛及痢疾

黄褐香青　*A. margaritacea* var. *cinnamomea*

　　　　　(DC.) Hand. -Mazz. ex Maxim.

　　全草:消肿散毒

条叶香青　*A. margaritacea* var. *japonica*

　　　　　　　　　　　(Sch. -Big.) Makino

　　全草:消肿散毒

香青　*A. sinica* Hance

　　全草:活血散瘀、祛痰止血

绵毛香青　*A. sinica* var. *lanata* Ling

　　全草:活血散瘀、祛痰止血

牛蒡　*Arctium lappa* Linn.

　　种子:疏风散热、宣表解毒

木茼蒿　*Argyranthemum frutescens*(Linn.)

　　　　　　　　　　　　　　　Sch. -Bip. *

　　全草:安神养脾、止痢疾

黄花蒿　*Artemisia annua* Linn.

　　叶:清热凉血、退虚热、解暑

奇蒿　*A. anomala* S. Moore

　　全草:清暑利湿、活血行瘀、通经止痛

艾蒿　*A. argyi* Lévl. et Vant.

　　叶:散寒除湿、温经止血

无齿艾蒿　*A. argyi* var. *eximia*(Pamp.) Kitam

　　叶:散寒除湿、温经止血

茵陈　*A. capillaris* Thunb.

　　全草:清热利湿、利胆退黄

青蒿　*A. caruifolia* Buch.

　　叶:清热解暑

蛔蒿　*A. cina* Berg. *

　　花序:驱蛔虫

牛尾蒿　*A. dubia* Wall. ex Bess.

　　全草:清热解暑、止血

南牡蒿　*A. eriopoda* Bunge

　　全草:清热凉血、解暑

牡蒿　*A. japonica* Thunb.

　　全草:清热凉血、解暑

小花牡蒿　*A. japonica* var. *parviflora* Pamp.

　　全草:清热凉血、解暑

肺痨草　*A. lactiflora* Wall. ex DC.

　　全草:清肺热、止血、治肺结核

矮蒿　*A. lancea* Vant.

　　全草:散寒祛湿、活血行瘀

野艾蒿　*A. lavandulaefolia* DC.

　　全草:调经安胎、和气血

魁蒿　*A. princeps* Pamp.

　　全草:舒筋止血、逐风止痒

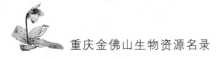

南川蒿　*A. rosthornii* Pamp.
全草:清热解毒、凉血止血

白莲蒿　*A. sacrorum* Ledeb.
全草:驱蛔虫

萎蒿　*A. selengensis* Turca. ex Bess.
全草:破血行瘀、下气通经、止血止痛

大籽蒿　*A. sieversiana* Ehrh. ex Willd.
全草:清热凉血、止血

甘青蒿　*A. tangutica* Pamp.
全草:调经凉血、止血

毛莲蒿　*A. vestita* Wall.
全草:清热止血

三脉紫菀　*Aster ageratoides* Turcz.
全草:清热解毒、利尿止血

狭叶三脉紫菀　*A. ageratoides* var. *gerlachii*
　　　　　　　　　(Hce) Chang
全草:清热解毒、利尿止血

毛枝三脉紫菀　*A. ageratoides* var. *lasiocladus*
　　　　　　　　　(Hayata) Hand. -Mazz.
全草:散寒发表

宽伞三脉紫菀　*A. ageratoides* var.
　　　　　　laticorymbus (Vant.) Hand. -Mazz.
全草:散寒发表

微糙三脉紫菀　*A. ageratoides* var. *scaberulus*
　　　　　　　　　(Miq.) Ling
全草:散寒发表

小舌紫菀　*A. albescens* (DC.) Hand. -Mazz.
花:清热解毒、解痉、除脓血

狭叶小舌紫菀　*A. albescens* var. *gracilior*
　　　　　　　　Hand. -Mazz.
根:祛风除湿

耳叶紫菀　*A. auriculatus* Franch.
全草:解毒消炎

亮叶紫菀　*A. nitidus* Ching
全草:清热解毒

琴叶紫菀　*A. panduratus* Nees ex Walper
全草:清热消炎

紫菀　*A. tataricus* Linn. f. *
根:润肺、化痰、止咳

北苍术　*Atractylodes chinensis* (DC.) Koidz. *
根茎:健脾燥湿、祛痰止泄

关苍术　*A. japonica* Koidz. ex Kitam. *
根茎:健脾燥湿、发汗

苍术　*A. lancea* (Thunb.) DC. *
根茎:祛风燥湿、发汗

白术　*A. macrocephala* Koidz. *
根茎:燥湿和胃、止泻、消积

雏菊　*Bellis perennis* Linn *
全草:清热除湿

鬼针草　*Bidens bipinnata* Linn.
全草:清热解毒、散瘀活血

大鬼针草　*B. biternata* (Lour.) Merr. et Sherff.
全草:清热解毒、养阴止痛

羽叶鬼针草　*B. maximowicziana* Oett.
全草:清热解毒、养阴

细叶鬼针草　*B. parviflora* Willd.
全草:清热解毒、活血散瘀

三叶鬼针草　*B. pilosa* Linn.
全草:清热解毒、活血散瘀

白花鬼针草　*B. pilosa* var. *radiata* Sch. -Bip.
全草:清热解毒、活血散瘀

狼把草　*B. tripartita* Linn.
全草:清热解毒、养阴敛汗

单叶狼把草　*B. tripartita* var. *repens* (D. Don)
　　　　　　　　　　Sherff.
全草:清热解毒、养阴

香艾　*Blumea aromatica* DC.
全草:止咳、止血、补虚

艾纳香　*B. balsamifera* (Linn.) DC. *
全草:发表祛痰、解暑止痛

毛毡草　*B. hieraciifolia* (D. Don) DC.
全草:清热解毒、芳香化浊

兔儿风蟹甲草　*Cacalis ainsliaeflora* (Franch.)
　　　　　　　　　Hand. -Mazz.
根茎:祛风胜湿、通经理气

两似蟹甲草　*C. ambigua* Ling
根茎:祛风胜湿

耳翼蟹甲草　*C. otopteryx* Hand. -Mazz.
根茎:祛风胜湿

深山蟹甲草　*C. profundorum*（Dunn）
　　　　　　　　　　Hand.-Mazz.

　　全草：消肿解毒

金盏花　*Calendula officinalis* Linn.

　　全草：治肠痔下血

翠菊　*Callistephus chinensis*（Linn.）Nees *

　　全草：清热利尿

驴蹄草　*Caltha palustis* Linn.

　　全草：除风散寒，治头眩昏、牙痛

飞廉　*Carduus crispus* Linn.

　　全草：散瘀止血、清热利湿

烟管头草　*Carpesium cernuum* Linn.

　　全草：清热解毒、消肿止痛

金挖耳　*C. divaricatum* Sieb. et Zucc.

　　全草：清热解毒、消肿止痛

贵州挖耳草　*C. faberi* Winkl.

　　全草：清热解毒、消肿止痛

长叶天名精　*C. longifolium* Chen et C. M. Hu

　　全草：消肿止痛、杀虫

小金挖耳　*C. minum* Hemsl.

　　全草：清热解毒、消肿止痛

峨眉杓儿菜　*C. omeiensis* Hu

　　全草：清热解毒、消肿止痛

粗齿天名精　*C. trachelifolium* Less.

　　全草：清热消炎

暗花金挖耳　*C. triste* Maxim.

　　全草：清热解毒、消肿止痛

毛暗花金挖耳　*C. triste var. sinense* Diels

　　全草：清热解毒、消肿止痛

毛红花　*Carthamus lanatus* Linn. *

　　花：活血通经、祛瘀止痛

红花　*C. tinctorius* Linn. *

　　花：活血通经、祛瘀止痛

石胡荽　*Centipeda minima*（Linn.）A. Brauv.
　　　　　　　　　　et Aschers.

　　全草：散寒、利湿、消肿

茼蒿　*Chrysanthemum coronarium* Linn. *

　　全草：安神健脾、消食、利肠胃

滨菊　*C. maximum* Ramond *

　　全草：清热解毒

南茼蒿　*C. segetum* Linn.

　　全草：安神健脾、消食、利肠胃

等苞蓟　*Cirsium fargesii*（Franch.）Diels

　　根：清热解毒、止血行瘀

湖北蓟　*C. hupehese* Pamp.

　　根：清热解毒、利湿凉血

大蓟　*C. japonicum* Fisch. ex DC.

　　根：止血、祛瘀生新

线叶蓟　*C. lineare*（Thunb.）Sch.-Bip.

　　根：清热解毒、利湿止血

野蓟　*C. maackii* Maxim.

　　根：凉血止血、祛瘀生新

马刺蓟　*C. monocephalum*（Vant.）Lévl.

　　根：清热解毒、凉血止血

烟管蓟　*C. pendulum* Fisch.

　　根：止血、祛瘀生新

野塘蒿　*Conyza bonariensis*（Linn.）Cronq.

　　全草：清热解毒、散瘀消肿

小白酒草　*C. canadensis*（Linn.）Cronq.

　　全草：清热利湿、散瘀消肿

白酒草　*C. japonica*（Thunb.）Less.

　　全草：解毒、化积、利湿

苏门白酒草　*C. sumatrensis*（Retz.）Walker

　　全草：清热解毒、散瘀、消肿

大金鸡菊　*Coreopsis lanceolata* Linn. *

　　全草：清热解毒

波斯菊　*Cosmos bipinnata* Cav. *

　　全草：清热解毒

硫磺菊　*C. sulphureus* Cav. *

　　全草：清热解毒、明目化痰

疏华菊　*C. sulphureus var. rariflorus* Law. *

　　全草：清热解毒、明目化痰

山芫荽　*Cotula hemisphaerica* Wall.

　　全草：清热解毒、消炎止血

野茼蒿　*Crassocephalum crepidioides*
　　　　　　　　　　（Benth.）S. Moore

　　全草：消肿散瘀、行气

芙蓉菊　*Crossostephium chinense*（Linn.）
　　　　　　　　　　Makino. *

　　根及叶：祛风除湿、解毒消肿、止咳

朝鲜水飞蓟　*Cynara scolymus* Linn. *
　　种子:治肝脏病

大理花　*Dahia pinnata* Cav. *
　　块茎:清热解毒、消肿

野菊　*Dendranthema indicum* (Linn.) Des Moul.
　　花:清热解毒、疏风明目、降血压

菊花　*D. grandiflorum* (Ramat.) Kitam. *
　　花:清肝明目、解疮毒

鱼眼草　*Dichrocephala auriculata* (Thunb.)
　　　　　　　　　　　　　　　Druce.
　　全草:清热解毒、止痛止泻

小鱼眼草　*D. benthamii* C. B. Clarke
　　全草:清热解毒、止痛止泻

菊叶鱼眼草　*D. chrysanthemifolia* (Bl.) DC.
　　全草:清热解毒

东风菜　*Doellingeria scaber* (Thunb.) Nees
　　全草:清热解毒、祛风止痛

旱莲草　*Eclipta alba* (Linn.) Hassk.
　　全草:止血、滋补肝肾、清热解毒

一点红　*Emilia sonchifolia* (Linn.) DC. ex Wight
　　全草:清热解毒

一年蓬　*Erigeron annuus* (Linn.) Pers.
　　全草:清热解毒、散瘀消肿

华泽兰　*Eupatorium chinense* Linn.
　　根:清热解毒、利咽化痰

佩兰　*E. fortunei* Jurcz.
　　全草:化湿醒脾、祛暑湿

异叶泽兰　*E. heterophyllum* DC.
　　全草:解郁、活血通经

单叶泽兰　*E. japonicum* Thunb.
　　全草:化湿醒脾、祛暑胜湿

裂叶泽兰　*E. japonicum* var. *tripartitum* Makino
　　全草:化湿醒脾、祛暑胜湿

林泽兰　*E. lindleyanum* DC.
　　全草:解表祛湿、和中化气

南川泽兰　*E. nanchuanense* Ling et Shih
　　全草:清热化痰、止咳

大吴风草　*Ferfugium japonicum* (Linn. f.)
　　　　　　　　　　　　　　　Kitam.
　　全草:活血止血、散结消肿

天人菊　*Gaillardia pulchella* Foug. *
　　全草:清热解暑、消炎

牛膝菊　*Galinsoga parviflora* Cav.
　　全草:清肝明目、止血消炎

大丁草　*Gerbera anandria* (Linn.) Cass.
　　全草:清热解毒、凉血散瘀

毛大丁草　*Gerbera piloselloides* (Linn.) Cass.
　　全草:清热解毒、止咳、活血、散瘀

宽叶鼠曲草　*Gnaphalium adnatum*
　　　　　　　　　　　(Wall. ex DC.) Kitam.
　　全草:止咳、祛痰、止血

鼠曲草　*G. affine* D. Don
　　全草:清热消炎、祛风寒、疏肺、止咳、调经

背白鼠曲草　*G. hypoleucum* DC.
　　全草:清热解毒、燥湿

细叶鼠曲草　*G. japonicum* Thunb.
　　全草:清热利湿、解毒消肿

丝绵草　*G. luteo-album* Linn.
　　全草:清热利湿、止血

南川鼠曲草　*G. nanchuanense* Ling et Tseng
　　全草:消炎、止血

胖儿草　*Gynura avalie* DC.
　　根茎:治头晕、咳嗽

两色三七草　*G. biolor* (Roxb. ex Willd.) DC.
　　根茎:清热消肿、凉血止血

玉枇杷　*G. divaricata* (Linn.) DC.
　　根茎:清热解毒、舒筋接骨、止血

三七草　*G. japonica* (Thunb.) Juel
　　根茎:散瘀止血、解毒消肿

向日葵　*Helianthus annuus* Linn. *
　　花、茎:健胃
　　种子:治头晕

菊芋　*H. tuberosus* Linn.
　　块茎:清热利尿、治糖尿病

麦杆菊　*Helichrysum bracteatum* (Vent.)
　　　　　　　　　　　　　　　Andr. *
　　全草:清热解毒

泥胡菜　*Hemistepta lyrata* (Bunge) Bunge
　　全草:消肿散瘀、清热解毒

山柳菊　*Hieracium umbellatum* Linn.
　　根、全草:清热解毒、利湿、消积

羊耳菊　*Inula cappa*（Buch. -Ham. ex D. Don）
　　　　　　　　　　　　　　　　　　DC.
　　全株:祛风止痛、行气消肿、化痰定喘、凉血
　　　　止血、利湿

土木香　*I. helenium* Linn.
　　根:止痛、开胃、杀虫

旋复花　*I. japonica* Thunb.
　　华:行气、消痰、下水

窄叶旋复花　*I. linerii folia* Turcz.
　　花:祛痰、行水、软坚

总状土木香　*I. racemosa* Hook. f. *
　　根:理气止痛、开胃杀虫

山剪刀股　*Ixeridium chinensis*（Thunb. ）Tzvel.
　　全草:解毒祛瘀

齿缘苦荬菜　*I. dentatum*（Thunb. ）Tzvel.
　　全草:清热解毒、消肿止痛

细叶苦荬菜　*I. gracilis*（DC. ）Shih
　　全草:解毒祛瘀

剪刀股　*I. japonica*（Burm. f. ）Nakai
　　全草:解毒祛瘀

多头苦荬菜　*I. polycephala* Cass.
　　全草:清热解毒、止痛

抱茎苦荬菜　*I. sonchi folium*（Maxim. ）Shih
　　全草:清热解毒、消炎止痛

马兰　*Kalimeris indica*（Linn. ）Sch. -Bip.
　　全草:清热解毒、散瘀止血

毡毛马兰　*K. shimadae*（Kitam. ）Kitam.
　　全草:解毒除湿

山莴苣　*Lactuca indica* Linn.
　　根:消炎解热、治血崩

莴苣　*L. sativa* Linn. *
　　叶:活血、祛瘀、通乳

莴笋　*L. sativa* var. *angustata* Irish. *
　　叶:活血、祛瘀

卷心莴苣　*L. sativa* var. *capitata* DC. *
　　叶:活血、祛瘀

生菜　*L. sativa* var. *romana* Hort. *
　　叶:清热解毒、活血祛瘀

条叶莴苣　*L. sibirica*（Linn. ）Benth.
　　叶:清热解毒、活血祛瘀

六棱菊　*Laggera alata*（D. Don）Sch. -Bip.
　　　　　　　　　　　　　　　　　ex Dolv.
　　全草:祛风利湿、活血解毒

稻槎菜　*Lapsana apogonoides* Maxim.
　　全草:清热解毒

薄雪火绒草　*Leontopodium japonicum* Miq.
　　全草:清热解毒、消炎止血

峨眉火绒草　*L. omeiense* Ling
　　全草:清热解毒、消炎止血

肾叶橐吾　*Ligularia fischerii*（Ledeb. ）Turcz.
　　根:理气活血、止痛、止咳、祛痰

鹿蹄橐吾　*L. hodgsonii* Hook.
　　根:散寒发表、祛风除湿

狭苞橐吾　*L. intermedia* Nakai
　　根:润肺止咳、散寒发表

贵州橐吾　*L. levellei*（Vant. ）Hand. -Mazz.
　　根:散寒发表、祛风除湿

南川橐吾　*L. nanchuanica* S. W. Liu
　　根:通经活血、补血

总序橐吾　*L. sibirica* var. *racemosa* Kitam.
　　根:润肺发表、化痰止咳

离舌橐吾　*L. veitchiana*（Hemsl. ）Greenm.
　　根:润肺发表、化痰止咳

川鄂橐吾　*L. wilsoniana*（Hemsl. ）Greenm.
　　根:散寒发表、祛风除湿

洋甘菊　*Matricaria recutita* Linn. *
　　花:治感冒、湿热性神经病

无喙粘冠草　*Myricatis nepalensis* Less.
　　全草:清热解毒

细柄紫菊　*Notoseris gracilipes* Shih
　　全草:清热解毒、祛风除湿

多裂紫菊　*N. honryi*（Dunn）Shih
　　全草:清热解毒、消肿止痛

南川紫菊　*N. porphyrolepis* Shih
　　全草:清热解毒、消肿止痛

光苞紫菊　*N. psilolepis* Shih
　　全草:清热解毒、祛风除湿

三花紫菊　*N. triflora*（Hemsl.）Shih
　　全草:清热解毒、祛风除湿

瓜叶菊　*Pericallis hybrda* B. Norb. *
　　全草:清热解毒

葫芦叶　*Petasites japonicus*（Sieb. et Zucc.）
　　　　　　　　　　　　　　Maxim.
　　根茎:消肿、解毒、散瘀

毛莲菜　*Picris hieracioides* Linn.
　　全草:泻火、解毒、祛瘀止痛

薯芋叶福王草　*Prenanthes faberi* Hemsl.
　　全草:祛风除湿

秋分草　*Rhynchospermum verticillatum*
　　　　　　　　　　　　Reinw. ex Bl.
　　全草:清热除湿

黑心菊　*Rudbeckia hirta* Linn. *
　　全草:清热解毒、祛风

金光菊　*R. laciniata* Linn. *
　　叶:清热解毒

心叶凤毛菊　*Saussurea cordifolia* Hemsl.
　　根:通经活络、除湿

川陕凤毛菊　*S. licentiana* Hand.-Mazz.
　　根茎:祛风除湿

少花凤毛菊　*S. oligantha* Franch.
　　根:通经活络、除湿

草防风　*Scorzonera albicaulis* Bunge
　　全草:祛风解毒、消肿

羽叶千里光　*Senecio argunensis* Turcz.
　　全草:清热解毒

双花千里光　*S. dianthus* Franch.
　　全草:清热解毒、祛风湿

菊状千里光　*S. laetus* Edgew.
　　全草:清热解毒、散瘀消肿

千里光　*S. scandens* Buch.-Ham. ex D. Don
　　全草:清热解毒、凉血、消肿明目

深裂千里光　*S. scandens* var. *incisus* Franch.
　　全草:清热解毒、凉血、消肿明目

华麻花头　*Serratula chinensis* S. Moore
　　全草:散寒发表

毛梗豨莶　*Siegesbeckia glabrescens* Makino
　　全草:祛风湿、通经络、降血压

豨莶草　*S. orientalis* Linn.
　　全草:祛风湿、通经络、降血压

腺梗豨莶　*S. pubescens*（Makino）Makino
　　全草:祛风湿、通经络、降血压

水飞蓟　*Silybum marianum*（Linn.）Gaertn. *
　　种子:清热解毒、保肝利胆

秃果蒲儿根　*S. globigerus* var. *adenophyllus*
　　　　　　　　　C. Jeffrey et Y. L. Chen
　　全草:清热解毒、消肿止痛

单头蒲儿根　*Sinosenecio goodianus*
　　　　　　　　　（Hand.-Mazz.）B. Nord.
　　全草:清热除湿、解毒生肌

石生蒲儿根　*S. maximowicyil*（Winkl.）B.
　　　　　　　　　　　　　　　Nord.
　　全草:清热解毒、止痒

南川蒲儿根　*S. nanchuanensis* Z. Y. Liu
　　全草:清热利尿、活血散瘀

蒲儿根　*S. oldhamianus*（Maxim.）B. Nord.
　　全草:清热解毒

紫毛蒲儿根　*S. villiferus*（Franch.）B. Nord.
　　全草:清热解毒、止痒

加拿大一枝黄花　*Solidago canadensis* Linn. *
　　全草:清热解毒

一枝黄花　*S. decurrens* Lour.
　　全草:散寒发表、解毒消炎

牛舌头　*Sonchus arvensis* Linn.
　　全草:清热解毒,治烫火伤、无名肿毒

续断菊
　　全草:清热解毒、凉血利湿

苦苣菜　*S. oleraceus* Linn.
　　全草:清热解毒、凉血利湿

甜叶菊　*Stevia rebaudina* Bertoni *
　　叶:降压减肥,治糖尿病

象牙蓟　*Sylybum eburneum* Coss et Dur. *
　　种子:清热解毒、保肝利胆

金腰箭　*Synedrella nodiflora*（Linn.）Gaertn.
　　全草:清热解毒

兔儿伞　*Syneilesis aconitifolia*（Bunge）
　　　　　　　　　　　　　　Maxim.
　　全草:祛风湿、舒筋活血、止痛

山牛蒡　*Synurus deltoides*（Ait.）Nakai
　　全草:清热利湿、止血
万寿菊　*Tagetes erecta* Linn. *
　　全草:清热解毒
孔雀草　*T. patula* Linn. *
　　全草:清热解毒
蒲公英　*Taraxacum mongolicum* Hand.-Mazz.
　　全草:清热解毒、消肿散结
高山蒲公英　*T. platypecidum* Diels
　　全草:清热解毒、消炎散结
蒜叶波罗门参　*Tragopogon porrifolius*
　　　　　　　　　　　　　　　Linn. *
　　全草:祛风解毒、消肿
款冬　*Tussilago farfara* Linn.
　　花:润肺化痰、止咳
川木香　*Vladimiria souliei*（Franch.）Ling *
　　根:行气止痛、和胃、止泻
南川斑鸠菊　*Vernonia bockiana* Diels
　　叶:清热解毒,治火烫伤
夜香牛　*V. cinerea*（Linn.）Less.
　　全株:散热安神、凉血解毒
苍耳　*Xanthium sibiricum* Patr. et Widd.
　　果实:发汗、散风祛湿、消炎镇痛
异叶黄鹌菜　*Youngia heterophylla*（Hemsl.）
　　　　　　　　　　　　　Babc. et Stebb.

　　全草:消炎、镇痛
黄鹌菜　*Y. japonica*（Linn.）DC.
　　全草:清热解毒、消肿止痛
百日菊　*Zinnia elegans* Jacq. *
　　全草:消炎、祛湿热

(二)单子叶植物纲　Monocotyledoneae

255.香蒲科　Typhaceae

水烛　*Typha angustifolia* Linn.
　　花粉:消瘀、止痛;炒用止血
阔叶香蒲　*T. latifolia* Linn.
　　花粉:行瘀利尿、炒用止血
香蒲　*T. orientalis* Presl
　　花粉:行瘀利尿、炒用止血

256.黑三棱科　Sparganiaceae

小黑三棱　*Sparganium simplex* Huds.
　　块茎:破血、行气止痛
黑三棱　*S. stoloniferum*（Graebn.）Buch.-Ham.
　　块茎:破血、行气止痛

257.眼子菜科　Potamogetonaceae

菹草　*Potamogeton crispus* Linn.
　　全草:清热解毒
小叶眼子菜　*P. cristatus* Regel
　　全草:利水通淋
眼子菜　*P. distinctus* A. Benn.
　　全草:清热解毒、利尿消积

258.泽泻科　Alismataceae

窄叶泽泻　*Alisma canaliculatum* A. Br.
　　　　　　　　　　　　　　　et Bouche.
　　根茎:渗湿热、利小便
泽泻　*A. plantago-aquatica* var. *orientale*
　　　　　　　　　　　　　　　Sam. *
　　根茎:渗湿热、利小便
矮慈姑　*Sagittaria pygmaea* Miq.
　　全草:清热解毒、除湿
慈姑　*S. trifolia* var. *sinensis*（Sims）Makino
　　根茎、花:解毒消肿
长瓣慈姑　*S. trifolia* f. *longiloba*（Turcz.）
　　　　　　　　　　　　　　　Makino
　　全草:清热解毒、消肿

259.水鳖科　Hydrocharitaceae

黑藻　*Hydrilla verticillata*（Linn. f.）Royle.
　　全草:清热解毒、除湿
水车前　*Ottelia alismoides*（Linn.）Pers.
　　全草:清热解毒、止血

260.禾本科　Gramineae

看麦娘　*Alopecurus aequalis* Sohol.
　　全草:利水消肿、解毒
荩草　*Arthraxon hispidus*（Thunb.）Makino
　　全草:止咳、定喘、杀虫

匿芒荩草　*A. hispidus* var. *cryptatherus*
　　　　　　　　（Hack.）Honda

　全草:清热止血

茅叶荩草　*A. lanceolatus*（Roxb.）Hochst.

　全草:清热止血

野古草　*Arundinella hirta*（Thunb.）Tanaka

　全草:能打胎

芦竹　*Arundo donax* Linn.

　根茎:清热泻火、生津利尿

彩叶芦竹　*A. donax* var. *varsicolor*（Mill.）
　　　　　　　　Stockes *

　根茎状:清热生津、止呕除烦

野燕麦　*Avena fatua* Linn.

　全草:敛汗固表、止血

燕麦　*A. sativa* Linn. *

　全草:敛汗固表

孝顺竹　*Bambusa multiplex*（Lour.）Raeuschel
　　　　　　ex J. A. et J. H. Schult.

　嫩叶:清热利尿、除烦

凤尾竹　*B. multiplex* var. *fernleaf*
　　　　　　R. A. Young *

　叶:清热利尿、除烦

金钱竹　*B. multiplex* f. *alphonsokarri*
　　　　　　（Mitf. ex Satow）Nakai *

　叶:清热利尿、除烦

硬头黄竹　*B. rigida* Keng et Keng f.

　嫩叶:清热除烦

车角竹　*B. sinopinosa* Mcclure

　竹叶、竹茹:清热利尿

　竹笋:凉血止痢

佛肚竹　*B. ventricosa* Mcclure *

　嫩叶:清热除烦

疏花雀麦　*Bromus remotiflorus*（Steud.）Ohwi

　茎:用于难产、驱虫

假淡竹叶　*Centotheca lappacea*（Linn.）Desv

　全草:清热解毒

川谷　*Coix lacuryma-jobi* Linn.

　果实:利尿强壮

　根:清热解湿、利尿通淋

薏苡　*C. lachryma jobi* var. *ma-yuen*
　　　　　　（Roman.）Stapf *

　种子:健脾、补肺、清热

黑壳薏苡　*C. lachryma-jovi* var. *frumentacea*
　　　　　　Mak. *

　种子:健脾、补肺、清热

小香茅草　*Cymbopogon distans*（Nees ex Steud.）
　　　　　　W. Wats

　全草:止咳、平喘、消炎、止痛

香茅　*C. winterianus* Jowitt. *

　全草:疏风解表、祛瘀通络

铁线草　*Cynodon dactylon*（Linn.）Rers.

　全草:清热利尿、止血解毒

十字马唐　*Digitaria cruciata* Nees ex Herb

　全草:温中、明耳目

马唐　*D. sanguinalis*（Linn.）Scop.

　全草:温中、明耳目

南川镰序竹　*Drepanostachyum melicoideum*
　　　　　　Keng f.

　叶:清热利尿、除烦

光头稗子　*Echinochloa colonum*（Linn.）Link

　根:利尿、止血

稗　*E. crusgalli*（Linn.）Beauv.

　果实:益气健脾

旱稗　*E. crusgalli* var. *hispidula*（Retz.）Honda

　果实:益气健脾

湖南稗子　*E. crusgalli* var. *frumentacea*
　　　　　　（Roxb.）W. F. Wight

　果实:益气健脾

穆子　*Eleusine coracana*（Linn.）Gearth. *

　种仁:补中益气

牛筋草　*E. indica*（Linn.）Gaertn.

　全草:清热解毒、祛风利湿

知风草　*Eragrostis ferruginea*（Thunb.）
　　　　　　Beauv.

　全草:活血散瘀

画眉草　*E. pilosa*（Linn.）Beauv.

　花:治脓疱疮（黄水疮）

蔗茅　*Erianthus rufipilus*（Steud.）Griseb.

　根茎:清热解毒

金茅　*Eulalia speciosa*（Debeaux.）Kuntze

　　根茎:行气破血

拟金茅　*Eulaliopsis binata*（Retz.）C. E.

　　　　　　　　　　　　　　　　Hubbard

　　全草:行气破血

羊子茅　*Festuca ovina* Linn.

　　全草:清热解毒

大麦　*Hordeum vulgare* Linn. *

　　种子:消化不良

　　麦芽:消食和中

白茅　*Imperata cylindrica* var. *major*（Nees.）

　　　　　　　　　　　　　　　　C. E. Hubb.

　　根茎:清热利尿、凉血止血

箬竹　*Indocalamus longiauritus* Hand.-Mazz.

　　叶:清热止血、解表消肿

纤毛柳叶箬　*Isachne ciliatiflora* Keng

　　叶:清热解毒、止血

游草　*Leersia haxandra* Swartz.

　　全草:除湿、利水

假稻　*L. japonica* Makino

　　全草:除湿、利水

千金子　*Leptochlosa chinensis*（Linn.）Nees

　　全草:行水破血、攻积聚、散痰饮

淡竹叶　*Lophatherum gracile* Brongn.

　　嫩叶:清热除烦、利小便

五节芒　*Miscanthus floridulus*（Labill.）Warb.

　　虫瘿:发表、理气、调经

尼泊尔芒　*M. nepalensis*（Trin.）Hack.

　　虫瘿:发表、理气、调经

大巴尔生　*M. sinensis* Anderss.

　　根茎:调气、补肾生精

类芦　*Neyraudia reynaudiana*（Kunth）

　　　　　　　　　　　　　　　Keng ex Hitchc.

　　嫩苗:清热利湿、消肿解毒

求米草　*Oplismenus undulatifolius*（Ard.）Beauv.

　　全草:凉血、止血

稻　*Oryza sativa* Linn. *

　　谷芽:健脾消食

糯稻　*O. sativa* var. *glutinosa* Blanco *

　　谷芽:健脾消食

糠稷　*Panicum bisulcatum* Thunb.

　　全草:清热、生津

双穗雀稗　*Paspalum paspaloides*（Michx.）

　　　　　　　　　　　　　　　　Scribn.

　　全草:活血、生血、养血

雀稗　*P. thunbergii* Kunth ex Steud.

　　全草:清热解毒、活血、生血

狼尾草　*Pennisetum alopecuroides*（Linn.）

　　　　　　　　　　　　　　　　Spreng

　　全草:明目散血、清热止咳

白草　*P. flaccidum* Griseb.

　　根茎:解毒、利尿

显子草　*Phaenosperma globosum* Munro ex Oliv.

　　全草:祛湿健脾、活血调经

芦苇　*Phragmites communis*（Linn.）Trin.

　　根茎:清热生津、止渴除烦

罗汉竹　*Phyllostachys aurea* Carr.

　　　　　　　　　　　　　　　ex A. et C. Riv.

　　嫩叶:止咳化痰、清热除烦

刚竹　*P. bambusoides* Sieb. et Zucc.

　　竹茹:清热明目、发汗利尿

寿竹　*P. bambusoides* f. *shouzhu* Yi

　　竹茹:清热明目、发汗利尿

水竹　*P. heteroclada* Oliver

　　竹茹:清热凉血、除烦止呕

白夹竹　*P. nidularia* Munro

　　嫩叶:止咳化痰

紫竹　*P. nigra*（Lodd. ex Lindl.）Munro

　　竹茹:清热凉血、除烦止呕

毛竹　*P. pubescens* Mazel *

　　笋:清凉润肺

金竹　*P. subphurea*（Carr.）Kiviere

　　叶:清热除烦

苦竹　*Pleioblastus amarus*（Keng）Keng f.

　　嫩叶:清热明目、解毒杀虫

苦斑竹　*P. macalatus*（Mcclure）C. D. Chu

　　　　　　　　　　　　　　　　et C. S. Chao

　　嫩叶:清热明目、解毒杀虫

早熟禾　*Poa annua* Linn.

　　全草:清热平喘

华东早熟禾　*P. fabri* Rendle

全草:治支气管炎

草地早熟禾　*P. pratensis* Linn.

全草:治支气管炎

金丝草　*Pogonatherum crinitum*（Thunb.）

Kunth

全草:清热解毒、利尿止血

金发草　*P. paniceum*（Lamk.）Hack.

全草:清热解毒、凉血利尿

平竹　*Qiongzhuea communis* Hsueh et Yi

嫩叶:清热凉血

钙生鹅冠草　*Roegneria calcicola* Keng

全草:清热凉血、化痰止痛

纤毛鹅冠草　*R. ciliaris*（Trin.）Nevski

全草:清热凉血

斑茅　*Saccharum arundinaceum* Retz.

根茎:通窍、利水破血、通经

甘蔗　*S. officinarum* Linn. *

茎:清热生津、下气润肺、解酒毒

囊颖草　*Sacciolepis indica*（Linn.）A. Chase

全草:生肌、止血

西南稃草　*Setaria forbesiana*（Nees）Hook. f.

全草:清热解毒

金色狗尾草　*S. glauca*（Linn.）Beauv.

全草:除热、祛湿消肿

小米　*S. italica*（Linn.）Beauv. *

果实:消食开胃

棕叶狗尾草　*S. palmaefolia*（Koen.）Stapf

根茎:消饱胀，治水肿

皱叶狗尾草　*S. plicata*（Lam.）T. Cooke

全草:解毒、杀虫、祛风

光明草　*S. viridis*（Linn.）P. Beauv.

全草:清热明目、解毒消肿

箭竹　*Sinarundinaria confusa*（Mitford）Keng f.

虫瘿:清热解毒、消炎退黄

料慈竹　*Sinocalamus distegius* Keng et Keng f.

嫩叶:清热凉血、除烦止呕

高粱七　*Sorghum propinquum*（Kunth.）

Hitche.

根:清肺热、益气止血

高粱　*S. vulgare* Pers. *

种仁:和胃健脾

黑穗:止血

鼠尾粟　*Sporoblus indicus* var.

purpurea-suffusus（Ohwi）T. Koyoma

全草:治手足无力、劳伤退热

芒菅　*Themeda caudata*（Nees）Dur.

根茎:散寒发表、接骨利水

黄背草　*T. japonica*（Willd.）Tanaka

全草:活血调经、祛风除湿

菅草　*T. villosa*（Poir.）Dur.

根茎:解表解寒、祛风湿、利小便

小麦　*Triticum aestivum* Linn. *

果实:益气、除热、止汗

线形草沙蚕　*Tripogon filiformis* Nees et Steud.

全草:清热生津、润燥

玉米　*Zea mays* Linn. *

须:清热利尿、除湿退黄

茭白　*Zizania latifolia*（Griseb）Turcz.

ex Stapf *

根茎:清热除烦、利尿退黄

261.莎草科　Cyperaceae

丝叶球柱草　*Bulbostylis densa*（Wall.）

Hand.-Mazz.

全草:清热利尿

浆果苔草　*Carex baccans* Nees

根:凉血、止血

粟褐苔草　*C. brunnea* Thunb.

全草:理气止痛、祛风除湿

中华苔草　*C. chinensis* Retz.

全草:理气止痛

十字苔草　*C. cruciata* Wahlenb.

全草:清肺止咳

弯囊苔草　*C. dispalata* Boott

全草:清热止咳

芒尖苔草　*C. doniana* Srreng.

全草:祛风除湿

亮鞘苔草　*C. fargesii* Franch.

全草:消肿止痛

帚状苔草 *C. fastigiata* Franch.
　全草:祛风除湿、理气止痛

蕨状苔草 *C. filicina* Nees
　全草:清热利湿

穹隆苔草 *C. gibba* Wahlenb.
　全草:理气止痛

日本苔草 *C. japonica* Thunb.
　全草:消食行气

披针苔草 *C. lanceolata* Boott
　全草:收敛止痛

舌叶苔草 *C. ligulata* Nees ex Wight
　全草:行气活血

条穗苔草 *C. nemostachys* Steud.
　全草:清肺止咳

粉背苔草 *C. pruinosa* Boott
　全草:祛风除湿

大理苔草 *C. rubro-brunnea* var. *taliensis*
　　　　　　　　　　（Franch.）Kukenth.
　全草:理气、止痛、除湿

花葶苔草 *C. scaposa* C. B. Clarke
　全草:理气、止痛、除湿

硬果苔草 *C. sclerocarpa* Franch.
　全草:理气、止痛、除湿

近蕨苔草 *C. subfilicinoides* Kukenth.
　全草:祛风湿

西藏苔草 *C. thibetica* Franch.
　全草:理气、止痛、除湿

沙坪苔草 *C. wuii* Chu
　全草:行气活血、活血止痛

旱伞草 *Cyperus alternifolius* ssp.
　　　flabelliformis（Rottb.）Kukenth. *
　全草:行气活血、解毒

扁穗莎草 *C. compressus* Linn.
　全草:理气解郁

异型莎草 *C. difformis* Linn.
　全草:行气活血、化痰止咳

碎米莎草 *C. iria* Linn.
　全草:祛风、除湿

小碎米莎草 *C. microiria* Stemd.
　全草:祛风除湿

毛轴莎草 *C. pilosus* Vahl
　全草:治跌打损伤、浮肿
　花序:治胃炎

香附 *C. rotundus* Linn.
　块茎:理气疏肝、调经止痛

牛毛毡 *Eleocharis acicularis*（Linn.）Roem.
　　　　　　　　　　　　　　et Schult.
　全草:发表散寒、祛痰平喘

紫果蔺 *Eleocharis atropurpurea*（Retz.）Presl
　全草:清热利尿

荸荠 *E. dulis* ssp. *tuberosa*（Roxb.）Koyama *
　球茎:清热化痰、生津止渴、明目

膜鳞针蔺 *E. pellucida* Presl
　全草:清热利尿

丛毛羊胡子草 *Eriophorum comosum* Nees
　全草:散风寒、通经络、平喘

夏飘拂草 *Fimbristylis aestivalis*（Retz.）Vahl.
　全草:清热解毒、利尿

两歧飘拂草 *F. dichotoma*（Linn.）Vahl
　全草:解表、清热利尿

线叶两歧飘拂草 *F. dichotoma* f. *annua*
　　　　　　　　　　　　（All.）Ohwi
　全草:解表、清热利尿

宜昌飘拂草 *F. henryi* C. B. Clarke
　全草:解表、清热利尿

水虱草 *F. miliacea*（Linn.）Vahl
　全草:解表除湿、止咳止痛

水葱 *F. subbispicata* Nees et Mey.
　全草:清热利尿

水莎草 *Juncellus serotinus*（Rottb.）C. B. Clarke
　全草:清热解毒

水蜈蚣 *Kyllinga brevifolia* Rottb
　全草:清热利尿

砖子苗 *Mariscus umbellatus* Vahl
　全草:行气活血、祛风止痛

白喙刺子莞 *Rhynchospora brownii* Roemer
　　　　　　　　　　　　　　et Schuit.
　全草:清热利湿

直立席草 *Scirpus juncoides* Roxb.
　全草:清热解毒、止咳明目

庐山藨草　　*S. lushanensis* Ohwi

　　根茎:清热利尿

三棱杆藨草　　*S. mattfeldianus* Kukenth

　　全草:清热利尿

百球藨草　　*S. rosthornii* Diels

　　全草:清热利尿

类头状藨草　　*S. subcapitatus* Thw.

　　根茎:清热利湿

席草　　*S. tabernaemontani* Gmel.

　　全草:清热解毒、利尿

席草根　　*S. triangulatus* Roxb.

　　根茎:清热利尿

光棍子　　*S. triqueter* Linn.

　　全草:清热利尿、开胃消食

毛果珍珠茅　　*Scleria herbecarpa* Nees

　　全草:止咳、止痢

黑鳞珍珠茅　　*S. hookeriana* Bocklr.

　　全草:祛风除湿

高杆珍珠茅　　*S. terrestris* (Linn.) Foss.

　　全草:祛风湿、通经络

262. 棕榈科　　Palmae

假槟榔　　*Archontophoenix alexandrae*

　　　　　　(F. Muell.) H. Wendl. et Drude *

　　叶鞘纤维:止血

三药槟榔　　*Areca triandra* Roxb. ex Buch. *

　　种子:杀虫、消积、行气

长穗鱼尾葵　　*Caryota ochlandra* Hance *

　　叶鞘纤维:收敛、止血

蒲葵　　*Livistona chinensis* (Jacq.) R. Br. *

　　叶及根:止痛、止血

海枣　　*Phoenix dactylifera* Linn. *

　　果实:补中益气、健脾

棕竹　　*Rhapis excelsa* (Thunb.) Henry ex Reld.

　　根茎:舒筋活络

矮棕竹　　*R. humilis* Bl. *

　　根茎:舒筋活络

棕榈　　*Trachycarpus fortunei* (Hook. f.)

　　　　　　H. Wendl.

　　花、种子:止血、破瘀、止痛、收敛

263. 天南星科　　Araceae

水菖蒲　　*Acorus calamus* Linn.

　　全草:散寒除湿、祛痰止咳

金钱蒲　　*A. gramineus* Soland.

　　全草:除湿、行气、开窍

石菖蒲　　*A. tatarinowii* Schott

　　根茎:辟秽室气、温胃除风

广东万年青　　*Aglaonema modestum* Schott

　　　　　　　　　　ex Engl. *

　　全草:清热凉血、消肿拔毒、止痛

银王亮丝草　　*A. rotundum* N. E. Br. *

　　全草:清热凉血、消肿拔毒、止痛

假海芋　　*Alocasia cucullata* (Lour.) Schott *

　　根茎:治瘰疬、疬疮

海芋　　*A. odora* (Lodd.) Spach.

　　根茎:清热解毒、消肿

魔芋　　*Amorphophallus rivieri* Durieu

　　块茎:清热解毒、散结消肿

白魔芋　　*A. albus* P. Y. Liu et J. F. Chet

　　球茎:消肿散结

南蛇棒　　*A. dunnii* Tutcher

　　根茎:解毒消肿

雷公连　　*Amydrium sinense* (Engl.) H. Li.

　　全草:祛风除湿、活血止痛

柄刺南星　　*Arisaema asperatum* N. E. Brown

　　块茎:祛风除湿、活血止痛

长耳南星　　*A. auriculatum* Buchet

　　块茎:解毒、消肿止痛

棒头南星　　*A. clavatum* Buchet

　　块茎:解毒消肿

白天南星　　*A. erubescens* (Wall.)

　　块茎:祛痰镇痉、散结消肿

宽叶白南星　　*A. consanguineum* f. *latisectum*

　　　　　　　　　　Engl.

　　块茎:祛痰、散结、消肿

象头花　　*A. franchetianum* Engl.

　　块茎:祛痰、散结、消肿

天南星　　*A. heterophyllum* Bl.

　　块茎:祛痰、散结、消肿

湘南星　*A. hunanense* Hand.-Mazz.
　　块茎:祛痰、散结、消肿
花南星　*A. lobatum* Engl.
　　块茎:祛痰、散结、消肿
矮生花南星　*A. lobatum* var. *eulobatum* Engl.
　　块茎:祛痰、散结、消肿
宽叶南星　*A. lobatum* var. *latisectum* Engl.
　　块茎:祛痰、散结、消肿
偏叶南星　*A. lobatum* var. *rosthornianum* Engl.
　　块茎:祛痰、散结、消肿
多裂南星　*A. multisectum* Engl.
　　块茎:祛痰、散结、消肿
雪里见　*A. rhizomatum* C. E. C. Fischer
　　根茎:解毒止痛、祛风除湿
绥阳雪里见　*A. rhizomatum* var. *nudum*
　　　　　　C. E. C. Fischer
　　根茎:解毒止痛、祛风除湿
全缘灯苔莲　*A. sikokianum* Franch. et Sav.
　　块茎:活血、祛痰、解毒止痛
七叶灯苔莲　*A. sikokianum* var. *henryanum*
　　　　　　(Engl.) H. Li
　　块茎:活血、祛痰、解毒止痛
小叶灯苔莲　*A. sikokianum* var. *integrifolium*
　　　　　　Makino
　　块茎:活血、祛痰、解毒止痛
粗齿灯台莲　*A. sikokianum* var. *magnides*
　　　　　　(N. E. Brown) P. C. Kao
　　块茎:活血、祛痰、解毒止痛
灯苔莲　*A. sikokianum* var. *serratum* (Makino)
　　　　　　Hand.-Mazz.
　　块茎:活血祛痰、解毒止痛
野芋　*Colocasia antiquorum* Schott
　　根茎:解毒消肿
芋　*C. esculenta* (Linn.) Schott *
　　块茎:消疬散结
老虎芋　*C. gigantea* (Bl.) Hook. f.
　　根茎:清热解毒、消肿止痛
紫芋　*C. tonoimo* Nakai *
　　全草:消肿解毒、止血散结

千年健　*Homalomena occulta* (Lour.) Schott *
　　根茎:祛风湿、强筋骨、止痛活血
龟背竹　*Monstera deliciosa* Liebm. *
　　根茎:解毒消肿
滴水珠　*Pinellia cordata* N. F. Brown
　　块茎:解毒止痛、散结、消肿
石蜘蛛　*P. integrifolia* N. E. Brown
　　块茎:消肿解毒,治蛇咬伤
掌叶半夏　*P. pedatisecta* Schott
　　块茎:活血祛瘀、解毒止痛
半夏　*P. ternata* (Thunb.) Breit.
　　块茎:活血祛瘀、解毒止痛
石柑子　*Pothos chinensis* (Raf.) Marr.
　　全草:消食祛风、止咳、镇痛
百足藤　*P. repens* (Lour.) Druce.
　　茎、叶:祛湿凉血、止痛接骨
毛过山龙　*Rhaphidophora hookeri* Schott
　　茎:接骨止痛
梨头尖　*Typhonium divaricatum* (Linn.) Decne.
　　块茎:解毒消肿、散结止血
岩生梨头尖　*T. calcicola* C. Y. Wu
　　块茎:解毒消肿、散结止血
独角莲　*T. giganteum* Engl.
　　根茎:祛风止痛
马蹄莲　*Zantedeschia aethiopico* (Linn.) Spreng *
　　根茎:解毒消肿

264. **浮萍科　Lemnaceae**

浮萍　*Lemna minor* Linn.
　　全草:祛风发汗、利尿消肿
品藻　*L. trisulca* Linn.
　　全草:祛风利尿
少根紫萍　*S. oligorrhiza* (Kurz) Hegellm.
　　全草:祛风散寒、利水
紫萍　*Spirodela polyrrhiza* (Linn.) Schleid.
　　全草:发汗、祛风、解毒

265. **谷精草科　Eriocaulceae**

谷精草　*Eriocaulon buergerianum* Koern.
　　全草:散风热、明目退翳

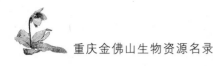
白药谷精草　*E. cinereum* R. Br.
　　全草：散风热、明目退翳

266.凤梨科　Bromeliaceae

凤梨　*Ananas comosus*（Linn.）Merr. *
　　果实：收敛截痢

狭叶水塔花　*Billbergia nutans* H. Wendl. *
　　果实：收敛截痢

水塔花　*B. pyramidalis*（Sims）Lindl. *
　　果实：收敛截痢

267.鸭跖草科　Commelinaceae

穿鞘花　*Amischotolype hispida*（Less.
　　　　　　et A. Rich.）Hong
　　全草：清热解毒

饭包草　*Commelina bengalensis* Linn.
　　全草：清热解毒、利水消肿

鸭跖草　*C. communis* Linn.
　　全草：清热解毒、利水消肿

地地藕　*C. maculata* Edgow.
　　全草：清热解毒、利水消肿

大苞鸭跖草　*C. paludosa* Bl. *
　　全草：清热解毒

蓝耳草　*Cyanotis vaga*（Lour.）Roem. et Schult.
　　根：舒筋活络、补虚、除湿

根茎水竹叶　*Murdannia hookeri*（C. B. Clarke）
　　　　　　Bruckn.
　　全草：清热利尿、消肿解毒

裸花水竹叶　*M. nudiflora*（Linn.）Brenan
　　全草：清热解毒、止咳止血

细竹筒花　*M. simplex*（Vahl）Brenan
　　全草：凉血止血

水竹叶　*M. triquetra*（Wall.）Bruckn.
　　全草：清热利尿、消肿解毒

杜若　*Pollia japonica* Thunb.
　　全草：温中止痛、益精明目

川杜若　*P. omeiensis* Hong
　　全草：温中止痛、益精明目

紫花万年青　*Rhoeo discolor*（L'Her.）Hance *
　　花：清肺化痰、凉血止痢

紫鸭跖草　*Setcreasea purpurea* Boom. *
　　全草：清热解毒、利水消肿

竹叶吉祥草　*Spatholirion longifolium*
　　　　　　（Gagnep.）Dunn
　　根：润肺止咳

竹叶子　*Streptolirion volubile* Edgew.
　　全草：清热利尿、解毒

吊竹梅　*Zebrina pendula* Schnizl. *
　　全草：清热解毒、止血

268.雨久花科　Pontederiaceae

凤眼莲　*Eichhornia crassipes*（Mart.）Solms. *
　　全草：清热泻火、除湿

鸭舌草　*Monochoria vaginalis*（Burm. f.）
　　　　　　Presl. ex Kunth.
　　全草：止痛截痢、消炎

269.灯心草科　Juncaceae

翅茎灯心草　*Juncus alatus* Franch. et Sav.
　　全草：清热利尿

星花灯心草　*J. diastrophanthus* Buchen
　　全草：清热、消食、利尿

灯心草　*J. effusus* Linn.
　　全草：清热、利小便

细灯心草　*J. gracillimus*（Buch.）V. Krecz.
　　　　　　et Gontsch.
　　全草：清热利尿

野灯心草　*J. setchuensis* Buchen
　　茎髓：清心火、利小便

散序地杨梅　*Luzula effusa* Buchen
　　全草：发表、清热、利湿

多花地杨梅　*L. multiflora*（Retz.）Lejeune
　　全草：清热截痢

淡花地杨梅　*L. pallescens*（Wahlenb.）Bess.
　　全草：清热、利湿

羽毛地杨梅　*L. plumosa* E. Mey.
　　全草：发表、清热、利湿

270.百部科　Stemonaceae

蔓生百部　*Stemona japonica*（Bl.）Miq.
　　根：润肺止咳、化痰、杀虫

直立百部　*S. sessilifolia*（Miq.）Miq.

　　根：润肺止咳、化痰、杀虫

大百部　*S. tuberosa* Lour.

　　根：润肺止咳、化痰、杀虫

271.龙舌兰科　Agavaceae

龙舌兰　*Agave americana* Linn.

　　叶：通淋、利湿、止血

金边龙舌兰　*A. americana* var. *marginata-aurea*

　　　　　　　　　　　　　　　Trel.＊

　　叶：补肾润肺、止咳平喘、凉血止血

剑麻　*A. sisalann* Perr.

　　全株：清热解毒、排脓

朱蕉　*Cordyline fruticosa*（Linn.）A. Cheval.＊

　　根及叶：凉血止血、散瘀止痛

剑叶朱蕉　*Cordyline australis*（Forst. f.）

　　　　　　　　　　　　　　　Hook. f.＊

　　叶：清热止血、散瘀

紫红叶朱蕉　*C. teminalis* var. *atropurpurea*

　　　　　　　　　　　　　　　A. Chev.＊

　　叶、根：凉血止血、散瘀镇痛

龙血树　*Dracaena cambodiana* Pierre et Gagn.＊

　　树脂：活血行瘀、止痛

剑叶龙血树　*D. cochinchinensis*（Lour.）

　　　　　　　　　　　　　　　S. C. Chen＊

　　树脂：活血行瘀、止痛

晚香玉　*Polianthes tuberosa* Linn.＊

　　根茎：清热、消肿

虎皮兰　*Sansevieria trifasciata* Hort. ex Prain＊

　　叶：清热解毒、祛痰生肌

金边虎尾兰　*S. trifasciata* var. *laurentii*

　　　　　　　（De Wildem）N. E. Brown.＊

　　叶：清热解毒、祛痰生肌

虎耳兰　*S. zeylanica* Willd.＊

　　叶：清热解毒、祛痰生肌

凤尾丝兰　*Yucca gloriosa* Linn.＊

　　根茎：祛风除湿

金边凤尾丝兰　*Y. gloriosa* var. *marginata*

　　　　　　　　　　　　　　　Hort.＊

　　根茎：祛风除湿

丝兰　*Y. smalliana* Fer.＊

　　根茎：祛风除湿

272.百合科　Liliaceae

高山粉条儿菜　*Aletris alpestris* Diels

　　全草：润肺止咳、消积、驱虫

头花粉条儿菜　*A. capitata* Wang et Tang

　　全草：化痰止咳

疏花粉条儿菜　*A. laxiflora* Bur. et Franch.

　　根及全草：化痰止咳、消积、驱蛔虫

少花粉条儿菜　*A. pauciflora*（Klotzsch）

　　　　　　　　　　　　　　　Franch.

　　全草：益气、敛汗、止血

粉条儿菜　*A. spicata*（Thunb.）Franch.

　　全草：清肺热、止咳、解毒、驱蛔虫

狭瓣粉条儿菜　*A. stenoloba* Franch.

　　全草：化痰止咳、消食、驱蛔虫

火葱　*Allium ascalonicum* Linn.＊

　　全草：通气发汗、除寒解表

洋葱　*A. cepa* Linn.＊

　　鳞茎：消炎杀菌

红葱　*A. cepa* var. *proliferum* Regel＊

　　鳞茎：解毒、消炎、止痒

藠头　*A. chinense* G. Don＊

　　鳞茎：温中通阳、理气散结、解毒

天蓝韭　*A. cyaneum* Regel

　　全草：祛风活络、止血

葱　*A. fistulosum* Linn.＊

　　鳞茎或全草：发法解汗、利尿

玉簪叶韭　*A. funckiaefolium* Hand.-Mazz.

　　全草：散瘀镇痛、祛风活络

疏花韭　*A. henryi* C. H. Wright

　　全草：温脾益肾、下气止血、解毒

宽叶韭　*A. hookeri* Thwaites

　　全草：温中行气、化瘀止血

薤白　*A. macrostemon* Bunge

　　鳞茎：温中通气、下气散结、解毒

卵叶韭　*A. ovalifolium* Hand.-Mazz.

　　全草：止血、散瘀、镇痛

天蒜　*A. paepalanthoides* Airy-Shaw

　　全草：散寒发表

大蒜　A. sativum Linn. *
　　鳞茎:抗菌消炎
韭菜　A. tuberosum Rottler ex Sprengel
　　全草:温脾益胃、下气、止血
鹿耳韭　A. victorialis Linn.
　　全草:散瘀、镇痛、止血
非洲芦荟　Aloe arborescens var. natalensis
　　　　　　　　　　　　　　　Berg. *
　　叶:清热、利湿、健胃
芦荟　A. barbadensis Mill *
　　叶:清热、利湿、健胃
斑纹芦荟　A. saponaria Haw. *
　　叶:清热解毒、利湿
知母　Anemarrhena asphodeloides Bge. *
　　根茎:清热除烦、润肺滋肾
天门冬　Asparagus cochinchinensis（Lour.）
　　　　　　　　　　　　　　　Merr.
　　块根:滋阴润肺、清热降火
刺文竹　A. densiflorus（Kunth）Jessop *
　　块根:润肺止咳
羊齿天门冬　A. filicinus Buch-Ham. ex D. Don
　　块根:润肺止咳、活血止痛
短梗天冬　A. lycopodineus Wall. ex Baker
　　块根:滋阴、润肺、止咳化痰
西南天冬　A. munitus Wang et S. C. Chen
　　块根:滋阴、润燥、清热止咳
石刁柏　A. officinalis Linn. *
　　根茎:润肺止咳、利尿解毒、抗癌
文竹　A. setaceus（Kunth.）Jessop *
　　块根:润肺止咳
丛生蜘蛛抱蛋　Aspidistra caespitosa Pei
　　根茎:祛风除湿、化痰、活血
蜘蛛抱蛋　A. elatior Bl.
　　根茎:活血散瘀、止咳
金线蜘蛛抱蛋　A. elatior CV. 'Variegata'
　　根茎:活血散瘀、止痛
花叶蜘蛛抱蛋　A. elatior var. punnctata Hort.
　　根茎:活血散瘀、止痛
九龙盘　A. lurida Ker.-Gawl.
　　根茎:健胃止痛、续骨生肌

小花蜘蛛抱蛋　A. minutiflora Stapf
　　根茎:活血、止痛、解毒
粽粑叶
　　根茎:活血散瘀、止痛
大百合　Cardiocrinum giganteum（Wall.）
　　　　　　　　　　　　　　　Makino
　　鳞茎:清肺止咳、解毒消肿
吊兰　Chlorophytum comosum（Thunb.）Baker *
　　全草:清热止咳、凉血止血
银心吊兰　C. comosum CV. 'Medio-Pictum'
　　　　　　　　　　　　　　　Hort. *
　　全草:清热解毒、止痛
小花吊兰　C. laxum R. Br. *
　　全草:清热解毒、消肿止痛
西南吊兰　C. nepalense（Lindl.）Baker *
　　全草:清热解毒
七筋菇　Clintonia udensis Trautv. et Mey.
　　全草:活血散瘀、消肿止痛
铃兰　Convallaria keiskei Miq. *
　　根茎:(有毒)强心利尿
海葱　Cvrginea scilla Steinh *
　　鳞茎:强心利尿
山菅兰　Dianella ensifolia（Linn.）DC.
　　根茎:祛风除湿
散斑竹根七　Disporopsis aspera（Hua）Engl.
　　　　　　　　　　　　　　　ex Krause
　　根茎:止血散瘀
竹根七　D. fuscopicta Hance
　　根茎:润肺健脾、消食化痰、止血
金佛山竹根七　D. jinfushanensis Z. Y. Liu
　　根茎:益气补肾、润肺止咳
深裂竹根七　D. pernyi（Hua）Diels
　　根茎:养阴润肺、生津止渴
长蕊万寿竹　Disporum bodinieri（Lévl. et Vant.）
　　　　　　　　　　　　　　　Wang et Tang
　　根:止咳、活血通络
短蕊万寿竹　D. brachystemon Wang et Tang
　　根:止咳、活血通络
万寿竹　D. cantoniense（Lour.）Merr.
　　根:止咳、活血通络

大花万寿竹 *D. megalanthum* Wang et Tang
　根:清热解毒

宝铎草 *D. sessile* D. Don
　根:益气补肾、润肺止咳

南川鹭鸶草 *Diuranthera inarticulata* Wang
　　　　　　　　　　　　　ex K. Y. Lang
　根:滋补强壮、益气、消炎止血

鹭鸶草 *D. major* Hemsl.
　根:滋补强壮、益气、消炎止血

小鹭鸶草 *D. minor*(C. H. Wright)Hemsl.
　全草:消炎止血、滋补益气

卷叶贝母 *Fritillaria cirrhosa* D. Don *
　鳞茎:润肺散结、止咳化痰

湖北贝母 *F. hupehensis* Hsiao et K. C. Hsia *
　鳞茎:清热化痰、止咳

太白贝母 *F. taipaiensis* P. Y. Li *
　鳞茎:润肺散结、止咳化痰

浙贝母 *F. thunbergii* Miq. *
　鳞茎:润肺散结、止咳化痰

暗紫贝母 *F. unibracteata* Hsiao et K. C. Hsia *
　鳞茎:润肺化燥、泄热解郁、止咳

黄花菜 *Hemerocallis citrinda* Baroni *
　根:(有小毒)清热利湿、消肿解毒

萱草 *H. fulva*(Linn.)Linn.
　根:清热解毒、利水、凉血

长管萱草 *H. fulva* var. *disticha*(Donn)Baker
　根:清热解毒、利水、凉血

重瓣萱草 *H. fulva* var. *kwanso* Regel *
　根:清热解毒、利水、凉血

大苞萱草 *H. middendorffii* Trautv. et May. *
　根:清热利尿、凉血止血

小萱草 *H. minor* Mill.
　根:利水凉血

华肖菝葜 *Heterosmilax chinensis* Wang
　根茎:清热利尿

小果华肖菝葜 *H. chinensis* var. *nanchuanensis*
　　　　　　　　　　S. C. Chen et Z. Y. Liu
　根茎:清热利尿

肖菝葜 *H. japonica* Kunth.
　根茎:除湿解毒、软坚化痰

短柱肖菝葜 *H. septemnervia* Wang et Tang
　根茎:清热除湿、解毒

彩叶玉簪 *Hosta albo-marginata*(Hook.)
　　　　　　　　　　　　　　　　Ohw *
　根:清热解毒

东北玉簪 *H. ensata* F. Maekawa *
　根茎:凉血解毒、利湿、消肿

玉簪 *H. plantaginea*(Lam.)Aschers.
　根、叶:清热解毒、消肿散结

紫萼 *H. ventricosa*(Salisb.)Stearn
　全草:散瘀止痛、解毒

野百合 *Lilium borownii* F. E. Brown ex Miellez
　鳞茎:润肺止咳、清心安神

百合 *L. brownii* var. *viridulum* Baker
　鳞茎:润肺止咳、清心安神

四川百合 *L. davidii* Duchartre
　鳞茎:润肺止咳、清心安神

兰州百合 *L. davidii* var. *unicolor* Cotton *
　鳞茎:养阴润肺、利尿

宝兴百合 *L. duchartrei* Franch.
　鳞茎:润肺止咳、清心安神

湖北百合 *L. henryi* Baker
　鳞茎:润肺止咳、清心安神

金佛山百合 *L. jinfushanense* L. J. Peng
　　　　　　　　　　　　　　et B. N. Wang
　鳞茎:润肺、安神、解毒

卷丹 *L. lancifolium* Thunb.
　鳞茎:润肺止咳、清心安神

宜昌百合 *L. leucanthum*(Baker)Baker
　鳞茎:润肺止咳、清心安神

南川百合 *L. rosthornii* Diels
　鳞茎:润肺、安神、解毒

泸定百合 *L. sargentiae* Wilson
　鳞茎:润肺止咳、清心安神

大理百合 *L. taliense* Franch.
　果实:当地作兜铃入药

禾叶山麦冬 *Liriope graminifolia*(Linn.)Baker
　块根:润肺止咳

银边山麦冬 *L. graminifolia* var. *varigata* Hort
　块根:润肺止咳

长梗山麦冬　*L. longipedicellata* Wang et Tang
　　块根：润肺止咳、除烦

阔叶山麦冬　*L. platyphylla* Wang et Tang
　　块根：滋阴润肺、清心除烦、生津

山麦冬　*L. spicata*（Thunb.）Lour.
　　块根：清心火、除肺热、祛痰生津

西南鹿药　*Maianthemum fusca* Wall.
　　根茎：祛风除湿、活血壮阳

管花鹿药　*M. henryi*（Baker）La Frankie
　　根茎：温阳补肾、祛风除湿

鹿药　*M. japonica*（A. Gray）La Frankie
　　根茎：祛风止痛、活血消肿

窄瓣鹿药　*M. tatsienensis*（Baker）
　　　　　　　　　　　　　Wang et Tang
　　根茎：祛风除湿、活血壮阳

钝叶沿阶草　*Ophiopogon amblyphyllus*
　　　　　　　　　　　　　Wang et Dai
　　全草：清热解毒、理气止痛

南川沿阶草　*O. bockianus* Diels
　　全草：滋阴润肺、养胃生津

短药沿阶草　*O. angustifoliatus*（Wang et Tang）
　　　　　　　　　　　　　S. C. Chen
　　全草：滋阴润肺、养胃生津

沿阶草　*O. bodinieri* Lévl.
　　块根：滋阴润肺、养胃生津

长茎沿阶草　*O. chingii* Wang et Dai
　　全草：清热润肺、养胃生津

粉叶沿阶草　*O. chingii* var. *glaucifolius*
　　　　　　　　　　　　　Wang et Dai
　　全草：清热润肺、养胃生津

棒叶沿阶草　*O. clavatus* C. H. Wright ex Oliver
　　全草：清热润肺、生津止咳

异药沿阶草　*O. heterandrus* Wang et Dai
　　全草：清热润肺、止咳

间型沿阶草　*O. intermedius* D. Don
　　块根：养阴清热、润肺

麦冬　*O. japonicus*（Linn. f.）Ker.-Gawl.
　　块根：润肺、清心、泻热

西南沿阶草　*O. mairei* Lévl.
　　全草：滋阴润肺、养胃生津

狭叶沿阶草　*O. stenophyllus*（Merr.）Rodrig
　　块根：润肺生津、止咳化痰

林生沿阶草　*O. sylvicola* Wang et Tang
　　全草：清热润肺、止咳

四川沿阶草　*O. szechuanensis* Wang et Tang
　　全草：滋阴润肺、养胃生津

簇叶沿阶草　*O. tsaii* Wang et Tang
　　全草：清热润肺、止咳

五指莲　*Paris axialis* H. Li
　　根茎：消肿解毒、活血散瘀

巴山重楼　*P. bashanensis* Wang et Tang
　　根茎：清热解毒、消肿散瘀

凌云重楼　*P. cronquistii*（Taknt.）H. Li
　　根茎：清热解毒、消肿止痛

金线重楼　*P. delavayi* Franch.
　　根茎：清热解毒、消肿止痛

卵叶重楼　*P. delavayi* var. *ovalifolia* H. Li
　　根茎：清热解毒、消肿止痛

球药隔重楼　*P. fargesii* Franch.
　　根茎：清热解毒、消肿止痛

花叶重楼　*P. marmorata* Stearn
　　根茎：清热解毒、消肿

重楼　*P. polyphylla* Sm.
　　根茎：清热解毒、消肿

白花重楼　*P. polyphylla* var. *alba* H. Li
　　　　　　　　　　　et R. S. Mitchell
　　根茎：消肿解毒、活血散瘀

条叶重楼　*P. polyphylla* var. *brachystemon*
　　　　　　　　　　　　　Franch.
　　根茎：消肿解毒、活血散瘀

华重楼　*P. polyphylla* var. *chinensis*（Franch.）
　　　　　　　　　　　　　Hara
　　根茎：清热解毒

小重楼　*P. polyphylla* var. *minora* S. F. Wang
　　根茎：清热解毒、消肿止痛

南川重楼　*P. polyphylla* var. *nanchuanensis*
　　　　　　　　　　　Z. Y. Liu et S. X. Tan
　　根茎：清热解毒、消肿止痛

长药隔重楼　*P. polyphylla* var. *pseudothibetica*
　　　　　　　　　　　　　H. Li.
　　根茎：清热解毒、消肿止痛

狭叶重楼　*P. polyphylla* var. *stenophylla*
Franch.

　　根茎:清热解毒、平喘止咳、息风定惊

宽瓣重楼　*P. polyphylla* var. *yunnanensis*
(Franch.) Hand.-Mazz.

　　根茎:清热解毒、消肿

黑籽重楼　*P. thibetica* Franch.

　　根茎:清热解毒、消肿止痛、解痉

北重楼　*P. varticillata* M. Bieb.

　　根茎:清热解毒、散瘀消肿

大盖球子草　*Peliosanthes macrostegia* Hance

　　全草:祛风除湿、活络

疏花无叶莲　*Petrosavia sakurai* (Makino)
Dandy

　　全草:清热解毒

卷叶黄精　*Polygonatum cirrhifolium* (Wall.)
Royle

　　根茎:补脾润肺、养阴生津

垂叶黄精　*P. curvistylum* Hua

　　根茎:祛风除湿、生津止咳

多花黄精　*P. cyrtonema* Hua

　　根茎:补肾润肺、益气滋阴

距药黄精　*P. franchetii* Hua

　　根茎:补脾润肺、养阴生津

毛筒黄精　*P. inflatum* Kom.

　　根茎:养阴润燥、生津止咳

金佛山黄精　*P. ginfoshanicum* (Wang et Tang)
Wang et Tang

　　根茎:祛风除湿、止痛

滇黄精　*P. kingianum* Coll. et Hemsl.

　　根茎:补脾润肺、养阴生津

大叶黄精　*P. kingianum* var. *grandifolium*
D. M. Liu et W. Z. Zeng

　　根茎:润肺生津

节根黄精　*P. nodosum* Hua

　　根茎:解毒消肿、生津止咳

玉竹　*P. odoratum* (Mill.) Druce. *

　　根茎:养阴润燥、生津止渴

康定玉竹　*P. prattii* Baker

　　根茎:养阴润肺、生津止渴

轮叶黄精　*P. verticillatum* (Linn.) All.

　　根茎:润肺生津、健脾胃

湖北黄精　*P. zanlanscianense* Pamp.

　　根茎:补脾润肺、养阴生津

吉祥草　*Reineckia carnea* (Andr.) Kunth

　　根茎:润肺止咳、凉血散瘀

金佛山吉祥草　*R. jinfushanensis* Z. Y. Liu

　　全草:润肺止咳、祛风接骨、止血、补肾、解毒

万年青　*Rohdea japonica* (Thunb.) Roth. *

　　根茎:清热解毒、强心利尿

金边万年青　*R. japonica* var. *variegata* Hort. *

　　根茎:清热解毒、强心利尿

秘鲁海葱　*Scilla peruviana* Linn. *

　　鳞茎:散瘀消肿

绵枣儿　*S. scilloides* (Lindl.) Druce. *

　　鳞茎:(有毒)强心利尿、消肿止痛、解毒

弯梗菝葜　*Smilax aberrans* Gagnep.

　　根茎:活血散瘀、利湿

苍白菝葜　*S. aberrans* var. *retroflexa* Wang
et Tang

　　根茎:清热利湿

西南菝葜　*S. bockii* Warb.

　　根茎:祛风活血、解毒、止痛

密疣菝葜　*S. chapaensis* Gagnep.

　　根茎:清热利湿

菝葜　*S. china* Linn.

　　根茎:清热利湿

柔毛菝葜　*S. chingii* Wang et Tang

　　根茎:祛风利湿、解毒消肿

银叶菝葜　*S. cocculoides* Warb.

　　根茎:清热利湿

平滑菝葜　*S. darrisii* Lévl.

　　根茎:清热利湿

托柄菝葜　*S. discotis* Warb.

　　根茎:清热利湿、活血止血

毛叶大菝葜　*S. ferox* var. *nanchuanensis*
S. C. Chen et Z. Y. Liu

　　根茎:清热解毒、利湿

光叶菝葜　S. glabra Roxb.
　　根茎:清热解毒、利湿、健脾胃
粉菝葜　S. glauco-china Warb.
　　根茎:祛风利湿、清热解毒
马甲菝葜　S. lanceifolia Roxb.
　　根茎:祛风利湿、清热解毒
折枝菝葜　S. lanceifolia var. elongata
　　　　　　　(Warb.) Wang et Tang
　　根茎:祛风利湿、清热解毒
长叶菝葜　S. lanceifolia var. lanceolata
　　　　　　　(Norton) T. Koyama
　　根茎:利湿解毒、健脾胃
南川菝葜　S. longipes Warb.
　　根茎:清热破血、祛风除湿、利水通淋
防己叶菝葜　S. menispermoidea A. DC.
　　根茎:祛风除湿、消肿止痛、解毒、利关节
小叶菝葜　S. microphylla C. H. Wright
　　根茎:清热解毒、除湿
黑叶菝葜　S. nigrescens Wang et Tang ex P. Y. Li
　　根茎:清热利湿
白背牛尾菜　S. nipponica Miq.
　　根茎:清热利湿、解毒
红果菝葜　S. polycolea Warb.
　　根茎:清热利湿、解毒
牛尾菜　S. riparia A. DC.
　　根茎:活血散瘀、化痰止咳
尖叶牛尾菜　S. riparia var. acuminata
　　　　　　　(C. H. Wright) Wang et Tang
　　根茎:活血散瘀、化痰止咳
短梗菝葜　S. scobinicaulis C. H. Wright
　　根茎:清热解毒、利湿
黑刺菝葜　S. scobinicaulis var. brevipes
　　　　　　　C. H. Wright
　　根茎:清热解毒、利湿
鞘柄菝葜　S. stans Maxim.
　　根茎:清热解毒、利尿
梵净山菝葜　S. vanchingshanensis
　　　　　　　(Wang et Tang) Wang et Tang
　　根茎:清热解毒、利尿

小花扭柄花　Streptopus parviflorus Franch.
　　根茎:清寒发表
叉柱岩菖蒲　Tofieldia divergens Bur. et Franch.
　　全草:祛风除湿、活血散瘀
岩菖蒲　T. thibetica Franch.
　　全草:祛风除湿、活血散瘀
油点草　Tricyrtis macropoda Miq.
　　全草:止痢、止咳
黄花油点草　T. maculata (D. Don) Machride
　　全草:止痢、止咳
延龄草　Trillum tschonoskii Maxim.
　　块茎:清热解毒、散瘀止血、息风
橙花开口箭　Tupistra aurantiaca Wall. ex Baker
　　根茎:清热解毒、散瘀止痛
开口箭　T. chinensis Baker
　　根茎:清热解毒、散瘀止痛
筒花开口箭　T. delavayi Franch.
　　根茎:清热解毒、散瘀止痛
剑叶开口箭　T. ensifolia Wang et Tang
　　根茎:清热解毒、活血止痛
金佛山开口箭　T. jinshanensis Z. L. Yang et
　　　　　　　X. G. Luo
　　根茎:清热解毒、活血散瘀
尾萼开口箭　T. urotepala (Hand.-Mazz.)
　　　　　　　Wang et Tang
　　根茎:活血散瘀、祛风止痛
弯蕊开口箭　T. wattii (C. B. Clarke) Hook. f.
　　根茎:解毒、散瘀、止咳、化痰
郁金香　Tulipa gesneriana Linn. *
　　鳞茎:镇静
藜芦　Veratrum nigrum Linn.
　　根及根茎:(有毒)活血散瘀、催吐利水
长梗藜芦　V. oblongum Loes. f.
　　根及根茎:(有毒)活血散瘀、催吐利水
狭叶藜芦　V. stenophyllum Diels
　　根及根茎:(有大毒)活血散瘀、催吐利水、
　　　　　　　杀虫
大海葱　Vrginea maritima Baker *
　　鳞茎:强心利尿

高山丫蕊花　*Ypsilandra alpinia* Wang et Tang
　　全草：活血散瘀、消肿止痛
丫蕊花　*Y. thibetica* Franch.
　　全草：活血散瘀、消肿止痛

273.石蒜科　Amaryllidaceae

文殊兰　*Crinum asiaticum* var. *sinioum*
　　　　　　　　　　（Roxb. ex Herb.）Baker *
　　叶：治恶毒痈疮、鱼口
西南文殊兰　*C. latifolium* Linn. *
　　鳞茎：清热解毒
网球花　*Haemanthus multiflorus* Martyn. *
　　鳞茎：外用治无名肿毒
朱顶红　*Hippeastrum rutilum*（Ker-Gawl.）
　　　　　　　　　　　　　　　　　　Herb.
　　鳞茎：散瘀消肿、解毒
白条朱顶红　*H. vittatum*（L'Her.）Herb. *
　　鳞茎：散瘀消肿、解毒
黄花石蒜　*Lycoris aurea*（L'Her.）Herb.
　　鳞茎：敷疮毒、消炎解毒
石蒜　*L. radiata*（L'Her.）Herb.
　　鳞茎：消肿解毒、催吐
黄花水仙　*Narcissus pseudo-naroissus* Linn. *
　　鳞茎：消炎解毒、催吐
水仙　*N. tazetta* Linn. *
　　鳞茎：清热解毒、消肿散结
玉帘　*Zephyranthes candida*（Lindl.）Herb. *
　　全草：消肿、散热
韭莲　*Z. grandiflora* Lindl. *
　　鳞茎：散热解毒、活血凉血

274.仙茅科　Hypoxidaceae

大叶仙茅　*Curculigo capitulata*（Lour.）
　　　　　　　　　　　　　　　　O. Kuntze
　　根：补虚痨、强筋骨、调经
疏花仙茅　*C. gracilis*（Wall. ex Kurz）Hook. f.
　　根：补虚痨、强筋骨、调经
仙茅　*C. orchioides* Gaertn.
　　根：补虚痨、强筋骨、调经
小金梅草　*Hypoxis aurea* Lour.
　　全草：温肾、调气

275.蒟蒻薯科　Taccaceae

蒟蒻薯　*Tacca chantrieri* Andre. *
　　根茎：治胃肠溃疡、高血压、肝炎
裂果薯　*T. plantaginea*（Hance）Drenth. *
　　根茎：理气止痛、去瘀生新

276.薯蓣科　Dioscoreaceae

参薯　*Dioscorea alata* Linn. *
　　块茎：健脾益肾、涩精止泻
蜀葵叶薯蓣　*D. althaeoides* R. Knuth
　　根茎：燥湿理脾、祛风止痛
黄独　*D. bulbifera* Linn.
　　块茎：解毒、消肿、化痰止咳
薯莨　*D. cirrhosa* Lour.
　　块茎：活血、补血、收敛固涩
叉蕊薯蓣　*D. collettii* Hook. f.
　　根茎：镇痛、避孕
山薯　*D. fordii* Prain Burkill
　　块茎：健脾胃、补肺肾
日本薯蓣　*D. japonica* Thunb.
　　块根：健脾止泻、补肺益肾
细叶日本薯蓣　*D. japonica* var. *oldhami*
　　　　　　　　　　　　　　Uline ex R. Kunth
　　块茎：健脾止泻、补肺益肾
毛芋头薯蓣　*D. kamoonensis* Kunth
　　块茎：解表散寒、止咳
黑珠芽薯蓣　*D. melanophyma* Prain et Burkill
　　块茎：解表散寒、止咳
穿龙薯蓣　*D. nipponica* Makino
　　根茎：舒筋活络、祛风止痛
柴黄姜　*D. nipponica* ssp. *rosthornii*
　　　　　　　　（Prain et Burkill）C. T. Ting
　　根茎：舒筋活络、祛风止痛
薯蓣　*D. opposita* Thunb.
　　块茎：健脾止泻、补肺益肾
黄山药　*D. panthaica* Prain et Burk.
　　根茎：消肿毒、止痛
五叶薯蓣　*D. pentaphylla* Linn.
　　根茎：解表散寒、止咳、止呕

381

毛胶薯蓣　*D. subcaiva* Prain et Burk.

　　块茎：健脾胃、补肺肾

山萆薢　*D. tokoro* Makino

　　根茎：退热利尿

盾叶薯蓣　*D. zingiberensis* C. H. Wright

　　根茎：解毒、消肿、避孕

277. 鸢尾科　Iridaceae

射干　*Belamcanda chinensis* (Linn.) DC.

　　根茎：清热解毒、利咽祛痰

雄黄兰　*Crocosmia crocosmiflora*

　　　　(V. Lem. ex E. Morr.) N. E. Br. *

　　球茎：清热解毒、活血散瘀、止痛

番红花　*Crocus sativus* Linn. *

　　花柱：活血化瘀、生新、镇痛

红葱　*Eleutherine plicata* Herb. *

　　鳞茎：止痢、止血

香雪兰　*Freesia refracta* (Jacq.) Klatt *

　　根茎：通经活血、止痢

唐菖蒲　*Gladiolus gandavensis* Van Houtte *

　　球茎：清热解毒、消肿止痛

高脚鸢尾　*Iris confusa* Sealy

　　根茎：清热解毒、祛风利湿

德国鸢尾　*I. germanica* Linn. *

　　根茎：解毒、消肿、祛瘀

蝴蝶花　*I. japonica* Thunb.

　　根茎：清热解毒、消肿止痛

白蝴蝶花　*I. japinica* f. *pallesces* P. L. Chiu

　　　　　　et Y. T. Zhao

　　根茎：清热解毒、消肿止痛

马蔺　*I. lactea* Pall. *

　　根茎：清热解毒

　　种子：凉血

溪荪　*I. sanguinea* Donn ex Horn. *

　　根茎：清热解毒、消肿止痛

小花鸢尾　*I. speculatrix* Hance.

　　根茎：镇痛散瘀、止痛

鸢尾　*I. tectorum* Maxim.

　　根茎：活血散瘀、祛风利湿

黄花鸢尾　*I. wilsonii* C. H. Wright *

　　根茎：祛风利湿

278. 芭蕉科　Musaceae

香蕉　*Musella nana* Lour. *

　　果实：生津利尿、通便

　　茎汁：清热解毒、消肿

地涌金莲　*M. lasiocarpa* (Franch.) C. Y. Wu

　　　　　　ex H. W. Li *

　　茎及花：敷疮毒、治火烫伤

芭蕉　*Musa basjoo* Sieb. et Zucc.

　　根茎：清热解毒、活血止痛

279. 姜科　Zingiberaceae

华山姜　*Alpinia chinensis* (Ratz.) Rosc.

　　根茎：温中暖胃、散寒止痛

红豆蔻　*A. galanga* (Linn.) Willd. *

　　果实：健胃散寒、止痛

山姜　*A. japonica* (Thunb.) Miq.

　　根茎：除风解疮毒、散寒除湿

草豆蔻　*A. katsumadai* Hayata

　　种子：祛风燥热、温中健脾胃

假益智　*A. maclurei* Merr. *

　　果：温中散寒、治呕吐

南川山姜　*A. nanchuanensis* Z. Y. Zhu

　　根茎：温胃散寒、消食利尿

高良姜　*A. officinarum* Hance *

　　根茎：温中散寒、消食止痛

益智　*A. oxyphylla* Miq. *

　　果实：温中暖胃、益气安神

花叶良姜　*A. sanderae* Hort. *

　　根茎：祛湿、消肿

四川山姜　*A. sichuanensis* Z. Y. Zhu

　　根茎：发表散寒

箭杆风　*A. stachyodes* Hance

　　根茎：温胃散寒、消积止痛

艳山姜　*A. zerumbet* (Pers.) Burtt. et Smith *

　　果实：温中燥湿、散寒止痛

海南壳砂仁　*Amomum longiligulare* T. L. Wu *

　　果实：行气宽中、健胃消食

草果　*A. tsao-ko* Gevost et Lemaire *

　　果实：燥湿健脾、祛痰截疟

阳春砂 *A. villosum* Lour. ＊

　　果实:行气宽中、健胃消食

缩砂仁 *A. villosum* var. *xanthioides*

　　　　　　　（Wall. ex Baker）T. L. Wu ＊

　　果实:健胃行气

闭鞘姜 *Costus speciosus*（Koen.）Smith ＊

　　根茎:利尿、消肿、拔毒

川莪术 *Curcuma chuanezhu* Z. Y. Zhu ＊

　　根茎及块根:行气破血、消积止痛

郁金 *C. chuanhuangjiang* Z. Y. Zhu ＊

　　块根:祛风行气、活血止血

白丝姜 *C. chuanhuangjiang* var. *abla* Wu ＊

　　块根:祛风行气、活血止血

广西莪术 *C. kwangsiensis* S. G. Lee

　　　　　　　　　　et C. F. Liamg ＊

　　根茎及块根:破血行气、消肿止痛

姜黄 *C. longa* Linn.

　　根茎:破血行气

川郁金 *C. sichuanensis* X. X. Chen ＊

　　块根:行气解郁、破瘀止痛

温郁金 *C. wenyujin* Y. H. Chen et G. Ling ＊

　　块根:祛风行气、活血止血

峨眉舞花姜 *Globba emeiensis* Z. Y. Zhu

　　块茎:祛风除湿

姜花 *Hedychium coronarium* Koenig

　　根茎:除风散寒、解表发汗

白毛姜花 *H. coronarium* var. *baimao* Z. Y. Zhu

　　根茎:除风散寒、解表发汗

峨眉姜花 *H. emeiensis* Z. Y. Zhu

　　根茎:除风散寒

圆瓣姜花 *H. forrestii* Diels

　　根茎:散寒解表

山奈 *Kaempferia galanga* Linn. ＊

　　根茎:散寒除湿、辟秽

姜三七 *Stahianthus involucratus*

　　　　　　　（King ex Baker）Craib ＊

　　根茎:活血散瘀、消肿止痛

盐藿 *Zingiber mioga*（Thunb.）Rosc.

　　根茎:温中理气、祛风止痛

姜 *Z. officinale* Rosc. ＊

　　根茎:祛寒发表

川姜 *Z. officinale* var. *sichuanensis*

　　　　　　　（Z. Y. Zhu）Z. Y. Zhu ＊

　　根茎:祛寒发表

阳荷 *Z. striolatum* Diels

　　根茎状:温中行气、活血散瘀

团聚姜 *Z. tuanjuum* Z. Y. Zhu

　　根茎:散寒解表、止咳化痰

280. 美人蕉科 Cannaceae

蕉芋 *Canna edulis* Ker-Gawl. ＊

　　根茎:健脾消炎、消肿

柔瓣美人蕉 *C. flaccida* Salisb. ＊

　　根茎:补肾调经、治肿经痛

大花美人蕉 *C. generalis* Bailey ＊

　　根及花:益气健脾、利湿退黄

粉美人蕉 *C. glauca* Linn. ＊

　　根茎:补肾调经

美人蕉 *C. indica* Linn. ＊

　　根茎:补肾调经、治肿经痛

黄花美人蕉 *C. orchloides* Bailey ＊

　　根茎:消炎止血、止带

紫叶美人蕉 *C. warscewiezii* A. Dietr. ＊

　　花及根茎:益气健脾、利湿退黄

281. 竹芋科 Marantaceae

苳叶 *Phryium capitatum* Willd. ＊

　　根茎:清热利水、凉血止血

282. 兰科 Orchidaceae

头序无柱兰 *Amitostigma capitatum*

　　　　　　　　　　Tang et Wang

　　全草:解毒、消肿止血

细葶无柱兰 *A. gracile*（Bl.）Schltr.

　　全草:清热润肺、止咳

西南开唇兰　*Anoectochilus elwesii*
　　　　　（Clarke ex Hook. f. ）King et Pantl.
　　全草：清热解毒、消炎止血
花叶开唇兰　*A. roxburghii*（Wall. ）Lindl.
　　全草：清热解毒
竹叶兰　*Arundina graminifolia*（D. Don）
　　　　　　　　　　　　　　　　Hochr.
　　全草：解热滋阴
小白芨　*Bletilla formosana*（Hayata）Schltr.
　　块茎：润肺止咳、止血生肌
黄花白芨　*B. ochracea* Schltr.
　　块茎：润肺祛痰、止血生肌
白芨　*B. striata*
　　　　　（Thunb. ex A. Murray）Rchb. f.
　　块茎：润肺祛痰、止血生肌
梳帽卷瓣兰　*Bulbophyllum andersonii*
　　　　　　　　（Hook. f. ）J. J. Smith
　　全草：祛风除湿、活血消食
直唇卷瓣兰　*B. delitescens* Hance
　　全草：清热润肺、生津止渴
戟唇石豆兰　*B. hastatum* T. Tang et F. T. Wang
　　全草：清热润肺、生津止渴
密花石豆兰　*B. odoratissimum*（J. E. Smith）
　　　　　　　　　　　　　　　　Lindl.
　　全草：祛风湿、清热、散瘀活血
伏生石豆兰　*B. raptans*（Lindl. ）Lindl.
　　全草：滋阴、润肺、止血
泽泻虾脊兰　*Calanthe alismaefolia* Lindl.
　　根茎：清热散结
流苏虾脊兰　*C. alpina* Hook. f. ex Lindl.
　　根茎：清热解毒、散结核
短距虾脊兰　*C. arcuata* Rolfe
　　根茎：解毒、散结
肾唇虾脊兰　*C. brevicornu* Lindl.
　　根茎：清热解毒、散结核
剑叶虾脊兰　*C. davidii* Franch.
　　根茎：清胃热、散结核

少花虾脊兰　*C. delavayi* Finet
　　根茎：清热解毒、散结核
钩距虾脊兰　*C. graciliflora* Hayata
　　根茎：清热解毒、散结核
叉唇虾脊兰　*C. hancockii* Rolfe
　　根茎：清热解毒、散结核
细花虾脊兰　*C. mannii* Hook. f.
　　根茎：清热解毒、消肿
反瓣虾脊兰　*C. reflexa*（Kuntze）Maxim.
　　根茎：清热解毒、消肿
三棱虾脊兰　*C. tricarinata* Wall. ex Lindl.
　　根茎：清热解毒、消肿
三褶虾脊兰　*C. triplicata*（Willem. ）Ames
　　全草：利尿、通淋
四川虾脊兰　*C. whiteana* King et Pantl.
　　根茎：清热解毒、消肿
银兰　*Cephalanthera erecta*（Thunb.
　　　　　　　　　ex A. Murray）Bl.
　　全草：清热解毒、润肺止咳
金兰　*C. falcata*（Thunb. ex A. Murray）Bl.
　　全草：清热化痰
独花兰　*Changnienia amoena* S. S. Chien
　　假鳞茎：润肺止咳
杜鹃兰　*Cremastra appendiculata*（D. Don）
　　　　　　　　　　　　　　　　Makino
　　球茎：清热解毒、活血止痛
套叶兰　*Cymbidium cyperifolium* Wall.
　　　　　　　　　　　　　　　ex Lindl.
　　根：凉血止血、化痰止咳
莎草兰　*C. elegans* Lindl.
　　全草：利尿
建兰　*C. ensifolium*（Linn. ）Sw.
　　根：祛风理气、活血祛瘀
蕙兰　*C. faberi* Rolfe
　　花：生津止咳
　　根：杀虫、祛湿

多花兰　*C. floribundum* Lindl.

　　根：除风理气、治白浊白滞

春兰　*C. goeringii*（Rchb. f.）Rchb. f.

　　根：祛风理气、收敛止带

春剑　*C. goeringii* var. *longibracteatum*

　　　　　　　　　Y. S. Wu et S. C. Chen

　　根：祛风理气、收敛止带

线叶春兰　*C. goeringii* var. *serratum*

　　　　　（Schltr.）Y. S. Wu et S. C. Chen

　　根：化瘀、止咳、凉血、止血

虎头兰　*C. hookerianum* Rchb. f. *

　　根：化瘀、止咳、凉血、止血

寒兰　*C. kanran* Makino

　　根：清肺热、止咳

兔耳兰　*C. lancifolium* Hook.

　　全草：祛风除湿、活血祛瘀、利尿

腐生兰　*C. macrorhizon* Lindl.

　　全草：凉血、止血、润肺止咳

墨兰　*C. sinense*（Jackson ex Andr.）Willd. *

　　根：清心润肺、止咳定喘

大叶杓兰　*Cypripedium fasciolatum* Franch.

　　全草：强壮、补肾

黄花杓兰　*C. flavum* P. F. Hunt et Summerh.

　　全草：理气行血、消肿止痛

绿花杓兰　*C. henryi* Rolfe

　　全草：强壮、补肾

扇脉杓兰　*C. japonicum* Thunb.

　　全草：强壮、补肾

斑叶杓兰　*C. margaritaceum* Franch.

　　全草：滋补润肺、解蛇毒

曲茎石斛　*Dendrobium flexicaule*

　　　　　Z. H. Tsi，S. C. Sun et L. G. Xu

　　全草：润肺止咳、生津

细叶石斛　*D. hancockii* Rolfe

　　全草：滋阴除热、生津止咳

罗河石斛　*D. lohohense* Tang et Wang

　　全草：壮阳除热、生津止渴

细茎石斛　*D. moniliforme*（Linn.）Sw.

　　全草：滋阴除热、生津止渴

石斛　*D. nobile* Lindl.

　　茎：滋阴除热、生津止渴

铁皮石斛　*D. officinale* Kimura et Migo

　　茎：养阴除湿、生津止渴

广东石斛　*D. wilsonii* Rlofe

　　全草：滋阴、生津

单叶厚唇兰　*Epigeneium fargesii*（Finet）

　　　　　　　　　　　　　Gagnep.

　　全草：润肺、化痰、止咳

火烧兰　*Epipactis helleborine*（Linn.）Crantz

　　全草：理气活血、消肿解毒

大叶火烧兰　*E. mairei* Schltr.

　　全草：理气活血、消肿解毒

山珊瑚　*Galeola faberi* Rolfe

　　全株：祛风除热、利水通淋

毛萼山珊瑚　*G. lindleyana*（Hook. f.

　　　　　　　　et Thoms.）Rchb. f.

　　全株：祛风除湿、止痛

城口盆距兰　*Gastrochilus fargesii*（Kraenzl）

　　　　　　　　　　　　　Schltr.

　　全草：生津润肺、止咳、止血

南川盆距兰　*G. nanchuanensis* Z. H. Tsi

　　全草：润肺止咳、除湿

天麻　*Gastrodia elata* Bl.

　　块茎：益气定惊、祛风湿、通经脉、强筋骨

松天麻　*G. elata* f. *alba* S. Chow

　　块茎：益气定惊、祛风湿、通经脉、强筋骨

水红杆天麻　*G. elata* f. *flavida* S. Chow

　　块茎：益气定惊、祛风湿、通经脉、强筋骨

乌天麻　*G. elata* f. *glauca* S. Chow

　　块茎：益气定惊、祛风湿、通经脉、强筋骨

绿天麻　*G. elata* f. *viridis*（Makino）Makino

　　块茎：益气定惊、祛风湿、通经脉、强筋骨

大花斑叶兰　*Goodyera biflora*（Lindl.）Hook. f.

　　全草：舒筋活血、补中益气

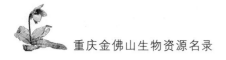
多叶斑叶兰　*G. foliosa* (Lindl.) Benth. ex Clarke
　　全草:祛风除湿

光萼斑叶兰　*G. henryi* Rolfe
　　全草:清热解毒,治蛇咬伤

小斑叶兰　*G. repens* (Linn.) R. Br.
　　全草:清热解毒

斑叶兰　*G. schlechtendaliana* Rchb. f.
　　全草:清热解毒、止咳止痛

绒叶斑叶兰　*G. velutina* Maxim.
　　全草:解毒、止血、生肌

手参　*Gymnadenia conopsea* (Linn.) R. Br.
　　块根:补肾益精、理气止痛

毛亭玉凤花　*Habenaria ciliolaris* Kraenzl.
　　块根:强壮补肾、润肺止咳

长距玉凤花　*H. davidii* Franch.
　　块根:补肾壮阳

鹅毛玉凤花　*H. dentata* (Sw.) Schltr.
　　块根:补肾利尿

裂瓣玉凤花　*H. petelotii* Gagnep.
　　块根:补肾利尿

丝裂玉凤花　*H. polytricha* Rolfe
　　块根:滋阴补肾

粗距舌喙兰　*Hemipilia crassicalcarata*
　　　　　　　　　　　　　　S. S. Chien
　　全株:补肾利尿

叉唇角盘兰　*Herminium lanceum* (Thunb.
　　　　　　　　　　　ex Sw) Vuijk
　　块根:滋阴补肾

长瓣角盘兰　*H. ophioglossoides* Schltr.
　　块根:壮阳补肾

镰翅羊耳蒜　*Liparis bootanensis* Griff.
　　全草:凉血、止血止痛

二褶羊耳蒜　*Liparis cathcartii* Hook. f.
　　全草:温经散寒、止痛

大花羊耳蒜　*L. distans* C. B. Clarke
　　全草:止血、止痛

小羊耳蒜　*L. fargesii* Finet
　　全草:凉血、止血

羊耳蒜　*L. japonica* (Miq.) Maxim.
　　全草:凉血、止血止痛

见血清　*L. nervosa*
　　　　　　　　(Thunb. ex A. Murray) Lindl.
　　全草:止血、凉血

香花羊耳蒜　*L. odorata* (Willd.) Lindl.
　　全草:清热解毒、止咳化痰

南川对叶兰　*Listera nanchuanica* S. C. Chen
　　全草:补肾滋阳、化痰止咳

对叶兰　*L. puberula* Maxim.
　　全草:补肾滋阳、化痰止咳

钗子股　*Luisia morsei* Rolfe
　　全草:祛风寒、化痰止咳

沼兰　*Malaxis monophyllos* (Linn.) Sw.
　　全草:止血、止痛

一叶兜被兰　*Neottianthe monophylla*
　　　　　　　　(Ames et Schltr.) Schltr.
　　全草:强心、活血散瘀

广布芋兰　*Nervilia aragoana* Gaud.
　　球茎:清热利尿、补肾、杀虫

广布红门兰　*Orchis chusua* D. Don
　　块茎:滋阴补肾

长叶山兰　*Oreorchis fargesii* Finet
　　假鳞茎:清热消肿

山兰　*O. patens* (Lindl.) Lindl.
　　假鳞茎:消肿散结、化痰、解毒

小花阔蕊兰　*Peristylus affinis* (D. Don)
　　　　　　　　　　　　　　Seidenf.
　　块根:治疝气、肾炎

黄花鹤顶兰　*Phaius flavus* (Bl.) Lindl.
　　假鳞茎:清热止咳、活血

云南石仙桃　*Pholidota yunnanensis* Rolfe
　　全草:清热养阴、化痰止咳

二叶舌唇兰　*Platanthera chlorantha* Cust.
　　　　　　　　　　　　　ex Reichb. f.
　　全草:补肺生肌、化瘀止血

对耳舌唇兰　*P. finetiana* Schltr.

　　全草:润肺止咳

舌唇兰　*P. japonica*（Thunb. ex A. Marray）

　　　　　　　　　　　　　　　　Lindl.

　　全草:润肺止咳、止血

尾瓣舌唇兰　*P. mandarinorum* Rchb. f.

　　全草:滋阴固肾

小舌唇兰　*P. minor*（Miq.）Rchb. f.

　　全草:滋阴固肾

白花独蒜兰　*Pleione albiflora* Cribb

　　　　　　　　　　　　　et C. Z. Tang

　　鳞茎:消肿散结、活血止血

独蒜兰　*P. bulbocodioides*（Franch.）Rolfe

　　鳞茎:润肺化痰、止咳、止血、生肌

云南独蒜兰　*P. yunnanensis*（Rolfe）Rolfe

　　鳞茎:润肺化痰、止咳、止血、生肌

朱兰　*Pogonia japonica* Rchb. f.

　　全草:止咳化痰、补气助阳

苞舌兰　*Spathoglottis pubescens* Lindl.

　　块根:补肾肺、止咳、生肌、敛疮

绶草　*Spiranthes sinensis*（Pers.）Ames

　　全草:补肾壮阳

金佛山兰　*Tangtsinia nanchuanica* S. C. Chen

　　全草:清热化痰

小叶白点兰　*Thrixspermum japonicum*（Miq.）

　　　　　　　　　　　　　　　　Rchb. f.

　　全草:滋阴润肺

蜻蜓兰　*Tulotis fuscescens*（Linn.）Czer.

　　根茎:补肾益精

小花蜻蜓兰　*T. ussuriensis*（Reg. et Maack）Hara

　　根茎:解毒消肿,治鹅口疮、跌打损伤

〔金佛山已知药用植物 282 科,4 180 种（亚
种、变种、变型）〕

重庆金佛山科学考察验收意见

　　为彻底摸清重庆金佛山生物资源的丰富度及保护价值,2002 年 7 月南川市环保局将"重庆金佛山科学考察"研究课题委托重庆市药物种植研究所具体实施。按照协议要求,历经两年多野外及室内的艰辛工作,完成了课题工作任务。2004 年 11 月由重庆市环保局主持,通过信函进行了项目验收。

　　该项目对金佛山 418.5 km² 范围进行调查,以生物学多学科的理论基础,运用 GPS 等仪器设备,野外调查与室内鉴定分析相结合的方法,对金佛山生物资源进行了系统调查。摸清了地衣植物、高等植物、动物和大型真菌四大资源情况,撰写完成了动物资源名录、高等植物资源名录、大型真菌名录和珍稀濒危物种名录等 16 个专题报告。拍摄收集了大量珍贵照片及录像资料。

　　1.依据本次调查统计,金佛山有大型真菌资源 61 科 185 属 584 种;动物资源 354 科 1 461 属 2 178种;植物资源 306 科 1 644 属 5 907 种;药用植物 4 180 种、用材植物 862 种、可食用植物 623 种、野生油脂植物 177 种、芳香油植物 200 多种、色素植物 156 种、鞣料植物 250 种、纤维植物 294 种、观赏植物 2 500 多种、淀粉植物 163 种和饲料植物 700 多种等。填补了地衣植物、大型真菌、无脊椎动物和药用植物、观赏植物等 11 类经济植物未开展资源专题调查的空白。

　　2. 根据《中国植物红皮书》和《国家重点保护野生植物名录(第一批)》,金佛山有国家重点保护野生植物 254 种(包括兰科植物 144 种),其中国家重点保护植物一级 12 种,二级 242 种。

　　3.通过对兰科植物、杜鹃花科植物、金佛山特有植物和珍稀濒危物种的专项详查研究,使本区植物资源研究取得突破性进展,有兰科植物 144 种,杜鹃花科植物 72 种。

　　4.较准确掌握了从 1890 年以来,模式标本采自金佛山的植物新种为 400 种(亚种)。其中有 96 种为项目实施单位在金佛山调查新发现,由国内相关专家近期命名发表。另待正式发表的植物还有南川石蝴蝶、金佛山吉祥草、方氏杜鹃等植物 46 种。到目前为止,已在《林奈学会植物学报》《植物分类学报》《植物研究》《中药材》《四川动物》等国内外刊物上发表研究论文 40 余篇。

　　5.通过项目的实施,在重庆市首次发现了白颊黑叶猴、藏酋猴、齐口裂腹鱼等资源,寻找到的野生银杏、野生大茶树、野生麻栗坡兜兰和野生黑节草等资源大大丰富了金佛山生物多样性的内涵,极大地提高了本区生物多样性的保护价值,为加强该保护区生物资源和生态环境的保护,提供了丰富、翔实的科学资料。

　　该项研究目的明确、技术路线正确、方法可行、数据可靠、结论可信,资料完整翔实,具有很高的学术价值。对金佛山生物多样性的保护、生态旅游资源开发具有重要作用。本项研究涉及面广,独具特色,已达国内先进水平。

主 任 委 员:

副主任委员:

2004 年 11 月 20 日

鉴定委员会名单

鉴定会职务	姓名	工作单位	现从事专业	职称职务	签　名
主任委员	梁国鲁	西南农业大学	生物资源	教授、博导	
副主任委员	何　平	西南师范大学	生物学	教授、博导	
委员	陈心启	中国科学院植物所	植物分类	研究员、博导	
委员	刘玉成	西南师范大学	生态学	教授	
委员	李名扬	西南农业大学	经济作物	教授、博导	
委员	罗　韧	重庆市林业研究院	林学	研究员	
委员	李正昌	重庆市中药研究院	动物	副研究员	

2004 年 11 月 20 日